EDA 工|程|技|术|丛|书|

EDA TECHNOLOGY AND SOC APPLICATION

EDA技术与SoC设计应用

李鸿强 段晓杰 张诚 陈力颖 等编著

Li Hongqiang Duan Xiaojie Zhang Cheng Chen Liying

清华大学出版社

北京

内容简介

为了提高电子系统设计的可靠性与通用性，可编程逻辑元件特别是现场可编辑逻辑元件被广泛应用。基于此，EDA技术已成为电子设计工程师的必备知识。EDA技术与SoC技术的有机融合，有效地增强了电子系统设计的灵活性，极大地提高了工作效率。

全书共11章，由浅入深地介绍了CPLD/FPGA的元件分类、MAX＋plus Ⅱ和Quartus Ⅱ等软件的使用方法、VHDL和Verilog HDL硬件描述语言的设计基础、FPGA开发的高阶设计、可编程片上系统SOPC的应用开发等。

本书既可作为高等院校电子通信类、电气自动化类等专业的研究生、本科生的教材或参考书，也可供广大集成电路设计人员和电子电路设计人员阅读参考。

图书在版编目(CIP)数据

EDA技术与SoC设计应用/李鸿强等编著.—北京：清华大学出版社，2021.1
(EDA工程技术丛书)
ISBN 978-7-302-53956-8

Ⅰ. ①E… Ⅱ. ①李… Ⅲ. ①集成电路－芯片－计算机辅助设计－应用软件 Ⅳ. ①TN402

中国版本图书馆CIP数据核字(2019)第224347号

责任编辑：梁 颖 李 晔
封面设计：李召霞
责任校对：时翠兰
责任印制：杨 艳

出版发行：清华大学出版社
网 址：http://www.tup.com.cn，http://www.wqbook.com
地 址：北京清华大学学研大厦A座 **邮 编**：100084
社 总 机：010-62770175 **邮 购**：010-83470235
投稿与读者服务：010-62776969，c-service@tup.tsinghua.edu.cn
质量反馈：010-62772015，zhiliang@tup.tsinghua.edu.cn
课件下载：http://www.tup.com.cn，010-83470236
印 装 者：三河市铭诚印务有限公司
经 销：全国新华书店
开 本：185mm×260mm **印 张**：28.75 **字 数**：661千字
版 次：2021年1月第1版 **印 次**：2021年1月第1次印刷
印 数：1～1500
定 价：79.00元

产品编号：052703-01

前言

随着电子工程与计算机科学的迅猛发展，数字电路系统的发展十分迅速。电子元件在最近几十年经历了从小规模集成电路(SSI)、中规模集成电路(MSI)、大规模集成电路(LSI)到超大规模集成电路(VLSI)的发展历程。从简单可编程元件到高密度可编程元件，设计方法也从根本上发生了转变：由原来的手工设计发展到现在的电子设计自动化(EDA)设计。为了提高系统的可靠性与通用性，可编程逻辑元件(PLD)尤其是现场可编程逻辑元件(FPGA)被大量应用，在PLD的开发过程中，EDA技术的出现带来了电子系统设计的革命性变化。

本书以EDA工程技术和片上系统(SoC)设计技术为主线，对传统的教学内容和课程体系进行重组和整合，教材在编写时突破传统课程体系的制约，对课程体系等进行综合改革，融入本领域最新的科研与教学改革成果，确保课程的系统性与先进性，使之能更好地适应21世纪人才培养的需要。教材的主要特点如下：

(1) 创新性。本教材突破传统的硬件描述语言教学模式和流程，将普遍认为较难学习的硬件描述语言VHDL和Verilog用全新的实例教学理念和编排方式给出，并与EDA工程技术有机结合，达到良好的教学效果。教材以数字电路设计为基点，从实例的介绍中引出硬件描述语言语句语法内容，通过一些简单、直观、典型的实例，将硬件描述语言中最核心、最基本的内容解释清楚，使读者在很短的时间内就能有效地掌握硬件描述语言的主干内容，并用于设计实践。

(2) 系统性。本书内容全面，注重基础，理论联系实际，不仅全面介绍EDA技术基础知识，如两种硬件描述语言VHDL和Verilog、CPLD/FPGA软件开发，而且在此基础上全面介绍FPGA开发的高阶设计内容，如可编程片上系统SOPC的应用开发，真正具备了从底层数字电路开发到高层集成电路应用开发的系统性知识。另外本书使用大量图表说明问题，文字简练、针对性强，设计实例都通过编译，设计文件和参数选择都经过验证，便于读者对内容的理解和掌握。

(3) 实用性。本书注重实用、讲述清楚、由浅入深，书中的实例具有很高的参考价值和实用价值，能够使读者掌握较多的实战技能和经验。它既可作为高等院校电气、自动化、计算机、通信、电子类专业的研究生、本科生的教材或参考书，也可供广大ASIC设计人员和电子电路设计人员阅读参考。

本书分为11章。

第1章是EDA技术的概述，介绍EDA技术的发展、EDA设计流程及EDA技术设计的领域。

第2章主要介绍CPLD/FPGA元件，包括可编程逻辑元件的发展、分类及原理，重点介绍Altera公司不同型号FPGA的结构及特点。

第3章主要介绍Altera公司的早期设计工具MAX+plus Ⅱ。它支持原理图、VHDL和Verilog语言文本文件，以及波形与EDIF等格式的文件作为设计输入，并支持

前言

这些文件的任意混合设计。MAX＋plus Ⅱ具有门级仿真器，可以进行功能仿真和时序仿真，能够产生精确的仿真结果。

第4章主要介绍当前主流的FPGA设计工具Quartus Ⅱ。Quartus Ⅱ集成环境包括可编程逻辑元件设计、综合、布局、布线、验证和仿真。Quartus Ⅱ设计工具提供了一个完整的多平台开发环境，它包含整个FPGA和CPLD设计阶段的解决方案。此外，Quartus Ⅱ设计工具提供全流程的可视化图形用户界面。

第5章主要介绍Quartus Ⅱ软件与第三方仿真工具ModelSim的使用，ModelSim具有强大的模拟仿真功能，在设计、编译、仿真、调试开发过程中，有一整套工具可供使用，而且操作起来非常灵活，支持多款操作系统，它能很好地与操作系统环境协调工作。

第6章和第7章分别介绍VHDL和Verilog HDL两种常用硬件描述语言的基础知识。VHDL和Verilog HDL作为IEEE标准的硬件描述语言，经历了20多年的发展、应用和完善，以其强大的系统描述能力、规范的程序设计结构、灵活的语言表达风格和多层次的仿真测试手段，在电子设计领域获得了普遍的认同和广泛的接受，成为现代EDA领域的首选硬件描述语言。

第8章主要介绍EDA设计中一些重要的概念，对建立/保持时间、竞争冒险现象、时钟种类、信号延时、流水线设计技术和有限状态机等做了介绍。

第9章主要介绍Nios Ⅱ嵌入式处理器。Nios Ⅱ嵌入式处理器独特的优势能够为应用选择合适的系统，包括处理器性能、混合外设以及系统配置等。而且，开发平台还可以帮助迅速发布产品，随时增加新特性，可以满足新兴标准和多变的客户需求。

第10章主要介绍Altera公司重要的嵌入式设计工具SOPC Builder，SOPC Builder包含在Quartus Ⅱ软件中，它为建立SOPC系统提供图形化环境。SOPC Builder中已经包含了Nios Ⅱ处理器以及一些常用的外设IP模块，用户也可以设计自己的外设IP。

第11章主要介绍设计工具DSP Builder，DSP Builder是Altera公司推出的一个数字信号处理(DSP)开发工具，它在Quartus Ⅱ FPGA设计环境中集成了MathWorks的Matlab和Simulink DSP开发软件。Altera公司的DSP系统体系解决方案是一项具有开创性的解决方案，它将FPGA的应用领域从多通道高性能信号处理扩展到很广泛的基于主流DSP的应用，是Altera公司第一款基于C代码的可编程逻辑设计流程。

为方便教学，本书电路符号采用了常用形式，未采用国标符号。

本书由李鸿强教授组织编写。李鸿强教授策划了全书的主要内容，李鸿强、段晓杰、张诚、陈力颖、高铁成、张艳丽、谢睿参加了编写。其中第1、2章由李鸿强编写，第3章由李鸿强、谢睿编写，第4、5章由张艳丽、李鸿强编写，第6章由段晓杰编写，第7章由陈力颖编写，第8、9(部分)章由李鸿强、谢睿编写，第10章由张诚编写，第9(部分)、11章由高铁成编写。全书由李鸿强和谢睿参与统稿。十分感谢各位老师及研究生对本书编写提供的帮助。

由于电子技术的高速发展，应用领域繁杂，并且编者水平和掌握的资料有限，加之时间仓促，书中难免存在不妥之处，恳请各位读者批评指正。

编　者

2020 年 5 月

目录

目录

目录

目录

目录

第1章 EDA技术概述

1.1 引言

数字化和信息化时代的特点是各种数字产品的广泛应用。现代数字产品在性能提高、复杂度增大的同时，其更新换代的步伐也越来越快，这种进步源于生产制造技术和电子设计技术的进步。

生产制造技术以微细加工技术为代表，目前已进展到深亚微米阶段，可以在几平方厘米的芯片上集成数千万个晶体管。摩尔曾经对半导体集成技术的发展做出预言：大约每18个月，芯片的集成度提高一倍，功耗下降一半，该预言被人们称为摩尔定律。几十年来，集成电路的发展与这个预言惊人地吻合，数字元件经历了从SSI、MSI、LSI到VLSI，直到现在的片上系统(System on a Chip，SoC)，已经能够把一个完整的电子系统集成在一个芯片上。而在此发展过程中出现的可编程逻辑元件(Programmable Logic Device，PLD)大大改变了设计制作电子系统的传统方式与方法。PLD是20世纪70年代以后发展起来的一种元件，它经历了可编程逻辑阵列块(Programmable Logic Array，PLA)、通用阵列逻辑(Generic Array Logic，GAL)等简单形式到复杂可编程逻辑元件(Complex Programmable Logic Device，CPLD)和现场可编程门阵列(Field Programmable Gate Array，FPGA)等复杂形式的发展。PLD的广泛使用不仅简化了电路设计，降低了研制成本，提高了系统可靠性，而且给数字系统的整个设计和实现过程带来了革命性的变化。PLD目前仍在朝密度更高、速度更快、功耗更低、功能更强的方向发展。

电子设计技术的发展也是日新月异的，电子系统的设计理念和设计方法在过去的几十年里发生了深刻的变化。从计算机辅助设计(Computer Aided Design，CAD)、计算机辅助工程(Computer Aided Engineering，CAE)到电子设计自动化(Electronic Design Automation，EDA)，设计的自动化程度越来越高，设计的复杂性也越来越强。

目前，EDA技术已成为电子设计技术的有力工具，没有EDA技术的支持，要想完成超大规模电路的设计制造是不可想象的。反过来，生产制造技术的进步又不断对 EDA 技术提出新的要求，促使其不断向前发展。

1.2 EDA 技术及其发展现状

EDA 是以电子系统设计为应用方向，以计算机为工作平台，以 EDA 软件工具为开发环境，以硬件描述语言（Hardware Description Language，HDL）为设计基础，以 PLD 为实验载体，以专用集成电路（Application Specific Integrated Circuit，ASIC）和 SoC 芯片为目标元件，对电子产品进行自动化设计的过程。EDA 技术是一门涉及多学科的综合性技术，它以计算机科学和微电子技术发展为先导，汇集了计算机图形学、拓扑逻辑学、微电子工艺与结构学和计算数学等学科的最新成果，其技术范畴涵盖了半导体工艺设计自动化、可编程集成元件设计自动化、电子系统设计自动化、印制电路板设计自动化、系统仿真设计及故障诊断测试自动化等。

一般认为，EDA 技术经历了下面 3 个发展阶段。

1. CAD 阶段

CAD 技术的基本特征是：采用小型计算机和具有交互式图形编辑的软件，用二维平面图形的 CAD 代替传统的手工制图设计，完成设计规则检查（Design Rule Checking，DRC）、电路的版图设计、印制电路板的设计制作。从 20 世纪 60 年代中期开始，人们就利用不断开发出来的各种 CAD 工具设计集成电路和电子系统，先期工作主要有电路模拟、逻辑模拟、版图绘制和 PCB 布线设计等，改变了传统的手工方法制图和设计电路方法。CAD 阶段典型设计过程示意图如图 1.1 所示。

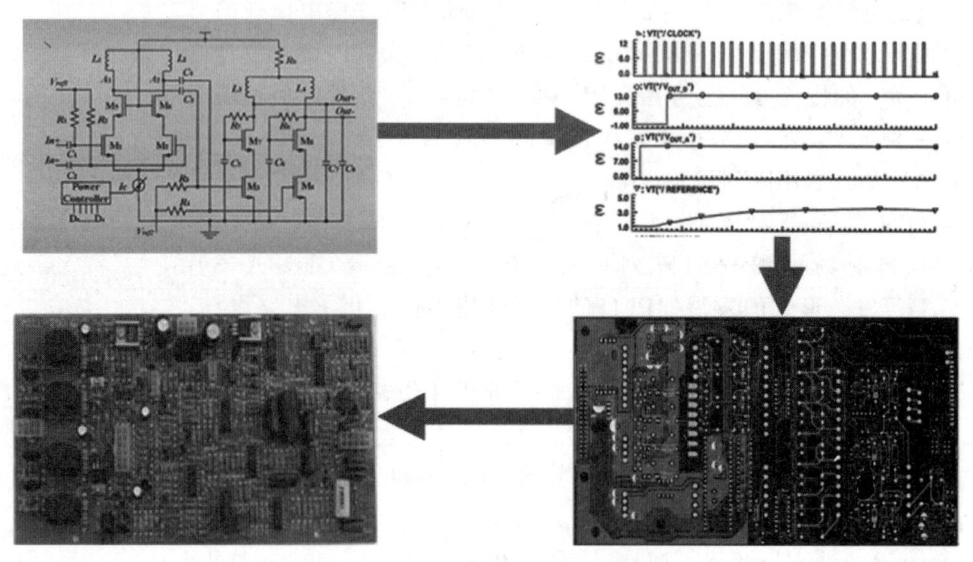

图 1.1　CAD 阶段典型设计过程

2. CAE 阶段

20 世纪 80 年代，集成电路规模不断扩大，制作的复杂程度不断增高，促使电子设计技术进入高速发展阶段，这一阶段是以计算机辅助工程(CAE)为主要特征(如图 1.2 所示)。由于采用了统一数据管理技术，因而能够将各个工具集成为一个 CAE 系统，按照设计方法学制定的设计流程，可以实现从设计输入到版图输出的全流程设计自动化。许多公司(如 Mentor、Daisy System、Logic System 公司等)不断推出新的软件工具，通过建立有效的软硬件环境来完成产品开发的设计、分析、生产和测试等工作，主要表现为：

(1) 各种设计工具(如原理图输入、编译与链接、逻辑模拟、测试码生成、版图自动布局及各种单元库)均已齐全，可采用统一的数据管理技术将各个工具集成为一个系统，提供标准元件库，使设计工作方便快捷；

(2) 硬件采用工作站形式，图形功能强、存储量大、速度快。

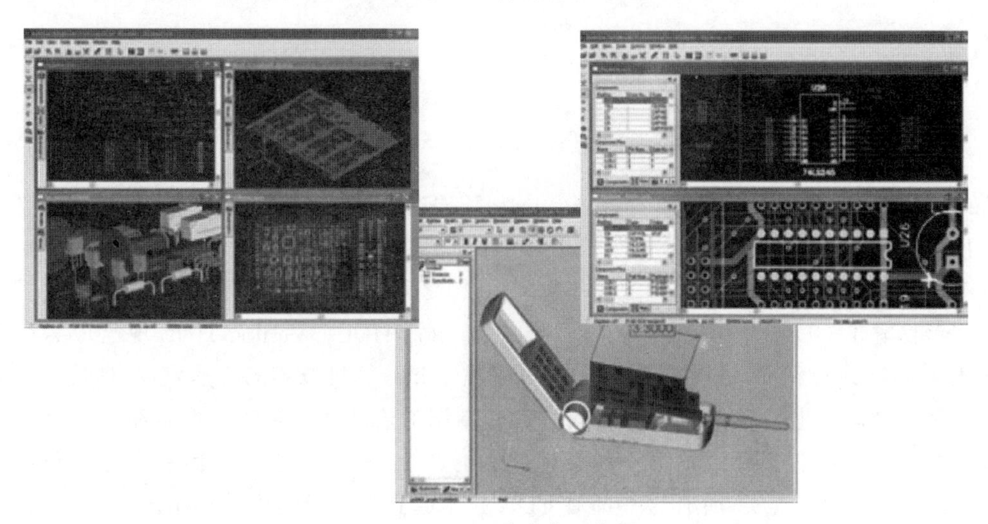

图 1.2　CAE 阶段典型特征

3. EDA 阶段

进入 20 世纪 90 年代，微电子技术以惊人的速度发展，芯片制造工艺技术水平从 0.5μm，经过 0.35μm、0.25μm、0.18μm、0.13μm 到 0.09μm 阶段，已达深亚微米级。电子设计技术由辅助手段变为主要手段，其基本特征是自动化程度大大提高，出现了以高级语言描述、系统级仿真和综合技术为特征的第三代电子设计工具，不仅极大地提高了系统的设计效率，而且使设计人员摆脱了大量的辅助性及基础性工作，将精力集中于创造性的方案与概念的构思上。EDA 阶段的主要特征为：

(1) 采用硬件描述语言(HDL)描述 10 万门以上的设计，并形成了 VHDL(Very High Speed Integrated Circuit HDL)和 Verilog HDL 两种标准硬件描述语言。利用两种硬件描述语言与全加器逻辑电路的对照示意如图 1.3 所示。

HDL 发展至今已有 30 多年的历史，并被成功应用于设计的仿真、验证、综合等各个阶段。20 世纪 80 年代中期，美国 Altera 公司推出一种新型的可擦除可编程逻辑元件 EPLD，Xilinx 公司推出 FPGA；20 世纪 80 年代末，Lattic 公司又推出在系统可编程元件 ISP，随后市场上相继出现一系列具备可编程能力的 CPLD，为进一步提高 SoC 设计能力提供了基本实验载体。进入 20 世纪 90 年代，HDL 向着标准化、集成化方向发展，目前常

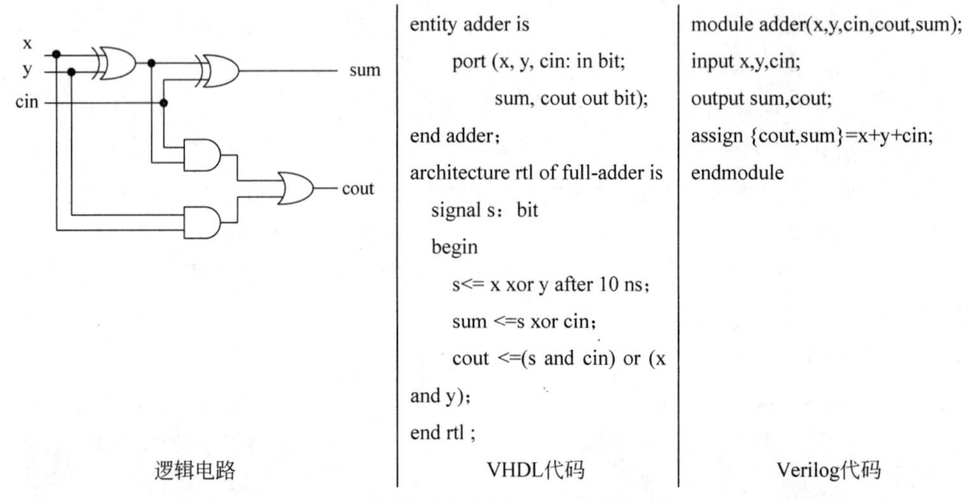

图 1.3　硬件描述语言与逻辑电路对照

见的有 VHDL 和 Verilog HDL，并且都已成为 IEEE 标准。VHDL 语言是在美国国防部支持下于 1985 年正式推出的超高速集成电路 HDL，1987 年被 IEEE 采纳为标准 IEEE 1076。Verilog HDL 是在 C 语言的基础上发展起来的，1983 年由 GDA 公司首创。Cadence 公司于 1989 年收购了 GDA，并于 1990 年公开推出 Verilog HDL。Verilog HDL 现已成为标准 IEEE 1364。20 世纪 90 年代中期，随着微电子技术和计算机技术的飞速发展，现代电子系统的设计和应用进入了一个全新的时代，芯片制作工艺已经达到深亚微米级，0.35μm 的深亚微米 CMOS 工艺导致了第 4 代设计技术的产生，SoC 设计方法和系统芯片 SoC 设计也从概念变为了现实，所有这些都对 EDA 技术起到了积极的推动作用。

(2) 高层综合(High Level Synthesis，HLS)理论与方法取得较大进展，将 EDA 设计层次由 RTL 级提高到了系统级(又称行为级)。通过设计综合工具，可将电子系统的高层行为描述转换到低层硬件描述和确定的物理实现。图 1.4 为 EDA 设计层次从底层门/版图级、RTL 级到高层系统级的变化示意图。

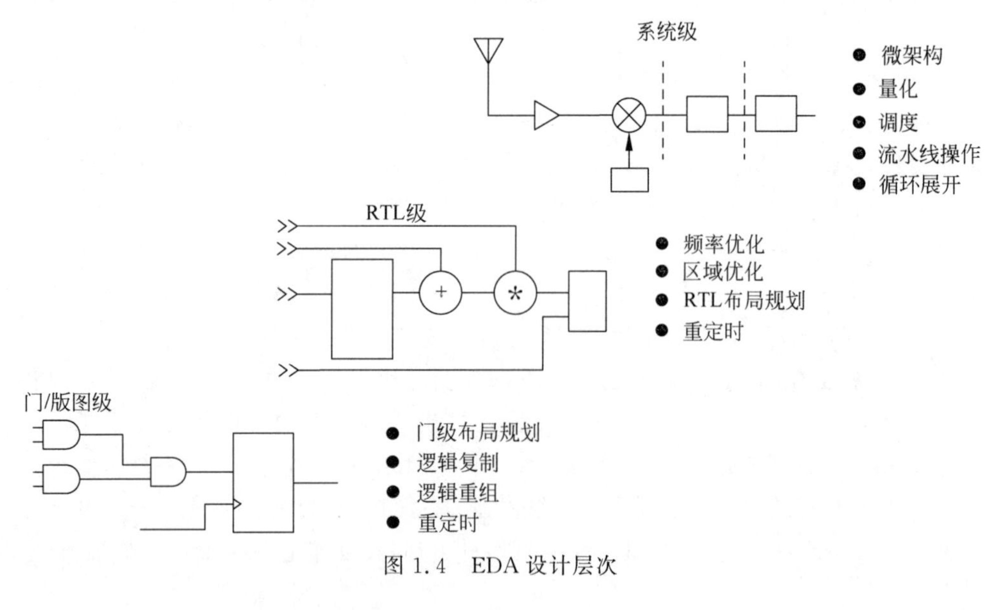

图 1.4　EDA 设计层次

(3) 系统仿真(System Simulation)就是通过建立实际系统模型并利用所见模型对实际系统进行实验研究的过程。图 1.5 是利用 Matlab/Simulink 等系统仿真软件建立调幅电路模型,设计过程变得非常简洁,可以非常直观地观察系统的输入/输出波形,可以随意改变仿真参数且立即得到修改后的仿真结果。

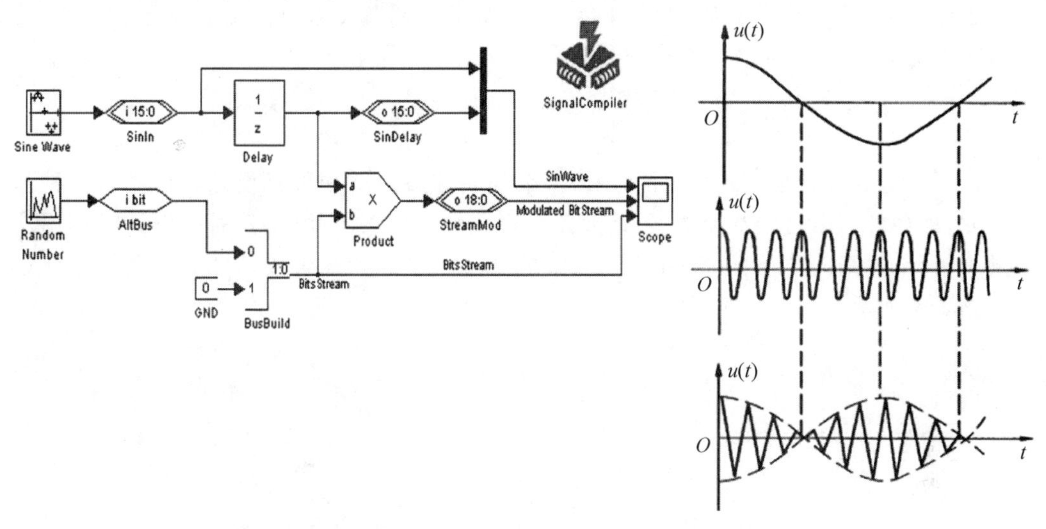

图 1.5 利用 Matlab/Simulink 等系统仿真软件建立调幅电路模型

1.3 EDA 设计方法

近年来,电子系统的设计方法和设计技术都发生了深刻的变化。在以前,数字系统通常是采用搭积木的方式设计的,即由一些固定功能的元件加上一定的外围电路构成的模块,由这些模块进一步形成各种功能电路,进而构成系统。构成系统的“积木块”是各种标准芯片,如 74/54 系列(TTL)、4000/4500 系列(CMOS)芯片等,这些芯片的功能是固定的,用户只能根据需要从这些标准元件中选择,并按照推荐的电路搭成系统。在设计时,几乎没有灵活性可言,设计一个系统所需的芯片种类多且数据量大。PLD 元件和 EDA 技术的出现,改变了这种传统的设计思路,使人们可以立足于 PLD 芯片来实现各种不同的功能,新的设计方法能够由设计者自己定义元件的内部逻辑和引脚,将原来由电路板设计完成的工作大部分放在芯片的设计中进行。这样的设计不仅可以通过芯片设计实现各种数字逻辑功能,而且由于引脚定义的灵活性,减轻了原理图和印刷版设计的工作量和难度,增加了设计的自由度,提高了效率。同时这种设计减少了所需芯片的种类和数量,缩小了体积,降低了功耗,提高了系统的可靠性。

在基于 EDA 技术的设计中,有两种基本设计思路:一是自上而下的设计思路;二是自下而上的设计思路。下面分别进行介绍。

1. 自上而下的设计

所谓自上而下的设计方法,就是从系统总体要求出发,自上而下逐步地将设计内容细化,最后完成硬件的整体设计。基于这种设计思想,可利用功能强大的 EDA 软件设计环境进行软件设计与功能仿真,结合专用可编程元件的硬件开发平台,完成整个自上而下的设计流程,自上而下的设计方法如图1.6所示。

自上而下的数字系统设计从顶层概念入手,利用功能分割手段,自上而下将设计层次化和模块化。在各个设计层次上都可以进行功能仿真,从而可以在系统设计早期发现设计中存在的问题,与自下而上设计的后期仿真相比可大大缩短系统的设计周期,节约大量的人力和物力。

2. 自下而上的设计

自下而上的设计是一种传统的设计思路,这种设计方式一般是设计者首先将各种基本单元,如各种门电路以及加法器、计数器等模块做成基本单元库,然后在设计时调用这些基本单元,逐级向上组合,直到设计出满足自己需要的系统为止。自下而上的设计过程如图1.7所示。

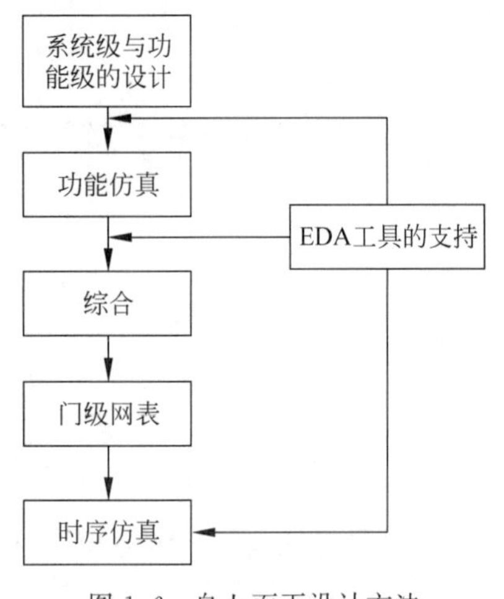

图1.6　自上而下设计方法

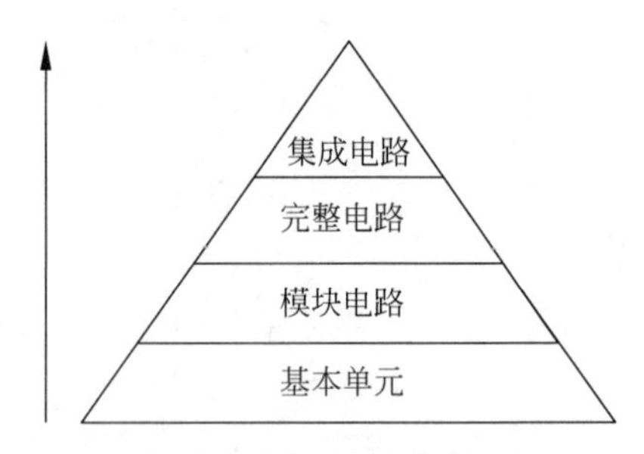

图1.7　自下而上设计方法

目前,自上而下的设计已经占据电子系统设计的主流地位,这是由于这种设计思想更符合人们逻辑思维的习惯,也更容易使设计者对复杂的系统进行合理的划分与不断的优化。自下而上的设计却往往使设计者关注了细节,对整个的系统缺乏规划。当设计出现问题要修改时就非常麻烦,甚至会前功尽弃,不得不从头再来。因此设计者在设计数字电路与系统的时候,应该有意识地培养自上而下的设计思维习惯。现代的电子设计工具,也越来越多地支持自上而下的设计,许多设计软件都支持高层的设计和仿真。

3. 正向设计

电路与系统的设计一般采用自上而下的方式。在设计芯片版图时,通常还存在正向设计与逆向设计两种方式。

所谓正向设计,也是一种自上而下的设计方式,它包括从芯片设计到芯片封装的一系列过程。正向设计的一般流程如下:

(1) 系统描述(System Specification)。就是在最高层对芯片进行规划,包括芯片的功能、性能、功耗、成本甚至尺寸大小等一系列指标，并确定选择什么样的工艺。

(2) 功能设计(Function Design)。主要是考虑系统的行为特性，常用的方法是时序图、子模块关系图和状态机等。

(3) 逻辑设计(Logic Design)。在这一步将得到系统的逻辑结构，并且要反复模拟以验证其正确性，然后对设计进行综合和优化，以得到资源最省、速度最快的设计结果。

(4) 电路设计(Circuit Design)。以上步骤通过后，就可以把设计转化为晶体管级(电路级)，在这一步要注意各种元件的电性能，通常用详细的电路图来表示电路设计。

(5) 版图设计(Layout Design)，或者称为物理设计(Physical Design)。这一步是芯片设计中最费时间的一步，它要把每个元件的电路表示转换成为几何表示。同时，元件间的网表也被转换为几何连线图形，这种电路的几何表示即为版图。版图设计要符合与制造工艺有关的设计规划要求，通常要进行物理 DRC、版图网表提取(Netlist Extraction，NE)、电学规则检查(Electrical Rule Checking，ERC)以及版图和原理图一致性比较(Layout Versus Schematic Comparing，LVS)等一系列检查，以确保版图设计的正确性。

(6) 芯片制造(Fabrication)，或者称为流片，是指把以上经过验证的版图送到半导体厂家去做芯片。一般要经过硅片准备、注入、扩散和光刻等工艺。

(7) 芯片的封装和测试(Package and Test)。芯片的封装形式有多种，可以根据要求封装为 DIP 或者贴片等形式。

在上面的设计过程中，要不断进行仿真和验证，依次为功能模拟、时序模拟和版图验证等。只有经过不断地仿真和验证，才能保证设计的正确。另外，在设计过程的每一步，均有各种 EDA 工具提供强有力的支持，假如仅用手工完成上述工作，在今天是不可想象的。

4. 逆向设计

逆向设计是以剖析别人已有的设计为基础，在得到实际芯片的版图、逻辑图、功能和工作原理后，再转入正向设计，以便实现或者改进该芯片的功能。现在芯片的设计一般采用正向设计。当然，有时也可以以逆向设计作为辅助的设计手段。逆向设计的一般流程如下：

(1) 去掉芯片的封装材料，清洗并晾干后，将芯片放置到显微镜下进行观察。

(2) 使用显微镜获取版图的照片，通过软件设置获取芯片的大小范围，设置照片数目，计算机自动扫描和拍照，并自动拼图，即可获得芯片的版图照片。

(3) 根据显微镜获得的照片，分析芯片的版图，对各功能块进行分析，从而得到整体逻辑图，分析出电路。

图 1.8 为逆向设计剖析芯片所需的仪器设备，其中右侧为与显微镜配套的电动平台，显微镜电动平台提供 X、Y、Z 三个方向上的计算机控制移动，也可通过操作杆进行。通过相应的软件控制，可将显微镜拍照自动化。图 1.9 为逆向设计所获得的版图拼图实例。

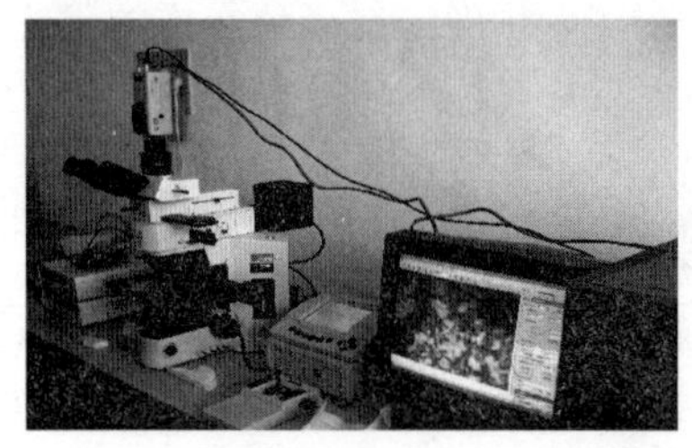
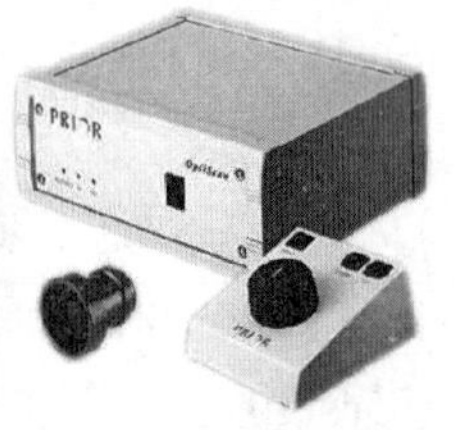

图 1.8　逆向设计剖析芯片仪器设备及显微镜电动平台

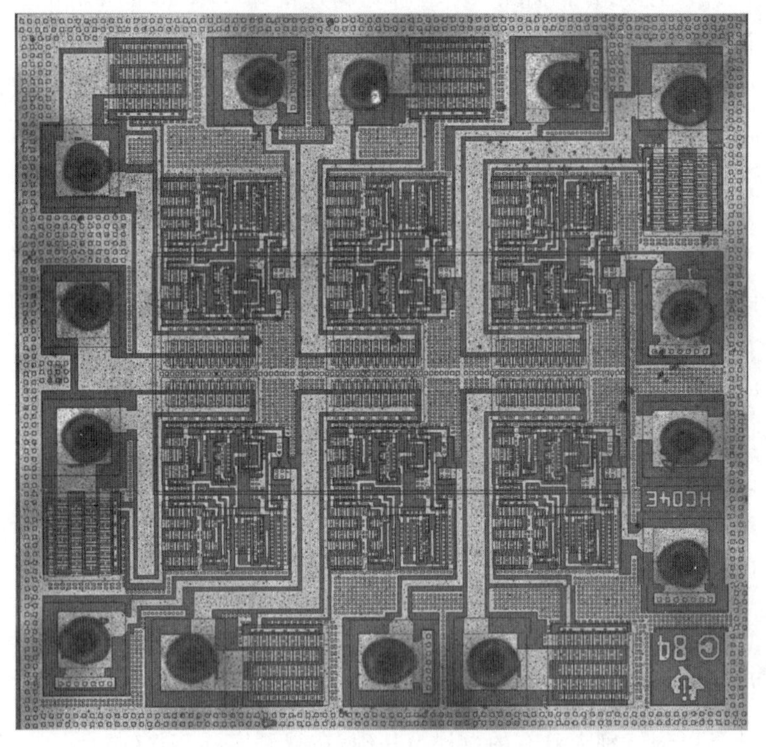

图 1.9　74HC04 逆向设计所获得的版图拼图

1.4　CPLD/FPGA 的 EDA 开发流程

CPLD/FPGA 的 EDA 开发流程是在 EDA 软件平台上以 HDL 为手段进行系统逻辑描述设计，完成整个设计过程中的逻辑编译、逻辑化简、逻辑分割、逻辑布局布线、逻辑仿真以及对特定目标芯片的适配编译、逻辑映射和编程下载等工作。设计者的工作仅限于利用软件的方式，即利用 HDL 来完成对系统硬件功能的描述，在 EDA 工具的帮助下就可以得到最后的设计结果。尽管目标系统是硬件，但整个设计和修改过程如同完成软件设计一样方便和高效。CPLD/FPGA 的 EDA 开发流程主要包括设计输入、设计综合、元件适配、仿真、编程下载等设计步骤。CPLD/FPGA 的开发流程如图 1.10 所示。

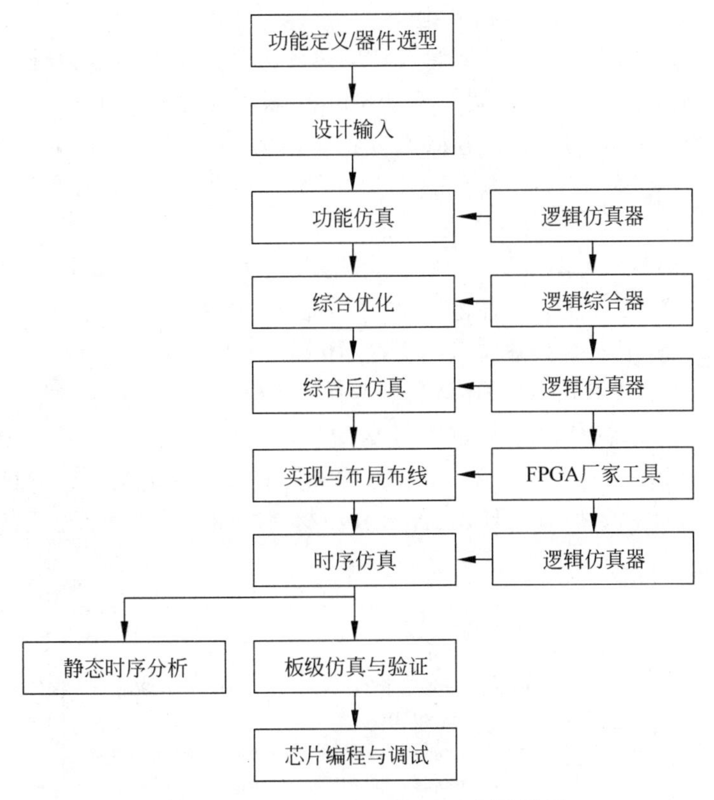

图 1.10 CPLD/FPGA 的 EDA 开发流程

1. 设计输入(Design Input)

1) 原理图输入(Schematic Diagrams)

直接把设计的系统用原理图方式表现出来,直观、形象地对表现层次结构、模块化进行表示,此设计方法适合设计规模较小的电路。原理图设计示意图如图 1.11 所示。此种设计方式要求设计工具提供必要的元件库,较擅长描述连接关系和接口关系,而不擅长描述逻辑功能。如果系统规模较大,或设计软件不能提供所需的库单元时,该设计方法将不适用。此外用原理图表示的设计,通用性、可移植性也较弱。

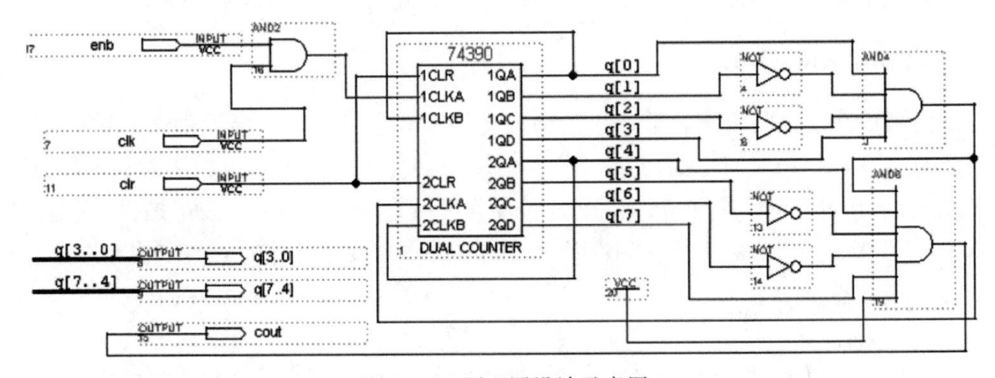

图 1.11 原理图设计示意图

2）硬件描述语言(HDL 文本输入)

HDL 是一种用文本形式来描述和设计电路的语言。设计者可利用 HDL 语言描述自己的设计，然后利用 EDA 工具进行综合和仿真，最后变为某种目标文件，再用 ASIC 或 FPGA 具体实现。采用 VHDL 语言描述的全加器如 1.2 节图 1.3 所示。

2. 综合(Synthesis)

综合器是能够将原理图或 HDL 语言表达或描述的电路功能转化为具体的电路结构网表的工具。将较高层次的设计描述自动转化为较低层次描述的综合，可以分为以下 3 类：

(1) 行为综合：从行为描述转换到寄存器传输级(RTL)。

(2) 逻辑综合：从 RTL 级描述转换到逻辑门级(包括触发器)。

(3) 版图综合或结构综合：从逻辑门表示转换到版图表示，或转换到 PLD 元件的配置网表(Netlist File)表示。网表文件是描述电路的连接关系的文件，一般以文本文件的形式存在，它包括电路的所有元件、元件参数和相互之间的连接关系。网表文件示例如图 1.12 所示。

```
inv_1 U3 ( .ip (en), .op (n13));
inv_1 U4 ( .ip (en), .op (n12));
ABorC U5 ( .ip1 (lampb[0]), .ip2 (n14), .ip3 (n15), .op (n295));
inv_1 U6 ( .ip (en), .op (N97));
ABorC U7 ( .ip1 (lampb[1]), .ip2 (n14), .ip3 (n16), .op (n296));
ABorC U8 ( .ip1 (lampb[2]), .ip2 (n14), .ip3 (n17), .op (n297));
or3_1 U9 ( .ip1 (N97), .ip2 (n18), .ip3 (n19), .op (n298));
nor2_1 U10 ( .ip1 (N97), .ip2 (n20), .op (n299));
nor2_1 U11 ( .ip1 (n13), .ip2 (n21), .op (n300));
nor2_1 U12 ( .ip1 (N97), .ip2 (n22), .op (n301));
nor2_1 U13 ( .ip1 (n13), .ip2 (n23),.op (n310));
```

图 1.12　网表文件示例

CPLD/FPGA 的 EDA 开发流程中的硬件综合器要注意与 C、ASM 的软件编译器区分开来，如图 1.13 所示。软件编译器是把高级语言编译成可执行文件，如二进制代码，典型编译器如 C/C++编译器。硬件综合器是把 RTL 级别的硬件代码综合成网表文件，是一个具体优化和映射的过程，例如将 VHDL/Verilog 程序代码转换成网表。

3. 适配(Fitter)

适配器的功能是将由综合器产生的网表文件配置于指定的目标元件中，并产生最终的可下载文件，如对 CPLD 元件而言，产生熔丝图文件，即 JEDEC 文件；对 FPGA 元件则产生位流(Bitstream)数据文件。一般综合器可由第三方的 EDA 公司提供，而适配则一般由 FPGA/CPLD 生产厂家提供，因为适配的过程直接与元件的具体结构相对应。

4. 仿真(Simulation)

仿真也称为模拟，是对所设计电路的功能验证，分为功能仿真(也称为前仿真)和时序仿真(后仿真)。

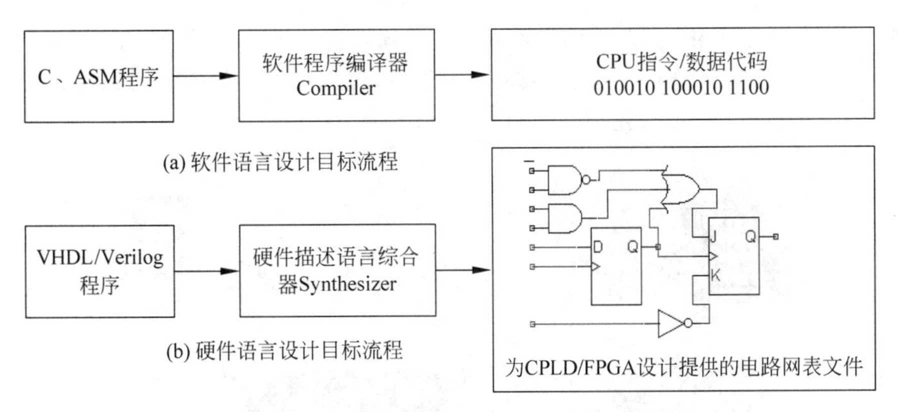

图 1.13　软件编译器和硬件综合器功能比较

1）功能仿真

功能仿真是指在一个设计中，在设计实现前对所创建的逻辑验证其功能是否正确的过程。布局布线以前的仿真都称作功能仿真，它包括综合前仿真（Pre-Synthesis Simulation）和综合后仿真（Post-Synthesis Simulation）。综合前仿真主要针对基于原理框图的设计；综合后仿真既适合原理图设计，也适合基于 HDL 语言的设计。乘法器的功能仿真波形图如图 1.14 所示。

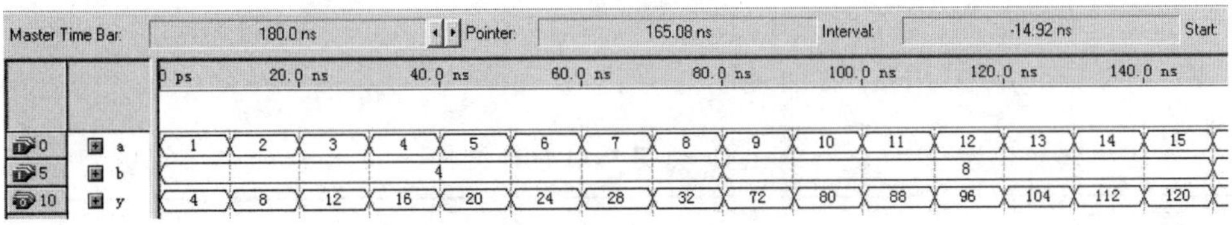

图 1.14　功能仿真波形图

2）时序仿真

时序仿真使用布局布线后元件给出的模块和连线的延时信息，在最坏的情况下对电路的行为作出实际估计。时序仿真使用的仿真器和功能仿真使用的仿真器是相同的，所需的流程和激励也是相同的。唯一的差别是为时序仿真加载到仿真器的设计包括基于实际布局布线设计的最坏情况的布局布线延时，并且在仿真结果波形图中，时序仿真后的信号加载了时延，而功能仿真没有。乘法器的时序仿真波形图如图 1.15 所示。

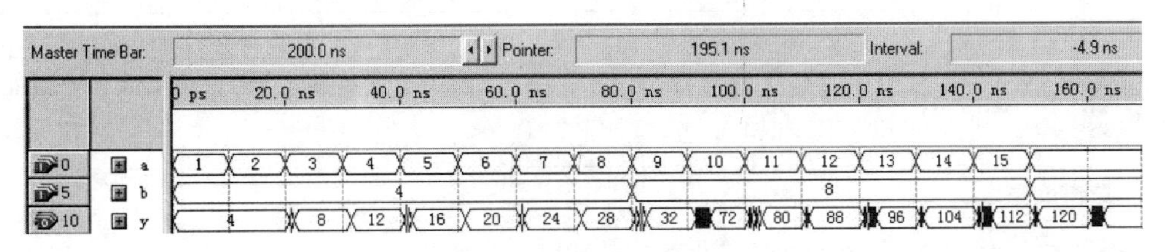

图 1.15　时序仿真波形图

5. 编程（Program）

把适配后生成的编程文件配置到 PLD 元件中的过程称为下载。通常将对基于 EEPROM 工艺的非易失结构 PLD 元件下载称为编程（Program），而将基于 SRAM 工艺结构的 PLD 元件下载称为配置(Configure)。编程需要满足一定的条件，如编程电压、编程时序和编程算法等。有两种常用的编程方式：传统利用专用的编程器编程方式和在系统编程(In-System Programmable，ISP)方式，如图 1.16 所示。

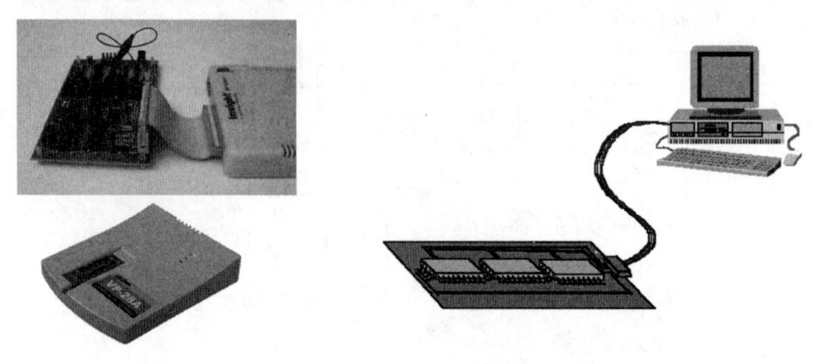

(a) 传统编程下载方式　　(b) 在系统编程(ISP)方式

图 1.16　传统和在系统编程方式

1.5　EDA 设计工具

1. 常用 EDA 设计工具

EDA 设计常用的设计工具如表 1.1 所示。

表 1.1　常用 EDA 设计工具

软　　件	简　　介
MAX+PLUS® II	MAX+ plus Ⅱ是 Altera 的集成开发软件，使用广泛，支持 Verilog HDL、VHDL 和 AHDL 多种语言
QUARTUS™	Quartus 是 Altera 继 MAX+plus Ⅱ后的新一代开发工具，能够支持百万门级的设计，适合大规模 FPGA 的开发。Quartus 提供了更优化的综合和适配功能，改善了对第三方仿真和时域分析工具的支持。软件包含 SOPC Builder，可自动添加、参数化和链接 IP 核，包括嵌入处理器、协处理器、外设和用户定义逻辑等
ISE ALL THE SPEED YOU NEED	ISE 是 Xilinx 公司最新的 FPGA/CPLD 的集成开发软件，它提供给用户一个从设计输入到综合、布线、仿真、下载的全套解决方案，并很方便地同其他 EDA 工具接口
FOUNDATION	Foundation 是 Xilinx 公司的 PLD 开发软件
ispLEVER	ispLEVER 是 Lattice 公司继 ispDesignEXPERT 后的新一代集成开发工具，该软件同时集成了许多第三方专业工具，如综合工具 Synplify/Synplify Pro 和 Leonardo Spectrum，仿真软件 ModelSim 等

2. 输入工具

EDA 设计常用的输入工具如表 1.2 所示。

表 1.2 常用 EDA 输入工具

软　　件	简　　介
HDL Designer Series	Mentor 公司的设计输入工具，包含于 FPGA Advantage 软件中，可以接受 HDL 文本、原理图、状态图、表格等多种设计输入方式，并将其转化为 HDL 文本表达方式
UltraEdit	一个通用的编辑器
HDL Turbo Writer	VHDL/Verilog HDL 专用编辑器，可大小写自动转换，缩进、折叠、格式编排很方便，可直接使用 FPGA Advantage 做后端处理
Visual HDL	Innovada 公司的可视化 VHDL/Verilog HDL 编辑工具，可以通过绘制流程图等可视化方法生成一部分 HDL 代码

3. 逻辑综合工具

EDA 设计常用的逻辑综合工具如表 1.3 所示。

表 1.3 常用 EDA 逻辑综合工具

软　　件	简　　介
Synplicity	Synplify/Synplify Pro 是 Synplicity 公司推出的 Verilog HDL/VHDL 综合软件，使用广泛。Synplify Pro 除了具有原理图生成器、延时分析器外，还带有一个 FSM Compiler（有限状态机编译器），能从 HDL 设计文本中提出存在的 FSM 设计模块，并用状态图的方式显示出来，用表格来说明状态的转移条件及输出
FPGA COMPILER II synopsys	FPGA Complier Ⅱ 是 Synopsys 公司的 Verilog HDL/VHDL 综合软件。Synopsys 是最早推出 HDL 综合器的公司，它改变了早先 HDL 语言只能用于电路的模拟仿真的状况 Synopsys 的综合器包括 FPGA express、FPGA compiler，目前其最新的综合软件为 FPGA Complier Ⅱ
LEONARDO spectrum	Leonardo Spectrum 是 Mentor 的子公司 Exemplar Logic 出品的 Verilog HDL/VHDL 综合软件，并作为 FPGA Advantage 软件的一个组成部分。Leonardo Spectrum 可同时用于 CPLD/FPGA 和 ASIC 设计两类目标，性能稳定

4. 仿真工具

EDA 设计常用的仿真工具如表 1.4 所示。

表 1.4　常用 EDA 仿真工具

软　　件	简　　介
ModelSim	ModelSim 是 Mentor 的子公司 Model Technology 的一个出色的 VHDL/Verilog HDL 混合仿真软件，它属于编译型仿真器，仿真速度快，功能强
NC-Verilog/NC-VHDL/NC-Sim Verilog-XL cadence	这几个软件都是 Cadence 公司出品的 Verilog HDL/VHDL 仿真工具，其中 NC-Verilog 的前身是著名的 Verilog 仿真软件 Verilog-XL，用于对 Verilog HDL 程序进行仿真；NC-VHDL 用于 VHDL 仿真；而 NC-Sim 则能够对 Verilog HDL/VHDL 进行混合仿真
VCS/Scirocco	VCS 是 Synopsys 公司的 Verilog HDL 仿真软件，Scirocco 是 Synopsys 公司的 VHDL 仿真软件
Active HDL SYNOPSYS	Active HDL 是 Aldec 公司的 Verilog HDL/ VHDL 仿真软件，人机界面友好，简单易用

5. 其他 EDA 工具

其他 EDA 设计工具如表 1.5 所示。

表 1.5　其他 EDA 设计工具

软　　件	简　　介
FPGA Advantage	Mentor 公司出品，Verilog HDL/VHDL 完整开发系统，可以完成除了适配和编程以外所有的工作，包括 3 套软件：HDL Designer Series（输入及项目管理）、Leonardo Spectrum（逻辑综合）和 ModelSim（模拟仿真）
DSP Builder	Altera 公司的 DSP 开发工具，能快速有效地完成数字信号处理的仿真和最终 FPGA 实现，实现了常用的 DSP 开发工具（如 Matlab）到 EDA 工具（Quartus Ⅱ）的无缝连接

续表

软　　件	简　　介
System Generator	Xilinx公司的DSP开发工具,实现ISE与Matlab的接口,能快速有效地完成数字信号处理的仿真和最终FPGA实现
SOPC Builder	配合Quartus Ⅱ,可以完成集成CPU的FPGA芯片的开发工作

第2章 CPLD/FPGA元件

2.1 PLD的结构与配置

2.1.1 PLD发展历程

PLD是20世纪70年代发展起来的一种新型元件,它的应用和发展简化了电路设计,降低了开发成本,提高了系统的可靠性,给数字系统的设计方式带来了革命性的变化。

PLD元件的雏形是20世纪70年代中期出现的可编程逻辑阵列(Programmable Logic Array,PLA),在结构上由可编程的与阵列和可编程的或阵列构成,阵列规模比较小,编程也比较复杂。

第一个实现商业化运用的PLD,是由Monolithic内存公司(Monolithic Memories, Inc.,MMI)所推出的可编程阵列逻辑(Programmable Array Logic,PAL)。PAL由可编程的与阵列和固定的或阵列组成,采用熔丝编程方式,具有设计灵活、期间速度快的特点,因此也成为第一个得到普遍应用的PLD元件,如图2.1(a)所示。MMI公司在20引脚的PAL方面相当成功,之后超微(AMD)公司也推出了22V10,具有原先PAL所有的特性特点,但引脚数增至24,如图2.1(b)所示。

(a) MMI PAL 16R6 in 20引脚DIP

(b) AMD 22V10 in 24引脚DIP

图2.1 PAL元件

以PAL为基础，美国的Lattice公司在20世纪80年代初期发明了通用阵列逻辑(Generic Array Logic，GAL)。GAL的特性与PAL相同，不过PAL的电路组态、配置只能进行一次的程序烧录，不能再有第二次，而GAL元件采用了输出逻辑宏单元(Output Logic Macro Cell，OLMC)的结构和EEPROM工艺，具有可编程、可擦除、可长期保持数据的优点，使用灵活，所以GAL得到了更为广泛的应用。普遍采用的芯片有两种：GAL16V8(20引脚)和GAL20V8(24引脚)，如图2.2所示。这两种GAL能仿真所有的PAL，并能够按设计者自己的要求构成各种功能的逻辑电路，在研制开发新的电路系统时，极为方便。

图2.2 GAL16V8(20引脚)和GAL20V8(24引脚)

之后，PLD元件进入一个快速发展时期，不断地向着大规模、高速度、低功耗的方向发展。20世纪80年代中期，Altera公司推出了一种新型的可擦除、可编程的逻辑元件(Erasable Programmable Logic Device，EPLD)。EPLD采用CMOS和UVEPROM工艺制造，集成度更高，设计也更灵活，但是其内部连线的功能有待进一步提高。

随后，为了大规模、高集成、低功耗，Altera公司又推出了CPLD，从可擦除EPLD改进而来，采用EEPROM工艺制作。与EPLD相比，CPLD增加了内部连线，对逻辑宏单元和I/O单元也有着重大的改进，它的性能更好，使用更方便。CPLD是一种整合性较高的逻辑元件，由于具有高整合性的特点，故其有性能提升、可靠度增加、芯片面积减少及成本下降等优点。

1985年，美国Xilinx公司推出了FPGA，是一种采用单元型结构的新型PLD元件。它是在PAL、GAL、CPLD等可编程元件的基础上进一步发展的产物，它采用CMOS、SRAM工艺制作，在结构上和阵列型PLD不同，它的内部由许多独立的可编程逻辑单元构成，各逻辑单元之间可以灵活地相互连接，具有密度高、速度快、编程灵活、可重新配置等优点，它是作为ASIC领域中的一种半定制电路而出现的，既解决了定制电路的不足，又克服了原有可编程元件门电路数有限的缺点。PLD的发展历程如图2.3所示。

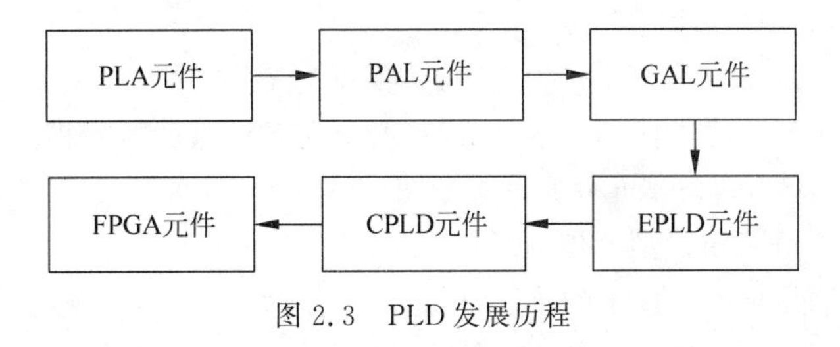

图2.3 PLD发展历程

2.1.2 PLD分类

PLD的种类多种多样，而且由于生产厂商众多，生产的PLD元件的结构与特点也有所不同。按照不同的标准,PLD元件可以分为许多类型。下面通过几种比较通用的方法进行PLD的分类。

1. 按PLD集成度分类

集成度是PLD的一项重要的指标,从集成度上分类,PLD可以分为简单PLD(SPLD)和复杂PLD(CPLD)。美国的Lattice公司生产的GAL22V10产品,则成了简单PLD和复杂PLD之间的一个分水岭,GAL22V10集成度大致为500～750门,通常也以GAL22V10来作为参照区分SPLD和CPLD。参照这个标准,PROM、PLA、PAL和GAL属于简单PLD,而CPLD和FPGA则属于复杂PLD,如图2.4所示。

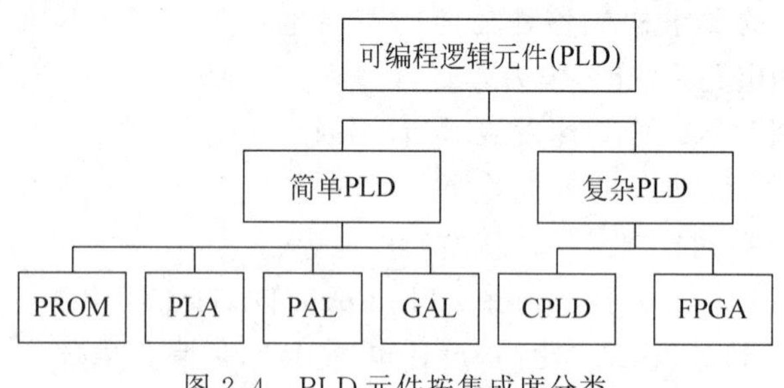

图2.4　PLD元件按集成度分类

2. 按编程特点分类

1) 按编程次数分类

PLD元件按照可编程次数分为两类:

- 一次性编程元件(One Time Programmable,OTP)。
- 可多次编程元件。

OTP类元件只允许对元件编程一次,不能进行修改,而可多次编程的元件则允许对元件多次编程,适合在科研与开发中使用。

2) 按编程方式分类

PLD元件的可编程特性是通过元件的可编程元件来实现的,按照PLD不同的编程方式可分为如下几类。

(1) 熔丝(Fuse)型元件

熔丝编程技术是用熔丝作为开关元件,这些开关元件平时(在未编程时)处于连通状态,加电编程时,在不需要连接处将熔丝熔断,保留在元件内的熔丝模式决定相应元件的逻辑功能,如PROM。熔丝型元件原理示意图如图2.5所示。

(2) 反熔丝(Anti-Fuse)型元件

反熔丝型元件是对熔丝技术的改进,用逆熔丝作为开关元件。这些开关元件在未编程时处于开路状态,编程时,在需要连接处的逆熔丝开关元件两端加上编程电压,逆熔丝将由高阻抗变为低阻抗,实现两点间的连接,编程后元件内的反熔丝模式决定了相应元件的逻辑功能。反熔丝型元件原理示意图如图2.6所示。

(3) 紫外线擦除、电编程方式的元件

浮栅管相当于一个电子开关,加电写入,电压脉冲消除后,浮栅上的带电粒子可以长期保留；当浮栅管受到紫外光照射时，擦除所记忆的信息，而为重新编程做好准备，如EPROM。紫外线擦除、电编程方式的元件原理示意图如图 2.7 所示。

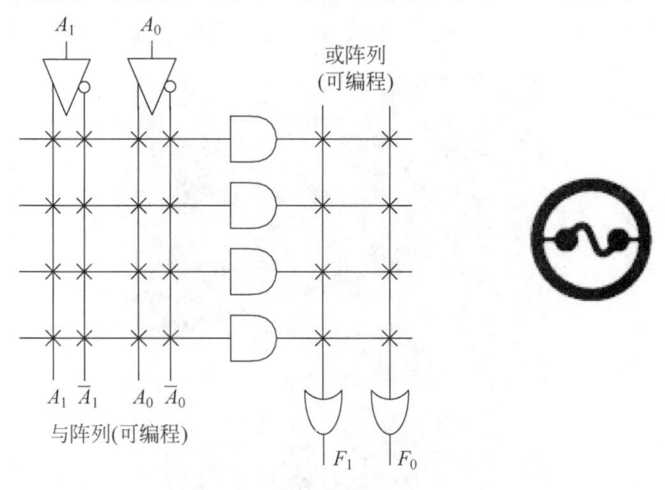

图 2.5　熔丝型元件原理示意图

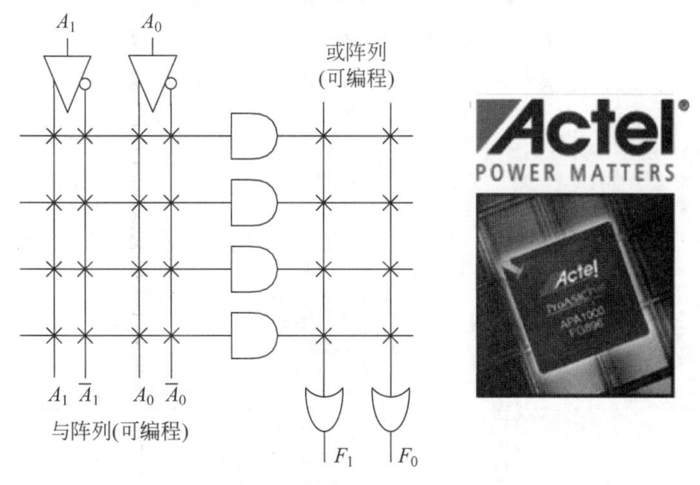

图 2.6　反熔丝型元件原理示意图

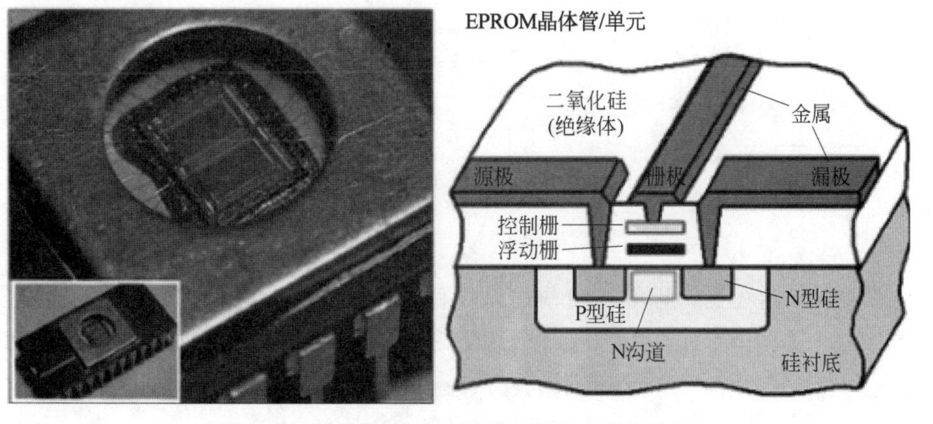

图 2.7　紫外线擦除、电编程方式的元件示意图

(4) 电擦除、电编程方式的元件

编程和擦除都是通过在漏极和控制栅极上加入一定幅度和极性的电脉冲来实现,可由用户在"现场"用编程器来完成。电擦除、电编程方式的元件原理示意图如图2.8所示。

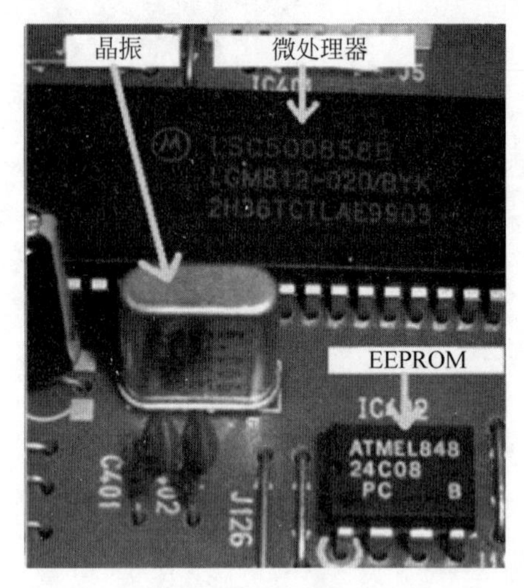

图2.8　电擦除、电编程方式的元件示意图

(5) SRAM型元件

在系统每次加电时,我们必须从某个外部元件中加载SRAM FPGA的配置信息,大多数的FPGA都采用此类结构。SRAM型元件示意图如图2.9所示。

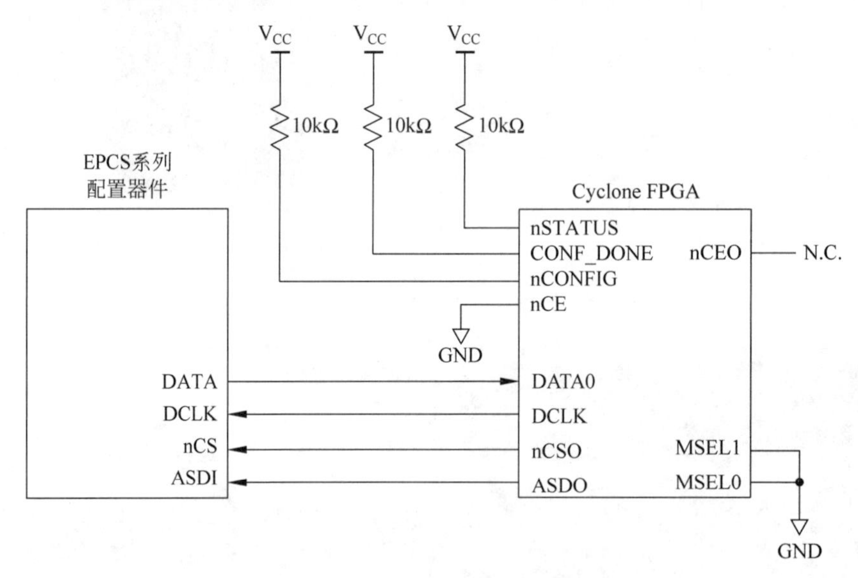

图2.9　SRAM型元件示意图*

一般将采用前4类编程方式结构的元件称为非易失性元件,这类元件在编程后,配置数据将会一直保持在元件内,直至将它擦除或重写;而采用第5类编程方式的元件则

* 书中由软件生成的电路图、元件图等保留原形,未做处理。

称为易失性元件，这类元件在每次掉电后配置数据会丢失，因而在每次上电时需要重新进行配置。

采用熔丝或反熔丝编程方式的元件只能写一次，所以属于 OTP 元件，其他类型的元件都是可以多次编程的。Actel 公司、Quicklogic 公司的部分产品采用反熔丝工艺，这种 PLD 不能重复擦写，所以用于开发会较为复杂，费用也相对较高。反熔丝工艺也有其优势：布线能力更强，系统速度更快，功耗更低，同时抗辐射干扰能力更强，可以进行加密，所以在军事以及航空航天领域运用较多。

3. 按结构特点分类

目前常用的 PLD 都是与或阵列和门阵列两类基本结构发展起来的，所以从结构上可以将 PLD 分为两类。

- 阵列型 PLD 元件：基本结构为与或阵列。
- 单元型 PLD 元件：基本结构为逻辑单元。

简单的 PLD 元件、EPLD 元件以及绝大多数的 CPLD 元件都属于阵列型的 PLD 元件。FPGA 属于单元型的 PLD 元件，它的基本结构是可编程逻辑块，由许多逻辑块排列成阵列状，逻辑块之间由水平连线和垂直连线通过编程连通。

2.1.3 PLD 原理与基本结构

1. PLD 元件的基本结构

任何组合逻辑函数均可化为“与或”表达式，用“与门-或门”二级电路实现，而任何时序电路又都是由组合电路加上存储元件(触发器)构成的。因此，从原理上来讲，“与或”阵列加上寄存器的结构就可以实现任何的数字逻辑电路。PLD 元件就是采用这样的结构，再加上可以灵活配置的互连线，从而实现任意的逻辑功能。

PLD 元件的基本结构分别由输入缓冲电路、与阵列、或阵列和输出缓冲电路等 4 部分组成，PLD 元件的基本结构如图 2.10 所示。

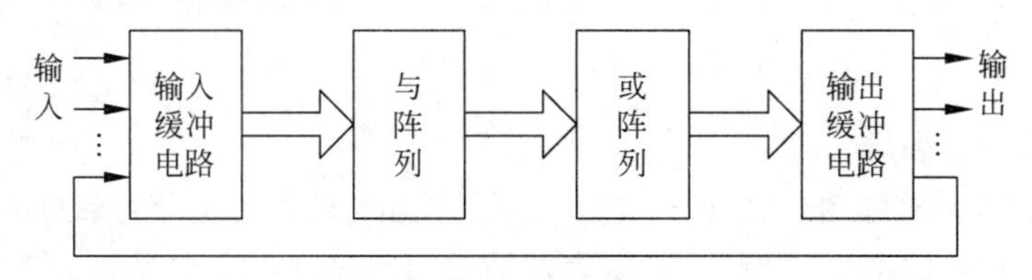

图 2.10 PLD 元件的基本结构框图

“与阵列”和“或阵列”是这种结构的主体，主要用来实现各种逻辑函数和逻辑功能；输入缓冲电路用来增强输入信号的驱动能力，并产生输入信号的原变量和反变量，输入缓冲电路通常还具有锁存器(Latch)，甚至是一些可以组态的宏单元(Macro Cell)，以对输入信号进行锁存和预处理；输出缓冲电路主要用来对将要输出的信号进行处理，既能输出纯组合逻辑信号，也能输出时序逻辑信号，输出缓冲电路中一般做三态门、寄存器等单元，甚至宏单元，用户可以根据需要配置成各种灵活的输出方式。

2. PLD电路符号表示

1）PLD缓冲电路的表示

PLD的输入缓冲器和输出缓冲器都采用互补结构，PLD输入缓冲电路表示方法如图2.11所示。

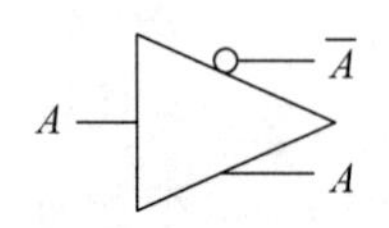

图2.11　PLD输入缓冲电路

2）PLD逻辑门表示法

如表2.1所示为常用逻辑门符号与现有国标符号的对照表。

表2.1　常用逻辑门符号与现有国标符号的对照表

	非　门	与　门	或　门	异　或　门
常用符号	A, $\overline{A}$	A, B, F	A, B, F	A, B, F
国际符号	1; A, $\overline{A}$	&; A, B, F	≥1; A, B, F	=1; A, B, F
逻辑表达式	$\overline{A}$=NOT A	$F=A\cdot B$	$F=A+B$	$F=A\oplus B$

3）PLD阵列线连接表示

PLD中阵列交叉点3种连接方式的表示方法如图2.12所示。最左侧的表示未连接，一种可能是该点原本就未连接，另外一种是由于熔丝熔断而形成的可编程断开；中间的表示固定连接，这是厂家在生产芯片时连接好的，是不能改变的；最右侧的表示可编程连接，在熔丝编程工艺的PLD中，接通对应于熔丝未熔断。

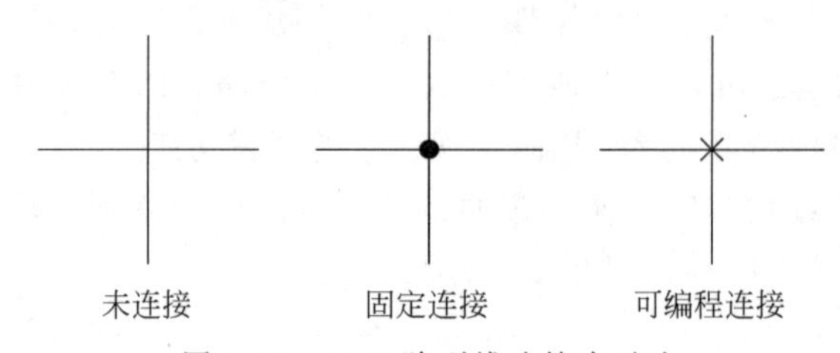

图2.12　PLD阵列线连接表示法

4）简单阵列的表示

一个简单的与阵列如图2.13所示，它所表示的输出与输入的逻辑关系为$F=A\cdot B\cdot D$。一个简单的或阵列如图2.14所示，它所表示的输出与输入的逻辑关系为$F=A+C$。

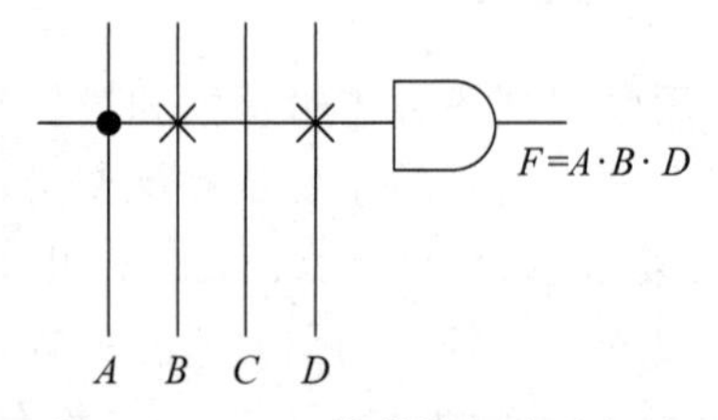

图2.13　PLD简单的与阵列表示

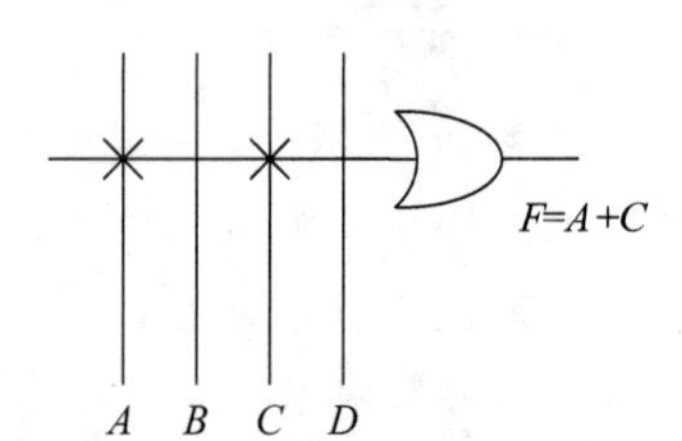

图2.14　PLD简单的或阵列表示

3. PROM 可编程只读存储器

可编程只读存储器(Programmable Read-Only Memory),缩写为 PROM,是一种存储记忆芯片,它允许用户使用称为 PROM 编程器的硬件将数据写入芯片中,以实现对其"编程"的目的。它的结构示意图如图 2.15 所示,主要由地址译码器和存储单元阵列组成。地址译码器根据输入地址选择某个输出端有效,由它再去驱动存储单元阵列,以便输出对应地址上存储单元所储存的数据。型号为 2764 的 PROM 引脚示意图如图 2.16 所示。

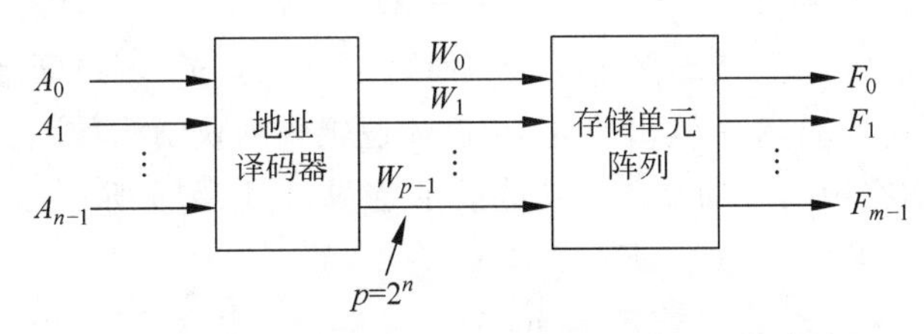

图 2.15　可编程只读存储器结构示意图

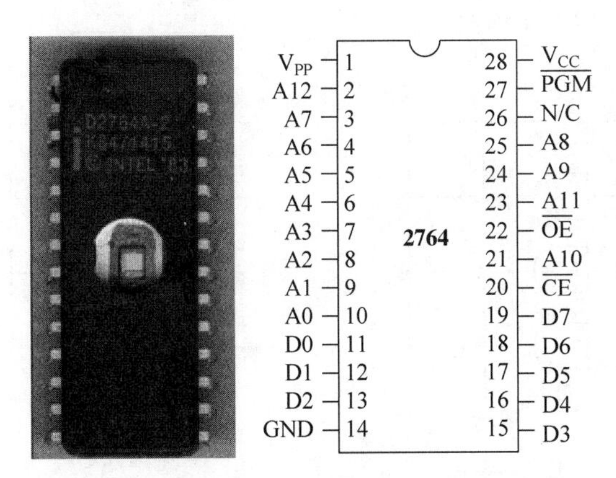

图 2.16　型号为 2764 的 PROM 引脚示意图

PROM 其实也是一种速度快、成本低、编程容易的 PLD,它的内部结构实际对应一个固定的"与阵列"和一个可编程的"或阵列",而固定的"与阵列"对应 PROM 中的地址译码器,可编程的"或阵列"对应 PROM 中的存储单元阵列,它的结构示意图如图 2.17 所示。

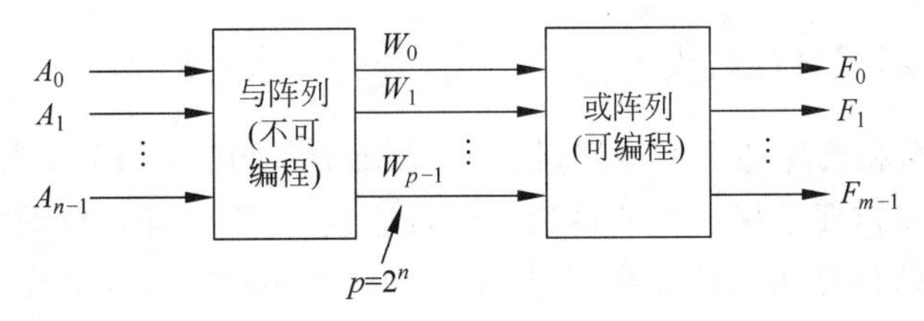

图 2.17　可编程只读存储器变换为与或阵列结构示意图

PROM 中的与阵列(地址译码器)是完成 PROM 或阵列(存储阵列)的行的选择,其逻辑函数是:

$$W_0=\overline{A}_{n-1}\cdots\overline{A}_1\overline{A}_0$$
$$W_1=\overline{A}_{n-1}\cdots\overline{A}_1 A_0$$
$$\vdots$$
$$W_{2^n-1}=A_{n-1}\cdots A_1 A_0$$
$$F_0=M_{p-1,0}W_{p-1}+\cdots+M_{1,0}W_1+M_{0,0}W_0$$
$$F_1=M_{p-1,1}W_{p-1}+\cdots+M_{1,1}W_1+M_{0,1}W_0$$
$$\vdots$$
$$F_{m-1}=M_{p-1,m-1}W_{p-1}+\cdots+M_{1,m-1}W_1+M_{0,m-1}W_0$$

其中，$p=2^n$，而 $M_{p-1,m-1}$ 是存储单元阵列第 $p-1$ 行 $m-1$ 列单元的值。

一个具有 2 个输入端，2 个输出端的 PROM 逻辑阵列块结构如图 2.18 所示。

用 PROM 结构实现的半加器逻辑功能的示意图如图 2.19 所示，其输出逻辑为

$$F_0=A_0\overline{A}_1+\overline{A}_0 A_1$$
$$F_1=A_1 A_0$$

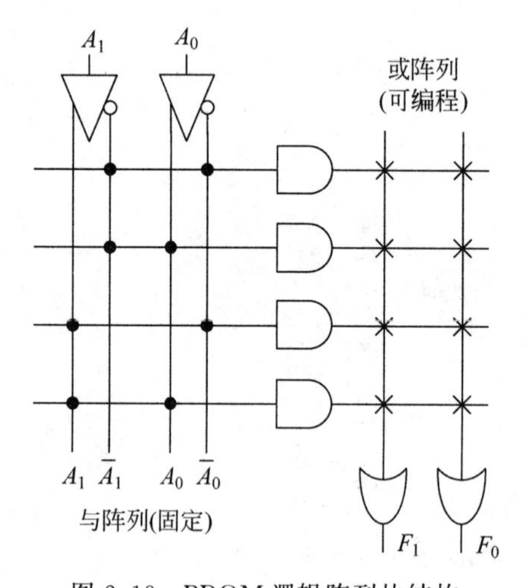

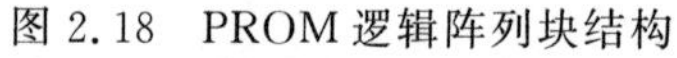
图 2.18 PROM 逻辑阵列块结构

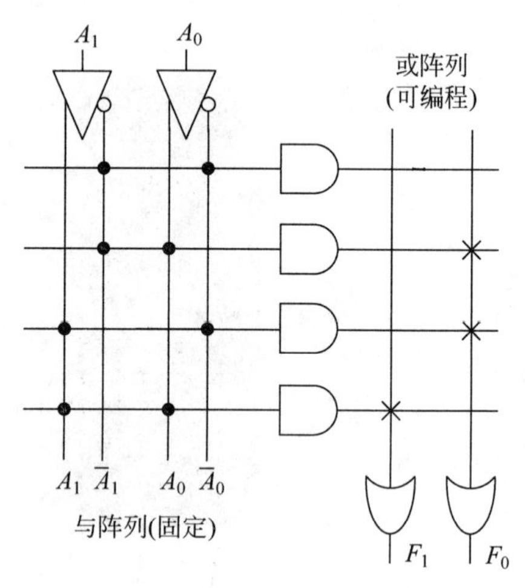

图 2.19 用 PROM 实现半加器逻辑功能

PROM 尽管是一种速度快、成本低、编程容易的 PLD，但当输入信号的数目较多时，其与阵列的规模会变得很大，从而导致元件成本升高、功耗增加、可靠性降低等问题出现。

4. PLA 可编程逻辑阵列块

PLA 的与阵列和或阵列都可编程，任何组合函数都可以用 PLA 来实现。虽然 PLA 的利用率较高，可是需要逻辑函数的最简与或表达式，对于多输出函数需要提取、利用公共的与项，涉及的软件算法比较复杂，尤其是多输入和多输出的逻辑函数，处理上更加困难。PLA 逻辑阵列块示意图如图 2.20 所示。

5. PAL 可编程阵列逻辑

PAL 的输出结构是固定的，不能编程。芯片型号选定后，输出结构也就选定了，根据

输出和反馈的结构不同,PAL 元件主要有可编程输入/输出结构、带反馈的寄存器型结构、异或输出结构、专用组合输出结构和算术选通反馈结构等。PAL 产品有 20 多种不同型号可供设计人员选择。PAL 结构示意图如图 2.21 所示。PAL 结构的常用表示如图 2.22 所示。

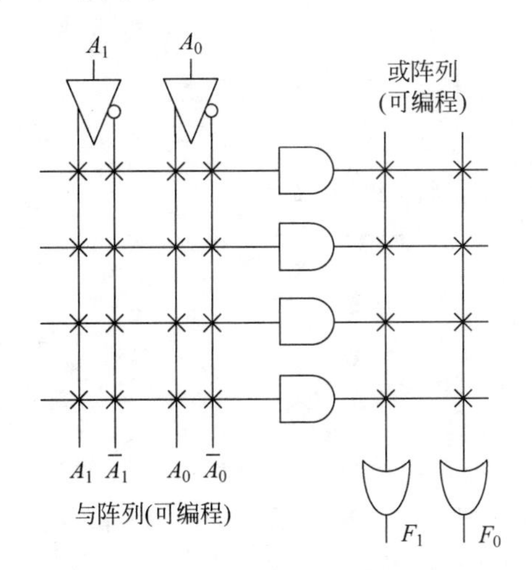

图 2.20 PLA 逻辑阵列块示意图

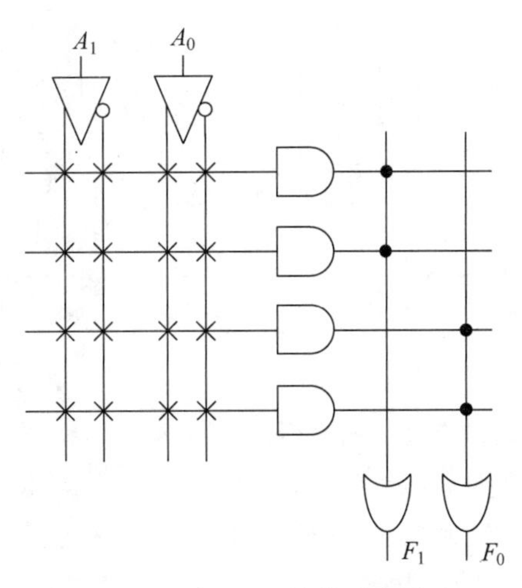

图 2.21 PAL 结构示意图

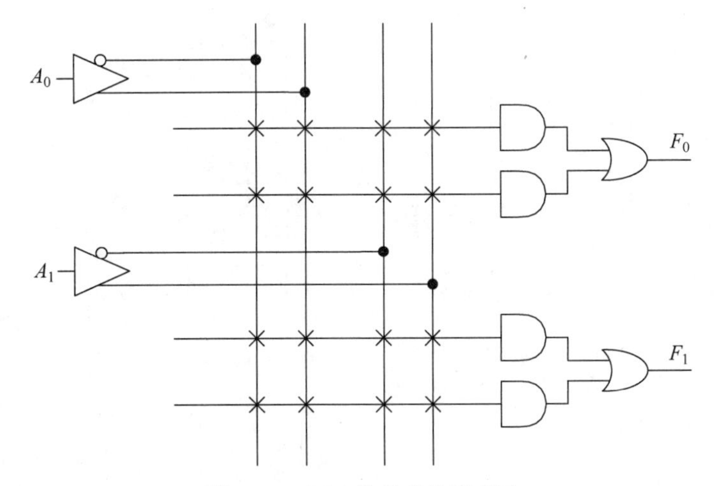

图 2.22 PAL 结构的常用表示

图 2.21 只是一个 PAL 的结构示意图,实际上常见的 PAL 输入变量可达 20 个,与逻辑阵列块乘积项最多可达 80 个,或逻辑阵列块输出端最多有 10 个,每个或门输入端最多可达 16 个。许多 PAL 增加了各种形式的输出电路,下面将简要介绍 PAL 元件的输出电路。

1) 可编程输入/输出结构

其输出电路是一个三态缓冲器,反馈部分是一个具有互补输出的缓冲器。与阵列的第一个与门的输出控制三态门的输出,当与门输出为"0"时,三态门禁止,输出呈高阻状态,I/O 引脚可作为输入使用;当与门输出为"1"时,三态门被选通,I/O 引脚作为输出使用或阵列的输出信号经缓冲器反相后,一路从 I/O 引脚送出,另一路经互补缓冲器反馈至与阵列的输入端。可编程输入/输出结构如图 2.23 所示，图中只画出了一个输出，如产品 PAL16L8 有 8 个输出。

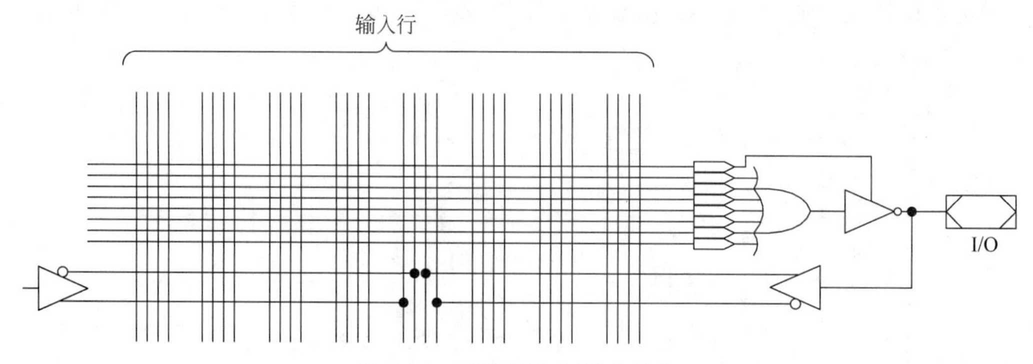

图 2.23　可编程输入/输出结构

2）带反馈的寄存器型结构

带反馈的寄存器型结构中包含寄存器。乘积项在经过或阵列后连接至 D 触发器的输入端，触发器的同相输出通过三态门连接至引脚，反相输出反馈回与阵列。这样的 PAL 具有记忆功能，能实现时序逻辑功能，而 PROM 和 PLA 没有寄存器结构，不能实现时序逻辑。带反馈的寄存器型结构如图 2.24 所示。

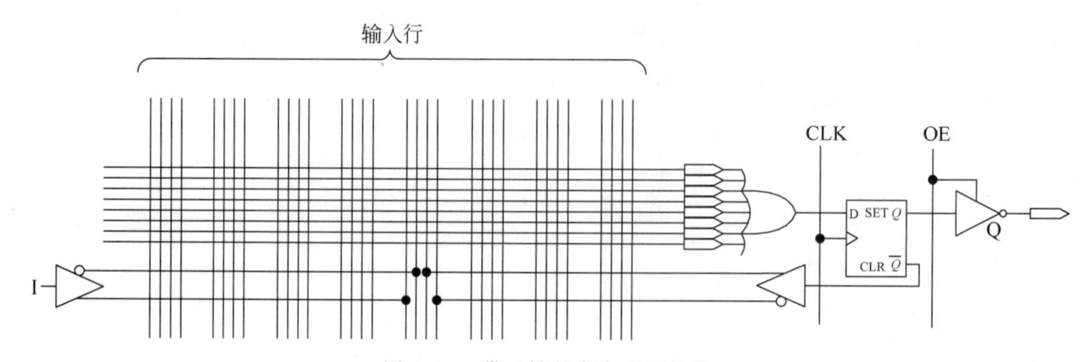

图 2.24　带反馈的寄存器型结构

3）异或输出结构

异或输出结构如图 2.25 所示。从图中可以看出，与带反馈的寄存器型结构输出结构相比，这种输出结构中在与阵列和寄存器之间增加了异或门。

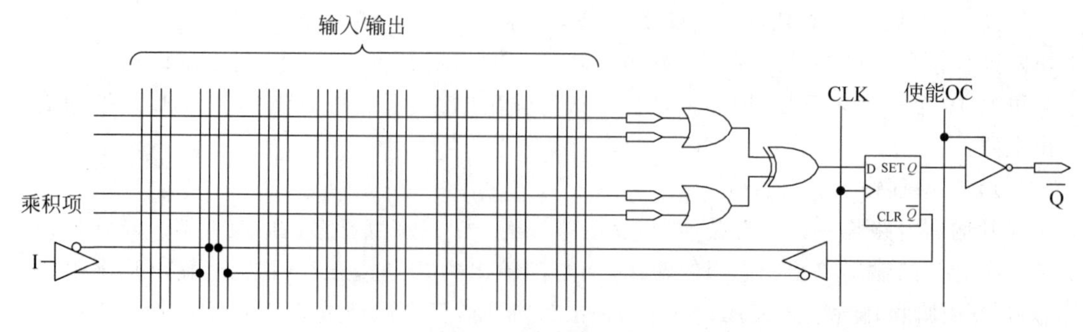

图 2.25　异或输出结构

4）专用组合输出结构

专用组合输出结构是一种最简单的输出电路结构，多个乘积项经过或非运算后输出至引脚。专用组合输出结构如图 2.26 所示。

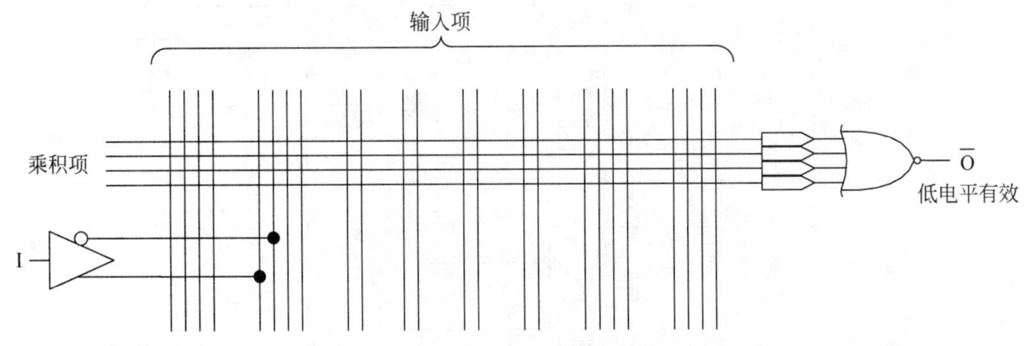

图 2.26　专用组合输出结构

5）算术选通反馈结构

在这些输出结构中最复杂的一种，就是算术选通反馈结构，如图 2.27 所示。算术选通反馈结构在异或输出结构的基础上增加了反馈信号的复杂程度。异或输出结构是将触发器的反相输出信号经或门反馈至与阵列，而算术选通反馈结构将$(A+B)$、$(\overline{A}+B)$、$(A+\overline{B})$和$(\overline{A}+\overline{B})$反馈回与阵列。

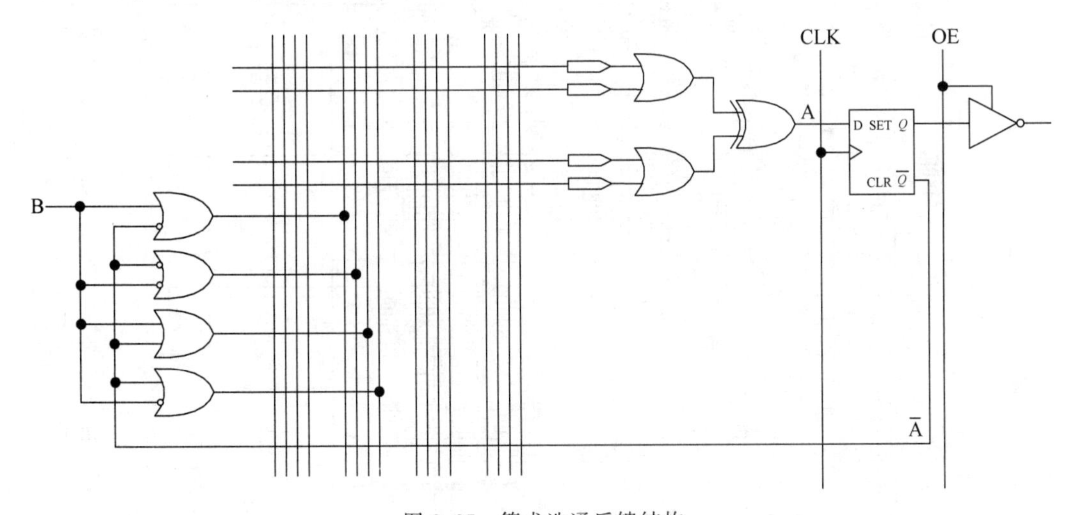

图 2.27　算术选通反馈结构

6. GAL 通用可编程逻辑元件

GAL 是基于可编程与逻辑阵列块和固定的或逻辑阵列块来实现组合逻辑的。在与逻辑阵列块中，每个交叉点都包含一个电可擦除 CMOS 单元，代替了 PAL 中的熔丝，从而使得 GAL 具有可重复编程的特性。GAL 的输出端设置了可编程的输出逻辑宏单元(Output Logic Macro Cell，OLMC)，通过编程可以将 OLMC 设置为不同的工作状态，使得 GAL 可以满足不同的需求。相对于 PAL 多样的输出电路，GAL 的通用性得到了增强。

GAL22V10 的电路结构有一个 132×64 位的可编程与逻辑阵列块、10 个 OLMC、10

个输出逻辑宏单元。GAL22V10 的电路结构如图 2.28 所示。

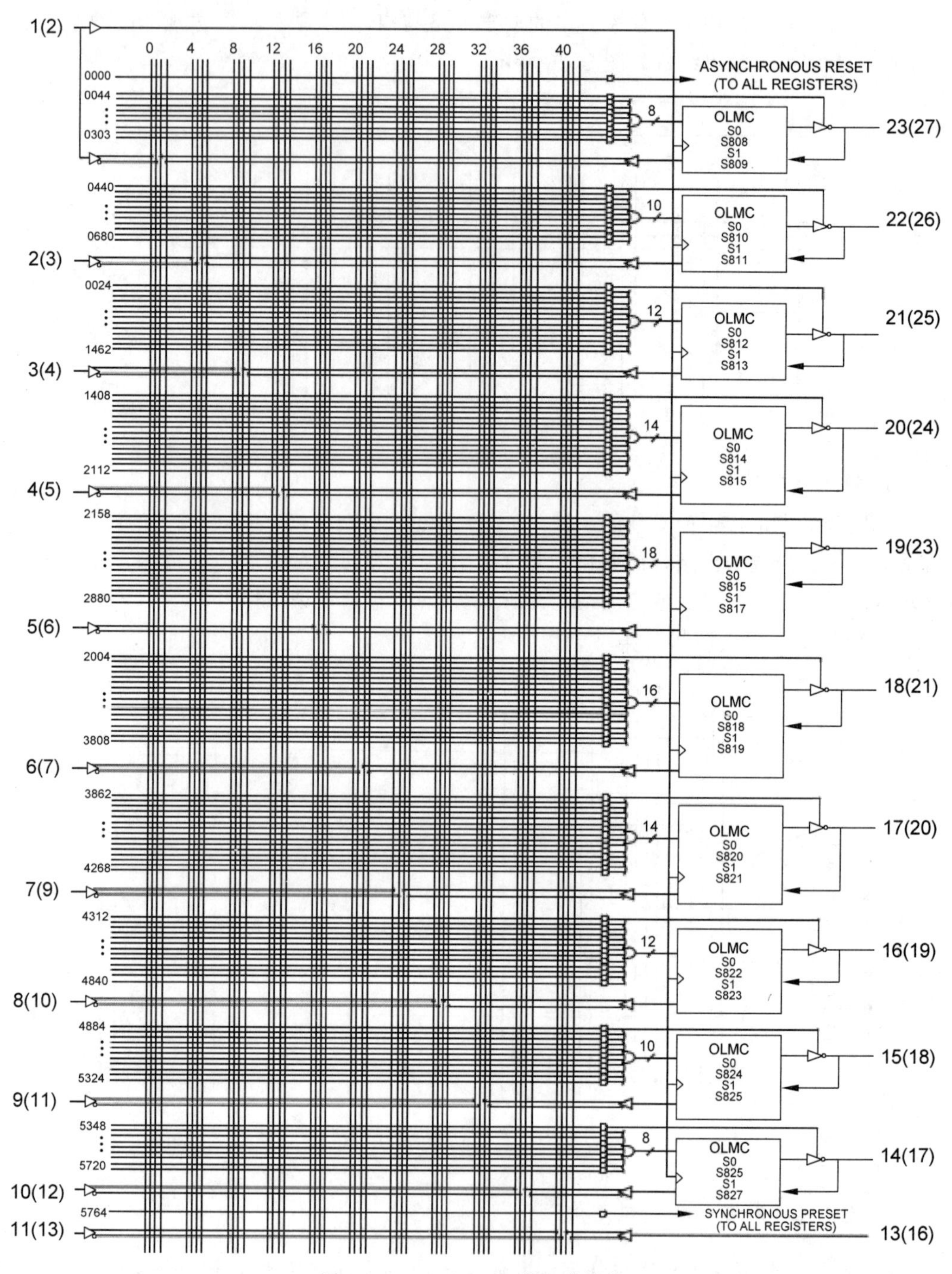

图 2.28　GAL22V10 的电路结构

GAL 使用通用的 OLMC 取代了 PAL 多样的输出结构，使得 GAL 在通用性方面要强于 PAL。GAL 的 OLMC 由或门、1 个 D 触发器、2 个选择器、1 个输出缓冲器和一些门电路组成，如图 2.29 所示。其中 4 选 1 MUX 用来选择输出方式和输出的极性，2 选 1 MUX 用来选择反馈信号。而这两个 MUX 的状态由两个可编程特性码 S1S0 来控制，

S1S0 有 4 种组态，因此 OLMC 有 4 种输出方式。

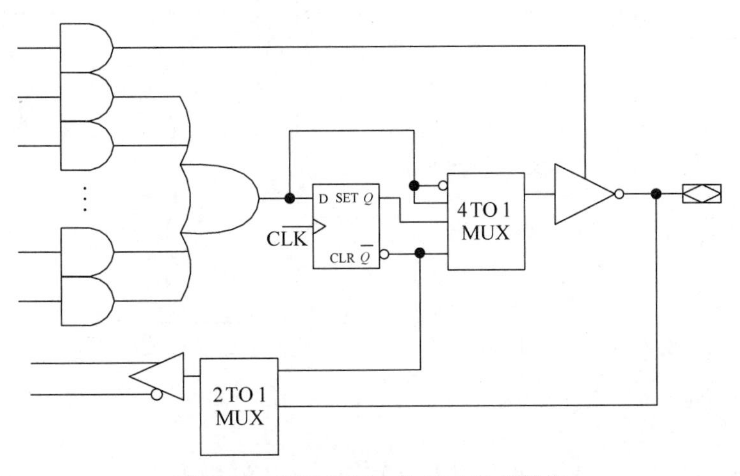

图 2.29 GAL22V10 的 OLMC 的结构

如图 2.30 所示，当 S1S0＝00 时，OLMC 为低电平有效寄存器输出方式；如图 2.31 所示，当 S1S0＝01 时，OLMC 为高电平有效寄存器输出方式；如图 2.32 所示，当 S1S0＝10 时，OLMC 为低电平有效组合逻辑输出方式；如图 2.33 所示，当 S1S0＝11 时，OLMC 为高电平有效组合逻辑输出方式。

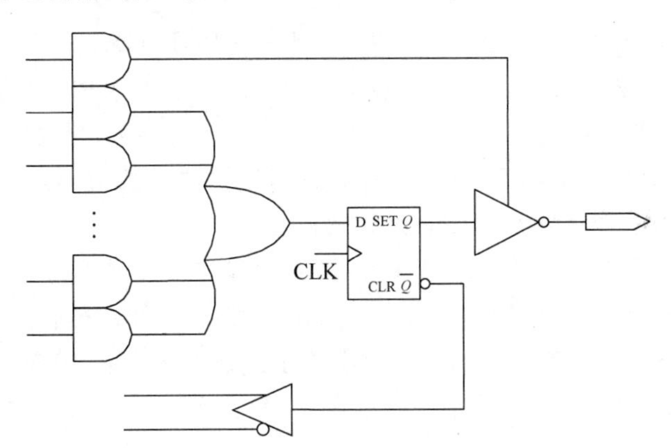

图 2.30 低电平有效寄存器输出图

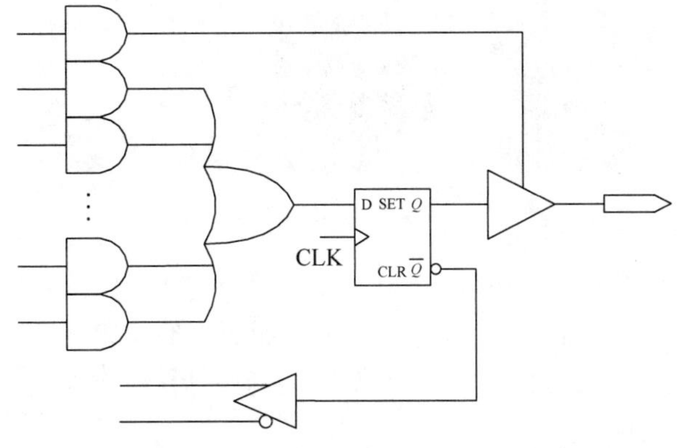

图 2.31 高电平有效寄存器输出图

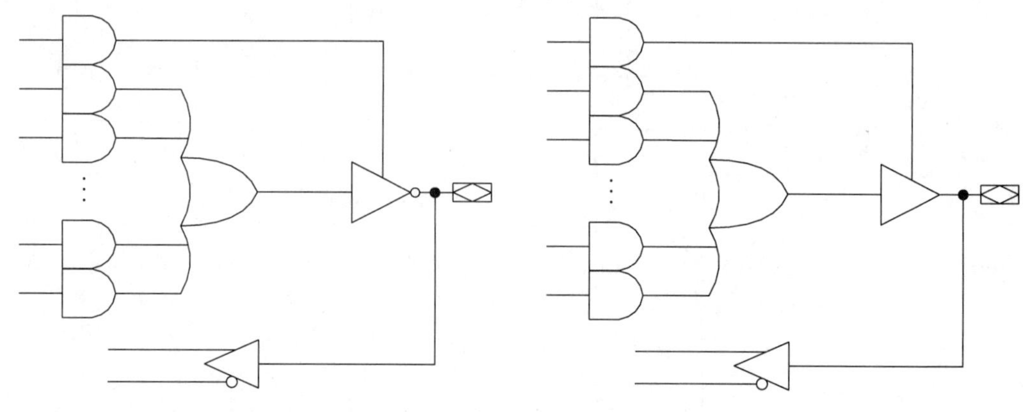

图 2.32 低电平有效组合逻辑输出图 图 2.33 高电平有效组合逻辑输出图

用户在使用 GAL 元件时，可借助开发软件，将 S1S0 编程为 00、01、10、11 中的一个，便可将 OLMC 配置为 4 种输出方式中的一种。这种多输出结构的选择使 GAL 元件能适应不同数字系统的需要，具有比其他 SPLD 元件更强的灵活性和通用性。

2.2 CPLD 与 FPGA 简介

CPLD 与 FPGA 都是可编程逻辑元件，它们是在 PAL、GAL 等逻辑元件的基础之上发展起来的。同以往的 PAL、GAL 等相比较，CPLD 与 FPGA 的规模比较大，它可以替代几十甚至几千块通用 IC 芯片。这样的 CPLD 与 FPGA 实际上就是一个子系统部件。这种芯片受到世界范围内电子工程设计人员的广泛关注和普遍欢迎。经过了十几年的发展，许多公司都开发出了多种可编程逻辑元件。

CPLD 是从可擦除、可编程的 EPLD 改进而来的，采用 EEPROM 工艺制作，与 EPLD 相比，CPLD 增加了内部连线，对逻辑宏单元和 I/O 单元也有重大的改进，它的性能更好，使用更方便。尤其是在 Lattice 公司发明了 ISP 技术后，相继出现了一系列具备 ISP 功能的 CPLD 元件，CPLD 是当今主流的 PLD 元件。Altera 公司的 CPLD 芯片如图 2.34 所示。

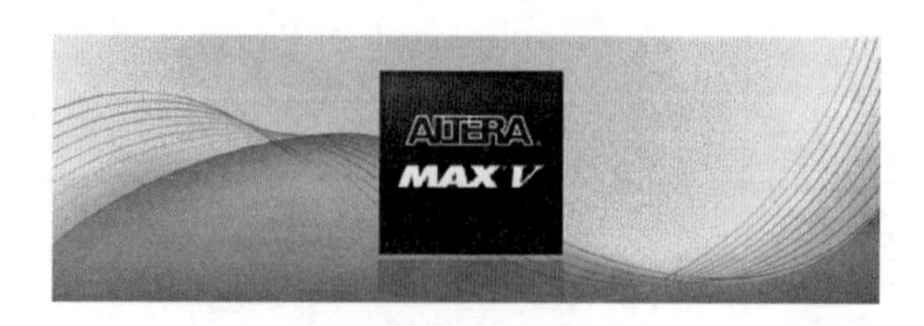

图 2.34 Altera 公司的 CPLD 芯片

FPGA 是一种采用单元型结构的新型 PLD 元件。它采用 CMOS、SRAM 工艺制作，在结构上和阵列型 PLD 不同，它的内部由许多独立的可编程逻辑单元构成，各逻辑单元之间可以灵活地相互连接，具有密度高、速度快、编程灵活、可重新配置等优点，FPGA 成为当前主流的 PLD 元件之一。

由于在产品发售后仍然可以对产品设计作出修改，因此 Altera 公司可以顺利地对产品进行更新以及针对新的协议标准作出相应改进。相对于对售后产品设计无法进行修改的 ASIC 和 ASSP 来说，这是 FPGA 特有的一个优势。由于 FPGA 可编程的灵活性以及近年来科技的快速发展，FPGA 也正向高集成、高性能、低功耗、低价格的方向发展，并具备了与 ASIC 和 ASSP 同等的性能，被广泛地使用在各行各业的电子及通信设备中。Altera 公司的 FPGA 芯片如图 2.35 所示。

图 2.35　Altera 公司的 FPGA 芯片

FPGA 最大的优势是能够缩短开发时间，与其他开发手段相比，使用 FPGA 能够在开发时间上缩短 1/3～1/2。这使 FPGA 成为实现“少量多品种”和“产品周期短”市场中一种竞争力强的元件之一。

FPGA 在公司各个部门所带来的优势如表 2.2 所示。

表 2.2　FPGA 在公司各部门所带来的优势

工程设计师	开发部门负责人	管　理　层
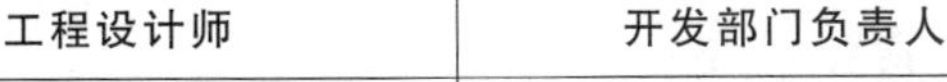 1. 迅速应用最新的协议与规格； 2. 可以在产品开发的任何阶段修改设计(甚至在最终阶段)； 3. 开发人员可以调用丰富的 IP，集中精力在开发创新技术上； 4. 应用众多可靠的功能，从而缩短设计时间； 5. 降低功耗以及空间的占用量； 6. 通过使用各种自动化工具，使时序分析等复杂的设计验证更准确，更容易； 7. 通过广大的客户群，获取丰富的专业知识与技术支持	 1. 缩短开发周期(大幅缩短设计时间，更快地推出产品)； 2. 消除了元件停产所带来的风险； 3. 通过丰富的 IP 与自动化工具，可以将开发资源集中在不同的产品线上； 4. 迅速应用最新的协议与规格； 5. 更有效率的工程师培训(由高端到低成本的 FPGA 元件都通过同一种开发工具实现完成，并提供实例教学讲座及演示等)； 6. 可以重新使用设计资源，降低开发成本并且提高设计质量	 1. 降低开发成本： • 不需要 NRE(Non-recurring Expense，非经常性费用，开发初期所需费用) • 避免因重新制作所造成的 NRE 负担 • 开发周期的短缩，从而降低劳动力成本 2. 降低风险： • 不存在产品停产所带来的风险 • 众多可靠的功能 3. 迅速使产品投入市场； 4. 针对竞争产品实施差别化战略； 5. 让“少量多品种”式的开发更加有效率； 6. 现今 FPGA 已能满足大批量的生产

2.2.1 CPLD与FPGA的区别

尽管很多人听说过CPLD,但是关于CPLD与FPGA之间的区别,了解的人可能不是很多。虽然FPGA与CPLD都是可反复编程的逻辑元件,但是在技术上却有一些差异。简单地说,FPGA就是将CPLD的电路规模,功能,性能等方面强化之后的产物。复杂PLD的种类如图2.36所示,分为CPLD和FPGA两大类。

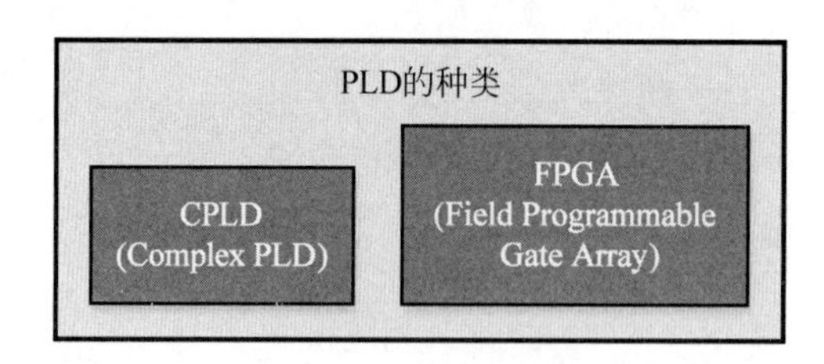

图2.36 PLD的种类

一般而言,CPLD与FPGA之间的区别如表2.3所示。

表2.3 CPLD与FPGA的区别

<table>
<tr><th rowspan="2">比 较 项</th><th colspan="2">类 别</th></tr>
<tr><th>CPLD</th><th>FPGA</th></tr>
<tr><td>组合逻辑的实现方法</td><td>乘积项(Product-term),查找表(Look Up Table,LUT)</td><td>查找表</td></tr>
<tr><td>编程元素</td><td>非易失性(Flash,EEPROM)</td><td>易失性(SRAM)</td></tr>
<tr><td>特点</td><td>1. 非易失性:即使切断电源,电路上的数据也不会丢失;
2. 立即上电:上电后立即开始运作;
3. 可在单芯片上运作</td><td>1. 内建高性能硬宏功能:
• PLL
• 存储器模块
• DSP模块
2. 用最先进的技术实现高集成度,高性能;
3. 需要外部配置ROM</td></tr>
<tr><td>应用范围</td><td>偏向于简单的控制通道应用以及组合逻辑</td><td>偏向于较复杂且高速的控制通道应用以及数据处理</td></tr>
<tr><td>集成度</td><td>小到中规模</td><td>中到大规模</td></tr>
</table>

2.2.2 Altera产品介绍

Altera公司生产的各个系列CPLD/FPGA产品的分类如图2.37所示。Altera公司生产的各个系列CPLD/FPGA产品的基本参数和工艺节点如表2.4所示。

成本最低、功耗最低的CPLD　成本最低、功耗最低的FPGA　成本和功耗优化的FPGA　带宽最高的FPGA　风险最低、总成本最低的ASIC

Nios II

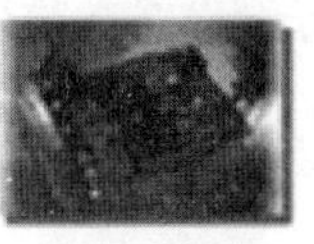

嵌入式软核处理器　知识产权(IP)　设计软件　开发套件

图 2.37　Altera 公司产品系列

表 2.4　Altera 系列产品特性

产品系列	密度		工艺节点
FPGA	逻辑单元	ALM(高性能自适应逻辑模块)	工艺节点
Stratix Ⅴ	1052000	397000	28nm
Stratix Ⅳ	813050	325220	40nm
Stratix Ⅲ	338000	135200	65nm
Stratix Ⅱ	132540	53016	90nm
Stratix	79040	—	130nm
Arria Ⅴ	503500	190000	28nm
Arria Ⅱ	348500	139400	40nm
Arria GX	90220	36088	90nm
Cyclone Ⅴ	3000000	113208	28nm
Cyclone Ⅳ	149760	—	60nm
Cyclone Ⅲ	198464	—	60nm
Cyclone Ⅱ	68416	—	90nm
Cyclone Ⅰ	20060	—	130nm
CPLD	逻辑单元	ALM(高性能自适应逻辑模块)	工艺节点
MAX Ⅴ	2210	—	0.18μm
MAX Ⅱ	2210	—	0.18μm
MAX 3000A	640	—	0.30μm
HardCopy 系列	ASIC 逻辑门	ALM(高性能自适应逻辑模块)	工艺节点
HardCopy Ⅴ	—	—	28nm
HardCopy Ⅳ	15.0M	—	40nm
HardCopy Ⅲ	7.0M	—	40nm
HardCopy Ⅱ	3.6M	—	90nm

2.2.3 Altera的CPLD的结构与特点

在这里以MAX 7000系列元件的结构特点为例介绍Altera的CPLD的结构特点，从结构上分析，MAX 7000元件包括以下几个方面：

- 逻辑阵列块(Logic Array Block，LAB)；
- 宏单元(Macrocell)；
- 扩展乘积项(Expander Product Term)；
- 可编程互连阵列(Programmable Interconnect Array，PIA)；
- I/O控制块(I/O Control Block)。

此外，每个芯片包含4个专用输入，可用作通用输入，也可作为每个宏单元和I/O引脚的高速、全局控制信号：时钟、异步清零和两个输出使能。

1. 逻辑阵列块(LAB)

MAX7000系列元件主要由2～16个逻辑阵列块(LAB)、2～16个I/O控制模块和一个可编程互连阵列三部分构成。MAX 7000系列元件的结构如图2.38所示。

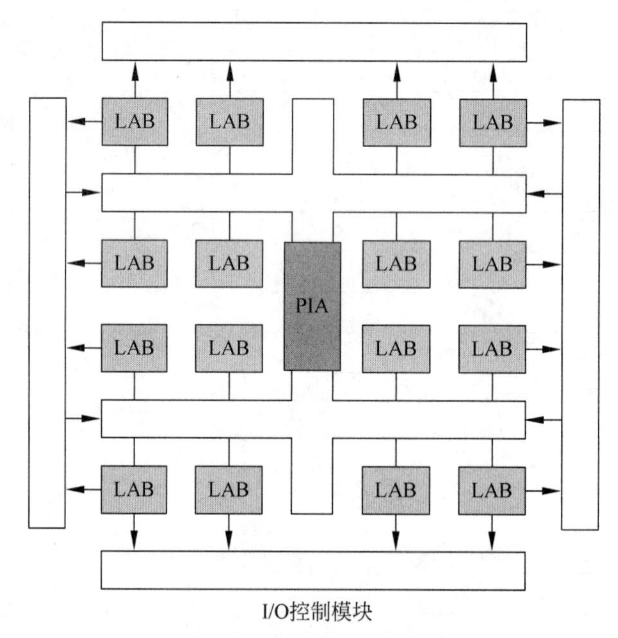

图2.38 MAX 7000元件的结构

2. 逻辑宏单元结构

逻辑宏单元主要由逻辑阵列块、乘积项选择矩阵和可编程寄存器3个功能块组成，每个宏单元可以被单独地配置为时序逻辑或组合逻辑工作方式。MAX 7000逻辑宏单元结构如图2.39所示。

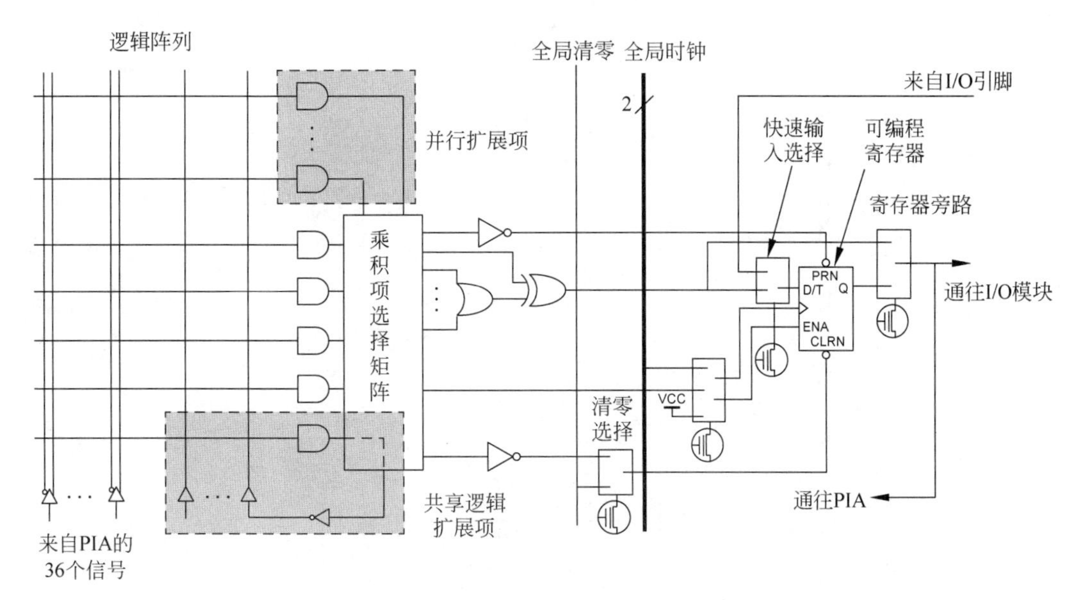

图 2.39 MAX 7000 逻辑宏单元结构

逻辑阵列块实现组合逻辑功能，它可以给每个宏单元提供 5 个乘积项。“乘积项选择矩阵”分配这些乘积项作为到“或”门和“异或”门的主要逻辑输入，以实现组合逻辑函数；每个宏单元的一个乘积项可以反相后回送到逻辑阵列块。这个可共享的乘积项能够连到同一个 LAB 中任何其他乘积项。

3. 扩展乘积项

一些复杂的逻辑函数的实现，需要附加乘积项，这就利用到了 MAX 7000 结构中具有的共享和并联扩展乘积项。这两种扩展乘积项作为附加的乘积项直接送到本 LAB 的任意宏单元中。利用扩展乘积项可以保证在实现逻辑综合时，用尽可能少的逻辑资源，得到尽可能快的工作速度。

1）共享扩展乘积项

每个 LAB 有 16 个共享扩展乘积项。共享扩展乘积项就是由每个宏单元提供一个未使用的乘积项，并将它们反相后反馈到逻辑阵列块，便于集中使用。每个共享扩展乘积项可被 LAB 内任何宏单元使用和共享，以实现复杂的逻辑函数。采用共享扩展乘积项后会增加一个短的延时。共享扩展乘积项的结构图如图 2.40 所示。

2）并联扩展乘积项

并联扩展乘积项是一些宏单元中没有使用的乘积项，并且这些乘积项可分配到邻近的宏单元实现快速复杂的逻辑函数。并联扩展乘积项允许多达 20 个乘积项直接馈送到宏单元的“或”逻辑，其中 5 个乘积项是由宏单元本身提供的，15 个并联扩展乘积项是由 LAB 中邻近宏单元提供的。并联扩展乘积项的结构图如图 2.41 所示。

4. 可编程互连阵列(PIA)

可编程互连阵列是将各 LAB 相互连接构成所需要逻辑的布线通道。PIA 能够把元

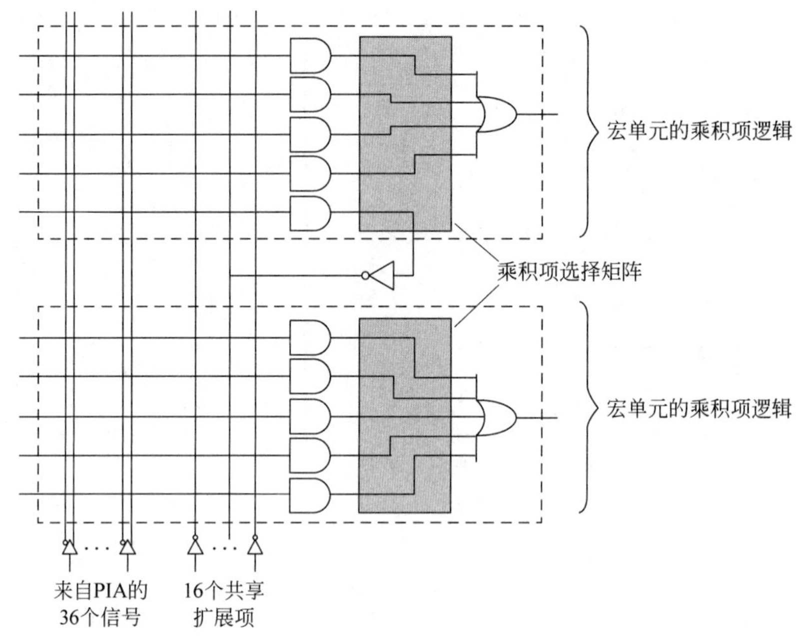

图 2.40　共享扩展乘积项结构

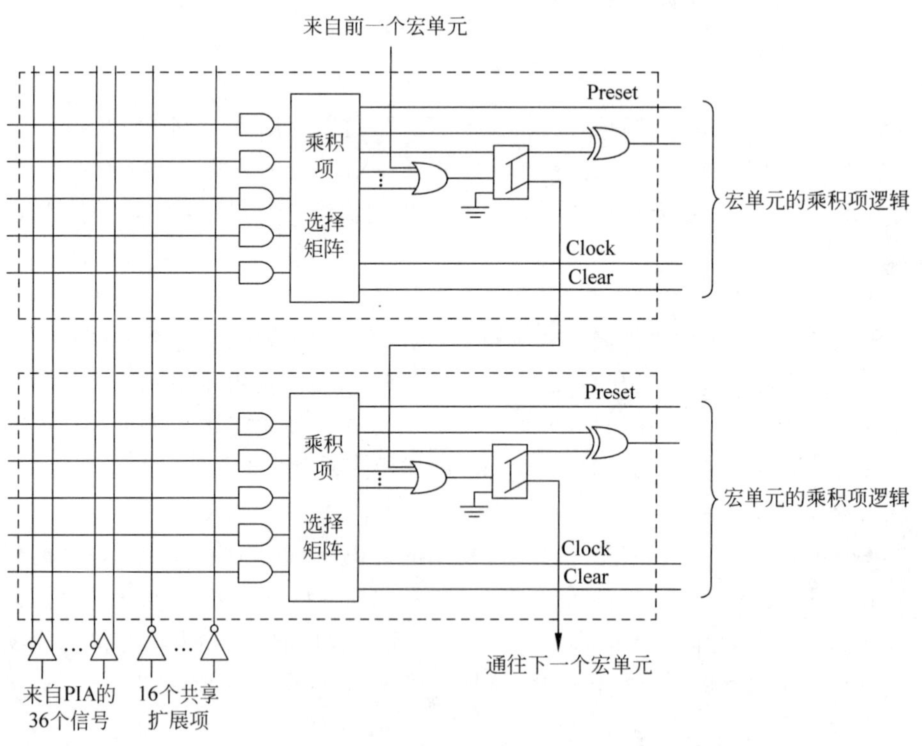

图 2.41　并联扩展乘积项结构

件中任何信号源连到其目的地。所有 MAX 7000 的专用输入、I/O 引脚和宏单元输出均馈送到 PIA,PIA 可把这些信号送到元件内的各个地方。MAX 7000 的 PIA 有固定的延时,它消除了信号之间的时间偏移,使得延时性能容易预测。PIA 信号布线到 LAB 的方式如图 2.42 所示。

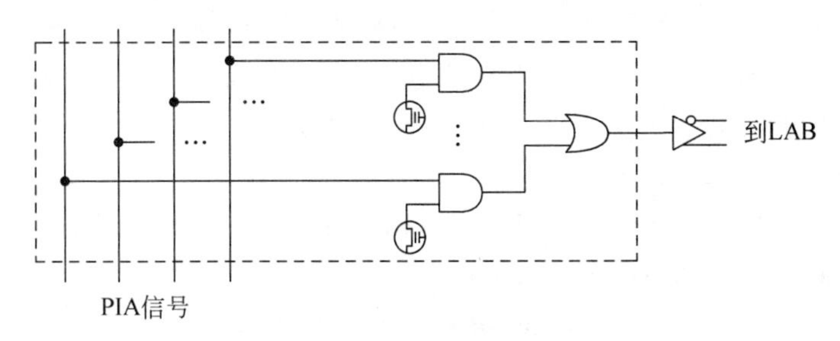

图 2.42　PIA 信号布线到 LAB 的方式

5. I/O 控制块

I/O 控制块允许每个 I/O 引脚单独地配置为输入、输出和双向工作方式。所有 I/O 引脚都有一个三态缓冲器,它能由全局输出使能信号中的一个控制,或者把使能端直接连接地(GND)或电源(VCC)上。当三态缓冲器的控制端接地时,输出为高阻态,此时 I/O 引脚可作为专用输入引脚使用。当三态缓冲器的控制端高电平时,输出被使能(即有效)。I/O 控制块有 6 个全局输出使能信号,它们可以由以下信号同相或反相驱动:两个输出使能信号、一组 I/O 引脚或一组宏单元。I/O 控制块的结构图如图 2.43 所示。

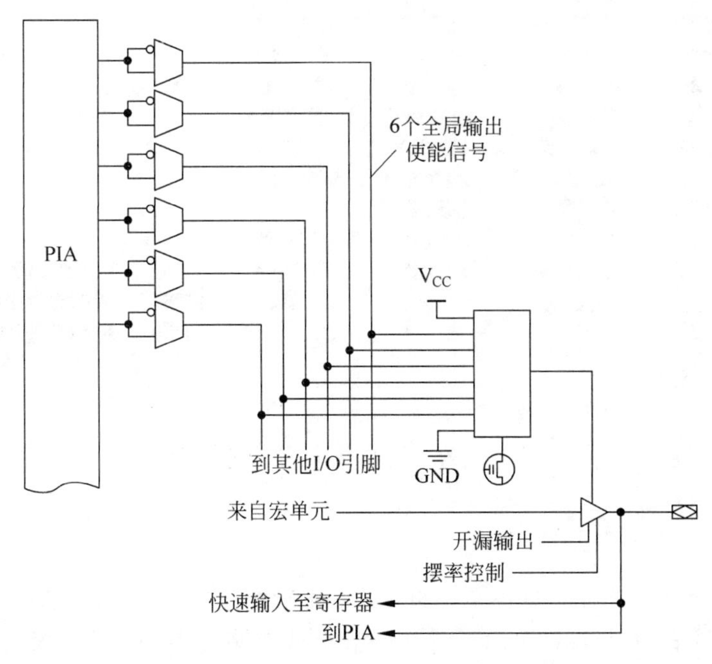

图 2.43　MAX 7000 元件 I/O 控制结构

2.2.4 Altera的FPGA的结构与特点

目前常见的Altera公司生产的FPGA元件主要有Cyclone和Stratix两个系列的产品，在这里以Stratix Ⅱ系列FPGA元件的结构特点为例做简要介绍。

从结构上分析，Stratix Ⅱ元件包括以下几个方面：

- 自适应逻辑模块(Adaptive Logic Module，ALM)；
- 逻辑阵列块(Logic Array Block，LAB)；
- 时钟网络(Clock Network)和锁存器(PLL)；
- 内部存储器(TriMatrix Memory)；
- 数字信号处理器(Digital Signal Processing，DSP)；
- I/O结构(I/O Structure)。

8个ALM组成1个LAB，LAB按照行和列排成一个矩阵，以实现自定义逻辑。内存块结构和数字信号处理(DSP)模块之间互连。Stratix Ⅱ系列FPGA结构图如图2.44所示。

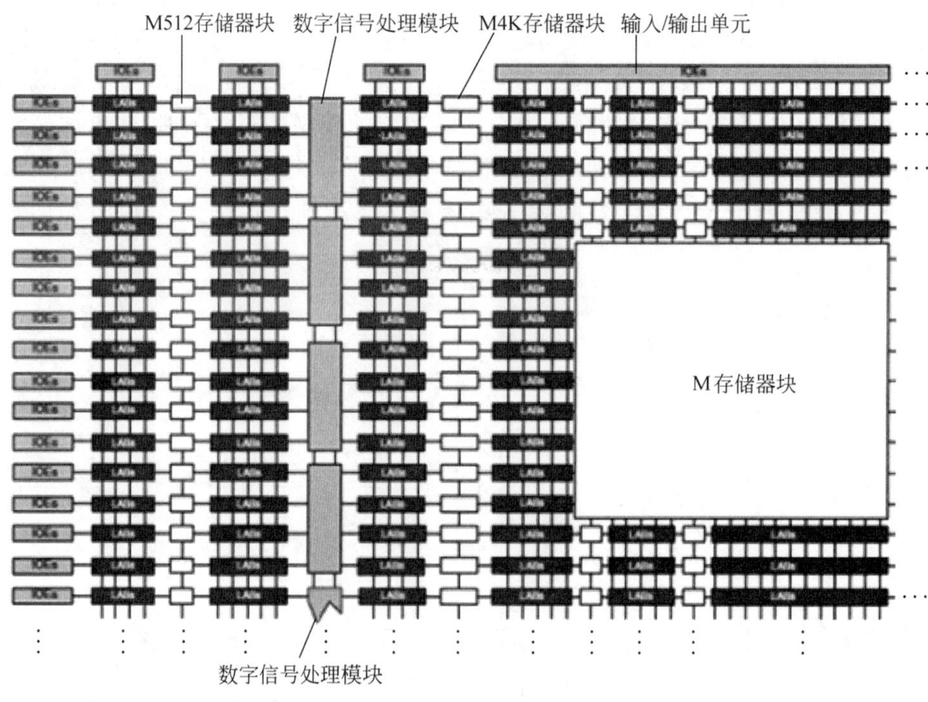

图2.44 Stratix Ⅱ系列FPGA结构图

1. 自适应逻辑模块(ALM)

Stratix Ⅱ元件中采用的并不是逻辑单元(LE)，而是采用ALM。ALM的内部结构是基于可变查找表的，与逻辑单元不同，一个ALM能够完成两个逻辑表达式，分为上下两个半区分别输出，从而能够更有效地利用逻辑资源。ALM的结构如图2.45所示。

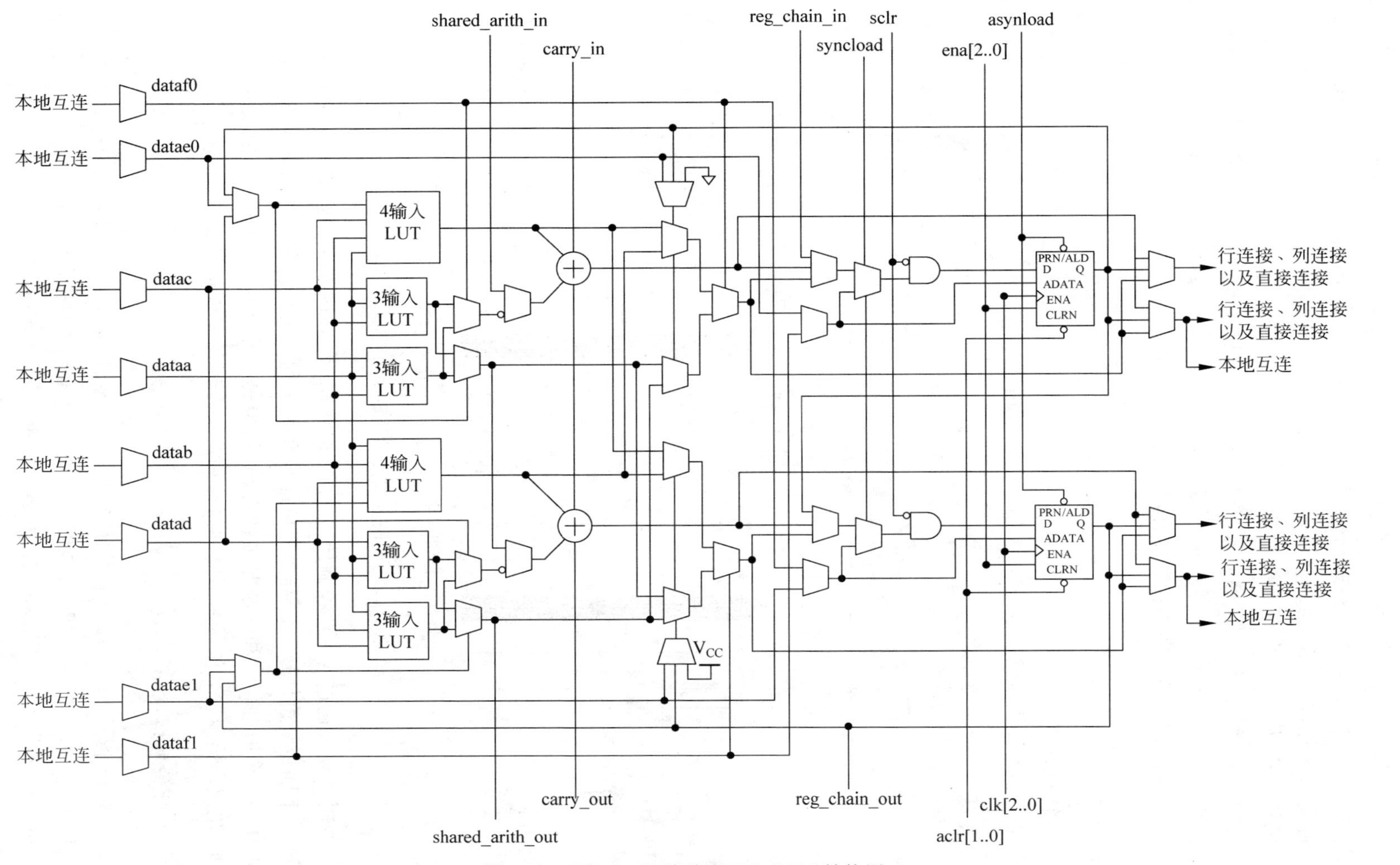

图 2.45 Stratix Ⅱ系列 FPGA ALM 结构图

一个 ALM 中包含多个查找表(LUT),其中有 4 输入查找表,也有 3 输入查找表。ALM 可以按照一定规则将这些查找表组合在一起,形成大小不同的查找表,优化资源分配。除查找表外,每个 ALM 部还含有两个可编程寄存器、两个全加器、一条进位链、一条共享的算术链以及一条寄存器级连链。

ALM 有 4 种工作模式:普通模式、扩展查找表模式、算术模式以及共享算术模式。在不同模式下,11 个可能的输入(8 个数据输入、进位输入、共享算术链输入和寄存器链输入)被连接到不同的目的地,形成对资源的不同分配。

2. 逻辑阵列块(LAB)

每个 LAB 均由 8 个 ALM、一条进位链、一条共享进位链、LAB 控制信号、本地互连和寄存器链连接线组成。逻辑阵列块的示意图如图 2.46 所示。

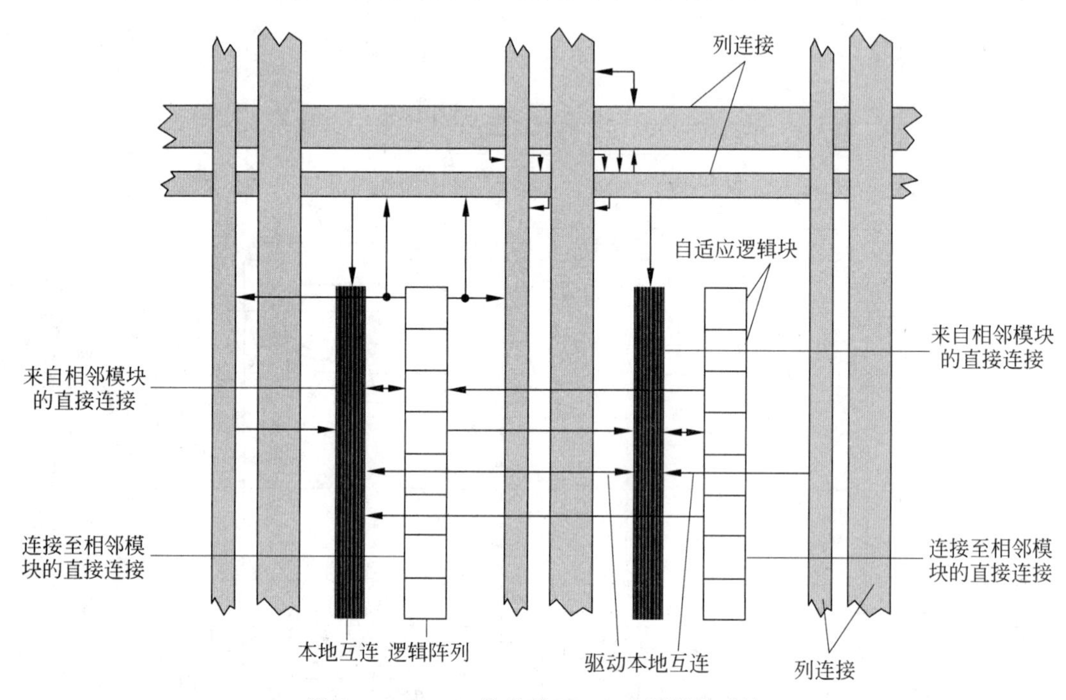

图 2.46 Stratix Ⅱ系列 FPGA 中逻辑阵列块

逻辑阵列块还包括一些控制信号:3 个时钟信号、3 个时钟使能信号、2 个异步复位信号、1 个同步复位信号、1 个异步置位信号和 1 个同步置位信号。尽管每个逻辑阵列块能够使用 3 个时钟信号和 3 个时钟使能信号,但是每个逻辑阵列块最多使用两个时钟。另外,在使用异步置位信号时不能同时使用第一个时钟使能信号。

3. 时钟网络(Clock Network)和锁存器(PLL)

Stratix Ⅱ系列 FPGA 中采用分级的时钟结构,拥有多个支持高级特性的锁相环,这样保证了 Stratix Ⅱ系列 FPGA 能够很好地解决用户设计中的时钟问题。

Stratix Ⅱ系列 FPGA 提供 16 条全局时钟树和 32 条局部时钟树。全局时钟树是指分布在整个芯片内部的,经过特殊优化的时钟网络。全局时钟树可以为芯片内任何位置的逻辑资源提供时钟。局部时钟树是指分布在一个象限内的、经过特殊优化的时钟网络。局部时钟树可以为一个象限内的逻辑资源提供时钟，每个象限包括 8 条局部时钟树。全局时钟树和局部时钟树能够为芯片提供 48 路时钟信号，从而满足复杂设计多时钟域的要求。

Stratix Ⅱ系列 FPGA 内部的锁相环分为增强型锁相环以及快速型锁相环，共同完成用户需要的有关时钟的控制需要。芯片内部所有的锁相环都可以用来完成一般的时钟控制，例如分频、倍频、移相、调节占空比等。除此之外，增强型锁相环支持外时钟反馈模式、扩频时钟以及计数器级连，快速型锁相环能够提供高速的时钟用来控制高速差分端口。

4. 内部存储器(TriMatrix Memory)

Stratix Ⅱ系列 FPGA 具有 TriMatrix 存储器，能够实现设计中的各种存储需求，最多可达到 9383040 位。TriMatrix 存储器包括 M512 存储器块、M4K 存储块和 M-RAM 存储块。虽然这些存储块是不同的，它们都可以实现多种类型的存储功能，包括真双端口，简单双端口和单端口 RAM、ROM、FIFO 缓冲区。

1) M512 存储块

M512 RAM 块是一个简单的双端口存储器块，适用于小容量的 FIFO 缓冲器、DSP 和时钟域传输应用。每个块包含 576 RAM 位(包括奇偶校验位)。M512 RAM 块可以被配置在以下模式：

- 简单双端口 RAM；
- 单端口 RAM；
- 先入先出缓冲器(FIFO)；
- 只读存储器(ROM)；
- 移位寄存器。

M512 RAM 在其输入和输出端口可以使用不同的时钟。可以配置 RAM 存储块为读/写或输入/输出时钟模式。只有在输出寄存器可被绕过。6 个 labclk 信号或本地互连可以驱动 inclock、outclock、wren、rden 和 outclr 信号。因为逻辑阵列块和 M512 RAM 之间互连，ALM 也能控制 wren 信号、rden 信号、RAM 时钟、时钟使能和异步清零信号。M512 RAM 的控制信号结构图如图 2.47 所示。

2) M4K 存储块

M4K RAM 块是一个真双端口存储器块，适用于存储处理器代码、执行查询计划、实现更大的存储等应用。每个块包含 4608 RAM 位(包括奇偶校验位)。M4K RAM 块可以被配置在以下模式：

- 真双端口 RAM；
- 简单双端口 RAM；
- 单端口 RAM；
- 先入先出缓冲器(FIFO)；
- 只读存储器(ROM)。

M4K RAM 在其输入和输出端口可以使用不同的时钟。两个时钟块中的任何一个都可以给 M4K RAM 寄存器(renwe，地址，字节使能，datain 和输出寄存器)，仅有输出寄存器可以被绕过。6个labclk信号或者局部互连可驱动M4K RAM存储块A和B端口的控制信号。ALM也可以控制clock_a、clock_b、renwe_a、renwe_b、clr_a、clr_b、clocken_a和clocken_b等信号。M4K RAM存储块控制信号结构如图2.48所示。

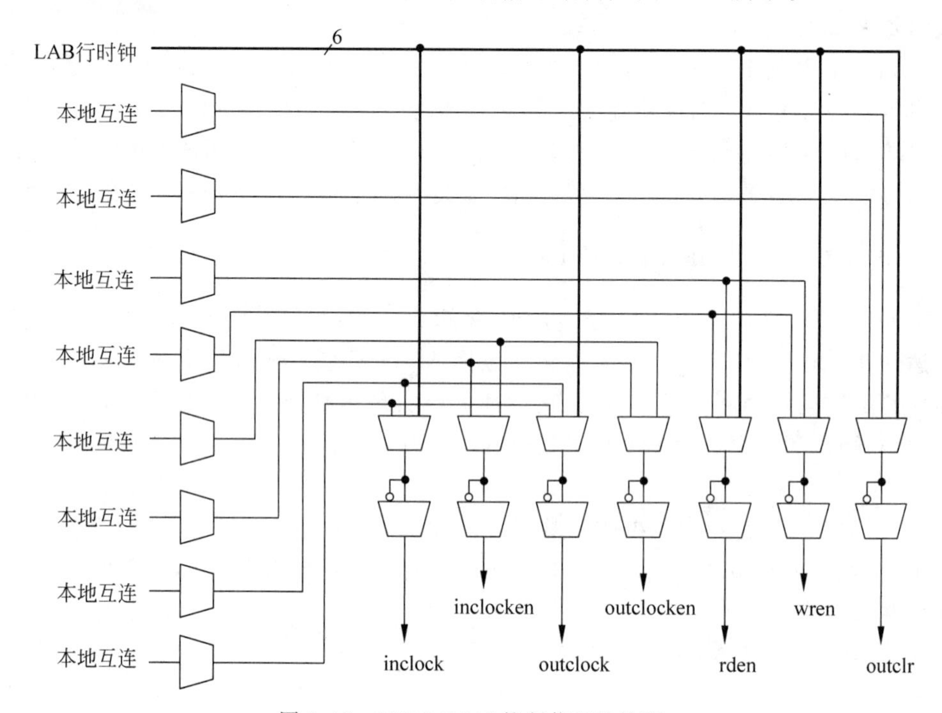

图2.47　M512 RAM控制信号结构图

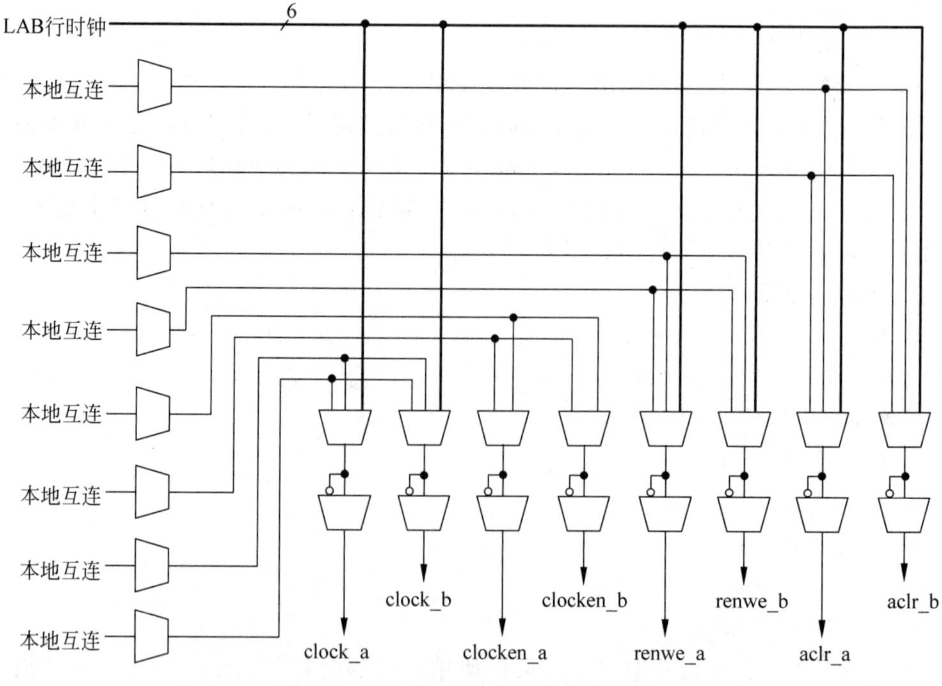

图2.48　M4K RAM控制信号结构图

3）M-RAM 存储块

M-RAM 块是 TriMatrix 中最大的存储器块，适用于在存储芯片存储大量的数据。每个块包含 589824 RAM 位(包括奇偶校验位)。M-RAM 块可以被配置在以下模式：

- 真双端口 RAM；
- 简单双端口 RAM；
- 单端口 RAM；
- 先入先出缓冲器(FIFO)。

在所有的存储块中，M-RAM 存储块的输入和输出可以有不同的时钟。两个时钟块中的任何一个都可以给 M4K RAM 寄存器(renwe，地址，字节使能，datain 和输出寄存器)。仅有输出寄存器可以被绕过。6 个 labclk 信号或者局部互连可驱动 M4K RAM 存储块 A 和 B 端口的控制信号。ALM 也可以控制 clock_a、clock_b、renwe_a、renwe_b、clr_a、clr_b、clocken_ a 和 clocken_b 等信号。M-RAM 存储块控制信号结构如图 2.49 所示。

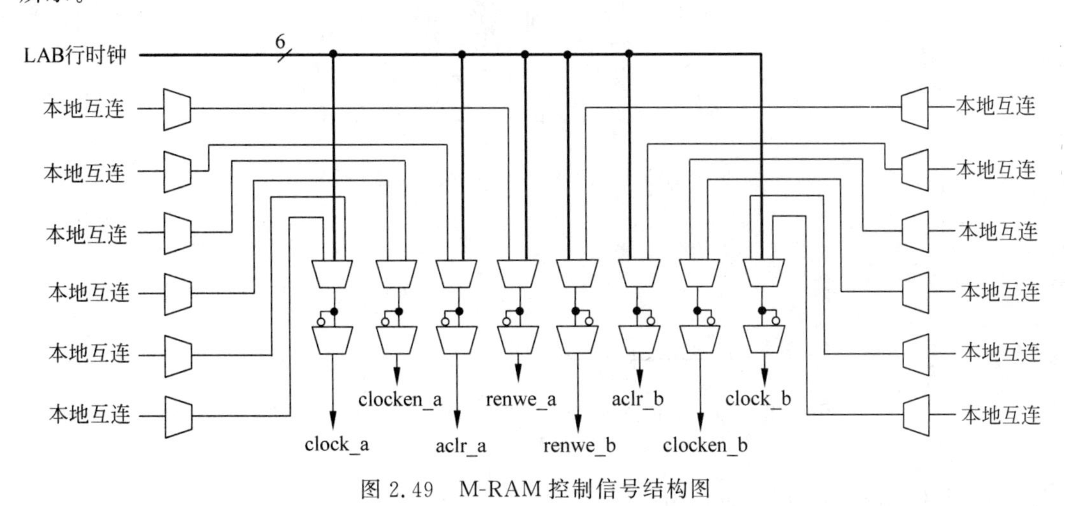

图 2.49　M-RAM 控制信号结构图

5. 数字信号处理器(DSP)

数字信号处理主要包括的运算有滤波、快速傅里叶变换、离散余弦变换等。这些数字信号处理运算的特点是运算量非常大，以前往往采用专用的芯片完成。Stratix Ⅱ系列 FPGA 中集成了硬件乘法器、加法器、减法器、累加器等，用户可以配合 ALM 和存储器等，用来高速完成各种数字信号处理运算。

数字信号处理模块以列的形式分布于芯片中，其示意图如图 2.50 所示，Stratix Ⅱ系列 FPGA 中不同型号的元件包含有 2～4 列不等的数字信号处理模块。数字信号处理模块由乘法模块、加法模块、减法模块、累加模块、求和模块以及输入/输出寄存器构成。

Stratix Ⅱ系列 FPGA 内部的嵌入式乘法器能够实现在典型 DSP 功能中经常用到的简单乘法器操作。每个嵌入式乘法器都能够被配置成为一个 18bit×18bit 的乘法器，或两个 9bit×9bit 的乘法器。18bit×18bit 嵌入式乘法器如图 2.51 所示。

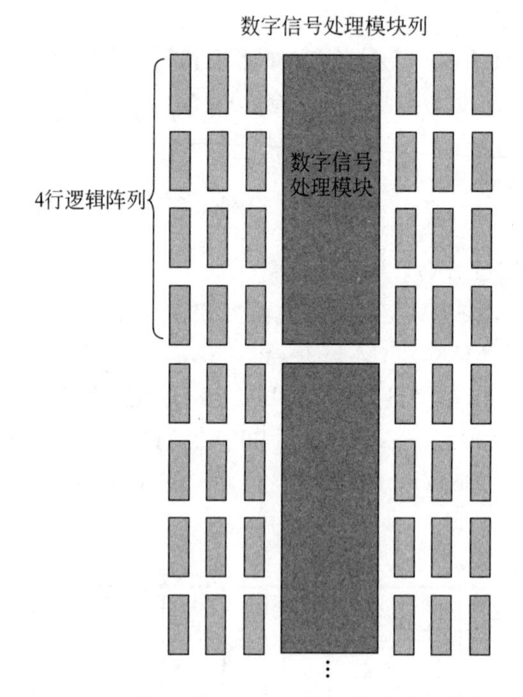

图 2.50　Stratix Ⅱ系列 FPGA 中数字信号处理模块分布图

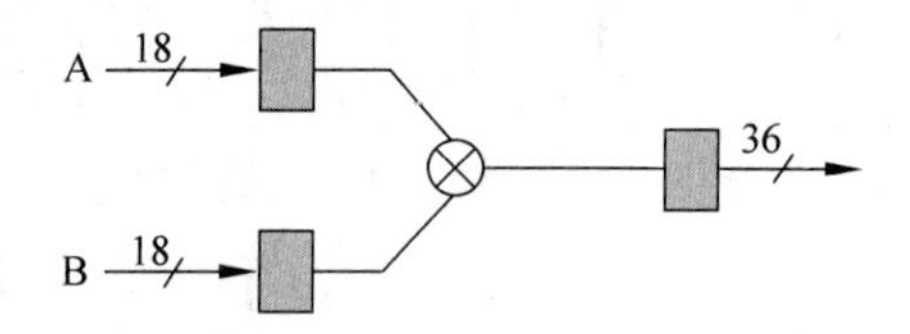

图 2.51　Stratix Ⅱ系列 FPGA 中 18bit×18bit 嵌入式乘法器

6. I/O 结构(I/O Structure)

Stratix Ⅱ系列 FPGA 元件的输入/输出引脚被分为几组(I/O Bank)，每个输入/输出组都有单独的供电电源，因而用户可以为不同的输入/输出组提供不同的电压，从而在不同的输入/输出组内使用不同的输入/输出标准。

Stratix Ⅱ系列 FPGA 元件有 8 个通用输入/输出组和 4 个增强型锁相环外部时钟输出组。

2.3　MAX 系列元件

MAX 是 Altera 公司生产的 CPLD 元件，有瞬时接通、非易失、低成本、低密度等特点。MAX 7000S/AE/B 是基于 EEPROM 工艺的 CPLD，集成度为 32～512 个宏单元。MAX 3000A 是 3.3V、基于 EEPROM 工艺的 CPLD，集成度也为 32～512 个宏单元，结构与 MAX 7000 基本相同。

MAX Ⅱ是 Altera 公司新一代 CPLD 元件，MAX Ⅱ元件和 MAX 元件相比，容量更大，成本降低了一半，功耗只有其十分之一，同时保持了 MAX 系列元件原有的优点。MAX Ⅱ元件和传统的 CPLD 完全不同，摒弃了传统的宏单元体系，在查找表(LUT)体系上采用 0.18μm Flash 工艺，采用行列布线，无须外部配置。每个 MAX Ⅱ元件都嵌入了 8KB 的 Flash 存储器，用户可以将配置数据集成到元件中，进行在线编程。

2.3.1 MAX 3000A

MAX 3000A 系列元件是高性能、低成本的 MAX 构架 CMOS PLD，在制造工艺上，采用了先进的 CMOS EEPROM 技术。MAX 3000A 元件的主要特点如下：

- 采用多阵列矩阵(MAX)结构；
- 元件的规模为 600～10 000 个可用门；
- 引脚到引脚之间的延时为 4.5ns，工作频率可达 227.3MHz；
- 工作电压为 3.3V，而 I/O 引脚与 5.0V、3.3V、2.5V 逻辑电平兼容，支持 ISP；
- 在可编程功率节省模式下工作，每个宏单元的功耗可降到原来的 50%或更低；
- 高性能的可编程互连阵列(PIA)提供一个高速的、延时可预测的互连线资源；
- 每个宏单元中的可编程扩展乘积项(P-Term)可达 32 个；
- 具有可编程加密位，可对芯片内的设计加密。

MAX 3000A 系列所有芯片的可用门、宏单元、逻辑阵列块等指标如表 2.5 所示。用户可以根据这些指标选择合适的芯片。

表 2.5 MAX 3000A 元件系列

器　　件	EPM3032A	EPM3064A	EPM3128A	EPM3256A	EPM3512A
可用门	600	1250	1800	5000	10000
宏单元	32	64	128	256	512
逻辑阵列块	2	4	6	8	10
最多用户 I/O 引脚数	34	66	98	161	208
t_{PD}/ns	4.5	4.5	5.0	7.5	7.5
t_{SU}/ns	2.9	2.8	3.3	5.2	5.6
t_{CO1}/ns	3.0	3.1	3.4	4.8	4.7
f_{CNT}/MHz	227.3	222.2	192.3	126.6	116.3

2.3.2 MAX 7000

1. 概述

MAX 7000 系列元件是高性能、高密度的 CMOS CPLD，在制造工艺上，采用了先进的 CMOS EEPROM 技术。

MAX 7000 系列主要包括 3 个子系列，即 MAX 7000S、MAX 7000A 和 MAX 7000B。这 3 个子系列芯片的工作电压不一样，如表 2.6 所示。

表 2.6　MAX 7000 元件工作电压

器件系列	工作电压/V	器件系列	工作电压/V
MAX 7000S	5	MAX 7000B	2.5
MAX 7000A	3.3		

1）MAX 7000S 系列

MAX 7000S 元件是较早支持 ISP 的产品，MAX 7000S 元件的主要特点如下：

- 采用第二代多阵列矩阵(MAX)结构；
- 元件的规模在 600～5000 个可用门；
- 引脚到引脚之间的延时为 6ns，工作频率可达 151.5MHz；
- 工作电压为 5V，支持 ISP；
- 在可编程功率节省模式下工作，每个宏单元的功耗可降到原来的 50%或更低；
- 高性能的可编程互连阵列(PIA)提供一个高速的、延时可预测的互连线资源；
- 每个宏单元中的可编程扩展乘积项(P-Term)可达 32 个；
- 具有可编程加密位，可对芯片内的设计加密。

2）MAX 7000A 系列

MAX 7000A 元件是工作在 3.3V 电源电压下的高性能、高密度的 CPLD，能提供 600～20000 个可用门，同样支持 ISP。MAX 7000A 还能提供可编程的速率/功率优化，在设计中，可让影响速度的关键部分工作在高速/全功率状态，而电路其余部分工作在低速/低功率状态，这样可以降低整个芯片的功耗。

3）MAX 7000B 系列

MAX 7000B 系列元件是 Altera 公司 2002 年推出的业界最快的基于乘积项的元件。MAX 7000B 采用 0.22μm CMOS 技术制造，传播时延为 3.5ns，工作频率能够超过 200MHz。

MAX 7000B 的功耗也是最低的。该系列芯片的内核工作在 2.5V 电压下，比 3.3V 电源电压的 MAX 7000A 的功耗还要低 30%。它还具有可编程节省功率模式，工作在此模式下，还会进一步降低功耗。

MAX 7000S 系列、MAX 7000A 系列和 MAX 7000B 系列所有芯片的可用门、宏单元、逻辑阵列块等指标分别如表 2.7、表 2.8 和表 2.9 所示。

表 2.7　MAX 7000S 元件系列

器件	EPM7032S	EPM7064S	EPM7128S	EPM7160S	EPM7192S	EPM7256S
可用门	600	1250	2500	3200	3750	5000
宏单元	32	64	128	160	192	256
逻辑阵列块	2	4	8	10	12	16
最多用户 I/O 引脚数	36	68	100	104	124	164
t_{PD}/ns	5	5	6	6	7.5	7.5
t_{SU}/ns	2.9	2.9	3.4	3.4	4.1	3.9
t_{FSU}/ns	2.5	2.5	2.5	2.5	3	3
t_{CO1}/ns	3.2	3.2	4	3.9	4.7	4.7
f_{CNT}/MHz	175.4	175.4	147.1	149.3	125	128.2

表 2.8 MAX 7000A 元件系列

器　　件	EPM7032AE	EPM7064AE	EPM7128AE	EPM7256AE	EPM7512AE
可用门	600	1250	2500	5000	10000
宏单元	32	64	128	256	512
逻辑阵列块	2	4	8	16	32
最多用户 I/O 引脚数	36	68	100	164	212
t_{PD}/ns	4.5	4.5	5.0	5.5	7.5
t_{SU}/ns	2.9	2.8	3.3	3.9	5.6
t_{FSU}/ns	2.5	2.5	2.5	2.5	3.0
t_{CO1}/ns	3.0	3.1	3.4	3.5	4.7
f_{CNT}/MHz	227.3	222.2	192.3	172.4	116.3

表 2.9 MAX 7000B 元件系列

器　　件	EPM7032B	EPM7064B	EPM7128B	EPM7256B	EPM7512B
可用门	600	1250	2500	5000	10000
宏单元	32	64	128	256	512
逻辑阵列块	2	4	8	16	32
最多用户 I/O 引脚数	36	68	100	164	212
t_{PD}/ns	3.5	3.5	4.0	5.0	5.5
t_{SU}/ns	2.1	2.1	2.5	3.3	3.6
t_{FSU}/ns	1.0	1.0	1.0	1.0	1.0
t_{CO1}/ns	2.4	2.4	2.8	3.3	3.7
f_{CNT}/MHz	303.0	303.0	243.9	188.7	163.9

2. 结构与功能

从结构上看，MAX7000 元件包括下面几个部分：

- 逻辑阵列块(Logic Array Block，LAB)；
- 宏单元(Macrocell)；
- 扩展乘积项(共享和并联)(Expanded Product Term)；
- 可编程互连阵列(Programmable Interconnect Array，PIA)；
- I/O 控制块(I/O Control Block)。

此外，每个芯片包含 4 个专用输入，可用作通用输入，也可作为每个宏单元和 I/O 引脚的高速、全局控制信号。其中，全局控制信号包括时钟、异步清零和 2 个输出使能。

1) 逻辑阵列块

MAX 7000 的结构主要是由逻辑阵列块以及它们之间的连线构成的，如图 2.52 所示。每个 LAB 由 16 个宏单元组成，多个 LAB 通过可编程互连阵列 PIA 和全局总线连接在一起。

2) 宏单元

每个宏单元由 3 个功能块组成：逻辑阵列块、乘积项选择矩阵和可编程触发器。宏单元的结构框图如图 2.53 所示。

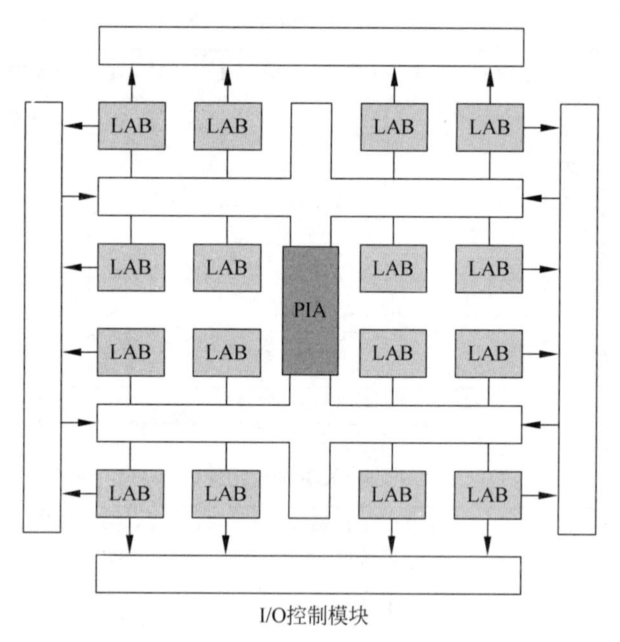

图 2.52　MAX7000 内部结构

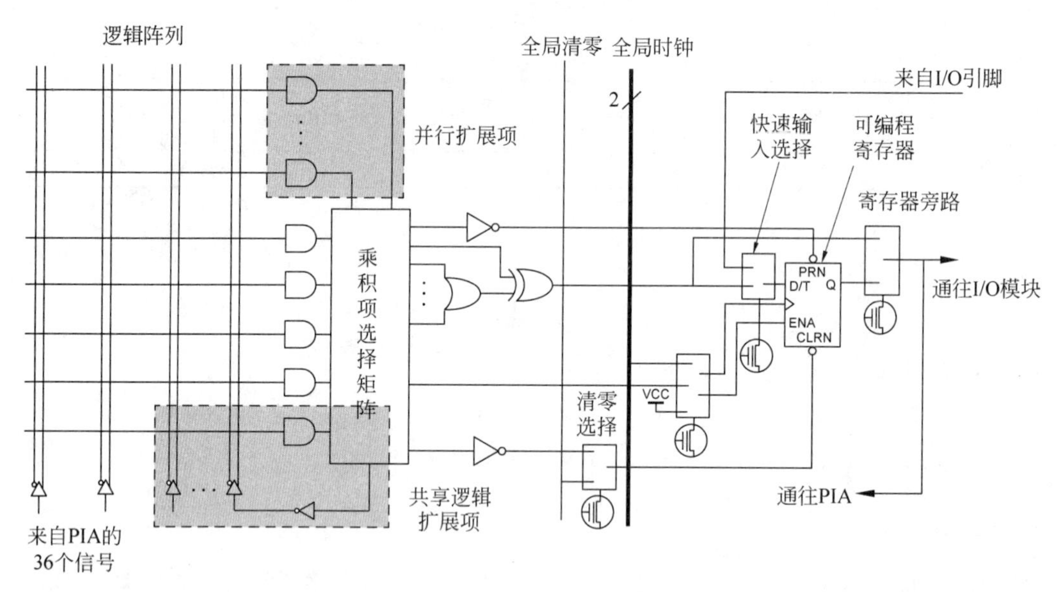

图 2.53　MAX 7000S 宏单元结构

图 2.53 中的逻辑阵列块实现组合逻辑功能，它可以给每个宏单元提供 5 个乘积项。乘积项选择矩阵用于分配这些乘积项作为或门和异或门的主要逻辑输入，以实现组合逻辑函数，矩阵中的每个宏单元的一个乘积项可以反相后回送到逻辑阵列块。这个可共享的乘积项能够连到同一个 LAB 中任何其他乘积项上。根据设计的逻辑需要，MAX+plus Ⅱ可以自动地优化乘积项的分配。

每个宏单元的触发器可以单独地编程为具有可编程时钟控制的 D、T、JK 或 SR 触发器工作方式。如果需要，也可以将触发器旁路，以实现纯组合逻辑的输出。在设计输入时，用户可以规定所希望的触发器类型。然后，MAX+plus Ⅱ对每一个寄存器功能选择最有效的触发器工作方式，以使设计所需要的元件资源最少。

3）扩展乘积项(Expended Product Term)

尽管大多逻辑函数能够用每个宏单元中的5个乘积项实现，但某些逻辑函数比较复杂，要实现它们，需要附加乘积项。为提供所需要的逻辑资源，MAX 7000不是利用另一个宏单元，而是利用MAX 7000结构中具有的共享和并联扩展乘积项。将这两种扩展项作为附加的乘积项直接送到本LAB的任意宏单元中。利用扩展项可以保证在实现逻辑综合时，用尽可能少的逻辑资源，得到尽可能快的工作速度。

(1) 共享扩展乘积项

每个LAB有16个共享扩展乘积项。共享扩展乘积项就是由每个宏单元提供一个未使用的乘积项，并将它们反相后反馈到逻辑阵列块，便于集中使用。每个共享扩展乘积项可被LAB内任何(或全部)宏单元使用和共享，以实现复杂的逻辑函数。采用共享扩展项后会增加一个短的延时。共享扩展乘积项如图2.54所示。

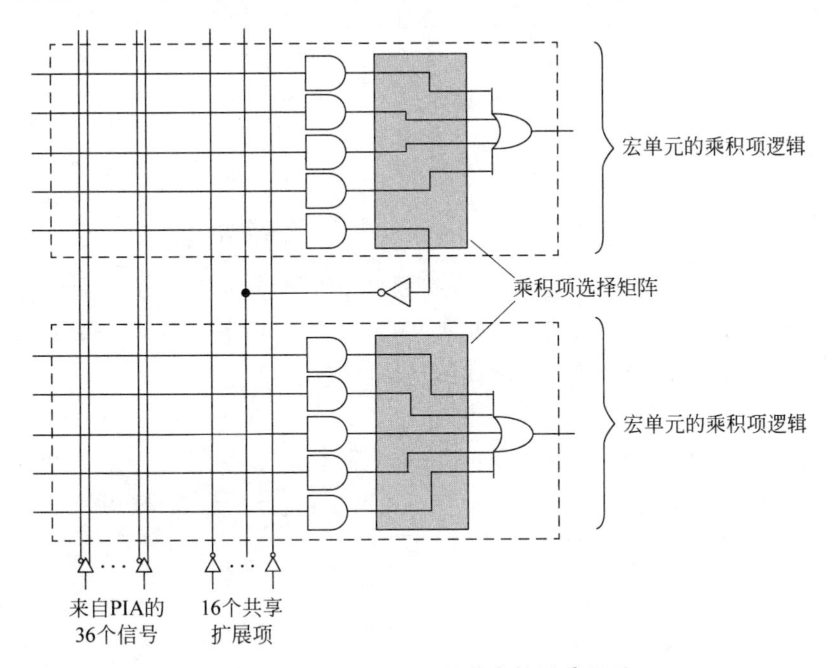

图2.54 MAX 7000S的共享扩展乘积项

(2) 并联扩展乘积项

并联扩展乘积项是一些宏单元中没有使用的乘积项，并且这些乘积项可分配到邻近的宏单元去实现快速复杂的逻辑函数。MAX 7000S的并联扩展乘积项如图2.55所示，并联扩展乘积项允许多达20个乘积项直接馈送到宏单元的或逻辑，其中5个乘积项是由宏单元本身提供的，15个并联扩展乘积项是由LAB中邻近宏单元提供的。

4）可编程互连阵列

可编程互连阵列(PIA)是将各LAB相互连接构成所需逻辑的布线通道。PIA能够把元件中任何信号源连到其目的地。所有MAX 7000的专用输入、I/O引脚和宏单元输出均馈送到PIA，PIA可把这些信号送到元件内的各个地方。

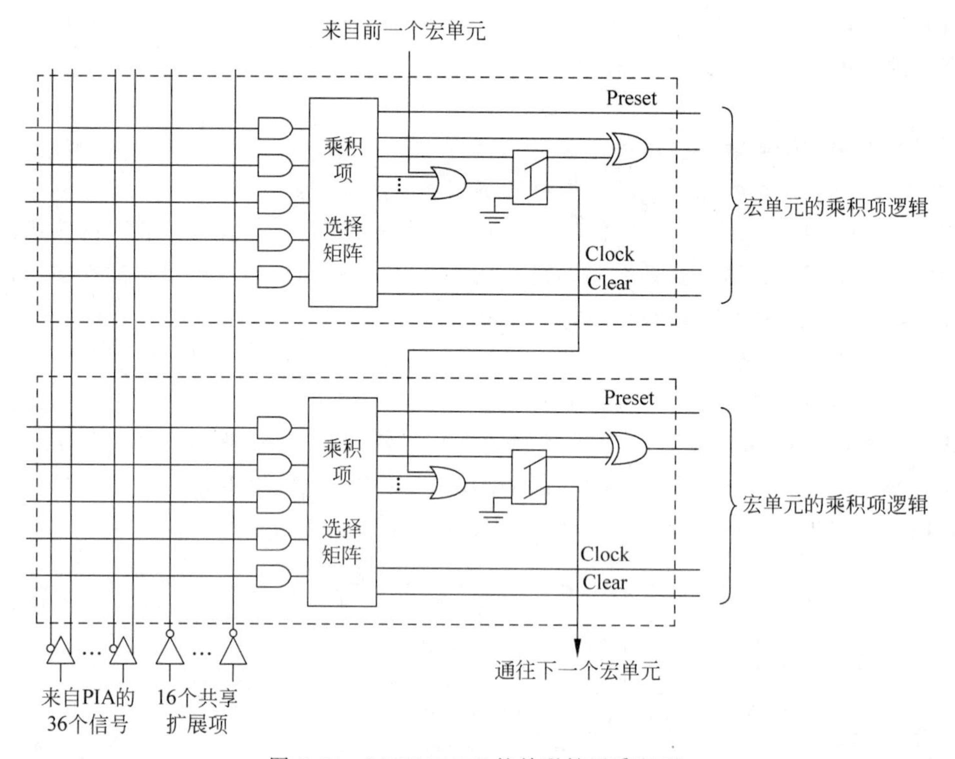

图 2.55　MAX 7000S 的并联扩展乘积项

PIA 布线到 LAB 如图 2.56 所示。在掩膜或 FPGA 中基于通道布线方案的布线延时是累加的、可变的和与路径有关的；而 MAX 7000 的 PIA 则有固定的延时。因此，PIA 消除了信号之间的时间偏移，使得时间性能容易预测。

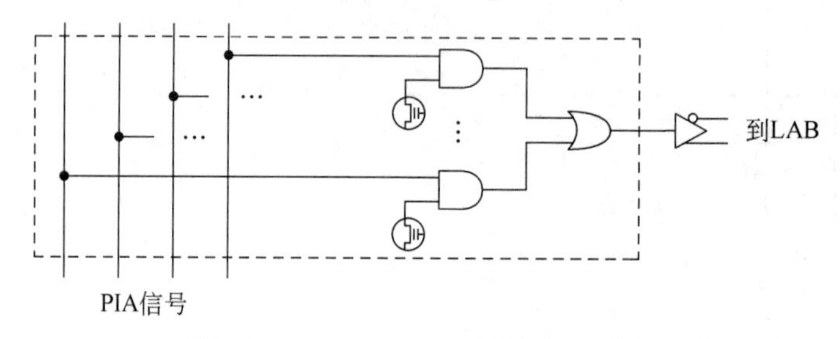

图 2.56　MAX 7000S 元件的 PIA 结构

5）I/O 控制块

I/O 控制块有 6 个全局输出使能信号，它们可以由以下信号同相或反相驱动：2 个输出使能信号、1 组 I/O 引脚或 1 组宏单元。I/O 控制块允许每个 I/O 引脚单独地配置为输入、输出和双向工作方式。所有 I/O 引脚都有一个三态缓冲器，它能由全局输出使能信号中的一个信号来控制，也可以把使能端直接连到地(GND)或电源(V_{CC})上。当三态缓冲器的控制端接地(GND)时，输出为高阻态，此时 I/O 引脚可作为专用输入引脚使用。当三态缓冲器的控制端接高电平(V_{CC})时，输出被使能(既有效)。I/O 控制块的结构图如图 2.57 所示。

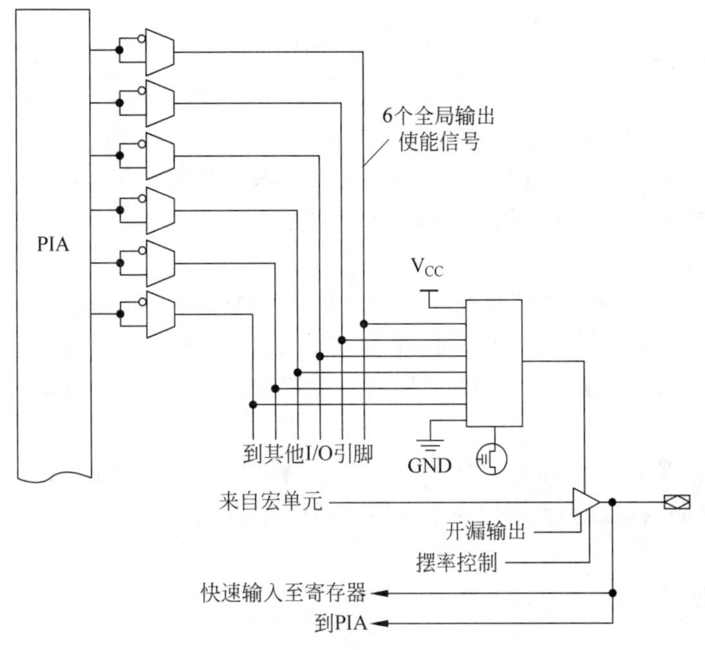

图 2.57　MAX 7000S 元件的 I/O 控制块结构图

3. 其他功能和特性

1) 可编程速度/功率控制

MAX 7000 元件提供的省电工作模式,可使用户定义的信号路径或整个元件工作在低功耗状态。由于在许多逻辑应用中,所有门中只有小部分工作在高频率,所以在这种模式下工作,可使整个元件总功耗下降到原来的 50%或更低。

设计者可以对元件中的每个独立的宏单元编程为高速(打开 Turbo 位)或者低速(关闭 Turbo 位)。通常的做法是让设计中影响速度的关键路径工作在高速、高功耗状态,而元件的其他部分仍工作于低速、低功耗状态,从而降低整个元件的功耗。工作于低功耗状态的宏单元会附加一个小延时 t_{LPA}。

2) 元件输出特性设置

(1) 电压摆率(Slew-Rate)设定

MAX 7000 元件的 IOE 中的输出缓冲器都有一个可设定的输出摆率控制项,它能够根据需要配置成低噪声或高速度方式。低电压摆率可以减小系统噪声,但同时会产生 4～5ns 的附加延时;高电压摆率能为高速系统提供高速转换速率,但它同时会给系统引入更大的噪声。将摆率控制连到 Turbo 位,当打开 Turbo 位时,电压摆率被设置在快速状态;断开 Turbo 位时,电压摆率则被设置在低噪声状态。MAX 7000S 元件的每一个 I/O 引脚都有一个专用的 EEPROM 位来控制电压摆率,它使得设计人员能够指定引脚到引脚的电压摆率。

(2) 漏极开路(Open-Drain)设定

MAX 7000S 元件的每个 I/O 引脚都有一个控制漏极开路输出的 Open-Drain 选项,利用该选项可提供诸如中断和写允许等系统级信号。

(3) 多电压(Multi-Volt)设定

MAX 7000元件支持多电压I/O接口(44引脚的元件除外),可以与不同电源电压的系统相接。MAX 7000元件设有V_{CCIN}和V_{CCIO}等两组电源引脚,一组供内核和输入缓冲器工作,一组供I/O引脚工作。

根据需要,V_{CCIO}引脚可连到3.3V或5.0V电源。当接5.0V电源时,输出和5.0V系统兼容;当接3.3V电源时,输出和3.3V系统兼容。

3) 设计加密

所有MAX 7000元件内部都包含一个可编程的加密位。对MAX 7000元件进行编程下载时,如果选中该位,就可以起到数据加密的作用,使别人不能轻易地读出芯片内的设计数据。当CPLD被擦除时,保密位则和所有其他的配置数据一起被擦除。

4) ISP

所有MAX 7000元件都具有ISP的功能,支持JTAG边界扫描测试。只需通过一根下载电缆连接到目标板上,就可以非常方便地实现ISP,大大方便了电路的调试。

2.3.3 MAX Ⅱ

1. 概述

MAX Ⅱ系列元件是低成本、低功耗的CPLD元件,基于0.18μm,6层金属闪存工艺,有240~2210个逻辑单元(128~2210个等效宏单元),具有瞬时上电,内部包含8Kbit的非易失性存储媒质。提供可编程解决方案的应用,如总线桥接、I/O扩展、电源上电复位(POR)和时序控制和设备配置的控制。MAX Ⅱ元件的主要特点如下:

- 低成本,低功耗,瞬时上电,非易失性的CPLD元件;
- 待机电流低至25μA;
- 提供快速传播延时和时钟输出时间;
- 提供4个全局时钟,每两个时钟提供一个逻辑阵列块;
- UFM块高达8Kbit的非易失性存储;
- 多电压内核能提供给外部设备1.8V、2.5V或3.3V的电源电压;
- 多电压I/O接口支持3.3V、2.5V、1.8V和1.5V的逻辑电平;
- 施密特触发器使噪声容限输入(每个引脚可以编程)。

MAX Ⅱ系列所有芯片的逻辑单元、宏单元、UFM容量等指标如表2.10所示。

表2.10 MAX Ⅱ元件系列

器　件	EPM240 EPM240G	EPM570 EPM570G	EPM1270 EPM1270G	EPM2210 EPM2210G	EPM240Z	EPM570Z
逻辑单元	240	570	1270	2210	240	570
典型的等效宏单元	192	440	980	1700	192	440
等效宏单元范围	128~240	240~570	570~1270	1270~2210	128~240	240~570
UFM容量/bit	8192	8192	8192	8192	8192	8192
最多用户I/O引脚数	80	160	212	272	80	160

续表

器　　件	EPM240 EPM240G	EPM570 EPM570G	EPM1270 EPM1270G	EPM2210 EPM2210G	EPM240Z	EPM570Z
t_{PD1}/ns	4.7	5.4	6.2	7.0	7.5	9.0
f_{CNT}/MHz	304	304	304	304	152	152
t_{SU}/ns	1.7	1.2	1.2	1.2	2.3	2.2
t_{CO}/ns	4.3	4.5	4.6	4.6	6.5	6.7

2. 结构与功能

1) 逻辑阵列块(LAB)和逻辑单元(LE)

MAX Ⅱ元件包含了一个二维的行列式构架,以实现自定义逻辑。行和列之间的互连提供了逻辑阵列块(LAB)之间的信号,每个逻辑阵列块(LAB)有10个逻辑单元(LE)。LE是一个小单位提供高效的执行用户逻辑功能。

MAX Ⅱ元件I/O引脚被送入行和列结构的逻辑阵列块LAB两端的I/O单元(IOE),连接周围的外围设备。每个IOE包含一个双向I/O缓冲区和几个高级功能。I/O引脚支持施密特触发器输入和各种单端标准,如66MHz、32位PCI和LVTTL。

LAB的主体是10个逻辑单元,另外还有一些逻辑阵列块内部的控制信号以及互连通路,使得逻辑阵列块具有一些特性。LAB以及相关连接通路的示意图如图2.58所示。

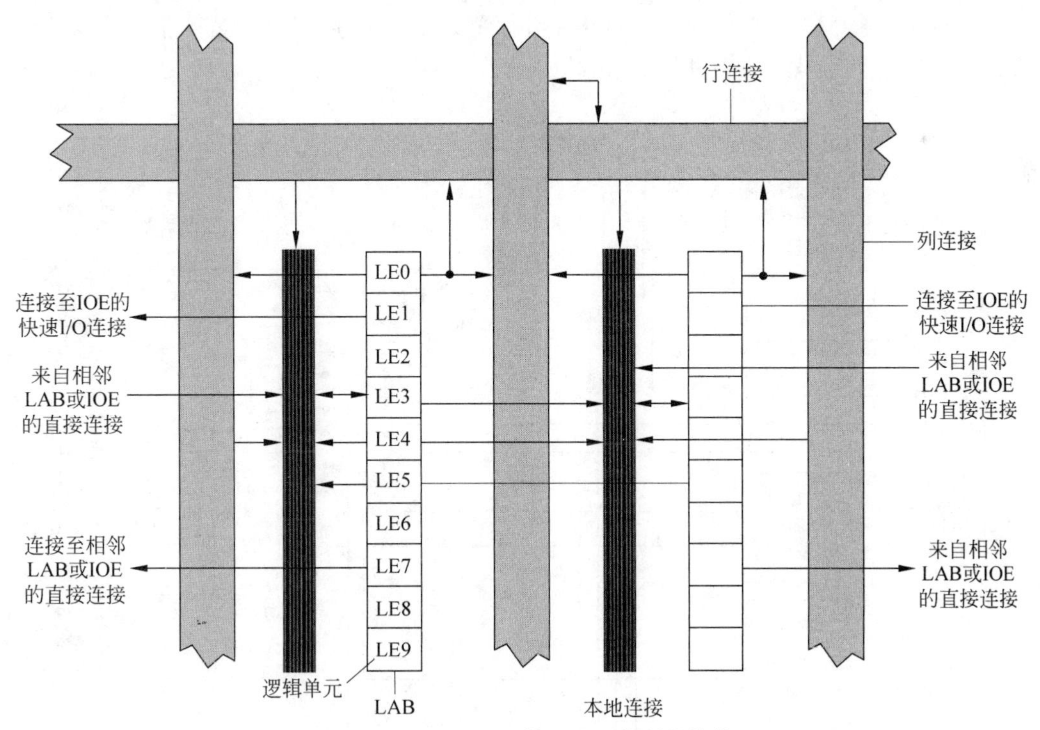

图2.58　MAX Ⅱ元件的I/O控制块结构

逻辑阵列块还包括一些控制信号,这些控制信号有两个时钟信号、两个时钟使能信号、两个异步复位信号、一个同步复位信号、一个异步加载信号、一个同步加载信号和一个加减控制信号。

每个逻辑阵列块包含的两个时钟信号和两个时钟使能信号是成对使用的，也就是说时钟信号 1 和时钟使能信号 1 相对应，时钟信号 2 和时钟使能信号 2 相对应。如果某个逻辑单元使用时钟信号 1，它也只能使用时钟使能信号 1。如果逻辑阵列块需要使用时钟的上升沿和下降沿，则这个逻辑阵列块需要使用 2 个时钟信号。控制信号由行时钟和本地互连通路生成，如图 2.59 所示。

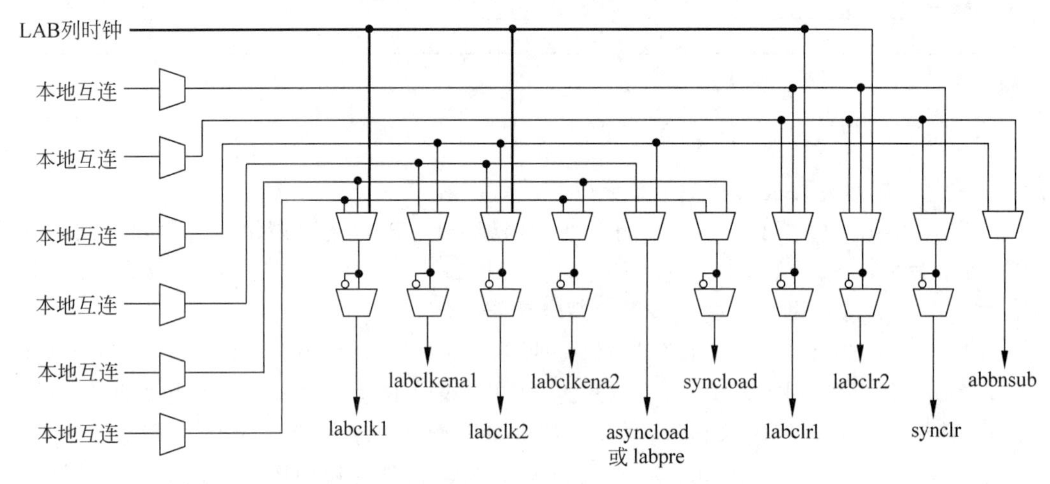

图 2.59　逻辑阵列块内的控制信号

逻辑单元是 MAX Ⅱ系列 CPLD 中最小的逻辑结构。逻辑单元由一个 4 输入查找表、一个可编程寄存器、一条进位链组成，如图 2.60 所示。

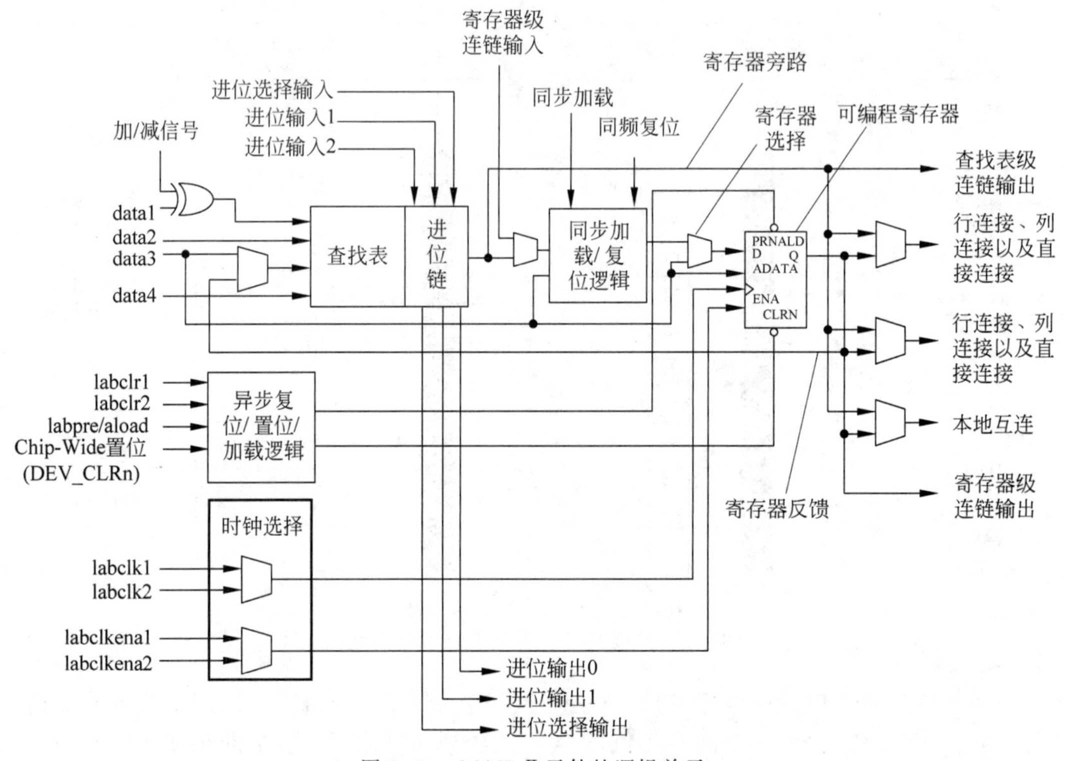

图 2.60　MAX Ⅱ元件的逻辑单元

查找表是用于完成用户需要的逻辑功能，MAX Ⅱ系列CPLD中的查找表是4输入1输出的查找表，可以完成任意的4输入1输出的组合逻辑。可编程的寄存器可以被配置为D触发器、T触发器、JK触发器或者SR锁存器。每个寄存器包含数据输入、时钟输入、时钟使能输入以及一些控制信号输入。

一个逻辑单元包含3个输入：两个用于驱动行连接、列连接和直接连接，另外一个用于驱动本地互连。这3个输出可以从查找表的输出获得，也可以从寄存器的输出获得。值得一提的是，这3个输出可以独立地选择使用查找表的输出或者使用寄存器的输出，也就是说允许查找表驱动一个输出，而寄存器驱动另外的两个输出。这种特性称为寄存器合并，寄存器合并能够更有效地利用FPGA内部的资源。寄存器级连链的作用是在一个逻辑阵列块内部，将一个逻辑单元中寄存器的输出直接连接到下一个逻辑单元的寄存器的输入。利用寄存器级连链、寄存器旁路以及寄存器合并特性，能够将同一个逻辑阵列块内部的逻辑单元的查找表和寄存器分开使用，用查找表完成逻辑功能，将寄存器级连起来实现移位寄存器功能。

MAX Ⅱ系列CPLD中的逻辑单元有两种工作模式：普通模式和动态算术模式。在两种工作模式下，逻辑单元的资源配置有所不同。

普通模式的示意图如图2.61所示。

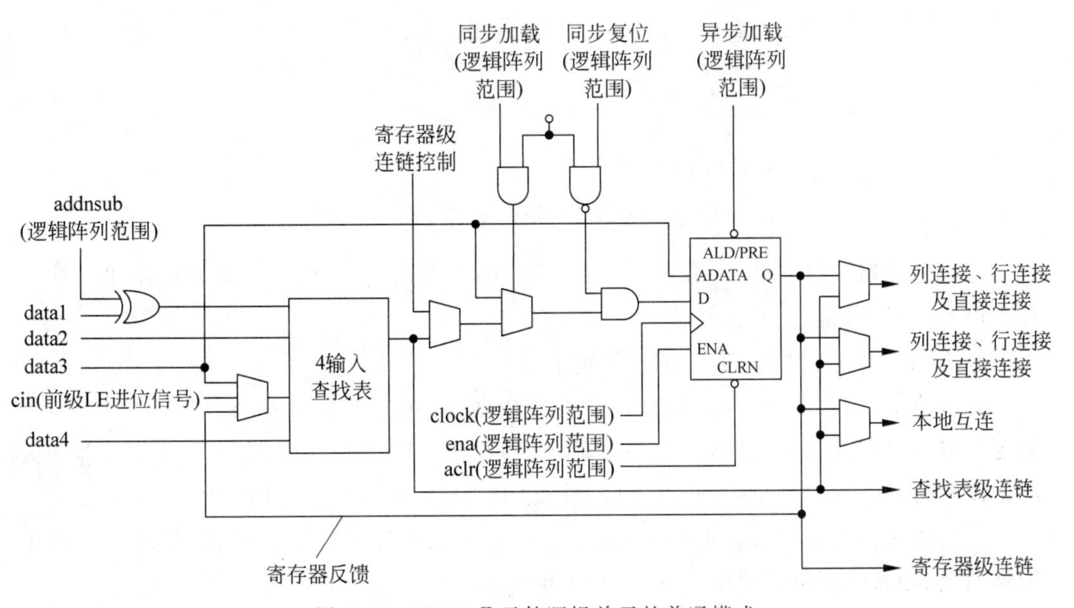

图2.61 MAX Ⅱ元件逻辑单元的普通模式

普通模式适合实现一般的逻辑运算。当逻辑单元工作在普通模式下时，4个来自本地互连线路的信号连接至查找表(LUT)的输入端，Quartus Ⅱ软件会自动选择data3或者来自前一个逻辑单元的进位信号cin作为查找表的一个输入。查找表级连链输出可以直接连接到同一个逻辑阵列块内的下一个逻辑单元，用来实现组合逻辑。普通模式支持寄存器合并和寄存器反馈。寄存器反馈指的是寄存器的输出反馈到查找表的第3个输入端。

动态算术模式的示意图如图 2.62 所示。动态算术模式适用于实现加法器、计数器、累加器、比较器等。动态算术模式下，逻辑单元内部的 4 输入 1 输出的查找表被分成 4 个 2 输入 1 输出的查找表，这 4 个查找表分别用于产生进位为 1 时的和、进位为 0 时的和、进位为 1 时的进位、进位为 0 时的进位，最后通过进位选择信号确定一组正确的和与进位。这种冗余的算法加快了做加法的速度，其示意图如图 2.63 所示。

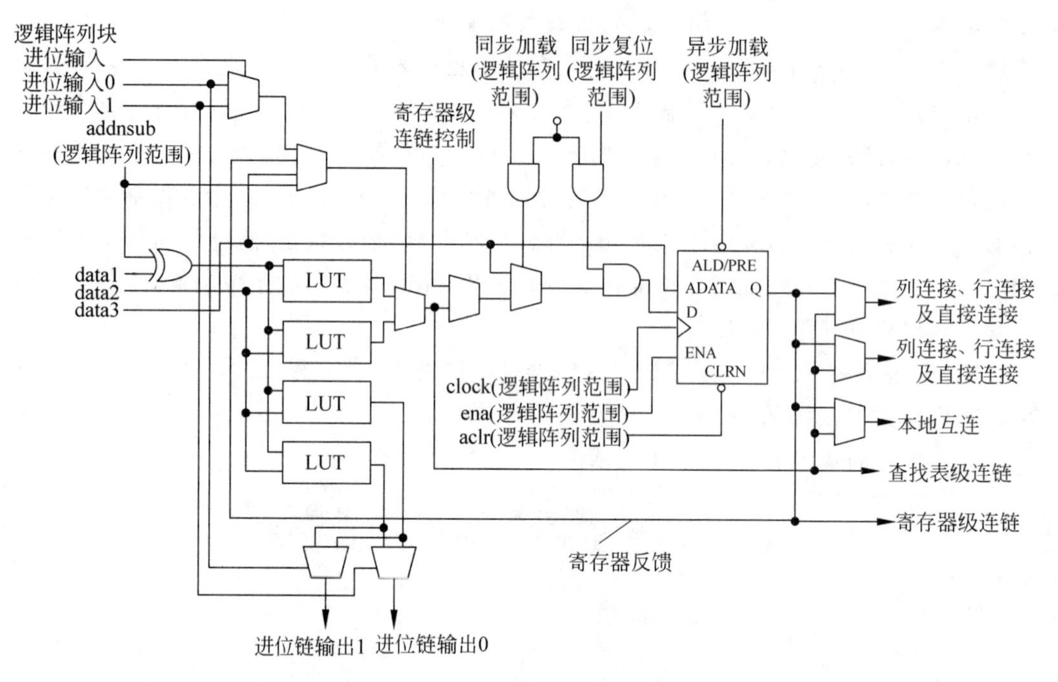

图 2.62 MAX Ⅱ元件逻辑单元的动态算术模式

冗余的逻辑同时计算 a+b+0 和 a+b+1 两个表达式，然后选出正确的结果。动态算术模式同样支持寄存器合并和寄存器反馈。

2）MAX Ⅱ系列 CPLD 中的连接通路

在 MAX Ⅱ系列 CPLD 内部存在各种连接通路，用于连接元件内部的不同模块，例如逻辑单元之间逻辑单元同输入/输出单元之间等。因为 MAX Ⅱ系列 CPLD 内部的资源是按照行列的方式分布的，所以连接通路也分为行连接和列连接两种。

行连接又分为 R4 连接和直接连接。直接连接用于连接相邻的模块，例如相邻的逻辑阵列块、相邻的逻辑阵列块与输入/输出单元。

R4 连接的覆盖范围是 4 个逻辑阵列块。R4 连接包括一个主逻辑阵列块，然后以主逻辑阵列块为中心向左右两边扩展得到，R4 连接可以驱动逻辑阵列块、输入/输出单元等功能模块的本地互连通路，从而起到驱动这些模块的目的，同时也可以被这些模块所驱动。另外，R4 连接也可以驱动 R4 连接和 C4 连接。R4 连接的示意图如图 2.64 所示。

与行连接类似，列连接用于连接垂直排列的工种模块。列连接包括在一个逻辑阵列块范围内有效的查找表级连链和寄存器级连链以及覆盖 4 个功能模块的 C4 连接。

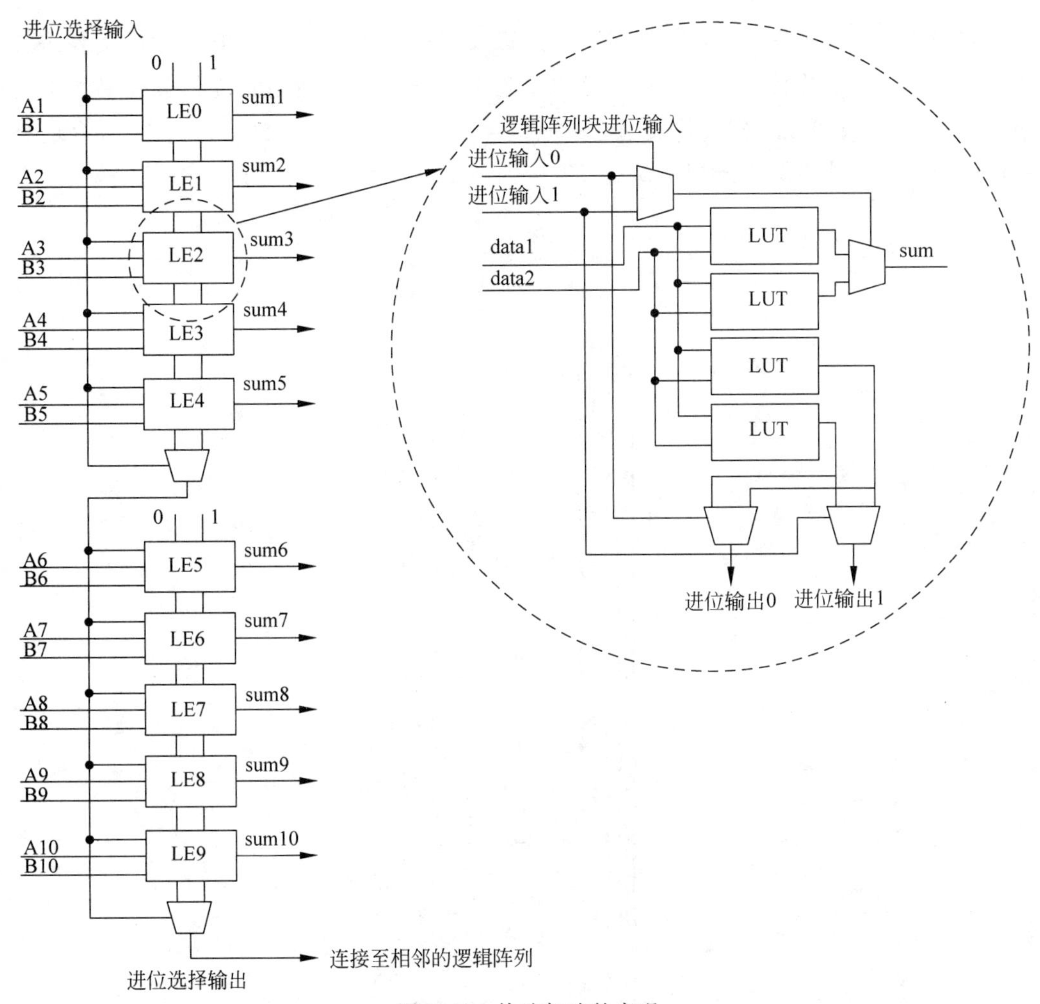

图 2.63　快速加法的实现

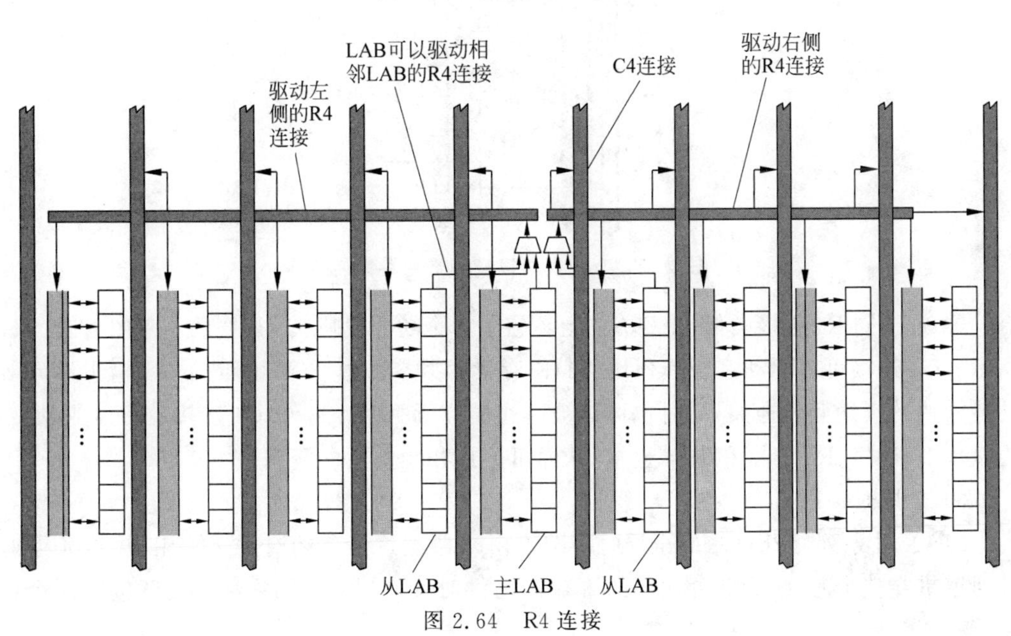

图 2.64　R4 连接

查找表级连链和寄存器级连链将一个逻辑阵列块内的10个逻辑单元中的查找表或寄存器的输出直接连接到下一个查找表或寄存器的输入。这种特性能够创建高性能的移位寄存器,另外可以节省查找表用于其他组合逻辑,从而起到节约片内资源、提高电路性能的作用。查找表级连链和寄存器级连链如图2.65所示。

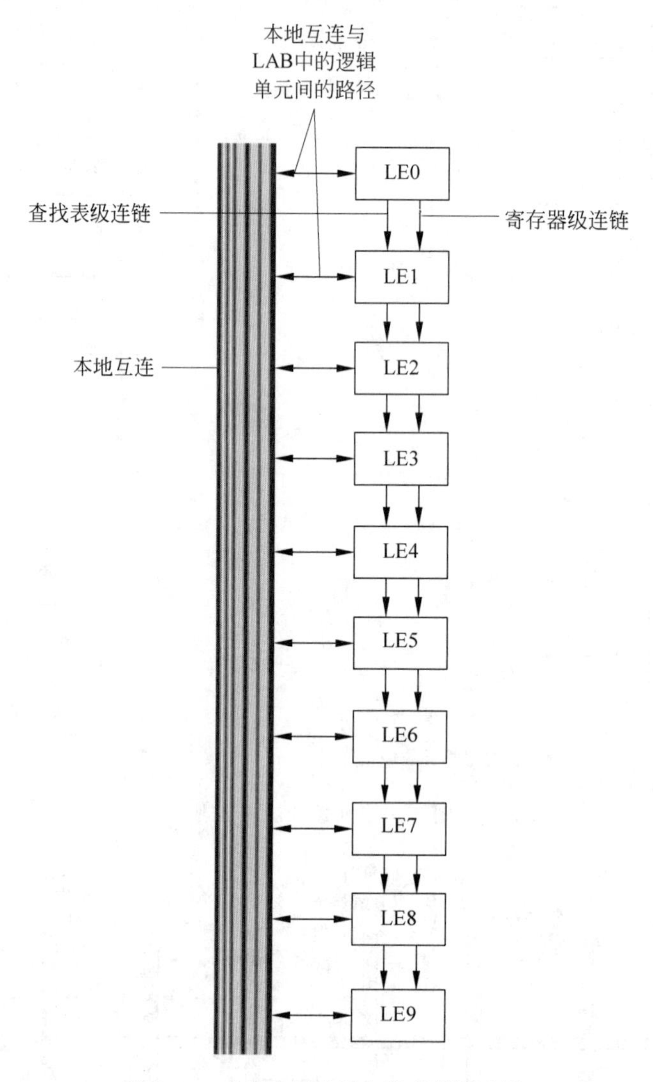

图2.65　查找表级连链和寄存器级连链

C4连接同R4连接类似,在列方向上覆盖了4个功能模块,C4连接的示意图如图2.66所示。C4连接可以驱动逻辑阵列块、M4K存储器块、乘法器、锁相环、输入/输出单元等功能模块的本地互连通路,同时也可以被这些模块所驱动。另外,C4连接也可以驱动C4连接、C16连接、R4连接和R24连接,从而可连接相距更远的资源。

3) 全局时钟网络

MAX Ⅱ系列CPLD中的全局时钟网络由4条经过优化的时钟通道组成,这4条时钟通道贯穿整个芯片,为芯片内部的寄存器提供时钟。MAX Ⅱ系列CPLD包含4个两

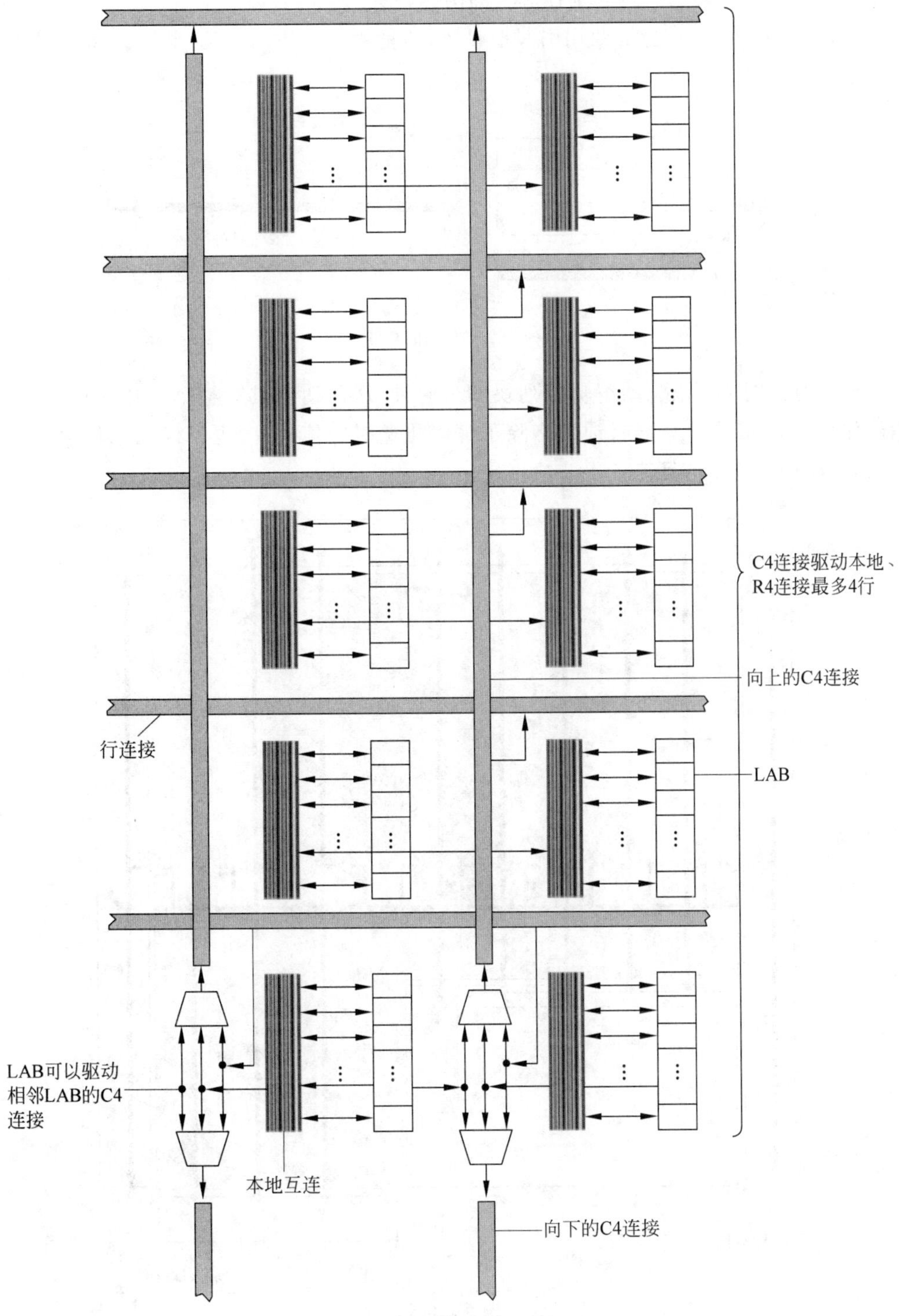

图 2.66　C4 连接示意图

用引脚，用来驱动全局时钟网络。两用引脚的意思是既可以用作时钟引脚，也可以用作普通引脚。这 4 个两用引脚分别在芯片的两侧，左边 2 个，右边 2 个。

全局时钟网络除了能被两用引脚驱动外，也能被内部逻辑驱动，其示意图如图 2.67 所示。

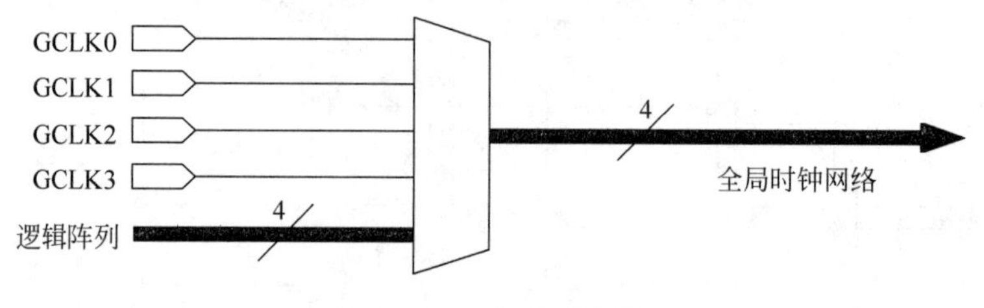

图 2.67　全局时钟选择

全局时钟网络可以驱动逻辑阵列块的列时钟，从而达到贯穿整个芯片的目的，其示意图如图 2.68 所示。全局时钟网络除了可以传递时钟信号外，也可以用来传递一些全局信号，如全局复位信号等。

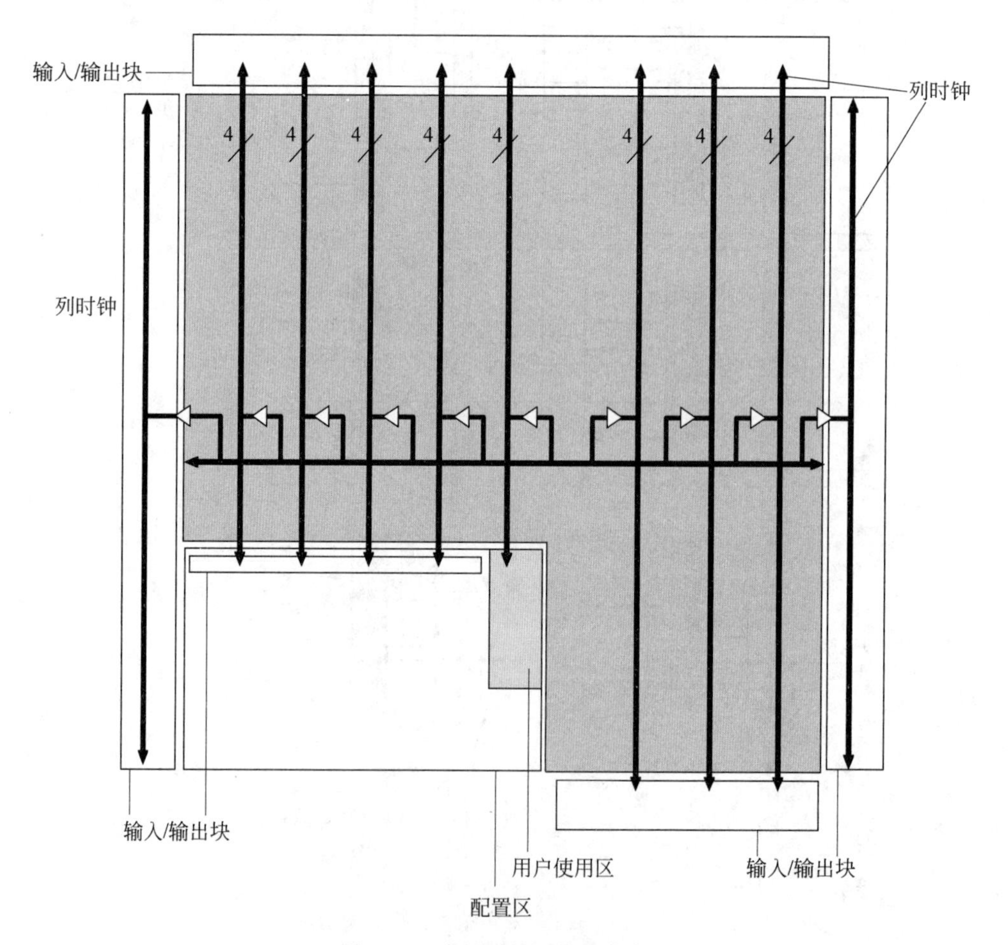

图 2.68　全局时钟网络的分布

4）输入/输出单元

输入/输出单元(IOE)位于逻辑阵列块和引脚之间，包含一个双向的缓冲器，其结构如图 2.69 所示。

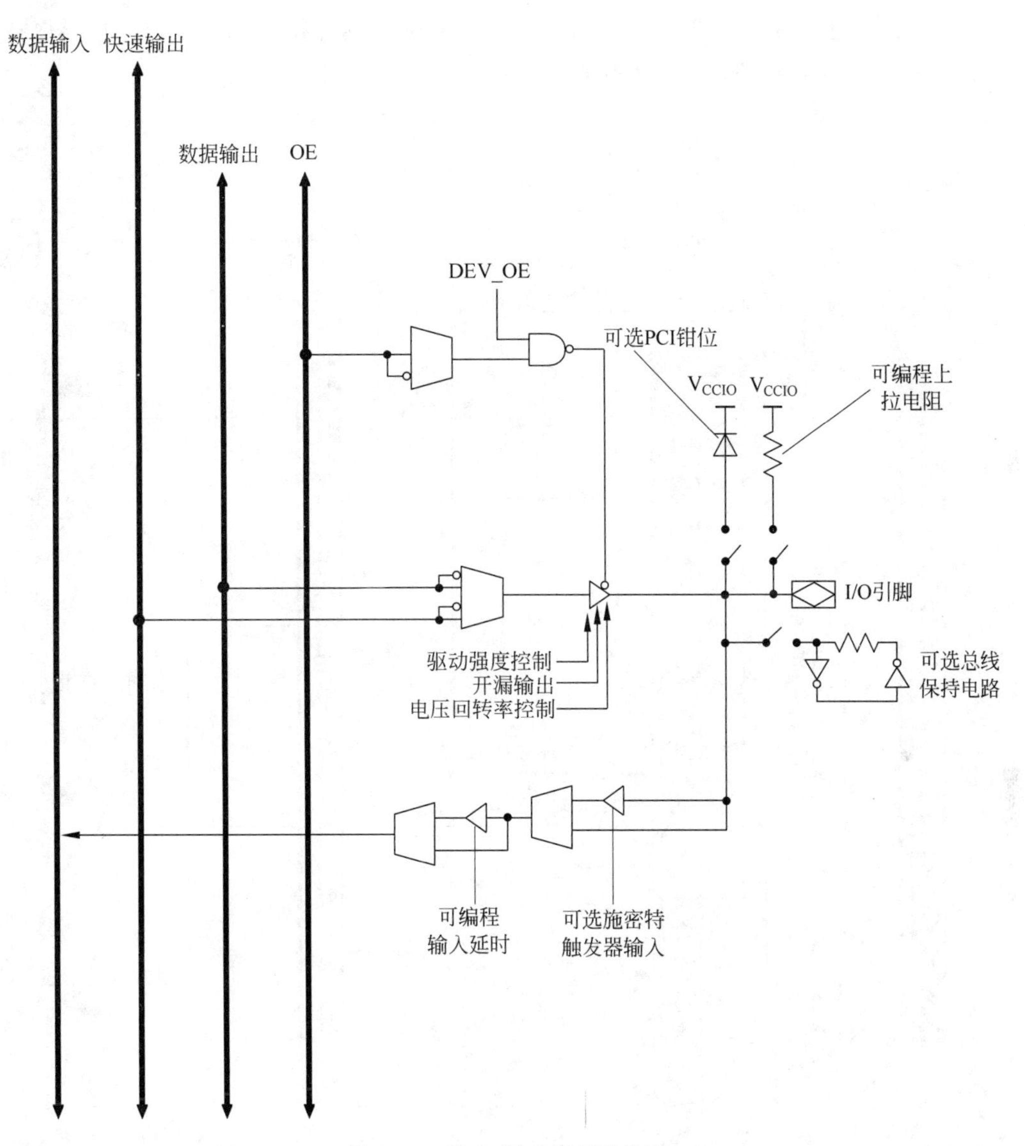

图 2.69　输入/输出单元结构图

若干个输入/输出单元组成一个输入/输出块(I/O Block)。输入/输出块分为行输入/输出块和列输入/输出块，各自包含有不同数目的输入/输出单元。输入/输出块和邻近的逻辑阵列块以及互连通路相连，如图 2.70 和图 2.71 所示。

MAX Ⅱ元件支持多种传输标准，如表 2.11 所示。

MAX Ⅱ系列 CPLD 的引脚被分为几个输入/输出组(I/O Bank)，规模较小的 EPM240 和 EPM570 包含有 2 个输入/输出组，其余的元件包含有 4 个输入/输出组。值得注意的是，EPM240 和 EPM570 并不支持 PCI 的传输标准，而其他元件也只有特定的输入/输出组支持。不同的输入/输出组可以使用不同的 V_{CCIO}，从而使一个芯片支持不同的传输的标准，能够和不同标准的其他芯片进行通信。

MAX Ⅱ系列 CPLD 的输入/输出单元还包括一些其他的特性，包括施密特触发器、输出使能、可编程的驱动强度、可控制的电压回转率、开漏输出、可编程的地、总线保持、可编程的上拉电阻、可编程的输入延时等。

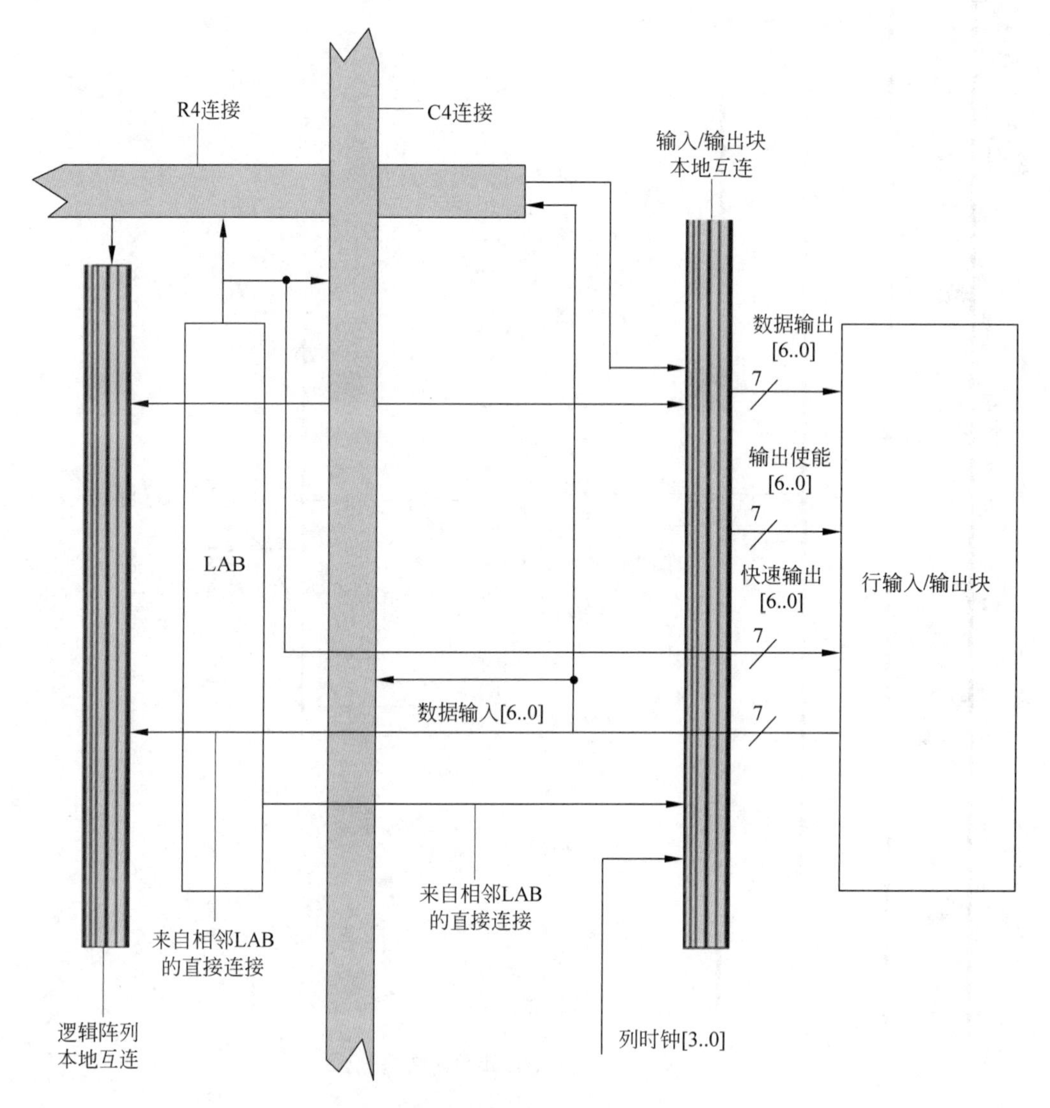

图 2.70　行输入/输出块

MAX Ⅱ系列 CPLD 的每一个输入缓冲都可以选择使用施密特触发器。施密特触发器可以将变化缓慢的信号变成电压转换快的信号，这是通过正反馈实现的。

每一个输出缓冲都包含一个输出使能信号，从而实现三态控制。每一个输出缓冲都可以再配置两种驱动强度。不同的传输标准及相应可选的驱动强度如表 2.12 所示。

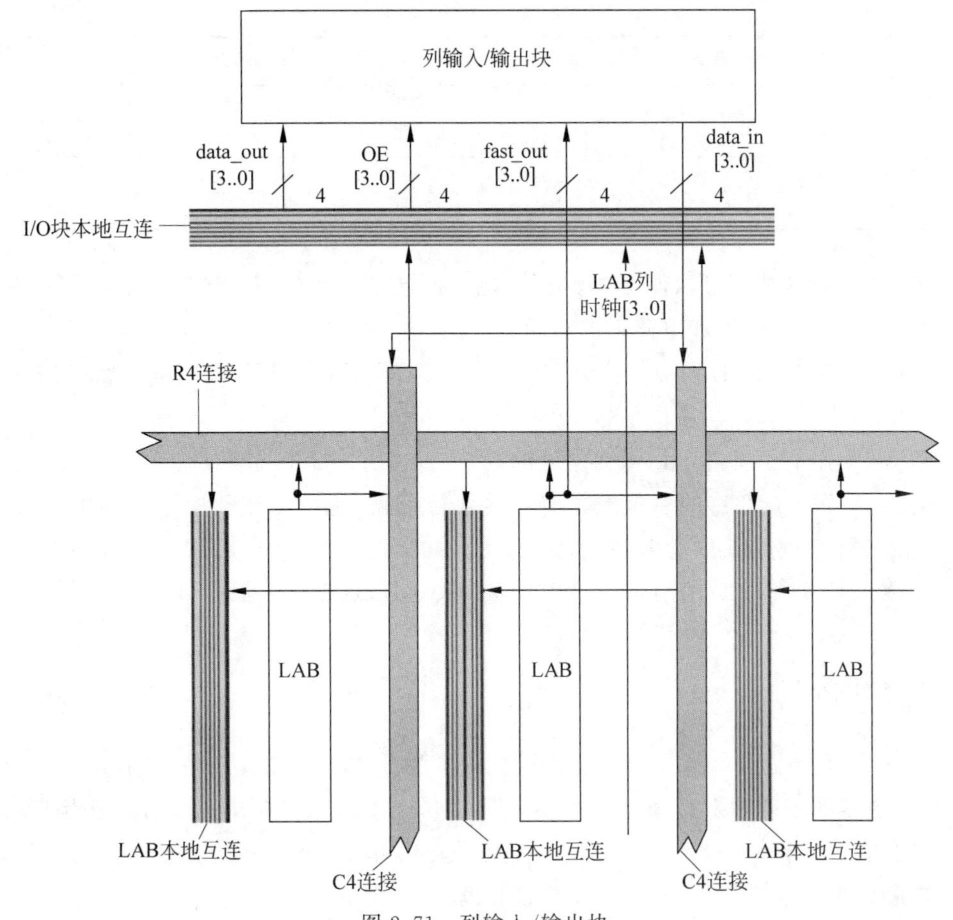

图 2.71 列输入/输出块

表 2.11 传输标准列表

传输标准	传输类型	V_{CCIO}/V
3.3V LVTTL/LVCMOS	单端	3.3
2.5V LVTTL/LVCMOS	单端	2.5
1.8V LVTTL/LVCMOS	单端	1.8
1.5V LVCMOS	单端	1.5
3.3V PCI	单端	3.3

表 2.12 不同的传输标准及相应可选的驱动强度

传输标准	驱动强度/mA
3.3V LVTTL	16
	8
3.3V LVCMOS	8
	4
2.5V LVTTL/LVCMOS	14
	7

续表

传输标准	驱动强度/mA
1.8V LVTTL/LVCMOS	6
	3
1.5V LVCMOS	4
	2

每一个输出缓冲都可以调节其输出的电压回转率。比较慢的电压回转率可以降低噪声，但是会增加上升沿和下降沿的时间。

MAX Ⅱ系列 CPLD 可以提供开漏输出。开漏输出可以用于那些多个设备需要共享的信号，比如中断信号、写使能信号等。

所有未使用的引脚都可以作为额外的地使用，这一特性不需要使用逻辑单元。

MAX Ⅱ系列 CPLD 的引脚包含有总线保持电路，它可以锁住引脚上的电平状态。另外，MAX Ⅱ系列 CPLD 的引脚包含一个可选的上拉电阻。

MAX Ⅱ系列 CPLD 的引脚可以调节其输入延时，从而保证保持时间为 0。

2.3.4 MAX Ⅴ

MAX Ⅴ系列是由 Altera 公司生产的低成本和低功耗 CPLD 产品，与其他 CPLD 相比可提供更多的密度和 I/O 单元。密度范围在 40～2210 个逻辑单元(LE)(相当于 32～1700 个宏单元)，多达 271 个 I/O，MAX Ⅴ元件提供可编程解决的方案，如 I/O 扩展总线和协议桥接，电力监控和控制，FPGA 配置和模拟 IC 接口。

MAX Ⅴ元件具有片上闪存、内部振荡器和记忆功能。与其他 CPLD 相比，总功耗可降低高达 50%，MAX Ⅴ系列 CPLD 仅需一个电源供应器，就可以满足低功耗设计要求。MAX Ⅴ系列 CPLD 主要特点如下：

- 低成本，低功耗，非易失性 CPLD 架构；
- 瞬间(0.5ms 或更少)的配置时间；
- 待机电流低至 25μA 和快速掉电/复位操作；
- 快速传播延迟和时钟输出时间；
- 内部振荡器；
- 仿真 RSDS 输出支持高达 200Mb/s 的数据传输速率；
- 仿真 LVDS 输出支持高达 304Mb/s 的数据传输速率；
- 4 个全局时钟每逻辑阵列块模块(LAB)可用 2 个时钟；
- 用户闪存块为 8Kbit 的非易失性存储，多达 1000 读/写周期；
- 单 1.8 V 外部电源元件核心供电；
- 多电压 I/O 接口支持 3.3V、2.5V、1.8V、1.5V、1.2V 逻辑电平；
- 总线型架构，包括可编程转换速率，驱动强度，总线保持，可编程的上拉电阻；
- 施密特触发器使噪声容限输入(每个引脚可编程)；

- I/O 是 PCI-SIGPCI 本地总线规范，修订版 2.2 完全兼容 3.3V 操作；
- 内置 JTAG BST 电路符合 IEEE 标准 1149.1—1990。

MAX Ⅴ系列所有芯片的逻辑单元、Flash 存储器数量、全局时钟数等指标如表 2.13 所示。

表 2.13 MAX Ⅴ系列 CPLD 内部资源

特　性	5M40Z	5M80Z	5M160Z	5M240Z	5M570Z	5M1270Z	5M2210Z
逻辑单元	40	80	160	240	570	1270	2210
典型的等效宏单元	32	64	128	192	440	980	1700
用户 Flash 大小/bit	8192	8192	8192	8192	8192	8192	8192
全局时钟	4	4	4	4	4	4	4
内部振荡器	1	1	1	1	1	1	1
最大用户 I/O 引脚	54	79	79	114	159	271	271
t_{PD1}/ns	7.5	7.5	7.5	7.5	9.0	6.2	7.0
f_{CNT}/MHz	152	152	152	152	152	304	304
t_{SU}/ns	2.3	2.3	2.3	2.3	2.2	1.2	1.2
t_{CO}/ns	6.5	6.5	6.5	6.5	6.7	4.6	4.6

2.4 Cyclone 系列元件

2.4.1 Cyclone

Cyclone 系列 FPGA 元件为 Altera 推出的第一代终端 FPGA 产品，基于 1.5V，0.13μm，全铜 SRAM 工艺。拥有高达 20060 个逻辑单元（LE）和 288Kbit 的 RAM。Cyclone 元件支持多种 I/O 标准，包括数据传输速率高达 640Mb/s 的 LVDS，66MHz 和 33MHz，64bit 和 32bit 的外围组件互连（PCI）接口，ASSP 和 ASIC 元件。

Cyclone 系列 FPGA 元件主要特点如下：

- 元件的规模在 2910～20060 个逻辑单元；
- 高达 294912 RAM 位（36864B）；
- 支持低成本的串行配置元件配置；
- 支持 LVTTL，LVCMOS，SSTL-2 和 SSTL-3 等 I/O 标准；
- 支持 66MHz 和 33MHz，64bit 和 32bit 的 PCI 标准；
- 支持高速（640Mb/s）LVDS 的 I/O 接口；
- 支持低速（311Mb/s）LVDS 的 I/O 接口；
- 支持 311Mb/s 的 RSDS I/O 接口；
- 每台设备最多使用两个 PLL 来完成时钟倍频和相移；
- 支持外部存储器，包括 DDR SDRAM（133MHz），FCRAM 和单倍数据速率（SDR）SDRAM。

Cyclone 系列所有元件的资源如表 2.14 所示。

表 2.14 Cyclone 元件系列资源

器 件	EP1C3	EP1C4	EP1C6	EP1C12	EP1C20
逻辑单元	2910	4000	5980	12 060	20 060
M4K RAM 块(128×36bit)	13	17	20	52	64
总计 RAM 容量(bit)	59 904	78 336	92 160	239 616	294 912
锁相环数	1	2	2	2	2
最多用户 I/O 引脚数	104	301	185	249	301

2.4.2 Cyclone Ⅱ

1. 概述

Cyclone Ⅱ元件是 Altera 公司推出的中端 FPGA 产品,采用了 90nm 工艺,相对于 130nm 工艺的 Cyclone 系列 FPGA 来讲,片内的逻辑单元的数量大幅增加,最多可以达到 68 416 个逻辑单元。除此之外,片内的存储器容量最多增加至 1.1Mbit,用户可用引脚最多增加至 622 个。Cyclone Ⅱ系列 FPGA 内部带有乘法器,这些乘法器可用于完成高速乘法操作,使得 Cyclone Ⅱ系列 FPGA 的数字信号处理能力得到增强。Cyclone Ⅱ系列 FPGA 还支持 Nios Ⅱ嵌入式处理器,在一片 FPGA 芯片内部可以嵌入一个或多个 Nios Ⅱ处理器。嵌入式处理器的好处是能够更灵活地满足设计需求,缩短开发周期。

Cyclone Ⅱ系列 FPGA 元件主要特点如下:

- 高密度架构,4608～68 416 个逻辑单元;
- M4K 嵌入式存储器模块;
- 高达 1.1Mbit 的嵌入式存储器;
- 高达 260MHz 的操作;
- 嵌入式乘法器;
- 支持高速差分 I/O 标准,包括 LVDS,RSDS,mini-LVDS,LVPECL,differential HSTL 和 differential SSTL;
- 支持单端 I/O 标准,包括 2.5V 和 1.8V 的 SSTL I&II,1.8V 和 1.5V 的 HSTL I&II,3.3V PCI 和 PCI-X 1.0,LVCMOS 和 LVTTL;
- 支持 DDR,DDR2,SDR SDRAM 和 QDR Ⅱ SRAM 等高速外部存储器;
- 包括 3 个专用寄存器:输入寄存器、输出寄存器、输出使能寄存器;
- 多达 16 个全局时钟网络全局时钟树;
- 每元件中高达 4 个锁相环(PLL)。

Cyclone Ⅱ系列所有元件的资源如表 2.15 所示。

表 2.15 Cyclone Ⅱ元件系列

器　件	EP2C5	EP2C8	EP2C15	EP2C20	EP2C35	EP2C50	EP2C70
逻辑单元	4608	8256	14448	18752	33216	50528	68416
M4K RAM 块	26	36	52	52	105	129	250
总计 RAM 容量(bit)	119808	165888	239616	239616	483840	594432	1152000
乘法器数	13	18	26	26	35	86	150
锁相环数	2	2	4	4	4	4	4
最多用户 I/O 引脚数	158	182	315	315	475	450	622
差分通道	55	75	125	125	200	192	275

2. 结构与功能

1) 逻辑单元(LE)与逻辑阵列块(LAB)

逻辑单元(Logic Element,LE)是在 FPGA 元件内部,用于完成用户逻辑的最小单元。一个逻辑阵列块包含 16 个逻辑单元以及一些其他资源,在一个逻辑阵列块内部的 16 个逻辑单元有更为紧密的联系,可以实现一些特有的功能。其结构如图 2.72 所示。

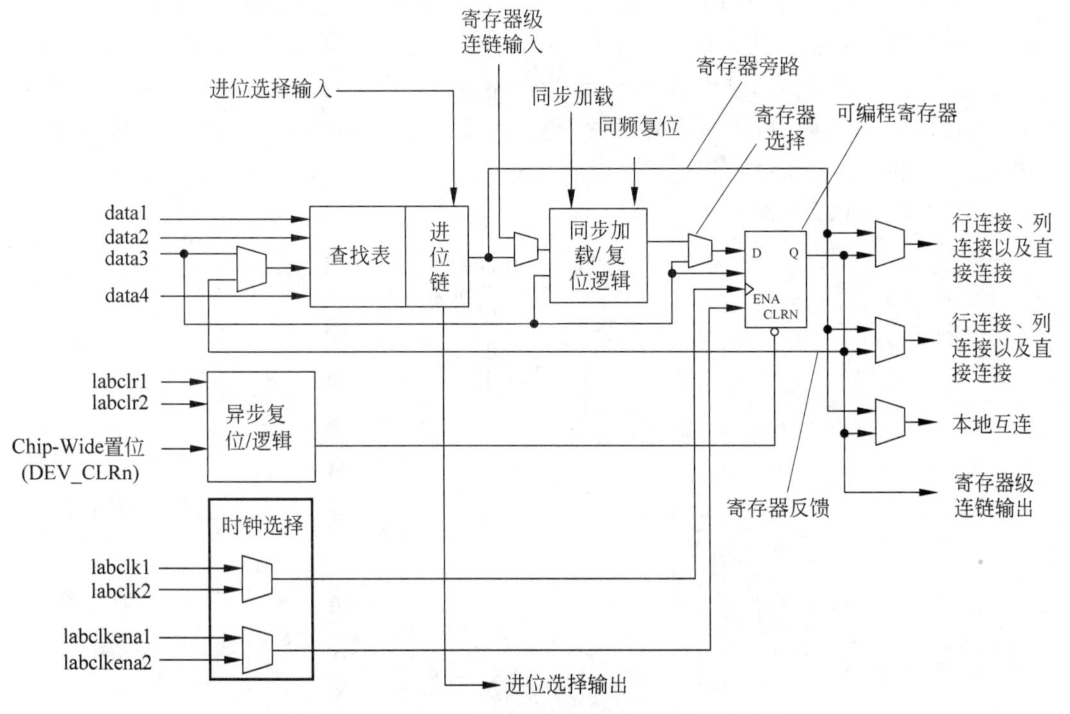

图 2.72 Cyclone Ⅱ系列 FPGA 逻辑单元结构图

从逻辑单元的结构图可以看出,一个逻辑单元主要由以下部件组成：一个 4 输入的查找表(LookUp Table,LUT),一个可编程的寄存器,一条进位链和一条寄存器级连链。

查找表的功能是用于完成用户需要的逻辑功能,Cyclone Ⅱ系列 FPGA 中的查找表是 4 输入 1 输出的查找表,可以完成任意的 4 输入 1 输出的组合逻辑。

一个逻辑单元包含 3 个输出：两个用于驱动行连接、列连接和直接连接；另外一个用于驱动本地互连。这3个输出可以从查找表的输出获得,也可以从寄存器的输出获得。

可编程的寄存器可以被配置为D触发器、T触发器、JK触发器或者SR锁存器。每个寄存器包含有4个输入信号:数据输入、时钟输入、时钟使能输入以及复位输入。其中,内部逻辑、外部引脚能够驱动寄存器的时钟输入、时钟使能输入和复位输入,时钟输入和复位输入也可以通过全局时钟树驱动,如果用户需要完成组合逻辑而不需要使用寄存器,可以通过寄存器旁路将寄存器绕过,从而直接完成查找表的输出。

一个逻辑单元包含3个输出,这3个输出可以独立地选择使用查找表的输出或者使用寄存器的输出。也就是说允许查找表驱动一个输出,而寄存器驱动另外两个输出,这种特性称为寄存器合并,寄存器合并能够更有效地利用FPGA内部的资源。寄存器级连链的作用是在一个逻辑阵列块内部,将一个逻辑单元中寄存器的输出直接连接到下一个逻辑单元的寄存器的输入。利用寄存器级连链、寄存器旁路以及寄存器合并特性,能够将同一个逻辑阵列块内部的逻辑单元的查找表和寄存器分开使用,用查找表完成逻辑功能,将寄存器级连起来实现移位寄存器。

Cyclone Ⅱ系列FPGA中的逻辑单元有两种工作模式:普通模式和算术模式。在两种工作模式下,逻辑单元的资源配置有所不同。

普通模式适合实现一般的逻辑运算。当逻辑单元工作在普通模式下时,4个来自本地互连线路的信号连接至查找表(LUT)的输入端,Quartus Ⅱ软件会自动选择data3或者来自前一个逻辑单元的进位信号cin作为查找表的一个输入。查找表级连链输出可以直接连接到同一个逻辑阵列块内的下一个逻辑单元,用来实现组合逻辑。普通模式支持寄存器合并和寄存器反馈。寄存器反馈指的是寄存器的输出反馈到查找表的第3个输入端。普通模式的示意图如图2.73所示。

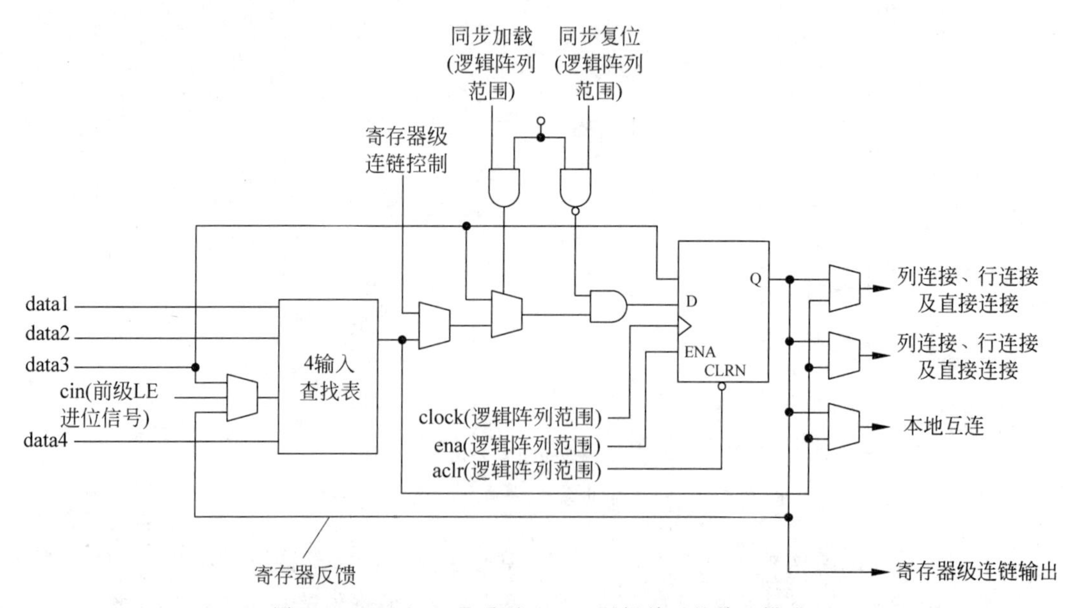

图2.73 Cyclone Ⅱ系列FPGA逻辑单元的普通模式

算术模式适合用于实现加法器、计数器、累加器、比较器等。算术模式下,逻辑单元内部的4输入1输出的查找表被分成两个3输入1输出的查找表,因而一个逻辑单元能够实现1个两位的全加器,一个查找表输出和,另外一个查找表输出进位,通过进位链传出。算术模式同样支持寄存器合并和寄存器反馈。算术模式的示意图如图2.74所示。

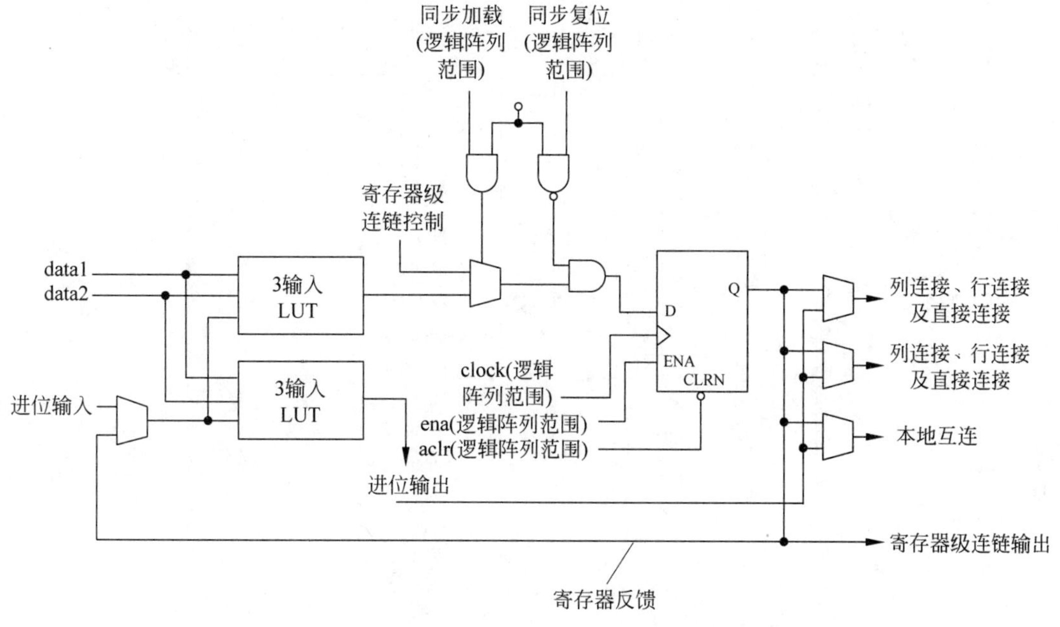

图2.74 Cyclone Ⅱ系列FPGA逻辑单元的算术模式

逻辑阵列块的主体是16个逻辑单元,另外还有一些逻辑阵列块内部的控制信号以及互连通路,使得逻辑阵列块具有一些特性。本地互连通路是逻辑阵列块的重要组成部分,它在16个逻辑单元之间起到高速链路的作用,为一个逻辑阵列块内部的逻辑单元提供高速的连接链路。除了可以被逻辑阵列块内的寄存器和查找表驱动之外,本地互连通路也可以被行连接通路和列连接通路所驱动。本地互连通路提供了一种逻辑阵列块内部的连接方式,逻辑阵列块内部还包含有一种对外的高速连接通路,称为直接连接通路。它连接的是相邻的逻辑阵列块,或者与逻辑阵列块相邻的M4K存储器块、乘法器、锁相环等。直接连接通路的使用可以节约行连接和列连接通路的使用,提高电路性能,增强设计的灵活性。一个逻辑单元能够通过本地互连通路以及直接连接通路驱动最多48个逻辑单元。逻辑阵列块以及相关连接通路的示意图如图2.75所示。

逻辑阵列块还包括一些控制信号,这些控制信号包括两个时钟信号、两个时钟使能信号、两个异步复位信号、一个同步复位信号和一个同步加载信号。控制信号一共有8个,但同一时刻最多只能有7个控制信号生效。在使用同步加载信号时,不能同时使用第一个时钟使能信号。另外,在使用同步加载信号时,寄存器合并也不能使用。这些控制信号有些是全局的,有些是逻辑阵列块范围内有效的,每个逻辑阵列块最多能够使用4个非全局的控制信号。

每个逻辑阵列块包含的两个时钟信号和两个时钟使能信号是成对出现的,也就是说时钟信号1和时钟使能信号1相对应,时钟信号2和时钟使能信号2相对应。如果某个逻辑单元使用时钟信号1,它也只能使用时钟使能信号1。如果逻辑阵列块需要使用时钟的上升沿和下降沿,则这个逻辑阵列块需要使用两个时钟信号。

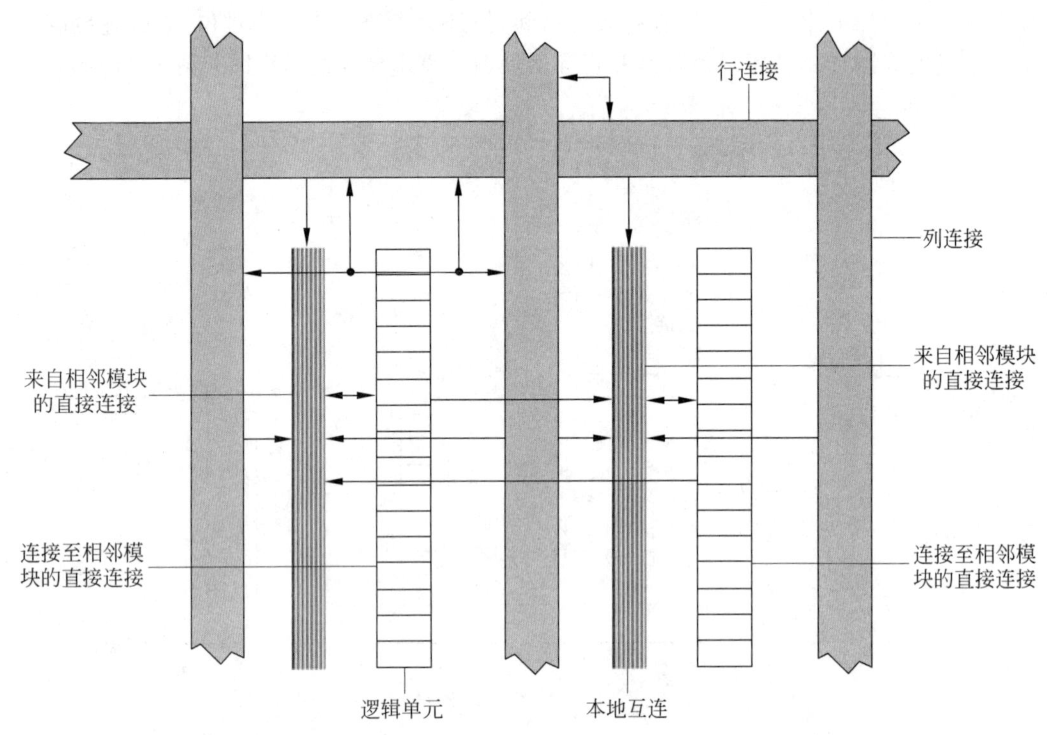

图 2.75　Cyclone Ⅱ系列 FPGA 逻辑阵列块结构示意图

同步加载和同步复位信号对于实现计数器非常实用,这两个信号是在逻辑阵列块内部有效的,它们的状态会影响逻辑阵列块内的所有寄存器。

异步复位信号对于同一个逻辑阵列块内的所有逻辑单元有效,每个逻辑阵列块包含两个异步复位信号,逻辑单元可以从中选择一个作为异步复位信号。除了逻辑阵列块范围内有效的异步复位信号之外,每个逻辑单元也可以受全局异步复位信号控制。

控制信号由行时钟和本地互连通路生成,如图 2.76 所示。

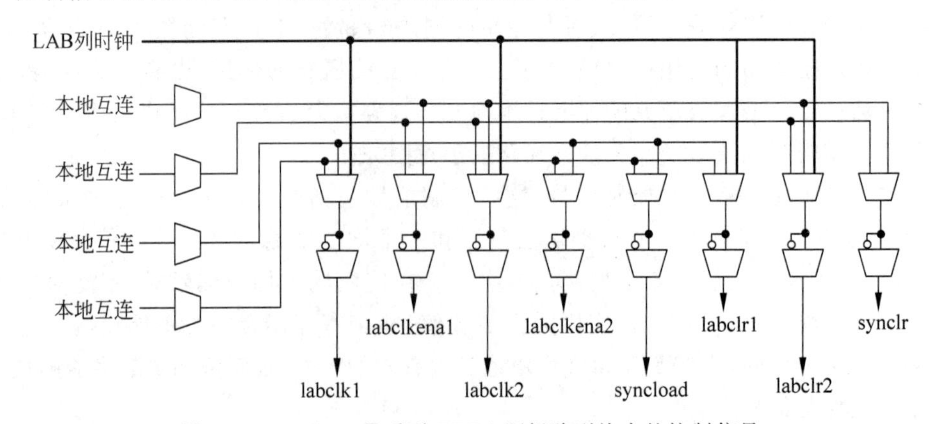

图 2.76　Cyclone Ⅱ系列 FPGA 逻辑阵列块内的控制信号

2）内部连接通路

在 FPGA 内部存在各种连接通路,用于连接元件内部的不同模块,例如逻辑单元之间、逻辑单元同片内存储器之间等。因为 FPGA 内部的资源是按照行列的方式分布的,所以连接通路也分为行连接和列连接两种。

行连接又分为 R4 连接、R24 连接和直接连接。直接连接用于连接相邻的模块，例如相邻的逻辑阵列块、相邻的逻辑阵列块与片内存储器。

R4 连接的覆盖范围是 4 个逻辑阵列块，或者 3 个逻辑阵列块和 1 个存储器块，或者 3 个逻辑阵列块和 1 个乘法器。R4 连接包括一个主逻辑阵列块，然后以主逻辑阵列块为中心通过向左右两边扩展得到。R4 连接可以驱动逻辑阵列块、M4K 存储器块、乘法器、锁相环、输入/输出单元等功能模块的本地互连通路，从而起到驱动这些模块的目的，同时也可以被这些模块所驱动。另外，R4 连接也可以驱动 R4 连接、R24 连接、C4 连接和 C16 连接。R4 连接的示意图如图 2.77 所示。

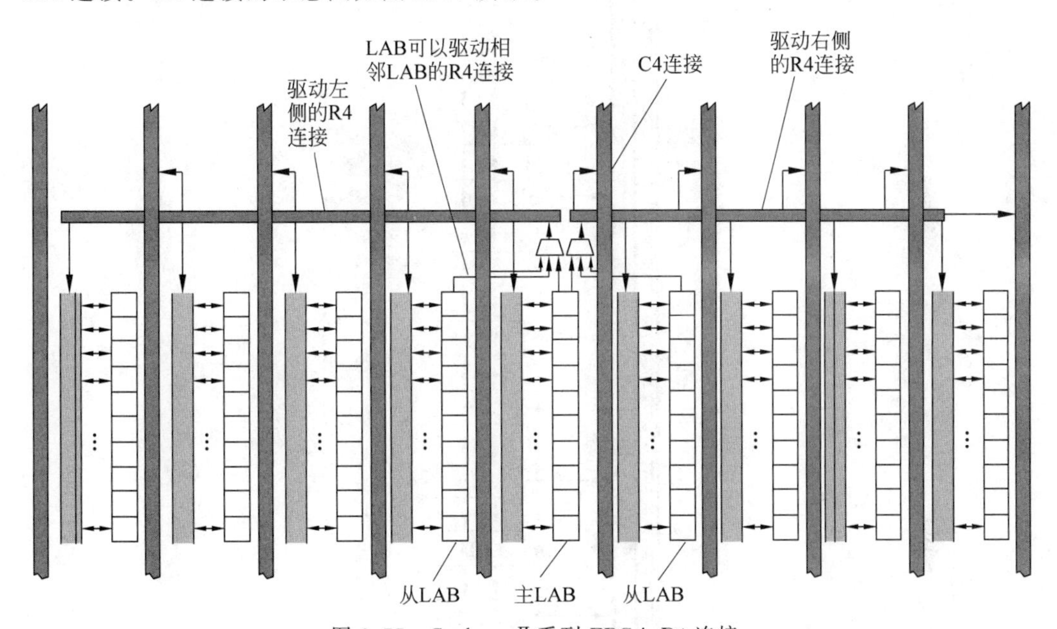

图 2.77　Cyclone Ⅱ系列 FPGA R4 连接

R24 连接与 R4 连接类似，它的覆盖范围是 24 个逻辑阵列块，为距离相对较远的逻辑阵列块提供了连接通路。与 R4 连接不同的是，R24 连接不能直接被逻辑阵列块、乘法器、锁相环、M4K 存储器块等模块驱动，也不能直接驱动这些模块。R24 连接是通过驱动 R4 连接或 C4 连接来间接驱动这些模块的。

与行连接类似，列连接用于连接垂直排列的各种模块。列连接包括在一个逻辑阵列块范围内有效的寄存器级连链，覆盖 4 个功能模块的 C4 连接以及覆盖 16 个功能模块的 C16 连接。

寄存器级连链将一个逻辑阵列块内的 16 个逻辑单元中的寄存器首尾相连，也就是将前一个寄存器的输出直接连接到下一个寄存器的输入。这种特性能够创建高性能的移位寄存器，另外可以节省查找表用于实现其他组合逻辑，从而起到节约片内资源，提高电路性能的作用。寄存器级连链如图 2.78 所示。

C4 连接同 R4 连接类似，在列方向上覆盖了 4 个功能模块。C4 连接可以驱动逻辑阵列块、M4K 存储器、乘法器、锁相环、输入/输出单元等功能模块的本地互连通路，同时也可以被这些模块所驱动。另外，C4 连接也可以驱动 C4 连接、C16 连接、R4 连接和 R24

连接,从而连接相距更远的资源。C4 连接的示意图如图 2.79 所示。

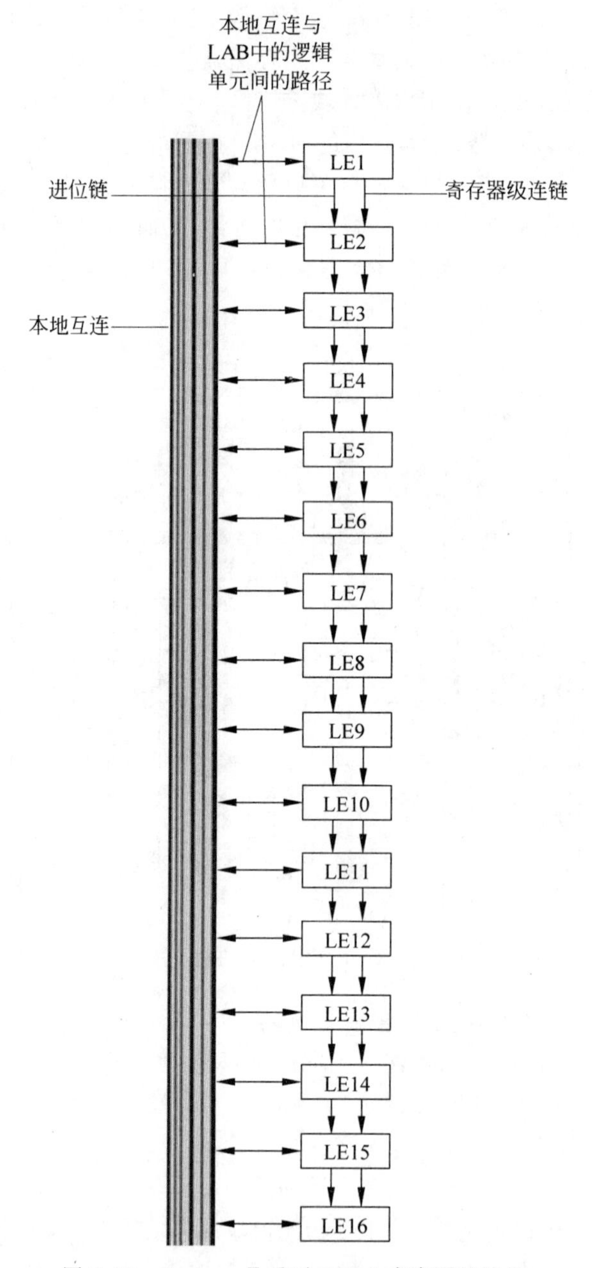

图 2.78　Cyclone Ⅱ系列 FPGA 寄存器级连链

C16 连接的覆盖范围是 16 个列方向上的功能模块。同 R24 连接类似,C16 连接也不能直接被逻辑阵列块、乘法器、锁相环、M4K 存储器块等模块驱动,也不能直接驱动这些模块,也是通过驱动 R4 连接或者 C4 连接来间接驱动这些模块的。

3) 时钟资源

Cyclone Ⅱ系列 FPGA 中有关时钟资源的部分主要包括全局时钟树和锁相环两个部分。全局时钟树又称全局时钟网络,它负责把时钟分配到元件内部的各个单元,控制元

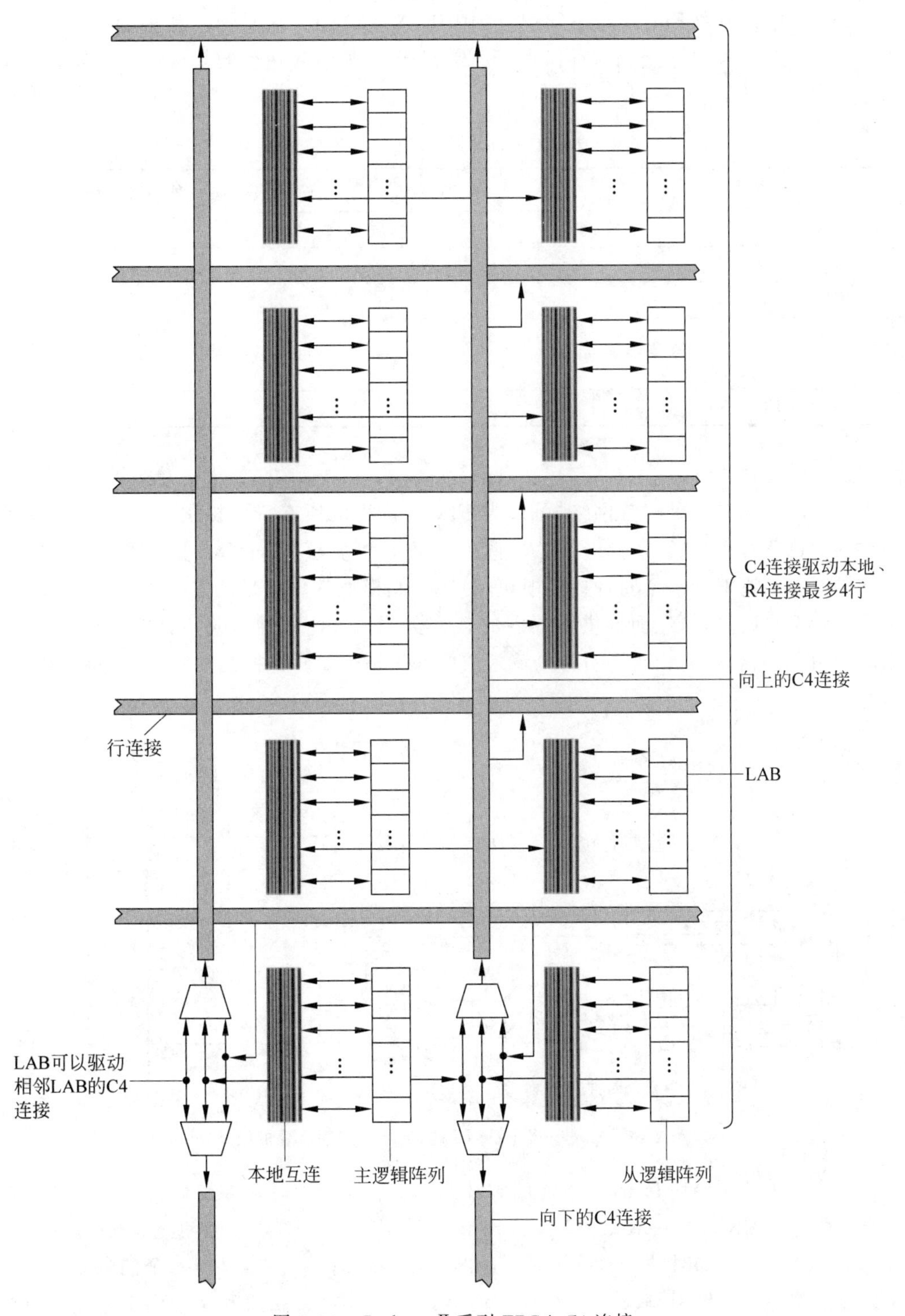

图 2.79 Cyclone Ⅱ系列 FPGA C4 连接

件内部的所有资源。锁相环则可以完成分频、倍频、移相等有关时钟的基本操作。

Cyclone Ⅱ系列 FPGA 中不同型号的 FPGA 包含的全局时钟树和锁相环的数目是不同的，最多包含 16 条全局时钟树和 4 个锁相环，不同型号包含的数目的差别如表 2.16 所示。

表 2.16 Cyclone Ⅱ系列 FPGA 时钟资源

器件型号	锁相环数	全局时钟树
EP2C5	2	8
EP2C8	2	8
EP2C20	4	16
EP2C35	4	16
EP2C50	4	16
EP2C70	4	16

(1) 全局时钟树

全局时钟树是一种时钟网络，可以为 FPGA 内部的所有资源提供时钟信号，这些资源包括内部寄存器、内部存储器、输入/输出引脚寄存器等。Cyclone Ⅱ系列 FPGA 中每条全局时钟树都对应一个时钟控制模块，时钟控制模块的作用是从多个时钟源中选择一个连接到全局时钟树，进而提供给片内的各种资源。这些时钟源包括锁相环的输出，专用时钟引脚的输入，两用时钟引脚的输入或内部逻辑等。时钟控制模块的结构如图 2.80 所示。

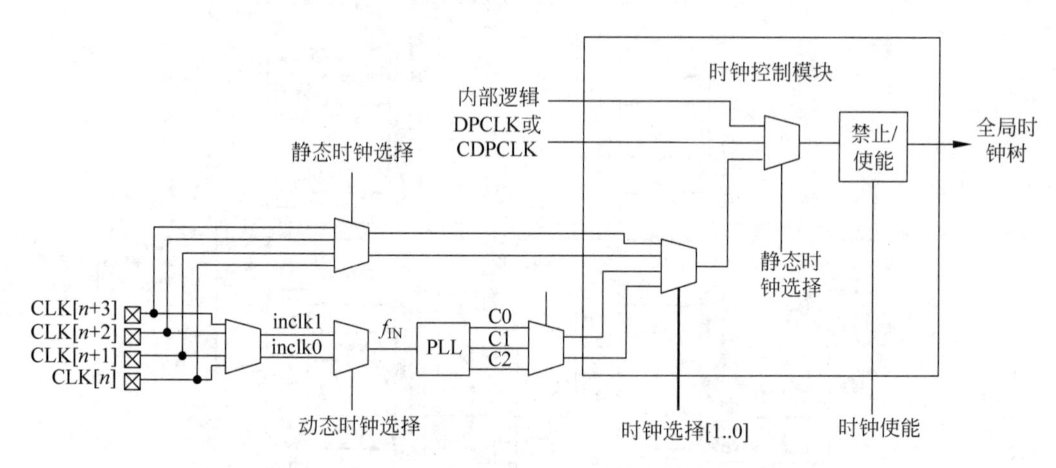

图 2.80 Cyclone Ⅱ系列 FPGA 时钟控制模块的结构

一个时钟控制模块有 15 个可能的时钟源输入：位于和时钟控制块同一侧的 4 个专用时钟引脚(CLK[n],CLK[$n+1$],CLK[$n+2$],CLK[$n+3$])、一个锁相环的 3 个输出(C0,C1,C2)、位于和时钟控制模块同一侧的 4 个两用时钟引脚，以及 4 个内部逻辑。但是只有 2 个专用时钟引脚、2 个锁相环的输出、1 个两用时钟引脚和 1 个内部逻辑能够提供给时钟控制模块。图中有两种时钟选择开关，一种为静态时钟选择，另外一种为动态时钟选择。这两种时钟开关的区别在于，动态时钟选择可以由用户通过逻辑实现动态控制,而静态时钟选择在一个设计中不能更改。2 个专用时钟引脚和 2 个锁相环的输出可以动态切换,但是两用时钟引脚和内部逻辑一旦选中就不能更改了。时钟使能也可以由内部逻辑控制,动态控制是否将时钟信号接入全局时钟树。

Cyclone Ⅱ系列 FPGA 包含 8 条或者 16 条独立的全局时钟树,但并不是可以任意使用 8 个或 16 个不同的时钟。所有的全局时钟树通过一个多路器选出 6 条作为行时钟和行引脚时钟,通过另外一个多路器选出 6 条作为列引脚时钟,如图 2.81 所示。行时钟用于为逻辑单元、M4K 内存块、乘法器等内部资源提供时钟。行引脚时钟和列引脚时钟则为输入/输出单元内的寄存器提供时钟。行时钟、行引脚时钟和列引脚时钟的控制范围如图 2.82 所示。

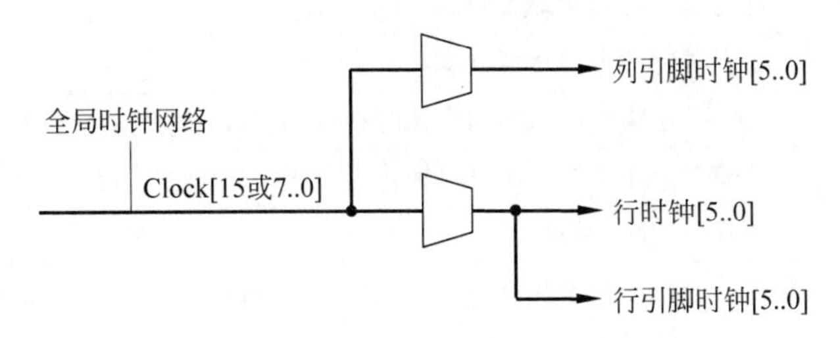

图 2.81 Cyclone Ⅱ系列 FPGA 时钟选择

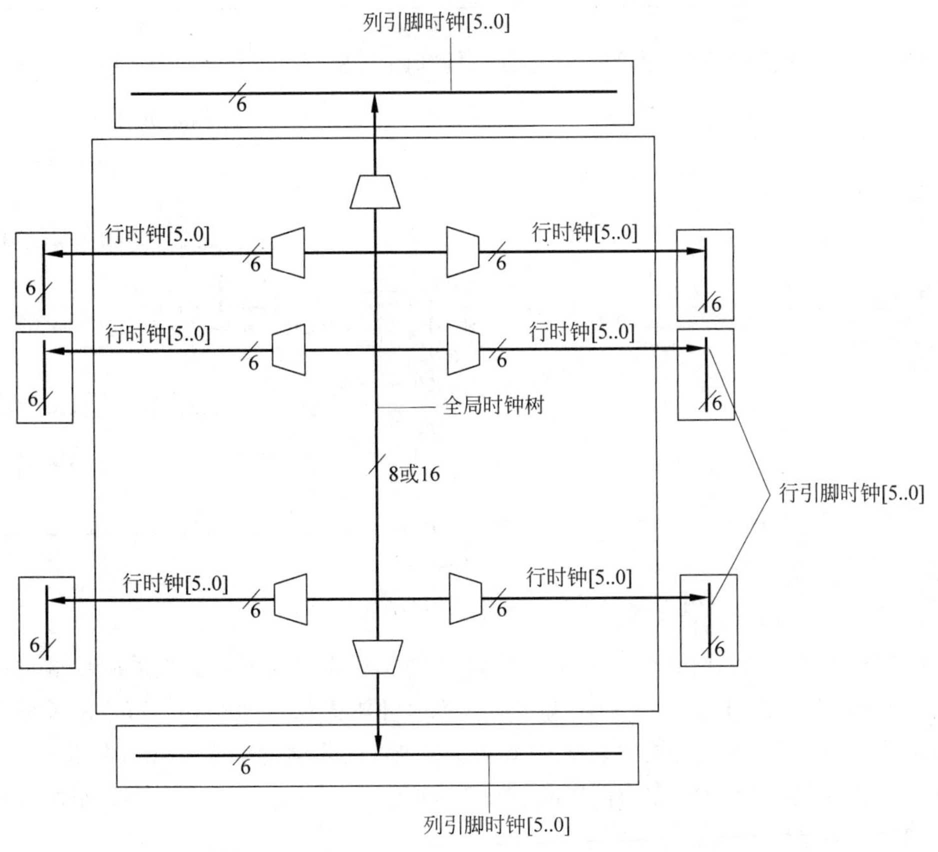

图 2.82 Cyclone Ⅱ系列 FPGA 不同时钟的控制范围

(2) 锁相环

锁相环是一种非常实用也很常见的电路设计。除了被用来完成分频、倍频操作以外,锁相环还经常用在 FPGA 中,使 FPGA 内部的时钟和外部的时钟保持沿同步,提供需要的外部时钟输出等。Cyclone Ⅱ系列 FPGA 中锁相环的一些特性以及功能如表 2.17 所示。

表 2.17 Cyclone Ⅱ系列 FPGA 锁相环特性和功能

特性和功能	说　明
分频和倍频	对输入时钟进行分频或者倍频,分频或倍频的系数可调
相移	对输入时钟移相,最高精度可达 125ps
设置占空比	输出时钟的占空比可调
片内时钟输出	最多 3 个输出可以驱动全局时钟树,为片内资源提供时钟
片外时钟输出	最多 1 个输出可以通过时钟输出引脚提供给片外资源
时钟切换	支持手动时钟切换
锁定指示	指示锁相环处于锁定状态,用户可以设置锁定指示信号变高的时间
反馈模式	支持 3 种反馈模式
控制信号	多个控制信号,是用户可以更为灵活的使用锁相环

Cyclone Ⅱ系列 FPGA 中的锁相环的结构如图 2.83 所示。

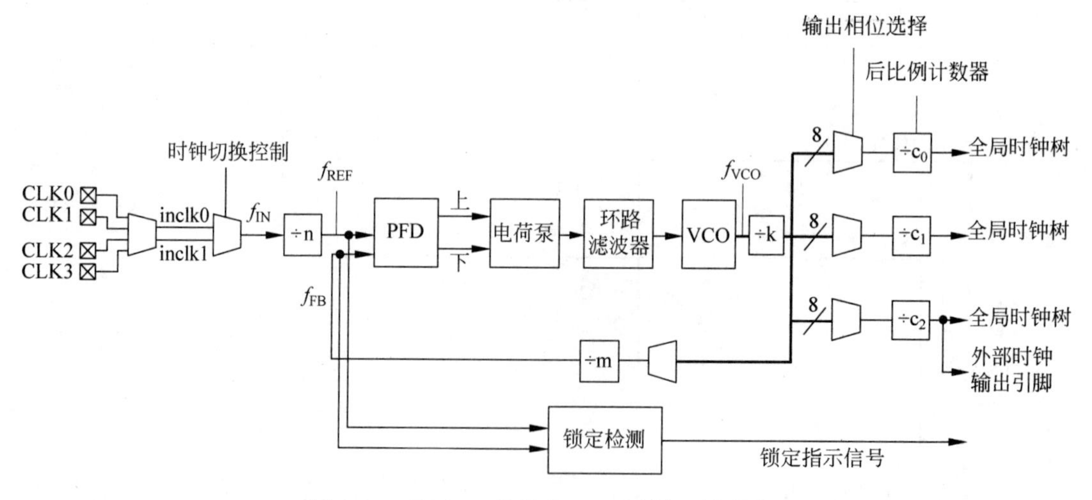

图 2.83 Cyclone Ⅱ系列 FPGA 锁相环的结构

锁相环支持单端的时钟输入和差分的时钟输入两种输入方式。当采用单端时钟输入时,CLK0、CLK1、CLK2 和 CLK3 都可以作为时钟源提供给锁相环。当采用差分方式的时钟输入时,4 个专用的时钟输入引脚被分为两对,分别为两个锁相环提供时钟源,CLK0 和 CLK1 提供给 PLL1,而 CLK2 和 CLK3 提供给 PLL2。只有使用专用的时钟输入引脚的时钟信号才能驱动锁相环。

锁相环最主要的目的是产生一个和外部输入时钟保持同步的时钟信号，这种同步包括频率同步和相位同步两部分，锁相环产生的时钟信号可用于内部逻辑或者作为输出信号。Cyclone Ⅱ系列 FPGA 中的锁相环通过一系列的功能部件来产生与外部输入时钟同步的时钟信号。

图 2.83 中标识为 PFD 的部分称为相频鉴别器(Phase Frequency Detector，PFD)，它的作用是比较反馈时钟信号 f_{FB} 同参考时钟信号 f_{REF} 的相位关系，然后给出控制信号用于调节压控振荡器的产生的时钟频率。相频鉴别器输出的信号先后通过电荷泵(Charge Pump)以及环路滤波器，将相频鉴别器产生的上升或者下降信号转换为电压值，提供给压控振荡器，从而起到调节时钟频率的作用。如果相频鉴别器给出的是上升信号，电流会从电荷泵流向环路滤波器，从而增大压控振荡器的工作电压，致使产生的信号频率上升；反之，如果相频鉴别器给出的是下降信号，电流就会从环路滤波器流向电荷泵，从而减少压控振荡器的工作电压，使产生的信号频率下降。

图 2.83 中还可以看到两个分频器，分别标有÷n 和÷m，表示 n 分频和 m 分频，这两个分频器称为预分频器。n 分频的分频器放置在输入时钟和参考时钟之间，因而参考时钟的频率等于输入时钟的 n 分频。m 分频的分频器放置在压控振荡器到相频鉴别器之间的反馈回路上，因而反馈时钟信号 f_{FB} 的频率等于压控振荡器输出时钟的 m 分频。相频鉴别器、电荷泵和环路滤波器进入稳定工作之后，相频鉴别器的两个输入时钟的频率和相位都是同步的，也就是说反馈时钟信号 f_{FB} 与参考时钟信号 f_{REF} 是频率和相位同步的。由于 m 分频器的存在，使得压控振荡器输出的频率等于参考时钟的 m 倍，因此压控振荡器的输出频率是参考频率的 m 倍。再考虑 n 分频的分频器产生的影响，综合得到压控振荡器的输出时钟频率是输入时钟的 m/n 倍。

除了两个预分频器之外，图 2.83 中还能看到÷c_0、÷c_1 和÷c_2 3 个分频器，这 3 个分频器也称为后分频器，或者称为后比例计数器。它们能够对压控振荡器输出的时钟进一步实现分频操作，但只能是整数倍的分频。通过这 3 个分频器的时钟信号将作为锁相环的输出，c_0、c_1 和 c_2 3 个分频器的输出都可以用于驱动全局时钟树，c_2 分频器的输出也能提供给输出引脚。

锁定检测部分用于检测当前锁相环的状态，当参考时钟 f_{REF} 和反馈回的时钟信号 f_{FB} 同步时，锁相环进入锁定状态。

4) 嵌入乘法器

Cyclone Ⅱ系列 FPGA 内部包含有硬件乘法器，可以完成高速乘法操作，这使得 Cyclone Ⅱ系列 FPGA 具有较强的数字信号处理能力。数字信号处理运算往往需要做大量的乘法运算，而使得逻辑单元完成乘法运算不但耗费大量的逻辑单元，而且速度也比较慢。常见的数字信号处理运算包括滤波、快速傅里叶变换、离散余弦变换等。

Cyclone Ⅱ系列 FPGA 中内嵌的乘法器按照列的方式分布在元件内部，根据型号不同，元件内部可能包含有 1～3 列乘法器。不同型号的元件包含乘法器的数量如表 2.18 所示。乘法器的结构如图 2.84 所示。

表 2.18 Cyclone Ⅱ系列 FPGA 乘法器数量

元件型号	嵌入式乘法器	9×9 乘法器	18×18 乘法器	软乘法器(16×16)	总乘法器数
EP2C5	13	26	13	26	39
EP2C8	18	36	18	36	54
EP2C20	26	52	26	52	78
EP2C35	35	70	35	105	140
EP2C50	86	172	86	129	215
EP2C70	150	300	150	250	400

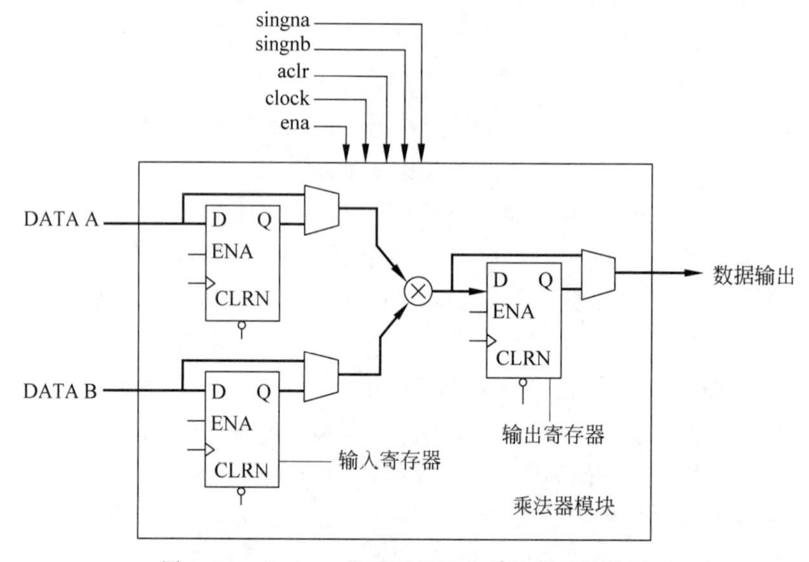

图 2.84 Cyclone Ⅱ系列 FPGA 乘法器的结构图

嵌入的乘法器包含有可选的输入/输出寄存器,用户可以根据需要选择是否选用。使用输入/输出寄存器可以使电路工作在同步状态,提高电路性能,但是会增大延时;反之,不使用输入/输出寄存器可以减小延时,但是会降低电路性能。乘法器的两个输入寄存器也可以分开使用,例如数据 A 使用寄存器锁存,但是数据 B 直接连接至乘法模块,用户可以根据需要灵活配置。尽管使用哪个寄存器可以自由选择,但是所有输入/输出寄存器的控制信号都是相同的,这些控制信号包括时钟信号、时钟使能信号和异步复位信号。

乘法模块含有两个控制信号:signa 和 signb,分别用于表示做乘法的两个乘数是有符号数或者无符号数。signa 对应乘数 A,signb 对应乘数 B,逻辑高电平表示有符号数,逻辑低电平表示无符号数。只要两个乘数中的一个为有符号数,则积为有符号数;如果两个乘数均为无符号数,则积为无符号数。如果用户不对 signa 和 signb 赋值,则默认状态为无符号数。

一个内嵌的乘法器可以作为一个 18bit×18bit 的乘法器使用,也可以作为两个并行的 9bit×9bit 的乘法器使用。当作为两个 9bit×9bit 的乘法器使用时,signa 信号同时控制两个乘法器的乘数 A,signb 信号同时控制两个乘法器的乘数 B,也就是要求两个乘法器的相同位置的数据输入必须同时为有符号数或者无符号数。18bit×18bit 模式和 9bit×9bit 模式的示意图分别如图 2.85 和如图 2.86 所示。

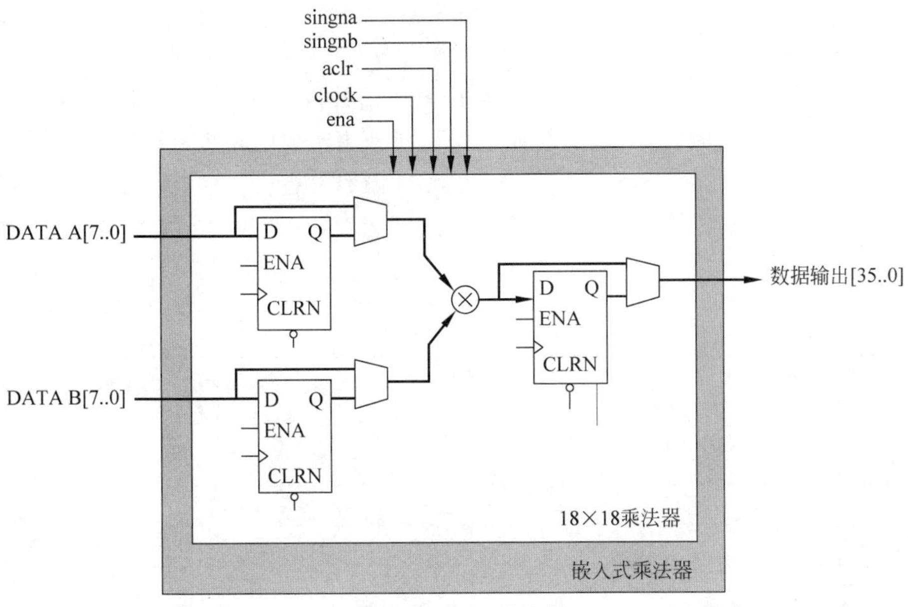

图 2.85 Cyclone Ⅱ系列 FPGA 乘法器 18bit×18bit 模式

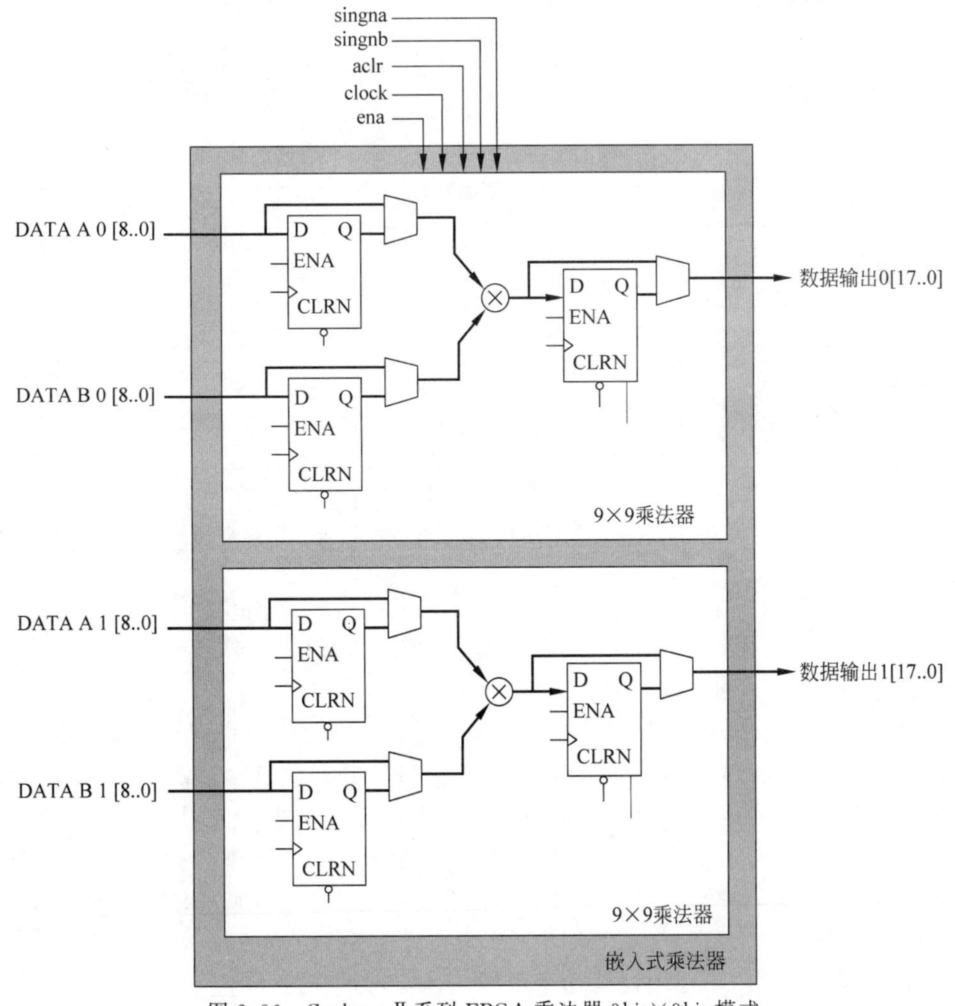

图 2.86 Cyclone Ⅱ系列 FPGA 乘法器 9bit×9bit 模式

5）输入/输出引脚

随着设计需求的变化，出现了许多不同的有关信号传输的标准。同样是表示 1 或者 0，不同的标准有着不同的电气特性的要求。在同一块印制电路板上可能存在不同标准的元件，这样给设计带来了不便。Cyclone Ⅱ系列 FPGA 能够兼容多种信号标准，可以同时满足多个标准的需要，连接不同标准的其他元件，以低廉的成本完成复杂的设计需要。Cyclone Ⅱ系列 FPGA 支持的输入/输出标准如表 2.19 所示。

表 2.19　Cyclone Ⅱ系列 FPGA 中输入/输出标准

标　　准	类型	V_{CCIO}（作为输入）	V_{CCIO}（作为输出）
3.3V LVTTL 以及 LVCMOS	单端	3.3V/2.5V	3.3V
2.5V LVTTL 以及 LVCMOS	单端	3.3V/2.5V	2.5V
1.8V LVTTL 以及 LVCMOS	单端	1.8V/1.5V	1.8V
1.5V LVCMOS	单端	1.8V/1.5V	1.5V
SSTL-2 class Ⅰ	参考电压	2.5V	2.5V
SSTL-2 class Ⅱ	参考电压	2.5V	2.5V
SSTL-18 class Ⅰ	参考电压	1.8V	1.8V
SSTL-18 class Ⅱ	参考电压	1.8V	1.8V
HSTL-18 class Ⅰ	参考电压	1.8V	1.8V
HSTL-18 class Ⅱ	参考电压	1.8V	1.8V
HSTL-15 class Ⅰ	参考电压	1.5V	1.5V
HSTL-15 class Ⅱ	参考电压	1.5V	1.5V
PCI 以及 PCI-X	单端	3.3V	3.3V
Differential SSTL-2 class Ⅰ或 class Ⅱ	伪差分	2.5V	2.5V
Differential SSTL-18 class Ⅰ或 class Ⅱ	伪差分	1.8V	1.8V
Differential HSTL-15 class Ⅰ或 class Ⅱ	伪差分	1.5V	1.5V
Differential HSTL-18 class Ⅰ或 class Ⅱ	伪差分	1.8V	1.8V
LVDS	差分	2.5V	2.5V
RSDS 及 mini-LVDS	差分	不支持	2.5V
LVPECL	差分	3.3V/2.5V/1.8V/1.5V	不支持

Cyclone Ⅱ系列 FPGA 的输入/输出引脚分为几组（I/O Bank），每个输入/输出组都有单独的供电电源，因而用户可以为不同的输入/输出组提供不同的电压，从而在不同的输入/输出组内使用不同的输入/输出标准。

不同型号的 Cyclone Ⅱ系列 FPGA 的输入/输出组的数目也有区别，规模较小的 EP2C5 和 EP2C8 包含有 4 个输入/输出组，其余型号的元件包含有 8 个输入/输出组。每个输入/输出组都包含一个供电引脚，称为 V_{CCIO}。V_{CCIO} 的电压由用户要使用的输入/输出标准决定，不同标准对应的 V_{CCIO} 电压如表 2.20 所示。为了适应有些参考电压的输入/输出标准的需要，每个输入/输出组都包含有参考电压引脚。除 EP2C70 FPGA 每个输入/输出组包括 4 个参考电压引脚之外，其余型号的 FPGA 每个输入/输出均包含两个参考电压引脚。当用户不使用需要参考的输入/输出标准时，这些参考电压引脚可以被作为通用的输入/输出引脚使用。

表 2.20 Cyclone Ⅱ系列 FPGA 不同 V_{CCIO} 兼容的输入引脚电压

输入/输出组的 V_{CCIO}/V	LVTTL 或者 LVCMOS 的输入电压			
	3.3V	2.5V	1.8V	1.5V
3.3	√	√		
2.5	√	√		
1.8	√	√	√	√
1.5	√	√	√	√

在输入/输出引脚和 FPGA 内部逻辑之间存在有输入/输出单元(IOE),每个输入/输出单元包含 1 个输出缓冲器和 3 个寄存器。3 个寄存器分别用于锁存输入数据、输出数据和输出数据使能信号。输入/输出单元的示意图如图 2.87 所示。

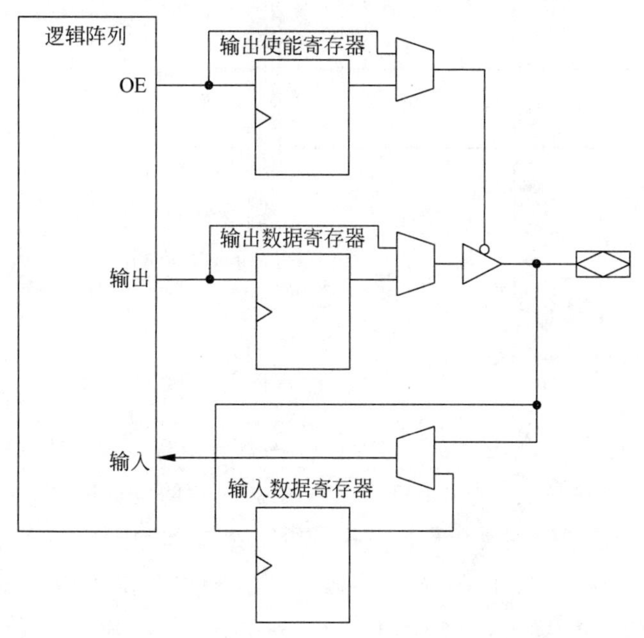

图 2.87 Cyclone Ⅱ系列 FPGA 输入/输出单元示意图

用户可以利用输入数据寄存器锁存建立时间较短的输入信号,利用输出数据寄存器和输出使能寄存器缩短时钟有效沿到数据输出和使能信号输出的时间间隔。

若干个输入/输出单元构成一个输入/输出模块,位于芯片的外围。一个行输入/输出模块包含 5 个输入/输出单元,行输入/输出模块可以驱动行连接、C4 连接和直接连接;一个列输入/输出模块包含 4 个输入/输出单元,列输入/输出模块可以驱动列连接。行输入/输出模块和列输入/输出模块的接口分别如图 2.88 和图 2.89 所示。

输入/输出模块可以提供两组输出信号: io_datain0 和 io_datain1。这两组信号可以都来自输入/输出单元的数据输入寄存器,也可以都来自输入引脚,也可以来自不同的来源。

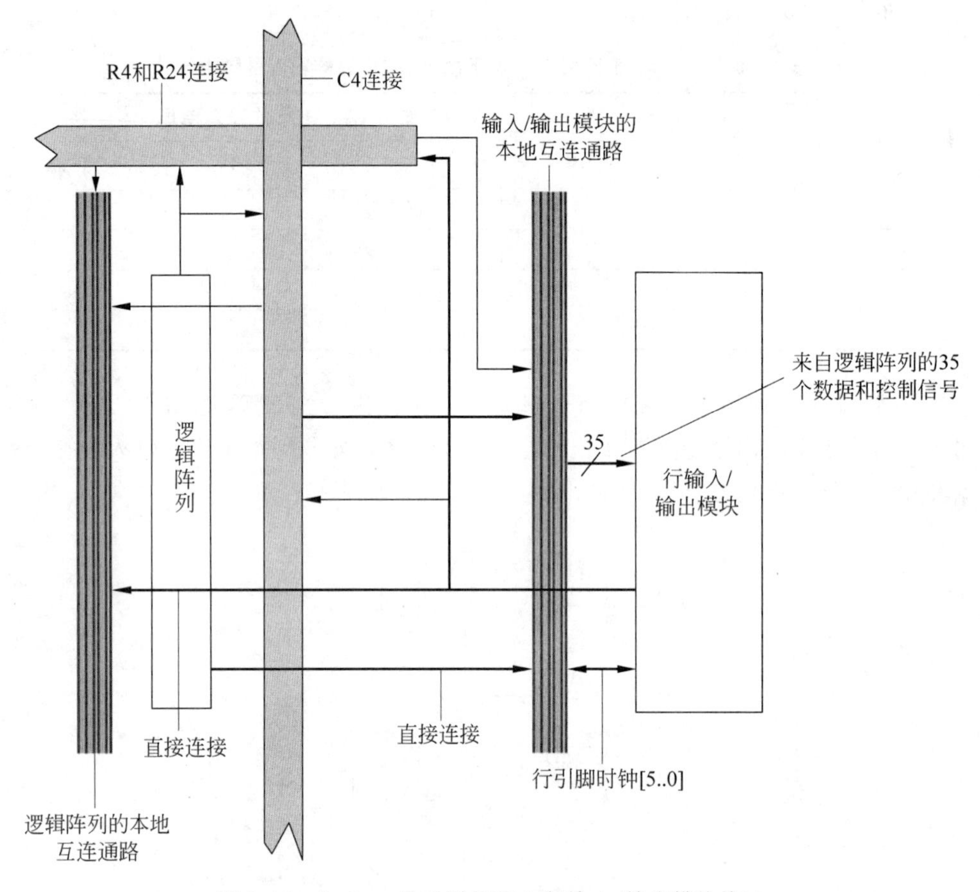

图 2.88　Cyclone Ⅱ系列 FPGA 行输入/输出模块接口

输入/输出模块的输入信号由两部分组成：一部分由行引脚时钟或列引脚时钟提供；另一部分由逻辑阵列块提供。行引脚时钟和列引脚时钟的位宽均为 6 位，由全局时钟树通过多路器选择得到，这些时钟信号可以提供给输入/输出单元内的寄存器。行输入/输出模块有 35 位输入来自逻辑阵列块，而列输入/输出模块有 28 位输入来自逻辑阵列块，这是由于其包含的输入/输出单元的数目不同造成的。输入/输出单元的模型如图 2.90 所示。

一个输入/输出单元有 8 个输入信号，这些信号从逻辑阵列块以及行引脚时钟（或列引脚时钟）传送来的信号中产生。数据控制信号选择逻辑如图 2.91 所示。

输入/输出单元中的 3 个寄存器被分为两组：数据输入寄存器为一组，数据输出寄存器和输出使能寄存器为另一组。两组寄存器拥有各自的时钟信号和时钟使能信号，clk_in 和 ce_in 分别为数据输入寄存器的时钟和时钟使能信号，clk_out 和 ce_out 分别为另外一组寄存器的时钟和时钟使能信号。aclr/preset 为异步复位/置位信号，sclr/preset 为同步复位/置位信号，这两个信号连接至 3 个寄存器，但每个寄存器可以独自选择是否需要这两个信号，如果不需要，则可以禁止这两个信号。输入/输出单元的结构图如图 2.92 所示。

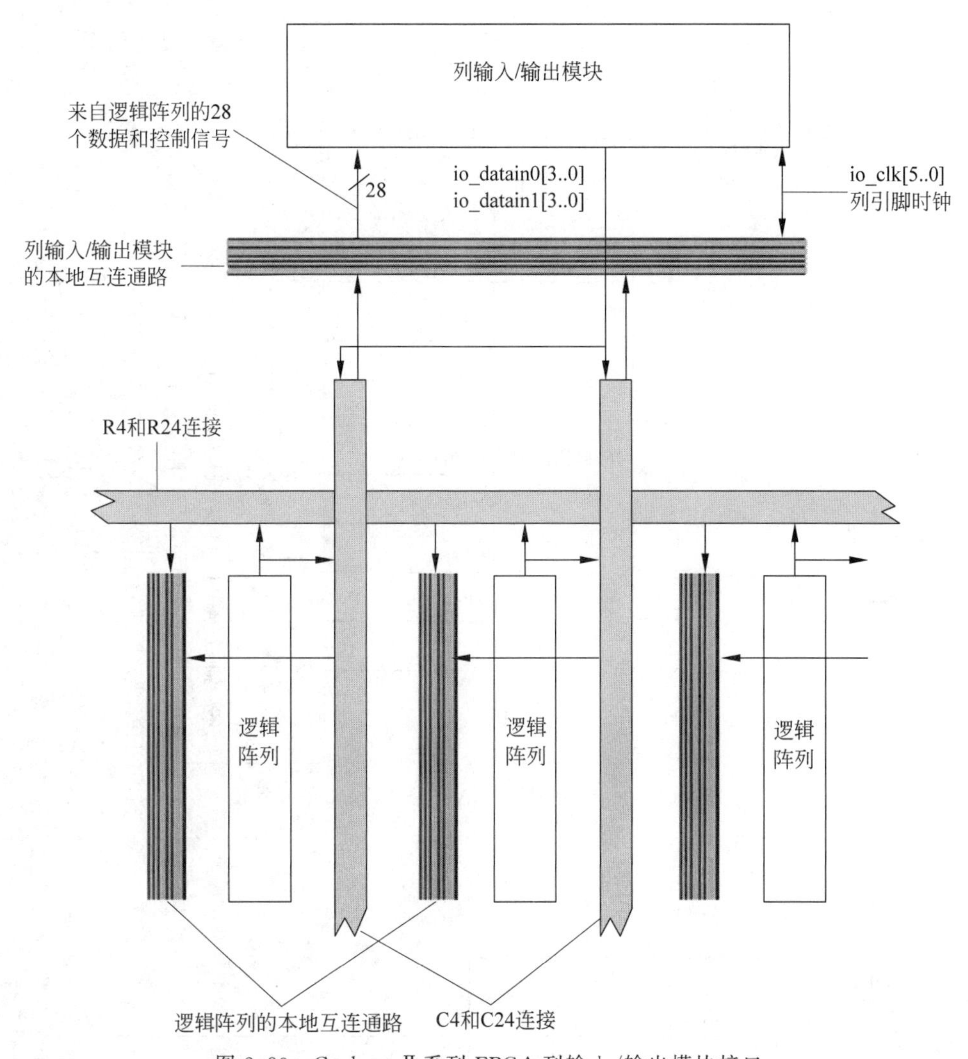

图 2.89 Cyclone Ⅱ系列 FPGA 列输入/输出模块接口

输入/输出单元的输出缓冲可以设置为开漏(相当于开集)输出模式,这种特性使得FPGA可以提供系统级信号,例如中断信号或者写使能信号。这些信号的特点是经常需要由多个元件给出,例如一个中断引脚可能连接有多个中断设备。

输入/输出单元包含有总线保持电路。总线保持电路的作用是使引脚保持上次的逻辑状态,直到新的逻辑状态驱动该引脚。除了总线保持电路外,输入/输出引脚还包含一个可选的上拉电阻,上拉电阻的典型阻值为25kΩ,可以将输出上拉为 V_{CCIO} 的电压值。用户不能同时使用上拉电阻和总线保持电路。

终端电阻在电路系统中经常使用,用来防止传输线上的信号反射,保持信号完整性。Cyclone Ⅱ系列FPGA含有片内终端串接电阻,可以用来匹配传输线的特性阻抗(特性阻抗的典型值为25Ω和50Ω)。在使用片内的终端串接电阻时,用户不能设置输入/输出引脚的驱动电流强度。不同输入/输出标准支持不同的终端串接电阻如表2.21所示。

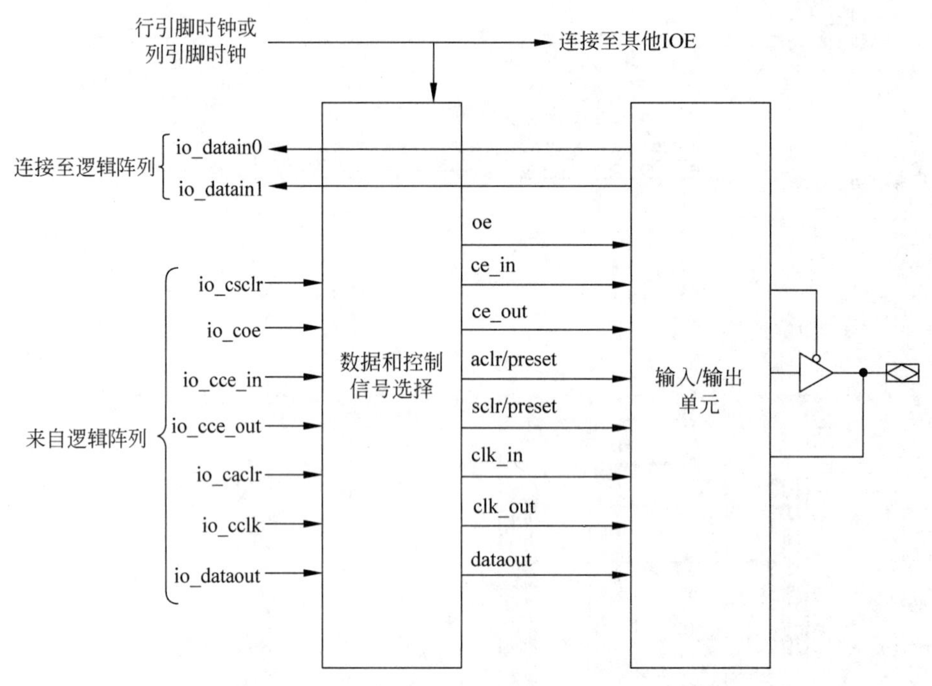

图 2.90　Cyclonc Ⅱ系列 FPGA 列输入/输出单元的模型

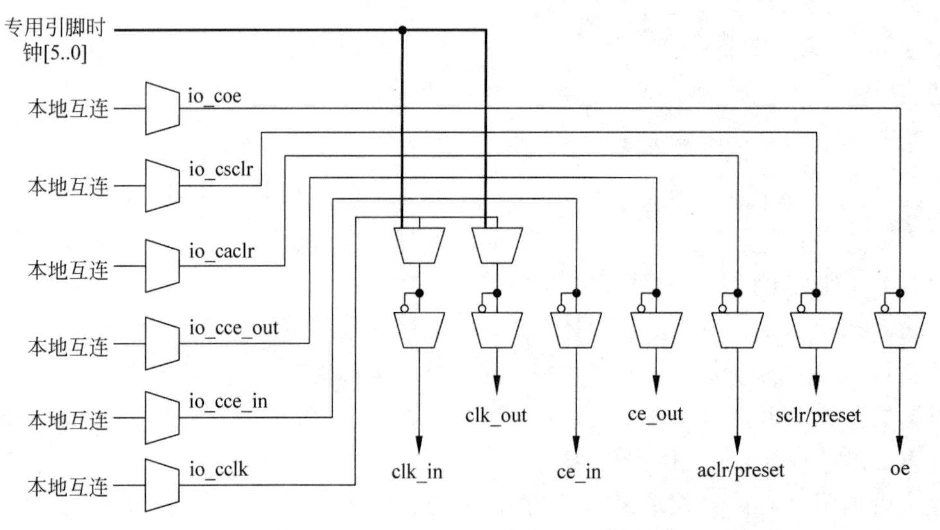

图 2.91　Cyclone Ⅱ系列 FPGA 数据和控制信号选择逻辑

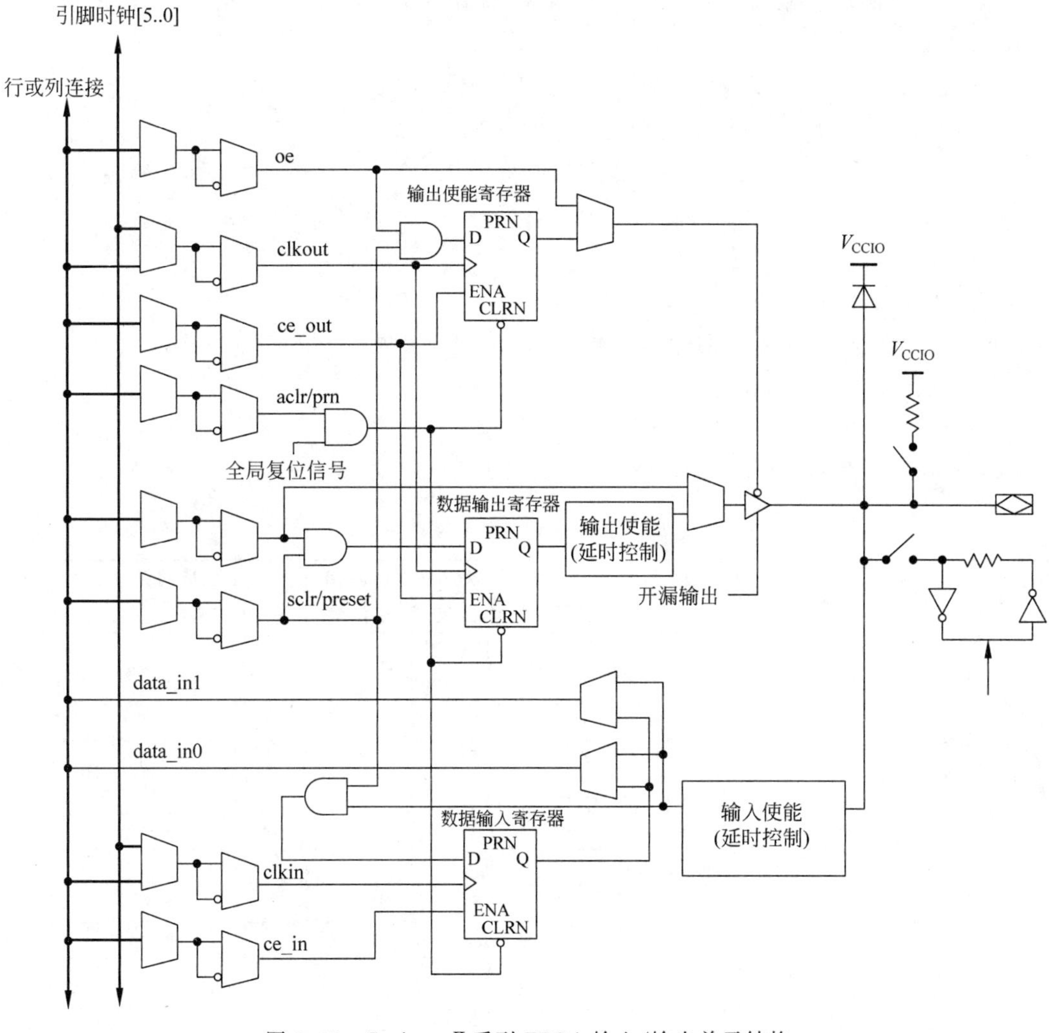

图 2.92 Cyclone Ⅱ系列 FPGA 输入/输出单元结构

表 2.21 Cyclone Ⅱ系列 FPGA 输入/输出标准和终端串接电阻

输入/输出标准	终端串接电阻/Ω	V_{CCIO}/V
3.3V LVTTL 以及 LVCMOS	25	3.3
2.5V LVTTL 以及 LVCMOS	50	2.5
1.8V LVTTL 以及 LVCMOS	50	1.8
SSTL-2 class Ⅰ	50	2.5
SSTL-18 class Ⅰ	50	1.8

2.4.3 Cyclone Ⅲ

Cyclone Ⅲ系列 FPGA 是 Altera 公司生产的高功能、低成本、低功耗 FPGA 元件，基于台湾积体电路制造股份有限公司(TSMC)的低功率工艺制造。

Cyclone Ⅲ系列 FPGA 元件是建立在一个优化的低功耗工艺基础之上，并提供以下两种型号：

- Cyclone Ⅲ——最低的功耗，通过最低的成本实现较高的功能性；
- Cyclone ⅢLS——最低的功耗安全的 FPGA。

Cyclone Ⅲ系列 FPGA 元件主要特点如下：

- 低功耗与 TSMC 低功耗的工艺技术；
- 5000～200000 个逻辑单元；
- 支持热插拔操作；
- 配置安全，采用先进的加密标准——256bit 非易失密钥；
- 支持多种 I/O 标准；
- 4 个锁相环(PLL)，提供强大的时钟管理。

Cyclone Ⅲ系列所有元件的资源如表 2.22 所示。

表 2.22 Cyclone Ⅲ元件系列资源

系　　列	元件	逻辑单元	M9K 模块数量	总 RAM 比特数	18×18 乘法器	PLL	全局时钟网络	最大用户 I/O 数
Cyclone Ⅲ	EP3C5	5136	46	423 936	23	2	10	182
	EP3C10	10 320	46	423 936	23	2	10	182
	EP3C16	15 408	56	516 096	56	4	20	346
	EP3C25	24 624	66	608 256	66	4	20	215
	EP3C40	39 600	126	1 161 216	126	4	20	535
	EP3C55	55 856	260	2 396 160	156	4	20	377
	EP3C80	81 264	305	2 810 880	244	4	20	429
	EP3C120	119 088	432	3 981 312	288	4	20	531
Cyclone Ⅲ LS	EP3CLS70	70 208	333	3 068 928	200	4	20	429
	EP3CLS100	100 448	483	4 451 328	276	4	20	429
	EP3CLS150	150 848	666	6 137 856	320	4	20	429
	EP3CLS200	198 464	891	8 211 456	396	4	20	429

2.4.4 Cyclone Ⅳ

Cyclone Ⅳ系列 FPGA 元件巩固了 Cyclone 系列在低成本、低功耗 FPGA 市场的领导地位，并且目前提供集成收发器功能的型号。Cyclone Ⅳ元件旨在用于大批量，成本敏感的应用，使系统设计师在降低成本的同时又能够满足不断增长的带宽要求。

Cyclone Ⅳ系列 FPGA 元件建立在一个优化的低功耗工艺基础之上，并提供以下两种型号：

- Cyclone Ⅳ E——最低的功耗，通过最低的成本实现较高的功能性；
- Cyclone Ⅳ GX——最低的功耗，集成了 3.125Gb/s 收发器的最低成本的 FPGA。

Cyclone Ⅳ系列 FPGA 元件主要特点如下：

- 低成本、低功耗的 FPGA 架构；

- 6K～150K 的逻辑单元；
- 高达 6.3Mb 的嵌入式存储器；
- 高达 360 个 18×18 乘法器，实现 DSP 处理密集型应用；
- 协议桥接应用，实现小于 1.5W 的总功耗；
- 高达 3.125Gb/s 的数据速率；
- 灵活的时钟结构以支持单一收发器模块中的多种协议；
- 高达 840Mb/s 发送器(Tx)，875Mb/s Rx 的 LVDS 接口；
- 支持高达 200MHz 的 DDR2 SDRAM 接口；
- 支持高达 167MHz 的 QDRII SRAM 和 DDR SDRAM；
- 每元件中高达 8 个锁相环(PLL)。

Cyclone Ⅳ E 和 Cyclone Ⅳ GX 系列所有元件的资源分别如表 2.23 和表 2.24 所示。

表 2.23 Cyclone Ⅳ E 系列 FPGA 元件资源

器　件	EP4CE6	EP4CE10	EP4CE15	EP4CE22	EP4CE30	EP4CE40	EP4CE55	EP4CE75	EP4CE115
逻辑单元	6272	10320	15408	22320	28848	39600	55856	75408	114480
嵌入式存储器/Kbit	270	414	504	594	594	1134	2340	2745	3888
嵌入式 18×18 乘法器	15	23	56	66	66	116	154	200	266
通用 PLL	2	2	4	4	4	4	4	4	4
全局时钟网络	10	10	20	20	20	20	20	20	20
用户 I/O 块	8	8	8	8	8	8	8	8	8
最大用户 I/O 数	179	179	343	153	532	532	374	426	528

表 2.24 Cyclone Ⅳ GX 系列 FPGA 元件资源

器　件	EP4CGX15	EP4CGX22	EP4CGX30(F169 和 F324)	EP4CGX30(F484)	EP4CGX50	EP4CGX75	EP4CGX110	EP4CGX150
逻辑单元	14400	21280	29440	29440	49888	73920	109424	149760
嵌入式存储器/Kbit	540	756	1080	1080	2502	4158	5490	6480
嵌入式 18×18 乘法器	0	40	80	80	140	198	280	360
通用 PLL	1	2	2	4	4	4	4	4
通用 PLL	2	2	2	2	4	4	4	4
全局时钟网络	20	20	20	30	30	30	30	30
高速收发器	2	4	4	4	8	8	8	8
收发器最大数据速率/(Gb/s)	2.5	2.5	2.5	3.125	3.125	3.125	3.125	3.125
PCIe(PIPE)硬核 IP 模块	1	1	1	1	1	1	1	1
用户 I/O 块	9	9	9	11	11	11	11	11
最大用户 I/O 数	72	150	150	290	310	310	475	475

2.4.5 Cyclone Ⅴ

Cyclone Ⅴ系列是Altera公司生产的最新款的中端FPGA元件，它可以同时满足低功耗、低成本、投入市场时间的要求，还能够提高对容量和成本敏感的应用需求。Cyclone Ⅴ系列FPGA适用于工业、有线、无线、军事和汽车等市场。

Cyclone Ⅴ系列FPGA元件继承了Cyclone系列低功耗的基础上，再次提升了性能，并提供以下6种型号：

- Cyclone Ⅴ E——对低成本系统和低功耗要求的应用进行了优化，用于一般的逻辑和DSP应用；
- Cyclone Ⅴ GX——对低成本和低功率要求的应用进行了优化，一般用于614Mb/s～3.125Gb/s收发器应用；
- Cyclone Ⅴ GT——在6.144Gb/s收发器应用中，为目前FPGA业界最低成本和功率的元件；
- Cyclone Ⅴ SE——集成基于ARM HPS的SoC FPGA元件；
- Cyclone Ⅴ SX——集成基于ARM HPS和3.125Gb/s收发器的SoC FPGA元件；
- Cyclone Ⅴ ST——集成基于ARM HPS和5Gb/s收发器的SoC FPGA元件。

Cyclone Ⅴ系列FPGA元件主要有以下几个特点：

- 采用28nm低功耗的TSMC工艺技术；
- 1.1V核心电压；
- 具有4个寄存器的增强型8输入ALM；
- M10K——具有错误校正码(ECC)的10KB存储器块；
- 可变精度DSP；
- 存储器控制——支持DDR3，DDR2，LPDDR2，16bit或32bit ECC；
- 高达550MHz的全局时钟网络；
- 875Mb/s的LVDS接收器和840Mb/s的LVDS发射器；
- 400MHz/800Mb/s的外部存储器接口；
- 支持614Mb/s～6.144Gb/s集成收发器等特点。

Cyclone Ⅴ E系列所有元件的资源如表2.25所示。

表2.25 Cyclone Ⅴ E系列FPGA元件资源

资源		器件				
		A2	A4	A5	A7	A9
逻辑单元(LE)/K		25	49	77	1495	301
ALM		9434	18 480	29 080	56 480	113 560
寄存器		37 736	73 920	116 320	225 920	454 240
存储器/Kbit	M10K	1760	3080	4460	6860	12 200
	MLAB	196	303	424	836	1717

续表

资源		器件				
		A2	A4	A5	A7	A9
可变精度 DSP 块		25	66	150	156	342
18×18 乘法器		50	132	300	312	684
PLL		4	4	6	7	8
GPIO		224	224	240	480	480
LVDS	发送器	56	56	84	120	140
	接收器	56	56	84	120	140
硬存储控制器		1	1	2	2	2

Cyclone Ⅴ GX 系列所有元件的资源如表 2.26 所示。

表 2.26 Cyclone Ⅴ GX 系列 FPGA 元件资源

资源		器件				
		C3	C4	C5	C7	C9
逻辑单元(LE)/K		31.5	50	77	149.5	301
ALM		11 900	18 868	29 080	56 480	113 560
寄存器		47 600	75 472	116 320	225 920	454 240
存储器/Kbit	M10K	1190	2500	4460	6860	12 200
	MLAB	159	295	424	836	1717
可变精度 DSP 块		51	70	150	156	342
18×18 乘法器		102	140	300	312	684
PLL		4	6	6	7	8
3Gb/s 收发器		3	6	6	9	12
GPIO		208	336	336	480	560
LVDS	发送器	52	84	84	120	140
	接收器	52	84	84	120	140
PCIe 硬 IP 块		1	2	2	2	2
硬存储控制器		1	2	2	2	2

Cyclone Ⅴ GT 系列所有元件的资源如表 2.27 所示。

表 2.27 Cyclone Ⅴ GT 系列 FPGA 元件资源

资源		器件		
		D5	D7	D9
逻辑单元(LE)/K		77	149	301
ALM		29 080	56 480	113 560
寄存器		116 320	225 920	454 240
存储器/Kbit	4460	6860	12 200	454 240
	424	836	1717	12 200
可变精度 DSP 块		150	156	342
18×18 乘法器		300	312	684

续表

资源		器件		
		D5	D7	D9
PLL		6	7	8
6Gb/s 收发器		6	9	12
GPIO		336	480	560
LVDS	发送器	84	120	140
	接收器	84	120	140
PCIe 硬 IP 核		2	2	2
硬存储控制器		2	2	2

Cyclone Ⅴ SE 系列所有元件的资源如表 2.28 所示。

表 2.28 Cyclone Ⅴ SE 系列 FPGA 元件资源

资源		器件			
		A2	A4	A5	A6
逻辑单元(LE)/K		25	40	85	110
ALM		9434	15 094	32 075	41 509
寄存器		37 736	60 376	128 300	166 036
存储器/Kbit	M10K	1400	2700	3970	5570
	MLAB	138	231	480	621
可变精度 DSP 块		36	58	87	112
18×18 乘法器		72	116	174	224
FPGA PLL		5	5	6	6
HPS PLL		3	3	3	3
FPGA GPIO		145	145	288	288
HPS I/O		181	181	181	181
LVDS	发送器	31	31	72	72
	接收器	35	35	72	72
FPGA 硬存储控制器		1	1	1	1
HPS 硬存储控制器		1	1	1	1
ARM Cortex-A9 MPCore 处理器		单核或双核	单核或双核	单核或双核	单核或双核

Cyclone Ⅴ SX 系列所有元件的资源如表 2.29 所示。

表 2.29 Cyclone Ⅴ SX 系列 FPGA 元件资源

资源		器件			
		C2	C4	C5	C6
逻辑单元(LE)/K		25	40	85	110
ALM		9434	15 094	32 075	41 509
寄存器		37 736	60 376	128 300	166 036
存储器/Kbit	M10K	1400	2700	3970	5570
	MLAB	138	231	480	621

续表

资源		器件			
		C2	C4	C5	C6
可变精度 DSP 块		36	84	87	112
18×18 乘法器		72	168	174	224
FPGA PLL		5	5	6	6
HPS PLL		3	3	3	3
3Gbps 收发器		6	6	9	9
FPGA GPIO		145	145	288	288
HPS I/O		181	181	181	181
LVDS	发送器	31	31	72	72
	接收器	35	35	72	72
PCIe 硬 IP 块		2	2	2	2
FPGA 硬存储控制器		1	1	1	1
HPS 硬存储控制器		1	1	1	1
ARM Cortex-A9 MPCore 处理器		双核	双核	双核	双核

Cyclone Ⅴ ST 系列所有元件的资源如表 2.30 所示。

表 2.30 Cyclone Ⅴ ST 系列 FPGA 元件资源

资源		器件	
		D5	D6
逻辑单元(LE)/K		85	110
ALM		32 075	41 509
寄存器		128 300	166 036
存储器/Kbit	M10K	3970	5570
	MLAB	480	621
可变精度 DSP 块		87	112
18×18 乘法器		174	224
FPGA PLL		6	6
HPS PLL		3	3
5Gbps 收发器		9	9
FPGA GPIO		288	288
HPS I/O		181	181
LVDS	发送器	72	72
	接收器	72	72
PCIe 硬 IP 块		2	2
FPGA 硬存储控制器		1	1
HPS 硬存储控制器		1	1
ARM Cortex-A9 MPCore 处理器		双核	双核

2.5 Stratix 系列元件

Stratix 系列 FPGA 元件是 Altera 公司的可编程逻辑高端产品，可以帮助开发人员以更低的风险和更高的效能尽快推出最先进的高性能产品。Stratix 系列 FPGA 结合了高密度、高性能等丰富的特性，使产品能够集成更多的功能，提高系统带宽。

2.5.1 Stratix

Stratix 系列 FPGA 是 Altera 公司推出的最早的一款高端的 FPGA 芯片，它基于 1.5V 核心电压，0.13μm，全铜 SRAM 工艺制造。高达 79040 个逻辑单元和 7.5MB 的 RAM。Stratix 系列 FPGA 具有多达 22 个数字信号处理(DSP)模块(176 个 9bit×9bit 乘法器)，支持实现高性能过滤器和嵌入式乘法器。Stratix 系列 FPGA 支持各种 I/O 接口标准，并具有高达 420MHz 的频率，具有 12 个锁相环(PLL)。

Stratix 系列 FPGA 元件主要有以下几个特点：

- 10570～79040 个逻辑单元；
- 7427520bit RAM(928440B)，没有减少逻辑资源；
- TriMatrix 内存由 3 个内存块组成，以实现真正的双端口存储器和先入先出(FIFO)缓冲器；
- 高速 DSP 模块提供专用乘法器，速度超过 300MHz，可提供乘法累加功能和有限脉冲响应(FIR)滤波器；
- 多达 16 个全局时钟，可给每台设备提供 22 个时钟资源；
- 多达 12 个 PLL(4 个增强 PLL 和 8 个快速 PLL)，可为每台设备提供扩频，可编程带宽，时钟切换，实时 PLL 重新配置，乘法和相移；
- 支持多种单端和差分 I/O 标准；
- 高速差分 I/O 支持多达 80 个通道到 116 个通道，优化为 840Mb/s；
- 支持高速网络和通信总线标准，包括 RapidIO，UTOPIA Ⅳ，CSIX，HyperTransport 技术，10GEthernetXSBI，SPI-4 Phase 2 (POS-PHY Level 4)和 SFI-4；
- 支持高速外部存储器，包括零总线转换(ZBT)SRAM、四倍数据率(QDR 和 QDRII)SRAM、双数据速率(DDR)SDRAM、DDR 快速周期 RAM(FCRAM)、单倍数据速率(SDR)SDRAM；
- 支持 66MHz 的 PCI(64 位和 32 位)第 6 等级和更快的速度等级的设备，支持 33MHz 的 PCI(64 位和 32 位)第 8 等级和更快的速度等级设备；
- 支持 133MHz 的 PCI-X 1.0，第 5 等级速度级元件；
- 支持 100MHz 的 PCI-X 1.0，第 6 等级和更快的速度等级设备；
- 支持 66MHz 的 PCI-X 1.0，第 7 等级速度等级设备。

Stratix 系列所有元件的资源如表 2.31 所示。

表 2.31 Stratix 系列 FPGA 片内资源

特　性	EP1S10	EP1S20	EP1S25	EP1S30	EP1S40	EP1S60	EP1S80
逻辑单元	10 570	18 460	25 660	32 470	41 250	57 120	79 040
M512 存储块(32×18bit)	94	194	224	295	384	574	767
M4K 存储块(128×36bit)	60	82	138	171	183	292	364
M 存储块(4×144bit)	1	2	2	4	4	6	9
全部存储块位数	920 448	1 669 248	1 944 576	3 317 184	3 423 744	5 215 104	7 427 520
DSP 模块	6	10	10	12	14	18	22
嵌入式乘法器	48	80	80	96	112	144	176
锁相环	6	6	6	10	12	12	12
最大用户可用引脚数	426	586	706	726	822	1022	1238

2.5.2 Stratix Ⅱ

1. 概述

Stratix Ⅱ系列 FPGA 是 Altera 公司推出的一款非常经典的 FPGA 芯片，它基于 90nm 工艺制造，核心电压为 1.2V，最多包含 180000 个等效逻辑单元，9Mbit 片内存储器，以及 96 个数字信号处理模块(384 个 18bit×18bit 乘法器)。

Stratix Ⅱ系列 FPGA 元件主要有以下几个特点：

- 提供 15600～179400 个逻辑单元(LE)；
- 采用最新的 ALM 作为 Stratix Ⅱ架构的基本模块，最大限度地提高性能和资源利用率；
- 高达 9383040bit 的嵌入式存储块(1172880B)；
- TriMatrix 存储器，包括 3 种大小的 RAM，可实现真双口存储器和 FIFO 缓冲器；
- 具有嵌入式高速 DSP 模块实现乘法器(最高可达 450MHz)，可实现乘法计算和有限冲击响应滤波器(FIR)；
- 最大有 16 个全局时钟；
- 最大有 12 个锁相环(4 个增强型 PLL、8 个快速型 PLL)，支持 PLL 重新配置、时钟切换、可编程带宽、频率合成和动态相移；
- 支持大多数单端和差分 I/O 标准；
- 支持高速外部存储器接口，包括 DDR、DDR2、SDRAM、RLDRAM Ⅱ、QDR Ⅱ SRAM 和 SDR SDRAM。

Stratix Ⅱ系列 FPGA 包括 6 个型号：EP2S15、EP2S30、EP2S60、EP2S90、EP2S130、EP2S180，各个型号的元件包含的资源如表 2.32 所示。

表 2.32 Stratix Ⅱ系列 FPGA 片内资源

特 性	EP2S15	EP2S30	EP2S60	EP2S90	EP2S130	EP2S180
ALM 数	6240	13 552	14 176	36 384	53 016	71 760
自适应查找表	12 480	27 104	24 176	36 384	53 016	71 760
等效逻辑单元数	15 600	33 880	60 440	90 960	132 540	179 400
M512 内存块数	104	202	329	488	699	930
M4K 内存块数	78	144	255	408	609	768
M-RAM 内存块数	0	1	2	4	6	9
总计内存容量/bit	419 328	1 369 728	2 544 192	4 520 488	6 747 840	9 383 040
数字信号处理模块数	12	16	36	48	63	96
18bit×18bit 乘法器数	48	64	144	192	252	384
增强型锁相环数	2	2	4	4	4	4
快速锁相环数	4	4	8	8	8	8
最大用户可用引脚数	366	500	718	902	1126	1170

ALM 是 FPGA 内的最小逻辑单元，用于实现用户需要的逻辑功能。ALM 的结构不同于以往 FPGA 的逻辑单元。

M512 内存块的容量是 512bit，另外还有额外的 64bit 用于奇偶校验。M512 内存块支持最多 18bit 的数据位宽，可以工作于单口模式或简单双口模式，工作频率最高可达到 318MHz。

M4K 内存块的容量是 4096bit，另外还有额外的 512bit 用于奇偶校验，总计 4608bit。M4K 内存块支持 36bit 的数据宽度，能够工作于单口模式、简单双口模式或者完全双口模式。M4K 存储器的最高工作频率为 291MHz。

M-RAM 内存块的容量是 524288bit，加上奇偶校验位可达 589824bit。M-RAM 内存块的数据宽度能够达到 144bit，最高工作频率为 269MHz。M-RAM 内存块支持单口模式、简单双口模式以及完全双口模式。

数字信号处理模块能够作为 1 个 36bit×36bit 的全精度乘法器使用，或者 4 个 18bit×18bit 的全精度乘法器使用，或者 8 个 9bit×9bit 的全精度乘法器使用。除了做乘法器运算之外，数字信号处理模块还能进行加减运算。另外数字信号处理模块还包含一个 18bit 的移位寄存器，可以用于实现有限冲击响应(FIR)滤波器或者无限冲击响应(IIR)滤波器的计算。

2. 结构与功能

1) 自适应逻辑模块(ALM)和逻辑阵列块(LAB)

与 Altera 公司之前推出的 FPGA 元件有所不同，Stratix Ⅱ系列 FPGA 中最基本的构造不再是逻辑单元(LE)，而是采用 ALM。ALM 的内部结构是基于可变查找表的，与逻辑单元不同，一个 ALM 能够完成两个逻辑表达式，分为上下两个半区分别输出，从而能够更有效地利用逻辑资源。ALM 的结构如图 2.93 所示。

一个 ALM 中包含多个查找表(LUT)，其中有 4 输入查找表，也有 3 输入查找表。ALM 可以按照一定规则将这些查找表组合在一起，形成大小不同的查找表，例如 5 输入查找表、6 输入查找表等，优化资源分配。除查找表外，每个 ALM 中还含有两个可编程

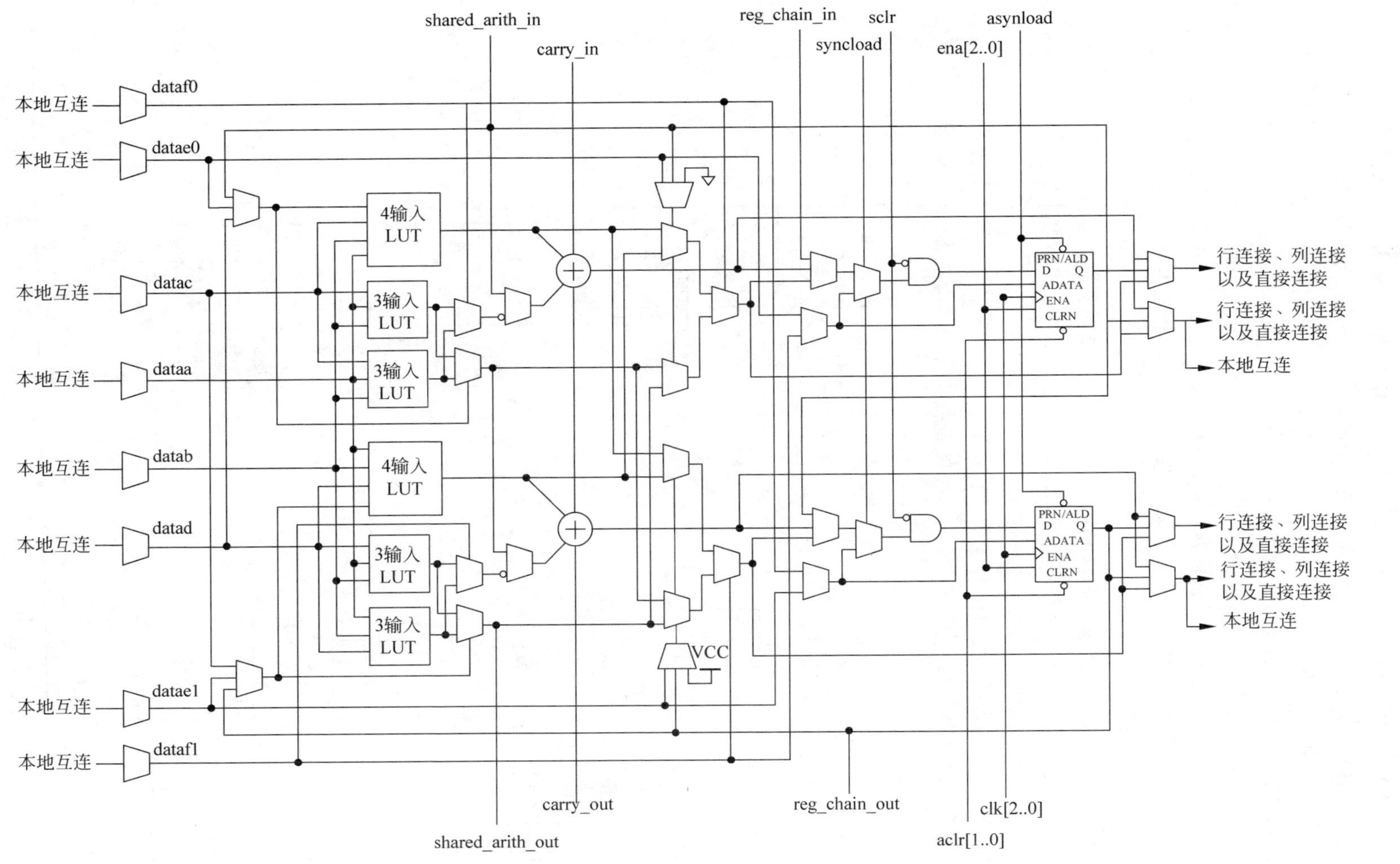

图 2.93 Stratix Ⅱ系列 FPGA ALM 结构图

寄存器、两个全加器、一条进位链、一条共享的算术链以及一条寄存器级连链。

可编程寄存器包括以下输入信号：同步数据输入、时钟、时钟使能、同步置位、异步置位、异步数据输入、同步复位、异步复位。通用输入/输出引脚以及内部逻辑可以驱动除异步数据输入以外的所有输入；时钟和复位信号还可以由全局信号驱动；异步数据输入由 datae 和 dataf 提供，datae 和 dataf 可以由通用输入/输出引脚或内部逻辑驱动。ALM 可以用寄存器输出，也可以通过寄存器旁路直接输出组合逻辑的结果。当 ALM 直接将查找表的结果输出时，寄存器处于空闲状态。处于空闲状态的寄存器可以独立组成移位寄存器，这种特性称为寄存器合并。

ALM 有 4 种工作模式：普通模式、扩展查找表模式、算术模式以及共享算术模式。在不同模式下，11 个可能的输入(8 个数据输入、进位输入、共享算术链输入和寄存器链输入)被连接到不同的目的地，形成对资源的不同分配。

普通模式适用于一般的逻辑运算。在普通模式下，最多 8 个输入数据用于执行最多两个组合逻辑运算。普通模式下可供选择的查找表分组情况如图 2.94 所示。

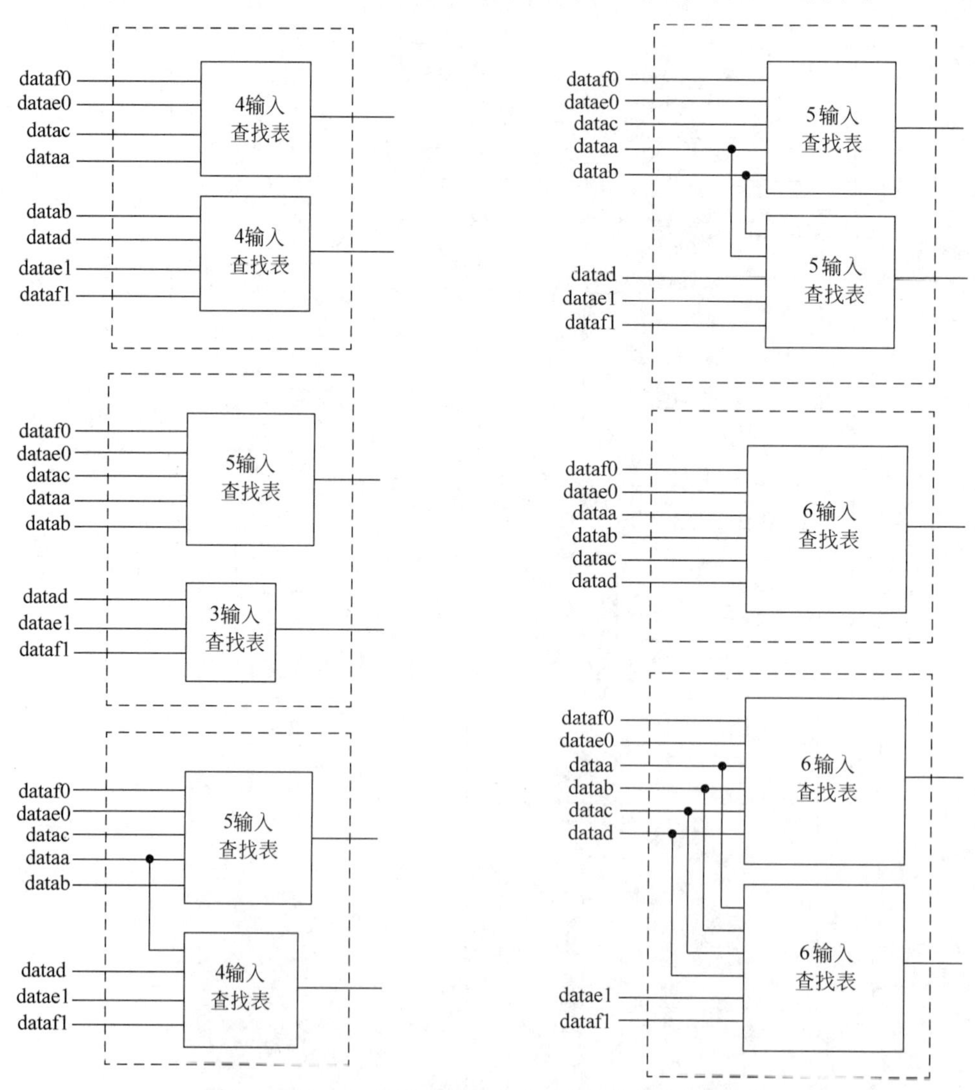

图 2.94 Stratix Ⅱ系列 FPGA 中 ALM 的普通工作模式

其中,两个4输入查找表的分组形式完全兼容了以往FPGA逻辑单元中的4输入查找表,在这种情况下,一个ALM相当于两个逻辑单元。除了两个4输入查找表的分组形式外,ALM还支持一个5输入查找表和1个3输入查找表的分组形式。以往的FPGA实现一个3输入逻辑表达式需要一个逻辑单元(包含一个4输入查找表),实现一个5输入逻辑表达式需要3个逻辑单元,因而在这种情况下,ALM能够有效地节约逻辑资源。当两个逻辑表达式存在一个共同的输入时,ALM中的查找表可以被分为1个5输入查找表和1个4输入查找表。当两个逻辑表达式存在两个共同的输入时,ALM的查找表能够被分为两个5输入的查找表。如果用1个ALM实现一个逻辑表达式,则这个逻辑表达式允许有6个输入,相当于一个可变模块内部仅包含1个6输入查找表。6输入查找表的6个输入为dataa、datab、datac、datad以及datae0、dataf0或者datae1、dataf1。当使用datae0和dataf0时,ALM使用上半区的输出;当使用datae1和dataf1时,ALM使用下半区的输出。当使用datae0和dataf0作为逻辑表达式的输入时,datae1和dataf1可以用于实现寄存器的合并,反之亦然。6输入查找表的示意图如图2.95所示。

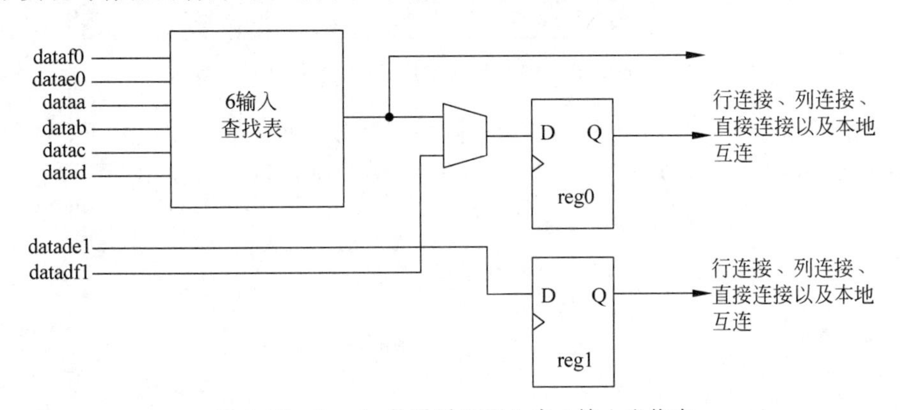

图2.95 Stratix Ⅱ系列FPGA中6输入查找表

在特殊情况下,一个ALM内的查找表可以分为两个6输入的查找表,这要求两个逻辑表达式有4个共同的输入,并且逻辑表达式的形式必须是这样的。例如1个4选2的选择器就可以用1个ALM来实现,如图2.96所示。

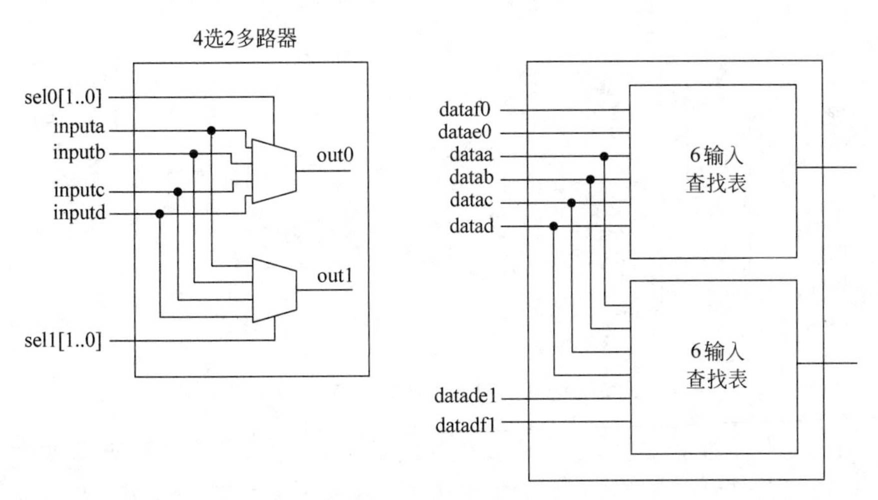

图2.96 Stratix Ⅱ系列FPGA中用1个ALM实现4选2选择器

普通模式支持寄存器的合并。当 ALM 用于实现一个逻辑表达式时，就有了一个空闲的寄存器；或者当查找表的输出直接通过寄存器旁路驱动连接线路时，ALM 就有了两个空闲的寄存器，这些空闲的寄存器可以用于实现移位寄存器。

扩展查找表模式用于实现特殊的 7 输入的逻辑运算，输出结果必须是两个 5 输入查找表二选一的结果，并且这两个 5 输入查找表必须有 4 个相同的输入，如图 2.97 所示。扩展查找表模式也支持寄存器的合并。

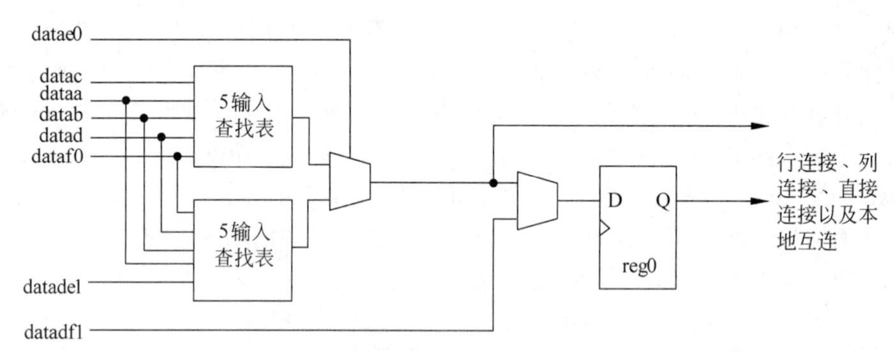

图 2.97　Stratix Ⅱ系列 FPGA 中用 ALM 的扩展查找表达式

算术模式适合于实现加法器、计数器、累加器、比较器等。在算术模式下，ALM 的查找表被配置为两组，每组包括 2 个 4 输出查找表，另外全加器也被使用。算术模式的示意图如图 2.98 所示。

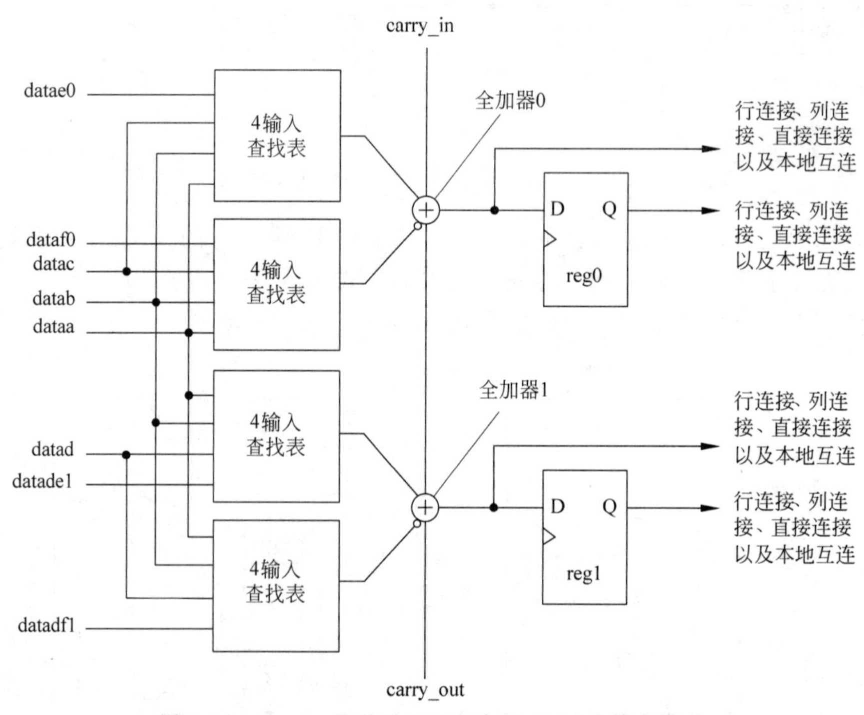

图 2.98　Stratix Ⅱ系列 FPGA 中用 ALM 的算术模式

ALM 中的全加器将 2 个 4 输入查找表的结果相加，用户可以利用查找表预先做一级加法，然后再利用加法器将查找表的输出相加。在算术模式下，ALM 能够同时使用全加器的进位输出以及查找表的组合逻辑输出。在这种情况下，全加器的输出将被忽略。条件选择可以很好地利用这一特性来减少逻辑资源的消耗，一个条件选择的表达式如下：

$$R = (X < Y)?\ Y:X$$

意思就是当 $X<Y$ 时，输出 Y 的值；当 $X \geqslant Y$ 时，输出 X 的值。为了实现条件选择的功能，首先计算 $X-Y$ 的结果，如果 $X<Y$，则进位为1，反之为0。将进位链通过加法器接入本地互连线路，进而驱动寄存器的同步加载，选择寄存器的数据输入来源。

在共享算术模式下，ALM能够实现3输入加法。共享算术模式下，ALM内的查找表分为4个4输入查找表，分别用于计算3个加数的和或者进位。进位信息通过共享进位链连接到下一个加法器，共享算术模式的示意图如图2.99所示。

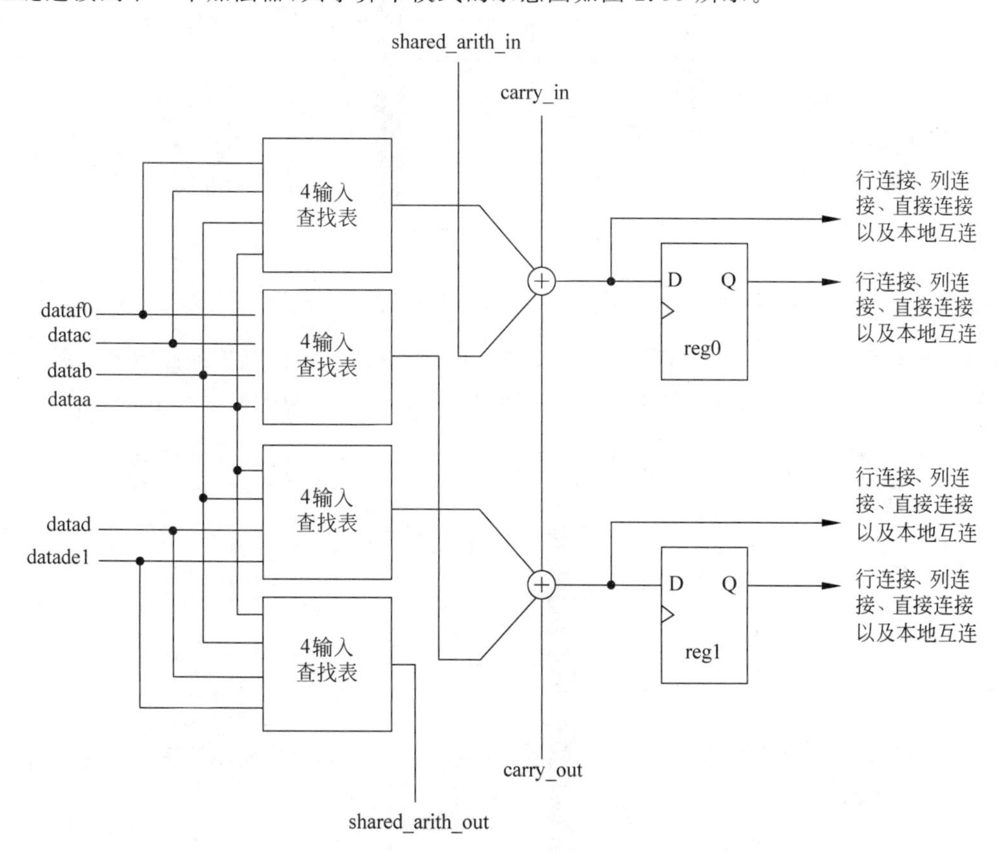

图2.99 Stratix Ⅱ系列FPGA中用ALM的共享算术模式

一个逻辑阵列块由8个ALM、一条进位链、一个共享进位链、控制信号、本地互连通路以及寄存器级连链构成，LAB的示意图如图2.100所示。

本地互连线路为同一个逻辑阵列块内的8个ALM提供高速通路，它可以被逻辑阵列块内的ALM、行连接、列连接以及来自相邻模块的直接连接通路所驱动。本地互连通路提供了一种逻辑阵列块内部的连接方式，逻辑阵列块内部还包含一种对外的高速连接通路，称为直接连接通路。它连接的是相邻的逻辑阵列块，或者与逻辑阵列块相邻的存储器块、乘法器、锁相环等。直接连接通路的使用可以节约行连接和列连接通路的使用，

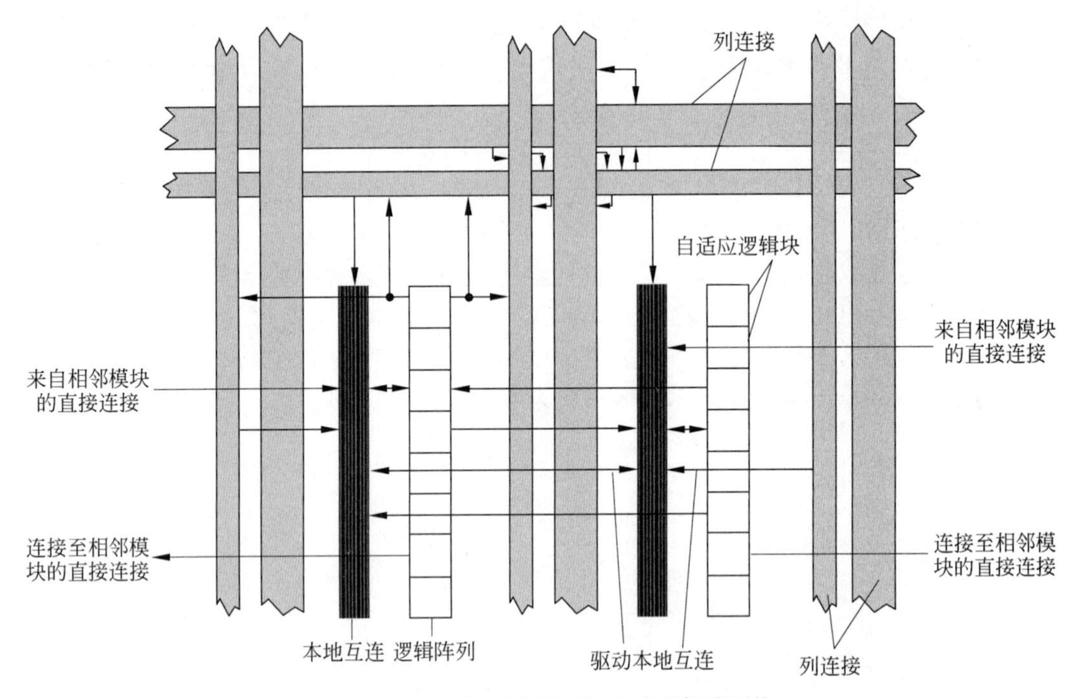

图 2.100 Stratix Ⅱ系列 FPGA 中逻辑阵列块

提高电路性能，增强设计的灵活性。一个逻辑单元能够通过本地互连通路以及直接连接通路驱动最多 24 个 ALM。本地互连线路和直接连接通路示意图如图 2.101 所示。

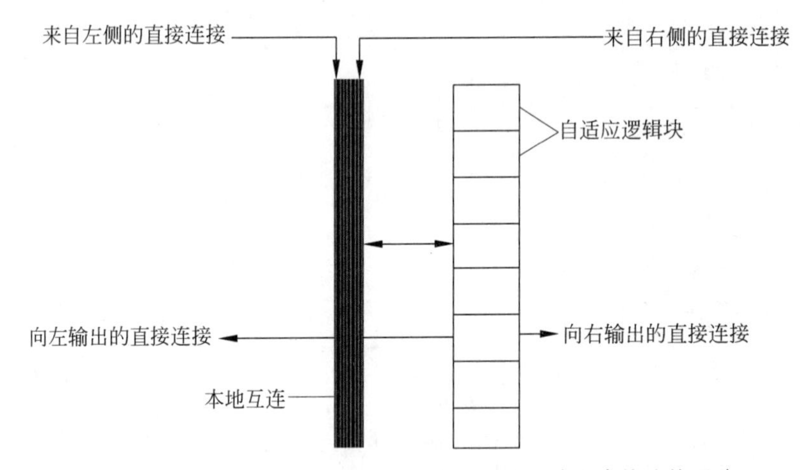

图 2.101 Stratix Ⅱ系列 FPGA 中本地互连通路和直接连接通路

逻辑阵列块还包括一些控制信号，这些控制信号有 3 个时钟信号、3 个时钟使能信号、2 个异步复位信号、1 个同步复位信号、1 个异步置位信号和 1 个同步置位信号。尽管每个逻辑阵列块能够使用 3 个时钟信号和 3 个时钟使能信号，但是每个逻辑阵列块最多使用两个时钟，如图 2.102 所示。另外，在使用异步置位信号时不能同时使用第一个时钟使能信号。

每个逻辑阵列块包含的 3 个时钟信号和 3 个时钟使能信号是成对使用的，也就是说时钟信号 0 和时钟使能信号 0 相对应，时钟信号 1 和时钟使能信号 1 相对应，时钟信号 2

和时钟使能信号 2 相对应。如果某个逻辑单元使用时钟信号 1，它也只能使用时钟使能信号 1。如果逻辑阵列块需要使用时钟的上升沿和下降沿，则这个逻辑阵列块需要使用两个相同时钟信号，这也就是为什么每个逻辑阵列块存在 3 个时钟信号而只有两个时钟的原因。

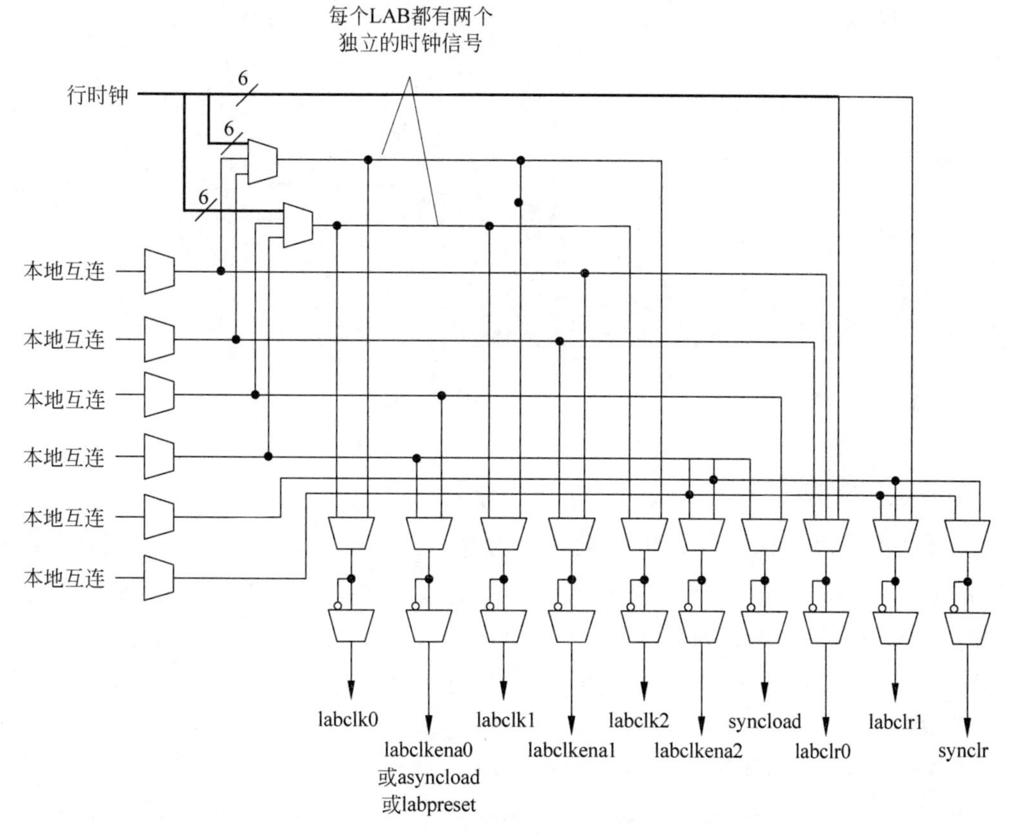

图 2.102　Stratix Ⅱ系列 FPGA 中逻辑阵列块内的控制信号

2）内部连接通路

在 FPGA 内部存在各种连接通路，用于连接元件内部的不同模块，例如逻辑单元之间、逻辑单元同片内存储器之间等。因为 FPGA 内部的资源是按照行列的方式分布的，所以连接通路也分为行连接和列连接两种。

行连接又分为 R4 连接、R24 连接和直接连接。直接连接用于连接相邻的模块，例如相邻的逻辑阵列块、相邻的逻辑阵列块与片内存储器。

R4 连接的覆盖范围是 4 个逻辑阵列块，或者 3 个逻辑阵列块和 1 个 M512 存储器块，或者 2 个逻辑阵列块和 1 个 M4K 存储块，或者 2 个逻辑阵列块和 1 个 DSP 模块。R4 连接包括一个主逻辑阵列块，然后以主逻辑阵列块为中心通过向左右两边扩展得到。R4 连接可以驱动逻辑阵列块、DSP 块、M4K 存储器块、乘法器、锁相环、输入/输出单元等功能模块的本地互连通路，从而起到驱动这些模块的目的，同时也可以被这些模块所驱动。另外，R4 连接也可以驱动 R4 连接、R24 连接、C4 连接和 C16 连接。R4 连接的示意图如图 2.103 所示。

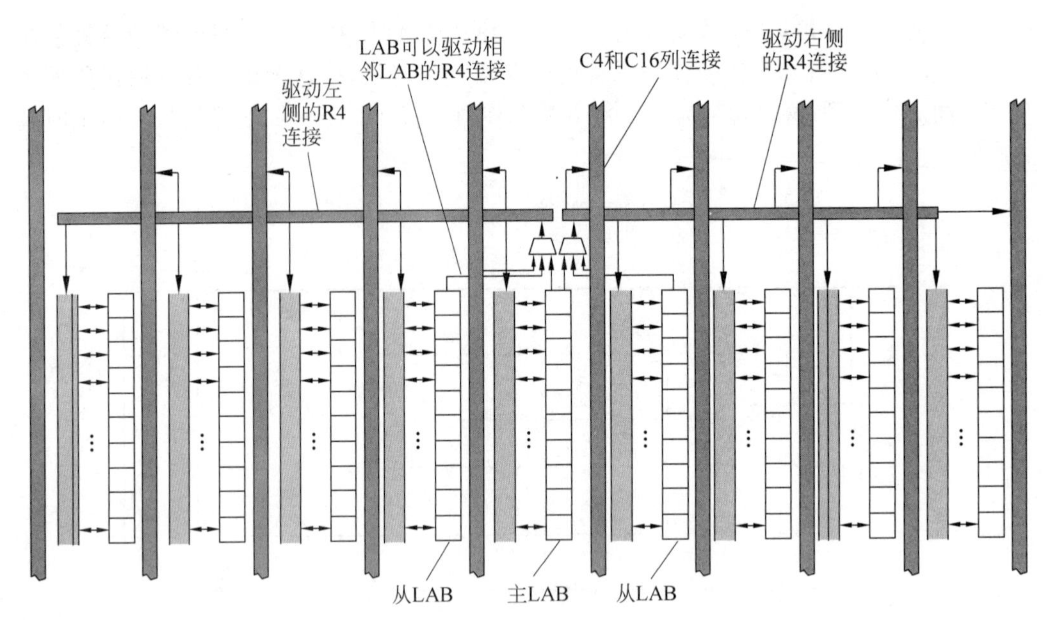

图 2.103　Stratix Ⅱ系列 FPGA R4 连接

R24 连接与 R4 连接类似,它的覆盖范围是 24 个逻辑阵列块,为距离相对较远的逻辑阵列块提供了连接通路。与 R4 连接不同的是,R24 连接不能直接被逻辑阵列块、乘法器、锁相环、M4K 存储器块等模块驱动,也不能直接驱动这些模块。R24 连接是通过驱动 R4 连接或 C4 连接来间接驱动这些模块的。R4 行连接驱动其他行列连接时,每 4 个 LAB 为一组,不能驱动 LAB 本地连接。R24 连接通过 R4 和 C4 驱动 LAB 局部连接,R24 连接也可以驱动 R24、R4、C16 和 C4 互连。

与行连接类似,列连接用于连接垂直排列的各种模块。列连接包括在一个逻辑阵列块范围内有效的寄存器级连链覆盖 4 个功能模块的 C4 连接以及覆盖 16 个功能模块的 C16 连接。

寄存器级连链将一个逻辑阵列块内的 16 个逻辑单元中的寄存器首尾相连,也就是将前一个寄存器的输出直接连接到下一个寄存器的输入。这种特性能够创建高性能的移位寄存器,另外可以节省查找表用于实现其他组合逻辑,从而起到节约片内资源,提高电路性能的作用。寄存器级连链如图 2.104 所示。

C4 连接同 R4 连接类似,在列方向上覆盖了 4 个功能模块。C4 连接可以驱动逻辑阵列块、M4K 存储器、乘法器、锁相环、输入/输出单元等功能模块的本地互连通路,同时也可以被这些模块所驱动。另外,C4 连接也可以驱动 C4 连接、C16 连接、R4 连接和 R24 连接,从而连接相距更远的资源。C4 连接的示意图如图 2.105 所示。

C16 连接的覆盖范围是 16 个列方向上的功能模块。同 R24 连接类似,C16 连接也不能直接被逻辑阵列块、乘法器、锁相环、M4K 存储器块等模块驱动,也不能直接驱动这些模块,也是通过驱动 R4 连接或者 C4 连接来间接驱动这些模块的。

3) 时钟资源

Stratix Ⅱ系列 FPGA 采用分级的时钟结构,拥有多个支持高级特性的锁相环,这些保证了 Stratix Ⅱ系列 FPGA 能够很好地解决用户设计中的时钟问题。

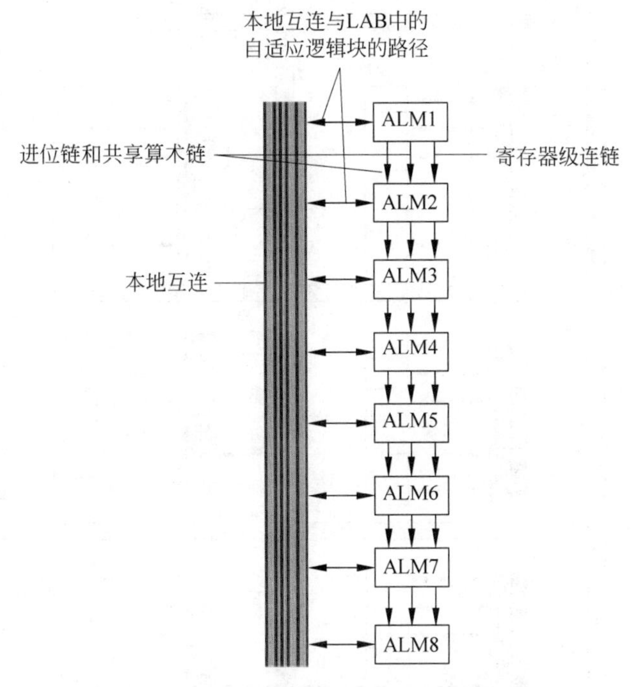

图 2.104　Stratix Ⅱ系列 FPGA 寄存器级连链

Stratix Ⅱ系列 FPGA 提供 16 条全局时钟树和 32 条局部时钟树。全局时钟树是指分布在整个芯片内部的，经过特殊优化的时钟网络。全局时钟树可以为芯片内任何位置的逻辑资源提供时钟。局部时钟树是指分布在一个象限内的、经过特殊优化的时钟网络。局部时钟树可以为一个象限内的逻辑资源提供时钟，每个象限包括 8 条局部时钟树。全局时钟树和局部时钟树能够为芯片提供 48 路时钟信号，从而满足复杂设计多时钟域的要求。

全局时钟树和局部时钟树都可以由专用时钟引脚、锁相环的输出以及内部逻辑驱动。Stratix Ⅱ系列 FPGA 拥有 16 个专用时钟引脚，芯片的每侧各包含 4 个。专用时钟引脚驱动全局时钟以及局部时钟的示意图如图 2.106 和图 2.107 所示。

一个专用时钟引脚也能够驱动相邻的两个象限中的全部时钟树，这种特性使得处于相邻两个象限的资源，在不占用全局时钟树的情况下，能够共享同一个时钟源。除了专用时钟引脚能够同时驱动相邻的两个象限的局部时钟树以外，位于芯片上中、左中、下中、右中的锁相环输出也能够驱动相邻两个象限的局部时钟树，内部逻辑也能够驱动。如图 2.108 所示为专用时钟引脚以及锁相环驱动相邻两个象限局部时钟树的示意图。

Stratix Ⅱ系列 FPGA 内部的每一个象限内包括 8 条局部时钟树以及 16 条全局时钟树，多路器在 24 条时钟树中分别选出行时钟、行引脚时钟以及列引脚时钟，如图 2.109 所示。行时钟用于驱动芯片内部的逻辑，例如 ALM、片内存储器等；行引脚时钟和列引脚时钟用于驱动输入/输出引脚寄存器。

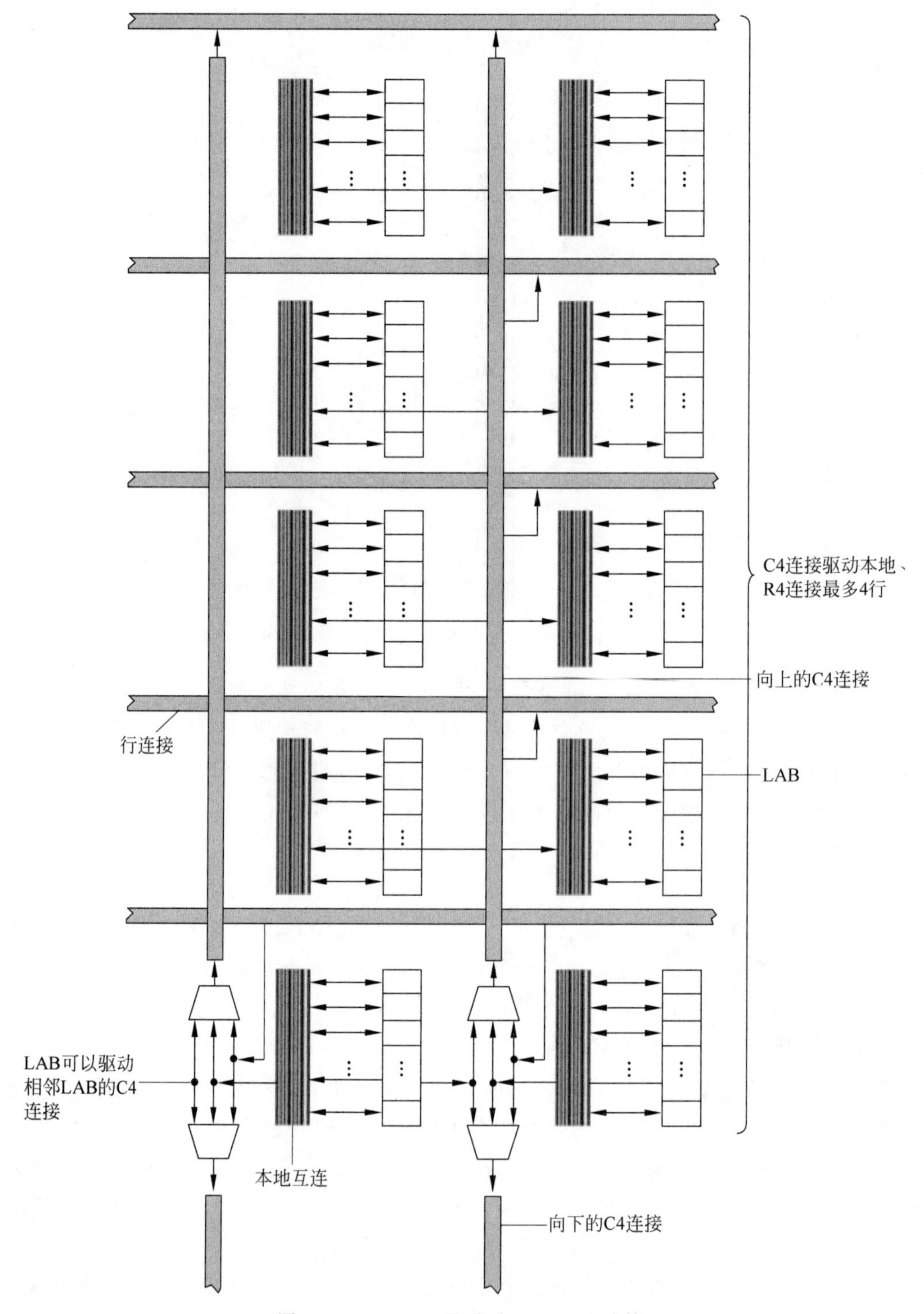

图 2.105 Stratix Ⅱ系列 FPGA C4 连接

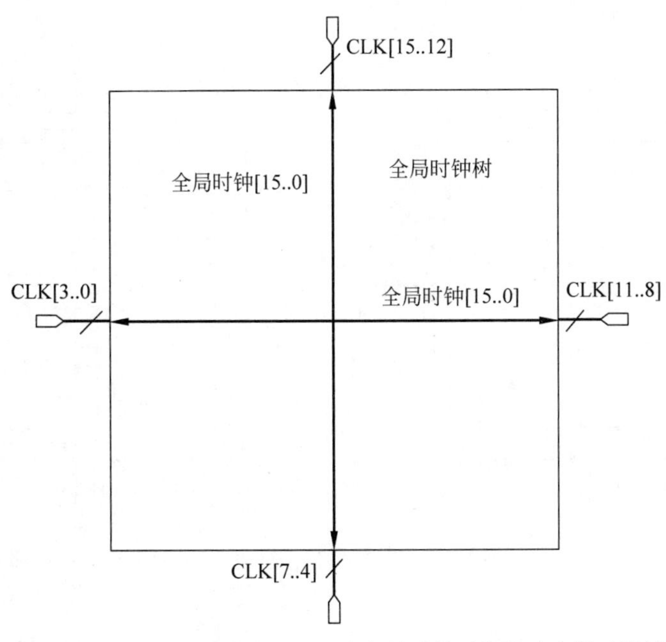

图 2.106　Stratix Ⅱ系列 FPGA 中专用时钟引脚驱动全局时钟树

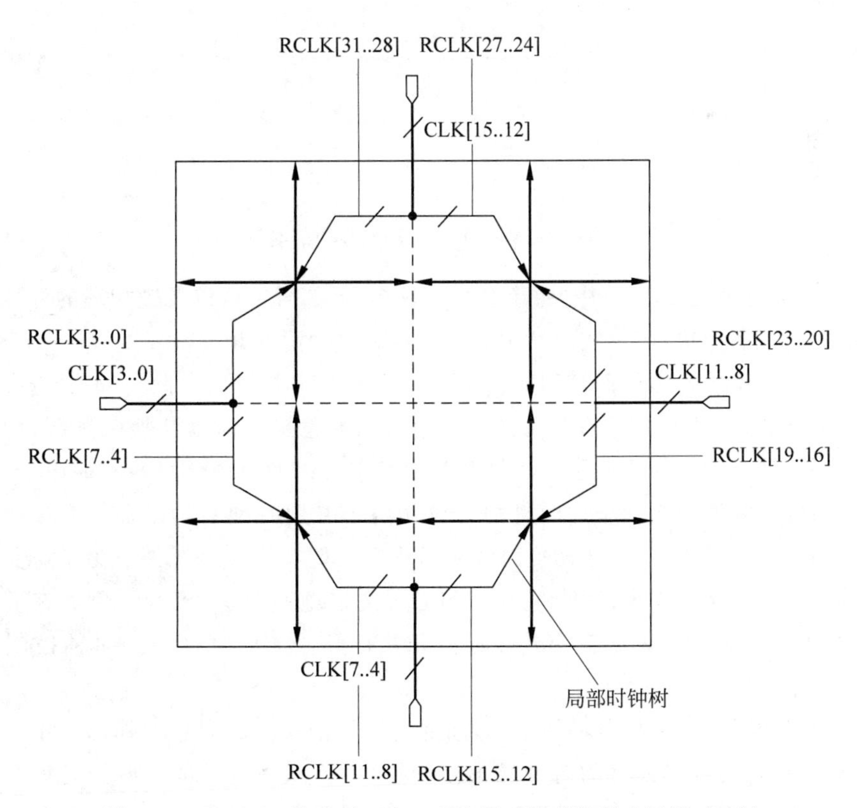

图 2.107　Stratix Ⅱ系列 FPGA 中专用时钟引脚驱动局部时钟树

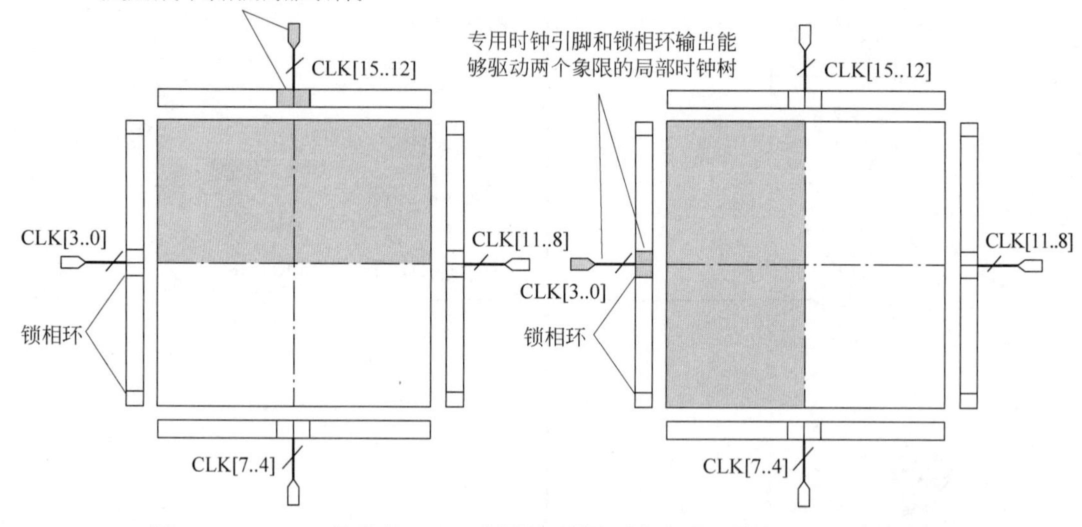

图 2.108　Stratix Ⅱ系列 FPGA 中同源时钟驱动相邻的两个象限的局部时钟树

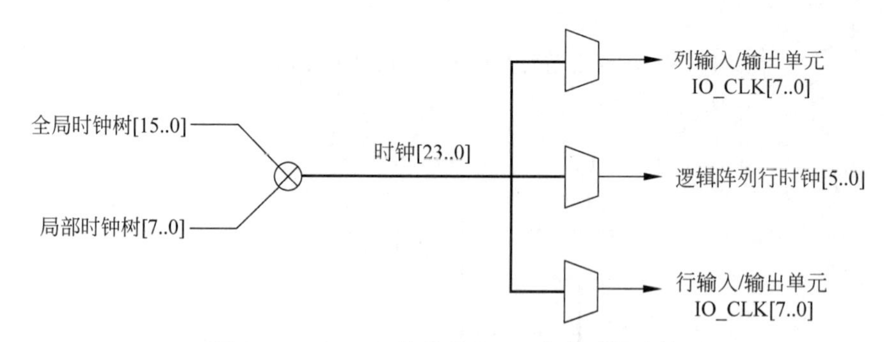

图 2.109　Stratix Ⅱ系列 FPGA 中的时钟选择

在 Stratix Ⅱ系列 FPGA 中，每个全局时钟树、局部时钟树以及锁相环的外部输出都有自己的时钟控制模块，用于实现时钟源的选择和时钟源的开关。

时钟控制模块主要由两部分组成：时钟选择部分和时钟开关部分。时钟选择分为动态选择和静态选择，动态选择的含义是可以通过内部逻辑实时地切换时钟源，静态选择的含义是一旦选择就不能更改了。时钟开关的状态可以通过内部逻辑实时改变，关闭时钟源可以有效地降低功耗。全局时钟树可以从两个专用时钟引脚以及两个锁相环的输出之间动态切换时钟源，但是在切换时钟的过程中可能会产生窄脉冲。为了避免窄脉冲对用户的时序产生破坏作用，用户应当采用必要的措施避免这个问题，例如在切换时钟之前，先关掉时钟源，切换完毕后再将时钟开关打开。全局时钟树的时钟控制模块如图 2.110 所示。

与全局时钟树的时钟控制模块不同，局部时钟控制模块的时钟选择部分不包括动态选择，也就意味着局部时钟树的时钟源不能切换，一旦选择就不能更改。时钟开关的状态可以通过内部逻辑实时改变，进而控制是否将时钟源接入局部时钟树。局部时钟树的时钟控制模块如图 2.111 所示。

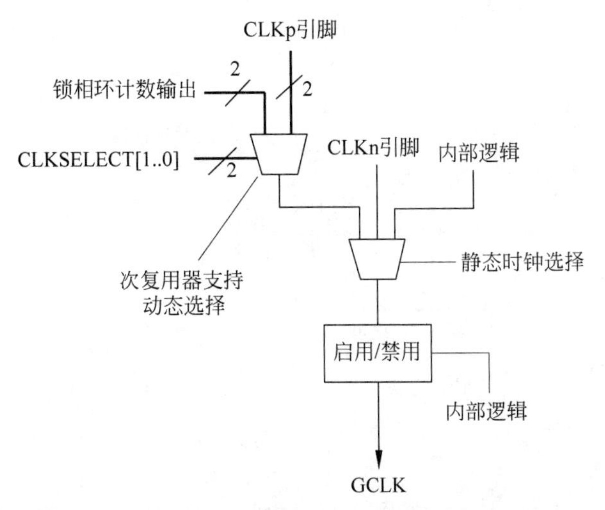

图 2.110 Stratix Ⅱ系列 FPGA 中全局时钟树的时钟控制模块

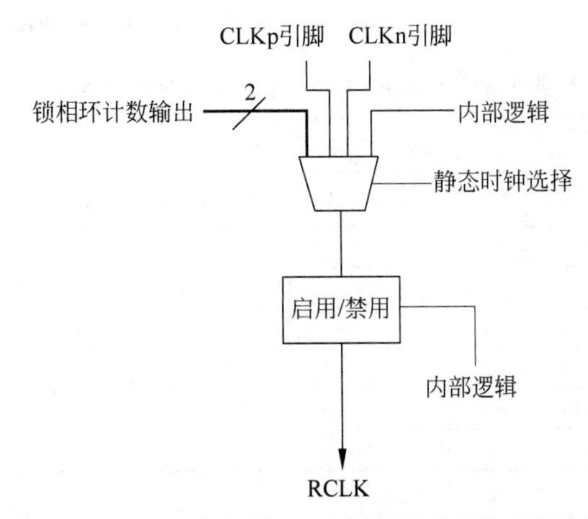

图 2.111 Stratix Ⅱ系列 FPGA 中局部时钟树的时钟控制模块

锁相环外部输出的时钟控制模块的时钟源是锁相环的不同后分频器的输出。与局部时钟树的时钟控制模块类似，锁相环的外部输出的时钟控制模块也不支持动态的时钟切换，但仍支持动态选择时钟的开关。锁相环外部输出的时钟控制模块的输出连接到锁相环时钟输出引脚的输入/输出单元中的多路器，锁相环的时钟输出引脚是两用引脚，用户可以选择是输出锁相环的输出，或者是内部逻辑。锁相环外部输出的时钟控制模块如图 2.112 所示。

Stratix Ⅱ系列 FPGA 内部的锁相环分为增强型锁相环以及快速型锁相环，共同完成用户需要的有关时钟的控制需要。芯片内部所有的锁相环都可以用来完成一般的时钟控制，例如分频、倍频、移相、调节占空比等。除此之外，增强型锁相环支持外时钟反馈模式、扩频时钟以及计数器级连，快速型锁相环能够提供高速的时钟用来控制高速差分端口。不同型号元件中锁相环的资源如表 2.33 所示。快速型锁相环和增强型锁相环支持的特性如表 2.34 所示。

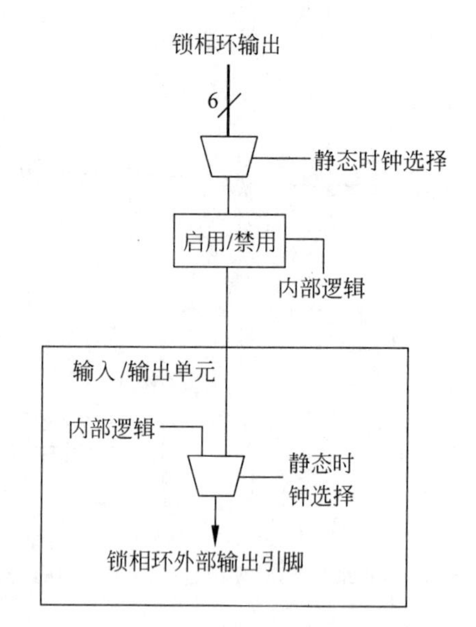

图 2.112　Stratix Ⅱ系列 FPGA 锁相环外部输出的时钟控制模块

表 2.33　Stratix Ⅱ系列 FPGA 中锁相环资源

器　　件	快速型锁相环								增强型锁相环			
	1	2	3	4	7	8	9	10	5	6	11	12
EP2S15	√	√	√	√					√	√		
EP2S30	√	√	√	√					√	√		
EP2S60	√	√	√	√	√	√	√	√	√	√	√	√
EP2S90	√	√	√	√	√	√	√	√	√	√	√	√
EP2S130	√	√	√	√	√	√	√	√	√	√	√	√
EP2S180	√	√	√	√	√	√	√	√	√	√	√	√

表 2.34　Stratix Ⅱ系列 FPGA 中锁相环特性

器件特性	快速型锁相环	增强型锁相环
分频和倍频	$m/(n\times$后分频系数)	$m/(n\times$后分频系数)
相移	最高精度 125ps	最高精度 125ps
时钟切换	支持	支持
锁相环重配置	支持	支持
带宽重配置	支持	支持
扩频时钟	不支持	支持
调节占空比	支持	支持
锁相环输出时钟个数	4	6
锁相环外部输出时钟个数	所有输入/输出引脚	3 个差分时钟或 6 个单端时钟
反馈时钟输入个数	—	1 个单端或差分时钟

锁相环的最主要的目的是产生一个和外部输入时钟同步的时钟信号，这种同步包括频率同步和相位同步两部分，锁相环产生的时钟信号可用于内部逻辑或者作为输出信号。Stratix Ⅱ系列 FPGA 中的锁相环通过一系列的功能部件来产生和外部输入时钟同

步的时钟信号。增强型锁相环的示意图如图 2.113 所示。

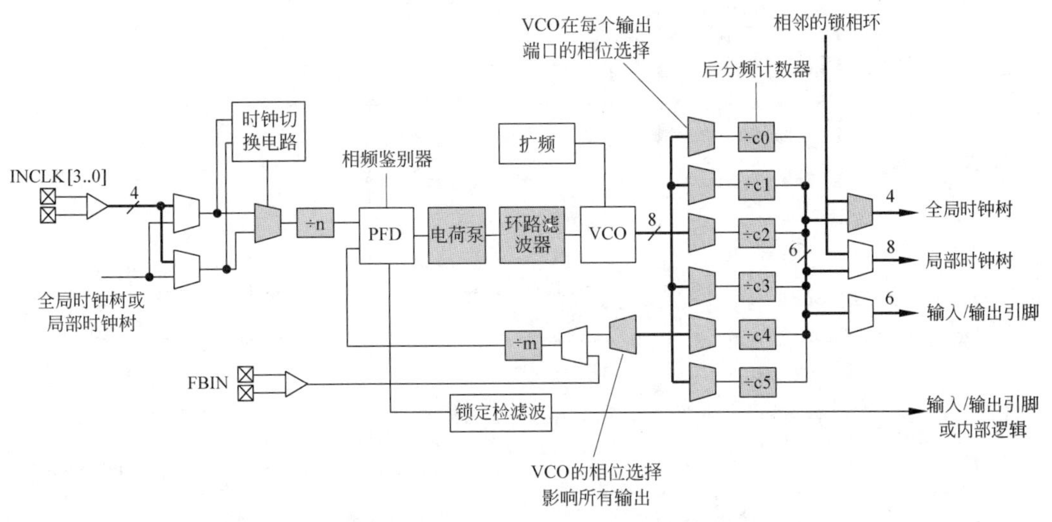

图 2.113 Stratix Ⅱ系列 FPGA 中增强型锁相环结构

图 2.113 中标识为 PFD 的部分称为相频鉴别器(Phase Frequency Detector, PFD),它的作用是比较反馈时钟信号 f_{FB} 同参考时钟信号 f_{REF} 的相位关系,然后给出控制信号用于调节压控振荡器的产生的时钟频率。相频鉴别器输出的信号先后通过电荷泵(Charge Pump)以及环路滤波器,将相频鉴别器产生的上升或者下降信号转换为电压值,提供给压控振荡器,从而起到调节时钟频率的作用。如果相频鉴别器给出的是上升信号,电流会从电荷泵流向环路滤波器,从而增大压控振荡器的工作电压,致使产生的信号频率上升;反之,如果相频鉴别器给出的是下降信号,电流就会从环路滤波器流向电荷泵,从而减少压控振荡器的工作电压,使产生的信号频率下降。

图 2.113 中还可以看到两个分频器,分别标有÷n 和÷m,表示 n 分频和 m 分频,这两个分频器称为预分频器。n 分频的分频器放置在输入时钟和参考时钟之间,因而参考时钟的频率等于输入时钟的 n 分频。m 分频的分频器放置在压控振荡器到相频鉴别器之间的反馈回路上,因而反馈时钟信号 f_{FB} 的频率等于压控振荡器输出时钟的 m 分频。相频鉴别器、电荷泵和环路滤波器进入稳定工作之后,相频鉴别器的两个输入时钟的频率和相位都是同步的,也就是说反馈时钟信号 f_{FB} 与参考时钟信号 f_{REF} 是频率和相位同步的。由于 m 分频器的存在,使得压控振荡器输出的频率等于参考时钟的 m 倍,因此压控振荡器的输出频率是参考频率的 m 倍。再考虑 n 分频的分频器产生的影响,综合得到压控振荡器的输出时钟频率是输入时钟的 m/n 倍。

除了两个预分频器之外,图 2.113 中还能看到÷c_0、÷c_1、÷c_2、÷c_3、÷c_4 和÷c_5 六个分频器,这 6 个分频器也称为后分频器,或者称为后比例计数器。它们能够对压控振荡器输出的时钟进一步实现分频操作,但只能是整数倍的分频。通过这 6 个分频器的时钟信号将作为锁相环的输出,可以提供给内部资源,也可以通过输出引脚输出。每个锁相环可以提供 6 个单端的外部时钟输出,或者 3 对差分的外部时钟输出,如图 2.114 所示。外部输出时钟可以是锁相环的 6 个后分频器的输出中的任意一个。增强型锁相环的模型如图 2.115 所示,输入/输出端口说明如表 2.35 所示。

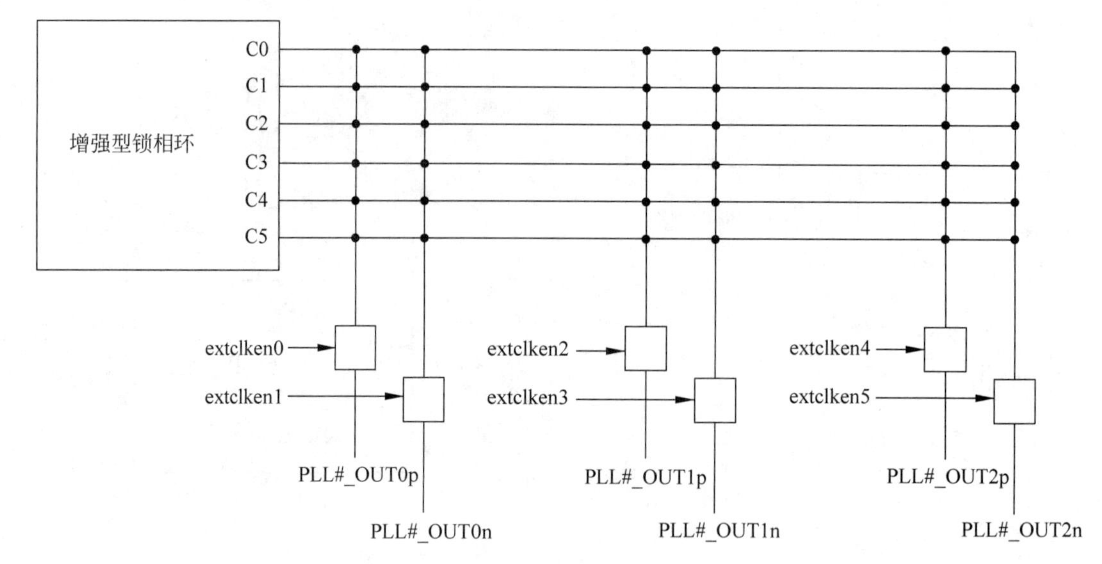

图 2.114　Stratix Ⅱ系列 FPGA 中增强型锁相环的外部时钟输出

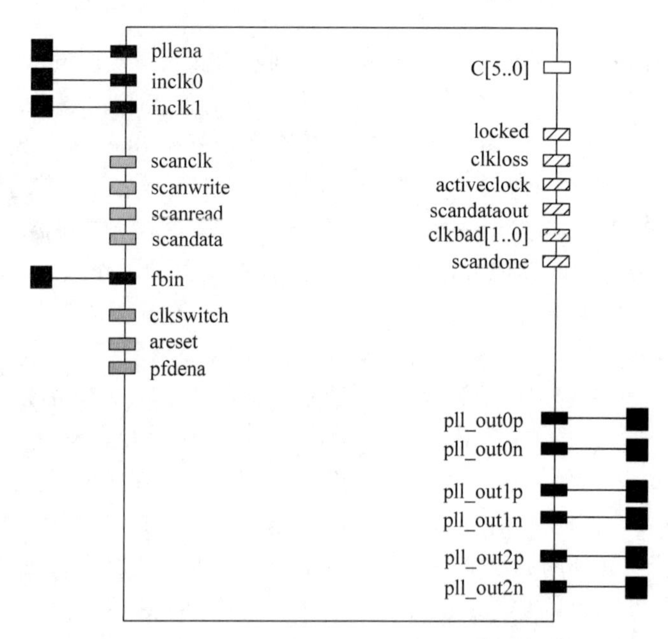

图 2.115　Stratix Ⅱ系列 FPGA 中增强型锁相环模型

表 2.35　Stratix Ⅱ系列 FPGA 中增强型锁相环的输入/输出端口说明

端口名称	输入/输出	描　述
inclk0	输入	锁相环主时钟输入
inclk1	输入	锁相环的第 2 时钟输入
fbin	输入	外部时钟反馈
pllena	输入	锁相环使能,高电平有效
clkswitch	输入	时钟切换,高电平有效
areset	输入	锁相环异步复位,高电平有效
pfdena	输入	相频鉴别器使能,高电平有效

续表

端口名称	输入/输出	描述
scanclk	输入	串行时钟,用于重新配置锁相环
scandata	输入	串行数据,用于重新配置锁相环
scanwrite	输入	串行数据写使能,高电平有效
scanread	输入	锁相环读使能,高电平有效
c[5:0]	输出	锁相环后分频器输出
pll_out[2:0] p pll_out[2:0] n	输出	外部时钟输出引脚,6个单端时钟或3对差分时钟
clkloss	输出	时钟丢失指示
clkbad	输出	指示时钟状态,clkbad[1]对应 inclk1,clkbad[0]对应 inclk0。1表示正常,0表示不正常
locked	输出	锁相环锁定状态指示,高电平有效
activeclock	输入	锁相环输入时钟选择
scandataout	输出	扫描链输出
scandone	输出	高标志锁相环重新配置完成

快速型锁相环除了能够完成基本的锁相环的功能之外,还可以提供高速的差分接口。快速型锁相环的示意图如图2.116所示。快速型锁相环没有专用的外部时钟输出引脚,但是快速型锁相环的全局时钟或者局部时钟能够将任意的输入/输出引脚作为外部时钟输出引脚。快速型锁相环的模型如图2.117所示,端口说明如表2.36所示。

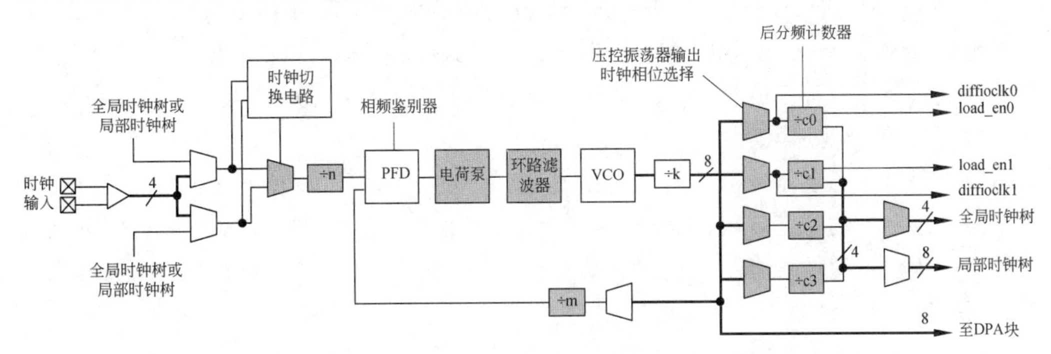

图2.116 Stratix Ⅱ系列FPGA中快速型锁相环结构

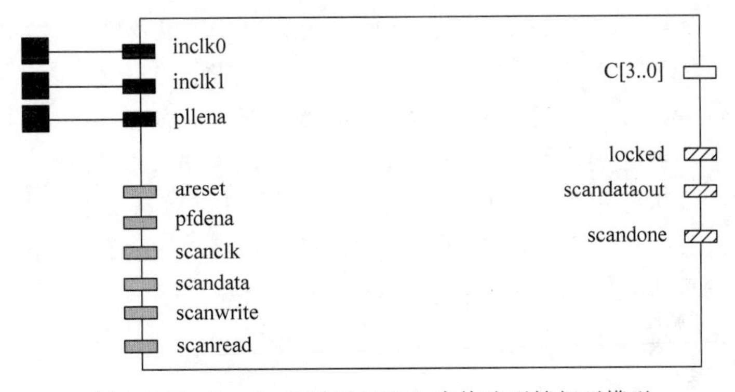

图2.117 Stratix Ⅱ系列FPGA中快速型锁相环模型

表 2.36　Stratix Ⅱ系列 FPGA 中快速型锁相环的输入/输出端口说明

端口名称	输入/输出	描　　述
inclk0	输入	锁相环主时钟输入
inclk1	输入	锁相环的第 2 时钟输入
pllena	输入	锁相环使能，高电平有效
clkswitch	输入	时钟切换，高电平有效
areset	输入	锁相环异步复位，高电平有效
pfdena	输入	相频鉴别器使能，高电平有效
scanclk	输入	串行时钟，用于重新配置锁相环
scandata	输入	串行数据，用于重新配置锁相环
scanwrite	输入	串行数据写使能，高电平有效
scanread	输入	锁相环读使能，高电平有效
c[3:0]	输出	锁相环后分频器输出
locked	输出	锁相环锁定状态指示，高电平有效
scandataout	输出	扫描链输出
scandone	输出	高标志着锁相环重新配置完成

从锁相环的结构中容易了解到，反馈是锁相环完成时钟同步功能的重要环节。Stratix Ⅱ系列 FPGA 中的锁相环一共支持 5 种反馈模式：源同步模式（Source Synchronous Mode）、普通模式（Normal Mode）、零延时模式（Zero Delay Buffer Mode）、无补偿模式（No Compensation Mode）和外反馈模式（External Feedback Mode）。增强型锁相环支持所有 5 种反馈模式，快速型锁相环不支持零延时模式和外反馈模式。

4）数字信号处理模块

数字信号处理主要包括的运算有滤波、快速傅里叶变换、离散余弦变换等。这些数字信号处理运算的特点是运算量非常大，以前往往采用专用的芯片完成。Stratix Ⅱ系列 FPGA 中集成了硬件乘法器、加法器、减法器、累加器等，用户可以配合 ALM 和存储器等，来快速完成各种数字信号处理运算。

数字信号处理模块以列的形式分布于芯片中，其示意图如图 2.118 所示，Stratix Ⅱ系列 FPGA 中不同型号的元件包含有 2～4 列不等的数字信号处理模块。数字信号处理模块由乘法模块、加法模块、减法模块、累加模块、求和模块以及输入/输出寄存器构成。乘法模块由输入/输出寄存器、乘法器、截位模块构成，如图 2.119 所示。

两个乘数可以选择直接输入给乘法器，或者经过一级寄存器以后再输入给乘法器。和输入寄存器有关的信号包括 clock[3:0]、ena[3:0]和 aclr[3:0]。经过寄存器或未经过寄存器的乘数除了可以连接到乘法器之外，也可以通过两条级连链 shiftouta 和 shiftoutb 输出到下一个乘法器，作为下一个乘法器的乘数。是使用普通的乘数还是使用来自级连链的乘数，这是通过控制信号 sourcea 和 sourceb 选择的。当 sourcea 为高电平时，选择级连链的输入；而为低电平时，选择普通的输入。级连链的示意图如图 2.120 所示。

乘法器模块可以被配置为 8 个 9bit×9bit 乘法器，或者 4 个 18bit×18bit 乘法器，或

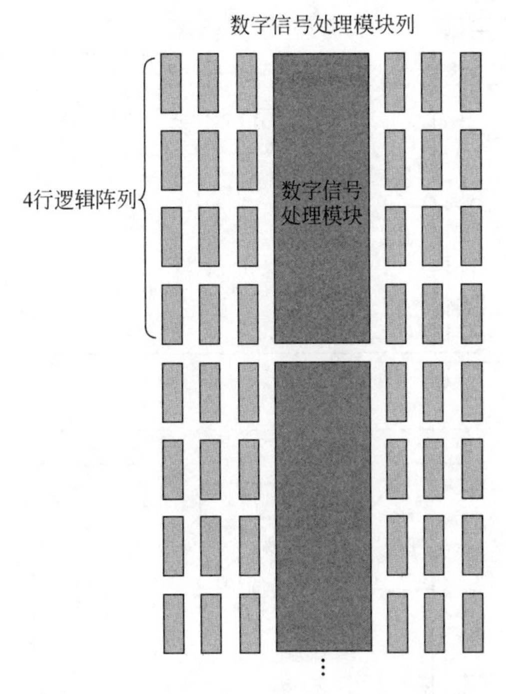

图 2.118　Stratix Ⅱ系列 FPGA 中数字信号处理模块分布图

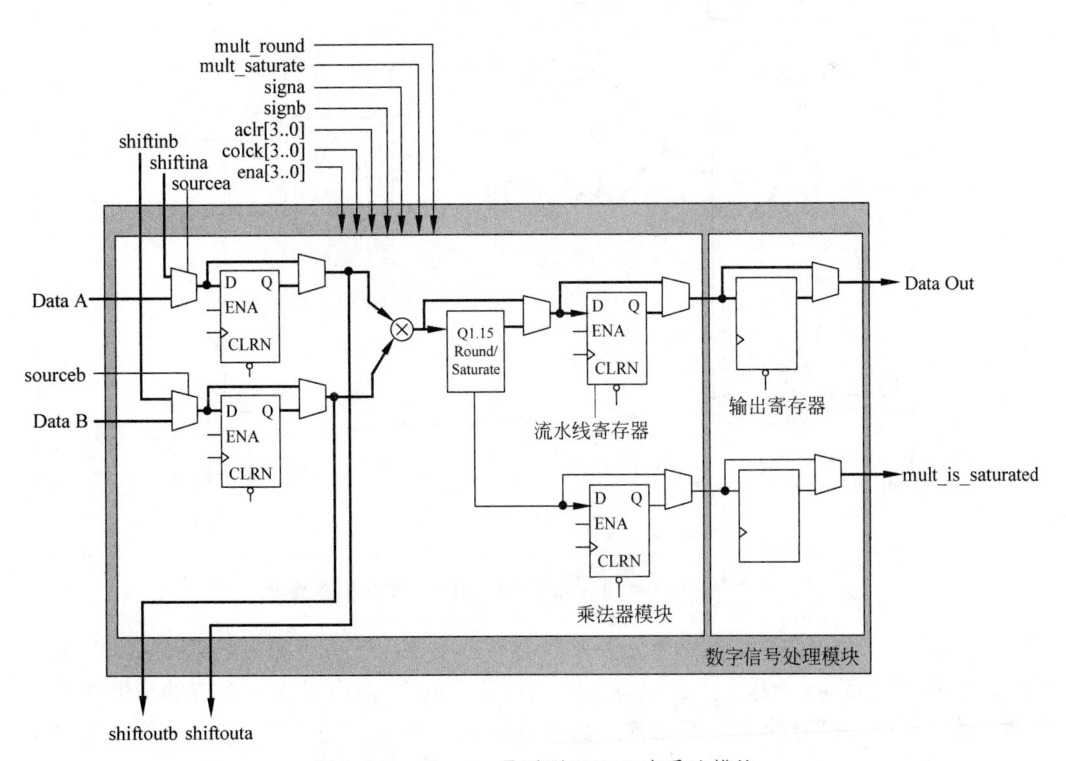

图 2.119　Stratix Ⅱ系列 FPGA 中乘法模块

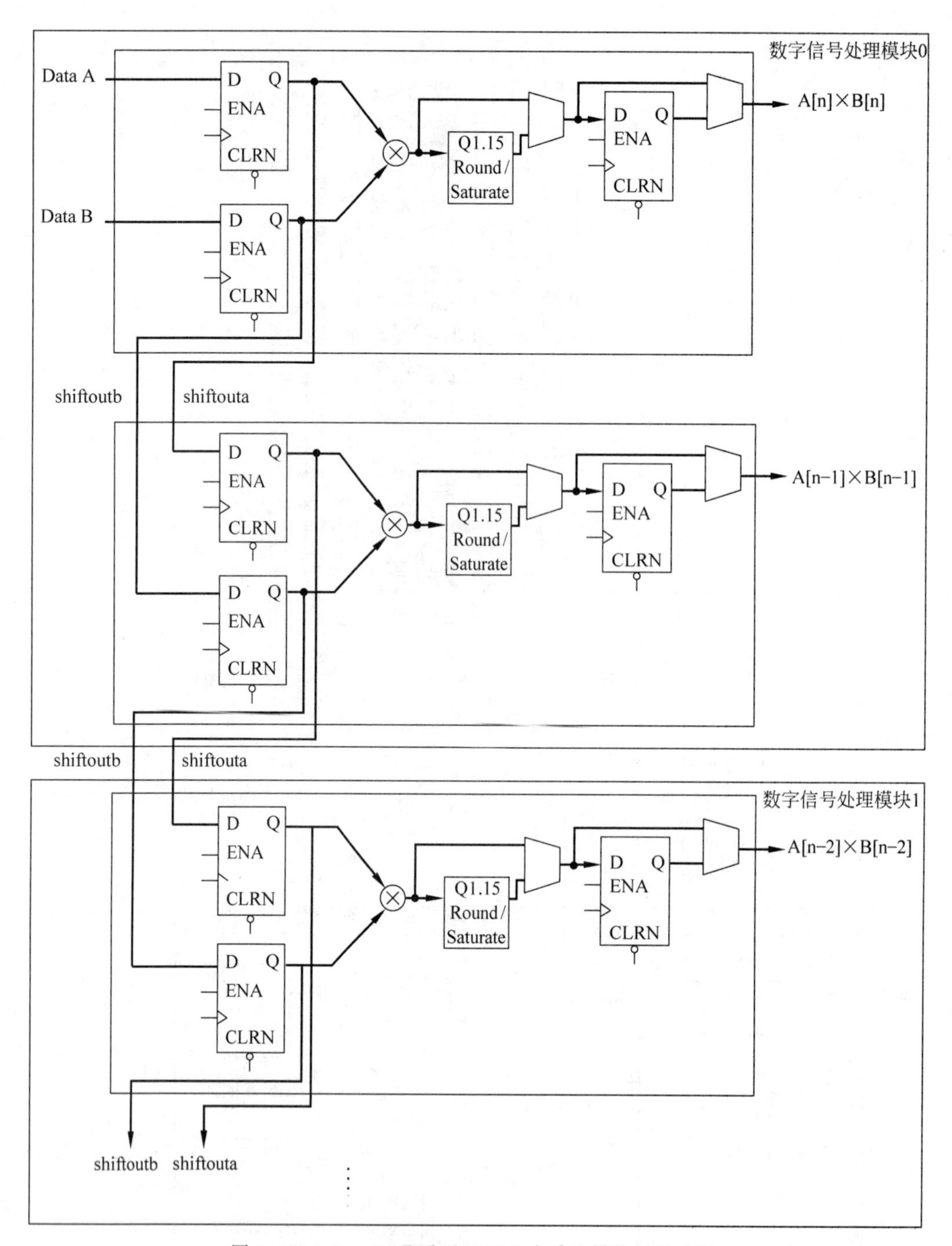

图 2.120 Stratix Ⅱ系列 FPGA 中乘法模块的级连链

者 1 个 36bit×36bit 的乘法器。乘法器支持有符号数乘法或者无符号数乘法，通过 signa 和 signb 控制。signa 对应于 DataA，signb 对应于 DataB，高电平表示对应的乘数为有符号数，低电平表示对应的乘数为无符号数。只要有一个乘数为有符号数，积就是有符号的；如果两个乘数均为无符号数，则积是无符号的。如果用户在设计中没用使用 signa

和 signb 信号，则默认两个乘数都是无符号的。每个数字信号处理模块仅包含一个 signa 和一个 signb 信号，因此同一个数字信号处理模块内部的所有 DataA 必须同为有符号数或同为无符号数，DataB 也是如此。

乘法器输出的结果可以选择通过输出寄存器锁存或者直接输出，使用输出寄存器能够提高电路性能。

求和及输出模块由累加器、加法器、多路器和输出寄存器组成，其结构如图 2.121 所示。

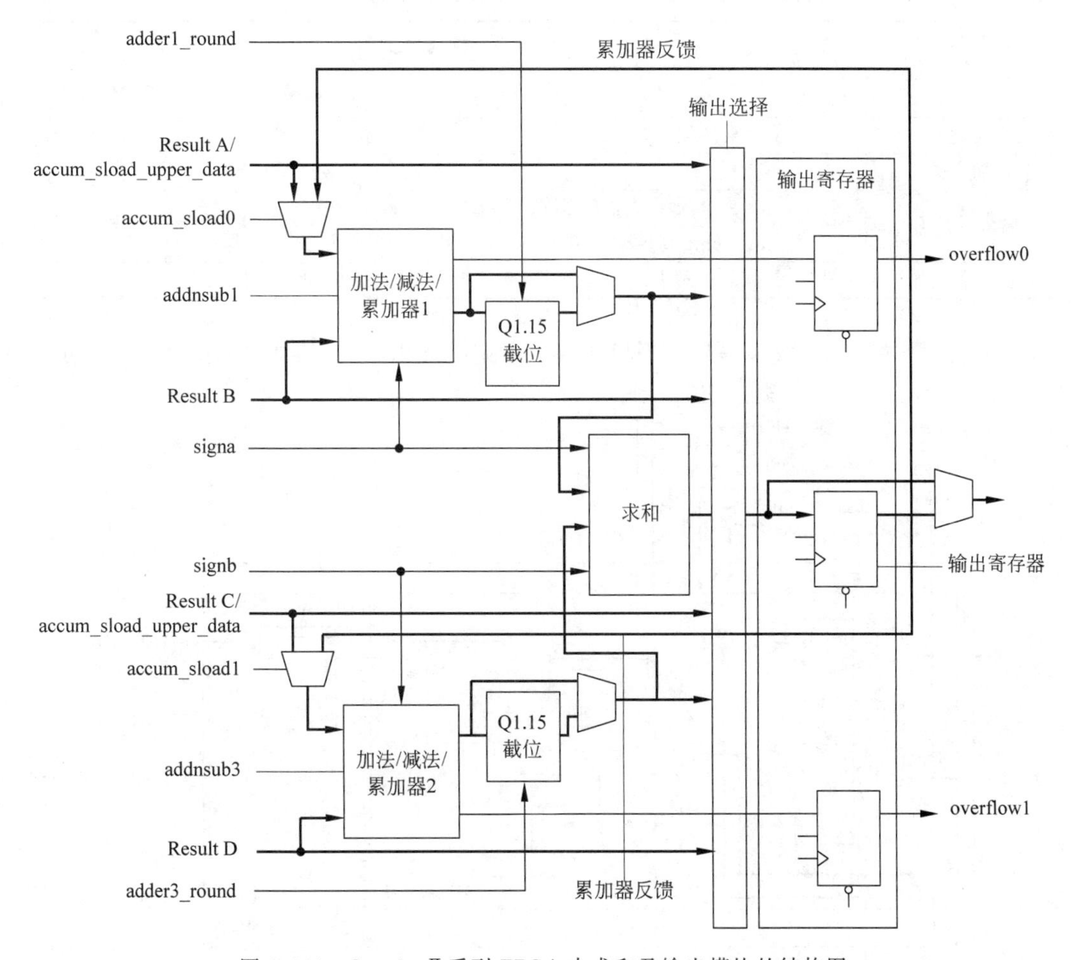

图 2.121　Stratix Ⅱ系列 FPGA 中求和及输出模块的结构图

累加器是求和及输出模块中的第一部分，加法及求和模块的输出被反馈回累加器。累加器可以被定义为只加的累加器，或者只减的累加器，或者可以动态改变加减的累加器。addnsub 信号用于控制累加器是做加法或者做减法，当 addnsub 为高电平时，累加器做加法；当 addnsub 为低电平时，累加器做减法。有两种办法可以使累加器清零：第一种方法是将加法及求和模块的输出清零，这样反馈回来的数据就是零；第二种方法是利用 accum_sload 信号，将反馈回来的数据作为累加器的一个加数，0 作为累加器的另一个加数。accum_sload_upper_data 可以和 accum_sload 信号共同使用，完成累加器的赋值。在此情况下，accum_sload 信号控制选择器，将 accum_sload_upper_data 作为累加器的一个加数。但是 accum_sload_upper_data 只能为累加器的高 16 位赋值，如果要对整个累加器赋值，则低 16 位需要通过乘法器赋值，可以用一个 16 位数乘 1 的方式来完成。

Stratix Ⅱ系列 FPGA 中的数字信号处理模块一共有 4 种基本工作模式：乘法器模式、乘累加模式、双输入乘法器加法模式和 4 输入乘法器加法模式，如表 2.37 所示。一个数字信号处理模块可以工作于一种模式，也可以工作于两种模式。

表 2.37　Stratix Ⅱ系列 FPGA 输入/输出标准和终端串接电阻

模　式	乘法器数目		
	9×9	18×18	36×36
乘法器模式	8 个乘法器	4 个乘法器	1 个乘法器
乘累加模式	不支持	2 个 52bit 的乘法累加器	不支持
2 输入乘法加法器模式	4 个 2 输入乘法加法器(2 个 9bit×9bit 复数乘法器)	2 个 2 输入乘法加法器(1 个 18bit×18bit 复数乘法器)	不支持
4 输入乘法加法器模式	2 个 4 输入乘法加法器	1 个 4 输入乘法加法器	不支持

在乘法器模式下，数字信号处理模块仅用来完成乘法操作，其结构如图 2.122 所示。

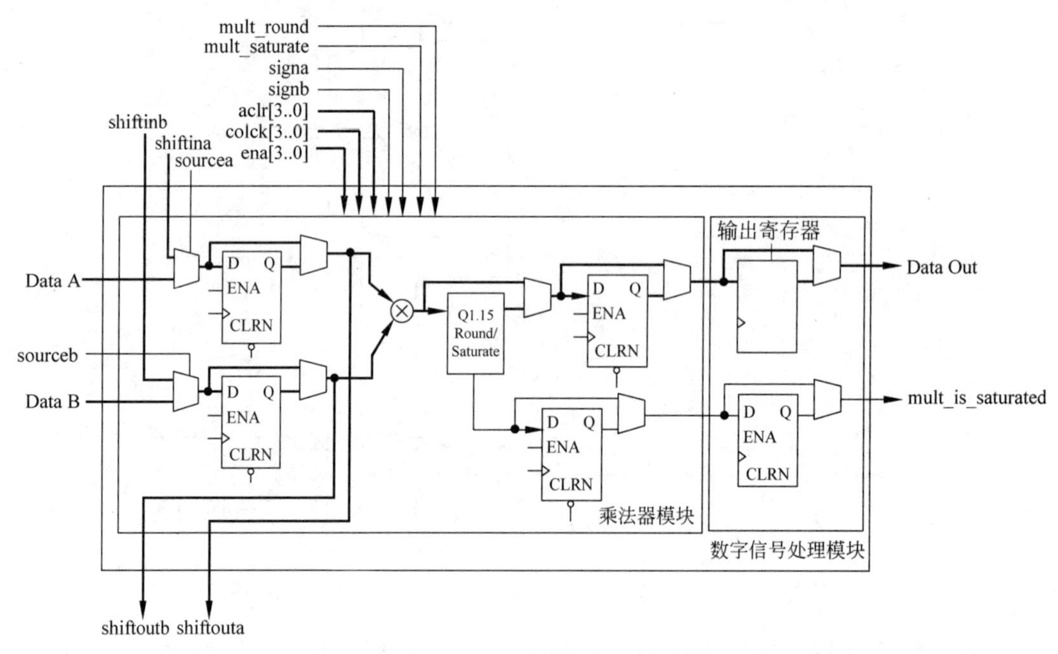

图 2.122　Stratix Ⅱ系列 FPGA 中数字信号处理模块的乘法器模式

图 2.122 中列出了 9bit×9bit 和 18bit×18bit 的乘法器模式的结构图，数字信号处理器模块还可以用于实现 36bit×36bit 的乘法器。当实现 36bit×36bit 的乘法器时，4 个 18bit×18bit 的乘法器用于计算部分积，加法器将部分积相加得到最终结果。36bit×36bit 的乘法器模式的结构图如图 2.123 所示。

在乘累加模式下，数字信号处理模块可以完成乘法累加操作，即将多次乘法的结果相累加(MAC)。乘累加模式的结构如图 2.124 所示。

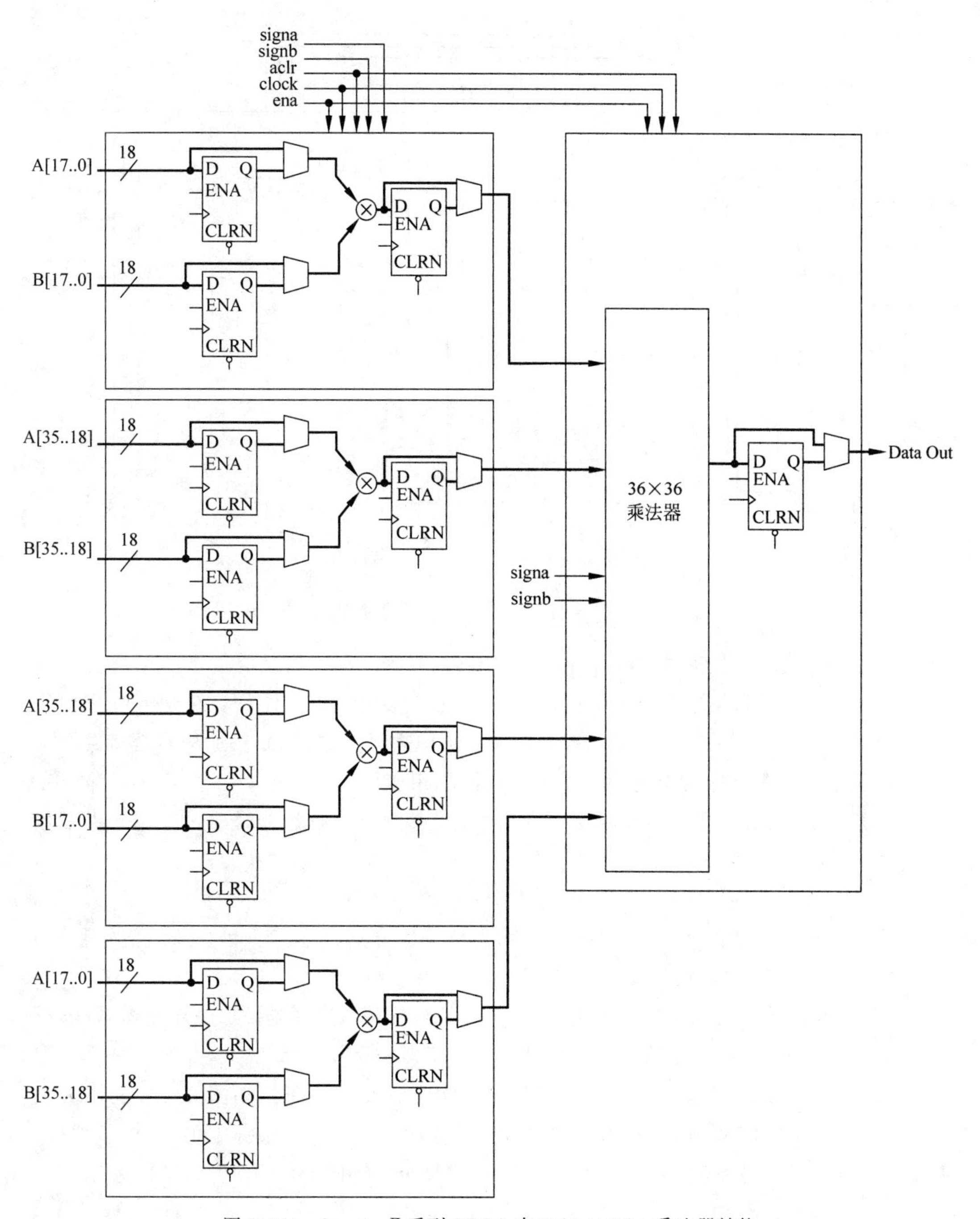

图 2.123 Stratix Ⅱ系列 FPGA 中 36bit×36bit 乘法器结构

一个数字信号处理模块可以实现两个乘法累加器。乘法累加器的输出结果最多可达 52bit,乘法器的结果为 36bit。addnsub 信号控制累加器是做加法还是做减法,当做减法时,输出反馈回来的值为被减数,乘法器输出的值为减数。在乘法累加模式下,可以通过 accum_sload 信号将累加器的值清零,从而重新开始累加。也可以通过 accum_sload 信号以及 accum_sload_upper_data 为累加器赋非零初值,给累加器赋非零初值时,accum_

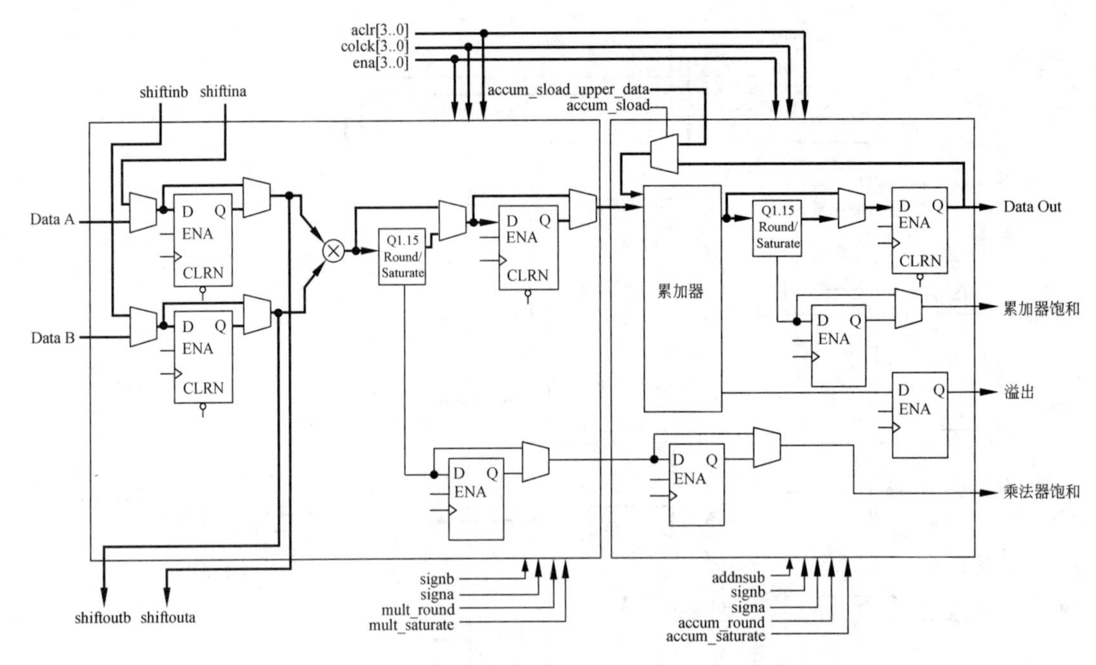

图 2.124 Stratix Ⅱ系列 FPGA 中乘累加模式结构图

sload_upper_data 只能给高 36bit 赋值,低 16bit 必须通过乘法器赋值。

乘加模式就是将乘法器的输出相加。Stratix Ⅱ系列 FPGA 中的数字信号处理模块可以被配置为 2 输入乘法加法器或者 4 输入乘法加法器。2 输入乘法加法器是将两个乘法器的积相加,4 输入乘法器是将 4 个乘法器的积相加。

2 输入乘法器模式的结构如图 2.125 所示。2 输入乘法加法器模式可以用来做复数乘法,复数乘法的表达式可以写成以下形式:

$$(a+\mathrm{j}b)\times(c+\mathrm{j}d)=(a\times c-b\times d)+\mathrm{j}(a\times d+b\times c)$$

从表达式中可以看出,可以用两个 2 输入乘法器分别计算实部和虚部的值,用数字信号处理模块实现复数乘法的结构如图 2.126 所示。

4 输入乘法加法器的加法分两级实现,第一级用户可以选择是做加法还是做减法,第二级只能做加法。4 输入乘法器的结构如图 2.127 所示。

4 输入乘法加法器非常适于实现有限冲击响应滤波器(FIR),如图 2.128 所示为利用输入寄存器级连链和 4 输入乘法加法器多阶的有限冲击响应滤波器。其中,Coefficient 为滤波器系数,DataA 为输入数据,通过级连链向下传递。

5) 输入/输出引脚

随着设计需求的变化,出现了许多不同的有关信号传输的标准。同样是表示 1 或者 0,不同的标准有着不同的电气特性的要求。在同一块印制电路板上可能存在不同标准的元件,这就给设计带来了不便。Stratix Ⅱ系列 FPGA 能够兼容多种信号标准,可以同时满足多个标准的需要,连接不同标准的其他元件。Stratix Ⅱ系列 FPGA 支持的输入/输出标准如表 2.38 所示。

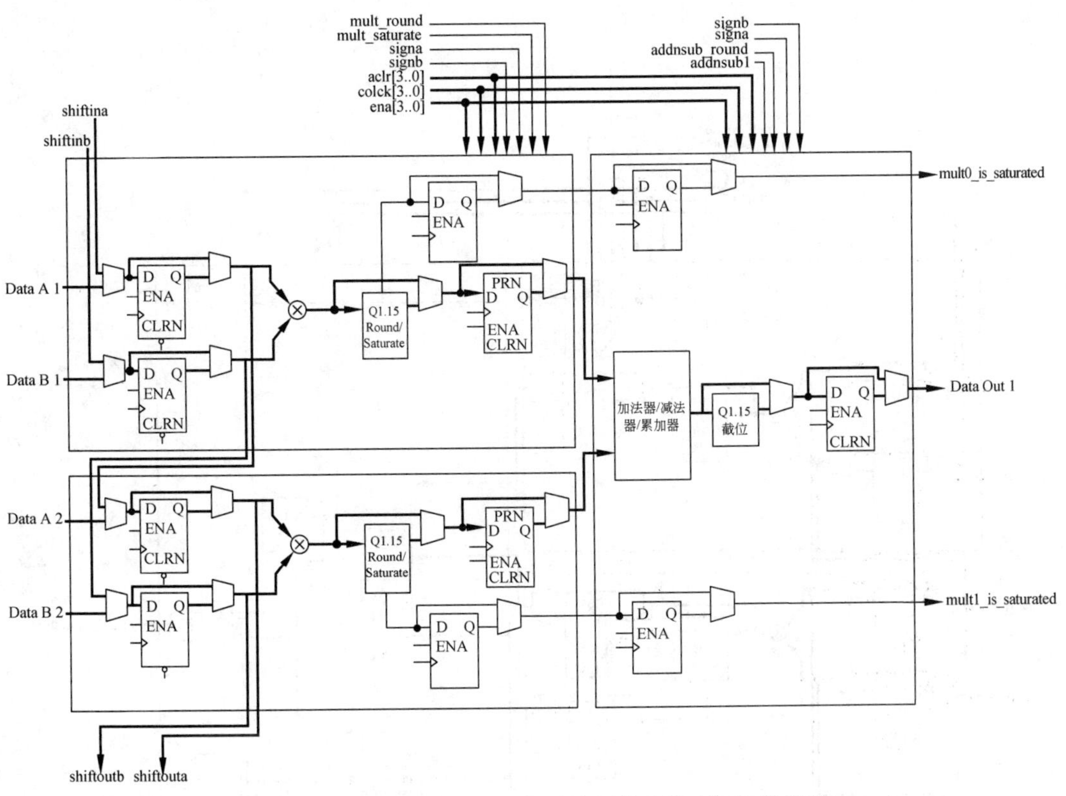

图 2.125　Stratix Ⅱ系列 FPGA 中 2 输入乘法加法器模式

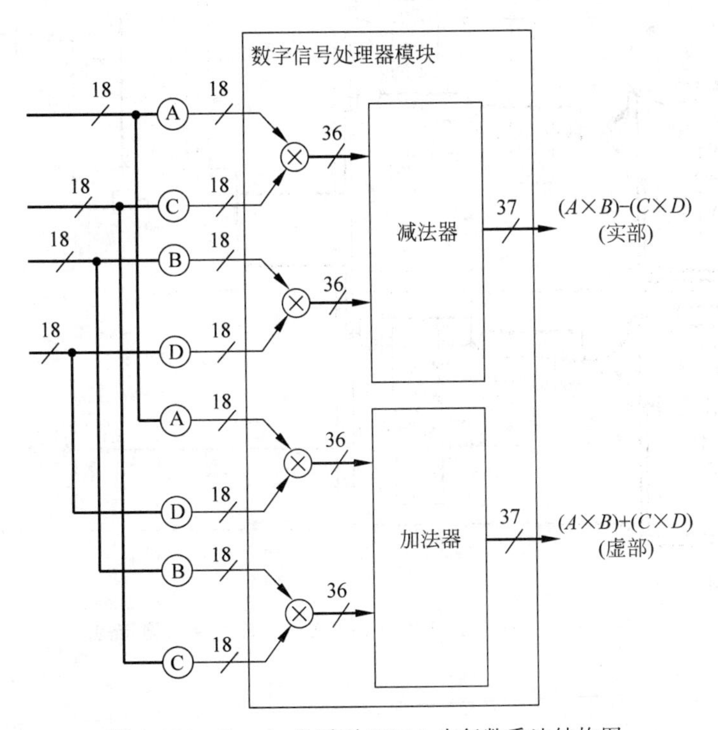

图 2.126　Stratix Ⅱ系列 FPGA 中复数乘法结构图

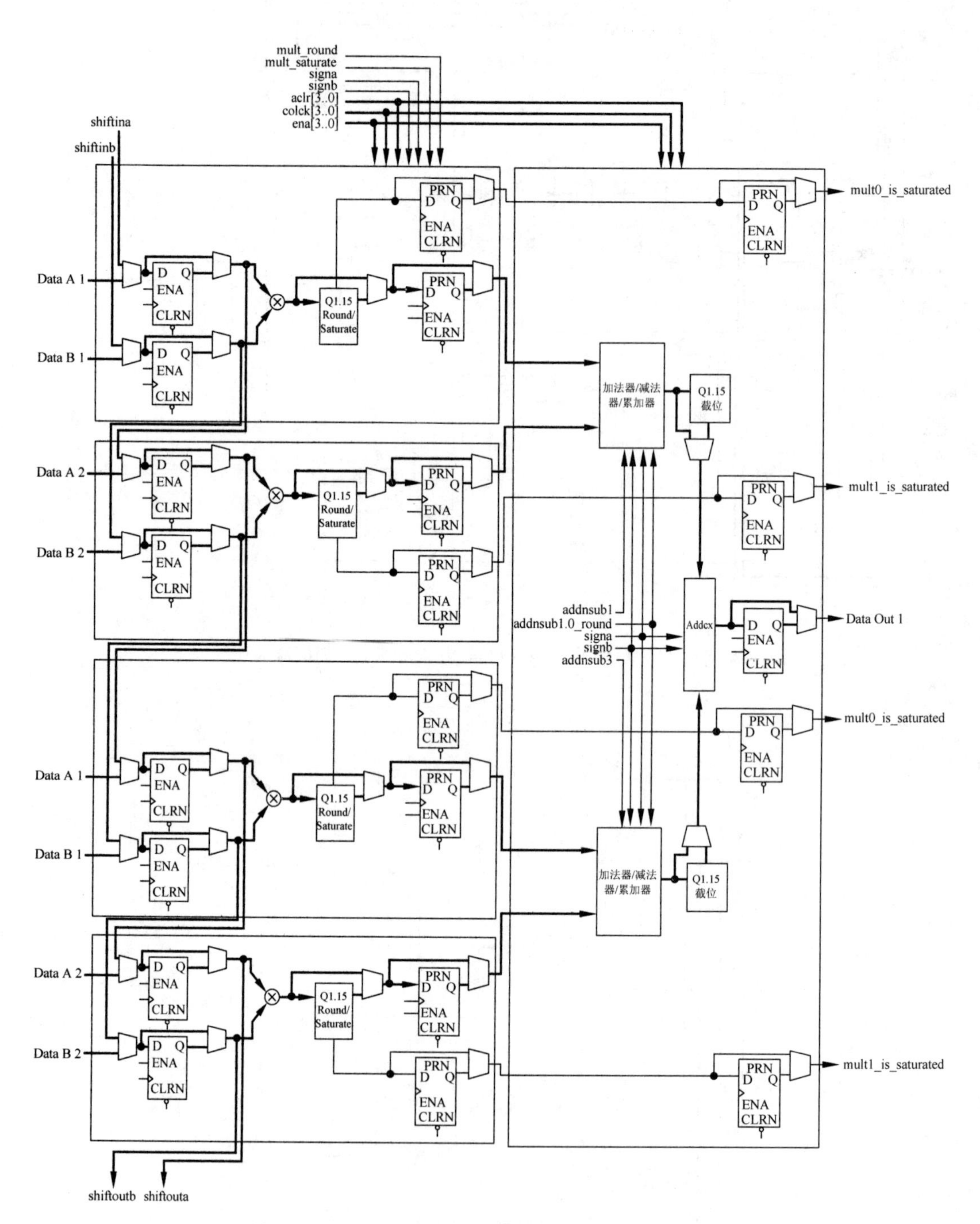

图 2.127 Stratix Ⅱ系列 FPGA 中 4 输入乘法器结构

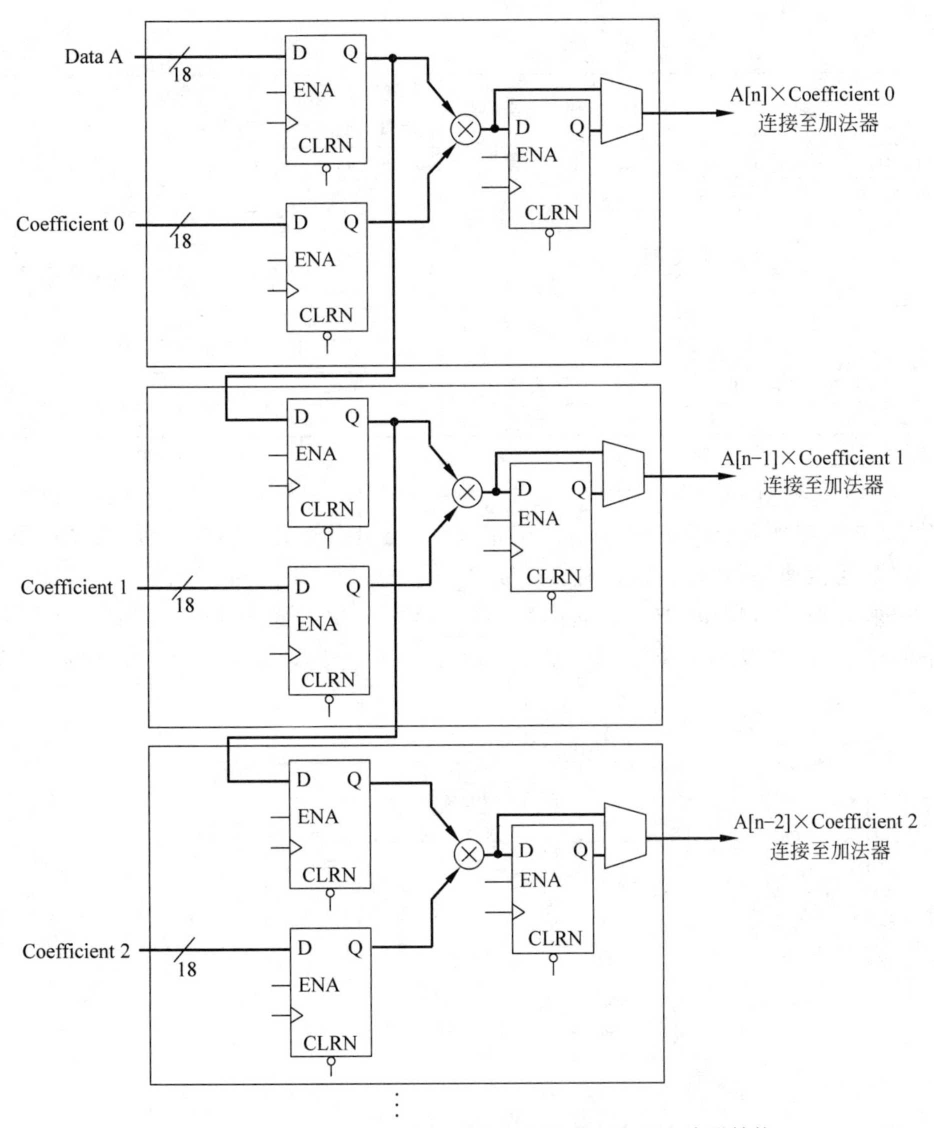

图 2.128 Stratix Ⅱ系列 FPGA 中有限冲击响应滤波器结构

表 2.38 Stratix Ⅱ系列 FPGA 锁相环特性和功能

标　　准	类型	输入参考电压 V_{REF}/V	输出电源电压 V_{CCIO}/V	电路板终端电压 V_{TT}/V
LVTTL	单端	—	3.3	—
LVCMOS	单端	—	3.3	—
2.5V	单端	—	2.5	—
1.8V	单端	—	1.8	—
1.5V LVCMOS	单端	—	1.5	—
3.3V PCI	单端	—	3.3	—
3.3V PCI-X	单端	—	3.3	—
LVDS	差分	—	2.5	—
LVPECL	差分	—	3.3	—
HyperTransport technology	差分	—	2.5	—

续表

标　　准	类型	输入参考电压 V_{REF}/V	输出电源电压 V_{CCIO}/V	电路板终端电压 V_{TT}/V
Differential 1.5-V HSTL Class Ⅰ and Ⅱ	差分	0.75	1.5	0.75
Differential 1.8-V HSTL Class Ⅰ and Ⅱ	差分	0.90	1.8	0.90
Differential SSTL-18 class Ⅰ或 class Ⅱ	差分	0.90	1.8	0.90
Differential SSTL-2 class Ⅰ或 class Ⅱ	差分	1.25	2.5	1.25
1.2-V HSTL	参考电压	0.6	1.2	0.6
1.5-V HSTL Class Ⅰ and Ⅱ	参考电压	0.75	1.5	0.75
1.8-V HSTL Class Ⅰ and Ⅱ	参考电压	0.9	1.8	0.9
SSTL-18 Class Ⅰ and Ⅱ	参考电压	0.90	1.8	0.90
SSTL-2 Class Ⅰ and Ⅱ	参考电压	1.25	2.5	1.25

Stratix Ⅱ系列 FPGA 的输入/输出引脚分为几组(I/O Bank),每个输入/输出组都有单独的供电电源,因而用户可以为不同的输入/输出组提供不同的电压,从而在不同的输入/输出组内使用不同的输入/输出标准。

在输入/输出引脚和 FPGA 内部逻辑之间存在有输入/输出单元(IOE),每个输入/输出单元包含 1 个双向缓冲器、6 个寄存器和 1 个锁存器。输入/输出单元的示意图如图 2.129 所示。

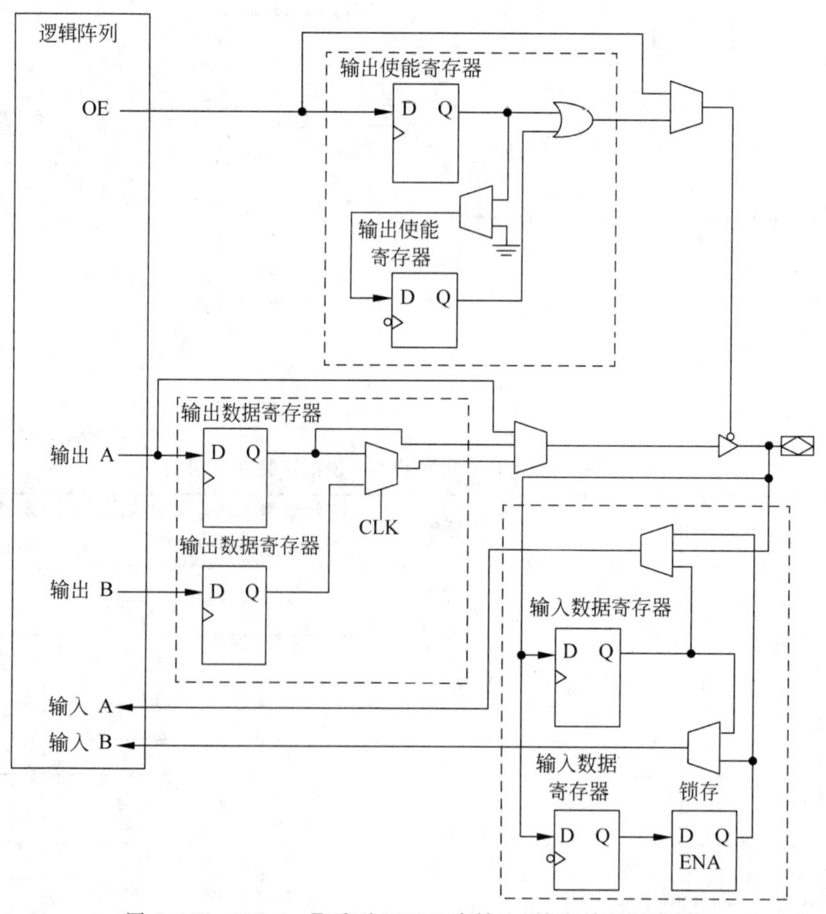

图 2.129　Stratix Ⅱ系列 FPGA 中输入/输出单元示意图

用户可以利用输入数据寄存器锁存建立时间较短的输入信号，利用输出数据寄存器和输出使能寄存器缩短时钟有效沿到数据输出和使能信号输出的时间间隔。

若干个输入/输出单元构成一个输入/输出模块，位于芯片的外围。一个行输入/输出模块最多包含4个输入/输出单元，行输入/输出模块可以驱动行连接、列连接和直接连接；一个列输入/输出模块最多包含4个输入/输出单元，列输入/输出模块可以驱动列连接。行输入/输出模块和列输入/输出模块的接口如图2.130和图2.131所示。

每个输入/输入模块包含有32个信号，由控制信号和数据信号组成，如图2.132所示。

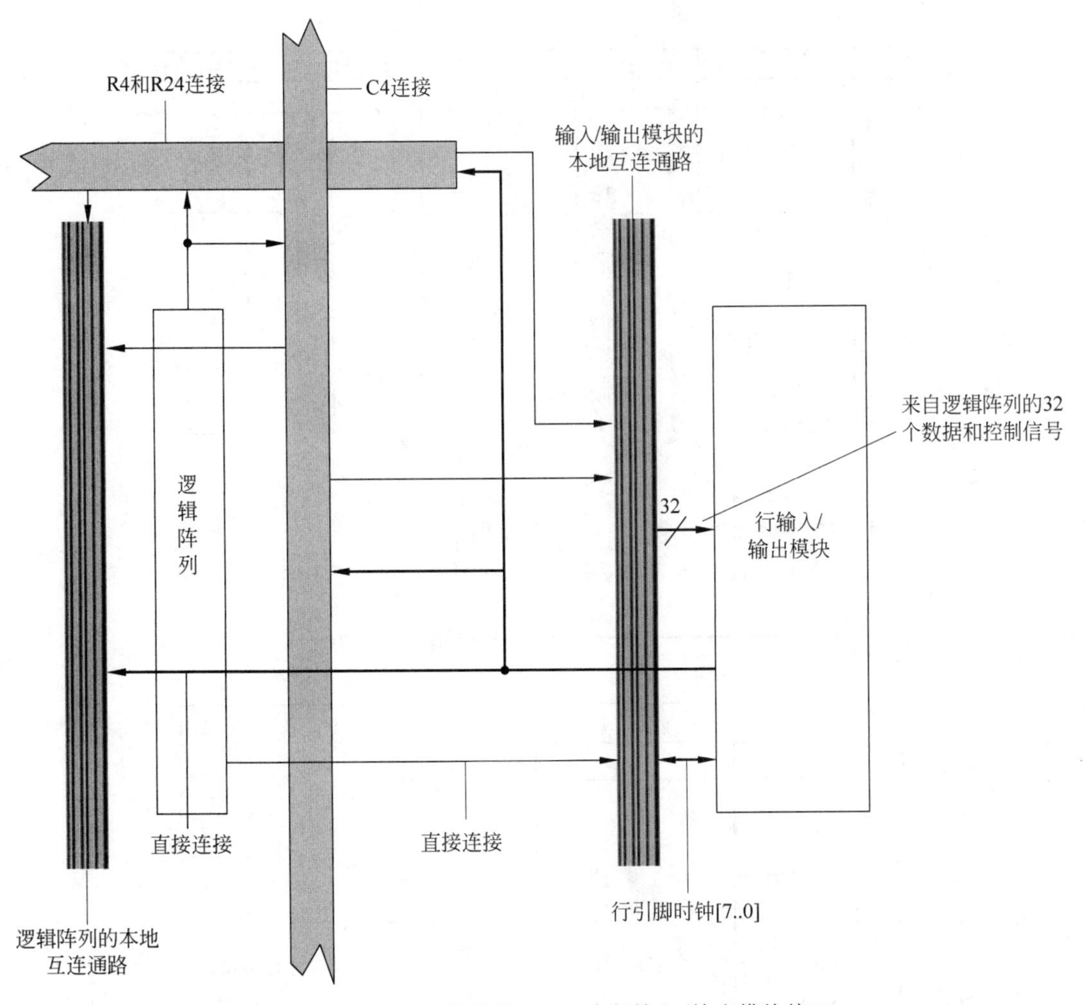

图2.130 Stratix Ⅱ系列FPGA中行输入/输出模块接口

输入/输出单元的输出缓冲可以设置为开漏输出模式，这种特性使得FPGA可以提供系统级信号，例如中断信号或写使能信号。这些信号的特点是经常需要由多个元件给出，例如一个中断引脚可能连接有多个中断设备。

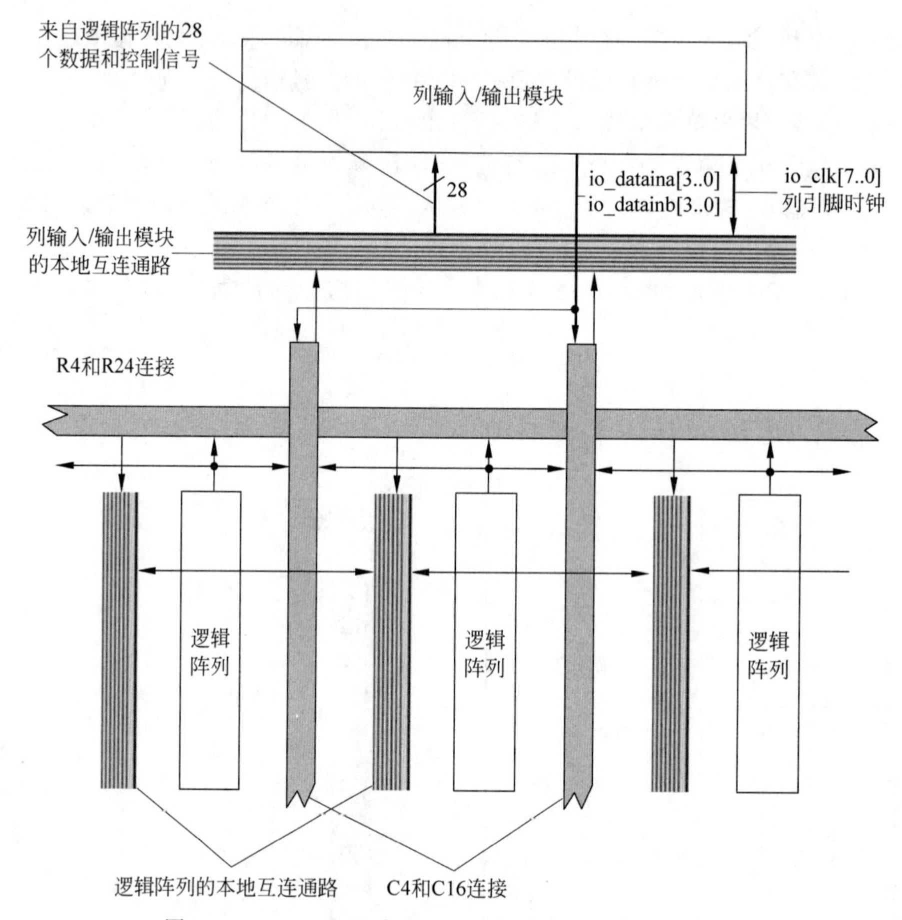

图 2.131　Stratix Ⅱ系列 FPGA 中列输入/输出模块接口

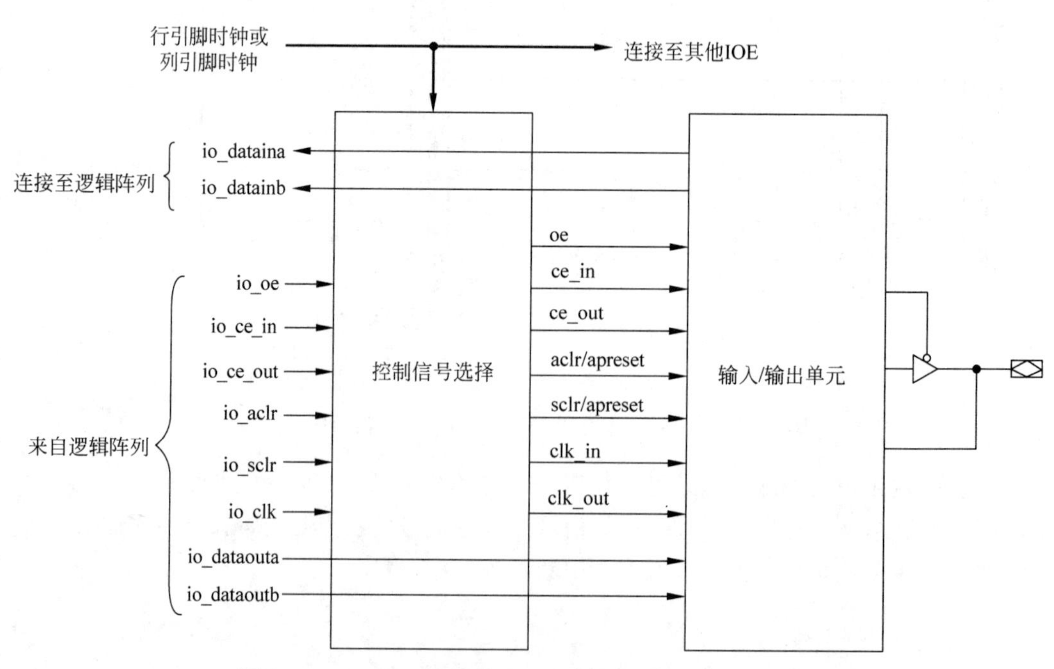

图 2.132　Stratix Ⅱ系列 FPGA 中输入/输出单元的模型

输入/输出单元含有总线保持电路。总线保持电路的作用是使引脚保持上次的逻辑状态,直到新的逻辑状态驱动该引脚。

除了总线保持电路之外,输入/输出引脚还包含一个可选的上拉电阻。上拉电阻的典型阻值为 25kΩ,可以将输出上拉为 V_{CCIO} 的电压值。用户还不能同时使用上拉电阻和总线保持电路。

终端电阻在电路系统中经常使用,用来防止传输线上的信号反射,保持信号完整性。Stratix Ⅱ系列 FPGA 含有片内终端串接电阻,可以用来匹配传输线的特性阻抗,特性阻抗的典型值为 25Ω 和 50Ω。不同的输入/输出标准支持不同的终端串接电阻,如表 2.39 所示。

表 2.39 Stratix Ⅱ系列 FPGA 中输入/输出标准和终端串接电阻

输入/输出标准	行终端串接电阻/Ω	列终端串接电阻/Ω
3.3V LVTTL 以及 LVCMOS	50	50
	25	25
2.5V LVTTL 以及 LVCMOS	50	50
	25	25
1.8V LVTTL 以及 LVCMOS	50	50
		25
1.5V LVTTL 以及 LVCMOS	50	50
2.5V SSTL Class Ⅰ	50	50
2.5V SSTL Class Ⅱ	25	25
1.8V SSTL Class Ⅰ	50	50
1.8V SSTL Class Ⅱ		25
1.8V HSTL Class Ⅰ	50	50
1.8V HSTL Class Ⅱ		25
1.5V HSTL Class Ⅰ	50	50
1.2V HSTL		50

2.5.3 Stratix Ⅲ

Stratix Ⅲ是由 Altera 公司生产的融合了高性能、高密度和低功耗的高端 FPGA 产品。Stratix Ⅲ系列 FPGA 为下一代基站、网络基础设施以及高级成像设备提供了高性能和高级程度的功能。Stratix Ⅲ系列 FPGA 比前一代 FPGA 降低了 50%的静态与动态功耗,在这方面的特性包括可编程降耗技术、可选内核电压(0.9V 或者 1.1V)、高级工艺和电路技术。Stratix Ⅲ系列 FPGA 支持高速内核级高速 I/O 接口,是能够实现 400MHz DDR3 的 FPGA 产品。Stratix Ⅲ系列 FPGA 主要特点如下:

- 提供 47500~338000 个逻辑单元(LE);
- 提供了 2430~20497KB 的 TriMatrix 存储器,包括 3 种大小的 RAM,可实现真双口存储器和 FIFO 缓冲器;
- 具有嵌入式高速 DSP 模块,可支持 9bit×9bit、12bit×12bit、18bit×18bit、36bit×

36bit 的乘法器(最高可达 550MHz),可实现乘法计算和有限冲击响应滤波器(FIR);

- 可编程降耗技术,可以在提高芯片性能的同时减小功耗;
- 可选内核电压,由低压芯片(L 系列)提供;
- 最大有 16 个全局时钟、88 个局部时钟和 116 个外围时钟;
- 最大有 12 个锁相环(PLL),支持 PLL 重新配置、时钟切换、可编程带宽、频率合成和动态相移;
- 支持高速外部存储器接口,包括 DDR、DDR2、DDR3、SDRAM、RLDRAM Ⅱ、QDR Ⅱ和 QDR Ⅱ+SRAM,最大 24 个模块化 I/O 组;
- 最多 1104 个用户 I/O 口,24 个 I/O 块,支持大范围的工业 I/O 口标准;
- 动态(OCT)自动标定,支持所有的 I/O 块;
- 支持高速网络通信标准,包括 SPI-4.2、SFI-4、SGM Ⅱ、Utopia Ⅳ、10 Gigabit Ethernet XSLL、高速 I/O 和 NPSI;
- 支持 Nios Ⅱ嵌入式处理器。

Stratix Ⅲ系列所有元件的资源如表 2.40 所示。

表 2.40　Stratix Ⅲ系列 FPGA 内部资源

	元件	ALM	逻辑单元/K	M9K内存块	M144K内存块	MLAB块	嵌入式存储器	MLAB内存	总内存	18×18位乘法器	锁相环
Stratix Ⅲ逻辑元件	EP3SL50	19K	47.5	108	6	950	1836	297	2133	216	4
	EP3SL70	27K	67.5	150	6	1350	2214	422	2636	288	4
	EP3SL110	43K	107.5	275	12	2150	4203	672	4875	288	8
	EP3SL150	57K	142.5	355	16	2850	5499	891	6390	384	8
	EP3SL200	80K	200	468	36	400	9396	1250	10 646	576	12
	EP3SL340	135K	337.5	1040	48	6750	16 272	2109	18 381	576	12
Stratix Ⅲ增强型元件	EP3SE50	19K	47.5	400	12	950	5328	297	5625	384	4
	EP3SE80	32K	80	495	12	1600	6183	500	6683	672	8
	EP3SE110	43K	107.5	639	16	2150	8055	672	8727	896	8
	EP3SE260	102K	255	864	48	5100	14 688	1594	16 282	768	12

2.5.4　Stratix Ⅳ

Stratix Ⅳ系列 FPGA 是 Altera 公司推出的一款基于台湾积体电路制造股份有限公司(TSMC)40nm 工艺技术的高端 FPGA,同时具备了高逻辑密度、高的收发器数量以及很低的功耗要求。针对高端应用实现了系统带宽以及功耗效率的重要突破。

Stratix Ⅳ元件系列包括 3 种优化的产品,以满足不同的应用需要:

- Stratix Ⅳ E(加强)FPGA——具有高达 813050 个逻辑单元(LE),33294Kbit RAM 和 1288 个 18bit×18bit 乘法器;
- Stratix Ⅳ GX 收发器 FPGA——具有高达 531200 个 LE,27376Kbit RAM,1288

个 18bit×18bit 乘法器和 48 个运行在 8.5Gb/s 的全双工基于时钟数据恢复(CDR)的收发器；

- Stratix Ⅳ GT——具有高达 531200 个 LE，27376Kbit RAM，1288 个 18bit×18bit 乘法器和 48 个运行在 11.3Gb/s 的全双工基于 CDR 的收发器。

Stratix Ⅳ元件系列的特性总结如下：

- Stratix Ⅳ GX 和 GT 元件内嵌高达 48 个全双工基于 CDR 的收发器，分别支持高达 8.5Gb/s 和 11.3Gb/s 的数据速率；
- 支持物理层功能的专用电路，实现常用的串行协议，例如：PCI Express (PCIe) (PIPE) Gen1 和 Gen2、Gbps Ethernet(GbE)、Serial RapidIO、SONET/SDH、XAUI/HiGig、(OIF) CEI-6G、SD/HD/3G-SDI、Fibre Channel、SFI-5 和 Interlaken；
- 通过使用嵌入式 PCIe 硬核 IP 模块(实现 PHY-MAC 层、数据链路层和传输层功能)的完整的 PCIe 协议解决方案；
- 可编程发送器预加重和接收器均衡电路，对物理介质中的频率依赖的损失进行补偿；
- 典型的物理介质附加子层(PMA)功耗：每个通道上 100mW@3.125Gb/s 和 135mW@6.375Gb/s；
- 每个元件上 72600～813050 个等效的 LE；
- 由 3 种 RAM 模块组成的 7370～33294Kbit 的加强 TriMatrix 存储器，实现真双端口存储器和 FIFO 缓冲器；
- 高速数字信号处理(DSP)模块，可以配置成 9bit×9bit、12bit×12bit、18bit×18bit 和 36bit×36bit 全精度乘法器，最高频率可以达 600MHz；
- 每个元件具有高达 16 个全局时钟(GCLK)、88 个局域时钟(RCLK)和 132 个外围时钟；
- 可编程功耗技术，最大限度提高元件性能的同时使功耗降低到最低；
- 最多 1120 个用户 I/O 引脚分布在 24 个模块化的 I/O 组中，支持多种单端和差分 I/O 标准；
- 支持高速外部存储器接口，包括 24 个模块化的 I/O 组上的 DDR、DDR2、DDR3SDRAM、RLDRAM Ⅱ、QDR Ⅱ和 QDR Ⅱ+ SRAM；
- 具备串化器/解串器(SERDES)、动态相位对齐(DPA)和运行在 1.6Gb/s 数据速率上的 soft-CDR 电路的高速 LVDS I/O 支持；
- 支持源同步总线标准，包括 SGMII，GbE，SPI-4 Phase 2(POS-PHY Level 4)，SFI-4.1，XSBI，UTOPIA Ⅳ，NPSI 和 CSIX-L1；
- Stratix Ⅳ E 元件中的引脚排列(pintout)，实现从 Stratix Ⅲ到 Stratix Ⅳ E 的移植设计，并产生最小的 PCB 影响。

Stratix Ⅳ GX 系列所有元件的资源如表 2.41 所示，Stratix Ⅳ E 系列所有元件的资源如表 2.42 所示，Stratix Ⅳ GT 系列所有元件的资源如表 2.43 所示。

表 2.41　Stratix Ⅳ GX 系列 FPGA 元件特性

特　性	EP4SGX70		EP4SGX110			EP4SGX180				EP4SGX230				EP4SGX290						EP4SGX360						EP4SGX530			
封装选项	F780	F1152	F780	F1152		F780	F1152		F1517	F780	F1152		F1517	F780	F1152		F1517	F1760	F1932	F780	F1152		F1517	F1760	F1932	F1152	F1517	F1760	F1932
ALM	29 040		42 240			70 300				91 200				116 480						141 440						212 480			
LE	72 600		105 600			175 750				228 000				291 200						353 600						531 200			
0.6～8.5Gb/s 收发器（PMA＋PCS）	—	16	—	—	16	—	—	16	24	—	—	16	24	—	—	16	24	24	32	—	—	16	24	24	32	16	24	24	32
0.6～6.5Gb/s 收发器（PMA＋PCS）	8	—	8	16	—	8	16	—	—	8	16	—	—	16	16	—	—	—	—	16	16	—	—	—	—	—	—	—	—
PMA-only CMU 通道（0.6～6.5Gb/s）	—	8	—	—	8	—	—	8	12	—	—	8	12	—	—	8	12	12	16	—	—	8	12	12	16	8	12	12	16
PCI Expresshard IP 模块	1	2	1	2		1	2			1	2			2					4	2					4	2	4		
高速 LVDS SERDES（高达 1.6Gb/s）	28	56	28	28	56	28	44		88	28	44		88	—	44		88	88	98	—	44		88	88	98	44	88	88	98
SPI-4.2 Link	1	1	1			2	4		1	2	4		—	2	4		—			2	4		2			4			
M9K 模块（256×36bit）	462		660			950				1235				936						1248						1280			
M144K 模块（2048×72bit）	16		16			20				22				36						48						64			
存储器总容量（MLAB＋M9K＋M144K）/Kbit	7370		9564			13 627				17 133				17 248						22 564						27 376			
嵌入式乘法器 18×18	384		512			920				1288				832						1040					1024	1024			
PLL	3	4	3	4		3	6		8	3	6		8	4	6		8	12	12	4	6		8	12	12	6	8	12	12

表 2.42　Stratix Ⅳ E 系列 FPGA 元件特性

特性	EP4SE230	EP4SE360		EP4SE530			EP4SE820		
封装引脚数	780	780	1152	1152	1517	1760	1152	1517	1760
ALM	91 200	141 440		212 480			325 220		
LE	228 000	353 600		531 200			813 050		
高速 LVDS SERDES（高达 1.6Gb/s）	56	56	88	88	112	112	88	112	132
SPI-4.2 Link	3	3	4	4	6		4	6	6
M9K 模块（256×36bit）	1235	1248		1280			1610		
M144K 模块（2048×72bit）	22	48		64			60		
存储器总容量（MLAB＋M9K＋M144K）/Kbit	17 133	22 564		27 376			33 294		
嵌入式乘法器（18×18）	1288	1040		1024			960		
PLL	4	4	8	8	12	12	8	12	12

表 2.43 Stratix Ⅳ GT 系列 FPGA 元件特性

<table>
<tr><th>特性</th><th>EP4S40G2</th><th>EP4S40G5</th><th>EP4S100G2</th><th>EP4S100G3</th><th>EP4S100G4</th><th colspan="2">EP4S100G5</th></tr>
<tr><td>封装引脚数</td><td>1517</td><td>1517</td><td>1517</td><td>1932</td><td>1932</td><td>1517</td><td>1932</td></tr>
<tr><td>ALM</td><td>91 200</td><td>212 480</td><td>91 200</td><td>116 480</td><td>141 440</td><td colspan="2">212 480</td></tr>
<tr><td>LE</td><td>228 000</td><td>531 200</td><td>228 000</td><td>291 200</td><td>353 600</td><td colspan="2">531 200</td></tr>
<tr><td>收发器通道总数</td><td>36</td><td>36</td><td>36</td><td>48</td><td>48</td><td>36</td><td>48</td></tr>
<tr><td>10G 收发器通道(600Mb/s～11.3Gb/s,带有 PMA＋PCS)</td><td>12</td><td>12</td><td>24</td><td>24</td><td>24</td><td>24</td><td>32</td></tr>
<tr><td>8G 收发器通道(600Mb/s～8.5Gb/s,带有 PMA＋PCS)</td><td>12</td><td>12</td><td>0</td><td>8</td><td>8</td><td>0</td><td>0</td></tr>
<tr><td>PMA-only CMU 通道(600Mb/s～6.5Gb/s)</td><td>12</td><td>12</td><td>12</td><td>16</td><td>16</td><td>12</td><td>16</td></tr>
<tr><td>PCIe hard IP 模块</td><td>2</td><td>2</td><td>2</td><td>4</td><td>4</td><td>2</td><td>4</td></tr>
<tr><td>高速 LVDS SERDES(高达 1.6Gb/s)</td><td>46</td><td>46</td><td>46</td><td>47</td><td>47</td><td>46</td><td>47</td></tr>
<tr><td>SP1-4.2 Link</td><td>2</td><td>2</td><td>2</td><td>2</td><td>2</td><td>2</td><td>2</td></tr>
<tr><td>M9K 模块(256×36bit)</td><td>1235</td><td>1280</td><td>1235</td><td>936</td><td>1248</td><td colspan="2">1280</td></tr>
<tr><td>M144K 模块(2048×72bit)</td><td>22</td><td>64</td><td>22</td><td>36</td><td>48</td><td colspan="2">64</td></tr>
<tr><td>存储器总容量(MLAB＋M9K＋M144K)/Kbit</td><td>17 133</td><td>27 376</td><td>17 133</td><td>17 248</td><td>22 564</td><td colspan="2">27 376</td></tr>
<tr><td>嵌入式乘法器(18×18)</td><td>1288</td><td>1024</td><td>1288</td><td>832</td><td>1024</td><td colspan="2">1024</td></tr>
<tr><td>PLL</td><td>8</td><td>8</td><td>8</td><td>12</td><td>12</td><td>8</td><td>12</td></tr>
</table>

2.5.5 Stratix Ⅴ

Stratix Ⅴ系列 FPGA 是目前 Altera 公司推出的最新的一款高端的 FPGA 芯片,它基于 28nm 工艺制作,包括增强型核心构架、28.05Gb/s 的集成收发器、集成的 IP 模块。基于这些创新,Stratix Ⅴ系列 FPGA 可以为设备提供更强大的应用支持:

- 中心带宽应用程序和协议,包括 PCIe Gen3;
- 40G/100G 的数据密集型应用程序;
- 高性能、高精度的数字信号处理器(DSP)应用。

Stratix Ⅴ系列 FPGA 提供了 4 类产品(GT、GX、GS、E),分别针对不同的应用。

Stratix Ⅴ GT 型元件,采用 28.05Gb/s 和 12.5Gb/s 的收发器,可对 40G/100G/400G 光通信系统及光纤测试系统等领域的超高带宽和性能的应用程序进行优化。

Stratix Ⅴ GX 型元件提供多达 66 个 14.1Gb/s 的集成收发器,这些收发器还支持光接口的应用。同样支持高性能、高带宽的应用,如 40G/100G 光传输、数据包处理和流量管理、军事通信、网络测试等。

Stratix Ⅴ GS 型元件提供了丰富的可变精度的 DSP 模块,支持多达 3926 个 18bit×18bit 或 1963 个 27bit×27bit 的乘法器。此外,Stratix Ⅴ GS 型元件还提供 14.1Gb/s 的集成收发器,这些收发器还支持光接口的应用。支持基于 DSP 的收发器类应用,还可为军事、广播、高性能计算机行业提供应用。

Stratix Ⅴ E型元件拥有近100万个逻辑单元(LE),是目前元件当中逻辑单元密度最高的。支持ASIC和系统仿真、影像诊断和仪器仪表等应用。

Stratix Ⅴ系列FPGA的所有元件都进行了性能的提升,包括重新设计的ALM、20Kbit嵌入式存储器模块(M20K)、可变精度的DSP模块、锁相环(PLL)。所有这些模块的互连都是基于Altera优势的多轨道布线构架和时钟网络。

Stratix Ⅴ系列FPGA元件主要特点如下:

- 基于28nm工艺技术;
- 0.85V或0.9V的核心电压;
- Stratix Ⅴ GT型元件提供28.05Gb/s的收发器;
- XFP、SFP+、QSFP、CFP光模块支持电子色散补偿(EDC);
- 600Mb/s~12.5Gb/s的数据传输速率;
- 1.4Gb/s的LVDS个1066MHz的外部存储器接口;
- 所有Stratix Ⅴ系列FPGA元件都支持1.2~3.3V的I/O接口;
- 支持可编程功耗技术和Quartus Ⅱ集成的Power Play功耗分析;
- 增强了ALM的4个寄存器,改进布线的构架,改善了编译时间;
- 高达500MHz的可变精度的DSP模块,支持的信号处理精度范围从9bit×9bit至54bit×54bit,新添加27bit×27bit的乘法器模式;
- 717MHz的时钟网络,包括全局时钟网络、局部时钟网络和外部时钟网络,而未使用的时钟网络可以断电降低动态功耗。

Stratix Ⅴ GT系列FPGA所有芯片的元件特性如表2.44所示。

表2.44 Stratix Ⅴ GT系列FPGA片内资源

特性	5SGTC5	5SGTC7
逻辑单元/K	425	622
寄存器/K	642	939
28.05Gb/s/12.5Gb/s收发器	4/32	4/32
PCIe硬核IP模块	1	1
锁相环	28	28
M20K存储器模块	2304	2560
M20K存储器/Mbit	45	50
可变精度乘法器(18bit×18bit)	512	512
可变精度乘法器(27bit×27bit)	256	256
DDR3 SDRAM x72 DIMM接口	4	4

Stratix Ⅴ GX系列FPGA所有芯片的元件特性如表2.45所示。

表2.45 Stratix Ⅴ GX系列FPGA片内资源

特性	5SGXA3	5SGXA4	5SGXA5	5SGXA7	5SGXA9	5SGXAB	5SGXB5	5SGXB6	5SGXB9	5SGXBB
逻辑单元/K	340	420	490	622	840	952	490	597	840	952
寄存器/K	513	634	740	939	1268	1437	740	902	1268	1437
14.1Gb/s收发器	12,24或36	24或36	24,36或48	24,36或48	36或48	36或48	66	66	66	66

续表

PCIe 硬核 IP 模块	1 或 2	1 或 2	1,2 或 4	1,2 或 4	1,2 或 4	1,2 或 4	1 或 4	1 或 4	1 或 4	1 或 4
锁相环	20	24	28	28	28	28	24	24	32	32
M20K 存储器模块	957	1900	2304	2560	2640	2640	2100	2660	2640	2640
M20K 存储器/Mbit	19	37	45	50	52	52	41	52	52	52
可变精度乘法器（18bit×18bit）	512	512	512	512	704	704	798	798	704	704
可变精度乘法器（27bit×27bit）	256	256	256	256	352	352	399	399	352	352
DDR3 SDRAM x72 DIMM 接口	4	4	6	6	6	6	4	4	4	4

Stratix Ⅴ GS 系列 FPGA 所有芯片的元件特性如表 2.46 所示。

表 2.46　Stratix Ⅴ GS 系列 FPGA 片内资源

特性	5SGSD3	5SGSD4	5SGSD5	5SGSD6	5SGSD8
逻辑单元/K	236	360	457	583	695
寄存器/K	356	543	690	880	1050
14.1Gb/s 收发器	12 或 24	12,24 或 36	24 或 36	36 或 48	36 或 48
PCIe 硬核 IP 模块	1	1	1	1,2 或 4	1,2 或 4
锁相环	20	20	24	28	28
M20K 存储器模块	688	957	2014	2320	2567
M20K 存储器/Mbit	13	19	39	45	50
可变精度乘法器(18bit×18bit)	1200	2088	3180	3550	3926
可变精度乘法器(27bit×27bit)	600	1044	1590	1775	1963
DDR3 SDRAM x72 DIMM 接口	2	4	4	6	6

Stratix Ⅴ E 系列 FPGA 所有芯片的元件特性如表 2.47 所示。

表 2.47　Stratix Ⅴ E 系列 FPGA 片内资源

特性	5SEE9	5SEEB
逻辑单元/K	840	952
寄存器/K	1268	1437
锁相环	28	28
M20K 存储器模块	2640	2640
M20K 存储器/Mbit	52	52
可变精度乘法器(18bit×18bit)	704	704
可变精度乘法器(27bit×27bit)	352	352
DDR3 SDRAM x72 DIMM 接口	6	6

第3章 MAX+plus Ⅱ软件概述

3.1 MAX+plus Ⅱ软件简介

MAX+plus Ⅱ 10.2界面友好，使用便捷，被誉为业界最易学易用的EDA软件。它支持原理图、VHDL和Verilog语言文本文件，以及波形与EDIF等格式的文件作为设计输入，并支持这些文件的任意混合设计。MAX+plus Ⅱ具有门级仿真器，可以进行功能仿真和时序仿真，能够产生精确的仿真结果。在适配之后，MAX+plus Ⅱ生成供时序仿真用的EDIF、VHDL和Verilog三种不同风格的网表文件。

MAX+plus Ⅱ支持主流的第三方EDA工具，如Synopsys、Cadence、Synplicity、Mentor、Viewlogic、Exemplar和Model Technology等。MAX+plus Ⅱ支持除APEX20K系列之外的所有Altera CPLD/FPGA大规模逻辑元件。

3.1.1 MAX+plus Ⅱ开发软件特点

1. 开放的界面

MAX+plus Ⅱ支持Cadence、Exemplarlogic、Mentor Graphics、Synplicity、Viewlogic和其他公司所提供的EDA工具接口。

2. 与结构无关

MAX+plus Ⅱ系统的核心Complier支持Altera公司的FLEX10K、FLEX8000、FLEX6000、MAX9000、MAX7000、MAX5000和Classic可编程逻辑元件，提供了世界上唯一真正与结构无关的可编程逻辑设计环境。

3. 完全集成化

MAX+plus Ⅱ的设计输入、处理与校验功能全部集成在统一的开发环境下，这样可以加快动态调试、缩短开发周期。

4. 丰富的设计库

MAX+plus Ⅱ提供丰富的库单元供设计者调用，其中包括74系列的全部元件和多种特殊的逻辑功能(Macro-Function)以及新型的参数化的兆功能(Mage-Function)。

5. 模块化工具

设计人员可以从各种设计输入、处理和校验选项中进行选择从而使设计环境用户化。

6. 硬件描述语言(HDL)

MAX+plus Ⅱ软件支持各种HDL设计输入选项，包括VHDL、Verilog HDL和Altera自己的硬件描述语言AHDL。

7. Opencore特征

MAX+plus Ⅱ软件具有开放核的特点，允许设计人员添加自己认为有价值的宏函数。

3.1.2 MAX+plus Ⅱ开发软件的主要功能

1. 支持的PLD元件

主要支持三大类近8个系列的PLD元件：

- 多阵列结构的MAX9000、MAX7000、MAX3000和Classic系列；
- 柔性阵列结构的FLEX10K、FLEX8000和FLEX6000系列；
- 先进阵列结构的ACEX1K系列。

2. 支持的设计输入方式

- 基于图形编辑器创建的原理图设计文件(.gdf文件)；
- 基于文本编辑器创建的HDL文本文件；
- 基于波形编辑器创建的波形输入设计文件(.wdf文件)；
- 基于其他常用的EDA工具产生的输入文件。

3. 提供设计编译

通过编辑器可完成设计项目的规则检查、逻辑综合与自动适配、多元件划分、错误自动定位、定时驱动编辑和开放核环境等功能。

4. 提供设计验证

通过定时分析器能对设计项目进行功能仿真、时序仿真、波形分析、定时分析等验证。

5. 提供元件的编程和配置

提供操作灵活、使用方便的元件编程(Programming)和配置(Configuration)工具。

3.1.3 MAX+plus Ⅱ运行环境需求

支持的操作系统：Windows 98/Me/2000 以及 Windows XP。
安装所需空间：1GB。
内存要求：可用 64MB，推荐内存 64MB 以上。

3.2 MAX+plus Ⅱ的安装

3.2.1 MAX+plus Ⅱ软件安装

(1) 将 MAX＋plus Ⅱ 光盘放进光驱，这里假设光驱的驱动器号为 F。选择 Windows 系统的"开始"→"运行"菜单，输入"F:\ ALTERA_MAXplusII_10.0_FULL\SETUP.EXE"，然后出现欢迎界面，如图 3.1 所示，单击 Next 按钮，即可开始安装过程。

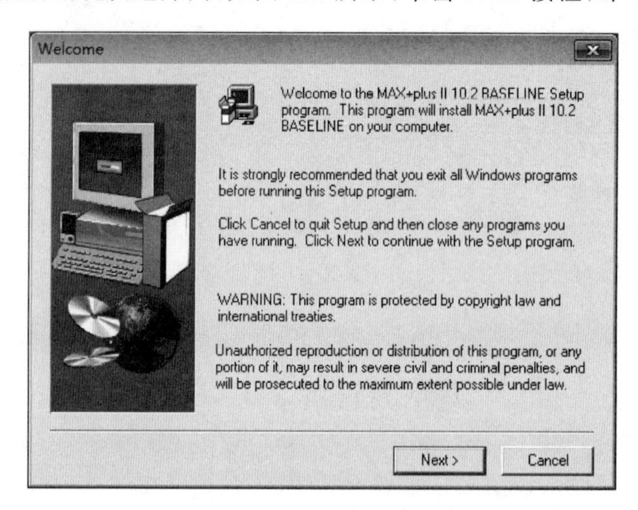

图 3.1 Welcome 窗口

(2) 进入图 3.2 所示窗口，单击 Yes 按钮，表示接受此协议。此时出现提示，告诉你需要一个 license 文件来运行程序，单击此提示中的 Next 按钮。

(3) 进入图 3.3 所示窗口，输入用户名和公司名，单击 Next 按钮。

(4) 进入图 3.4 所示窗口，选择完全安装即默认选项，单击 Next 按钮。

(5) 进入图 3.5 所示窗口，默认安装路径时，单击 Next 按钮。若把软件安装在 C 盘，单击 Browse 按钮进行路径设置。这里需要注意的是 MAX＋plus Ⅱ 软件的安装路径中不得含有中文。

(6) 接着在出现的窗口一直单击 Next 按钮，直到如图 3.6 所示开始安装。

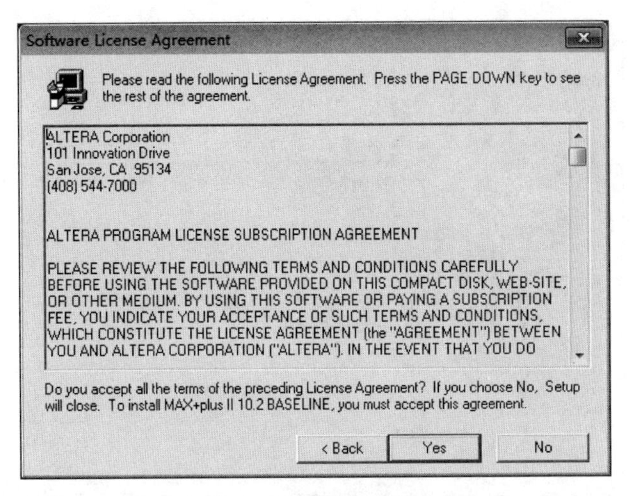

图 3.2 授权许可界面

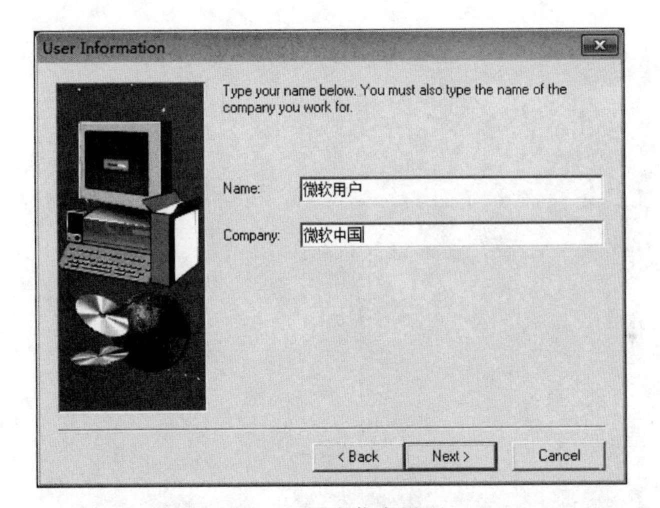

图 3.3 用户信息界面

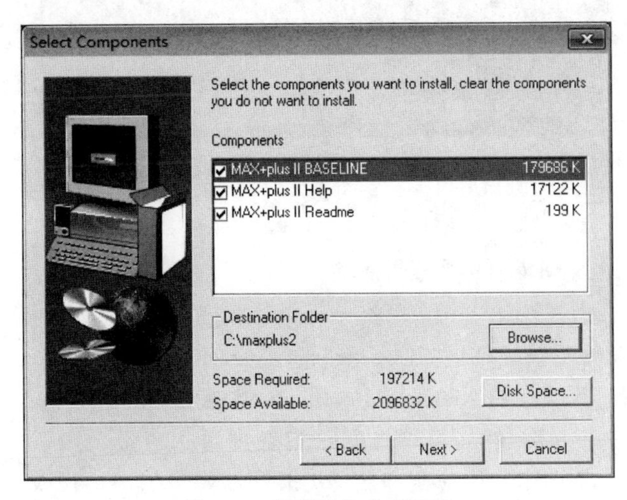

图 3.4 安装组件选择窗口

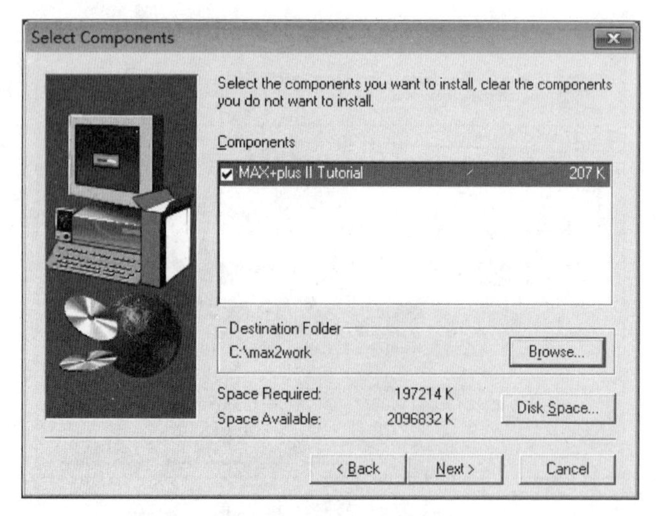

图 3.5　安装路径选择窗口

图 3.6　执行安装

3.2.2　MAX+plus Ⅱ软件授权

(1) 通过 Windows 系统菜单"开始"→"程序"→MAX+plus Ⅱ→MAX+plus Ⅱ，运行 MAX+plus Ⅱ。首次运行 MAX+plus Ⅱ，会出现 License Agreement(授权协议)对话框(见图 3.7)，按 Tab 键，然后再单击 Yes 按钮即可。当出现对话框提示当前的软件保护号(Software Guard ID)时，应到指定的 Internet 站点上申请授权号。

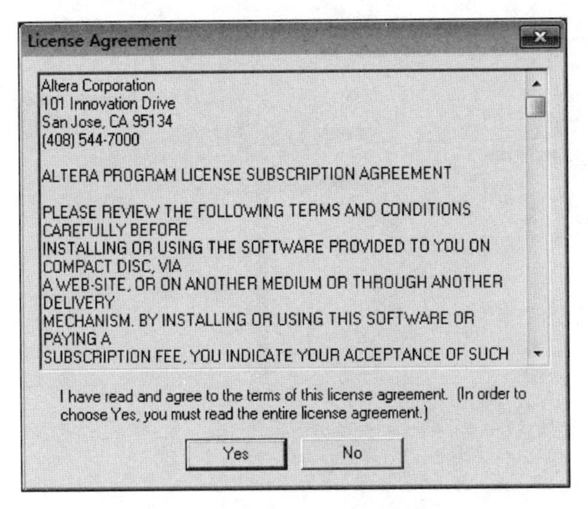
License Agreement

Altera Corporation
101 Innovation Drive
San Jose, CA 95134
(408) 544-7000

ALTERA PROGRAM LICENSE SUBSCRIPTION AGREEMENT

PLEASE REVIEW THE FOLLOWING TERMS AND CONDITIONS
CAREFULLY BEFORE
INSTALLING OR USING THE SOFTWARE PROVIDED TO YOU ON
COMPACT DISC, VIA
A WEB-SITE, OR ON ANOTHER MEDIUM OR THROUGH ANOTHER
DELIVERY
MECHANISM. BY INSTALLING OR USING THIS SOFTWARE OR
PAYING A
SUBSCRIPTION FEE, YOU INDICATE YOUR ACCEPTANCE OF SUCH

I have read and agree to the terms of this license agreement. (In order to choose Yes, you must read the entire license agreement.)

Yes No

图 3.7 授权协议对话框

(2) 将申请到的授权号输入 Authorization Code 对话框的文本输入框中，单击 OK 按钮即可，也可先单击 Validate 按钮看一下授权号是否正确。

安装完 MAX+plus Ⅱ系统文件后，可通过运行光盘上的文件“Acroread\win\disk1\setup.exe”来安装 PDF 文件阅读器，以便阅读包括 Altera 公司的数据手册、应用笔记等文档内容。光盘根目录下的文件 Altera.pdf 是光盘上 Altera 所有文档的索引。

3.3 MAX+plus Ⅱ设计流程

3.3.1 设计流程

根据图 3.8，下面简述设计流程的几个重要步骤，后面章节实例中将进行详细说明。

1. 设计输入

提供图形、文本和波形编辑器实现图形、AHDL、VHDL、Verilog HDL 或波形的输入，也可输入网表文件。

2. 项目编译

提供了一个完全集成的编译器(Compiler)，可直接完成从网表提取到最后编程文件的生成，包含时序模拟、适配的标准文件。

3. 项目校验

对设计项目的功能、时序进行仿真和时序分析，判断输入/输出间的延迟。

4. 项目编程

将设计下载/配置到所选择的元件中。

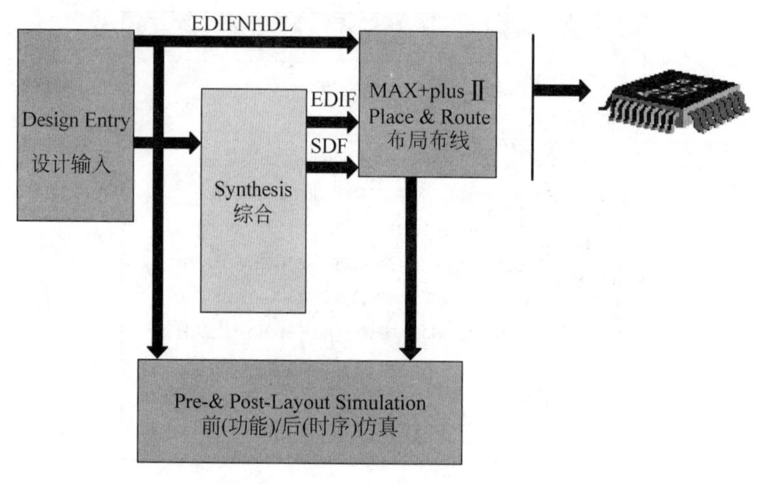

图 3.8　MAX+plus Ⅱ设计流程

3.3.1.1　MAX+plus Ⅱ工具按钮简介

1. 设计文件操作按钮(图 3.9)

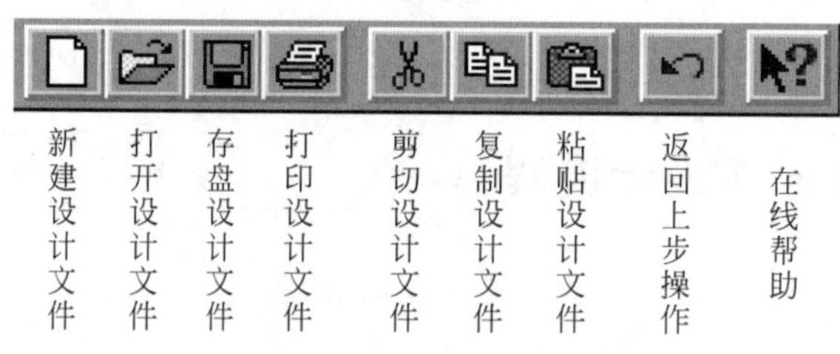

图 3.9　文件操作按钮

2. 设计项目处理操作按钮(图 3.10)

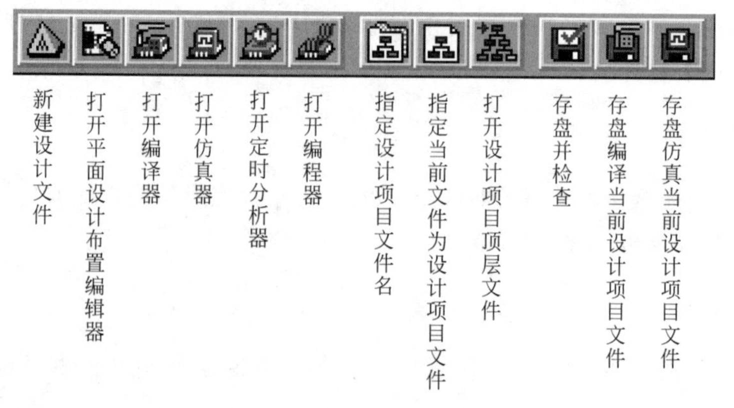

图 3.10　项目处理操作按钮

3. 设计文件编辑操作按钮(图 3.11)

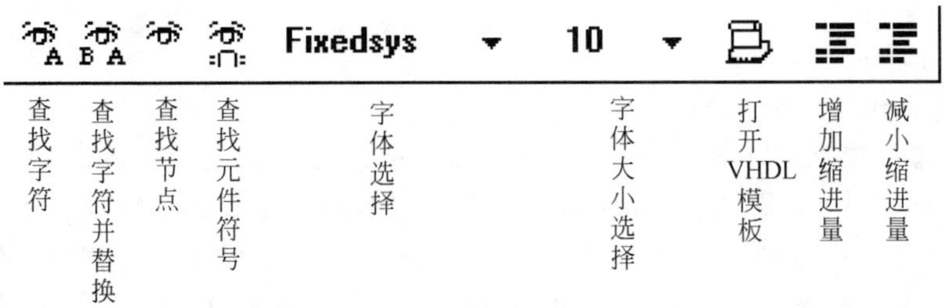

Fixedsys 10

查找字符 查找字符并替换 查找节点 查找元件符号 字体选择 字体大小选择 打开VHDL模板 增加缩进量 减小缩进量

图 3.11 文件编辑操作按钮

4. 绘图操作和绘制波形操作按钮(图 3.12)

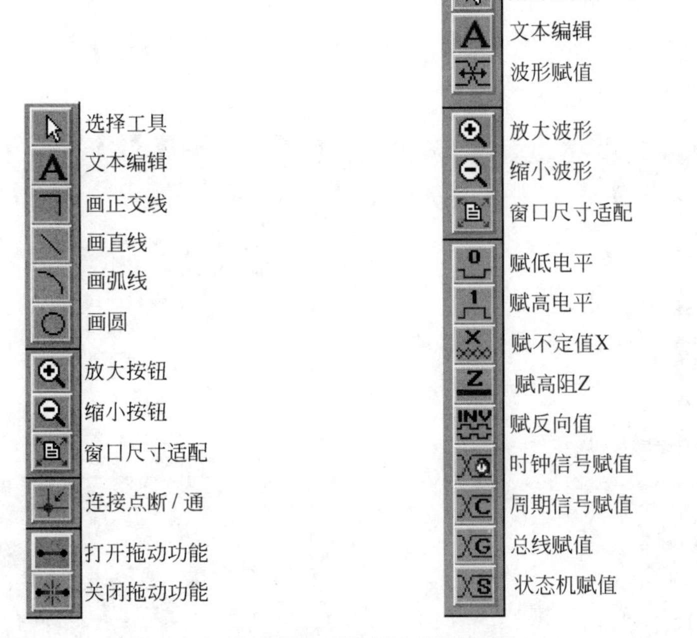

图 3.12 绘图操作和绘制波形操作按钮

3.3.1.2 基于原理图设计文件的输入

用图形编辑器所做的设计也叫作原理图设计,通常使用 MAX+plus Ⅱ提供的库元件和用户自定义的符号进行设计。采用这种方式时,应采用自顶向下(Top-Down)的设计方式,就是从系统级开始,把系统划分为若干个基本单元,然后再把每个基本单元划分为下一层次的基本单元,一直这样做下去,直到可以直接用库文件来实现为止。当对系统认识得很清楚并且能把它划分为一些基本单元,而且系统速率要求较高时,或者整个系统中有对时间特性要求较高的部分时,一般采用原理图设计的方法。尽管原理图设计的效率比较低,但是能够保证实现系统的技术指标,且便于系统的仿真和设计的改进。

下面通过一个实例介绍原理图设计的方法和技巧。所举例子是用 74161 设计一个模 12 计数器。

1. 项目的建立

1）建立工作目录

用户的每个独立设计都对应一个项目，每个项目可包含一个或多个设计文件，其中有一个是顶层文件，顶层文件的名字必须与项目名相同。编译器是对项目中的顶层文件进行编译。项目还管理所有中间文件，所有项目的中间文件的文件名相同，仅后缀名（扩展名）不同。对于每个新的项目最好建立一个单独的文件夹，使设计有条理化。切记项目名不同于项目文件夹，项目文件夹可包含多个项目文件。我们在这里需要新建工程存储目录，在 D 盘下新建一个名为 mydesign 的文件夹，这个文件夹用来存放以后所有的 MAX+plus Ⅱ工程，在 mydesign 下新建一个名为 graph 的文件夹用来存储本次实验的工程。

2）启动 MAX+plus Ⅱ

启动 MAX+plusⅡ10.2，进入图 3.13 所示 MAX+plusⅡ管理器窗口。在 File 菜单中选择 Project 的 Name 选项。

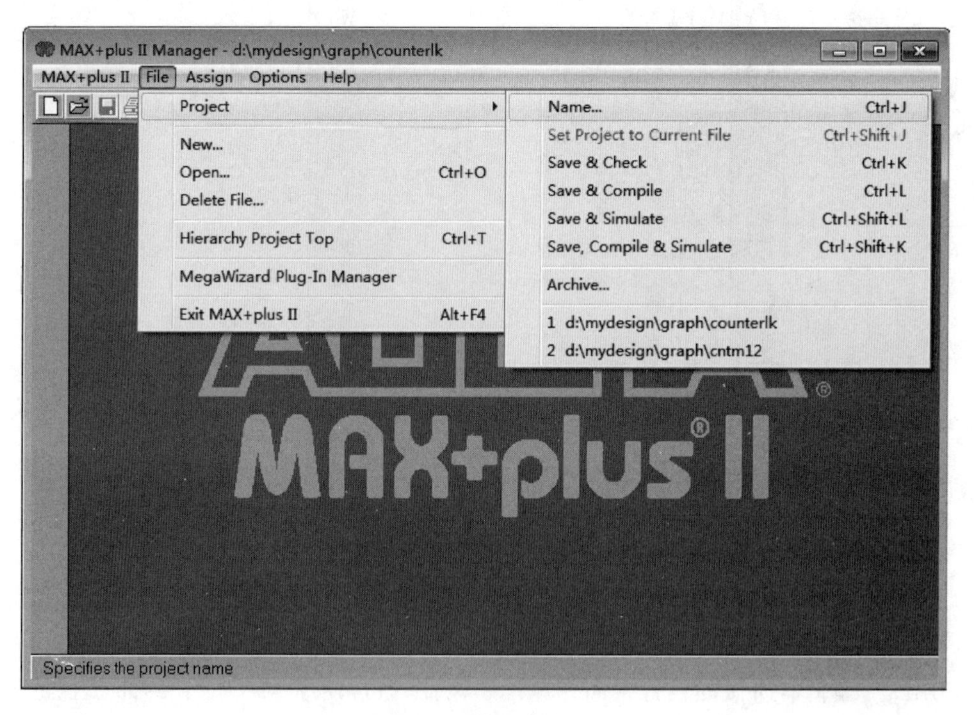

图 3.13　管理器窗口

3）建立项目

出现如图 3.14 所示的对话框，在 Directories 区选中刚才为项目所建的目录；在 Project Name 区键入项目名，单击 OK 按钮即完成项目建立。需要注意的两点是，MAX+plus Ⅱ软件对大小写不敏感，而且不识别中文。

4）目标元件选择

选择菜单命令 Assign→Device，出现如图 3.15 所示的窗口。选择 ACEX1K 系列的芯片，Devices 可以选择 AUTO，让软件自动匹配具体元件。也可以选择一个确定的型号，这里以 EP1K30QC208-1 为例。单击 OK 按钮，完成选择。

图 3.14　建立项目名

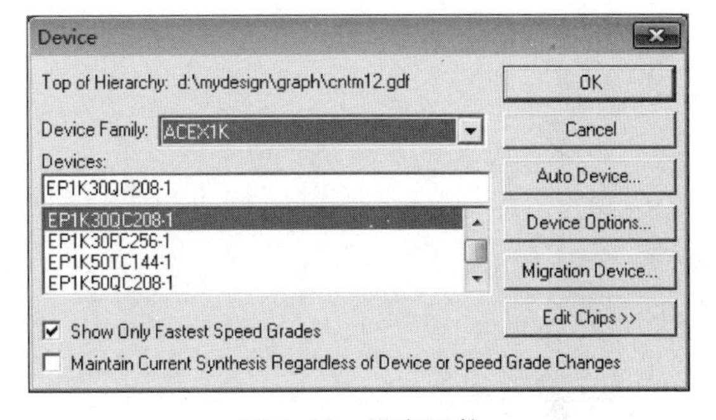

图 3.15　设定元件

完成以上步骤之后，一个工程就新建完毕了。

2. 原理图设计

1）创建图形输入文件

在 MAX+plus Ⅱ中要打开图形编辑器输入原理图有两种方法：一种方法是选择 MAX+plus Ⅱ→Graphic Editor file，直接打开图形编辑器；另一种方法是选择菜单命令 File→New，出现如图 3.16 所示的新建文件窗口。

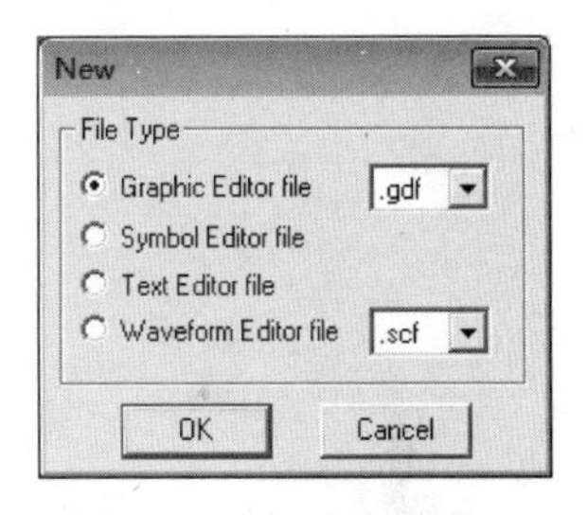

图 3.16　新建文件窗口

可以看到，打开图形编辑器后，如图 3.17 所示，菜单栏和工具栏的命令选项增多了，并且图形编辑器左侧出现一个工具条，称它为绘图工具条。绘图工具条的含义上文已有介绍。

打开图形编辑器之后就新建了一个新的无标题图形文件，可以在原理图设计完成后保存该文件，也可以在设计之前保存文件。为了保证存盘的及时性，推荐在设计之前保存文件。从 File 菜单下选择 Save，出现文件保存对话框。单击 OK 按钮，使用默认的文件名存盘。此处默认的文件名为 cntm12.gdf，即项目名 cntm12 再加上图形文件的拓展名。

2）调用库元件

设计原理图需要调用库元件，设计之前需要根据所实现的功能选择库元件，在使用原理图设计之前应该先将数字电路设计好。设计模 12 计数器，就需要基本的计数元件，在 mf 库里有 74 系列元件，里面包含了多种计数器。

调用库元件的方法有很多种，可以先在图形编辑区双击鼠标打开 Enter Symbol 对话框。也可以选择菜单命令 Symbol→Enter Symbol，无论哪种方式均打开如图 3.18 所示窗口。

MAX+plus Ⅱ为实现不同的逻辑功能提供了大量的库文件，每个库对应一个目录。这些库的具体分类及特点如表 3.1 所示。

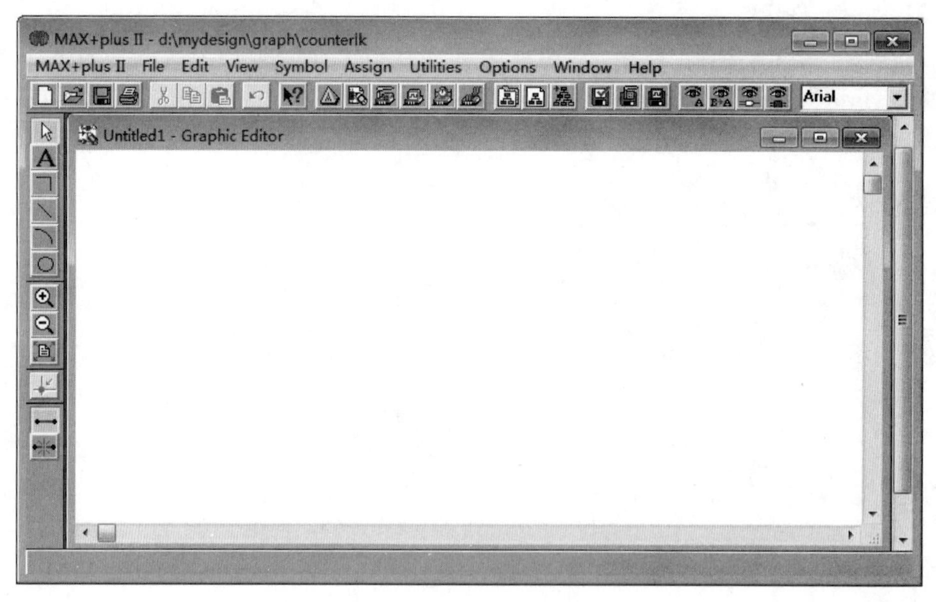

图 3.17　图形编辑窗口

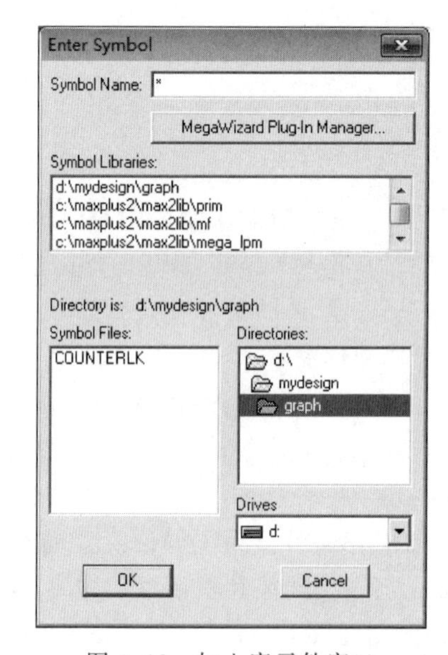

图 3.18　加入库元件窗口

表 3.1　MAX＋plus Ⅱ库简介

库　名	内　容
用户库	用户自建的元件,即一些底层设计
Prim(基本库)	基本的逻辑模块元件,如各种门、触发器等
mf(宏功能库)	所有 74 系列逻辑元件,如 74161
mega_lpm	包括参数化模块,功能复杂的高级功能模块,如可调模值的计数器、FIFO、RAM 等
Edif	与 mf 库类似

在库选择区双击“c:\maxplus2\max2lib\mf”，此时在元件列表区列出了该库中所有元件，找到74161，并单击。此时74161出现在元件符号名输入区，如图3.19所示。

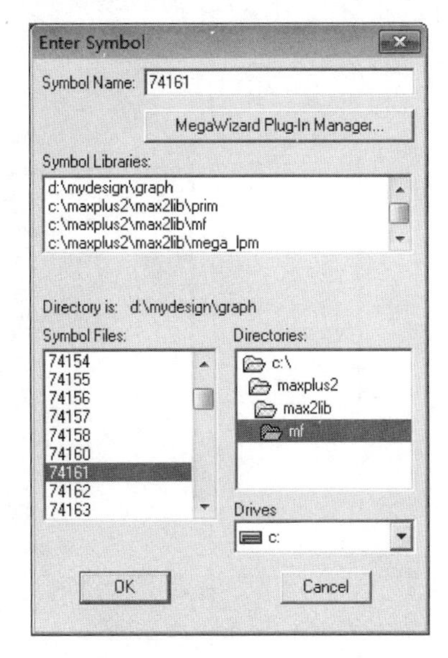

图3.19 选择74161元件

双击它，或者单击OK按钮，就可以将74161添加到元件编辑区，如图3.20所示。

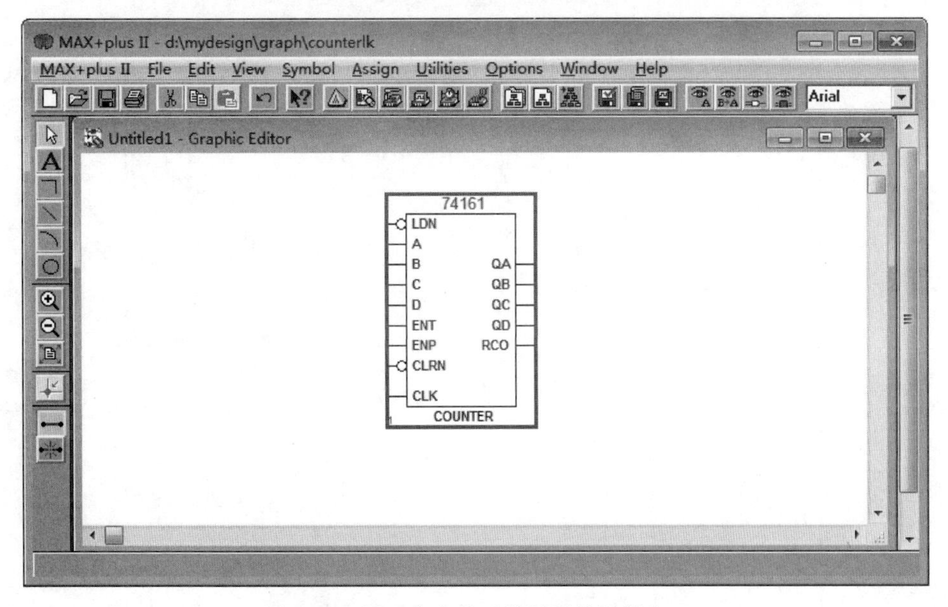

图3.20 调入库文件后的图形编辑器窗口

对于库中调出的元件都可在帮助文件中找到相关功能说明及用法，下面从了解74161真值表的例子说明帮助文件的用法。在菜单栏单击Help→Old-Style Macrofunctions，如图3.21所示。

在弹出的窗口下选择Counters(74161为计数器系列)，然后在接下来出现的窗口中选择74161，如图3.22所示。

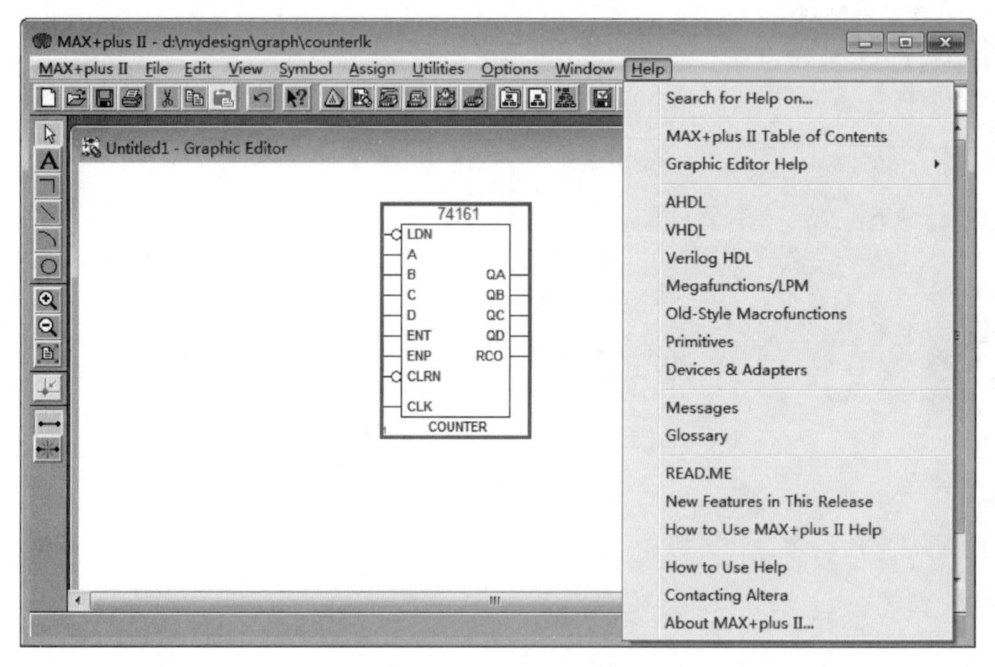

图 3.21　查看元件文档

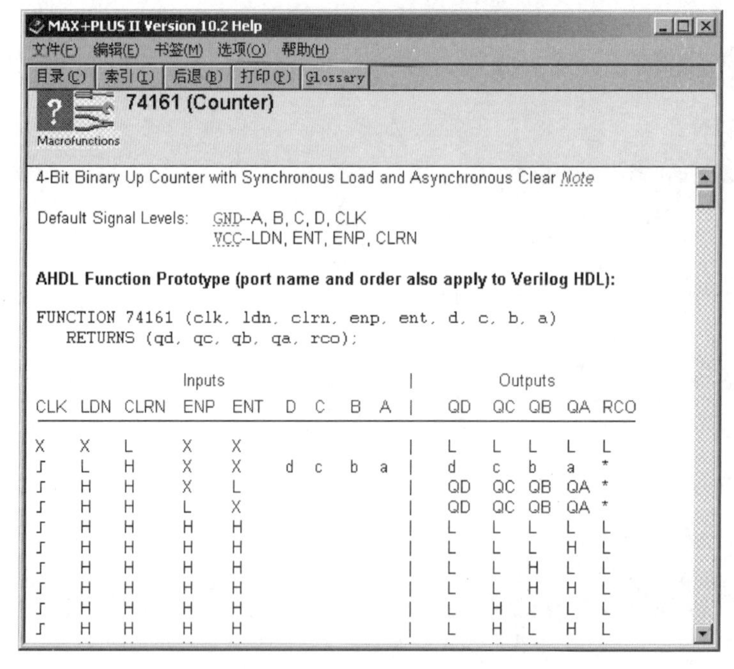
MAX+PLUS II Version 10.2 Help

文件(F) 编辑(E) 书签(M) 选项(O) 帮助(H)

目录(C) 索引(I) 后退(B) 打印(P) Glossary

Macrofunctions

74161 (Counter)

4-Bit Binary Up Counter with Synchronous Load and Asynchronous Clear *Note*

Default Signal Levels: GND--A, B, C, D, CLK
VCC--LDN, ENT, ENP, CLRN

AHDL Function Prototype (port name and order also apply to Verilog HDL):

```
FUNCTION 74161 (clk, ldn, clrn, enp, ent, d, c, b, a)
   RETURNS (qd, qc, qb, qa, rco);
```

Inputs									Outputs				
CLK	LDN	CLRN	ENP	ENT	D	C	B	A	QD	QC	QB	QA	RCO
X	X	L	X	X					L	L	L	L	L
ʃ	L	H	X	X	d	c	b	a	d	c	b	a	*
ʃ	H	H	X	L					QD	QC	QB	QA	*
ʃ	H	H	L	X					QD	QC	QB	QA	*
ʃ	H	H	H	H					L	L	L	L	L
ʃ	H	H	H	H					L	L	L	H	L
ʃ	H	H	H	H					L	L	H	L	L
ʃ	H	H	H	H					L	L	H	H	L
ʃ	H	H	H	H					L	H	L	L	L
ʃ	H	H	H	H					L	H	L	H	L

图 3.22　74161 芯片资料

因为模 12 计数器还需要用到一些其他元件，添加的方法与上述相同，再添加一个 NAND3(三输入与非门)和一个 GND(电源地)。

3) 摆放元件

按照输入/输出关系把各元件摆放好，一般来说，元件的输入端在左边，输出端在右边。但是这样有时候也不便于连线,需要把元件翻转一下方向。翻转元件的方法是,选中需要进行翻转的元件然后单击鼠标右键,选择快捷菜单 Flip Horizontal 或者选择快捷菜单 Rotate→180°。摆放好的元件如图 3.23 所示。

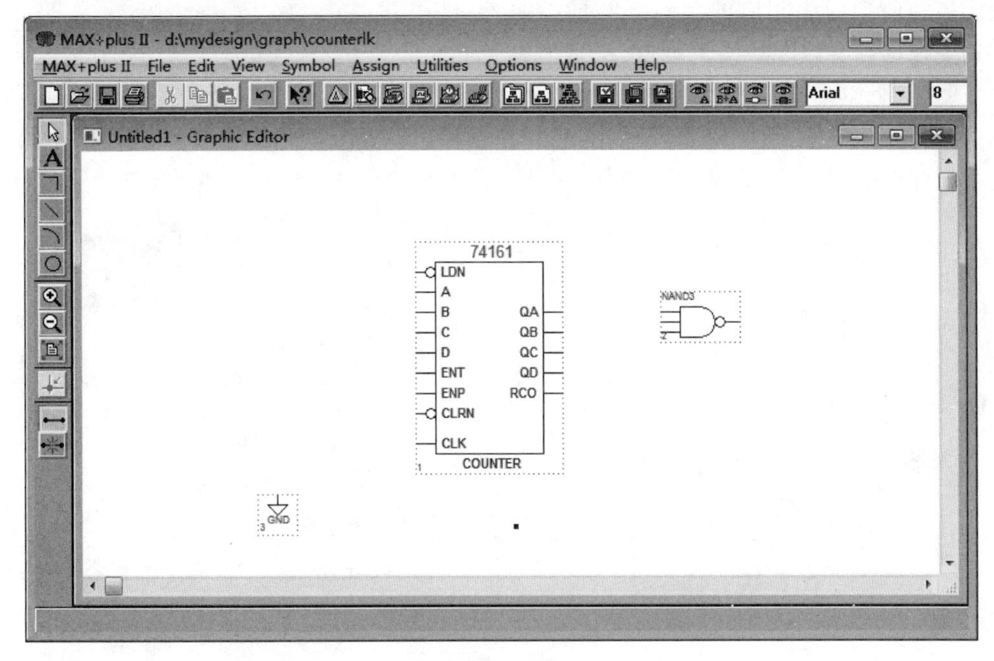

图 3.23　元件摆放

4) 连接元件

用绘图工具条里的直线和正交线把这些元件连接起来,在连线过程中会出现有交叉的地方。如果交叉的线需要连接,就在交叉点处单击已确定插入点位置,然后单击连接线接/断功能按钮,使交叉点接或者断。如果要删除一根连接线,单击这根连接线选中它,然后单击鼠标右键选择快捷菜单 Delete。连接完之后如图 3.24 所示。

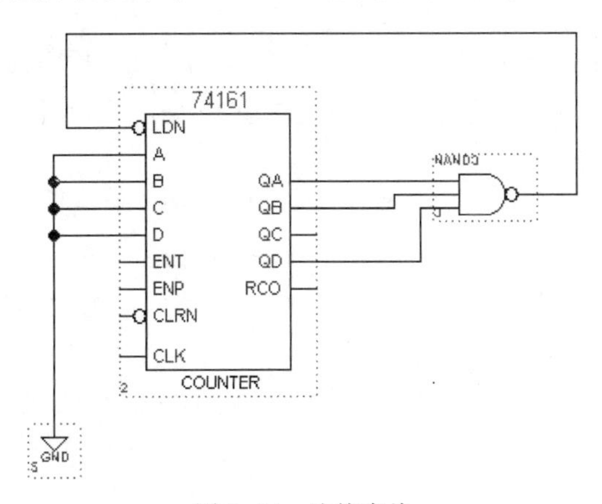

图 3.24　连接完毕

5) 定义输入/输出引脚

根据要实现的功能把原理图中的元件连接起来后,就要定义输入/输出节点。单击绘图工具条中的文本工具，在定义输入/输出节点的连线上方单击，然后输入节点名，这一步是为定义输入/输出引脚做准备。输入/输出引脚是基本元件，在 prim 库里。从 prim 库里调出输入/输出引脚，修改引脚名，使引脚名和原理图中相应的节点名相同。输入引脚还要根据需要修改默认引脚值，引脚值有高电平 VCC 和低电平 GND。引脚如图 3.25 所示。

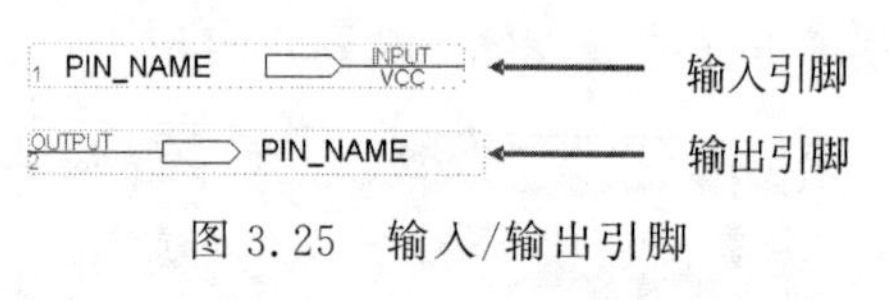

图 3.25　输入/输出引脚

根据模 12 计数器的原理，经过上述操作步骤后，一个完整的模 12 计数器的功能模块就设计好了，如图 3.26 所示。

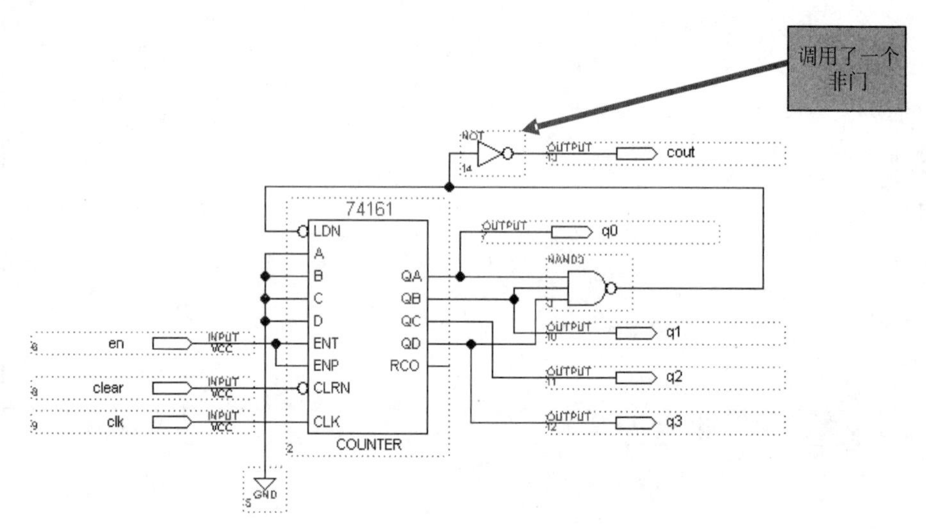

图 3.26　模 12 计数器

如果对元件摆放的位置不满意，可以单击打开橡皮筋连接功能按钮，然后移动元件，在移动的过程中，与元件连接的线不会断开。

3. 保存并检测错误

(1) 选择 File→Project→Save&Check 命令，或单击工具栏中的“保存”按钮，当前的设计被保存，编辑器窗口被打开，启动网表提取器模块检查设计文件的基本错误。检查完毕，会弹出错误与警告信息对话框。

(2) 如果错误与警告信息对话框显示无错误和警告，则单击“确定”按钮关闭对话框。如果设计有错误或警告，选择 MAX+plus Ⅱ→Message Processor 命令，打开消息处理窗口，在其中获取并定位错误信息，然后在设计输入窗口中修改错误，直至检查没有错误和警告为止。

(3) 单击编译器窗口右上方的“关闭”按钮关闭编译器，返回图形编辑器窗口。

4. 创建功能模块

在设计无误的情况下，把图形设计文件创建成一个功能模块(文件拓展名为“.sym”)，以供其他图形设计文件所调用，这是做复杂的设计常采用的方法。

选择 File→Create Default Symbol 命令，即把当前设计文件创建成一个同名的功能模块 cntm12.sym。如果当前的设计已经被创建成一个功能模块，则执行此菜单命令会提示是否覆盖已创建的功能模块。如果设计有所改变，则单击“确定”按钮，即可将设计文件的改动保存到其功能模块内；如果设计没有改变，则单击“取消”按钮。

3.3.1.3 基本文本设计文件的输入

MAX+plus Ⅱ支持文本输入设计，即支持用硬件描述语言（HDL）来设计数字逻辑系统。文本编辑器是设计输入的工具。硬件描述语言有很多种，MAX+plus Ⅱ支持AHDL、VHDL、Verilog HDL 等硬件描述语言。其中，AHDL 是 Altera 公司根据公司生产的 MAX 系列元件和 FLEX 系列元件的特点专门设计的一套完整的硬件描述语言；VHDL 是由美国军方组织开发的，1987 年成为 IEEE 标准；而 Verilog HDL 是 1983 年由 GateWay 公司首先开发成功的，经过诸多改进，于 1995 年 11 月正式被批准为 IEEE 标准。

一般来说，在系统速率较低、时间特性要求不是十分严格的情况下，往往采用硬件描述语言输入设计方式。硬件描述语言可以实现状态机、真值表、条件逻辑、布尔方程和算术操作等。复杂的项目容易通过硬件描述语言简练的、高层次的描述得以实现，所以运用硬件描述语言设计输入文件具有效率高的优点，但语言输入必须依赖综合器，好的逻辑综合器才能把语言转化成优化的电路。

下面使用 VHDL 语言设计一个十位二进制计数器，用来实现 1K 分频。

1. 创建设计输入文件

在前面的图形输入中是先创建项目后创建设计输入文件，也可以先创建设计输入文件，而后把项目指定为当前的输入文件。在模块化的设计中往往采用这种方法，即先把整个项目划分为若干模块。在各个模块的设计中，以上模块为当前项目进行设计、编译和校验，各个模块校验通过后，再把它们连接起来构成整个系统。下面在文本输入设计中介绍这种方法。

（1）打开 MAX+plus Ⅱ设计管理器窗口，单击工具栏上的 New 按钮，选择 Text Editor file 选项，出现如图 3.27 所示的窗口。

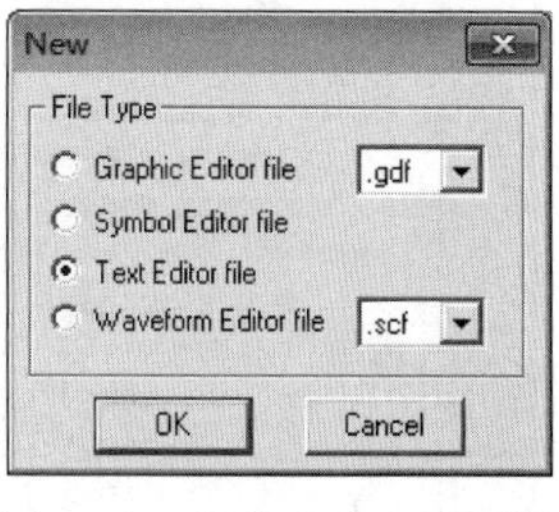

图 3.27 新建文本文件窗口

（2）单击 OK 按钮，出现如图 3.28 所示的窗口。

（3）在文本编辑器中输入 10 位二进制计数器的代码，如图 3.29 所示。

2. 保存并检测错误

（1）选择 File→Project→Save&Check 命令，或单击工具栏中的“保存”按钮，当前的设计被保存，编译器窗口被打开，启动网表提取器模块检查设计文件的基本错误。检查完毕，会弹出“错误与警告信息”对话框，如图 3.30 所示。

（2）如果“错误与警告信息”对话框显示无错误和警告，则单击“确定”按钮关闭对话框。如果设计有错误或警告，选择菜单栏命令 MAX+plus Ⅱ→Message Processor 打开消息处理窗口，在其中获取并定位错误信息，然后在设计输入窗口中修改错误，直至检查

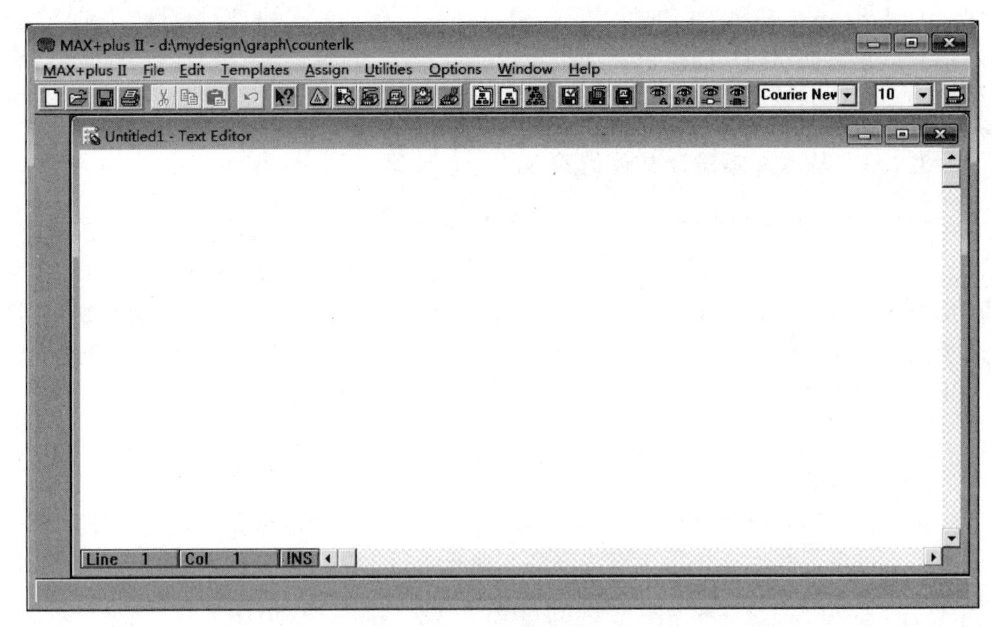

图 3.28　文件编辑器窗口

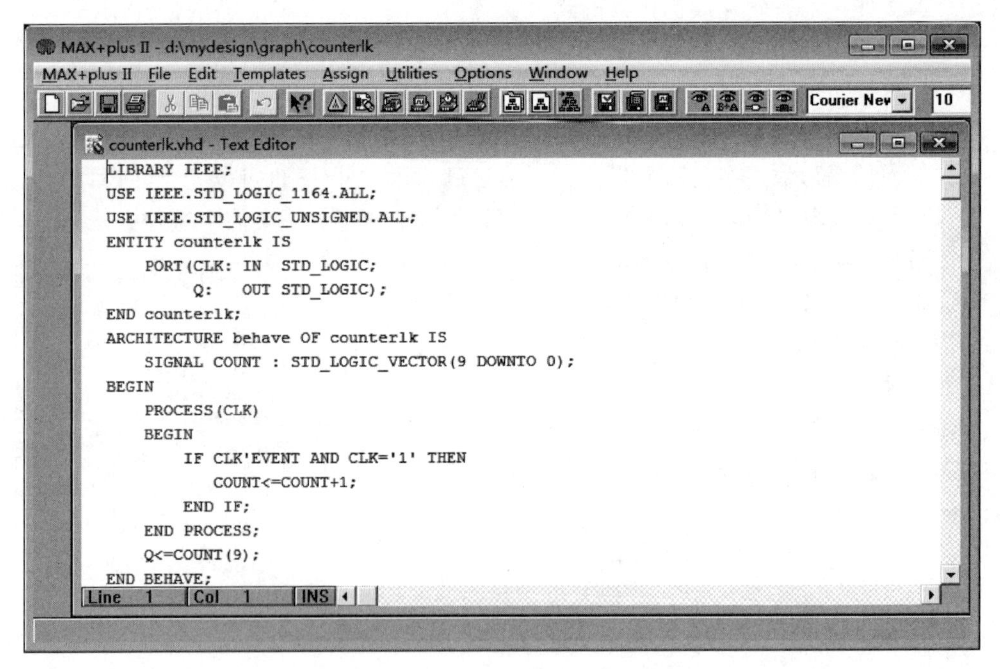

图 3.29　十位二进制计数器文本

没有错误为止(警告可以忽略)。

(3) 单击编译器窗口右上方的"关闭"按钮关闭编译器,返回图形编辑器窗口。

3. 创建功能模块

在设计无误的情况下,把文本设计文件创建成一个元件符号(文件拓展名为.sym),

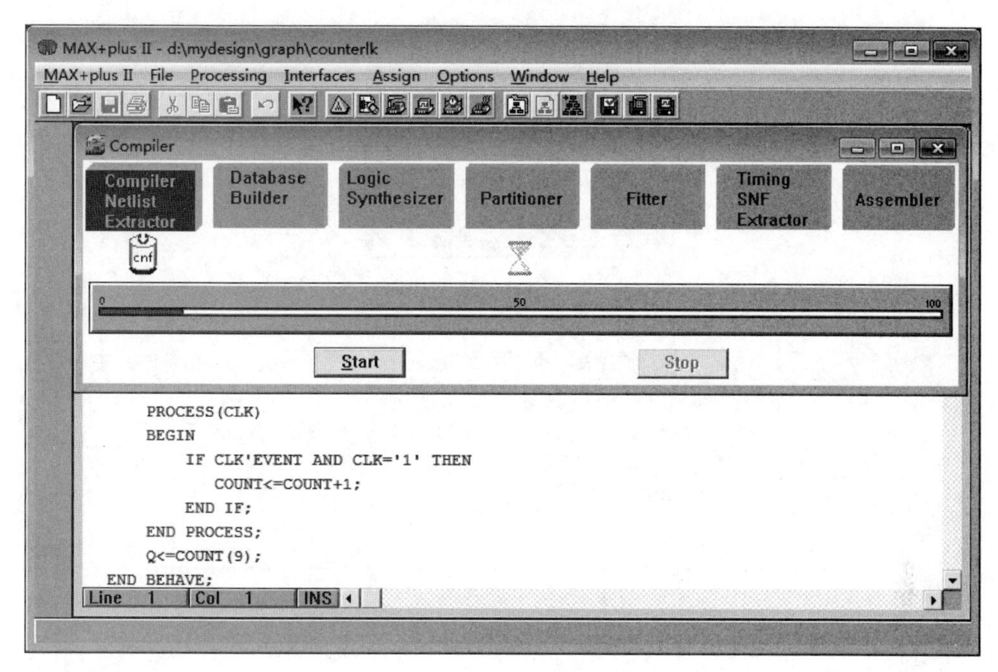

图 3.30　保存并检查窗口

以供其他图形设计文件所调用，这是做层次化设计常采用的方式。

选择菜单命令 File→Create Default Symbol，即把当前设计文件创建成一个同名的元件符号 counter1k.sym，则编译器会自动打开，并弹出元件符号成功产生的信息对话框。

选择菜单命令 File→Edit Symbol，可以打开刚刚创建的元件符号。

3.3.1.4　基于波形设计文件的输入

MAX+plus Ⅱ的波形编辑器(Waveform Editor)有两个功能：一个功能是用于时序仿真或功能测试；另一个功能是用于设计输入。在前面的入门实例中，波形编辑器只是用来做时序仿真。本节介绍用波形编辑器进行设计输入。做仿真用时，用波形编辑器创建的文件以".scf"为后缀；而做设计输入使用时，创建的文件以".wdf"为后缀。如果把 scf 类型的文件保存成 wdf 文件，并且编辑它，则可以生成一个设计输入文件。

设计者通过指定输入的逻辑电平和输出的逻辑电平来创建波形输入文件。波形输入文件适合于已完全确定了输入与输出之间的时序关系的数字逻辑设计，如状态机、计数器、寄存器等。

下面使用波形图来描述一个十二进制计数器。

1. 创建设计输入文件

1) 创建新文件

打开 MAX+plus Ⅱ设计管理器窗口，单击工具栏上的"新建"按钮，选择 Waveform Editor file 选项，在其下拉列表框中选择".wdf"，如图 3.31 所示。

单击 OK 按钮，产生一个未命名的波形文件，如图 3.32 所示。

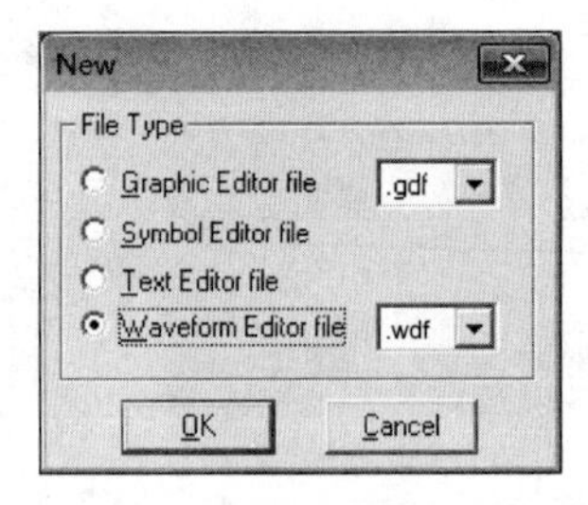

图 3.31 新建波形文件窗口

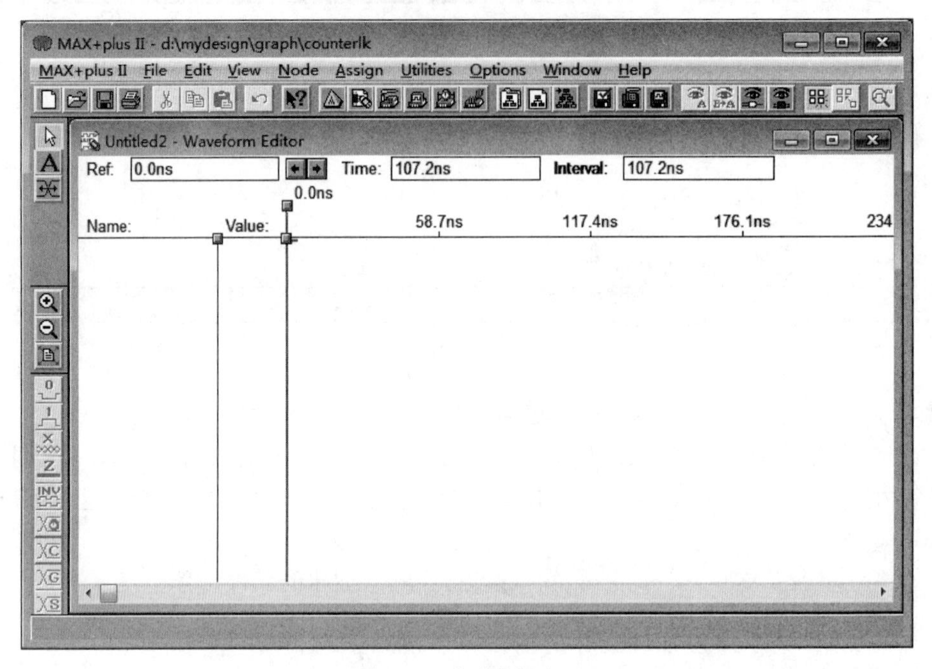

图 3.32 波形编辑窗口

单击工具栏上的“保存”按钮，或者选择 File→Save 命令，出现保存文件窗口，文件命名为 counter12.wdf，文件扩展名选择为.wdf，如图 3.33 所示。

图 3.33 保存波形设计文件

单击 OK 按钮，出现如图 3.34 所示的窗口。

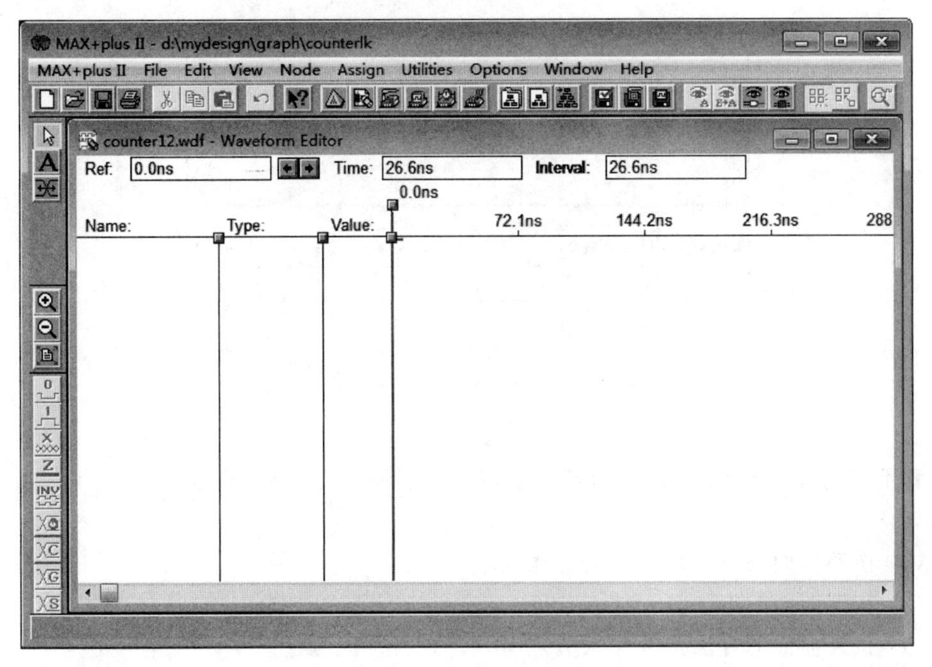

图 3.34 波形设计文件

2）设定元件

选择 Assign→Device 命令，出现如图 3.35 所示的窗口。选择 ACEX1K 系列的芯片，Devices 可以选择 AUTO，让软件自动匹配具体元件。也可以选择一个确定的型号，这里以 EP1K30QC208-1 为例。单击 OK 按钮，完成选择。

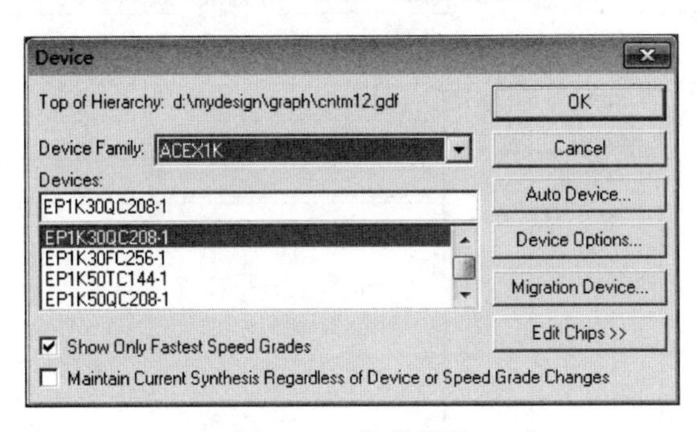

图 3.35 设定元件

2. 创建输入、输出节点和隐埋节点

由状态转换关系，可定义以下节点：输入节点 CLK 和 EN，隐埋节点 STATE，输出节点有 8 个，为 Q[7..0]。其中，输出节点的逻辑电平随着 CLK 变化而变化，EN 使能模块的节点，STATE 指示系统当前时刻所处的状态。下面就在波形编辑器中创建上述节点。

（1）在波形编辑器中 Name 区双击，或者选择 Node→Insert Node 命令，出现如图 3.36

所示的对话框。

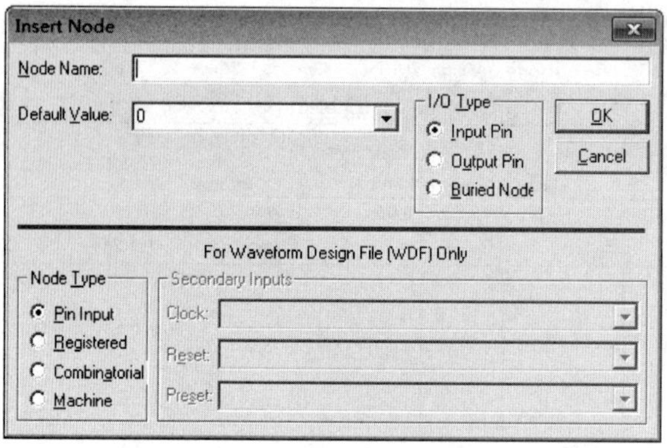

图 3.36　插入节点

在节点名称中输入 CLK，I/O 类型选择输入引脚，节点类型选择输入引脚，单击 OK 按钮确认。

(2) 按照前面的方法和选项创建输入节点 EN。

(3) 按照前面的方法打开插入节点窗口，在节点名称中输入 state。

(4) 按照前面的方法打开插入节点窗口，插入输出节点。

全部节点创建完毕后，波形编辑器如图 3.37 所示。

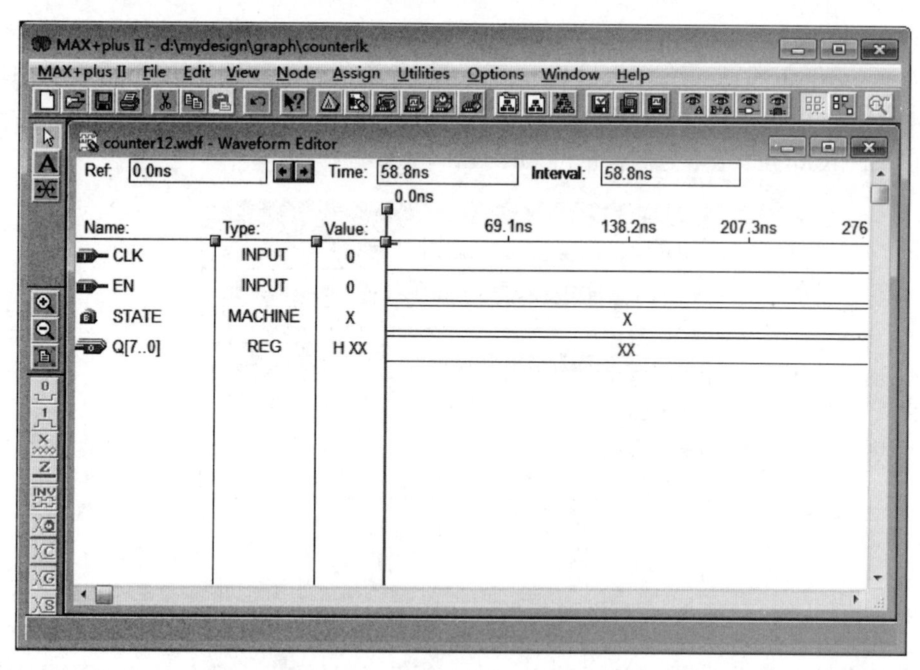

图 3.37　创建节点后的波形文件

3. 设置结束时间、栅格尺寸和显示方式

结束时间是波形设计的总共时间，栅格尺寸是输入信号中时钟信号变化的最小时间

单位，对这两个参数的设置是波形设计中的基本要求。

选择 File→End Time 命令，出现如图 3.38 所示的对话框，在对话框的文本框中输入结束时间 15.5s。

选择 Options→Grid Size 命令，出现如图 3.39 所示的对话框，在对话框的文本框中输入栅格尺寸 250.0ms。

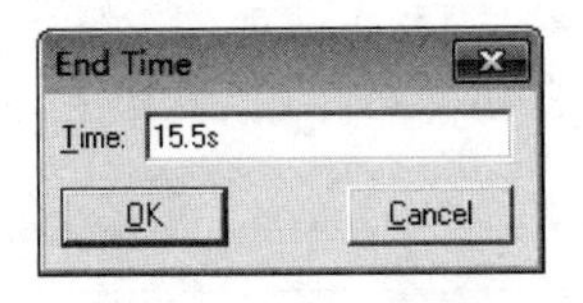

图 3.38 设置结束时间

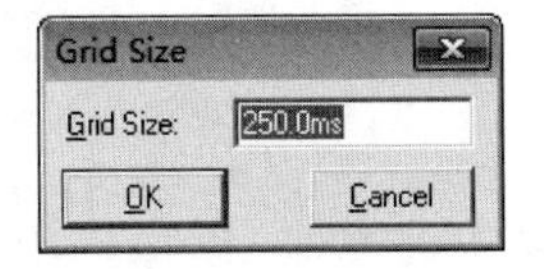

图 3.39 栅格尺寸对话框

选择 Options→Show Grid 命令，则在波形区会显示出栅格，菜单命令如图 3.40 所示。

选择 View→Time Range 命令，在显示时间范围对话框中，输入起始时间和终止时间，则波形区就会显示这个范围内的波形，范围外的将不显示。

4. 设计节点波形

1）设计 CLK 波形

因为 CLK 是时钟信号，对于时钟信号，波形编辑器提供了专门的设计方法。单击 CLK 节点，选择 Edit→Overwrite→Clock 命令，或在右键快捷菜单中选择 Overwrite→Clock 命令，则会出现如图 3.41 所示的窗口。

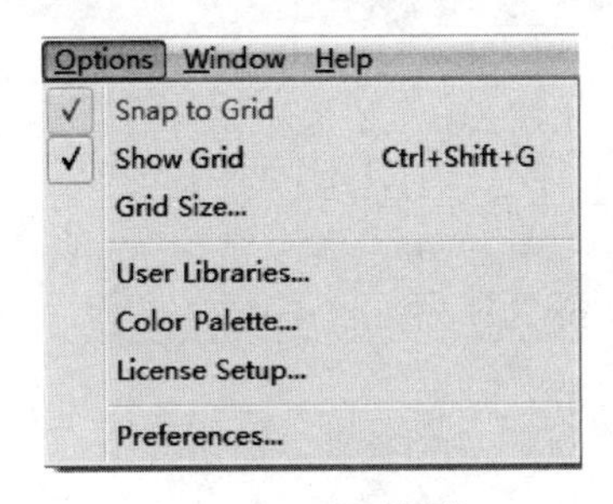

图 3.40 显示栅格

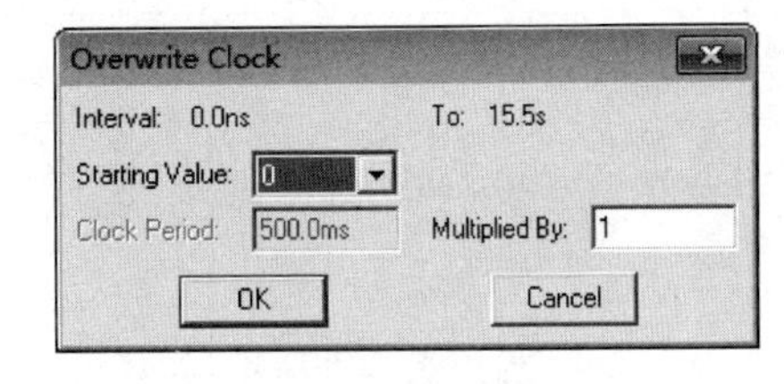

图 3.41 写时钟信号

2）设计 EN 波形

EN 信号是使能信号，高电平有效。输出节点波形完成后如图 3.42 所示。

3）设计隐埋节点波形

隐埋节点为 STATE，是状态机信号，指示了系统所处的状态。系统共有 12 个状态，用英文的序数表示：S0、S1、S2、S3、S4、S5、S6、S7、S8、S9、S10 和 S11。时钟信号的上升沿到来，则系统的状态随之改变，系统就在这 12 种状态之间转换。

可以通过上述的状态机赋值按钮对隐埋节点进行赋值。输出节点的状态随着隐埋节点的变化而变化。所有信号赋值完之后的波形图如图 3.43 所示。

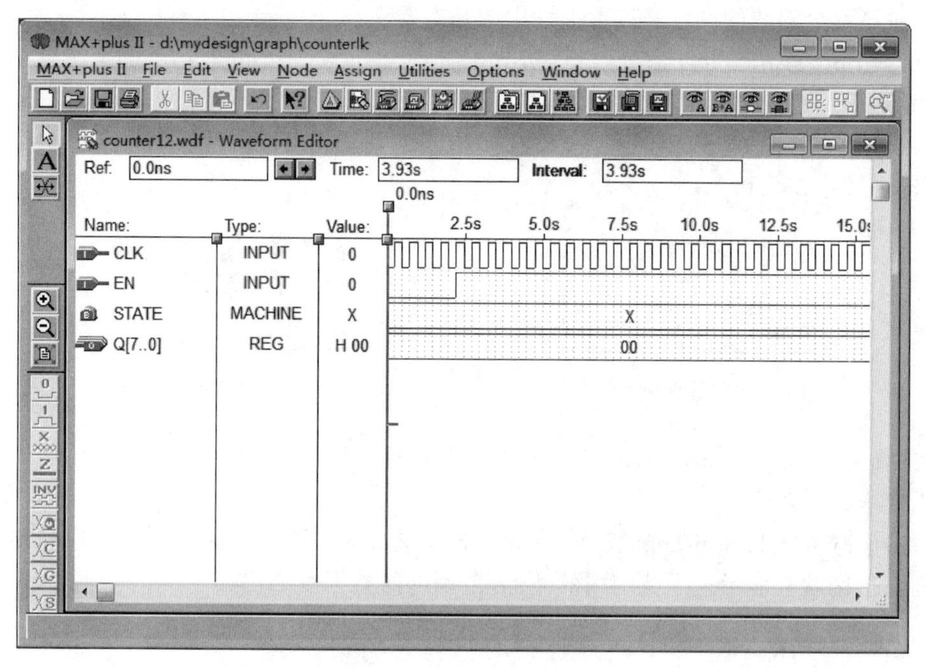

图 3.42 输入节点波形

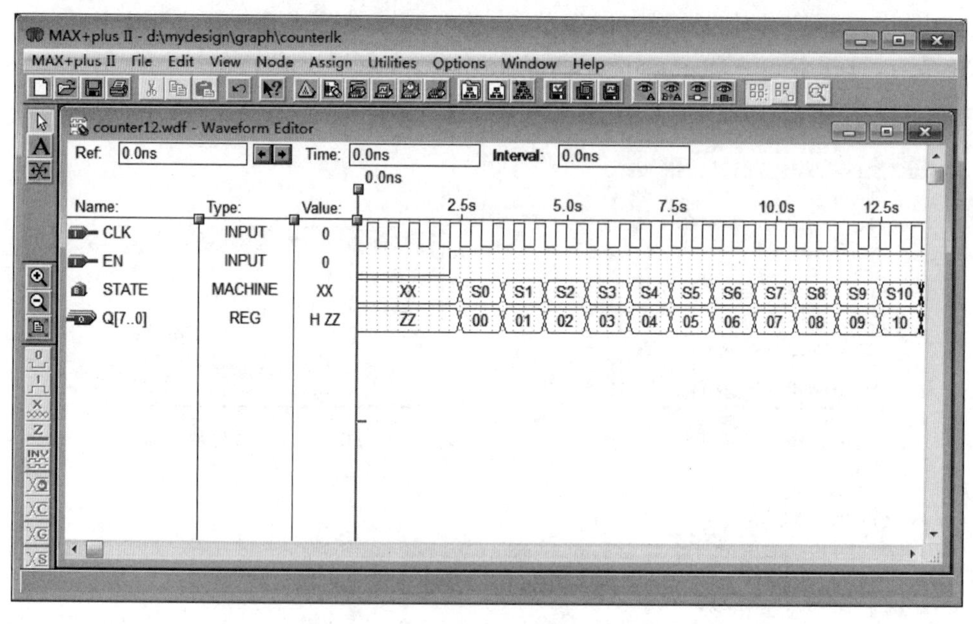

图 3.43 设计完成的波形编辑器

5. 保存并检查错误

选择 File→Project→Save&Check 命令，或单击工具栏中的“保存”按钮，当前的设计被保存，编辑器窗口被打开，启动网表提取器模块检查设计文件的基本错误。检查完毕，会弹出“错误与警告信息”对话框。

3.3.2 设计编译

3.3.2.1 编译选项设置

选择 MAX+plus Ⅱ→Compiler 命令,弹出的窗口如图 3.44 所示。

编辑器由多个功能模块组成:

- 网表提取模块:用于生成设计的网表文件。
- 数据库建库模块:用于建立描述整个设计的数据库。
- 逻辑综合模块:用于对设计进行逻辑综合和优化。
- 逻辑分割模块:用于对设计进行逻辑分割。
- 逻辑适配模块:将已通过逻辑综合的设计映射到所选元件中。
- 时序仿真网表生成模块:生成用于时序仿真的各种文件。
- 装配模块:生成用于元件编程下载的各种文件。

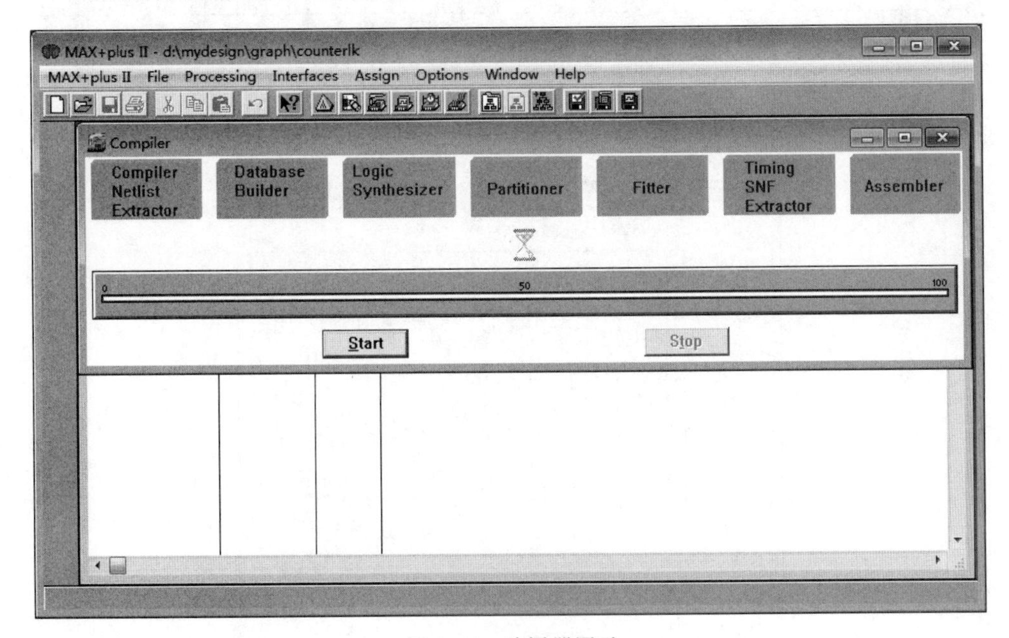

图 3.44 编译器图示

单击 Start 按钮开始编译。编译完成后如图 3.45 所示。

3.3.2.2 引脚的锁定

将设计文件中的输入、输出端口映射到所选元件指定引脚的过程称为引脚锁定。有两种锁定引脚的方法:

- 编译前锁定:在设计文件编译前,通过"引脚锁定"对话框来实现引脚的锁定。
- 编译后锁定:在平面布局编辑器上通过编辑适配结果来修改引脚锁定。

引脚锁定的步骤如下:

(1) 打开"引脚锁定"对话框。在 MAX+plus Ⅱ 命令栏中选择 Assign→Pin/

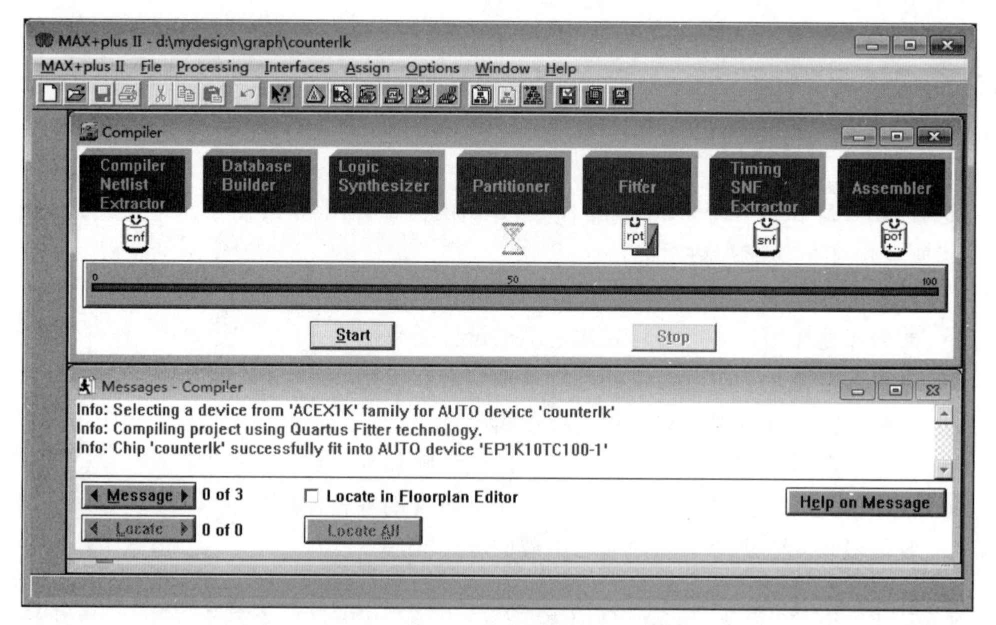

图 3.45　编译结果

Location/Chip...,弹出如图 3.46 所示的设置引脚/定位/芯片的对话框。

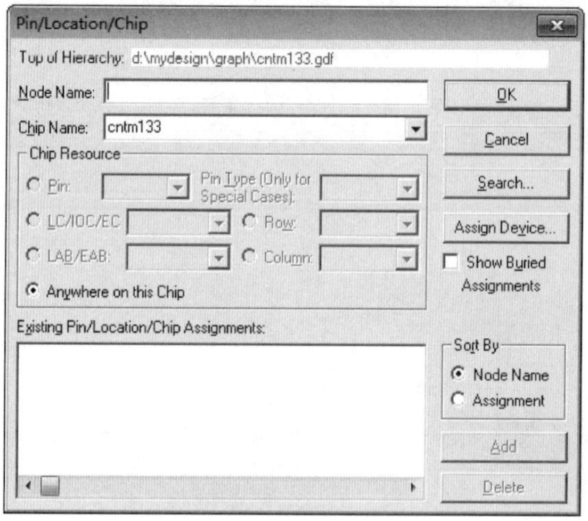

图 3.46　Pin/Location/Chip 对话框

(2) 选择输入节点 CLK,节点名称(Node Name)文本框中将显示要分配的节点。例如,如果要分配输入点 CLK,单击 Search 按钮,弹出如图 3.47 所示的对话框。

在 List Nodes of Type 面板里,单击 List 按钮,列出了当前项目中所有的输入节点,单击 OK 按钮确认,则图 3.48 中的节点名称文本框中显示出当前选择的输入节点 CLK。

现在,按照资料把节点 CLK 分配给引脚 83。选择 Pin 选项,单击下拉按钮,选择引脚 83,如图 3.49 所示。

然后,单击 Add 按钮,把分配的结果添加到 Existing Pin/Location/Chip Assignments 列表中,如图 3.50 所示。

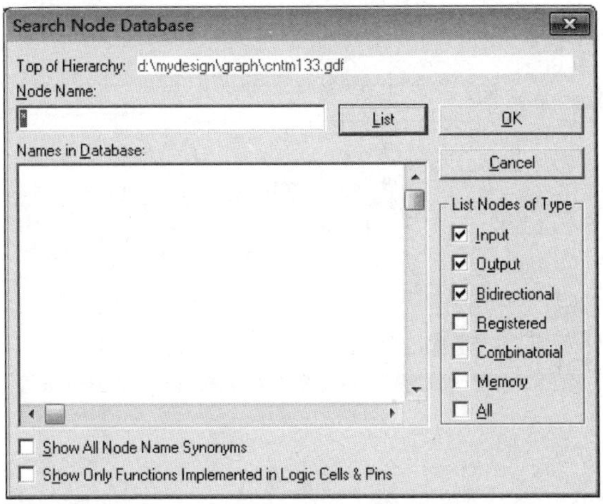

图 3.47　查询节点数据库

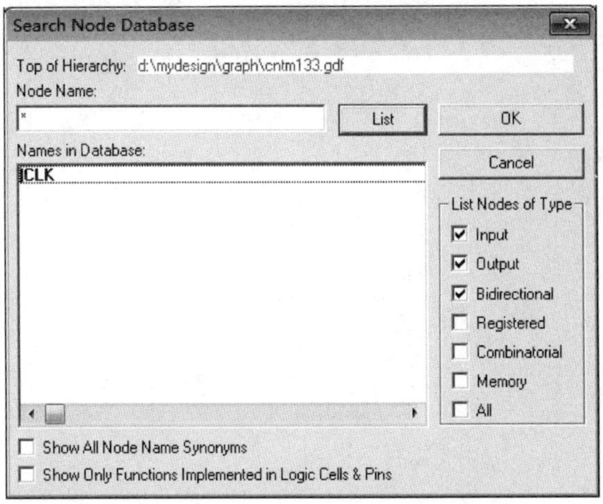

图 3.48　Search Node Database 对话框

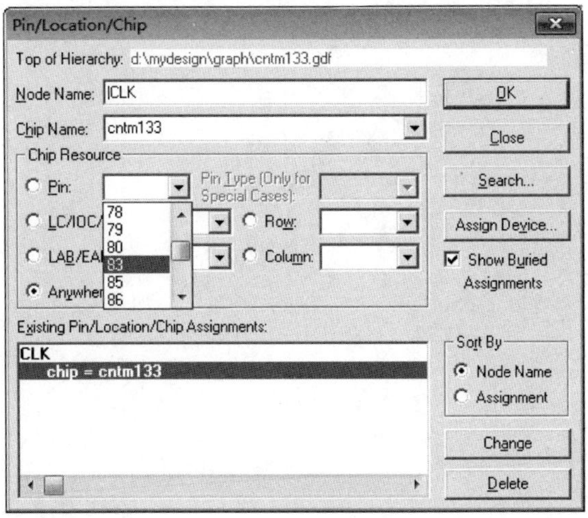

图 3.49　选择引脚 83

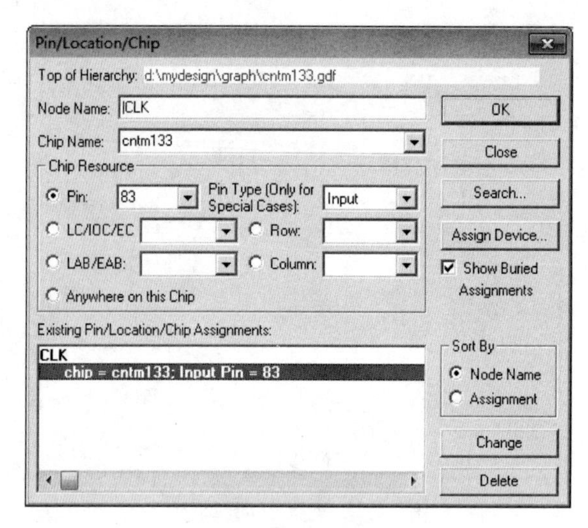

图 3.50　已存在的引脚分配

按照文档要求继续完成余下的引脚分配即可。

第4章 Quartus Ⅱ软件概述

4.1 Quartus Ⅱ软件简介

Altera公司的Quartus Ⅱ软件提供了可编程片上系统(SOPC)设计的一个综合开发环境，是进行SOPC设计的基础。Quartus Ⅱ集成环境包括以下内容：系统级设计，嵌入式软件开发，可编程逻辑元件(PLD)设计，综合，布局和布线，验证和仿真。

Quartus Ⅱ设计软件根据设计者需要提供了一个完整的多平台开发环境，它包含整个FPGA和CPLD设计阶段的解决方案。图4.1说明了Quartus Ⅱ软件的开发流程。

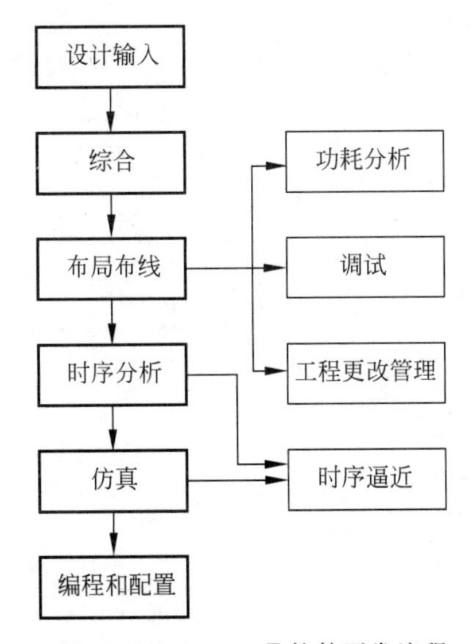

图4.1 Quartus Ⅱ软件开发流程

此外，Quartus Ⅱ软件为设计流程的每个阶段提供Quartus Ⅱ图形用户界面、EDA工具界面以及命令行界面。可以在整个流程中只使用这些界面中的一个，也可以在设计流程的不同阶段使用不同界面。本章介绍适用于每个设计流程的界面和设计方法。

4.1.1 图形用户界面设计流程

QuartusⅡ软件提供的完整、易于操作的图形用户界面可以完成整个设计流程中的各个阶段。图4.2显示的是QuartusⅡ图形用户界面提供的设计流程中各个阶段的功能。为了与开发软件一致，图中保留了设计流程中各阶段图形用户界面提供的英文描述。

设计输入
- 文本编辑器（Text Editor）
- 模块和符号编辑器（Block&Symbol Editor）
- MegaWizard Plug-In Manager

约束输入
- 分配编辑器（Assignment Editor）
- 引脚规划器（Floorplan Editor）
- Settings对话框
- 平面布局图编辑器（Floorplan Editor）
- 设计分区窗口

综合
- 分析和综合（Analysis & Synthesis）
- VHDL, Verilog HDL & AHDL
- 设计助手
- RTL查看器（RTL Viewer）
- 技术映射查看器（Technology Map Viewer）
- 渐进式综合（Incremental Synthesis）

布局布线
- 适配器（Fitter）
- 分配编辑器（Assignment Editor）
- 平面布局图编辑器（Floorplan Editor）
- 渐进式编译（Incremental Compilation）
- 报告窗口（Report Window）
- 资源优化顾问（Resource Optimization Advisor）
- 设计空间管理器（Design Space Explorer）
- 芯片编辑器（Chip Editor）

时序分析
- 时序分析仪（Timing Analyzer）
- 报告窗口（Report Window）
- 技术映射查看器（Technology Map Viewer）

仿真
- 仿真器（Simulator）
- 波形编辑器（Waveform Editor）

编程
- 汇编程序（Assembler）
- 编程器（Programmer）
- 转换程序文件（Convert Programming Files）

系统级设计
- SOPC Builder
- DSP Builder

软件开发
- Software Builder

基于模块的设计
- LogicLock 窗口
- 平面布局图编辑器（Floorplan Editor）
- VQM Writer

EDA界面设计
- EDA Netlist Writer

功耗分析
- PowerPlay Power Analyzer工具
- PowerPlay Early Power Estimator

时序逼近
- 平面布局图编辑器（Floorplan Editor）
- LogicLock 窗口
- 时序优化顾问（Tim Optimization Advisor）
- 设计空间管理器（Design Space Explorer）
- 渐进式编译（Incremental Compilation）

调试
- SignalTap Ⅱ
- SignalProbe
- 在系统存储内容编辑器（In-System Memory Content Editor）
- RTL查看器（RTL Viewer）
- 技术映射查看器（Technology Map Viewer）
- 芯片编辑器（Chip Editor）

工程更改管理
- 芯片编辑器（Chip Editor）
- 资源属性编辑器（Resource Property Editor）
- 更改管理器（Change Manager）

图4.2 QuartusⅡ图形用户界面的功能

4.1.2 EDA 工具设计流程

Quartus Ⅱ软件允许设计者在设计流程中的各个阶段使用熟悉的第三方 EDA 工具，设计者可以在 Quartus Ⅱ图形用户界面或命令行可执行文件中使用这些 EDA 工具。图 4.3 显示了使用 EDA 工具的设计流程。

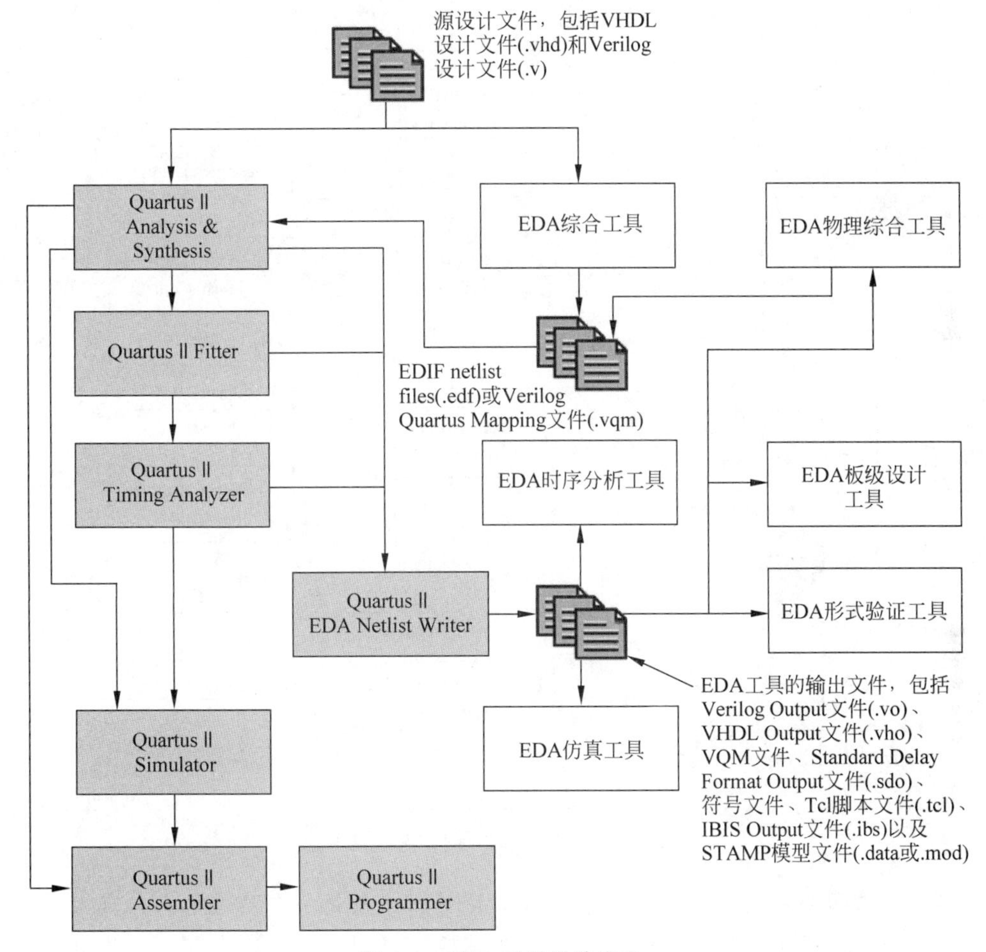

图 4.3　EDA 工具设计流程

Quartus Ⅱ软件与它所支持的 EDA 工具直接通过 NativeLink 技术实现无缝连接，并允许在 Quartus Ⅱ软件中自动调用第三方 EDA 工具。

4.1.3 命令行设计流程

Quartus Ⅱ软件提供完整的命令行界面解决方案。它允许使用者使用命令行可执行文件和选项完成设计流程的每个阶段。使用命令行流程可以降低内存要求，并可使用脚本或标准的命令行选项和命令(包括 Tcl 命令)控制 Quartus Ⅱ软件和建立 Makefile。图 4.4 显示了有关命令行的设计流程。

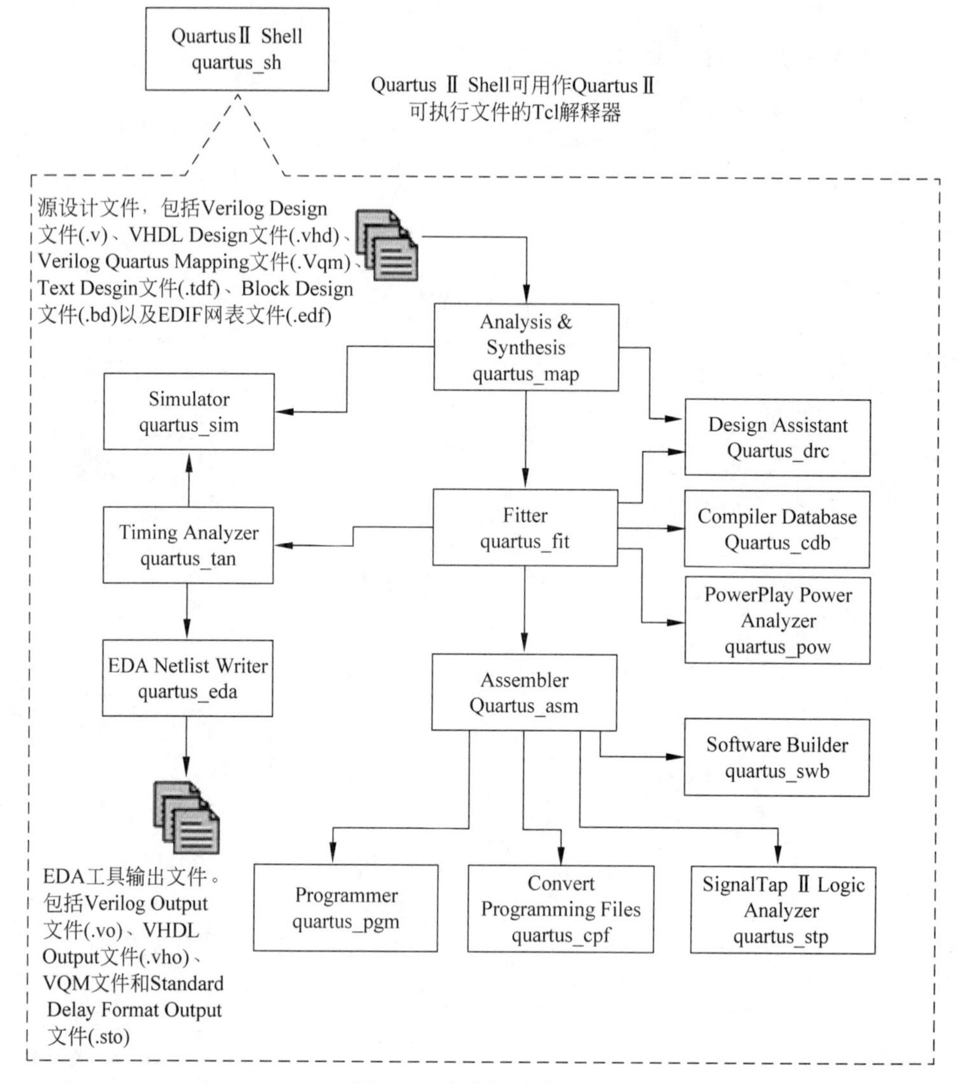

图 4.4　命令行设计流程

从图 4.4 可以看出，Quartus Ⅱ 软件在设计流程中的每一个阶段都有与其对应的单独可执行文件。而且每个可执行文件只有在其执行过程中才占用内存。这些可执行文件可以与标准的命令行命令和脚本配合使用，也可以在 Tcl 脚本和 Makefile 脚本文件中使用。

4.1.4　Quartus Ⅱ 软件的主要设计特性

1. 基于模块的设计方法提高工作效率

Altera 公司特别为 Quartus Ⅱ 软件用户提供了 LogicLock 基于模块的设计方法，便于用户独立设计和实施各种设计模块，并且在将模块集成到顶层工程时仍可以维持各个模块的性能。由于每一个模块都只需要进行一次优化，因此 LogicLock 流程可以显著缩短设计和验证的周期。

2. 更快集成 IP

Quartus Ⅱ软件包括 SOPC Builder 工具。SOPC Builder 针对可编程片上系统（SOPC）的各种应用自动完成 IP 核（包括嵌入式处理器、协处理器、外设、存储器和用户设定的逻辑）的添加、参数设置和连接等操作。SOPC Builder 节约了原先系统集成工作中所需要的大量时间，使设计人员能够在几分钟内将概念转化成为真正可运作的系统。

Altera 的 MegaWizard Plug-In Manager 可对 Quartus Ⅱ软件中所包括的参数化模块库（LPM）或 Altera/AMPP SM 合作伙伴的 IP Megafunctions 进行参数设置和初始化操作，从而节省设计输入时间，优化设计性能。

3. 在设计周期的早期对 I/O 引脚进行分配和确认

Quartus Ⅱ软件可以进行预先的 I/O 分配和验证操作（无论顶层的模块是否已经完成），这样就可以在整个设计流程中尽早开始印制电路板（PCB）的布线设计工作。同样，设计人员可以在任何时间对引脚的分配进行修改和验证，无须再进行一次设计编译。该软件还提供各种分配编辑的功能，例如选择多个信号和针对一组引脚同时进行的分配修改等，所有这些都进一步简化了引脚分配的管理。

4. 存储器编译器

用户可以使用 Quartus Ⅱ软件中提供的存储器编译器功能对 Altera FPGA 中的嵌入式存储器进行轻松管理。Quartus Ⅱ软件的 4.0 版本和后续版本都增加了针对 FIFO 和 RAM 读操作的基于现有设置的波形动态生成功能。

5. 支持 CPLD、FPGA 和基于 HardCopy 的 ASIC

除了 CPLD 和 FPGA 以外，Quartus Ⅱ软件还使用和 FPGA 设计完全相同的设计工具、IP 和验证方式支持 HardCopy Stratix 元件系列，在业界首次允许设计工程师通过易用的 FPGA 设计软件来进行结构化的 ASIC 设计，并且能够对设计后的性能和功耗进行准确的估算。

6. 使用全新的命令行和脚本功能自动化设计流程

用户可以使用命令行或 Quartus Ⅱ软件中的图形用户界面（GUI）独立运行 Quartus Ⅱ软件中的综合、布局布线、时序分析以及编程等模块。除了提供 Synopsys 设计约束（SDC）的脚本支持以外，Quartus Ⅱ软件中目前还包括了易用的工具命令语言（Tcl）界面，允许用户使用该语言来创建和定制设计流程和满足用户的需求。

7. 高级教程帮助深入了解 Quartus Ⅱ的功能特性

Quartus Ⅱ软件提供详细的教程，覆盖从工程创建、普通设计、综合、布局布线到验证等在内的各种设计任务。Quartus Ⅱ软件的 4.0 以及后续版本包括如何将 MAX+plus Ⅱ软件工程转换成为 Quartus Ⅱ软件工程的教程。Quartus Ⅱ软件还提供附加的高级教程，帮助技术工程师快速掌握各种最新的元件和设计方法。

4.2 Quartus Ⅱ软件安装

4.2.1 PC系统配置

为了使Quartus Ⅱ软件的性能达到最佳，Altera公司建议计算机的最低配置如下：

（1）奔腾Ⅱ 400MHz，512MB以上系统内存。

（2）大于800MB的安装Quartus Ⅱ软件所需的最小硬盘空间。

（3）Microsoft Windows NT 4.0（Service Pack 4以上）、Windows 2000或Windows XP。

（4）Microsoft Windows兼容的SVGA显示器。

（5）CD-ROM驱动器。

（6）至少有下面的端口之一：用于ByteBlaster Ⅱ或ByteBlasterMV下载电缆的并行口（LPT口）；用于MasterBlaster通信电缆的串行口；用于USB-Blaster下载电缆、MasterBlaster通信电缆以及APU（Altera Programming Unit）的USB口（仅用于Windows 2000和Windows XP）。

（7）Microsoft IE 5.0以上浏览器。

（8）TCP/IP网络协议。

4.2.2 Quartus Ⅱ软件安装过程

1. 软件的获取

可以通过Altera官方网站获取到Quartus Ⅱ各个软件的镜像安装文件，可以在该网站上选择想要下载的软件版本。Altera公司提供了两种下载方式：一种是打包下载完整的Altera软件设计套装；还有一种方式为自定义下载安装想要的Altera设计软件。Quartus软件分为两种版本：一种是需要付费的订购版；还有一种是免费的网络版。其中订购版有30天免费使用权限，如需继续使用就需要付费购买。网络版中的功能较弱，如需使用IP核则同样需要付费购买。

2. 软件的安装

在满足系统配置的计算机上，可以按照下面的步骤安装Quartus Ⅱ软件（这里以安装Quartus Ⅱ 13.0为例）。

（1）从Altera官方网站上分别下载DSPBuilderSetup-9.0.exe、ModelSimSetup-9.0.exe和QuartusSetup-9.0.exe三个软件安装包，以及一个我们需要使用的元件驱动包cyclone-9.0.qdz。然后双击QuartusSetup-9.0.exe文件开始执行安装。安装界面如图4.5所示。

（2）单击Next按钮进入下一步，选择I accept the agreement，再次单击Next按钮，授权信息如图4.6所示。

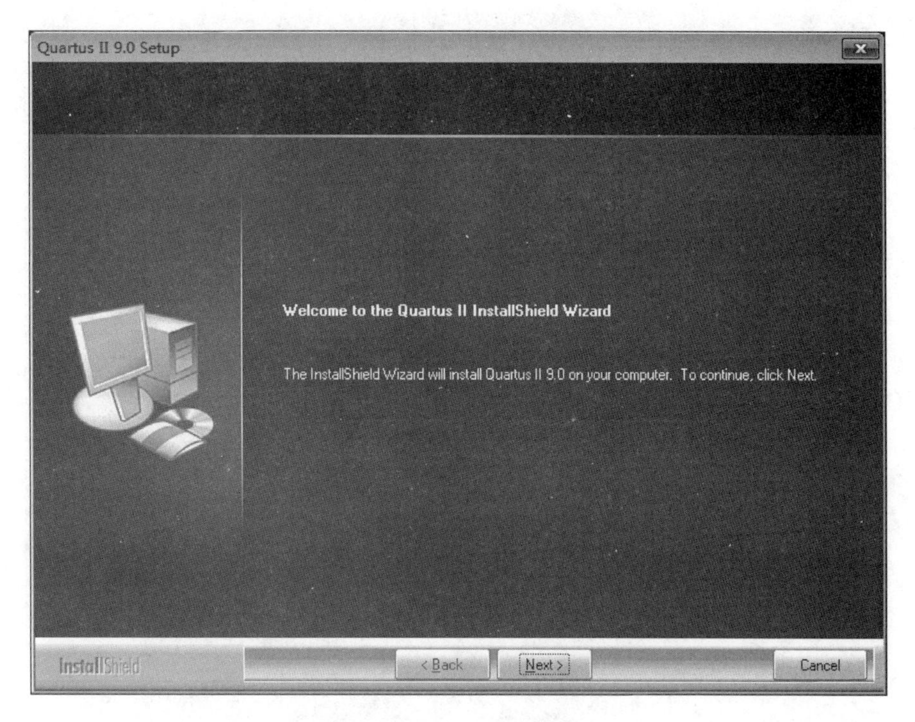

图 4.5 Quartus Ⅱ安装界面

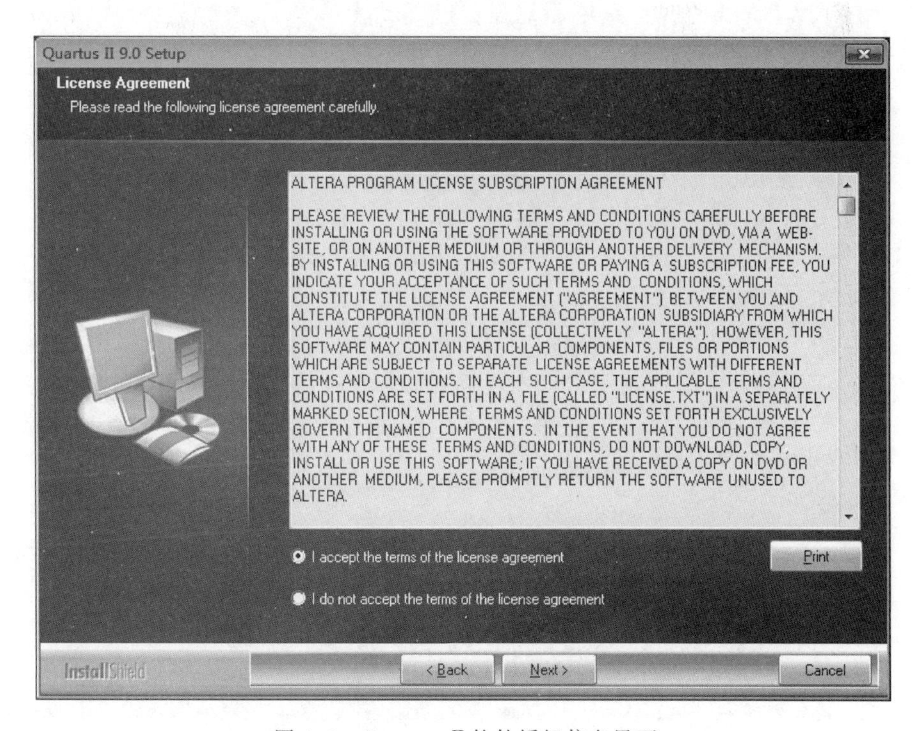

图 4.6 Quartus Ⅱ软件授权信息界面

(3) 接下来设置安装路径,可以保持默认安装路径(C:\altera\90),也可以设置自己想要安装的位置,但是安装路径中不能含有中文路径。设置界面如图 4.7 所示。

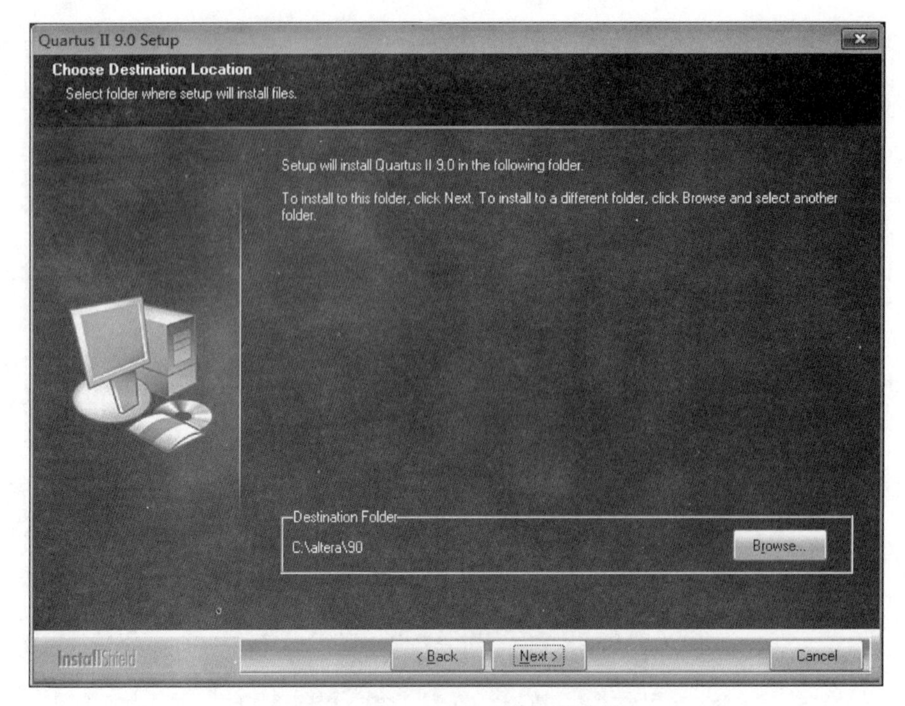

图 4.7 Quartus Ⅱ安装路径设置

(4) 接下来勾选需要的安装类型,这里选择 Complete,执行完全安装,如图 4.8 所示。

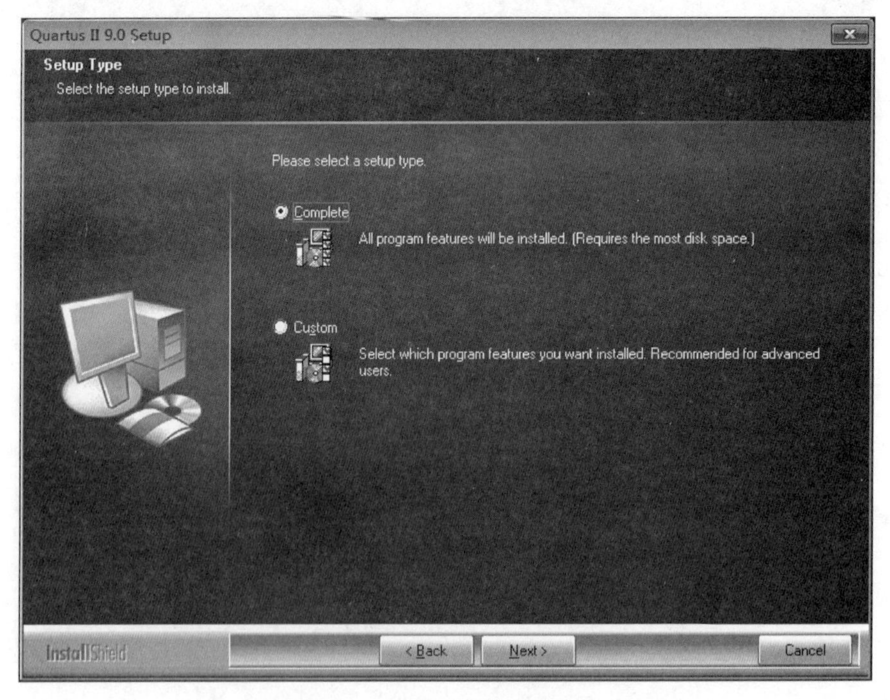

图 4.8 Quartus 安装类型选择

(5) 单击 Next 按钮,即可开始 Quartus Ⅱ软件的安装了。等待安装完成单击 Finish 按钮即可。

4.2.3 Quartus Ⅱ软件授权

1. 授权文件的安装

安装完 Quartus Ⅱ软件后，在首次运行它之前，还必须要有 Altera 公司提供的授权文件(license. dat)。

Altera公司对 Quartus Ⅱ软件的授权有两种形式：一种是 node-locked license (FIXEDPC)，另一种是 network license(FLOATPC、FLOATNET 或 FLOATLNX)。要正确安装 Quartus Ⅱ软件的授权文件，必须完成下面的步骤：

(1) 不论是 network license(多用户)还是 node-locked license(单用户)，Quartus Ⅱ软件都需要一个有效的、未过期的授权文件 license. dat。授权文件包括对 Altera 综合与仿真工具的授权，也包括 MAX+plus Ⅱ软件。

(2) 如果使用的是 network license(FLOATPC、FLOATNET 或 FLOATLNX)，需要对授权文件进行简单的改动，并且需要安装和配置 FLEXlm 授权管理服务器(FLEXlm license manager server)。

(3) 如果使用的是 node-locked(FIXEDPC)授权，需要安装软件狗(Sentinel Software Guard)。

(4) 启动 QuartusⅡ软件。

(5) 指定授权文件(license. dat)的位置。

2. 申请授权文件

首次启动 Quartus Ⅱ软件，如果软件不能检测到一个有效的授权文件，则将给出 3 种选择：执行 30 天的评估版模式、从 Altera 网站自动提取授权以及指定一个有效授权文件的正确位置。如果用户已经有了 Altera 提供的下面的信息，则可以通过网站 www. altera. com 中的 Licensing 部分得到一个 ASCII 授权文件 license. dat：

(1) 购买 Quartus Ⅱ开发系统时提供的一个 6 位数的 Altera ID。

(2) 序列码，下面的形式之一：对于 network license(多用户)版本，序列码以大写字母 G 开头，后面紧跟 5 个数字(Gxxxxx)；对于 node-locked license(单用户)版本，序列码直接标注在软件狗(Software Guard)上，以大写字母 T 开头(Txxxxxxxxx)。

(3) 网络接口卡(NIC)号。可以通过 Quartus Ⅱ软件查看 NIC 号，打开 Quartus Ⅱ软件 Tools 菜单栏下的 License Setup。

打开后其中会发现多个 NIC 号，我们这里记下第一个即可。

根据上面的信息，即可通过下面的步骤获得授权文件：

(1) 打开 IE 浏览器，在地址输入栏中输入 www. altera. com/licensing，即可进入 Altera 软件授权主页。

(2) 如果使用的是 node-locked license(单用户)版本，选择 FIXEDPC 项；如果使用的是 network license(多用户)版本，选择 FLOATPC、FLOATNET 或 FLOATLNX 项。

(3) 根据要求填写信息。

(4) Altera 通过 E-mail 附件和文本两种方式给用户发送授权文件 license. dat。单用户版可以直接使用附件中的授权文件，网络版需要对授权文件进行简单的修改后才可以使用。图 4.9 给出了单用户版授权文件的一个简单样本。

图 4.9 Node-Locked(单用户)版授权文件

图 4.10 给出了 PC 网络版授权文件的一个简单样本。

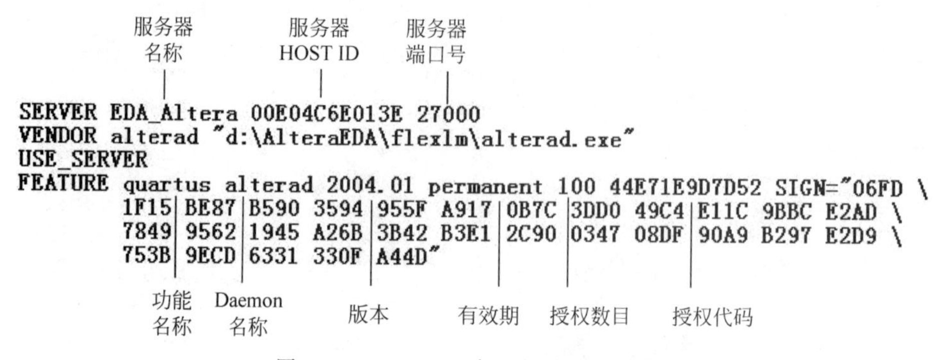

图 4.10 Network(多用户)版授权文件

3. 网络版授权文件的修改

在得到了网络版的授权文件 license.dat 以后，需要在授权文件中指定服务器名称、服务器端口号以及 Daemon 可执行文件所在的目录，授权文件中的服务器 HOST ID 是与申请授权文件时所提供的服务器的 NIC ID 对应的。多用户网络版授权文件前几行的内容如下(可能有多行 VENDOR)：

```
SERVER <hostname> 00E04C6E013E <port number>
VENDOR alterad <path to daemon executable>
USE_SERVER
```

其中的 HOST ID 是固定的，与 NIC ID 对应。

按照下面的步骤可修改授权文件：

(1) 在 license.dat 文件中，正确输入表 4.1 中所描述的变量内容。

表 4.1 网络版授权文件中需要修改的变量

变 量 名	描述及输入方法
<hostname>	服务器主机名，例如 EDA_Altera
<port number>	服务器 PC 上授权管理服务的端口号，可由用户指定，但不能和服务器上其他服务端口号相同，例如 27000
alterad <path to daemon executable>	Altera Vendor Daemon 可执行文件目录，例如\<Quartus Ⅱ安装目录>\bin\alterad.exe

(2) 以 .dat 为扩展名保存授权文件。

(3) 授权文件必须满足下面的条件：授权文件名必须以.dat 为扩展名，避免在文本编辑器中修改后保存为 license.dat.txt；授权文件中 FEATURE 行后面必须有回车换行；在 FEATURE 行后面，用“\”表示与下一行内容是连续的。

4. 在 Quartus Ⅱ软件中指定授权文件

上面的操作完成之后，可以通过下面的两种方法之一指定授权文件位置。

1) 在 Quartus Ⅱ软件中指定授权文件

在 Quartus Ⅱ软件中指定授权文件位置的操作步骤如下：

(1) 启动 QuartusⅡ软件。

(2) 同样选择 Tools 菜单栏下的 License Setup，在 License file 一栏中选中修改之后的 license.dat 文件所在的目录。也可以用< port >@< host >形式代替指定的授权文件目录，其中< host >表示授权文件所在服务器的主机名，< port >表示在 license.dat 中指定的端口号。

(3) 单击 OK 按钮退出。授权文件中所授权的所有 AMPP 和 MegaCore 功能都在 License Setup 页面上的“Licensed AMPP/MegaCore functions：”中列出。

2) 在 Windows 7、Windows XP 或 Windows 2000 控制面板的系统设置中指定授权文件

通过在 Windows 7、Windows XP 或 Windows 2000 控制面板中设置系统变量，也可以在 Quartus Ⅱ软件的外面指定授权文件的位置。

在 Windows2000 系统的控制面板中指定授权文件的操作步骤如下：

(1) 在开始菜单中选择“设置”→“控制面板”。

(2) 双击控制面板上的“系统”图标。

(3) 在“系统属性”对话框中单击“环境变量”标签。

(4) 单击系统变量列表，在变量框中输入 LM_LICENSE_FILE。

(5) 在变量值框中输入<驱动器名>：\flexlm\license.dat 或< port >@< host >格式(其中< host >和< port >分别是 license.dat 中指定的服务器主机名和端口号)。

(6) 单击“确定”按钮退出。

在 Windows7 或 Windows XP 系统控制面板中指定授权文件的操作步骤如下：

(1) 在开始菜单中选择“设置”→“控制面板”。

(2) 双击控制面板上的“系统”图标。

(3) 在“系统属性”对话框中单击“高级”标签，如图 4.11 所示。

(4) 在高级页面中单击“环境变量”按钮，如图 4.11 所示。

(5) 在“环境变量”对话框中，单击系统变量下的“新建”按钮，将显示“新建系统变量”对话框。

(6) 在变量名栏中输入 LM_LICENSE_FILE。

(7) 在变量值栏中输入<驱动器名>：\flexlm\license.dat 或< port >@< host >格式(其中< host >和< port >分别是 license.dat 中指定的服务器主机名和端口号)。

(8) 单击“确定”按钮退出。

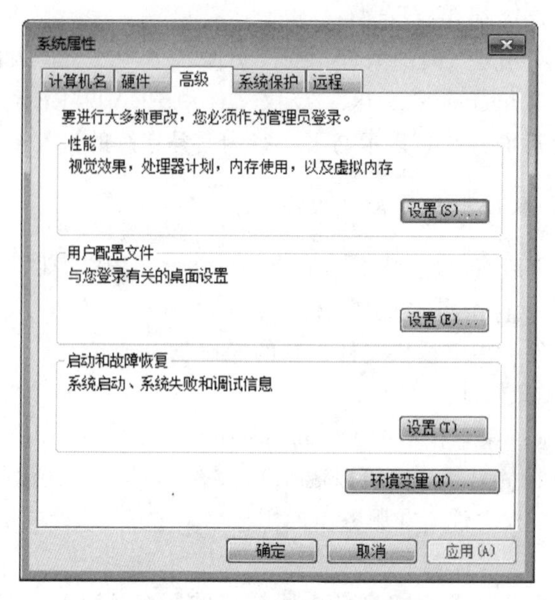

图 4.11 "系统属性"对话框

如果要在 Quartus Ⅱ软件中使用在控制面板系统设置中指定的 LM_LICENSE_FILE 设置,需要在 Options 对话框中的 License Setup 页面中选择"Use LM_LICENSE_FILE variable:"选项。

4.3 Quartus Ⅱ基本设计流程

Quartus Ⅱ是 Altera 公司推出的可编程逻辑元件的开发软件,由于其强大的设计能力和直观易用的接口,越来越受到数字系统设计者的欢迎。当前官方提供下载的最新版本是 v18.0。

Altera Quartus Ⅱ(3.0 和更高版本)设计软件是业界唯一提供 FPGA 和固定功能 HardCopy 元件统一设计流程的设计工具。工程师使用同样的低价位工具对 Stratix FPGA 进行功能验证和原型设计,又可以设计 HardCopy Stratix 元件用于批量成品。系统设计者现在能够用 Quartus Ⅱ软件评估 HardCopy Stratix 元件的性能和功耗,相应地进行最大吞吐量设计。

Altera 的 Quartus Ⅱ可编程逻辑软件属于第四代 PLD 开发平台。该平台支持一个工作组环境下的设计要求,其中包括支持基于 Internet 的协作设计。Quartus 平台与 Cadence、ExemplarLogic、MentorGraphics、Synopsys 和 Synplicity 等 EDA 供应商的开发工具相兼容。改进了软件的 LogicLock 模块设计功能,增添了 FastFit 编译选项,推进了网络编辑性能,而且提升了调试能力。

4.3.1 创建工程

首先建立工作库文件夹,以便存储工程项目设计文件。

任何设计都是一个工程(project),因此需要首先为此工程建立一个文件夹,即工作库。工程文件夹的名称通常与顶层文件名相同。一般来说,不同的设计项目最好放在不同的文件夹中,而同一工程的所有文件必须放在同一文件夹中。

注意:文件夹命名原则与文件命名原则相同,最好用英文名字,名字中可以包含数字,但是必须要以英文字母开头。

(1) 首先需要创建工程,双击 Quartus Ⅱ的图标,启动 Quartus Ⅱ软件,如图 4.12 所示。

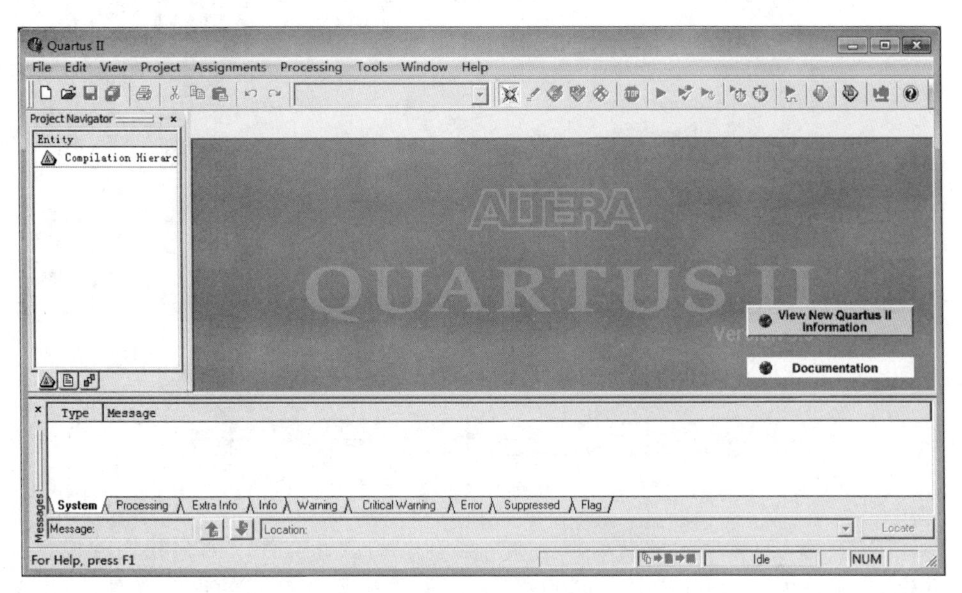

图 4.12 Quartus Ⅱ启动界面

(2) 选择 File→New Project Wizard...命令启动新项目向导,如图 4.13 所示。

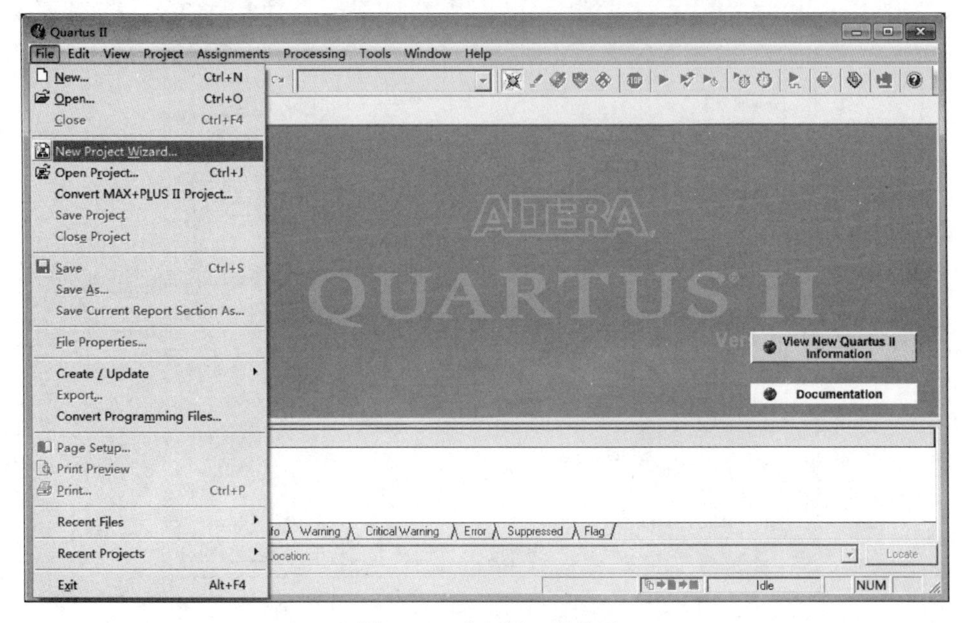

图 4.13 建立新工程界面

(3) 在 What is the working directory for this project 栏目中设定新项目所使用的路径；在 What is the name of this project 栏目中输入新项目的名字(这里以 mux21 为例)，单击 Next 按钮，如图 4.14 所示。

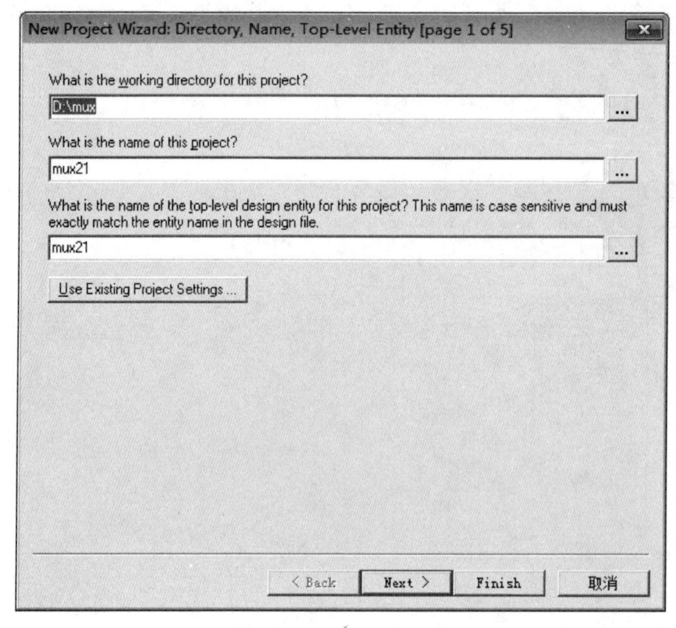

图 4.14 设置工程名及工程路径

(4) 在这一步，向导要求向新项目中加入已存在的设计文件。因为我们的设计文件还没有建立，所以单击 Next 按钮，跳过这一步。如果想添加已有的设计文件，可以单击图标选择添加已经存在的设计文件，如图 4.15 所示。

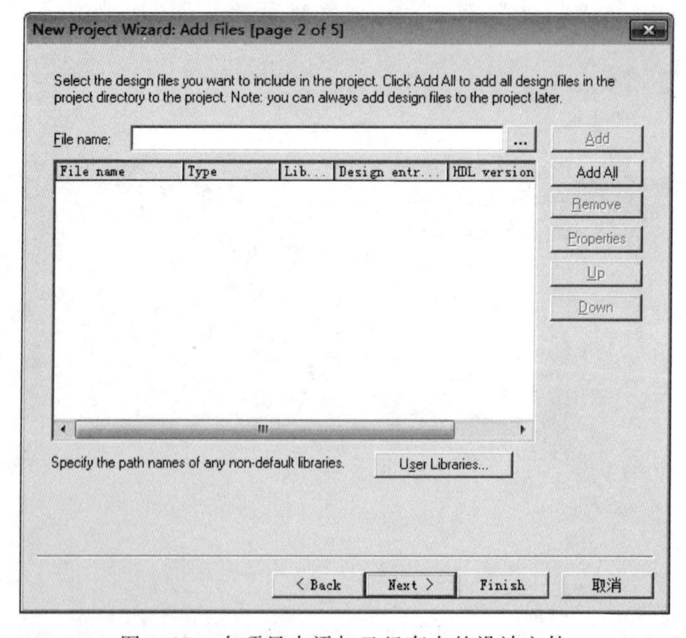

图 4.15 在项目中添加已经存在的设计文件

(5) 选择元件的型号。如图 4.16 所示。Family 栏目设置为 Cyclone Ⅱ，选中 Specific device selected in ‘Available devices’ list 选项，在 Available device 窗口中选中所使用元件的具体型号，这里以 EP2C8Q208I8 为例。单击 Next 按钮。

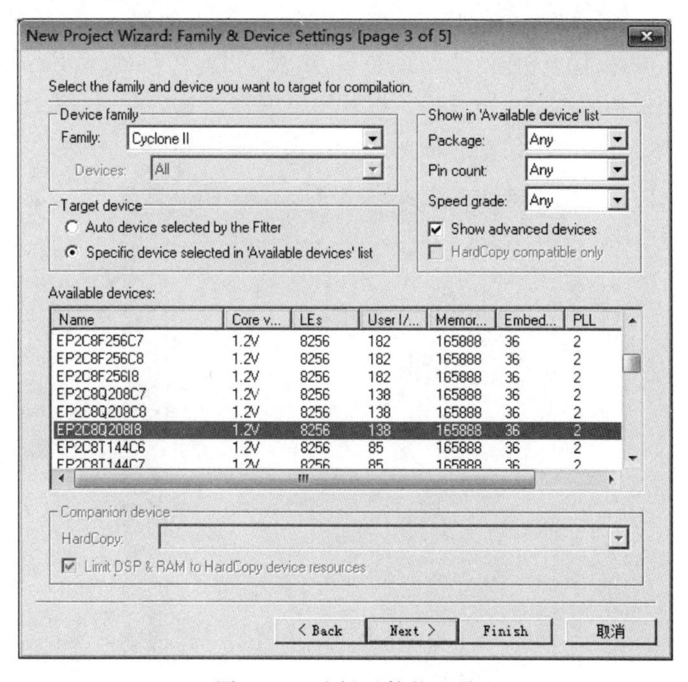

图 4.16　选择元件的型号

(6) 确认相关设置，单击 Finish 按钮，完成新项目创建，如图 4.17 所示。

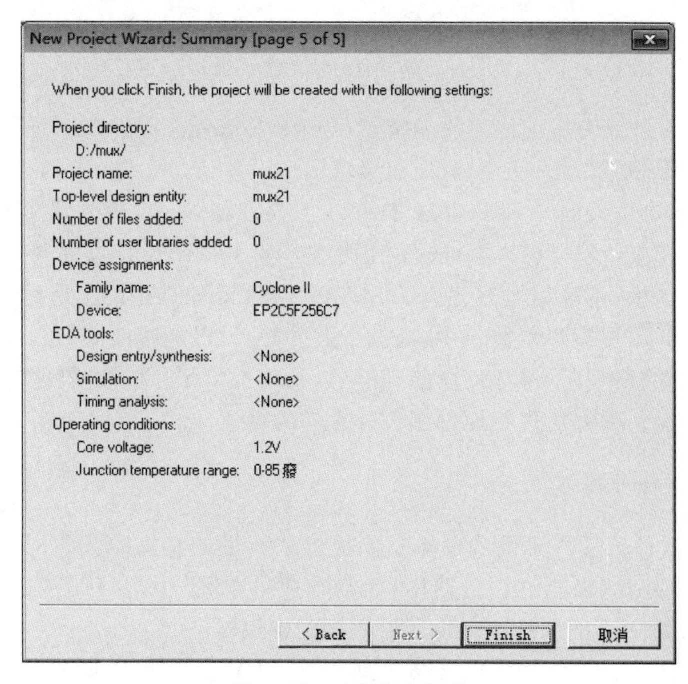

图 4.17　工程信息汇总

4.3.2 建立图形设计文件

在创建好设计工程以后，选择 File→New...命令，弹出如图 4.18 所示的新建设计文件选择窗口。创建图形设计文件，选择 New 对话框中 Design Files 页下的 Block Diagram/Schematic File，单击 OK 按钮，打开图形编辑器对话框，如图 4.19 所示，图中标明了每个按钮的功能，这些按钮在后面的设计中会经常用到。

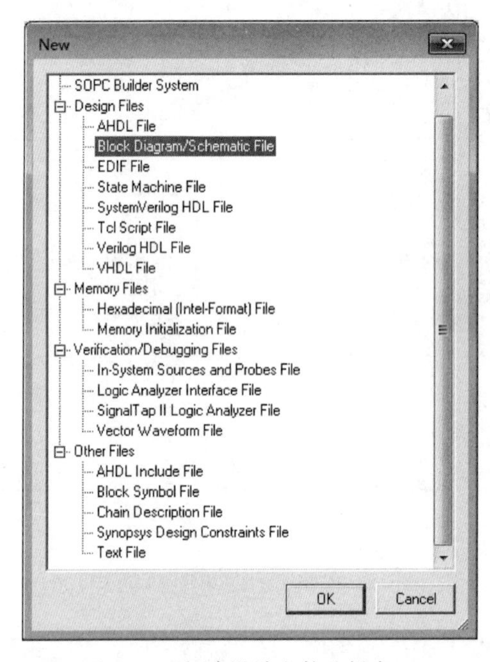

图 4.18 新建设计文件选择窗口

Quartus Ⅱ图形编辑器也称为块编辑器(Block Editor)，用于以原理图(Schematics)和结构图(Block Diagrams)的形式输入和编辑图形设计信息。Quartus Ⅱ的块编辑器可以读取并编辑结构图设计文件(Block Design Files)和 MAX＋plus Ⅱ图形设计文件(Graphic Design Files)。可以在 Quartus Ⅱ软件中打开图形设计文件并将其另存为结构图设计文件。在这里，用块编辑器替代了 MAX＋plus Ⅱ软件中的图形编辑器。

在 Quartus Ⅱ图形编辑器窗口中，根据个人爱好，可以随时改变 Block Editor 的显示选项，如导向线和网格间距、橡皮筋功能、颜色以及基本单元和块的属性等。

可以通过下面几种方法进行原理图设计文件的输入。

1. 基本单元符号输入

Quartus Ⅱ软件为实现不同的逻辑功能提供了大量的基本单元符号和宏功能模块，设计者可以在原理图编辑器中直接调用，如基本逻辑单元、中规模元件以及参数化模块(LPM)等。可按照下面的方法调入单元符号到图形编辑区。

(1) 在图 4.19 所示的图形编辑器窗口的工作区中双击鼠标左键，或单击图中的“符号工具”按钮，或选择 Edit→Insert Symbol...命令，则弹出如图 4.20 所示的 Symbol 对话框。

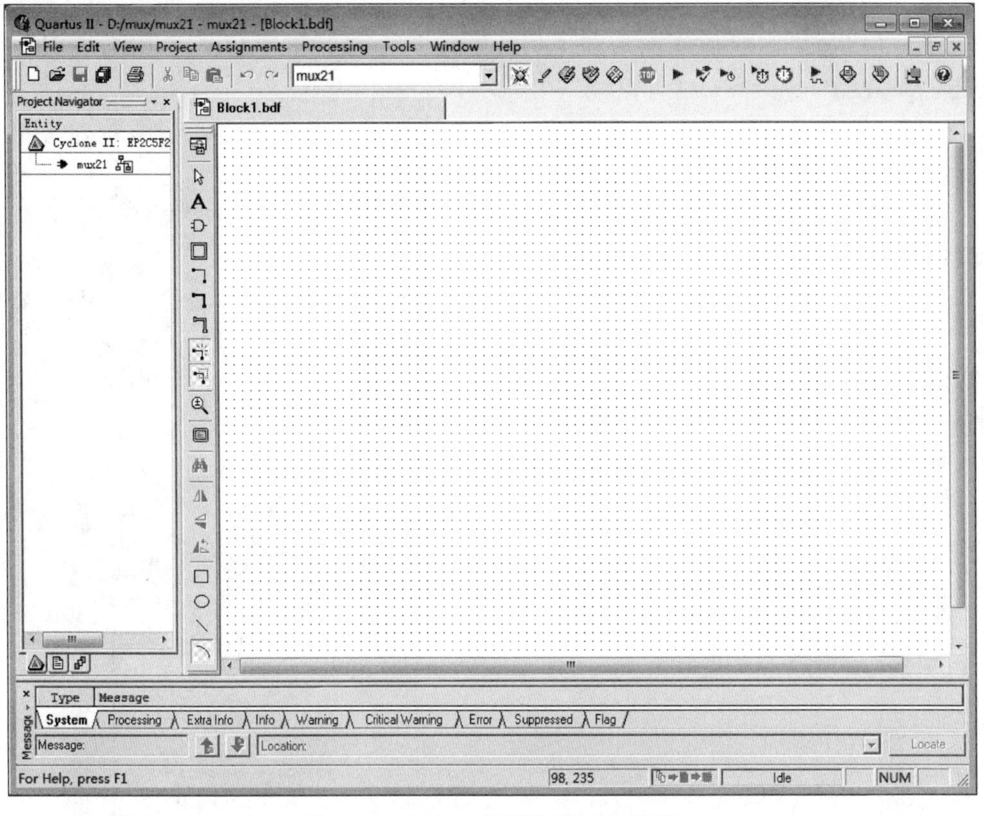

图 4.19　QuartusⅡ图形编辑器对话框

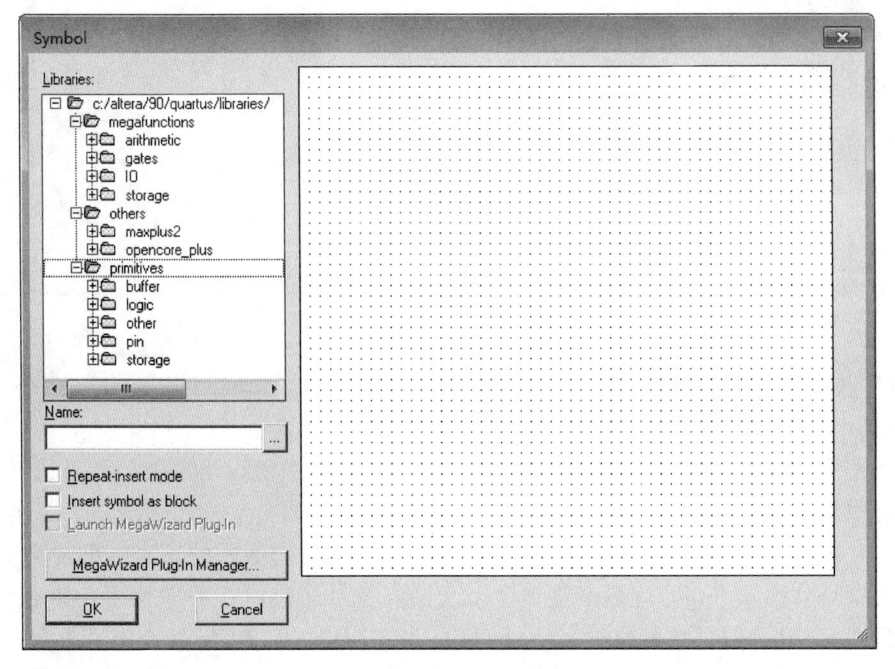

图 4.20　Symbol 对话框

兆功能函数(megafunctions)库中包含很多种可直接使用的参数化模块,当选择兆功能函数库时,如果同时使能图中标注的兆功能函数实例化复选框,则软件自动调用MegaWizard Plug-In Manager功能。

其他(others)库中包括与MAX+plus Ⅱ软件兼容的所有中规模元件,如74系列的符号。

基本单元符号(primitives)库中包含所有的Altera基本图元,如逻辑门、输入/输出端口等。

(2) 单击单元库前面的加号(+),直到使所有库中的图元以列表的方式显示出来;选择所需要的图元或符号,该符号显示在Symbol对话框的右边;单击OK按钮,所选择符号将显示在图4.20的图形编辑工作区域,在合适的位置单击鼠标左键放置符号。重复上述两步,即可连续选取库中的符号。

如果要重复选择某一个符号,可以在图4.21中选中重复输入复选框,选择一个符号以后,可以在图形编辑区重复放置。

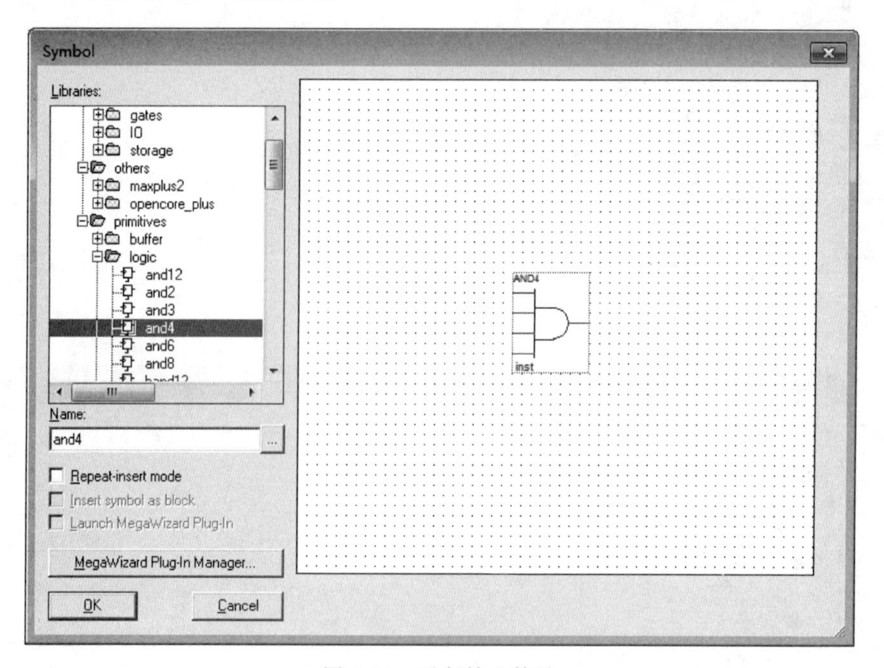

图4.21 重复输入符号

(3) 要输入74系列的符号,方法与(2)相似,选择其他(others)库,点开maxplus2列表,从其中选择所要的74系列符号。

当选择其他库或兆功能函数库中的符号时,图4.22中的以块形式插入复选框有效。如果选中该复选框,则插入的符号以图形块的形状显示,如图4.22所示。

(4) 如果知道图形符号的名称,可以直接在Symbol对话框的符号名称栏中输入要调入的符号名称,Symbol对话框将自动打开输入符号名称所在的库列表。如直接输入74161,则Symbol对话框将自动定位到74161所在库中的列表,如图4.22所示。

(5) 图形编辑器中放置的符号都有一个实例名称(如inst1,可以简单理解为一个符号的多个副本项的名称),符号的属性可以由设计者修改。在需要修改属性的符号上右

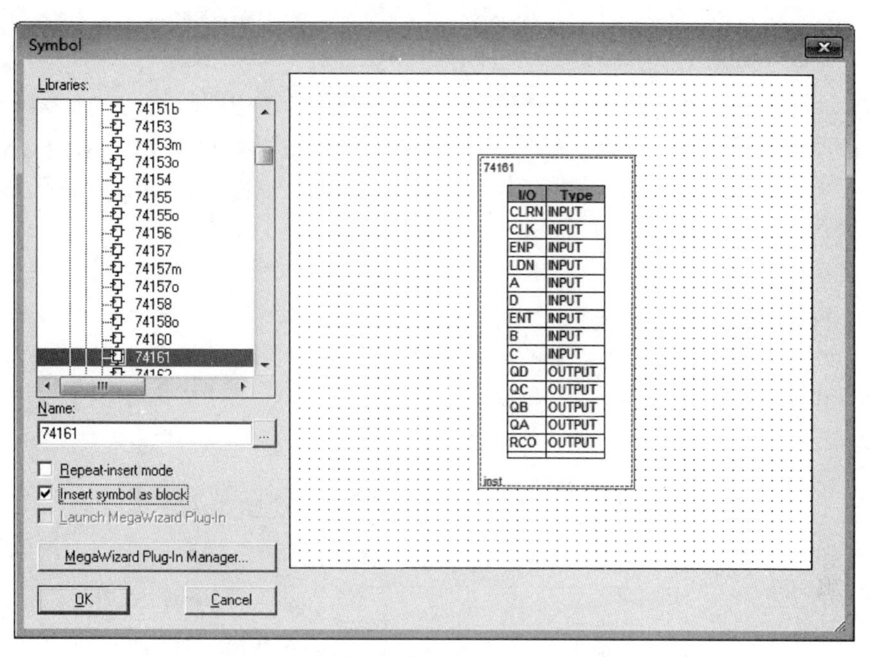

图 4.22 选择以块形式插入复选框

击，在弹出的下拉菜单中选择 Properties 项，则弹出符号属性对话框，如图 4.23 所示。在 General 选项卡可以修改符号的实例名；在 Ports 选项卡可以对端口状态进行修改；在 Parameters 选项卡可以对参数化模块的参数进行设置；在 Format 选项卡可以修改符号的显示颜色等。

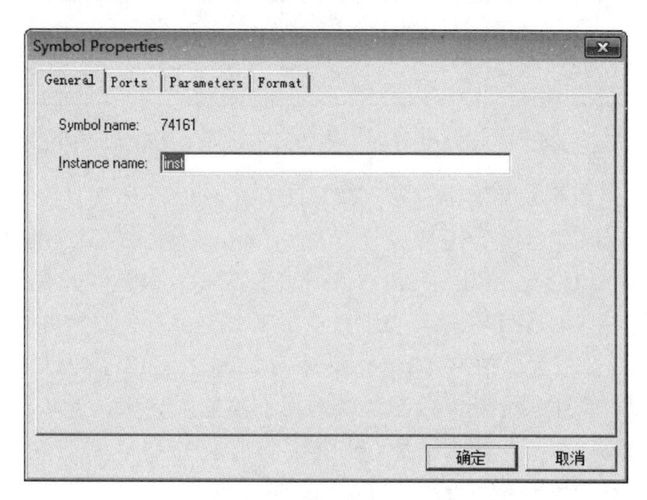

图 4.23 符号属性对话框

2. 图形块输入(Block Diagram)

图形块输入也可以称为结构图输入，是自顶向下(Top-Down)的设计方法。设计者首先根据设计结构的需要，在顶层文件中画出图形块(或元件符号)，然后在图形块上输入端口和参数信息，用连接器(信号线或总线、管道)连接各个组件。输入结构图的操作步骤如下：

(1) 建立一个新的图形编辑窗口。

(2) 选择工具条上的块工具，在图形编辑区中拖动鼠标画图形块；在图形块上右击，选择下拉菜单的 Block Properties 项，弹出块属性对话框，如图 4.24 所示。块属性对话框中也有 4 个选项卡，除 I/Os 选项卡外，其他选项卡的内容与图 4.23 中的符号属性对话框相同。

块属性对话框中的 I/Os 选项卡需要设计者输入块的端口名和类型。如图 4.24 所示，以 dataA 为输入端口，单击右上角的 Add 按钮，将此端口加入到 Existing Block I/Os 列表框中。同理设置 reset、clk 为输入端口，dataB、ctrl1 为输出端口，addrA、addrB 为双向端口。在 General 选项卡中将图形块名称改为 Block_A。单击“确定”按钮完成图形块属性设置。

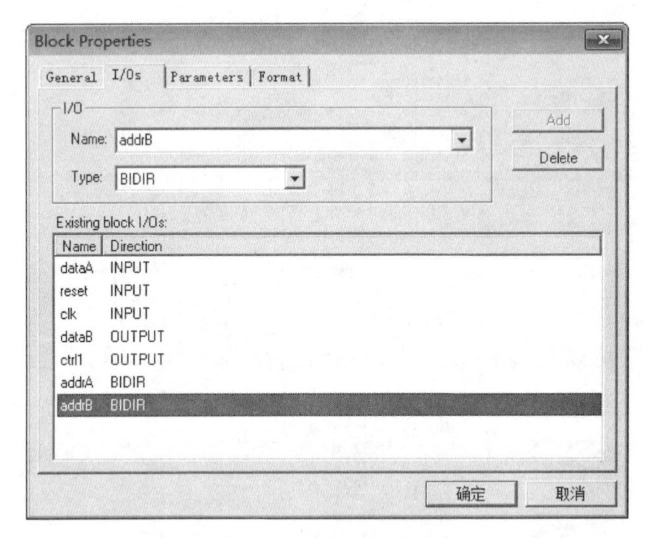

图 4.24 块属性对话框

(3) 为每个图形块生成硬件描述语言(HDL)或图形设计文件。在生成图形块的设计文件之前，首先应保存当前的图形设计文件为.bdf 类型。在某个图形块上右击，从下拉菜单中选择 Create Design File from Selected Block...项，从弹出的对话框中选择生成的文件类型(AHDL、VHDL、Verilog HDL 或原理图 Schematic)，并确定是否要将该设计文件添加到当前的工程文件中，如图 4.25 所示。单击 OK 按钮，Quartus Ⅱ 自动生成包含指定模块端口声明的设计文件，设计者即可在功能描述区设计该模块的具体功能。

如果在生成模块的设计文件以后，对顶层图形块的端口名或端口数进行了修改，Quartus Ⅱ 可以自动更新该模块的底层设计文件。在修改后的图形块上右击，在下拉菜单中选择 Update Design File from Selected Block...项，在弹出的对话框中选择“是(Y)”按钮，Quartus Ⅱ 即可对生成的底层文件端口自动更新。

3. 使用 MegaWizard Plug-In Manager 进行宏功能模块的实例化

MegaWizard Plug-In Manager 可以帮助设计者建立或修改包含自定义宏功能模块变量的设计文件，然后可以在自己的设计文件中对这些模块进行实例化。这些自定义的宏功能模块变量基于 Altera 提供的宏功能模块，包括 LPM(Library Parameterized Megafunction)、MegaCore(例如 FFT、FIR 等)和 AMMP(Altera Megafunction Partners Program，例如 PCI、DDS 等)。MegaWizard Plug-In Manager 运行一个向导，帮助设计者轻松地指定自定义宏功能模块变量选项。该向导用于为参数和可选端口设置数值。

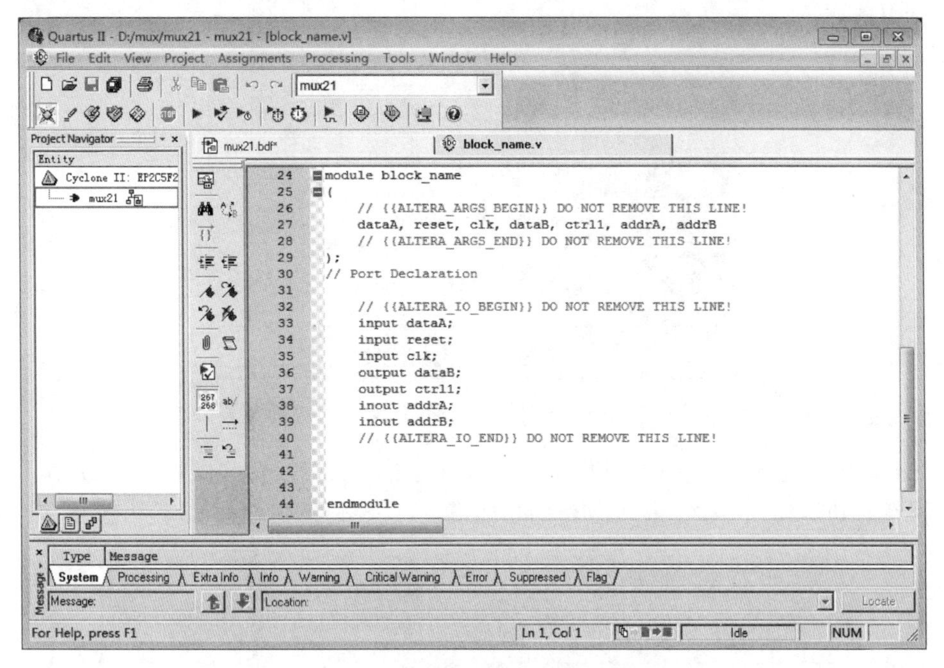

图 4.25 生成图形块设计文件

在 Tools 菜单中选择 MegaWizard Plug-In Manager...项，或直接在原理图设计文件的 Symbol 对话框(图 4.21)中单击 MegaWizard Plug-In Manager...按钮都可以在 Quartus Ⅱ软件中打开 MegaWizard Plug-In Manager 向导，也可以直接在命令提示符下输入 qmegawiz 命令，实现在 Quartus Ⅱ软件之外使用 MegaWizard Plug-In Manager。表 4.2 列出了 MegaWizard Plug-In Manager 生成自定义宏功能模块变量同时产生的文件。

表 4.2 MegaWizard Plug-In Manager 生成的文件

文 件 名	描 述
<输出文件>.bsf	图形编辑器中使用的宏功能模块符号
<输出文件>.cmp	VHDL 组件声明文件(可选)
<输出文件>.inc	AHDL 包含文件(可选)
<输出文件>.tdf	AHDL 实例化的宏功能模块包装文件
<输出文件>.vhd	VHDL 实例化的宏功能模块包装文件
<输出文件>.v	Verilog HDL 实例化的宏功能模块包装文件
<输出文件>_bb.x	Verilog HDL 实例化宏功能模块包装文件中端口声明部分(称为 Hollow body 或 Black box)，用于在使用 EDA 综合工具时指定端口方向
<输出文件>_inst.tdf	宏功能模块包装文件中子设计的 AHDL 实例化示例(可选)
<输出文件>_inst.vhd	宏功能模块包装文件中实体的 VHDL 实例化示例(可选)
<输出文件>_inst.v	宏功能模块包装文件中模块的 Verilog HDL 实例化示例(可选)

在 Quartus Ⅱ软件中使用 MegaWizard Plug-In Manager 对宏功能模块进行实例化的步骤如下：

(1) 选择 Tools→MegaWizard Plug-In Manager...命令，或直接在原理图设计文件的 Symbol 对话框(图 4.21)中单击 MegaWizard Plug-In Manager...按钮，则弹出如图 4.26 所示的对话框。

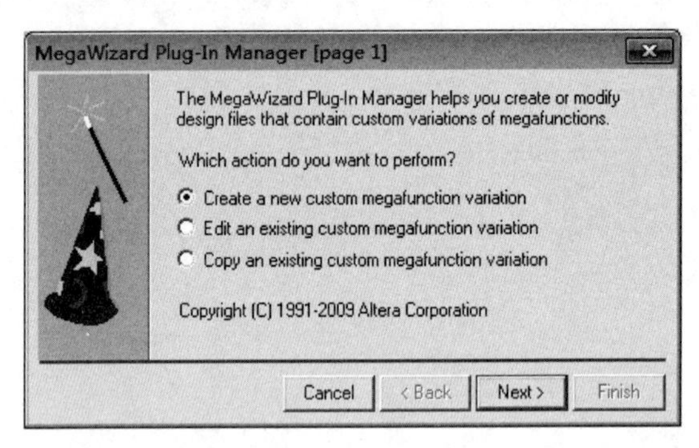

图 4.26　MegaWizard Plug-In Manager 向导对话框首页

(2) 选择创建新的宏功能模块变量选项，单击 Next 按钮，则弹出如图 4.27 所示的对话框。在宏功能模块库中选择要创建的功能模块，选择输出文件类型，输入输出文件名。

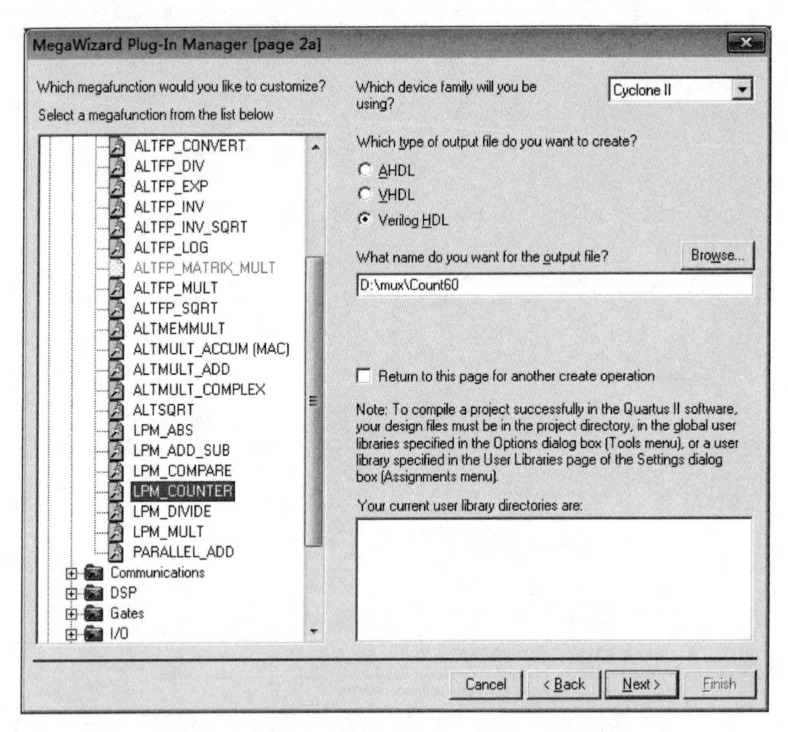

图 4.27　MegaWizard Plug-In Manager 向导对话框宏功能模块选择页面

(3) 单击 Next 按钮，根据需要，依次设置宏功能模块的参数，如输出位数、计数器模值、计数方向、使能输入端、进位输出端以及预置输入等选项，最后单击 Finish 按钮完成宏功能模块的实例化。

在第(3)步中,随时可以单击对话框中的 Documentation...按钮查看所建立的宏功能模块的帮助内容,并可以随时单击 Finish 按钮完成宏功能模块的实例化,此时后面的参数选择默认设置。

(4) 在图形编辑器窗口中调用创建的宏功能模块变量。

除了按照上面的方法直接调用 MegaWizard Plug-In Manager 向导外,还可以在图形编辑器中的 Symbol 对话框中选择宏功能函数(Megafunctions)库,直接设置宏功能模块的参数,实现宏功能模块的实例化,如图 4.28 所示。单击 OK 按钮,在图形编辑器中调入所选宏功能模块,如图 4.28 所示。模块的右上角是参数设置框(在 View 菜单中选择 Show Parameter Assignments),在参数设置框上双击鼠标左键,弹出模块属性对话框。在宏功能模块属性对话框中,可以直接设置端口和参数。

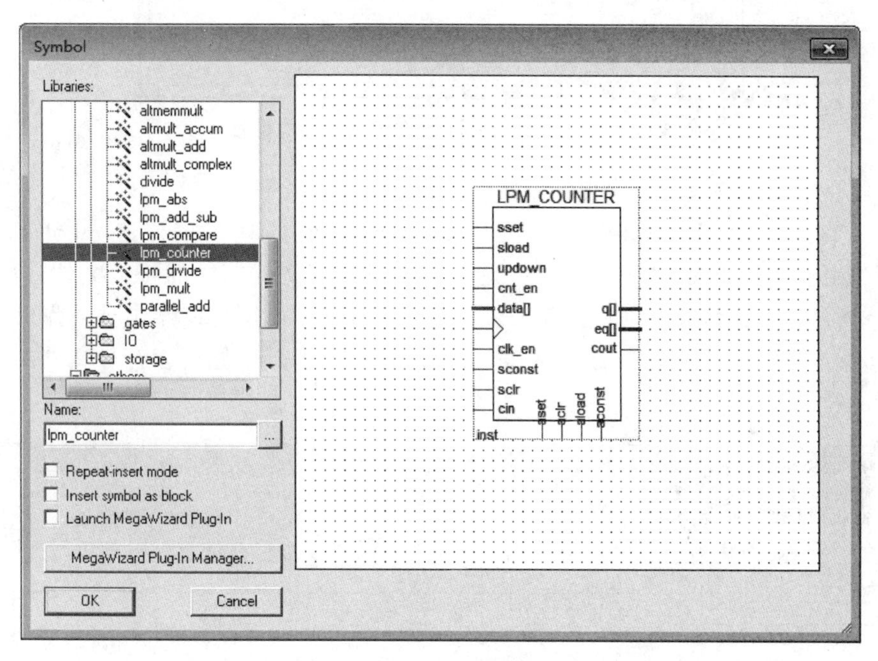

图 4.28　选择宏功能函数库

在图 4.29 所示的模块属性对话框中,可以直接在 Ports 选项卡中设置端口的状态(Unused、Used),设置为 Unused 的端口将不再显示；在 Parameters 选项卡中可以指定参数,如计数器模值、I/O 位数等,设置的参数将在参数设置框中显示出来。

Quartus Ⅱ软件在综合期间,将以下逻辑映射到宏功能模块：计数器、加法器/减法器、乘法器、乘法累加器和乘法-加法器、RAM 和移位寄存器。

4. 从设计文件创建模块

前面讲过从图形块生成底层的设计文件,在层次化工程设计中,也经常需要将已经设计好的工程文件生成一个模块符号文件(Block Symbol Files,.bsf)作为自己的功能模块符号在顶层调用,该符号就像图形设计文件中的任何其他宏功能符号一样可被高层设计重复调用。

在 Quartus Ⅱ中可以通过下面的步骤完成从设计文件到顶层模块的建立,这里假设

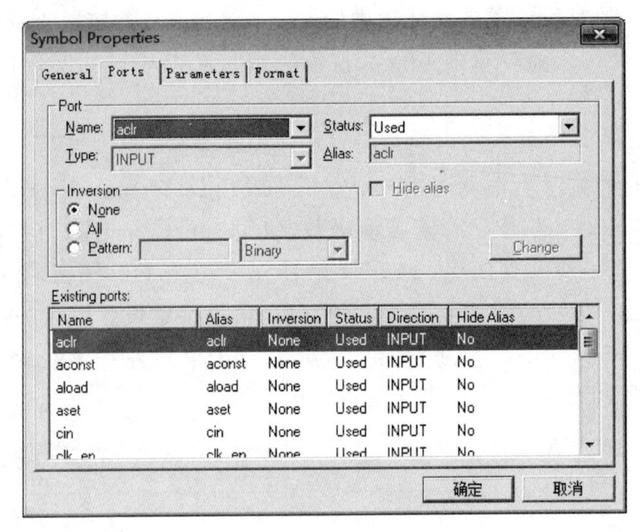

图 4.29　宏功能模块及其模块属性对话框

已经存在一个设计完成并经过保存检查没有错误的设计文件。

(1) 在 File 菜单中选择 Create/Update 项，进而选择 Create Symbol Files for Current File，单击“确定”按钮，即可创建一个代表现行文件功能的符号文件(.bsf)，如图 4.30 所示。如果该文件对应的符号文件已经建立过，则执行该操作时会弹出一个提示信息，询问是否要覆盖现存的符号文件，如果选择“是(Y)”，则现存符号文件的内容就会被新的符号文件覆盖。

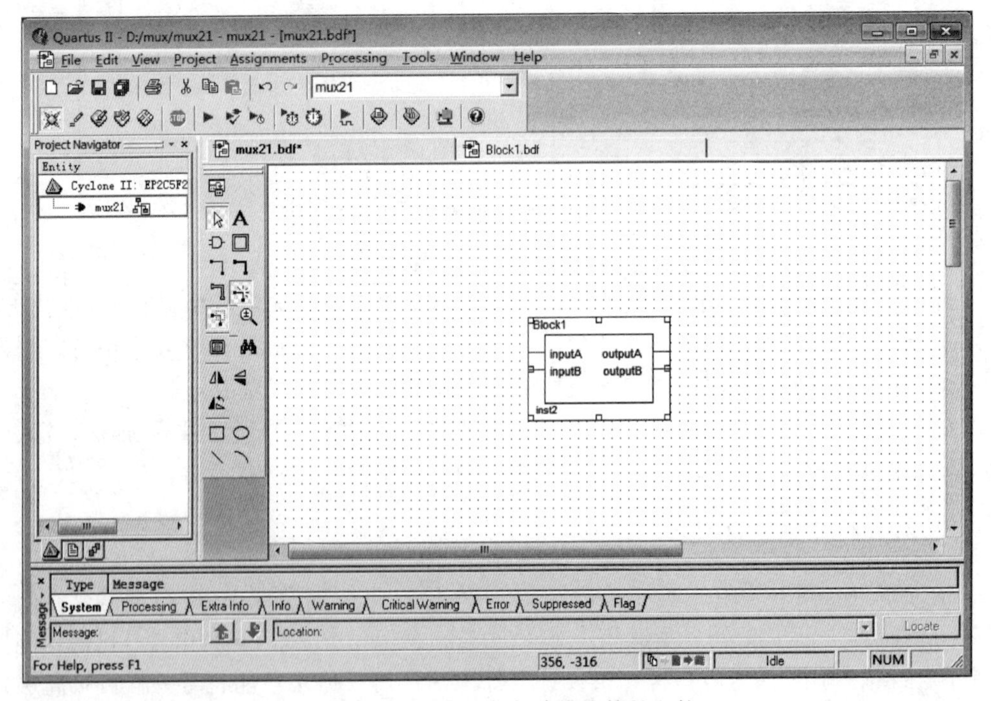

图 4.30　从现行文件创建模块符号文件

(2) 在顶层图形编辑器窗口打开 Symbol 对话框，在工程目录库中即可找到与设计文件同名的符号，单击 OK 按钮，调入该符号。

(3) 如果所产生的符号不能清楚表示符号内容，还可以使用 Edit 菜单下的 Edit Selected Symbol 命令对符号进行编辑，或在该符号上右击，选择 Edit Selected Symbol 命令，进入符号编辑界面，如图 4.31 所示。

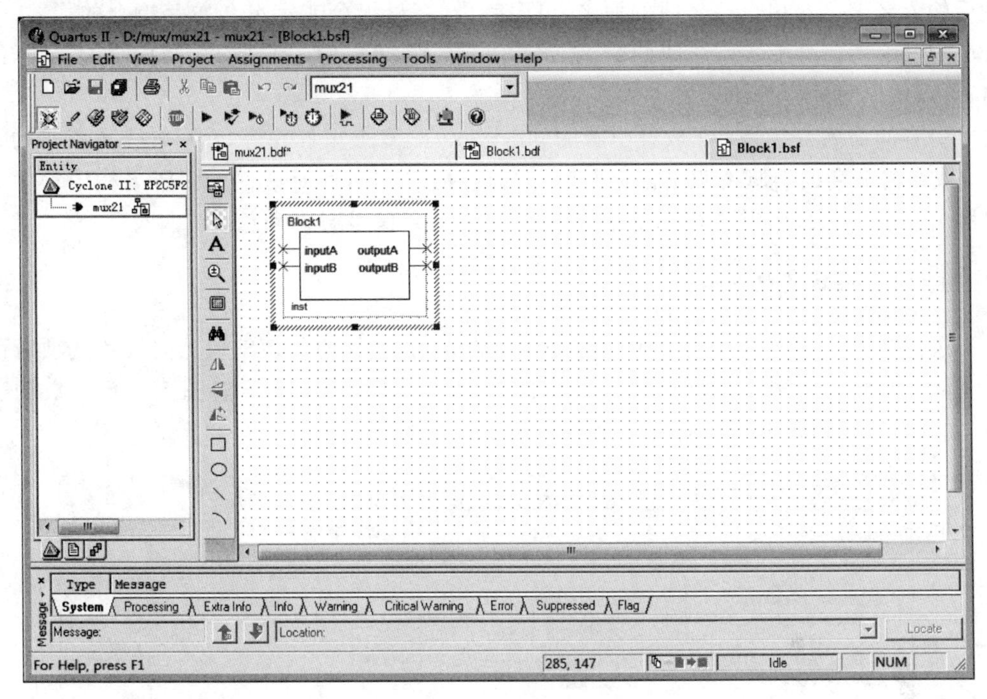

图 4.31　编辑模块符号

5. 建立完整的原理图设计文件(连线、加入输入/输出端口)

要建立一个完整的原理图设计文件，调入所需要的逻辑符号以后，还需要根据设计要求进行符号之间的连线，以及根据信号输入/输出类型放置输入、输出或双向引脚。

1) 连线

符号之间的连线包括信号线(Node Line)和总线(Bus Line)。如果需要连接两个端口，则将鼠标移动到其中一个端口上，这时鼠标指示符自动变为"十"形状，一直按住鼠标的左键并拖动鼠标到达第二个端口，放开左键，即可在两个端口之间画出一条连接线。Quartus Ⅱ软件会自动根据端口是单信号端口还是总线端口画出信号线或总线。在连线过程中，当需要在某个地方拐弯时，只需要在该处放开鼠标左键，然后再继续按下左键拖动即可。

2) 放置引脚

引脚包括输入(Input)、输出(Output)和双向(Bidir)3 种类型，放置方法与放置符号的方法相同，即在图形编辑窗口的空白处双击鼠标左键，在 Symbol 对话框的符号名框中输入引脚名，或在基本符号库(Primitive)的引脚(Pin)库中选择，单击 OK 按钮，对应的引脚就会显示在图形编辑窗口中。

要重复放置同一个符号,可以在 Symbol 对话框中选中重复输入复选框,也可以将鼠标放在要重复放置的符号上,按下 Ctrl 键和鼠标左键不放,此时鼠标右下角会出现一个加号,拖曳鼠标到指定位置,松开鼠标左键即可复制符号。

3) 为引线和引脚命名

引线的命名方法是:在需要命名的引线上单击鼠标左键,此时引线处于被选中状态,然后输入名字。对单个信号线的命名,可用字母、字母组合或字母与数字组合的形式,如 A0、A1、clk 等;对于 n 位总线的命名,可以采用 A[(n-1)..0]形式,其中 A 表示总线名,可以用字母或字母组合的形式表示。

引脚的命名方法是:在放置引脚的 pin_name 处双击鼠标左键,然后输入该引脚的名字;或在需命名的引脚上双击鼠标左键,在弹出的引脚属性对话框的引脚名栏中输入该引脚名。引脚的命名方法与引线命名一样,也分为单信号引脚和总线引脚。

6. 图形编辑器选项设置

选择 Tools→Options...命令,则弹出 Quartus Ⅱ软件的各种编辑器的设置选项对话框。从 Category 栏中选择 Block/Symbol Editor,可以根据需要设置图形编辑窗口的选项,如背景颜色、符号颜色、各种文字的字体以及网格控制等,如图 4.32 所示。

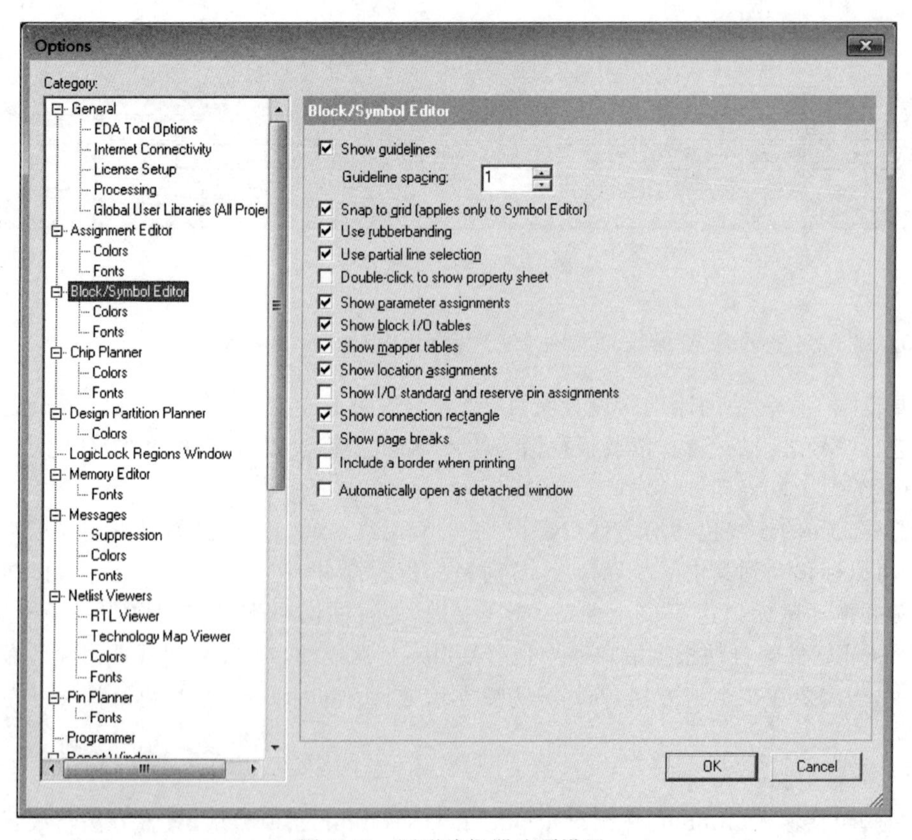

图 4.32　图形编辑器选项设置

7. 保存设计文件

设计完成后，需要保存设计文件或重新命名设计文件。选择 File 菜单中的 Save As...项，出现如图 4.33 所示的对话框；选择好文件保存目录，并在文件名栏内输入设计文件名。如需要将设计文件添加到当前工程中，则选择对话框下面的 Add file to current project 复选框，单击“保存”按钮即可保存文件。

图 4.33 另存为(Save As)对话框

4.3.3 建立文本编辑文件

1. 打开文本编辑器

在创建好一个设计工程以后，选择 File→New...命令，在弹出的新建设计文件选择窗口(如图 4.18 所示)中选择 Device Design Files 选项卡下的 AHDL File(或 Verilog HDL File、VHDL File)，单击 OK 按钮，将打开一个文本编辑器窗口。在新建的文本编辑器默认的标题名称上，可以区分所建立的文本文件是 AHDL 形式还是 Verilog HDL 或 VHDL 语言形式。如果前面选择的是 AHDL File，则标题名称为 Ahdl1. tdf；如果选择的是 Verilog HDL File，则标题名称为 Verilog1. v；如果选择的是 VHDL File，则标题名称为 Vhdl1. vhd，如图 4.34 所示。图中也标明了各个快捷按钮的功能，在 Edit 菜单下有同样功能的菜单命令。

2. 编辑文本文件

当对文本文件进行编辑时，文本编辑器窗口的标题名称后面将出现一个星号(*)，表明正在对当前文本进行编辑操作，存盘后星号消失。

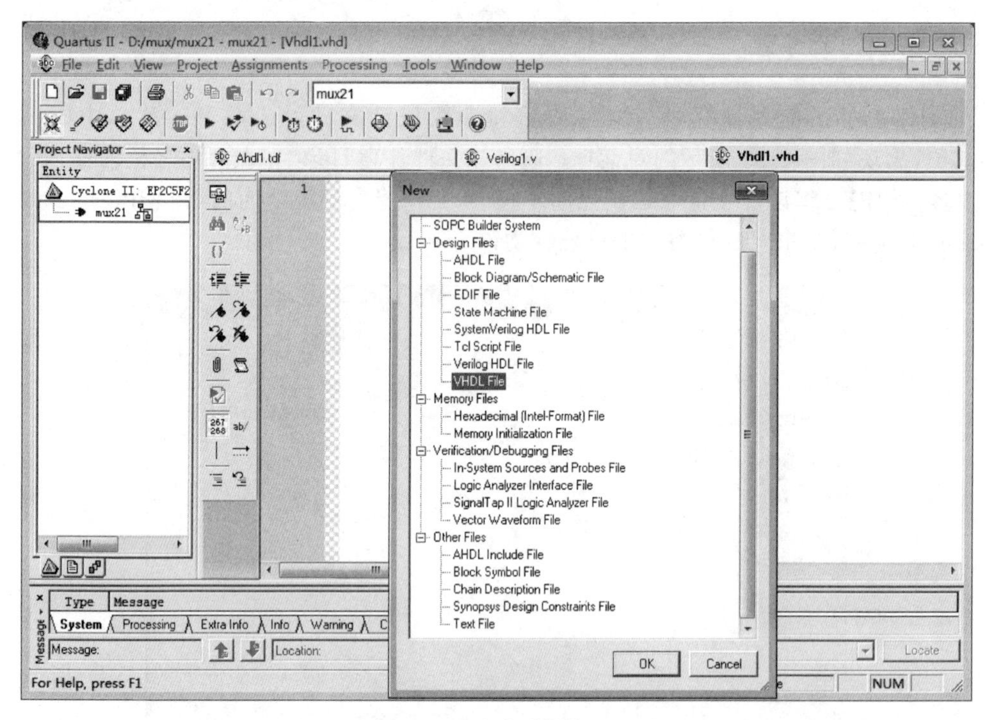

图 4.34　文本编辑窗口

在文本编辑中，可以直接利用 Quartus Ⅱ软件提供的模板进行语法结构的输入，方法如下：

（1）将鼠标放在要插入模板的文本行。

（2）在当前位置右击，在下拉菜单中选择 Insert Template…项，则弹出如图 4.35 所示的插入模板对话框。

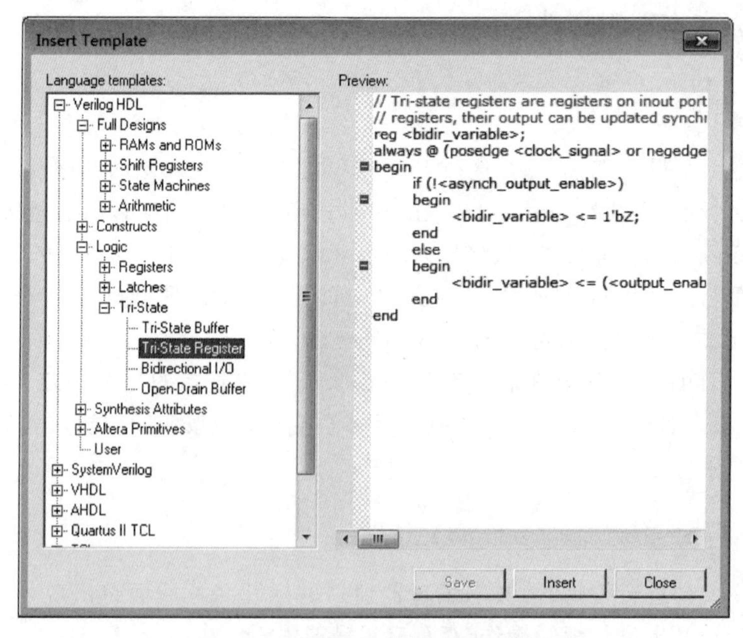

图 4.35　在文本编辑器中插入模板

Quartus Ⅱ软件会根据所建立的文本类型(AHDL、VHDL 或 Verilog HDL),在插入模板对话框中自动选择对应的语言模板。

(3) 在插入模板对话框的 Template Section 栏中选择要插入的语法结构,单击 OK 按钮确定。

(4) 编辑插入的文本结构。

3. 文本编辑器选项设置

在图 4.32 所示对话框中选择 Category 栏中的 Text Editor,则可以根据需要设置文本编辑窗口的选项,如文本颜色、字体等。

4. 保存文本设计文件

AHDL 语言的文件扩展名为.tdf,VHDL 语言的文件扩展名为 .vhd,Verilog HDL 语言的文件扩展名为 .v。

4.3.4 建立存储器编辑文件

1. 创建存储器初始化文件

创建存储器初始化文件的步骤如下:

(1) 选择 File→New...命令,在新建对话框中选择 Other Files 选项卡,从中选择 Memory Initialization File(MIF)文件格式,单击 OK 按钮;在弹出的对话框中输入字数和字长,单击 OK 按钮,如图 4.36 所示。

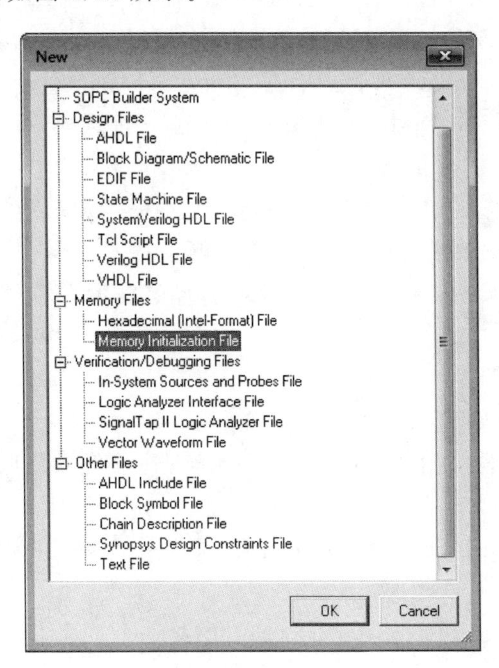

图 4.36 建立存储器初始化文件

(2) 打开存储器编辑窗口，如图 4.37 所示。

(3) 改变编辑器选项。

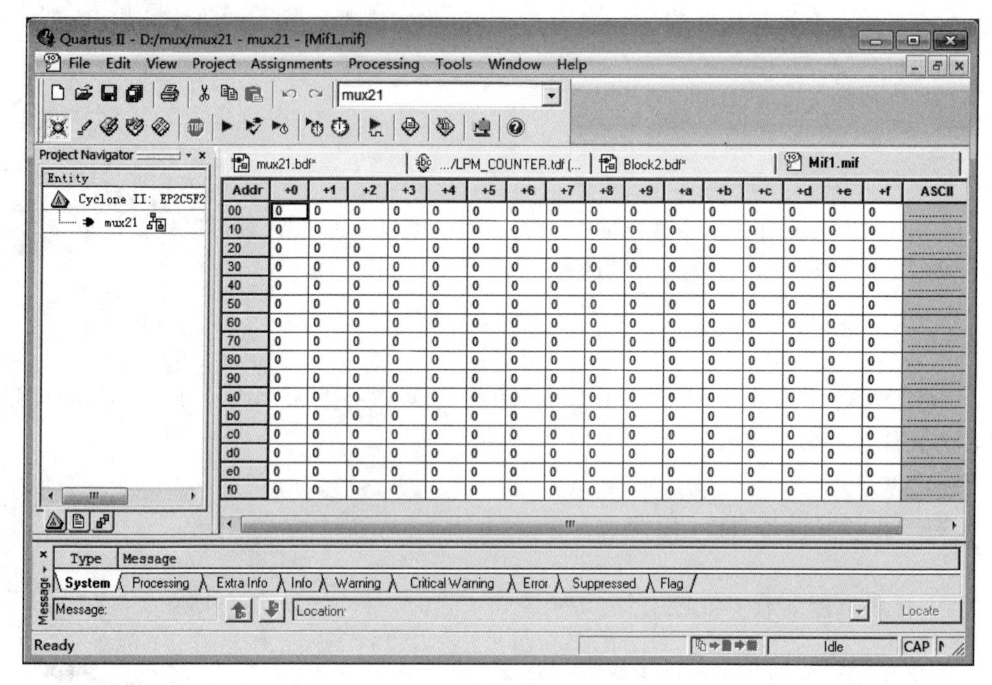

图 4.37　存储器编辑窗口

在 View 菜单中，选择 Cells Per Row 中的选项，可以改变存储器编辑窗口中每行显示的单元(字)数；选择 Address Radix 中的选项，有 Binary(二进制)、Hexadecimal(十六进制)、Octal(八进制)、Decimal(十进制)4 种选择，可以改变存储器编辑窗口中地址的显示格式；选择 Memory Radix 中的选项，有 Binary、Hexadecimal、Octal、Signed Decimal(有符号十进制)、Unsigned Decimal(无符号十进制)5 种选择，可以改变存储器编辑窗口中字的显示格式。

(4) 编辑存储器内容。在存储器编辑窗口中选择需要编辑的字，输入内容；或在选择的字上右击，在下拉菜单中选择 Value 中的一项。

(5) 保存文件。以 .hex 或 .mif 格式保存存储器编辑文件。

3. 设计实例

该实例的创建步骤如下：

(1) 创建一个存储器初始化文件，存储器内容是一个完整周期的正弦波信号，保存文件名为 my_rom.mif。

(2) 在 MegaWizard Plug-In Manager 向导界面中选择 LPM_ROM，输出模块名为 SinROM。

(3) 在 MegaWizard Plug-In Manager 向导的第一个页面中指定存储器字数为 1024，字宽为 8。

(4) 在 MegaWizard Plug-In Manager 向导的第三个页面中指定存储器初始化文件

为 my_rom.mif。

(5) 单击 Finish 按钮，生成 ROM 宏功能模块。

(6) 在一个新的图形编辑器中调入上面生成的 ROM 模块 SinROM。

(7) 利用 MegaWizard Plug-In Manager 向导创建一个 16 位加法器模块，选择 LPM_ADD_SUB，输出模块名输入 Adder。

在第一个页面中，指定加法器的位数为 16 位，在加/减法操作选择中选择加法。

连续单击 Next 按钮，直到第四个页面，在流水线(pipeline)功能中选择一个时钟周期后输出，单击 Finish 按钮生成加法器模块。

(8) 取加法器输出的高 10 位作为 ROM 的读地址输入。

(9) 调入输入、输出引脚，完成设计，如图 4.38 所示。

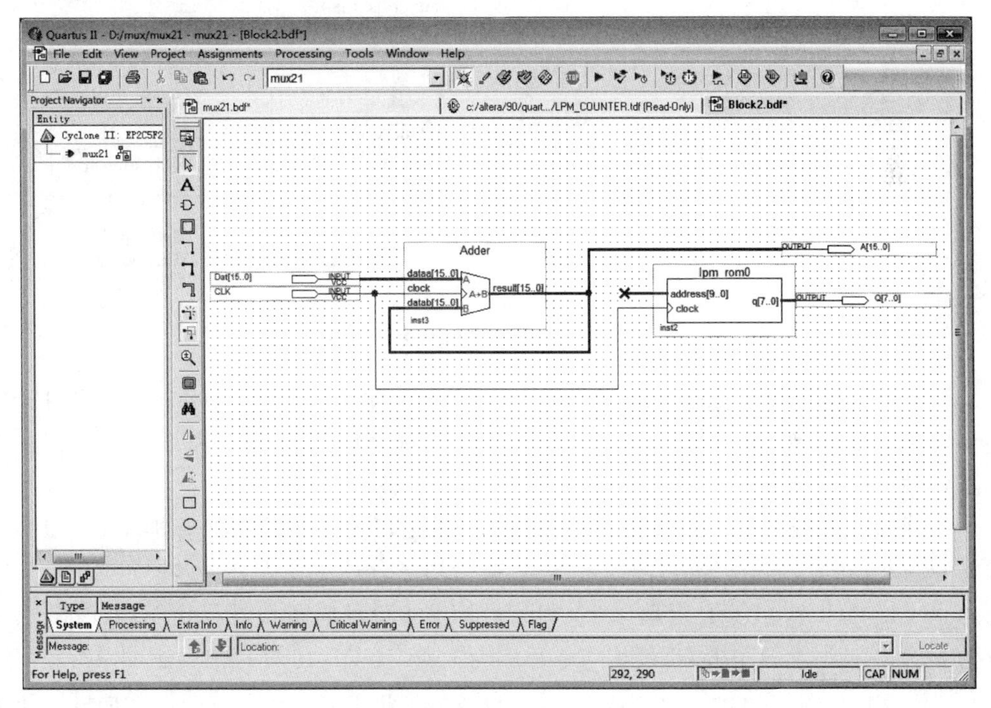

图 4.38 DDS 设计实例

4.4 设计项目的编译

4.4.1 设计综合

设计项目完成以后，可以使用 Quartus Ⅱ编译器中的分析综合模块(Analysis & Synthesis)分析设计文件和建立工程数据库。Analysis & Synthesis 使用 Quartus Ⅱ的集成综合支持(Integrated Synthesis Support)来综合 VHDL(.vhd)或 Verilog(.v)设计文件。Integrated Synthesis 是 Quartus Ⅱ软件包含的完全支持 VHDL 和 Verilog 硬件描述语言以及 AHDL 语言的集成综合工具，并提供了对综合过程进行控制的选项。用户喜欢的话，可以使用其他 EDA 综合工具综合 VHDL 或 Verilog HDL 设计文件，然后再生成可以与 Quartus Ⅱ软件配合使用的 EDIF 网表文件(.edf)或 VQM 文件(.vqm)。

Quartus Ⅱ软件的集成综合完全支持 Altera 原理图输入格式的模块化设计文件(.bdf),以及从 MAX+plus Ⅱ软件引入的图形设计文件(.gdf)。图 4.39 给出了综合设计流程。

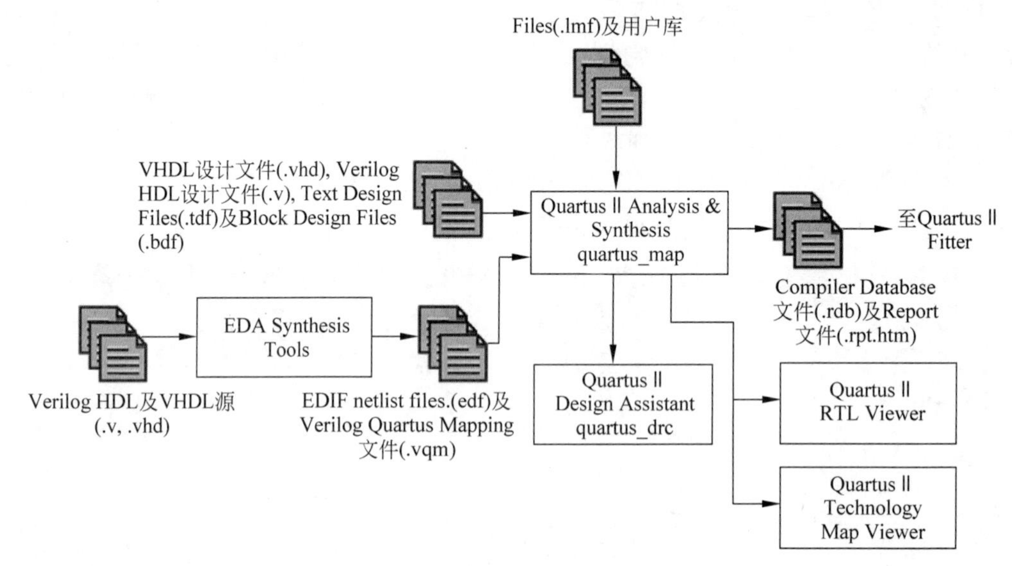

图 4.39　Quartus Ⅱ综合设计流程

图 4.39 中 quartus_map、quartus_drc 表示可执行命令文件,在 Quartus Ⅱ的 Tcl 控制台(选择 View→Utility Windows→Tcl Console 命令)或命令提示符下可以直接输入 quartus_map 命令运行分析综合(Analysis & Synthesis)。

Quartus Ⅱ Analysis & Synthesis 支持 Verilog 1995 标准(IEEE 标准 1364—1995)和大多数 Verilog 2001 标准(IEEE 标准 1364—2001),还支持 VHDL 1987(IEEE 标准 1076—1987)和 1993(IEEE 标准 1076—1993)标准。设计者可以选择使用的标准,默认情况下,Analysis & Synthesis 使用 Verilog 2001 和 VHDL 1993 标准。还可以指定库映射文件(.lmf),将非 Quartus Ⅱ函数映射到 Quartus Ⅱ函数。所有这些设置都可以在选择 Assignments→Settings...命令弹出的 Settings 对话框的 Verilog HDL Input 和 VHDL Input 页面中找到。

4.4.2　Quartus Ⅱ编译器窗口

1. 打开编译器窗口

Quartus Ⅱ编译器窗口包含了对设计文件处理的全过程,其中第一个模块就是 Ananlysis & Synthesis 处理模块。在 Quartus Ⅱ软件中选择 Processing→Compiler Tool 命令,则出现 Quartus Ⅱ的编译器窗口,如图 4.40 所示,图中标出了全编译过程各个模块的功能。

要进行设计项目的分析和综合,可以采用下面的方法之一:

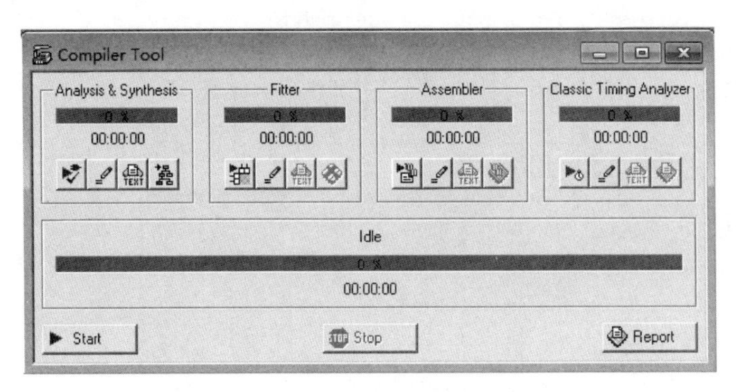

图 4.40　Quartus Ⅱ编译器窗口

(1) 在图 4.40 中，单击开始 Analysis & Synthesis 按钮，在综合分析进度指示中将显示综合进度。

(2) 选择 Processing→Start→Start Analysis & Synthesis 命令，单独启动分析综合过程，而不必进入全编译界面。

(3) 直接单击 Quartus Ⅱ软件工具条上的快捷按钮。

图 4.41 给出单击工具条上的按钮后的分析综合窗口。

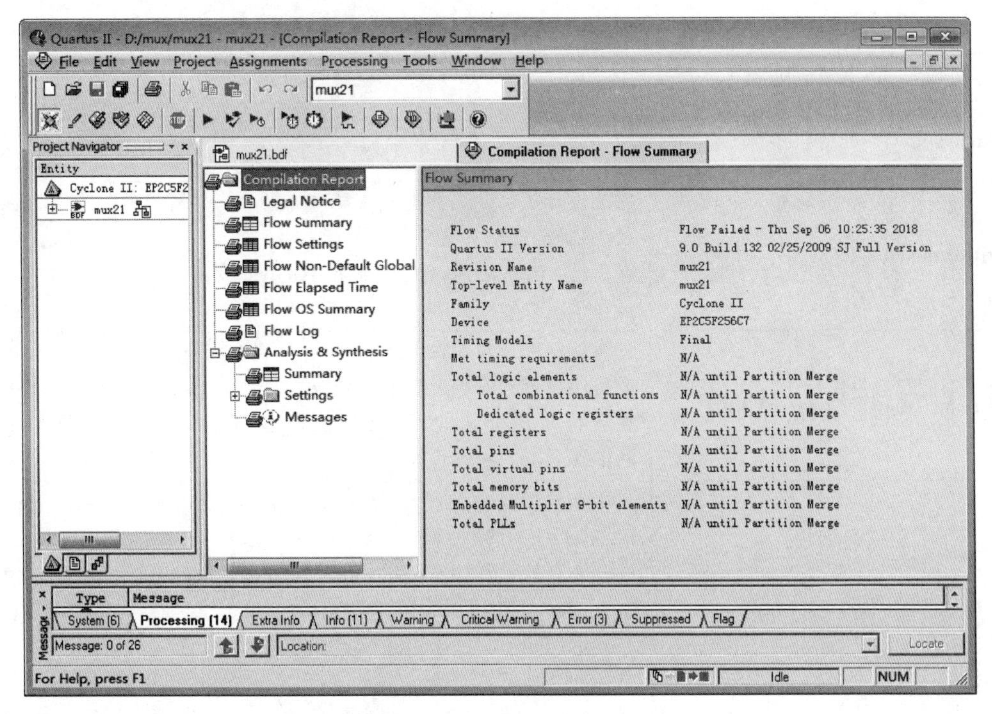

图 4.41　分析综合窗口

2. 编译过程说明

Quartus Ⅱ编译器的典型工作流程如图 4.42 所示。

表 4.3 给出 Quartus Ⅱ编译过程中各个功能模块的简单功能描述，同时给出了对应功能模块的可执行命令文件。

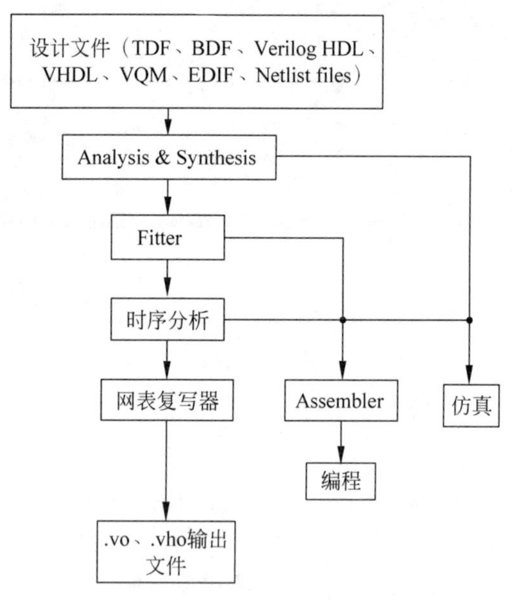

图 4.42　Quartus Ⅱ编译器典型工作流程

表 4.3　Quartus Ⅱ编译器功能模块描述

功能模块	功能描述
Analysis & Synthesis quartus_map	创建工程数据库，设计文件逻辑综合，完成设计逻辑到元件资源的技术映射
Fitter quartus_ft	完成设计逻辑在元件中的布局和布线；选择适当的内部互连路径、引脚分配以及逻辑单元分配； 在运行 Fitter 之前，Quartus Ⅱ Analysis & Synthesis 必须成功运行
Timing Analyzer quartus_tan	计算给定设计与元件上的延时，并注释在网表文件中；完成设计的时序分析和所有逻辑的性能分析； 在运行时序分析之前，必须成功运行 Analysis & Synthesis 和 Fitter
Assembler quartus_asm	产生多种形式的元件编程映像文件，包括 Programmer Object Files(.pof)、SRAM Object Files(.sof)、Hexadecimal(Intel-Format)Output Files(.hexout)、Tabular Text Files(.ttf)以及 Raw Binary Files(.rbf)； .pof 和.sof 文件是 Quartus Ⅱ软件的编程文件，可以通过 MasterBlaster 或 ByteBlaster 下载电缆下载到元件中；.hexout，.ttf 和.rbf 用于提供 Altera 元件支持的其他可编程硬件厂商； 在运行 Assembler 之前，必须成功运行 Fitter
EDA Netlist Writer quartus_eda	产生用于第三方 EDA 工具的网表文件及其他输出文件； 在运行 EDA Netlist Writer 之前，必须成功运行 Analysis & Synthesis、Fitter 以及 Timing Analyzer

4.4.3 编译器选项设置

通过编译器选项设置，可以控制编译过程。在 Quartus Ⅱ编译器设置选项中，可以指定目标元件系列、Analysis & Synthesis 选项、Fitter 设置等。Quartus Ⅱ软件的所有设置选项都可以在 Settings 对话框中找到。

用下面的任一方法可以打开 Settings 对话框，如图 4.43 所示。

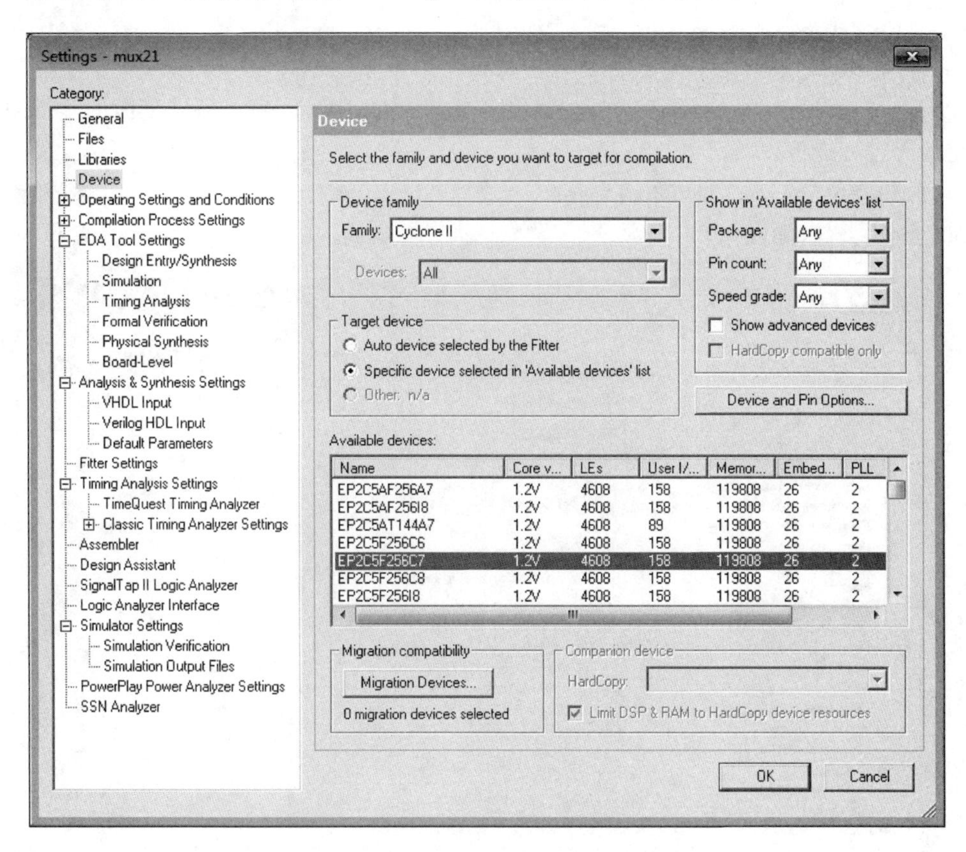

图 4.43 Settings 对话框的 Device 页面

(1) 选择 Assignments→Settings...命令。

(2) 在工程导航窗口的 Hierarchy 页中，在顶层文件名上右击，从下拉菜单中选择 Settings...项。

(3) 直接单击 Quartus Ⅱ软件工具条上的按钮。

1. 指定目标元件

在对设计项目进行编译时，需要为设计项目指定一个元件系列，然后设计人员可以自己指定一个具体的目标元件型号，也可以让编译器在适配过程中在指定的元件系列内自动选择最适合该项目的元件。

指定目标元件的步骤如下：

(1) 在 Settings 对话框的 Category 中选择 Device，或直接选择 Assignments→Device...命令，则弹出 Settings 对话框的 Device 页面，如图 4.44 所示。

(2) 在 Family 列表中选择目标元件系列，如 Stratix。

(3) 在 Available devices 框中指定一个目标元件，或选择 Auto device selected by the Fitter from the 'Available devices' list，由编译器自动选择目标元件。

(4) 在 Show in 'Available devices' list 选项中设置目标元件的选择条件，这样可以缩小元件的选择范围。选项包括封装、引脚数以及元件速度等级。

2. 编译过程设置

编译过程设置包括编译速度、编译所用磁盘空间及其他选项。通过下面的步骤可以设定编译过程选项：

(1) 在 Settings 对话框的 Category 中选择 Compilation Process Settings，则显示编译过程设置页面，如图 4.44 所示。

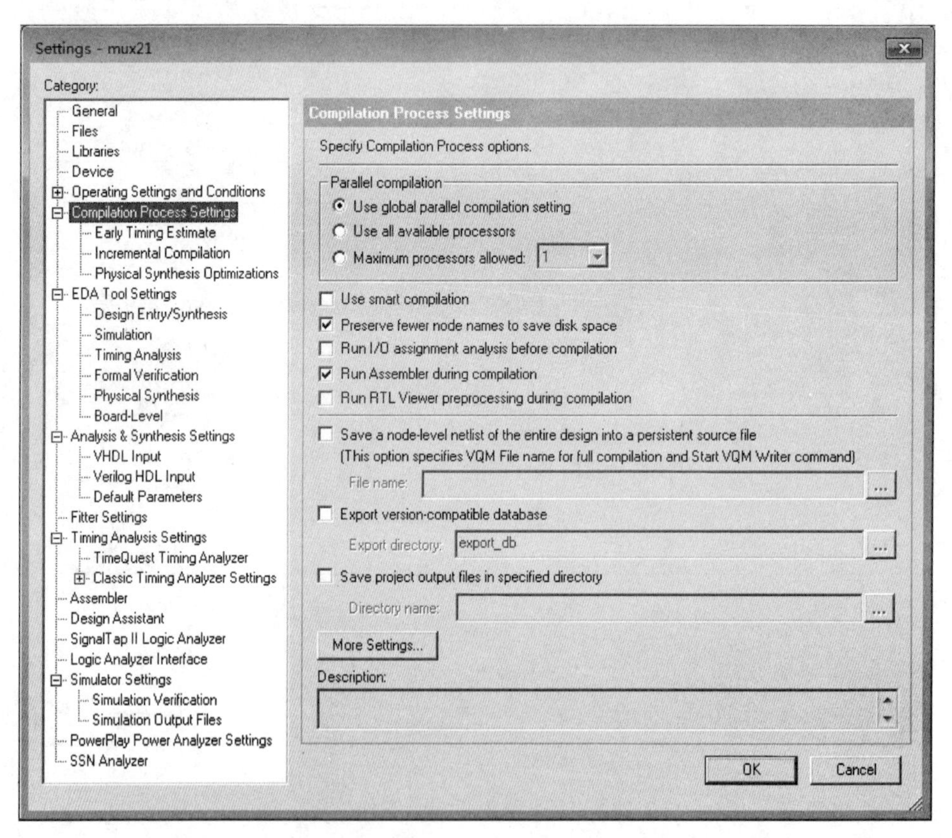

图 4.44 Settings 对话框的 Compilation Process Settings 页

(2) 为了使重编译的速度加快，可以打开 Use smart compilation 选项。

(3) 为了节省编译所占用的磁盘空间，可以打开 Preserve fewer node names to savedisk space 选项。

(4) 其他选项根据需要设置，如保存 VQM 文件、导出兼容版本数据库等。

3. Analysis & Synthesis 设置

Analysis & Synthesis 选项可以优化设计的分析综合过程。

(1) 在 Settings 对话框的 Category 中选择 Analysis & Synthesis Settings，则显示分析综合页，如图 4.45 所示。

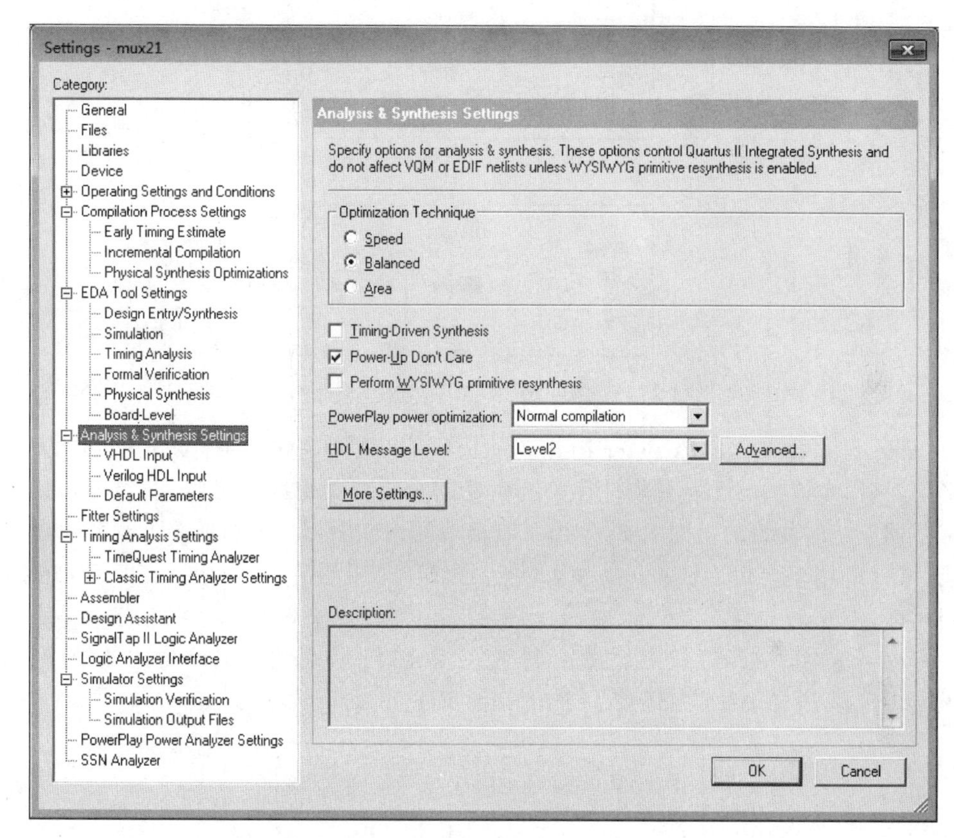

图 4.45　Settings 对话框的 Analysis & Synthesis Settings 页

(2) Optimization Technique 逻辑选项用于指定在进行逻辑优化时编译器应优先考虑的条件。其中：Speed 表示编译器以设计实现的工作速度 f_{MAX} 优先；Area 表示编译器使设计占有尽可能少的元件资源；Balanced 表示编译器折中考虑速度与资源占用情况。

(3) 在 Analysis & Synthesis Settings 页中，选择 Category 下的 VHDL Input 和 Verilog HDL Input，可以选择支持的 VHDL 和 Verilog HDL 的版本，也可以指定 Quartus Ⅱ的库映射文件(.lmf)。

(4) 如果在综合过程中使用了网表文件，如 EDIF 输入文件(.edf)、第三方综合工具生成的 Verilog Quartus 映射文件(.vqm)，或 Quartus Ⅱ软件产生的内部网表文件等，可以选择 Category 下的 Synthesis Netlist Optimizations 页，从中设置 Perform WYSIWYG Primitive Resynthesis 和 Perform Gate-Level Register Retiming 选项，用以进一步改善设计性能。

选项功能说明：

Perform WYSIWYG Primitive Resynthesis 选项可以指导 Quartus Ⅱ软件将原子网表(Atom Netlist)中的逻辑单元映射分解为(Un-map)逻辑门,然后重新映射(Re-map)到 Altera 特性图元。该选项的 Quartus Ⅱ软件工作流程如图 4.46 所示。这个选项可以应用于 APEX、Cyclone、Cyclone Ⅱ、MAX Ⅱ、Stratix,Stratix Ⅱ、Stratix GX 系列元件。

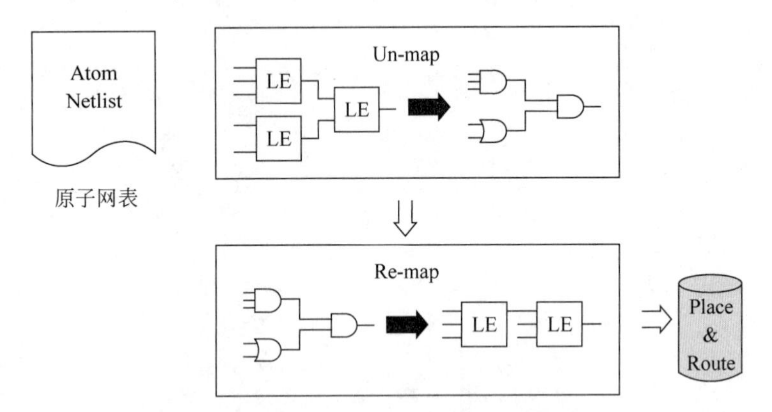

图 4.46 Perform WYSIWYG Primitive Resynthesis 选项的 Quartus Ⅱ软件工作流程

Perform Gate-Level Register Retiming 选项可以移动跨接在组合逻辑两端的寄存器来平衡时延,允许 Quartus Ⅱ软件在关键时延路径与非关键路径之间进行权衡,达到门级寄存器重定时的目的。图 4.47 给出了该选项的特性图例。该选项并不改变原设计的功能,可以应用于 APEX、Cyclone、Cyclone Ⅱ、MAX Ⅱ、Stratix、Stratix Ⅱ、Stratix GX 系列元件。

寄存器重定时在门级发生了改变,因此在综合第三方综合工具产生的原子网表时,必须同时选择 Perform WYSIWYG Primitive Resynthesis 选项。

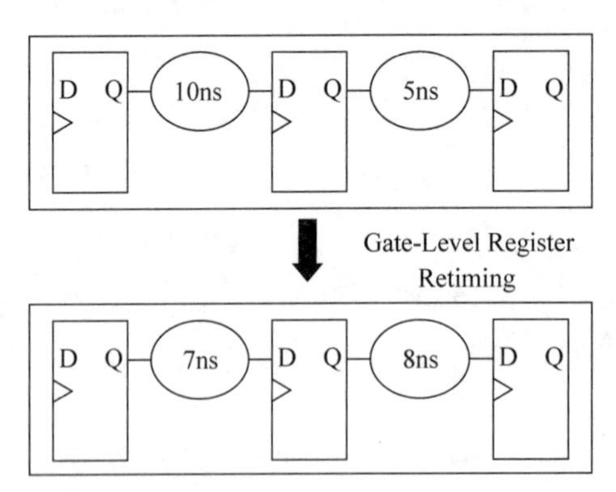

图 4.47 Perform Gate-Level Register Retiming 选项的特性图例

4. Fitter(适配)设置

适配设置选项可以控制元件的适配情况及编译速度。

(1) 在 Settings 对话框的 Category 中选择 Fitter Settings,则显示适配设置页,如图 4.48 所示。

(2) 在时间驱动编译(Timing-driven compilation)选项中,在下拉列表中选择 I/O

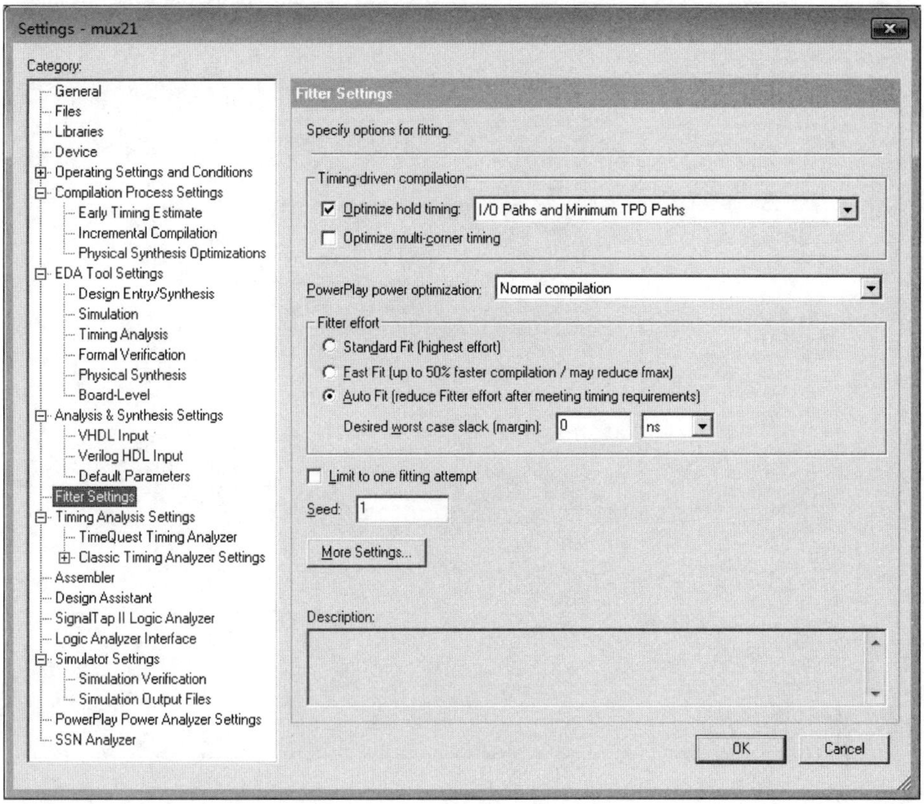

图 4.48 Settings 对话框的 Fitter Settings 页

Paths and Minimum TPD Paths。

选项功能说明：

Timing-driven compilation 设置选项允许 Quartus Ⅱ软件根据用户指定的时序要求优化设计。

Fitter effort 设置包括 Standard Fit、Fast Fit 和 Auto Fit 选项，不同的选项编译时间不同。这些选项的目的都是使 Quartus Ⅱ软件将设计尽量适配到约束的时延要求，但都不能保证适配的结果一定满足要求。

(3) Physical Synthesis Optimizations 技术将适配过程和综合过程紧密结合起来，打破了传统的综合和适配完全分离的编译过程。下面将给出简单的描述，说明 Physical Synthesis Optimizations 技术是如何提高设计性能的。该选项可用于 MAX Ⅱ、Stratix、Stratix Ⅱ、Stratix GX 以及 Cyclone 系列元件。

要设置该选项，在 Settings 对话框的 Category 下单击 Fitter Settings 前的加号"+"，选择 Physical Synthesis Optimizations，则可以显示 Physical Synthesis Optimizations 页，如图 4.49 所示。

选项功能说明：

组合逻辑的物理综合(Perform physical synthesis for combinational logic)。选择此项可以让 Quartus Ⅱ适配器重新综合设计来减小关键路径上的延迟。通过交换逻辑单元中的查找表(LUT)端口，物理综合技术可以减少关键路径经过符号单元的层数，从而

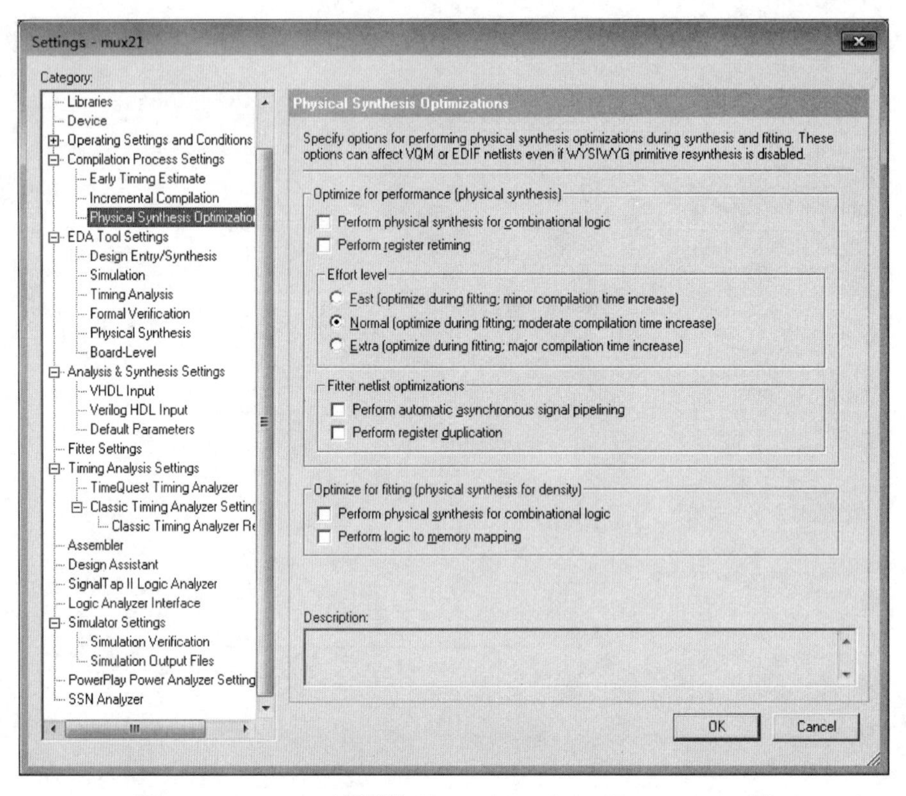

图 4.49　Settings 对话框的 Physical Synthesis Optimizations 页

达到时序优化的目的,如图 4.50 图例所示。该选项还可以通过查找表复制的方式优化关键路径上的延时。

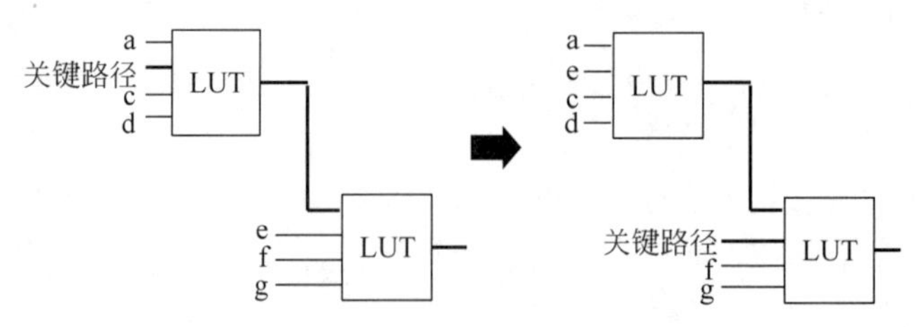

图 4.50　组合逻辑的物理综合图例

在图 4.51 的左图中,关键路径信号经过两个查找表到达输出；而在右图中,Quartus Ⅱ软件将第二个查找表中的一个输入与关键路径进行了交换,从而减少了关键路径上的延时。变换结果并不改变设计功能。

该选项仅影响查找表形式的组合逻辑结构,逻辑单元中的寄存器部分保持不变,且存储器模块、DSP 模块以及 I/O 单元的输入不能交换。

寄存器复制的物理综合(Perform register duplication)。该选项允许 Quartus Ⅱ适配器在布局的基础上复制寄存器。该选项对组合逻辑也有效。图 4.51 给出一个寄存器复制的示例。

当一个逻辑单元扇出到多个地方时,如图 4.51 的左图所示,导致路径 1 与路径 2 的时延不同,在不影响路径 1 时延的基础上,可采用寄存器复制的方式减小路径 2 的时延。

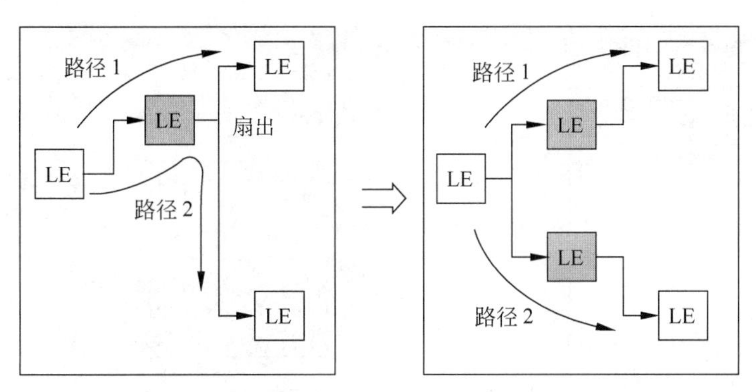

图 4.51 寄存器复制示例

经过寄存器复制后的电路功能没有改变，只是增加了复制的逻辑单元，但减小了关键路径上的时延。

寄存器重定时的物理综合(Perform register retiming)。该选项允许 Quartus Ⅱ适配器移动组合逻辑两边的寄存器来平衡时延。该选项功能类似于分析综合设置中的 Perform Gate-Level Register Retiming 选项功能。

(4) Physical synthesis effort 设置包括 Normal、Extra 和 Fast 三个选项，默认选项为 Normal。Extra 选项使用比 Normal 更多的编译时间来获得较好的编译性能，而 Fast 选项使用最少的编译时间，但达不到 Normal 选项的编译性能。

4.4.4 引脚分配

在前面选择好一个合适的目标元件，完成设计的分析综合过程，得到工程的数据库文件以后，需要对设计中的输入、输出引脚指定具体的元件引脚号码，指定引脚号码称为引脚分配或引脚锁定。

在分配编辑器中完成引脚分配的操作步骤如下：

(1) 选择 Assignments→Assignment Editor 命令，在分配编辑器的类别(Category)列表中选择 Locations pin，或直接选择 Assignments→Pins 命令，出现如图 4.52 所示的引脚分配界面。

(2) 用鼠标左键双击 Location 单元，从下拉框中可以指定目标元件的引脚号。

(3) 完成所有设计中引脚的指定，关闭 Assignment Editor 界面，当提示保存分配时，选择“是”保存分配。

(4) 在进行编译之前，检查引脚分配是否合法。选择 Processing→Enable Live I/O Check 命令，当提示 I/O 分配分析成功时，单击 OK 按钮关闭提示。

下面简单介绍 I/O 分配分析过程。

选择 Processing→Start→Start I/O Assignment Analysis 命令，或在 Tcl 命令控制台输入 quartus_fit <工程名> --check_ios 命令后按回车键，即可运行 I/O 分配分析过程。

Start I/O Assignment Analysis 命令将给出一个详细的分析报告以及一个引脚分配输出文件(.pin)。要查看分析报告，应选择 Processing→Compilation Report 命令，在出现的 Compilation Report 界面中单击 Fitter 前面的加号“+”，其中包括 5 个部分：

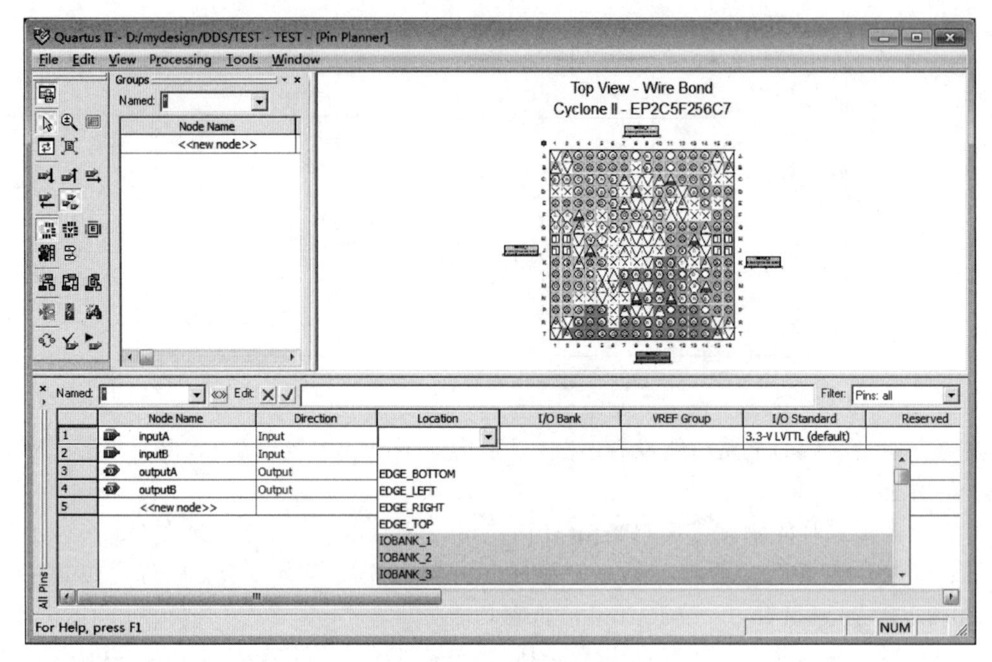

图 4.52 Pin Planner 引脚分配界面

- 分析 I/O 分配总结(Analyze I/O Assignment Summary);
- 底层图查看(Floorplan View);
- 引脚分配输出文件(Pin-Out File);
- 资源部分(Resource Section);
- 适配信息(Fitter Messages)。

在运行 Start I/O Assignment Analysis 命令之前如果还没有进行引脚分配,则 Start I/O Assignment Analysis 命令将自动为设计完成引脚分配。设计者可以根据报告信息查看引脚分配情况。如果觉得 Start I/O Assignment Analysis 命令自动分配的引脚合理,可以选择 Assignments→Back-Annotate Assignments...命令,在弹出的对话框中选择 Pin & device assignments 进行引脚分配的反向标注,如图 4.53 所示。反向标注将引脚和元件的分配保存到 QSF 文件中。

4.4.5 启动编译器

Quartus Ⅱ软件的编译器包括多个独立的模块。各模块可以单独运行,也可以选择 Processing→Start Compilation 命令启动全编译过程。

编译一个设计的步骤如下:

(1) 选择 Processing→Start Compilation 命令,或单击工具条上的快捷按钮启动全编译过程。

在设计项目的编译过程中,状态窗口和消息窗口自动显示出来。在状态窗口中将显示全编译过程中各个模块和整个编译进程的进度以及所用时间;在消息窗口中将显示编译过程中的信息。最后的编译结果在编译报告窗口中显示出来,整个编译过程在后台完成。

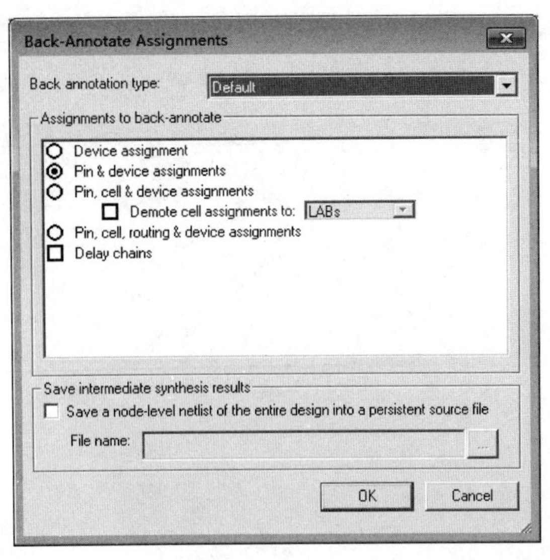

图 4.53　Start I/O Assignment Analysis 结果的反向标注

(2) 在编译过程中如果出现设计上的错误，可以在消息窗口选择错误信息，在错误信息上双击鼠标左键，或右击，从弹出的右键菜单中选择 Locate in Design File，可以在设计文件中定位错误所在行；在右键菜单中选择 Help，可以查看错误信息的帮助。修改所有错误，直到全部编译成功为止。

(3) 查看编译报告。在编译过程中，编译报告窗口自动显示出来，如图 4.54 所示。编译报告给出了当前编译过程中各个功能模块的详细信息。查看编译报告各部分信息的方法是：在编译报告左边窗口单击要查看部分前的加号"+"，如图 4.55 所示；选择要查看的部分，报告内容在编译报告右边窗口中显示出来。

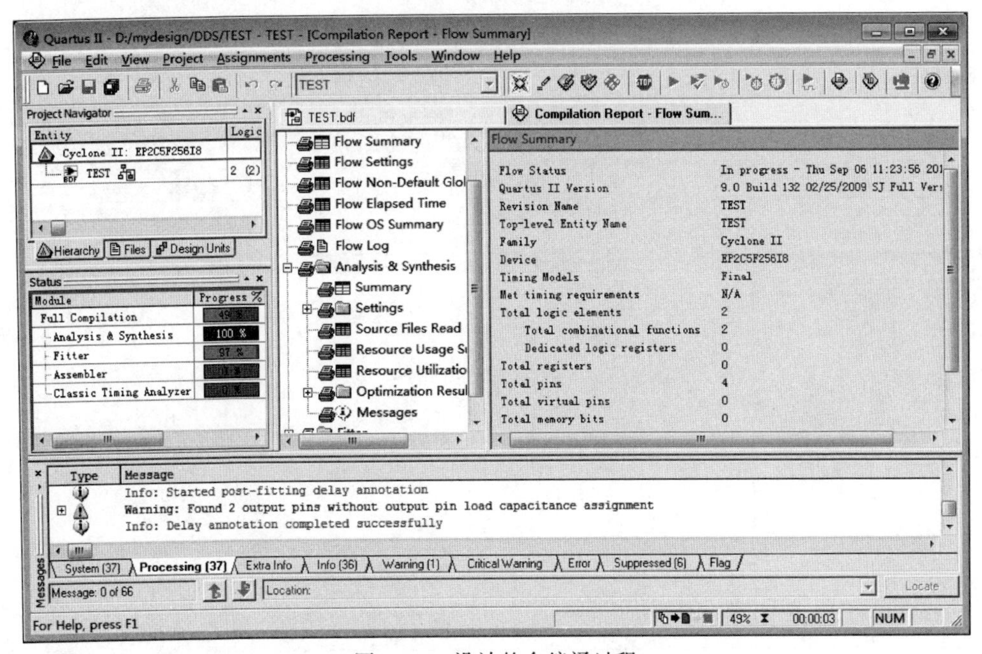

图 4.54　设计的全编译过程

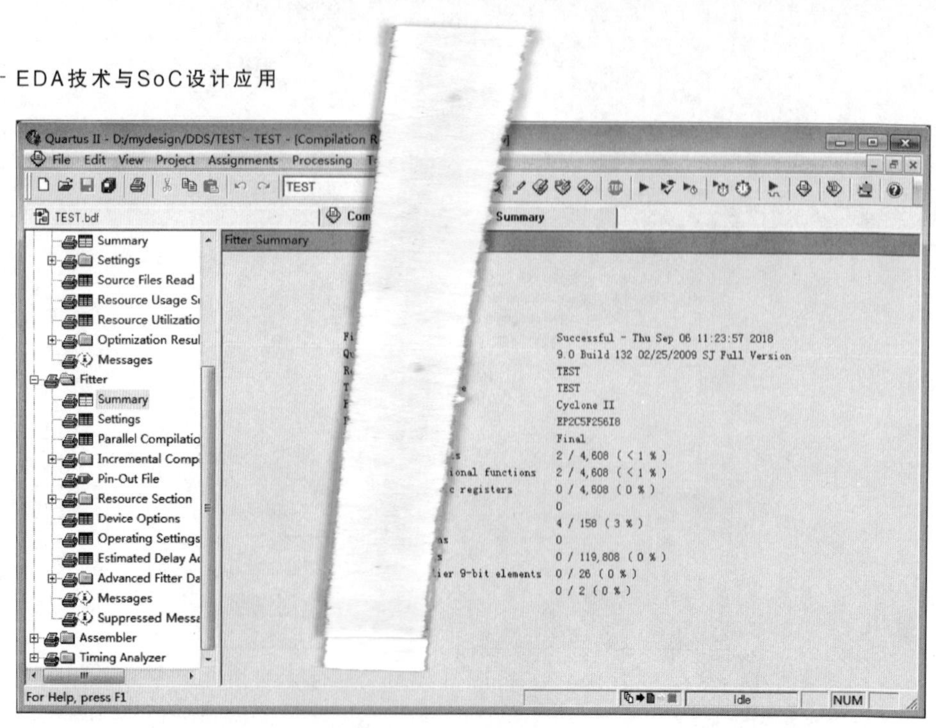

图 4.55　查看编译报告

4.5 设计项目的仿真

4.5.1 仿真波形文件创建

1. 创建一个新的向量波形文件

(1) 选择 File→New 命令，弹出新建对话框。

(2) 在新建对话框中选择 Verification/Debugging Files 菜单，从中选择 Vector Waveform File，单击 OK 按钮，则打开一个空的波形编辑器窗口，如图 4.56 所示。

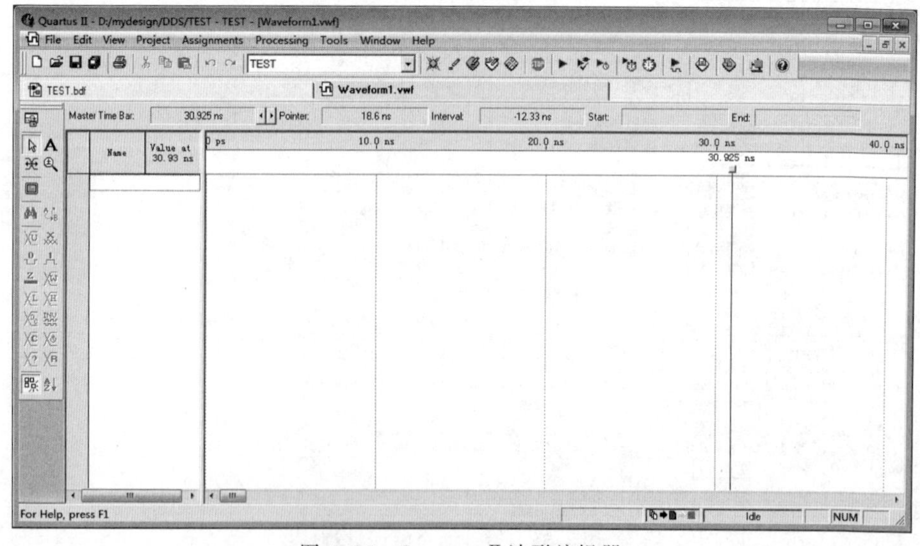

图 4.56　Quartus Ⅱ 波形编辑器

(3) 波形编辑器默认的仿真结束时间为 1 μs,根据仿真需要,可以自由设置仿真文件的结束时间。选择 Edit→End Time 命令,弹出结束时间对话框,在 Time 框内输入仿真结束时间,时间单位可选为 s、ms(10−3s)、μs(10−6s)、ns(10−9s)、ps(10−12s)。单击 OK 按钮完成设置。

(4) 选择 File→Save As...命令,在文件名框中输入文件名(默认为工程文件名),保存类型为 *.vwf,选中 Add file to current project 复选框,然后单击保存按钮存盘。

2. 在向量波形文件中加入输入、输出节点

在上面创建的空的向量波形文件中加入输入节点和期望的输出节点,完成 VWF 文件。步骤如下:

(1) 查找设计中的节点名,有下面两种方法:

选择 View→Utility Windows→Node Finder 命令,弹出 Node Finder 界面,查找要加入波形文件中的节点名,如图 4.57 所示。

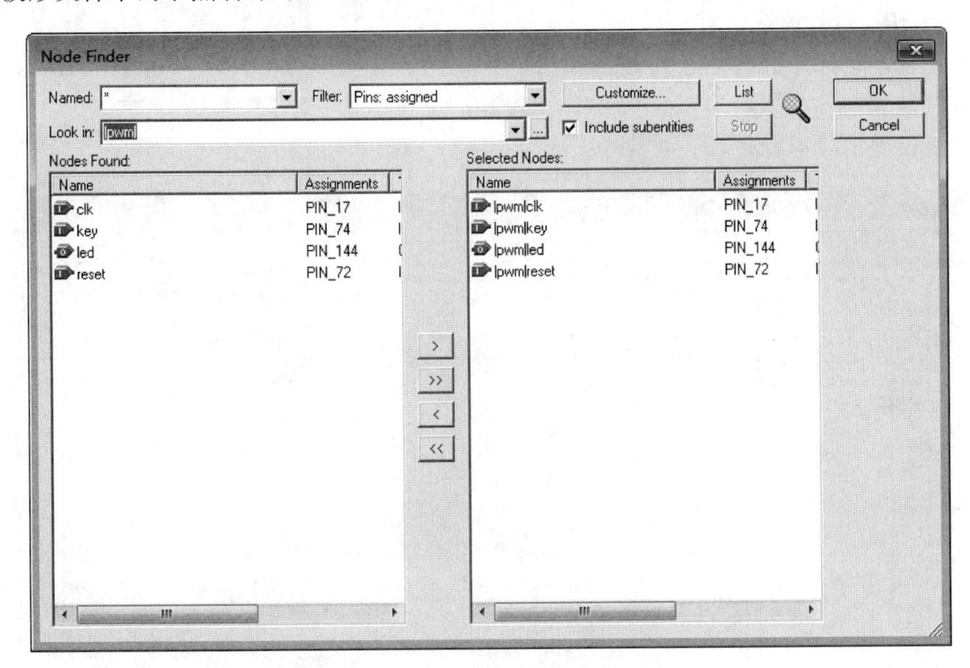

图 4.57 在波形编辑器中加入节点

在波形编辑器左边 Name 列的空白处右击,在弹出的右键菜单中选择 Insert Node or Bus...命令,在弹出的 Insert Node or Bus 对话框中单击 Node Finder...按钮。

(2) 在出现的 Node Finder 界面中,在 Filter 列表中选择 Pins:all,在 Named 栏中输入"*",然后单击 List 按钮,在 Nodes Found 栏即列出设计中的所有节点名。

(3) 在 Nodes Found 栏列出的节点名中选择要加入波形文件中的节点,然后按住鼠标左键,拖动到波形编辑器左边 Name 列的空白处放开。选择节点名时,同时按下键盘上的 Shift 键可以选择多个连续的节点名,按下键盘上的 Ctrl 键可以同时选择多个不连续的节点名。

(4) 加入所有需要仿真的节点后,关闭 Node Finder 界面。

3. 编辑输入节点波形

在波形编辑器中编辑输入节点的波形，即指定输入节点的逻辑电平变化。

1) 时钟节点波形的输入

在时钟节点名(如 clk)上右击，从弹出的快捷菜单中选择 Value→Clock...命令，则弹出时钟信号设置对话框。可以选择在 Timing Setting 中设置的时钟 Clock setting，或直接输入时钟周期、相位以及占空比，如图 4.58 所示。

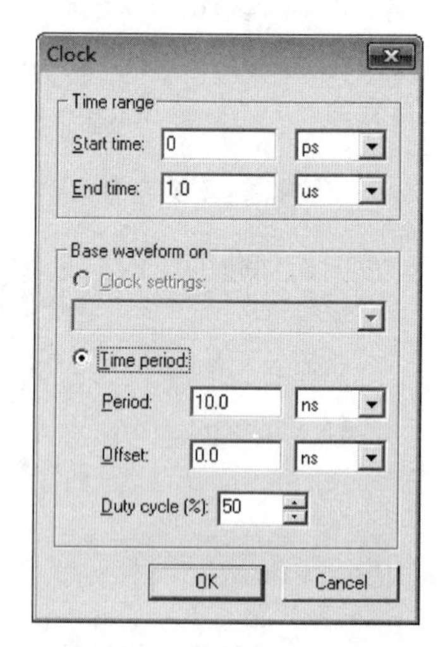

图 4.58 设置时钟信号波形

2) 总线信号波形输入

在总线节点名(如 d)上右击，从弹出的快捷菜单中选择 Value→Count Value...命令，设置总线为计数输入；选择 Value→Arbitrary Value...命令，设置总线为任意固定值输入。

3) 任意信号波形输入

用拖动鼠标左键的方法在波形编辑区中选中需要编辑的区域，然后在选中的区域上右击，在 Value 菜单中选择需要设置的波形，如图 4.59 所示。

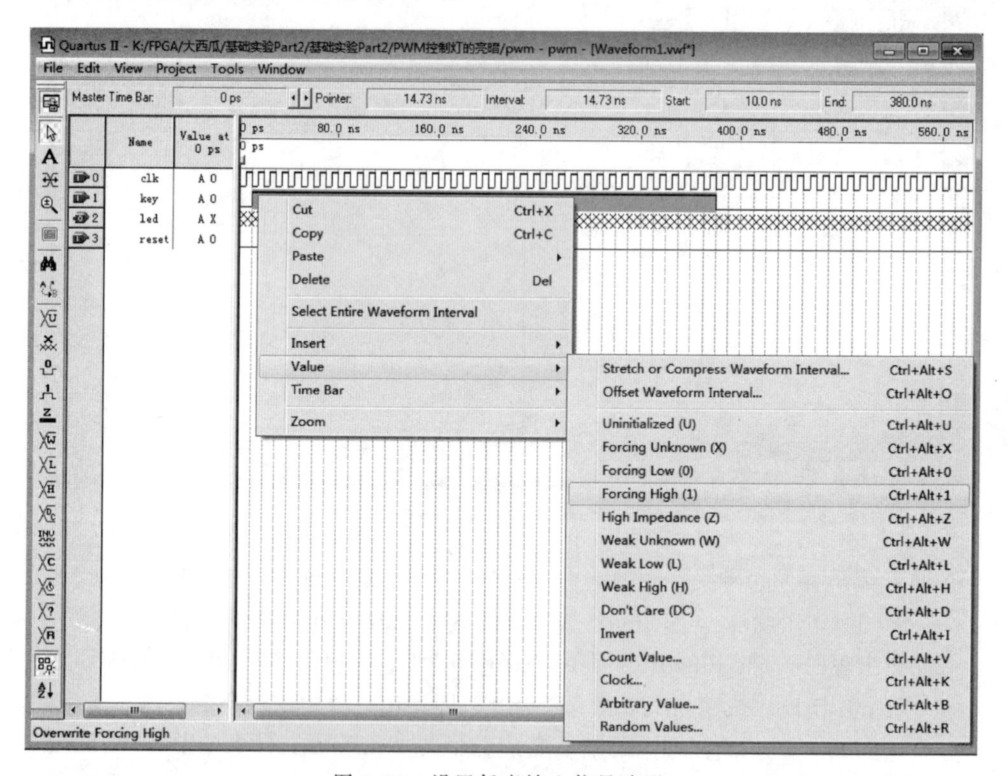

图 4.59 设置任意输入信号波形

上面所有输入节点的波形编辑过程也可以在选中要编辑的节点以后，选择 Edit→Value 命令，或直接单击波形编辑器工具条上的相应快捷按钮完成，代替前面的右击操作过程。波形编辑器工具条如图4.60所示。

最后还应选择File→Save命令保存波形文件。

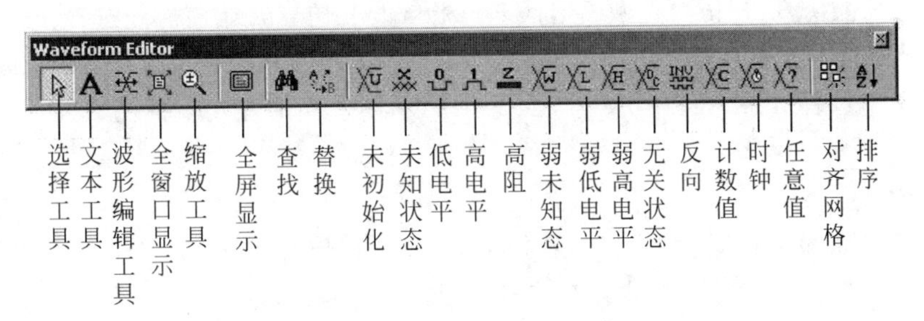

图4.60 波形编辑器工具条

4.5.2 设计仿真

1. 指定仿真器设置

选择Assignments→Settings...命令，在Settings对话框的Category列表中选择Simulator，则对话框右边将显示仿真器页面，如图4.61所示。

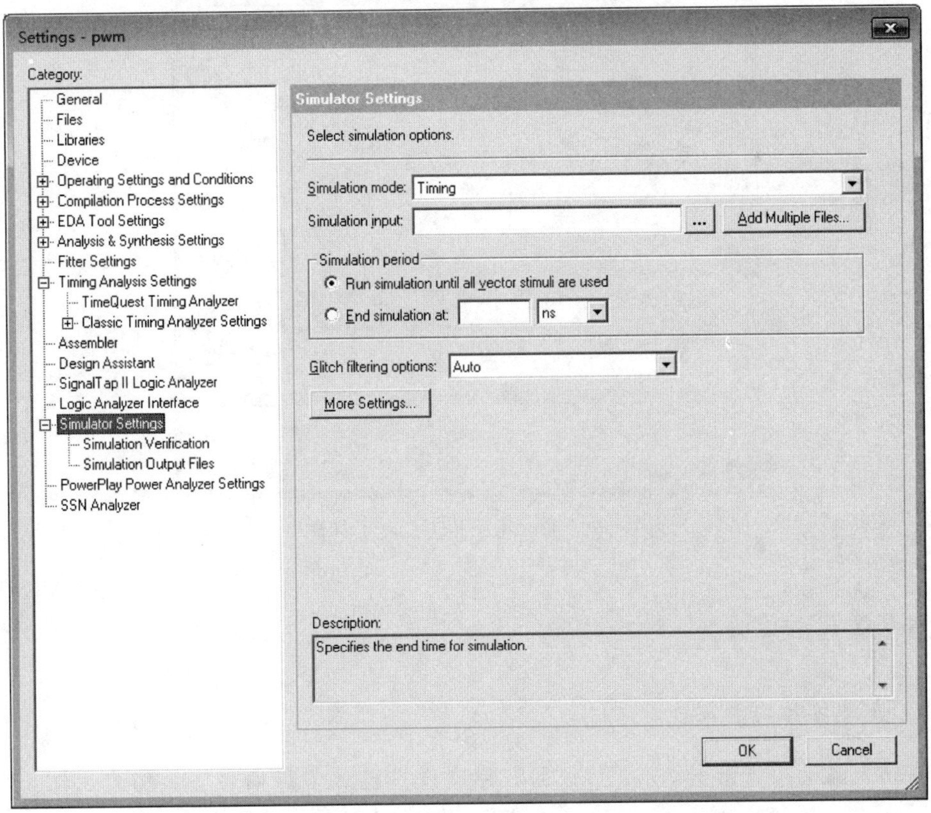

图4.61 仿真器页面

2. 功能仿真和时序仿真设置

要完成功能仿真,在仿真类型中选择 Functional,在仿真开始前应先选择 Processing→Generate Functional Simulation Netlist 命令,产生功能仿真网表文件;要完成时序仿真,在仿真类型中选择 Timing,在仿真前必须编译设计,产生时序仿真的网表文件。

3. 启动仿真器

在完成上面的仿真器设置以后,选择 Processing→Start Simulation 命令即可启动仿真器。同时状态窗口和仿真报告窗口自动打开,并在状态窗口中显示仿真进度以及所用时间。仿真结束后,在仿真报告窗口显示输出节点的仿真波形。

也可以使用 Quartus Ⅱ 仿真器工具(Simulator Tool)指定仿真器的设置及启动或停止仿真器,还可以打开当前设计工程的仿真波形。Quartus Ⅱ 软件的仿真器工具窗口与 MAX+plus Ⅱ 仿真器相似。

选择 Tools→Simulator Tool 命令,可以打开仿真器工具窗口,如图 4.62 所示。

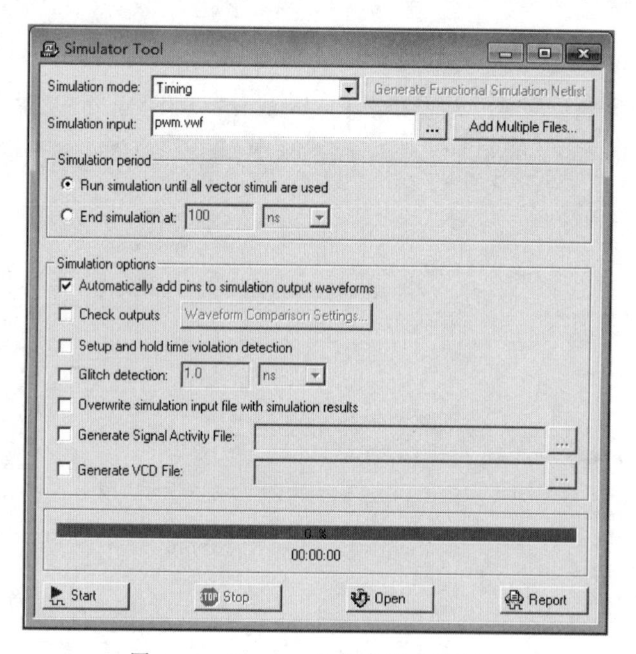

图 4.62　Quartus Ⅱ 仿真器工具窗口

4.5.3　仿真结果分析

1. 查看仿真波形报告

在仿真波形报告部分,仿真器根据波形文件中输入节点信号向量仿真出输出节点信号。

1) 打开仿真报告窗口

如果仿真报告窗口没有打开,可以用下面的两种方法打开:

(1) 选择 Processing→Simulation Report 命令。

(2) 在图 4.62 所示的仿真器工具窗口中单击 Report 按钮。

2) 查看仿真波形

在仿真报告窗口中,默认打开的就是仿真波形部分,否则单击仿真波形报告窗口左边 Simulator 文件夹中的 Simulation Waveforms 部分,如图 4.63 所示。

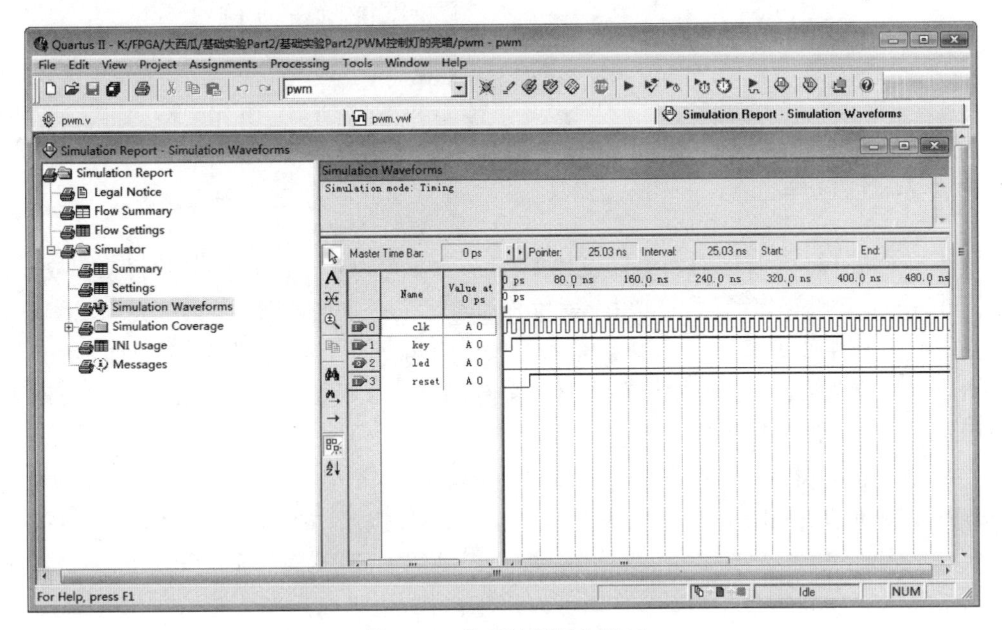

图 4.63　仿真波形报告窗口

2. 使用仿真波形

在仿真波形报告窗口中,可以使用工具条上的缩放工具对波形进行放大和压缩操作。波形报告窗口中的波形是只读的,可以进行下面的操作:

(1) 使用工具条上的排序按钮对节点进行排序。

(2) 使用工具条上的文本工具给波形添加注释。

(3) 在波形显示区右击,从右键菜单中选择 Insert Time Bar...命令,添加时间条。

(4) 在注释文本上右击,从右键菜单中选择 Properties 命令,在弹出的注释属性对话框中可以编辑注释文本及其属性。

(5) 在节点上右击,从右键菜单中选择 Properties 命令,可以选择节点显示基数(Radix),如二进制、十六进制、八进制、有符号十进制以及无符号十进制。

(6) 选择 Edit→Grid Size 命令,改变波形显示区的网格尺寸。

(7) 选择 View→Compare to Waveforms in File...命令进行波形比较。

在只读的波形报告窗口中进行编辑操作,将弹出如图 4.64 所示的编辑输入向量文件对话框。

选择图 4.64 中的第一项,将用波形报告窗口中的仿真结果覆盖 VWF 文件并打开 VWF 文件进入图形编辑器;选择第二项,直接打开 VWF 文件进入图形编辑器。

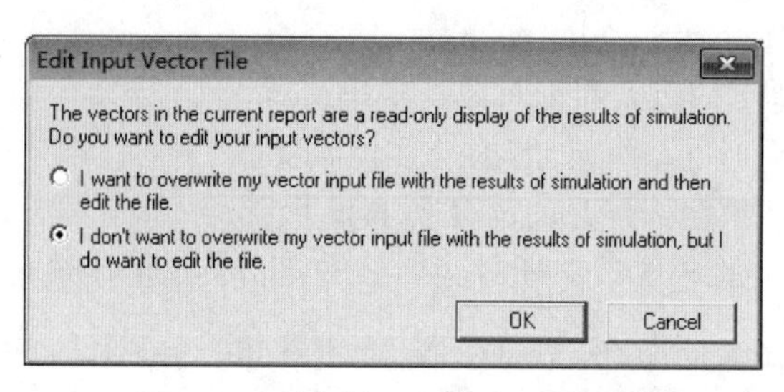

图 4.64 编辑输入向量文件对话框

4.6 元件编程

使用 Quartus Ⅱ软件成功编译设计工程之后，就可以对 Altera 元件进行编程或配置了。Quartus Ⅱ编译器的 Assembler 模块自动将适配过程的元件、逻辑单元和引脚分配信息转换为元件的编程图像，并将这些图像以目标元件的编程器对象文件(.pof)或 SRAM 对象文件(.sof)的形式保存为编程文件，Quartus Ⅱ软件的编程器(Programmer)使用该文件对元件进行编程配置。

Altera 编程器硬件包括 MasterBlaster、ByteBlasterMV(ByteBlaster MultiVolt)、ByteBlaster Ⅱ、USB-Blaster 和 Ethernet Blaster 下载电缆或 Altera 编程单元(APU)。其中 ByteBlasterMV 电缆和 MasterBlaster 电缆功能相同，不同的是，ByterBlasterMV 电缆用于并口，而 MasterBlaster 电缆既可以用于串口，也可以用于 USB 口。USB-Blaster 电缆、Ethernet Blaster 电缆和 ByterBlaster Ⅱ电缆增加了对串行配置元件提供编程支持的功能，其他功能与 ByteBlaster 和 MasterBlaster 电缆相同。USB-Blaster 电缆使用 USB 口，Ethernet Blaster 电缆使用 Ethernet 网口，ByteBlaster Ⅱ电缆使用并口。

在 Quartus Ⅱ编程器中可以建立一个包含设计中所用的元件名称和选项的链式描述文件(.cdf)。如果对多个元件同时进行编程，在 CDF 文件中还可以指定编程文件和所用元件从上到下的顺序。

Quartus Ⅱ软件编程器具有 4 种编程模式：

- 被动串行模式(Passive Serial mode)；
- JTAG 模式；
- 主动串行编程模式(Active Serial Programming mode)；
- 套接字内编程模式(In-Socket Programming mode)。

被动串行模式和 JTAG 模式可以对单个或多个元件进行编程；主动串行编程模式用于对单个 EPCS1 或 EPCS4 串行配置元件进行编程；套接字内编程模式用于在 Altera 编程单元(APU)中对单个 CPLD 元件进行编程和测试。

下面具体介绍完成元件编程的步骤。

1. 打开编程器窗口

在 Quartus Ⅱ软件中打开编程器窗口并建立一个链式描述文件的操作步骤如下：

(1) 选择 Tools→Programmer 命令，编程器窗口自动打开一个名为<工程文件名>.cdf

的新链式描述文件，其中包括当前编程文件以及所选目标元件等信息，如图4.65所示。

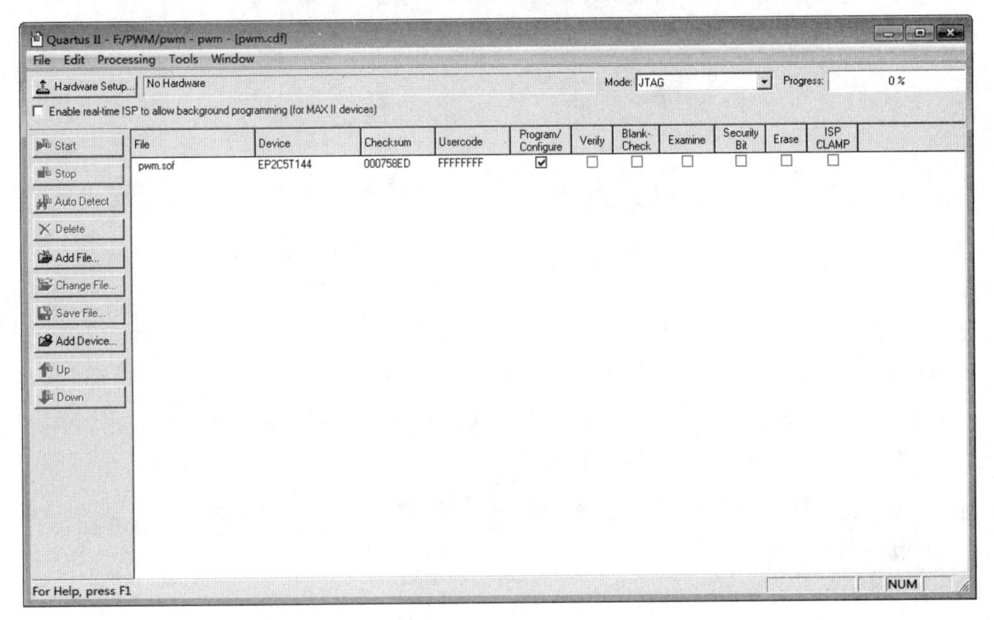

图4.65　编程器窗口

(2) 选择File→Save As命令保存CDF文件。

2. 建立被动串行配置链

(1) 在编程器窗口的Mode列表中选择Passive Serial模式。

(2) 单击Hardware Setup按钮，弹出Hardware Setup对话框，如图4.66所示。

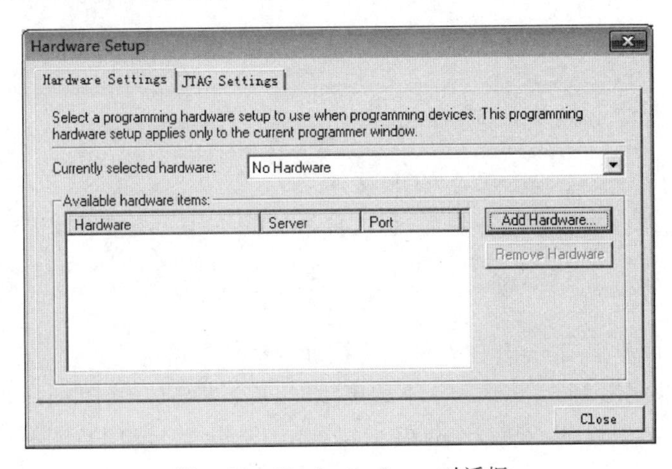

图4.66　Hardware Setup对话框

(3) 单击Add Hardware按钮，出现Add Hardware对话框，如图4.67所示。

(4) 在Add Hardware对话框中，从Hardware type列表中选择一种硬件类型，如ByteBlasterMV或ByteBlaster Ⅱ或MasterBlaster，根据需要选择端口、波特率等，单击OK按钮返回Hardware Setup对话框。

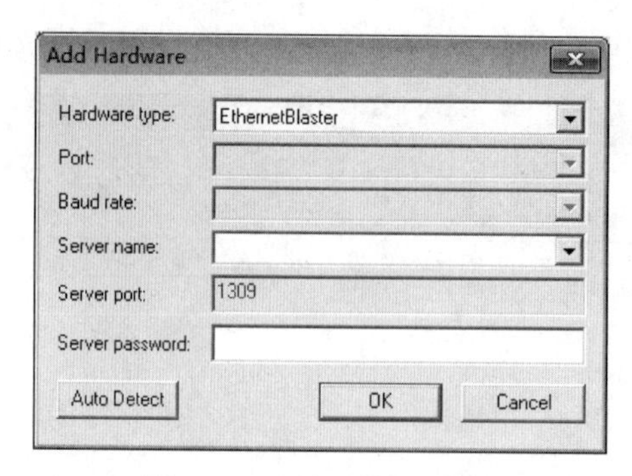

图 4.67　添加硬件驱动器

(5) 在 Hardware Setup 对话框的 Available hardware items 栏选中一个硬件，单击 Select Hardware 按钮后，单击 Close 按钮关闭硬件设置对话框，此时的编程器窗口如图 4.68 所示。

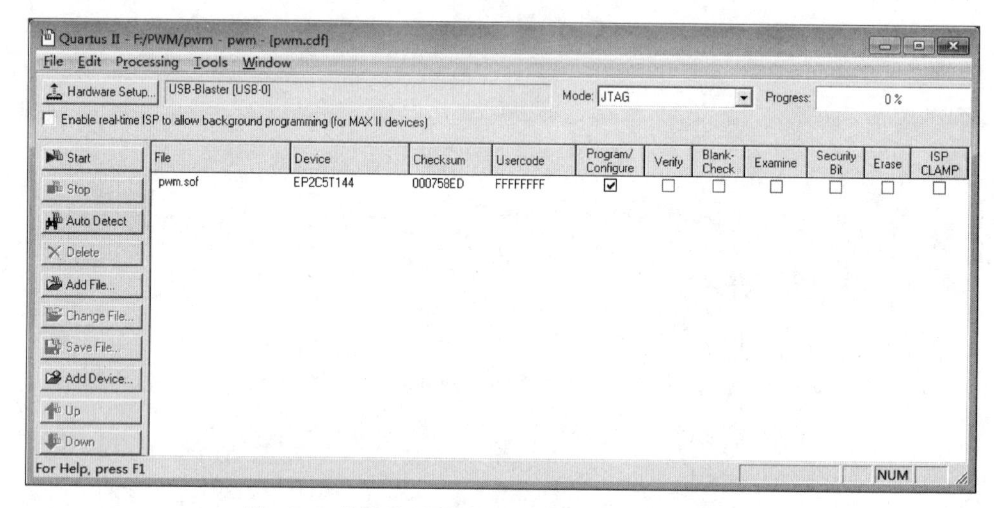

图 4.68　指定编程硬件和编程模式后的编程器窗口

(6) 选择 File→Save 命令保存 CDF 文件。

如果要同时对多个元件进行编程，可以单击 Add File...按钮添加编程文件。

3. 元件编程

(1) 根据下面步骤之一，在计算机上连接好合适的通信电缆：

- 编程硬件使用 MasterBlaster 下载电缆时，需要将 MasterBlaster 电缆与连接计算机 RS-232 串口的 RS-232 电缆相连，或与连接到计算机 USB 口的 USB 电缆相连。
- 编程硬件使用 ByteBlasterMV 下载电缆时，需要将 ByteBlasterMV 电缆与连接计算机并口的全 DB25-to-DB25 电缆相连。

(2) 单击编程器窗口的 Start 按钮，当出现提示编程完成的对话框时，单击 OK 按钮完成元件编程。

4. 改变编程模式

对于使用SRAM对象文件(.sof)进行编程的元件,编程方式可以在JTAG和被动串行之间选择。如果从被动串行编程方式改为JTAG方式,编程器窗口中将出现编程和配置选项,但只有Program/Configure选项可用,其他选项用于配置元件。

要改变编程模式,可在编程器窗口的Mode列表中选择JTAG。

5. 在编程链中添加一个元件

使用编程器窗口可在JTAG链中添加一个配置元件,打开Examine选项,可以从配置元件中加载编程数据到一个临时缓冲区,然后保存配置数据到编程器对象文件(.pof)。

在一个JTAG编程链中添加一个元件的步骤如下:

(1) 打开一个JTAG编程链CDF文件。

(2) 在编程器窗口中单击Add Device按钮,弹出Select Devices对话框,如图4.69所示。

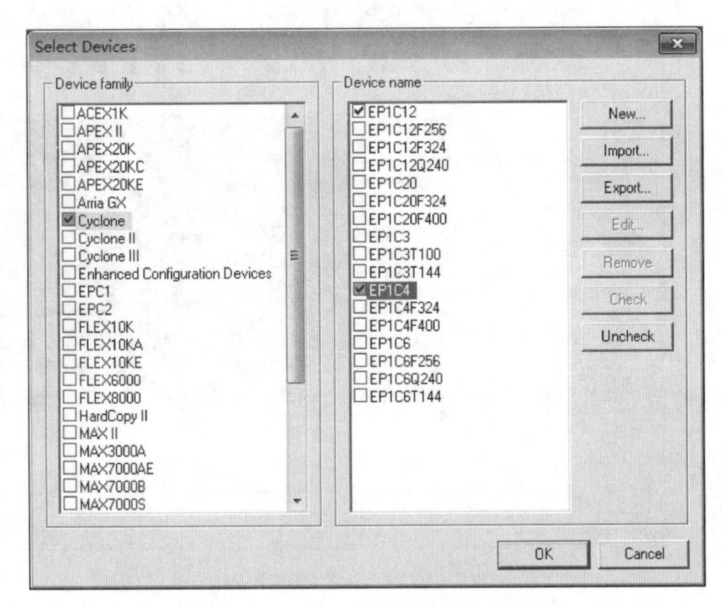

图4.69 在JTAG链中添加一个元件

(3) 在Device family列表中选择一个元件系列。

(4) 在Device name列表中选中一个要添加的元件,单击OK按钮确定。

(5) 选择File→Save命令保存CDF文件。

第5章 Quartus Ⅱ软件第三方工具

5.1 ModelSim 软件的主要结构

首次启动 ModelSim 6.4a 软件，可以看到 ModelSim 的主窗口，包括菜单栏、工具栏、工作区和命令行操作区，如图 5.1 所示。

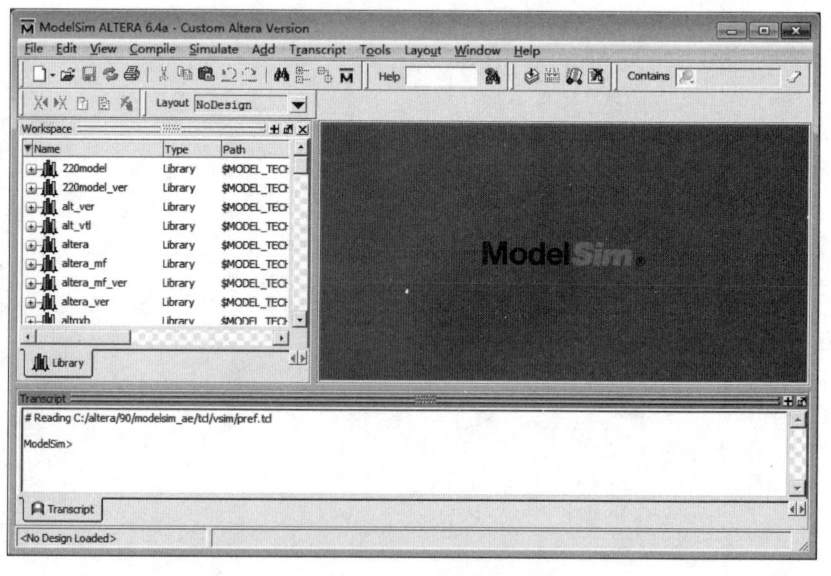

图 5.1 ModelSim 主窗口

在工作区可以根据操作显示 Project 标签、Library 标签、Sim 标签（显示 Load Design、Hierarchical Structure）以及 Files 标签；在命令行操作区，可以用命令提示符的方式进行编译、仿真设计，同时打开其他窗口。

5.2 ModelSim 的简要使用方法

1. 建立工程

使用 ModelSim 建立工程的操作步骤如下：

(1) 第一次打开 ModelSim 会出现 Welcome to ModelSim 对话

框，选择 Create a Project，或者启动 ModelSim 后选择 File→New→Project...命令，都会打开 Create Project 对话框，如图 5.2 所示。

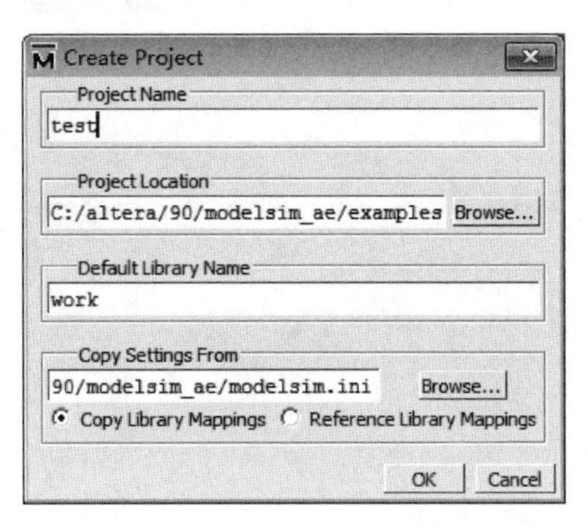

图 5.2　Create Project 对话框

(2) 在 Create Project 对话框中，填写 test 作为 Project Name；在 Project Location 栏中选择 Project 文件的存储目录；保留 Default Library Name 的设置为 work。

(3) 单击 OK 按钮确认，在 ModelSim 软件主窗口的工作区中即增加了一个空的 Project 标签，同时弹出一个 Add items to the Project 对话框，如图 5.3 所示。

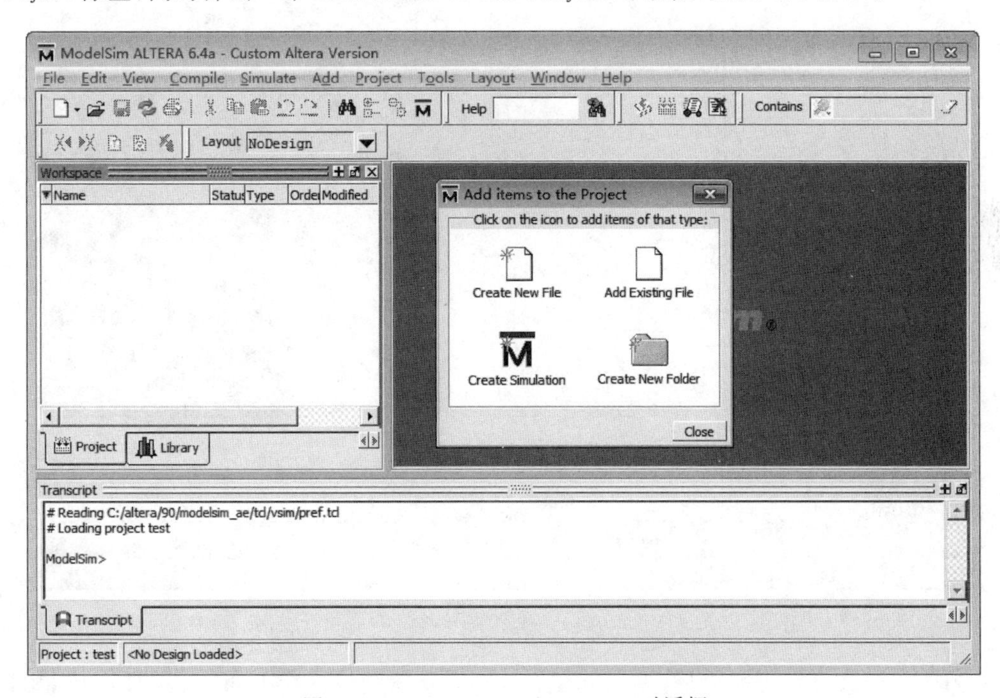

图 5.3　Add items to the Project 对话框

(4) 添加包含设计单元的文件。直接单击 Add items to the Project 对话框中的 Add Existing File 或 Create New File 选项可以在工程中加入已经存在的文件或建立新文件。本节我们选择 Add Existing File。

也可以单击 Close 按钮关闭 Add items to the Project 对话框以后，在 ModelSim 软件中选择 File→Add to Project→Existing Files 命令，弹出 Add file to Project 对话框，如

图 5.4 所示。

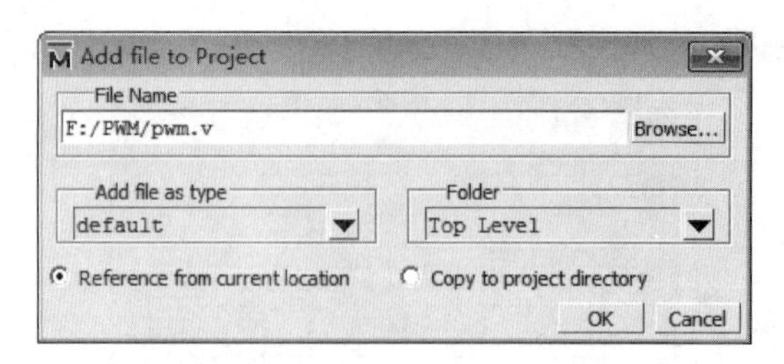

图 5.4　Add file to Project 对话框

单击 Add file to Project 对话框中的 Browse 按钮，打开 ModelSim 安装路径中的 examples 目录，选取 counter. v 和 tcounter. v 文件(注意，同时选取两个文件时，文件名直接用空格隔开)，再打开对话框下面的 Reference from current location 选项，然后单击 OK 按钮。

(5) 在工作区的 Project 选项卡中可以看到新加入的文件，单击右键，选取 Compile→Compile All 命令对加入的文件进行编译，如图 5.5 所示。

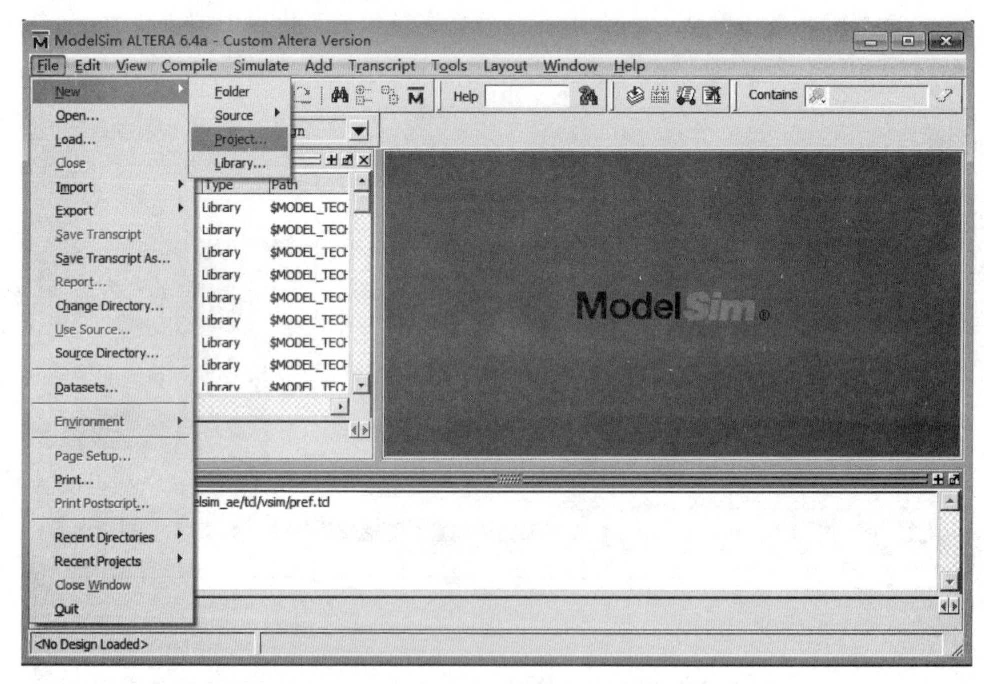

图 5.5　编译软件

(6) 两个文件编译完成后，用鼠标单击 Library 标签栏。在 Library 选项卡中，用鼠标单击 work 库前面的加号“+”，展开 work 库，将会看到两个编译了的设计单元(如果看不到，需要把 Library 的工作域设为 work)，如图 5.6 所示。

(7) 导入一个设计单元。双击 Library 选项卡中的 pwm，在工作区中将会出现 sim 标签，其中显示了 pwm 设计单元的结构，如图 5.7 所示。

到这一步通常就开始运行仿真、分析以及调试设计了，不过这些工作将在后面的讲述中完成。现在，结束仿真并关闭工程。选择 Simulate→End Simulation 命令，当提示是

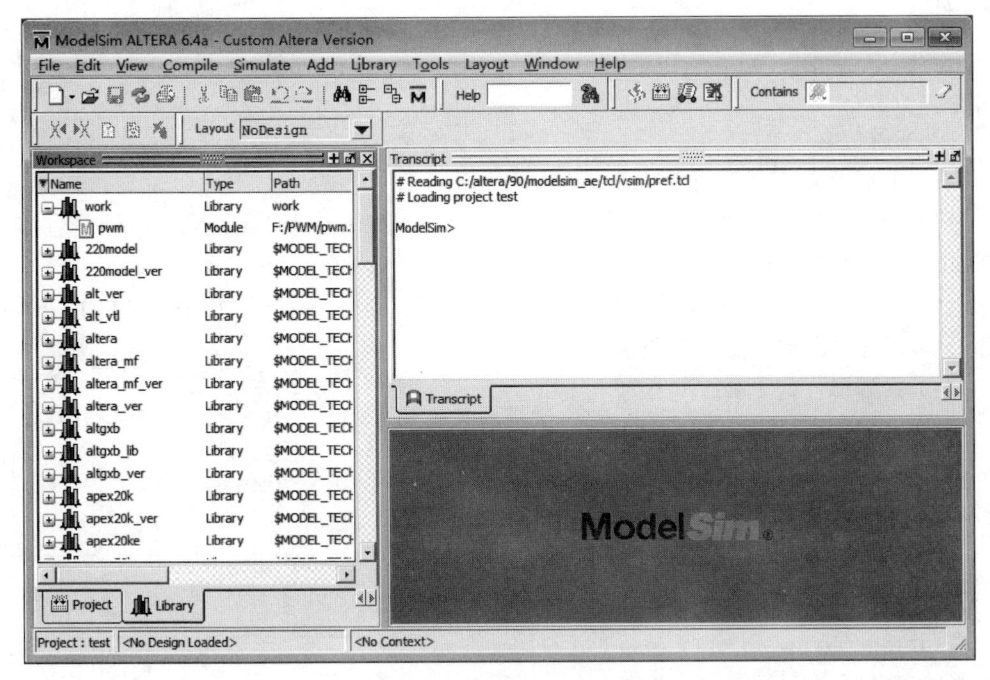

图 5.6　编译后的设计单元

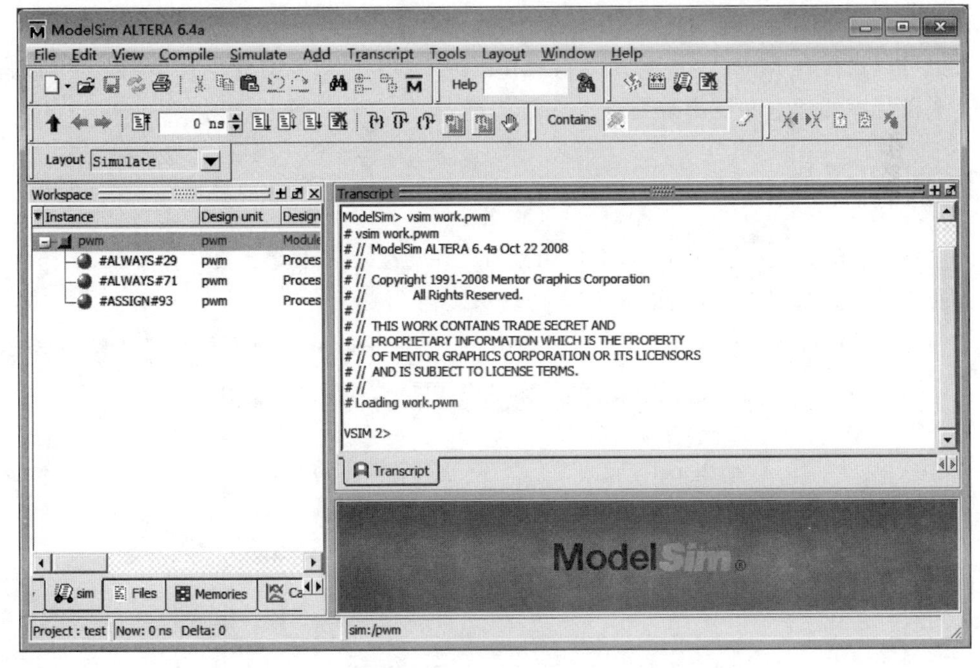

图 5.7　导入设计单元

否退出仿真时选择“是”，然后选择 File→Close→Project 命令，并确定关闭当前工程。

前面的步骤在工作目录下建立了一个名为 tset.mpf 的工程文件，该文件中包含了建立工程过程中的所有信息。在任何时间，可以选择 File→Open→Project 命令打开该工程文件。

2. 基本 VHDL 仿真

1) 准备仿真

在进行仿真之前还应进行以下准备工作:

(1) 为本次练习新建一个目录,然后复制< ModelSim 安装目录>\Modeltech_6.4a\examples 目录中所有的 vhd 文件到该目录下。

(2) 启动 ModelSim 软件,选择 File→Change Directory 命令,在弹出的 Choose folder 对话框中设置该目录为当前工作目录。

(3) 在编译任何 HDL 代码前,要建立一个设计库来存放编译结果。在 ModelSim 主窗口中,选择 File→New→Library 命令建立一个新的设计库,如图 5.8 所示。

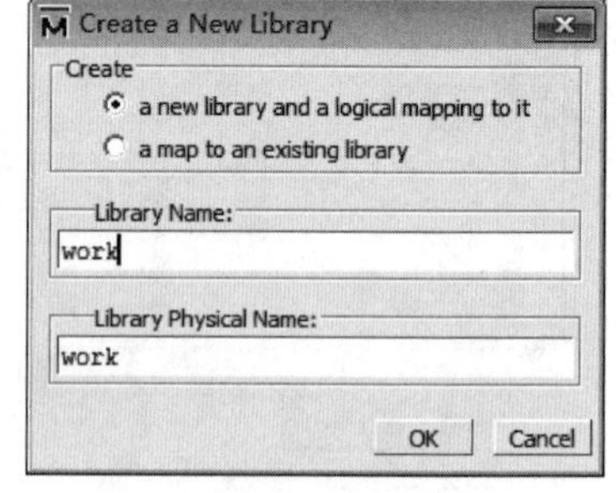

图 5.8 建立新的设计库

在 Create a New Library 对话框中,选择 Create 栏中的 a new library and a logical mapping to it 选项,并在 Library Name 栏中输入新的设计库名称,如 work,单击 OK 按钮确定。

这就在当前目录中建立了一个子目录,即用户的设计库。ModelSim 在这个目录中保存了名为_info 的特殊文件。

也可以直接在 ModelSim 的命令行操作区或 DOS/UNIX 的命令行中输入下面的命令完成设计库的建立和逻辑映射:

```
vlib work(回车)
vmap work work (回车)
```

注意:不要直接在 Windows 或 UNIX 的文件夹管理器中建立设计库目录,因为这样建立的目录中无法得到 ModelSim 需要的特殊文件_info。

(4) 选择 Compile→Compile 命令,将弹出 Compile Source Files 对话框,如图 5.9 所示。

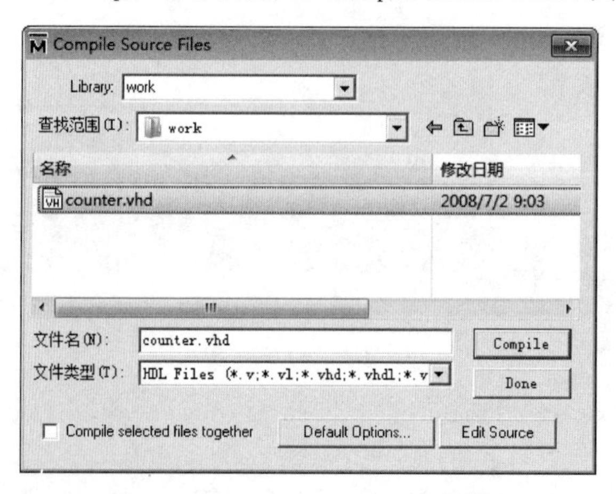

图 5.9 Compile Source Files 对话框

从文件列表中选取要编译的 VHDL 文件，如 counter. vhd，并单击图 5.9 中的 Compile 按钮，编译完成后单击 Done 按钮。也可以从文件列表中同时选择多个文件进行编译，按照设计的需要依次选取并进行编译。

还可以直接在 ModelSim 的命令行操作区或 DOS/UNIX 的命令行中输入下面的命令完成设计文件的编译：

```
vcom couter.vhd(回车)
```

(5) 在 ModelSim 主窗口工作区的 Library 选项卡中单击 work 库前面的加号"+"展开 work 库，从中选择 counter 设计单元并双击鼠标左键，如图 5.10 所示。

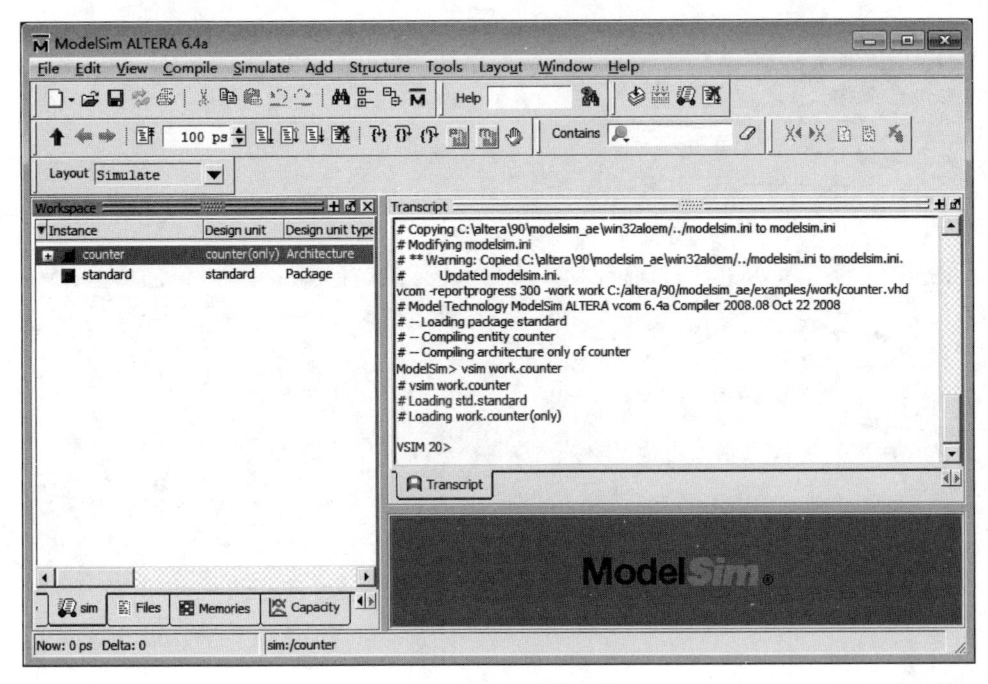

图 5.10　导入设计单元仿真

也可以直接在 ModelSim 的命令行操作区或 DOS/UNIX 的命令行中输入下面的命令行：

```
vsim counter(回车)
```

(6) 在 ModelSim 主窗口中选择 View 打开所有 ModelSim 窗口，包括 dataflow 窗口、list 窗口、local 窗口、message viewer 窗口、objects 窗口、process 窗口、call stack 窗口、workspace 窗口以及 wave 窗口。

也可以直接在 ModelSim 的命令行操作区输入下面的命令打开所有窗口：

```
view *(回车)
```

(7) 从 Objects 窗口中选择 Add→To Wave→All items in region 命令，如图 5.11 所示，该命令将设计中的顶层(top-level)信号加入 wave 窗口中，如图 5.12 所示。

也可以直接在 ModelSim 的命令行操作区输入下面的命令将顶层信号加入 wave 窗

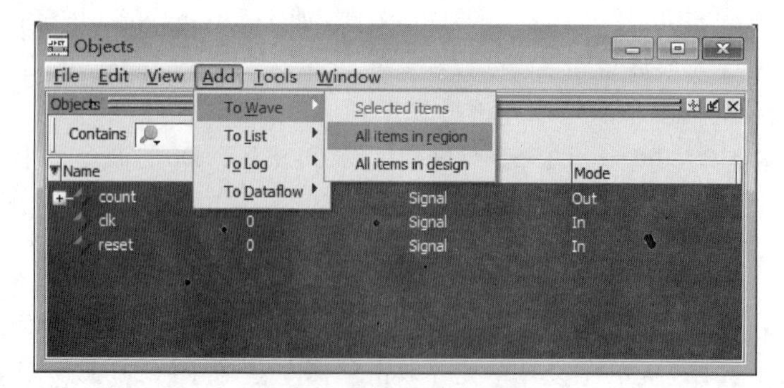

图 5.11　signals 窗口

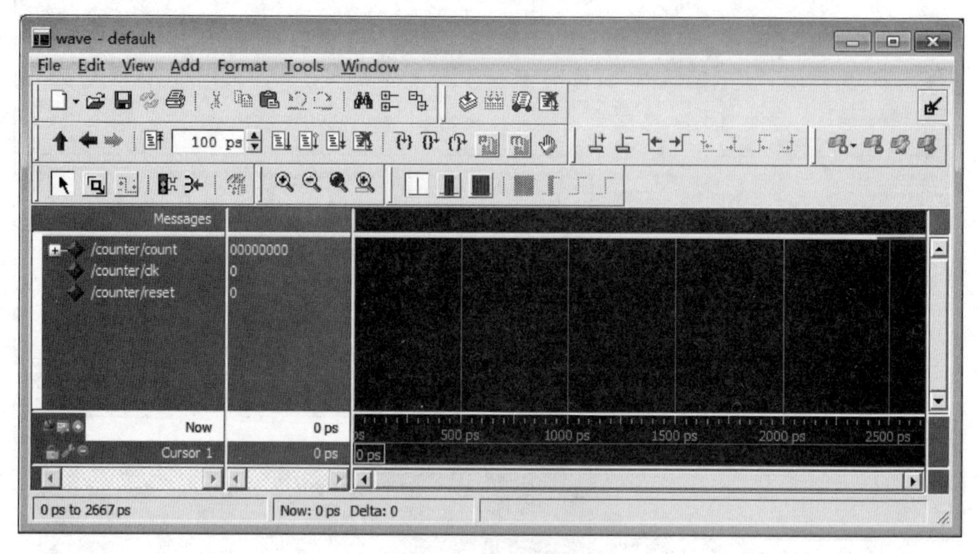

图 5.12　wave 窗口

口中：

```
add wave /counter/ * (回车)
```

(8) 在 Objects 窗口中选择 Add→To List→All items in region 命令，该命令在 list 窗口中加入设计中所有顶层信号，如图 5.13 所示。

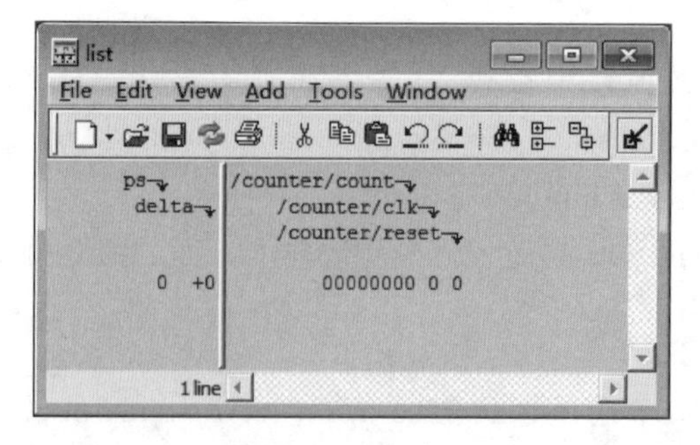

图 5.13　list 窗口

也可以直接在ModelSim的命令行操作区输入下面的命令将顶层信号加入list窗口中：

```
add list /counter/*(回车)
```

2）运行仿真

通过输入连续的时钟信号开始仿真。

（1）在ModelSim主窗口的命令行操作区中，在VSIM提示符下输入下面的命令：

```
force  clk  1  50, 0  100  -repeat  100(回车)
```

ModelSim解释force命令如下：

从当前时间开始，在其后50ns时置clk为1；

当前时间后100ns时置clk为0；

每隔100ns重复该clk周期。

也可以通过菜单操作定义时钟输入信号：在signals窗口中选中clk信号，然后选择Objects窗口的Edit→Clock命令，弹出如图5.14所示的时钟定义(Define Clock)对话框，在此对话框中进行相应的设置。

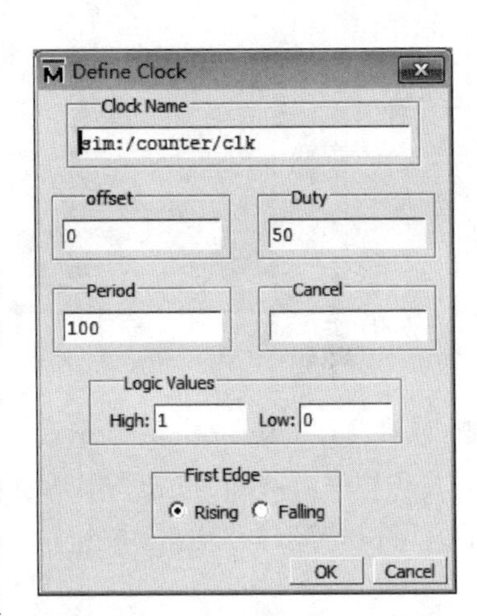

图5.14　仿真时钟定义对话框

（2）执行主窗口或wave窗口工具条按钮的两个不同的Run功能(Run功能只在主窗口和波形(wave)窗口中定义，即这两个窗口中有Run功能)。首先选取Run按钮，运行完成之后选取Run-All按钮。

Run：运行仿真，在100ns后停止。也可以在ModelSim的命令行操作区输入run 100后按回车键，或在主窗口中选择Simulate→Run→Run 100ns命令。

Run-All：一直运行仿真，直到单击Break按钮为止。也可以在ModelSim的命令行操作区输入run-all后按回车键，或在主窗口中选择Simulate→Run→Run-All。

（3）选取主窗口或波形窗口的Break按钮来中断仿真，一旦仿真到达一个可接受的停止点，它就停止运行。

在源文件窗口中，箭头指向下一条将被执行的HDL语句。如果暂停发生时仿真器不是在评测一个过程，则没有箭头显示在源文件窗口上。

（4）在函数内部设置一个断点，本节在counter.vhd文件的第18行函数内部设置一个断点：移动鼠标到源文件窗口，在21行上单击设置断点，可以看到紧挨着行号有一个红点，可以用鼠标单击切换断点的使能功能，断点禁止后看到的是一个小的红色圆环。可以在断点上单击鼠标右键，选取Remove BreakPoint 21来取消断点，如图5.15所示。

也可以在ModelSim的命令行操作区输入下面的命令设置断点：

```
bp counter.vhd 21(回车)
```

注意：断点只能设置在蓝色标号的文本行上。

（5）选取连续运行快捷按钮(Continue Run)恢复中断了的运行，ModelSim会碰上断点，通过源文件中的一个箭头或是在主窗口中的一条中断信息显示出来。

该操作也可以通过在ModelSim的命令行操作区输入run-continue后按回车键来完

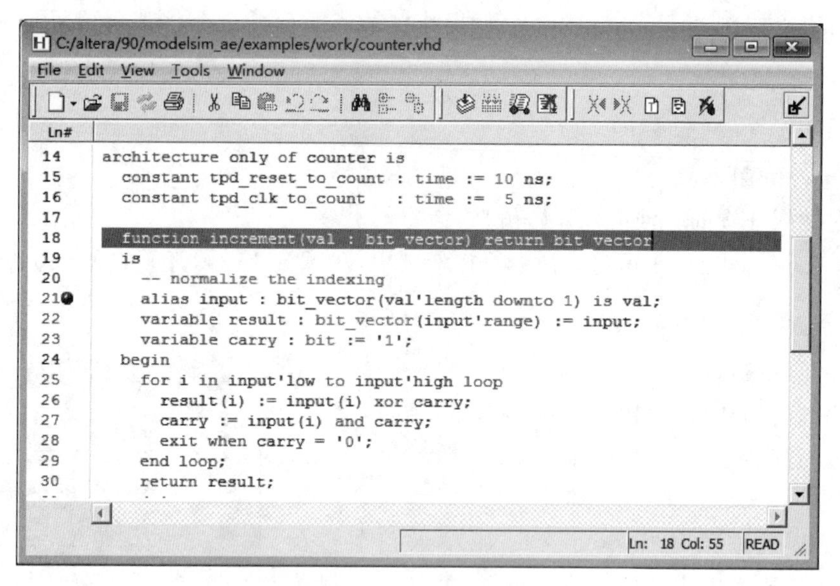

图 5.15　设置或取消断点

成，或在 ModelSim 主窗口中选择 Simulate→Run→Continue 命令。

（6）单击 Step 按钮可以单步执行仿真，注意 Locals 窗口中值的变化，如图 5.16 所示。可以持续单击 Step 按钮执行单步仿真。

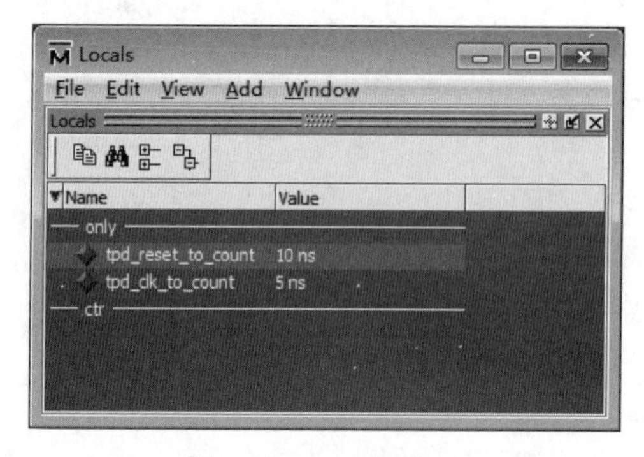

图 5.16　Locals 窗口

该操作也可以通过在 ModelSim 的命令行操作区输入 run-step 后按回车键来完成，或在 ModelSim 主窗口中选择 Simulate→Run→Step 命令。

（7）输入下面的命令结束仿真：

```
quit - force(回车)
```

该命令不需要确认就直接结束仿真并退出 ModelSim。

3. 基本 Verilog 仿真

1）准备仿真

在进行基本 Verilog 仿真之前要进行以下准备工作：

（1）为本练习新建一个目录，复制< ModelSim 安装目录>\Modeltech_6.4a\

examples 目录中所有的 Verilog(.v)文件到该目录下。

(2) 设置该目录为当前工作目录，通过从该目录直接调用 ModelSim 或启动 ModelSim 软件后选择 File→Change Directory 命令来完成。

(3) 在编译 Verilog 文件前，需要在新目录下生成一个设计库来保留编译结果。如果读者仅仅熟悉解释性 Verilog 仿真器，诸如 Cadence Verilog-XL，那么对于用户来说这是一个新的方法。因为 ModelSim 是一个编译性 Verilog 仿真器，对于编译它需要一个目标设计库。如果需要，ModelSim 能够编译 VHDL 和 Verilog 代码到同一个库中。

(4) 在 ModelSim 主窗口中，选择 File→New→Library 命令建立一个新的设计库，如图 5.17 所示。

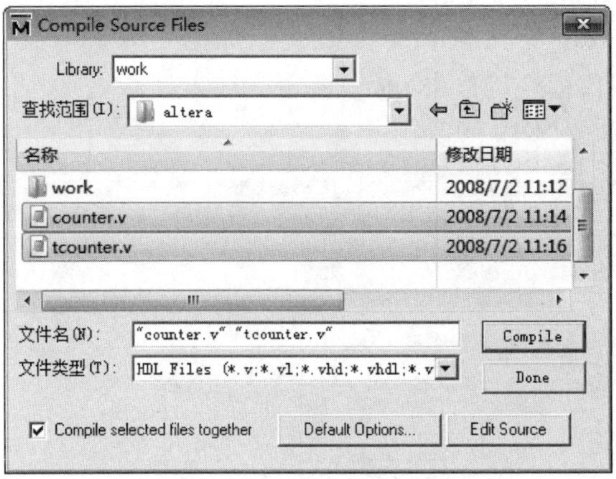

图 5.17　Compile Source Files 对话框

在 Create a New Library 对话框中，选择 Create 栏中的 a new library and a logical mapping to it 选项，并在 Library Name 栏中输入新的设计库名称，如 work，单击 OK 按钮确定。

这就在当前目录中建立了一个子目录，即用户的设计库。ModelSim 在这个目录中保存了名为_info 的特殊文件。

也可以直接在 ModelSim 的命令行操作区或 DOS/UNIX 的命令行中输入下面的命令完成设计库的建立和逻辑映射：

```
vlib work(回车)
vmap work work (回车)
```

注意：不要直接在 Windows 或 UNIX 的文件夹管理器中建立设计库目录，因为这样建立的目录中无法得到 ModelSim 需要的特殊文件_info。

(5) 编译 Verilog 设计。这个设计例子由两个 Verilog 源文件组成，每一个都包含一个唯一的模块。文件 counter.v 包含一个名为 counter 的模块，它执行一个简单的八位二进制加法计数器。另一个文件 tcounter.v 是一个测试台模块(test_counter)，通常用来检验 counter。在仿真中，可以看到这两个文件被层次化配置，它们使用了被测试台实例化的 counter 模块的一个简单实例(实例名为 dut)。后面将有机会看到这个代码的结构，现在，需要编译两个文件到 work 设计库中。

(6) 选择 Compile→Compile 命令编译 counter. v 和 tcounter. v 两个文件。在如图 5.17 所示的 Compile Source Files 对话框中,使用 Ctrl 键+鼠标左键操作同时选择工作目录中的 counter. v 和 tcounter. v 文件,然后单击 Compile 按钮,完成后单击 Done 按钮。

也可以直接在 ModelSim 的命令行操作区输入下面的命令完成编译:

```
vlog  counter.v  tcounter.v(回车)
```

注意:ModelSim 只有在载入设计以后才检查 Verilog 模块的顺序,因此,在这里不用考虑编译 counter. v 和 tcounter. v 文件的先后顺序。

(7) 在主窗口工作区的 Library 选项卡中,单击 work 库前面的加号"+"展开该库,可以看到 counter 和 test_counter 两个设计单元,如图 5.18 所示。

在图 5.18 中,用鼠标左键双击 test_counter 载入设计单元,同时在工作区中出现一个新的 sim 选项卡,如图 5.19 所示。

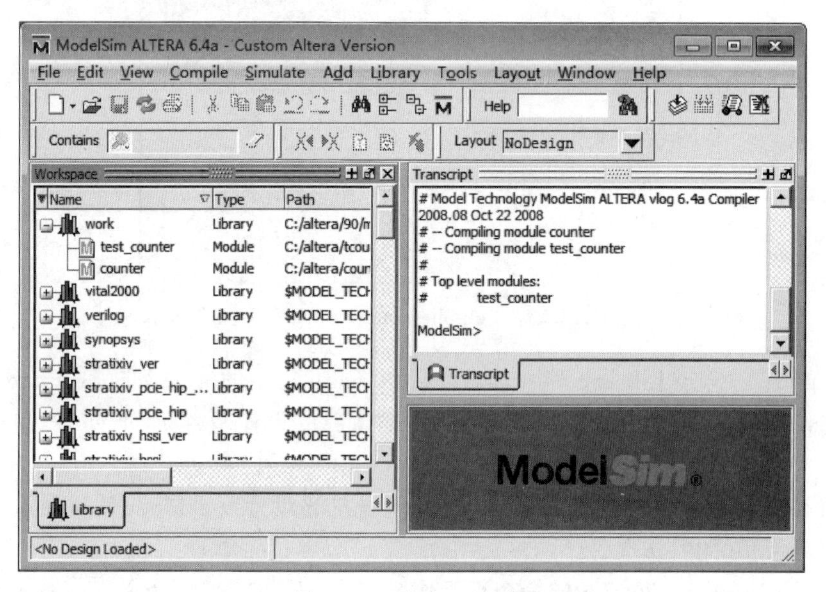

图 5.18 展开 work 库

也可以直接在 ModelSim 的命令行操作区输入下面的命令完成设计单元的载入:

```
vsim  test_counter(回车)
```

(8) 在主窗口命令行操作区的 VSIM 提示符下输入下面的命令,调出 signals、list 和 wave 窗口:

```
view  signals  list  wave(回车)
```

也可以通过选择 View→<窗口名>打开需要的窗口。

(9) 向 wave 窗口添加信号。在 signals 窗口中,选择 Edit→Select All 命令,选择所有信号,然后拖动所有信号到 wave 窗口的路径名或数值窗格中,如图 5.20 所示。

HDL 条目也能够从一个窗口复制到另一个窗口(或者是在 wave 和 list 窗口内部),

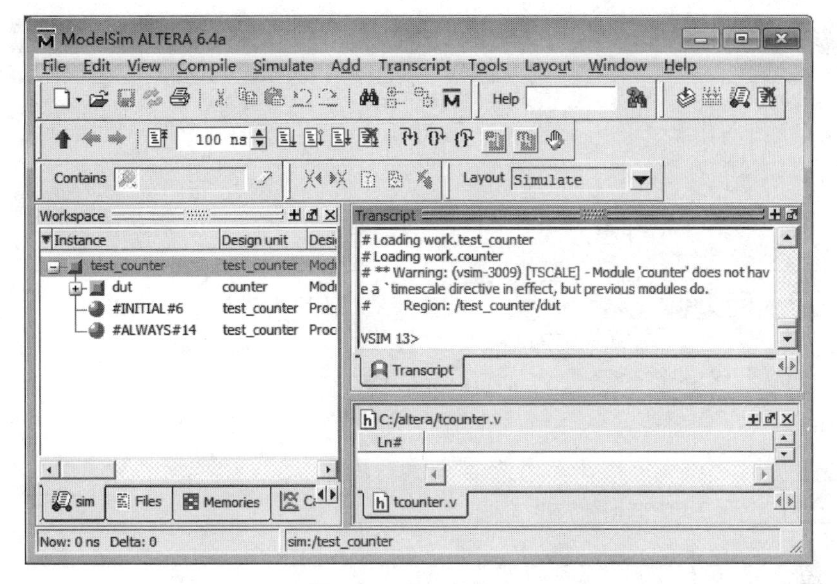

图 5.19 载入设计单元

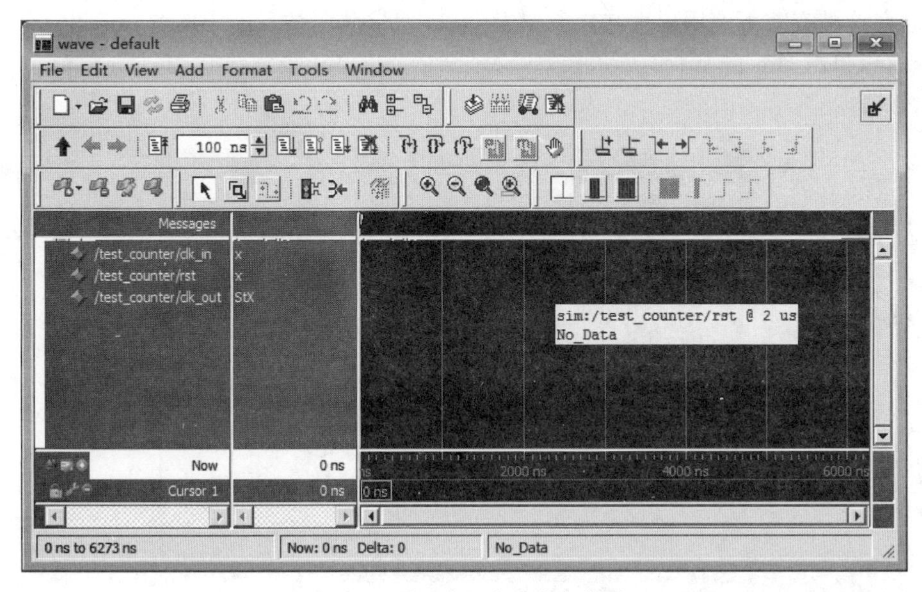

图 5.20 向 wave 窗口拖入信号

这可通过选择 Edit→Copy 和 Edit→Paste 命令完成。通过 Edit→Delete 命令也能删除选取的条目。

（10）导入设计的时候会在工作区打开一个新的 sim 标签。在 sim 选项卡中单击加号"＋"展开设计层次结构，可以看到本节实例的 test_counter、dut（counter）和名为 increment 的函数（如果在 sim 选项卡中没有显示 test_counter，则当前仿真的是 counter，而不是 test_counter），如图 5.21 所示。

（11）单击其中的 increment 函数，可以注意到其他窗口自动更新。明确地说，source 窗口显示了在 sim 选项卡层次结构中所选层次的 Verilog 代码，signals 窗口显示了对应

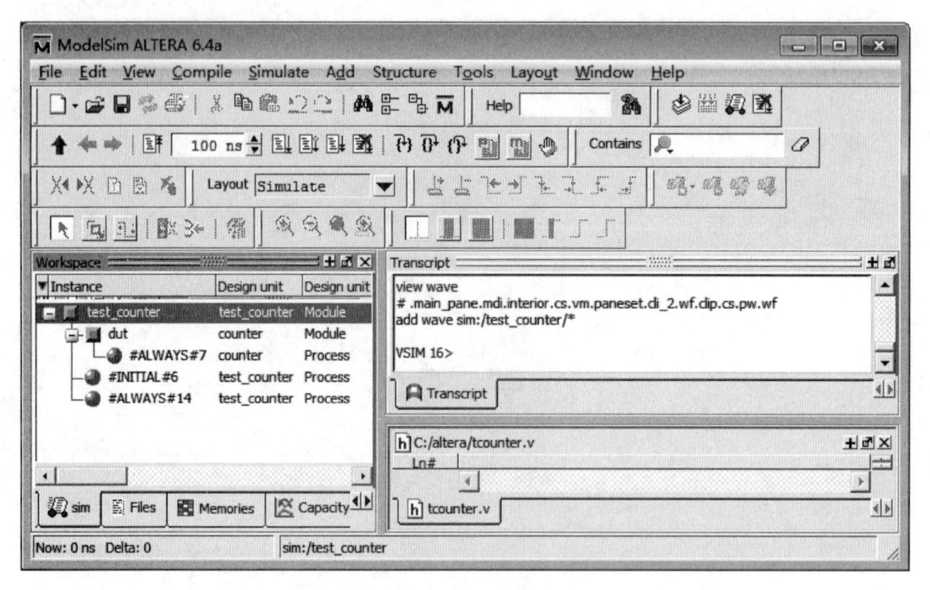

图 5.21 层级结构显示

信号。在这种方式下使用层次结构类似于解释性 Verilog 仿真器中的 Scoping 命令。

现在，单击 sim 选项卡中的顶层行，保证 test_counter 模块显示在 source 窗口中，如图 5.22 所示。

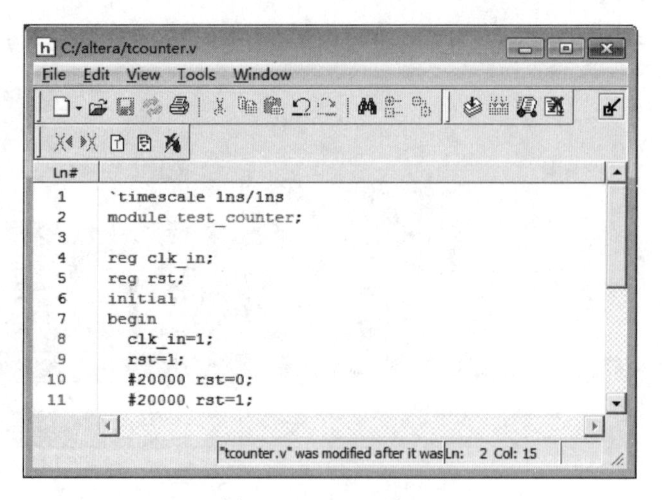

图 5.22 source 窗口

2) 运行仿真

(1) 单击主窗口工具条上的 Run 按钮启动仿真，默认仿真长度为 100ns；也可以在 ModelSim 的命令行操作区输入 run(回车)，或在主窗口中选择 Simulate→Run→Run 100ns 命令。

(2) 设置运行长度(Run Length)为 500ns，然后单击 Run 按钮，如图 5.23 所示。

现在仿真运行了 600ns(默认的 100ns 加上设置的 500ns)，在工作区底部状态栏可以看到这些信息。

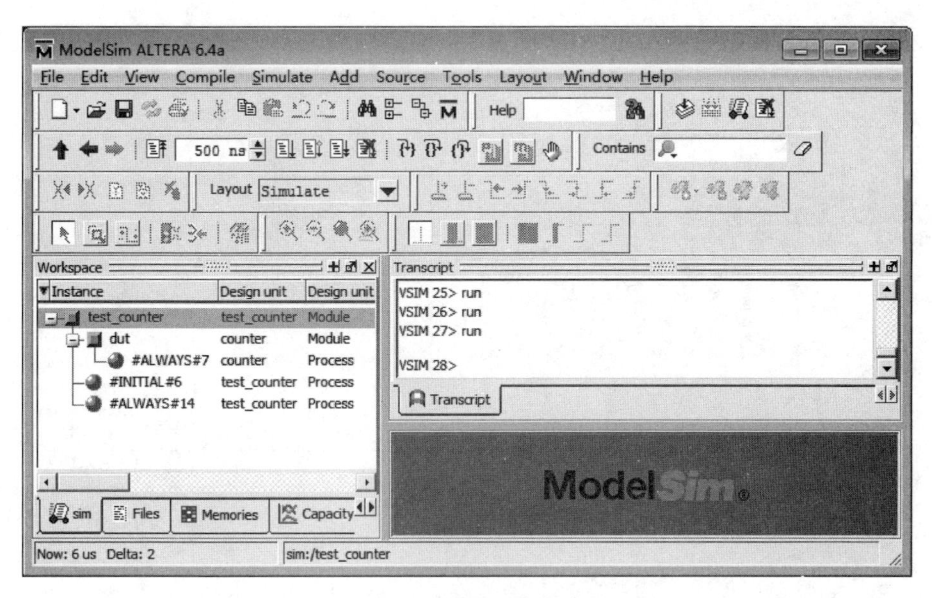

图 5.23　设置运行长度

(3) 上面的设置使仿真器前进了 500ns，也可以通过下面的命令设置仿真器推进的时间：

```
run @ 3000(回车)
```

(4) 单击主窗口工具条上的 Run-All 快捷按钮，让仿真器连续运行，直到停止在 tcounter. v 模块中为止，如图 5.24 所示。

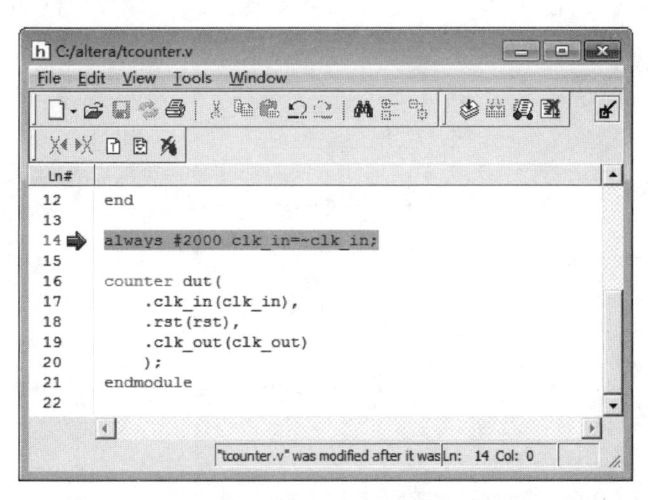

图 5.24　仿真停止在 tcounter. v 模块

也可以单击 Break 按钮中断运行，在 source 窗口中查看中断时执行的语句。

3) 调试仿真

(1) 在 list 窗口中选取/test_counter/count，如图 5.25 所示。从 list 窗口菜单条中选择 View→Signal Properties，弹出 List Signal Properties 对话框，如图 5.26 所示。

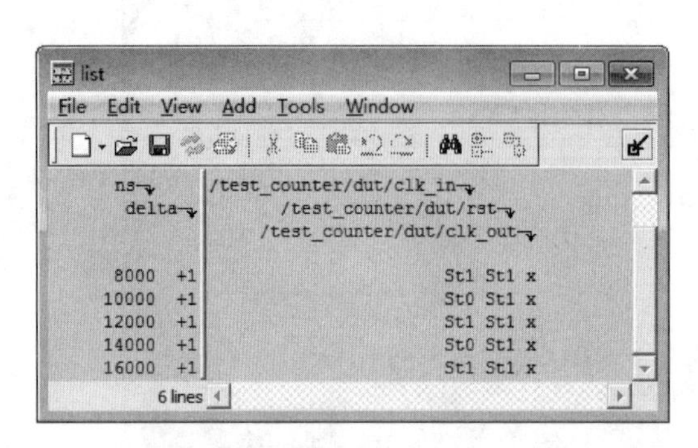

图 5.25　在 list 窗口中选择/test_counter/count

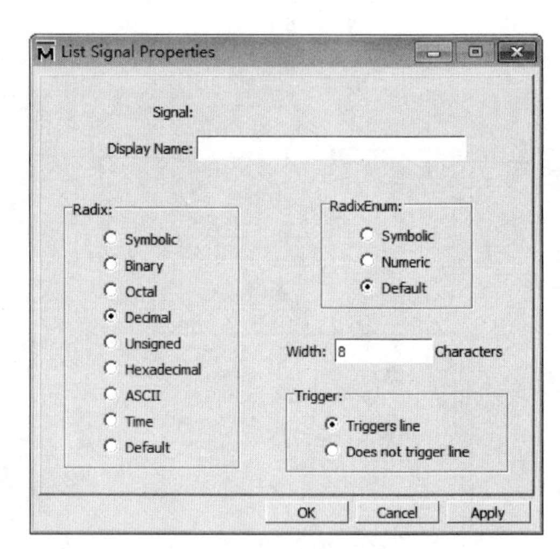

图 5.26　List Signal Properties 对话框

在 Radix 栏为信号 counter 选取十进制(Decimal)，相应的 list 窗口的输出也发生改变，成为十进制数，而不是缺省的二进制了。

(2) 选取主窗口工作区中 sim 选项卡层次结构中的 dut：counter，然后在 source 窗口打开的 counter.v 中的第 30 行(这里包含一个 Verilog 功能增量的调用)设置断点，如图 5.27 所示。

(3) 单击 Restart 按钮，重载设计组件并重置仿真时间为零。也可以在 ModelSim 的命令行操作区输入 restart(回车)，或在主窗口中选择 Simulate→Run→Restart 命令。

(4) 确认 Restart 对话框中所有条目被选中，如图 5.28 所示，然后单击 Restart 按钮。

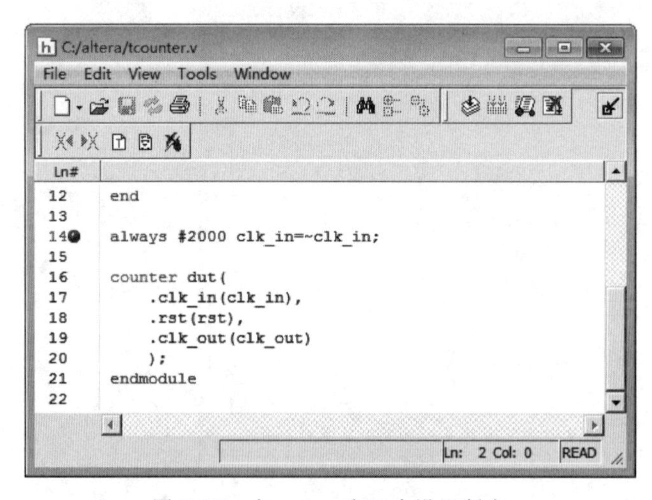

图 5.27　在 source 窗口中设置断点

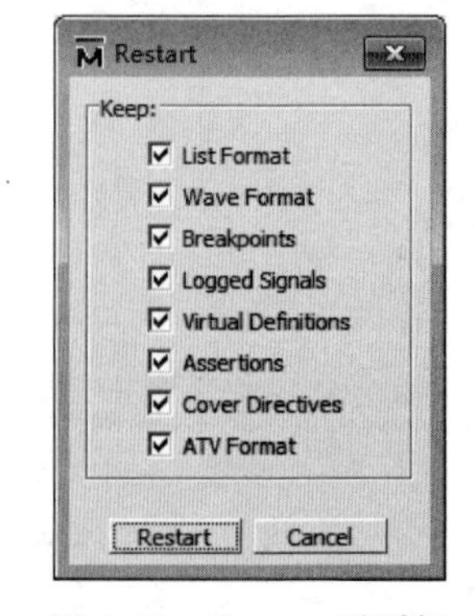

图 5.28　Restart 对话框

(5) 在主窗口工具条中选择 Run-All 快捷按钮，恢复执行仿真。中断后观察 source 窗口。

(6) 当中断到达后，可以观察一个或多个信号的值，通过以下几种方法可以检测这些值查看显示在 signals 窗口中的值；在 source 窗口中，在变量上单击鼠标右键，从弹出的右键菜单中选择 Examine 命令；在命令行操作区输入 examine 命令，可以输出变量值，如 examine count。

(7) 执行单步命令 Step，遍历 Verilog 源函数。

(8) 结束仿真，其执行命令为 quit-force。

4. VHDL/Verilog 混合仿真

1) 准备仿真

(1) 建立一个新的工作目录，复制 <ModelSim 安装目录>\Modeltech_5.8d\examples\mixedHDL 目录中所有的 VHDL(.vhd)文件和 Verilog(.v)文件到该目录下。

(2) 启动 ModelSim 软件，选择 File→Change Directory 命令，将新建目录设置为当前工作目录。

(3) 在主窗口中选择 File→New→Library 命令，在新目录下建立一个设计库来保留编译结果。

(4) 编译文件。在主窗口中选择 Compile→Compile 命令，打开 Compile Source Files 对话框，逐个编译 Verilog 文件，如 cache.v、memory.v 和 proc.v。也可以在主窗口命令行操作区输入下面的命令行完成 Verilog 文件编译：

```
vlog  cache.v  memory.v  proc.v(回车)
```

(5) 依赖于设计，VHDL 的编译次序是特定的。在这个例子中，top.vhd 文件必须最后编译。按照下面的顺序编译文件：

```
util.vhd  set.vhd  top.vhd
```

或在主窗口命令行操作区输入下面的命令行完成 VHDL 文件编译：

```
vcom  util.vhd  set.vhd  top.vhd(回车)
```

(6) 编译完成后，单击 Compile Source Files 对话框中的 Done 按钮。

2) 运行仿真

(1) 在主窗口工作区的 Library 选项卡中单击 work 库前面的加号“+”展开该库，可以看到所有设计单元。

(2) 用鼠标左键双击 work 库中的 top 实体，在工作区中出现一个新的 sim 选项卡。也可以直接在 ModelSim 的命令行操作区输入下面的命令完成 top 实体的载入：

```
vsim  top(回车)
```

(3) 在 ModelSim 主窗口中选择 View→All Windows 命令，打开所有仿真窗口。也可以直接在命令行操作区输入下面的命令：

```
view *(回车)
```

(4) 在 signals 窗口中，选择 Add→Wave→Signals in Region 命令，向 wave 窗口添加信号；选择 Add→List→Signals in Region 命令，向 list 窗口添加信号。

也可以直接在 ModelSim 命令行操作区输入下面的命令实现向 wave 窗口和 list 窗

口添加信号：

```
add wave *(回车)
add list * (回车)
```

(5) 观察ModelSim工作区sim选项卡中的层次结构。注意设计中两者的层次混合，VHDL层级用一个蓝色方框前缀指示，Verilog层级用一个天蓝色的圆形前缀指示。

(6) 在工作区sim选项卡中，单击层次结构中的c：cache模块，它的源代码出现在source窗口中。

(7) 在source窗口中，选择Edit→Find命令，用查找功能在cache.v文件中定位到cache_set的声明位置。

(8) 找到cache_set声明后可以发现，cache_set是cache.v文件内实例化的VHDL实体。

(9) 在ModelSim工作区sim选项卡的层次结构中单击c：cache前面的加号"＋"展开，单击c：cache下一级的s0：cache_set(only)，则source窗口显示了cache_set实体的VHDL代码。

(10) 结束仿真，其执行命令为quit-force。

5. 调试VHDL仿真

1) 准备仿真

(1) 建立一个新的工作目录，复制< ModelSim安装目录>\Modeltech_6.4a\examples目录中的gates.vhd、adder.vhd和testadder.vhd文件到该目录下。

(2) 启动ModelSim软件，选择File→Change Directory命令，将新建目录设置为当前工作目录。

(3) 在主窗口中选择File→New→Library命令，在新目录下建立一个设计库library_2来保留编译结果，或在命令行中输入vlib library_2命令。

(4) 在ModelSim主窗口命令行操作区或UNIX/DOS命令行中，输入下面的命令将源文件编译到新的设计库中：

```
vcom - work library_2 gates.vhd  adder.vhd  testadder.vhd(回车)
```

(5) 映射新库到工作库。可以直接编辑modelsim.ini文件来生成映射，或者用vmap命令生成一个逻辑库名字来完成：

```
vmap work library_2(回车)
```

ModelSim自动修改modelsim.ini文件。

(6) 在ModelSim主窗口工作区的Library选项卡中，单击work库前面的加号"＋"展开，可以看到所有设计单元。

(7) 用鼠标左键双击work库中名为test_adder_structural的配置，在工作区中出现一个新的sim选项卡，如图5.29所示；也可以直接在命令行操作区输入下面的命令：

```
vsim - t ns work.test_adder_structural(回车)
```

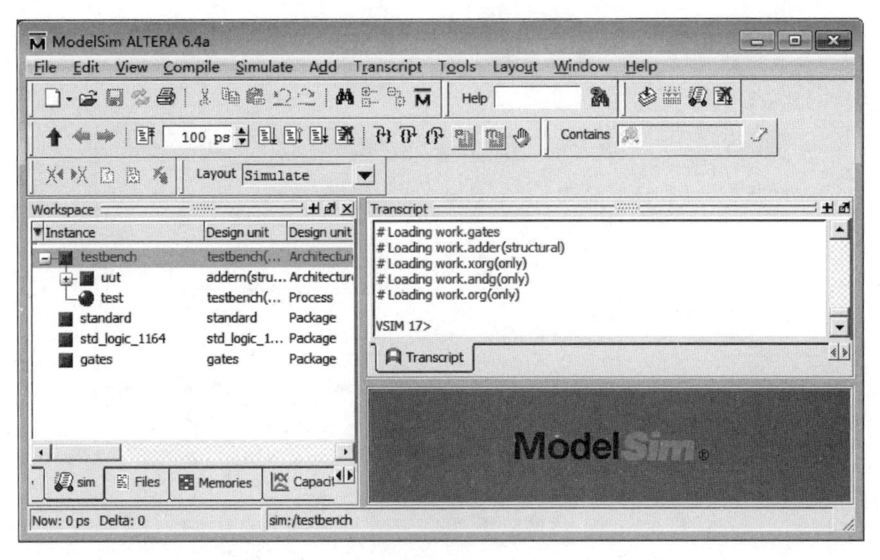

图 5.29　载入配置

(8) 在主窗口中选择 View→All Windows 命令，或输入 view * 命令，打开所有仿真窗口。

(9) 在 signals 窗口中选择 Edit→Select All 命令，选中所有信号，然后将它们拖动到 list 窗口中。

该操作与在 signals 窗口中选择 Add→List→Signals in Region 命令或输入 add list * 命令的结果相同。

(10) 以同样的方法，把信号加到 wave 窗口中。

(11) 在 ModelSim 主窗口的运行时间长度中设置 1000ns。

2) 运行调试仿真

(1) 选取 Run 命令，运行仿真。主窗口中的一条消息将通报有一个判断错误，如图 5.30 所示。执行后面的步骤查找错误。

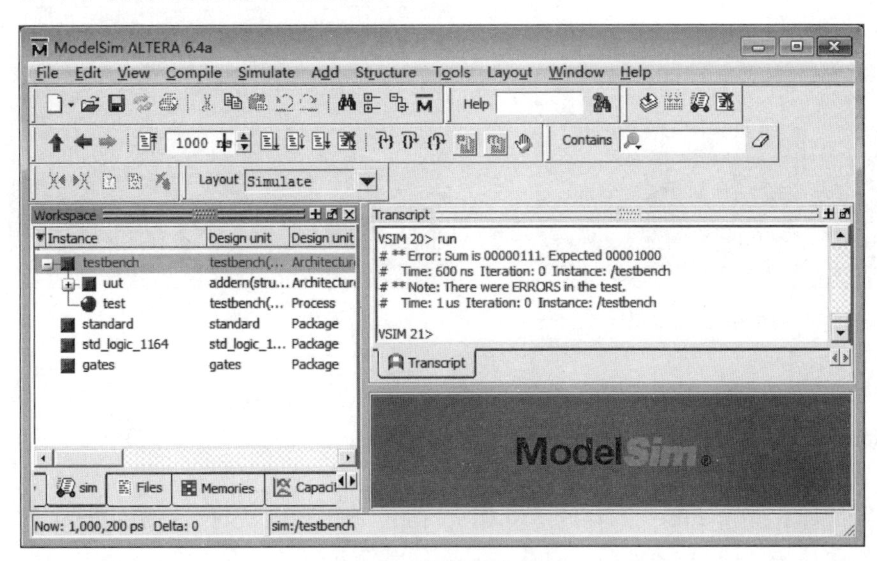

图 5.30　运行消息提示

(2) 改变仿真判断选项,在主窗口中选择 Simulate→Runtime Options 命令,弹出如图 5.31 所示的 Runtime Options 对话框。

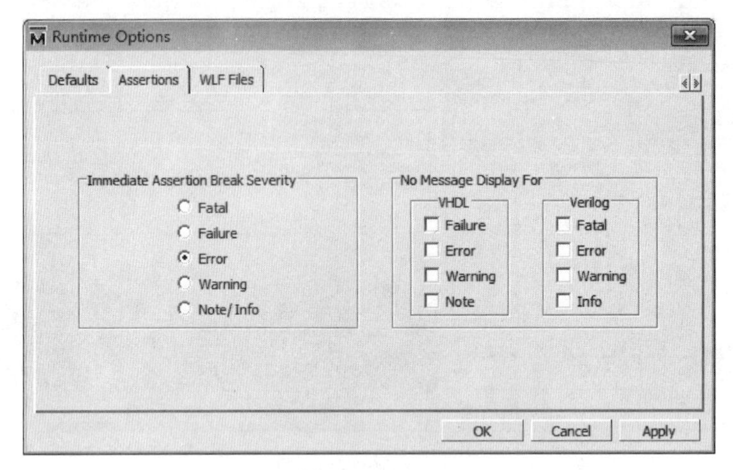

图 5.31 Runtime Options 对话框

(3) 选取 Assertions 选项卡。在 Break on Assertion 栏中改变选择为 Error,并单击 OK 按钮。该选项将使仿真停在 HDL 判断语句上。

(4) 选取 Restart 重新开始仿真。确定 Restart 对话框中的所有条目被选,然后单击 Restart 按钮。

(5) 选取 Run 命令,可以看到 source 窗口中的箭头指向判断语句,在 variables 窗口中可以看到 i=6,这表示仿真停留在测试模式环路的第六次重复中,如图 5.32 所示。

(6) 在 variables 窗口中单击加号"+"展开名为 test_patterns 的变量,也要展开排列在 test_patterns 下的第六次记录,如图 5.33 所示。

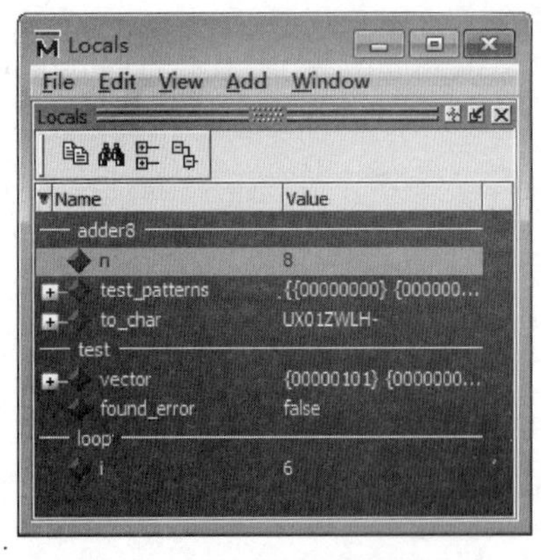

图 5.32 调试中的 variables 窗口

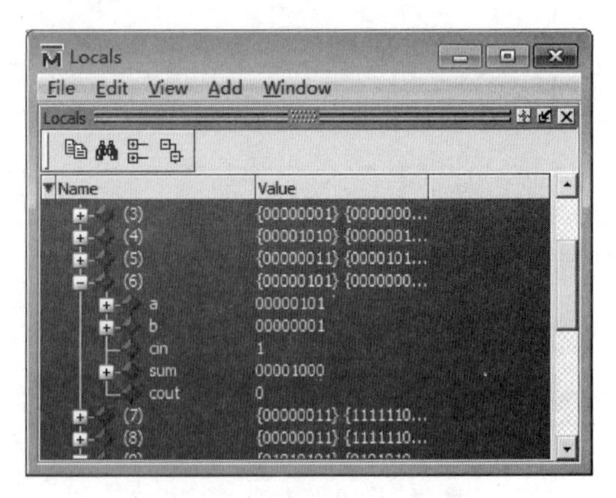

图 5.33 展开第六次记录

判断表明了 signals 窗口中的 sum 不等于 variables 窗口中的 sum 字段。输入 a、b 和 cin 的和应该等于输出 sum,但是在测试向量内有一个错误。为了改正这个错误,需要重新仿真且修改测试向量的初始值。

(7) 执行 restart-f 命令。参数-f 使 ModelSim 不出现确认对话框就重新仿真。

(8) 在 process 窗口中选取 test/testbench 过程更新 variables 窗口,如图 5.34 所示。

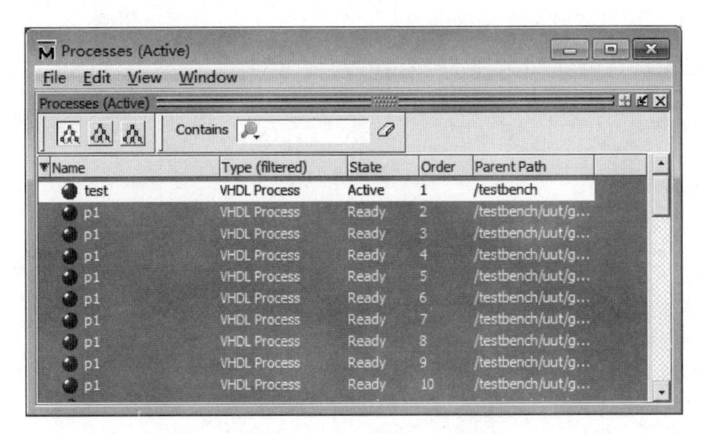

图 5.34 process 窗口

(9) 再次展开 variables 窗口中的 test_patterns 和 test_patterns[6]。单击变量名字，高亮显示 .sum 记录，然后选择 variables 窗口中的 Edit→Change...命令，弹出 Change Selected Variable 对话框，如图 5.35 所示。

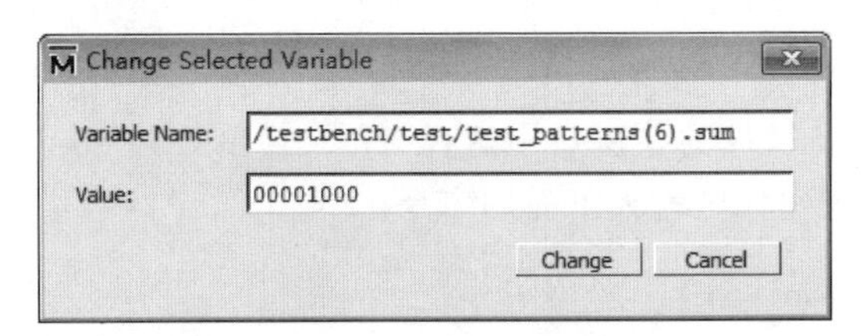

图 5.35 修改 variables 窗口中记录值

(10) 在 Change Selected Variable 对话框中，把 Value 中的数值最后四位(1000)替换为 0111，并单击 Change 按钮。(这只是暂时编辑，必须用文本编辑器永久地改变源代码。)

(11) 选取 Run 命令运行仿真。

这样，仿真运行时就不会报错了。

6. 运行批处理模式(batch-mode)仿真

批处理模式仿真必须运行在 DOS 或 UNIX 提示符下。除非特殊说明，该部分所提到的命令都是在 DOS 或 UNIX 命令提示符下输入的。

(1) 建立一个新目录，复制< ModelSim 安装目录>\Modeltech_5.8d\examples\counter.vhd 文件到该目录下。

(2) 将新建目录设置成当前工作目录。

(3) 生成一个新的设计库。在新建目录的 DOS 或 UNIX 命令提示符后输入 vlib work 后按回车键。

(4) 映射库：在 DOS 或 UNIX 命令提示符后输入 vmap work work 后按回车键。

(5) 编译源文件：在 DOS 或 UNIX 命令提示符后输入 vcom counter.vhd 后按回车键。

(6) 使用宏文件为计数器提供激励。这里我们使用 ModelSim 提供的宏文件，复制

example\stim. do 文件到当前工作目录中。

(7) 使用编辑器建立批处理文件，内容为

```
add list - decimal *
do stim.do
write list counter.lst
quit - f
```

保存批处理文件到当前目录，命名为 yourfile。

(8) 执行下面的命令，运行批处理模式仿真：

```
vsim - do yourfile - wlf saved.wlf counter - c(回车)
```

在名为"counter"的设计单元调用 vsim 仿真器。

通过-wlf 这个可选项通知仿真器在名为 saved. wlf 的日志文件中保存仿真结果。

运行 yourfile 批处理设置：值以十进制的方式列示出来；执行名为 stim. do 的激励，并将结果写到名为 counter. lst 的文件中。默认设计名为 counter。

(9) 浏览保存在 saved. wlf 文件中的仿真结果：

```
vsim - view saved.wlf(回车)
```

(10) 在 ModelSim 软件的主窗口中选择 View 菜单打开 signals、list 和 wave 窗口，或在 ModelSim 命令行操作区输入下面的命令：

```
view signals list wave(回车)
```

(11) 在窗口中放置信号，在 ModelSim 命令行操作区输入下面的命令：

```
add wave *(回车)
add list *(回车)
```

(12) 在 Variables 窗口中检验保存的仿真结果。

(13) 结束仿真，其执行命令为

```
quit - f(回车)
```

5.3 在 ModelSim SE 中指定 Altera 的仿真库

图 5.36 所示为 ModelSim SE 6.4a 版的启动画面。

以下讲述如何在 ModelSim SE 中创立 Altera 的仿真库(在 Quartus Ⅱ里提取库)。

(1) 启动 ModelSim SE 仿真工具，在主窗口中选择 File→Change Directory 命令，将工作目录改变到想要存放仿真库的目录下，如图 5.37 所示，单击 OK 按钮确定。

(2) 在主窗口中选择 File→New→Library 命令，弹出 Create a New Library 窗口，将 Create 选项设置为 a new library and a logical mapping to it，输入库的名字(例如 Altera_song)，如图 5.38 所示，单击 OK 按钮确定。

这个操作过程实质上相当于在 ModelSim 主窗口的命令操作区中输入了 vlib 和 vmap 命令。

图 5.36 ModelSim SE 6.4a 版的启动画面

图 5.37 指定工作目录

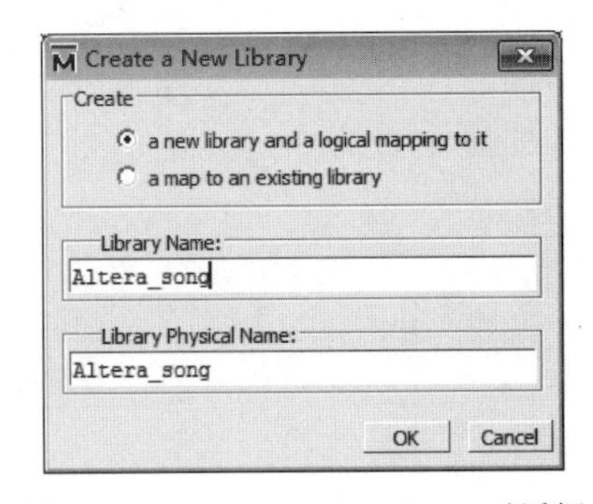

图 5.38 Create a New Library 对话框

(3) 选中主窗口 Library 选项卡中的 Altera_song，选择 Compile→Compile 命令，弹出如图 5.39 所示的对话框。将查找范围指定到< Quartus Ⅱ安装目录>\eda\sim_lib 文件夹下，对以下 8 个文件分两次进行编译：220model.v，220model.vhd，220model_87.vhd，220pack.vhd，altera_mf.v，altera_mf.vhd，altera_mf_87.vhd，altera_mf_components.vhd。编译顺序为 220pack.vhd 和 altera_mf_components.vhd 先编译，其他文件后编译。单击 Compile 按钮编译，完成后单击 Done 按钮。

(4) 如果要后仿真，就把要用的系列库再编译。例如用 Altera 的 Cyclone 系列，就再编译 cyclone_components.vhd、cyclone_atoms.vhd 和 cyclone_atoms.v 三个文件。

(5) 将 ModelSim SE 根目录下的配置文件 modelsim.ini 的属性由只读改为可写，这

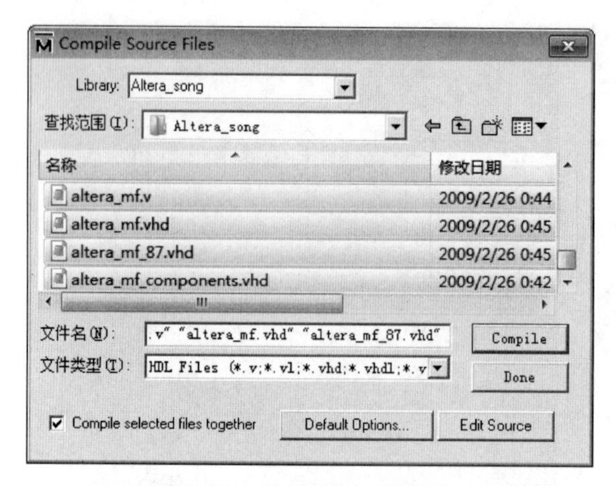

图 5.39　选择 Altera 编译库

个操作是为了使软件可以记录仿真库建立的路径以及映射关系。以后每次启动 ModelSim 仿真工具时，软件都会根据 ini 文件中的配置寻找仿真库，并形成映射关系。

(6) 保存文件并退出。以后对 Altera 的设计进行仿真都不需要再进行库的处理了。

第6章 VHDL硬件描述语言

6.1 概述

VHDL语言是随着集成电路系统化和高集成化的逐步发展而发展起来的，是一种用于数字系统的设计和测试方法的描述语言。对于小规模的数字集成电路，通常可以用传统的设计方法，例如卡诺图等来实现。但这种设计费时、费力，因此在实际设计中是不可取的。在这种情况下，大多数设计人员(特别是硬件工程师们)习惯采用原理图输入方式来完成，并进行模拟仿真。但纯原理图输入方式对于大型、复杂的系统，由于种种条件和环境的制约，使其无法提高工作效率。由于计算机和高速通信设备的飞速发展，而对集成电路提出高集成度、系统化、微尺寸、微功耗的要求，因此，高密度逻辑元件和VHDL便应运而生。

VHDL是20世纪70年代末和80年代初，由美国国防部为他们的超高速集成电路VHSIC(Very High Speed Integrated Circuit)计划提出的硬件描述语言VHDL(VHSIC Hardware Description Language)。1983年7月，这个任务由Intermetrics公司、IBM公司和Texas Instruments公司组成开发小组，承担了提出语言版本并开发其软件环境的任务。其目的在于所开发出的这种硬件描述语言具有功能强大、严格、可读性好、通用性强、移植性好等特点，避免重复劳动，省时省力并能降低开发电子新产品的费用，未来的政府订货合同都用它来描述，同时也避免了对合同作出二义性的解释。

1986年3月，IEEE开始致力于VHDL的标准化工作，经过广泛征求意见，融合了其他HDL的优点，IEEE于1987年12月公布了VHDL的标准版本(IEEE. STD_1076/1987)；1993年作了修改，形成了标准(IEEE. STD_1076/1993)。

VHDL的主要优点是：

(1) 覆盖面广，描述能力强，是一个多层次的硬件描述语言(HDL)。即设计的原始描述可以是非常简练的描述，经过层层细化分解，最终成为可直接付诸实践的电路级或版图参数描述。整个过程都可以在VHDL的环境下进行。

(2) VHDL具有良好的可读性,既可以被计算机接受,也容易被人们所理解。用VHDL书写的源代码,既是程序,又是文档;既是技术人员间交换信息的文件,又可作合同签约的文件。

(3) VHDL的移植性很强。因为它是一种标准语言,故它的设计描述可以被不同的工具所支持。它可从一个模拟工具移植到另一个模拟工具,从一个综合工具移植到另一个综合工具,从一个工作平台移植到另一个工作平台去执行。这意味着同一个VHDL设计描述可以在不同的设计中采用。目前,在可编程逻辑元件(PLD)设计输入中广泛地使用VHDL。

(4) VHDL本身的生命期长。因为VHDL的硬件描述与工艺技术无关,不会因工艺变化而使描述过时。而与工艺技术有关的参数可通过VHDL提供的属性加以描述,当生产工艺改变时,只需修改相应程序中的属性参数即可。

6.2 VHDL语言的基本结构

本节首先介绍VHDL语言中最基本的单元及其结构,主要包括实体和结构体两大部分;接着介绍VHDL语言中结构体的子结构描述方法;接着介绍VHDL语言中常用的各种包集合、库文件及配置方法;最后介绍VHDL常用的描述语句,其主要分为顺序语句和并行语句两大部分。

6.2.1 VHDL语言基本单元及其结构

VHDL语言的基本结构由实体和结构体两部分组成。

1. 实体(ENTITIES)

VHDL描述的所有设计均与实体有关,实体是设计中最基本的模块。实体说明单元的一般语句结构为:

```
ENTITY 实体名 IS
   [GENERIC ( 类属表 );]
   [PORT ( 端口表 );]
END  ENTITY 实体名;
```

根据实体的一般格式,可以看到设计实体中包含有类属信息(GENERIC)和端口信息(PORT)。端口信息表示该设计单元与其他设计单元相连接的端口名称、端口的模式及元件的数目、实体的定时特征等参数。

以一个典型的数字电路——2选1多路选择器为例,引出VHDL编程方法,具体实现功能为:通过选择控制端s,控制选择输入信号a或者b与输出端口y相连接,程序为:

【例 6.1】

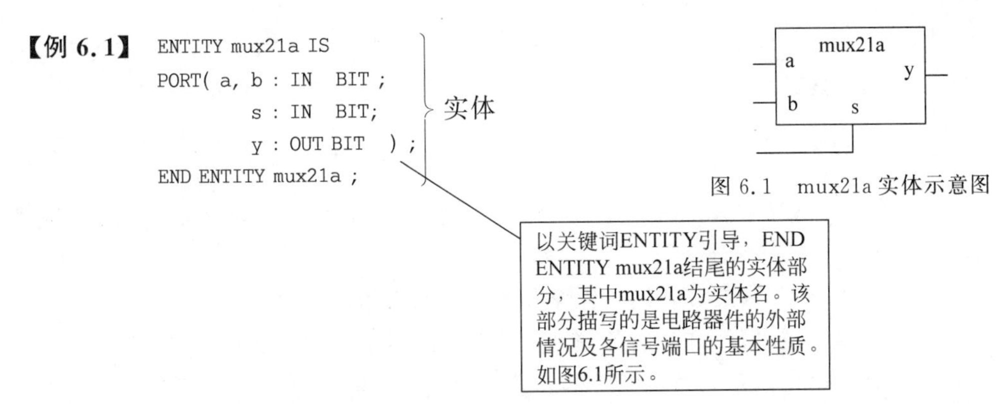

图 6.1　mux21a 实体示意图

实体(ENTITY)类似于原理图中的模块符号(SYMBOL),它并不描述模块的具体功能。实体的每一个通信点(即 I/O 信号)被称为端口(PORT),它与部件的输入/输出或元件的引脚相关联。在使用中,每个端口必须定义信号名和属性:

- 信号名:端口信号名在实体中必须是唯一的。
- 属性:包括模式(MODE)和类型(TYPE)。

① 模式:用来说明数据传输通过该端口的方向。

② 类型:端口所采用的数据类型。

下面讨论 VHDL 所提供的端口模式和端口类型。

1) 端口模式

(1) 输入(IN)。输入模式仅允许数据流进入端口。模式为输入的端口驱动源由外部向实体内进行。它主要用于时钟输入、控制输入(如复位和使能)和单向的数据输入。

(2) 输出(OUT)。输出模式仅允许数据流从内部流向实体输出端口。传输模式为输出,端口驱动是从实体内部向外进行。输出模式不能用于反馈,因为这样的端口不能看作在实体内部可读。它主要用于计数输出。

(3) 缓冲(BUFFER)。缓冲用于内部反馈,将端口定义为缓冲模式,或者需要指定一个在构造体中的独立信号来使用(一个内部的信号)。被定义为缓冲模式的端口和被定义为输出模式的端口相类似,只是缓冲模式允许用作内部反馈。

(4) 双向(INOUT)。用于双向信号,设计时如果定义端口为双向模式,则允许数据可以流入或流出该实体。换言之,信号驱动可以在实体内向外,也可以在实体外向内。双向模式也允许用于内部反馈。

2) 端口类型

(1) 布尔型(BOOLEAN)。布尔类型可取值 TRUE(真)或 FALSE(假)。

(2) 位(BIT)。位可取值 0 或 1。

(3) 位向量(BIT_VECTOR)。位向量由 IEEE 库中的标准包 NUMERIC_BIT 支持。该程序包中定义的基本元素类型为 BIT 类型,而不是 STD_LOGIC 类型。

(4) 整数(INTEGER)。整数可用作循环的指针或常数,通常不用于 I/O 信号。

(5) 非标准逻辑(STD_ULOGIC)和标准逻辑(STD_LOGIC)。非标准逻辑和标准逻辑由 IEEE. STD_LOGIC_1164 支持。

IEEE. STD_LOGIC_1164 程序包预先在 IEEE 库中编译,该程序包中定义的数据类型包括 STD_ULOGIC、STD_ULOGIC_VECTOR、STD_LOGIC、STD_LOGIC_VECTOR。包

中还定义了一些常用的类型转换函数。访问 IEEE.STD_LOGIC_1164 程序包中的项目需要有 LIBRARY 子句和 USE 子句。

2. 结构体(ARCHITECTURE BODY)

结构体用于描述实体的内部结构以及实体端口间的逻辑关系。一般地,一个完整的结构体包括以下几个部分:

- 对数据类型、常数、信号、子程序和元件等元素的说明部分。
- 描述实体逻辑行为的、以各种不同的描述风格表达的功能描述语句。
- 以元件例化语句为特征的外部元件(设计实体)端口间的连接。

结构体将具体实现一个实体。每个实体可以有多个结构体,每个结构体对应实体不同结构和算法实现方案,其间的各个结构体可以有多个结构体,它们完整地实现了实体的行为,但同一结构体不能为不同的实体所拥有。结构体不能单独存在,它必须有一个界面说明,即一个实体。对于具有多个结构体的实体,必须用 CONFIGURATION(配置)语句指明用于综合的结构体和用于仿真的结构体。在电路中,如果实体代表一个元件符号,则结构体描述了这个符号的内部行为。当把这个符号例化成一个实际的元件安装到电路上时,则需要用配置语句为这个例化的元件指定一个结构体,或由编译器自动选一个结构体。

1) 结构体的一般语言格式

```
ARCHITECTURE 结构体名 OF 实体名 IS
[说明语句]
BEGIN
[功能描述语句]
END ARCHITECTURE 结构体名;
```

2) 结构体元素说明语句

结构体中的元素说明语句是对结构体的功能描述语句中将要用到的信号(SIGNAL)、数据类型(TYPE)、常数(CONSTANT)、元件(COMPONENT)、函数(FUNCTION)和过程(PROCEDURE)等加以说明的语句。但在一个结构体中说明和定义的数据类型、常数、元件、函数和过程只能用于这个结构体中,若希望其能用于其他的实体或结构体中,则需要将其作为程序包来处理。

3) 功能描述语句结构

结构体的功能描述语句可以含有 5 种不同类型的,以并行方式工作的语句结构,而在每一语句结构的内部可能含有并行运行的逻辑描述语句或顺序运行的逻辑描述语句。各语句结构的基本组成和功能分别是:

(1) 块语句是由一系列并行执行语句构成的组合体,它的功能是将结构体中的并行语句组成一个或多个模块。

(2) 进程语句定义顺序语句模块,用以将从外部获得的信号值,或内部的运算数据向其他的信号进行赋值。

(3) 信号赋值语句将设计实体内的处理结果向定义的信号或界面端口进行赋值。

(4) 子程序调用语句用于调用一个已设计好的子程序。

(5) 元件例化语句对其他的设计实体作元件调用说明,并将此元件的端口与其他的元件、信号或高层次实体的界面端口进行连接。

6.2.2 VHDL语言结构体的子结构描述

子程序(SUBPROGRAM)是一个VHDL程序模块,这个模块利用顺序语句来定义和完成算法,因此只能使用顺序语句,这一点与进程相似。所不同的是,子程序不能像进程那样可以从本结构体的并行语句或进程结构中直接读取信号值或向信号赋值。VHDL子程序与其他软件语言程序中的子程序的应用目的是相似的,即能更有效地完成重复性的工作。子程序的使用方式只能通过子程序调用及与子程序的界面端口进行通信。子程序可以在VHDL程序的3个不同位置进行定义,即在程序包、结构体和进程中定义。

1. 函数(FUNCTION)

在VHDL中有多种函数形式,如用于不同目的的用户自定义函数和在库中具有专用功能的预定义函数,如决断函数、转换函数等。转换函数用于从一个数据类型到另一数据类型的转换;决断函数用于在多驱动信号时解决信号竞争的问题。

函数的语言表达格式如下:

```
FUNCTION 函数名(参数表) RETURN  数据类型                --函数首
FUNCTION  函数名(参数表)RETURN  数据类型 IS            --函数体
    [ 说明部分 ]
    BEGIN
    顺序语句 ;
END FUNCTION  函数名;
```

一般地,函数定义应由两部分组成,即函数首和函数体,在进程或结构体中不必定义函数首,而在程序包中必须定义函数首。

函数首由函数名、参数表和返回值的数据类型3部分组成,如果将所定义的函数组织成程序包入库,则必须定义函数,这时函数首就相当于一个入库货物名称与货物位置表,入库的是函数体。函数首的名称即为函数的名称,需放在关键词FUNCTION之后,此名称可以是普通的标识符,也可以是运算符,运算符必须加上双引号,这就是所谓的运算符重载;对于运算符重载,VHDL允许以相同的函数名定义函数,但要求函数中定义的操作数具有不同的数据类型,以便调用时用以分辨不同功能的同名函数。

函数参量可以是信号或常数,参数名须放在关键词CONSTANT或SIGNAL之后。如果只在一个结构体中定义并调用函数,则只需要函数体。

2. 过程(PROCEDURE)

VHDL中,子程序的另外一种形式是过程PROCEDURE,过程的语句的格式是:

```
PROCEDURE 过程名(参数表)                              --过程首
PROCEDURE 过程名(参数表) IS                           --过程体
```

```
    [说明部分]
    BEGIN
    顺序语句
END PROCEDURE 过程名;
```

与函数一样，过程也由过程首和过程体构成。过程首也不是必需的，过程体可以独立存在和使用。即在进程或结构体中不必定义过程首，而在程序包中必须定义过程首。

过程首由过程名和参数表组成。参数表可以对常数、变量和信号3类数据对象目标做出说明，并用关键词IN、OUT和INOUT定义这些参数的工作模式，即信息的流向。

过程体是由顺序语句组成的，过程的调用即启动了对过程体的顺序语句的执行。与函数一样，过程中的说明部分只是局部的，其中的各种定义只能适用于过程体内部，过程体的顺序语句部分可以包含任何顺序执行的语句。

6.2.3 程序包、库及配置

库和程序包是VHDL的设计共享资源，可将一些共用的、经过验证的模块放在程序包中，以实现代码重用。一个或多个程序包可以预编译到一个库中，这样使用起来更方便。

1. 库(LIBRARY)

库是经编译后的数据的集合，用来存放程序包定义、实体定义、结构体定义和配置定义，使设计者可以共享已经编译过的设计结果。在VHDL语言中，库的说明一般放在设计单元的最前面：

```
LIBRARY  库名;
```

因此，在设计单元内的语句就可以使用库中的所有数据。VHDL语言允许存在多个不同的库，但各个库之间是彼此独立的，不能互相嵌套。常用的库如下：

1) STD库

逻辑名为STD的库为所有设计单元隐含定义，即LIBRARY STD子句隐含存在于任意设计单元之前，而无须显式写出。

STD库包含预定义程序包STANDARD与TEXTIO。

2) WORK库

逻辑名为WORK的库为所有设计单元隐含定义，用户不必显式写出“LIBRARY WORK”。同时设计者所描述的VHDL语句无须作任何说明，都将存放在WORK库中。

3) IEEE库

最常用的库是IEEE。IEEE库中包含IEEE标准的程序包，包括STD_LOGIC_1164、NUMERIC_BIT、NUMERIC_STD以及其他一些程序包。其中STD_LOGIC_1164是最主要的程序包，大部分可用于可编程逻辑元件的程序包都以这个程序包为基础。

4) 用户定义库

用户为自身设计需要所开发的共用程序包和实体等，也可汇集在一起定义成一个库，这就是用户库，在使用时同样需要说明库名。

2. 程序包(PACKAGE)

程序包说明像C语言中的INCLUDE语句一样，用来罗列VHDL语言中所要用到的常数定义、数据类型、函数定义等，是一个可编译的设计单元，也是库结构中的一个层次。要使用程序包时可用USE语句说明，例如：

```
USE  IEEE.STD_LOGIC_1164.ALL;
```

程序包由标题和包体两部分组成，其结构如下：

```
PACKAGE  程序包名  IS  ⎫
    -- 说明语句        ⎬ 标题部分
END  程序包名          ⎭

PACKAGE  BODY  程序包名  IS  ⎫
    -- 说明语句              ⎬ 包体部分
END  BODY;                  ⎭
```

标题是主设计单元，它可以独立编译并插入设计库中。包体是次级设计单元，它可以在其对应的标题编译并插入设计库之后，再独立进行编译并也插入设计库中。

包体并不总是需要的。但在程序包中若包含有子程序说明时则必须用对应的包体。这种情况下，子程序体不能出现在标题中，而必须放在包体中。若程序包只包含类型说明，则包体是不需要的。

常用的程序包如下：

1) STANDARD程序包

STANDARD程序包预先在STD库中编译，此程序包中定义了若干类型、子类型和函数。IEEE 1076标准规定，在所有VHDL程序的开头隐含有下面的语句：

```
LIBRARY  WORK.STD;
USE  STD.STANDARD.ALL;
```

2) STD_LOGIC_1164程序包

STD_LOGIC_1164预先编译在IEEE库中，是IEEE的标准程序包，其中定义了一些常用的数据和子程序。

此程序包定义的数据类型STD_LOGIC、STD_LOGIC_VECTOR以及一些逻辑运算符都是最常用的，许多EDA厂商的程序包都以它为基础。

3) STD_LOGIC_UNSIGNED程序包

STD_LOGIC_UNSIGNED程序包预先编译在IEEE库中，是Synopsys公司的程序包。此程序包重载了可用于INTEGER、STD_LOGIC和STD_LOGIC_VECTOR三种数据类型混合运算的运算符，并定义了一个由STD_LOGIC_VECTOR型到INTEGER型的转换函数。

4) STD_LOGIC_SIGNED程序包

STD_LOGIC_SIGNED程序包与STD_LOGIC_UNSIGNED程序包类似，只是STD_

LOGIC_SIGNED中定义的运算符考虑到了符号，是有符号的运算。

3. 配置(CONFIGUARTION)

配置语句一般用来描述层与层之间的连接关系以及实体与结构体之间的连接关系。在分层次的设计中，配置可以用来把特定的设计实体关联到元件实例(COMPONET)，或把特定的结构体(ARCHITECTURE)关联到一个实体。当一个实体存在多个结构体时，可以通过配置语句为其指定一个结构体，若省略配置语句，则VHDL编译器将自动为实体选一个最新编译的结构体。

配置的语句格式如下：

```
CONFIGURATION  配置名  OF  实体名  IS
   [语句说明]
END  配置名;
```

若用配置语句指定结构体，配置语句放在结构体之后进行说明。例如，某一个实体adder，存在两个结构体one和two与之对应，则用配置语句进行指定时可利用如下描述：

```
CONFIGURE  TT  OF  adder  IS
FOR  one
END  FOR;
END  CONFIGURE  TT;
```

6.2.4 VHDL的常用语句

在用VHDL语言描述系统的硬件行为时，按语句执行的顺序可分为顺序语句和并行语句。顺序语句主要用来实现系统的算法部分；而并行语句则基本上用来表示系统的连接关系。系统中所包含的内容可以是算法描述或一些相互连接的元件。

1. 顺序语句

VHDL提供了一系列丰富的顺序语句，用来定义进程、过程或函数的行为。所谓“顺序”，意味着完全按照程序中出现的顺序执行各条语句，而且还意味着在结构层次中前面语句的执行结果可能直接影响后面语句的结果。顺序语句包括：

- WAIT语句
- 变量赋值语句
- 信号赋值语句
- IF语句
- CASE语句
- LOOP语句
- NEXT语句
- EXIT语句
- RETURN语句
- NULL语句

- 过程调用语句
- 断言语句
- REPORT 语句

下面介绍其中常用的一些语句：

1）等待(WAIT)语句

进程在运行中总是处于两种状态之一：执行或挂起。当进程执行到 WAIT 语句时，就将被挂起来，并设置好再执行的条件。WAIT 语句可以设置 4 种不同的条件：无限等待、时间到、条件满足以及敏感信号量变化。这几类条件可以混用。

语句格式如下：

(1) WAIT;

(2) WAIT ON 信号;

(3) WAIT UNTIL 条件表达式;

(4) WAIT FOR 时间表达式;

第(1)种格式为无限等待；

第(2)种当指定的信号发生变化时，进程结束挂起状态，继续执行；

第(3)种当条件表达式的值为 TRUE 时，进程才被启动；

第(4)种当等待的时间到时，进程结束挂起状态。

2）断言(ASSERT)语句

ASSERT 语句主要用于程序仿真、调试中的人-机对话，它可以给出一串文字作为警告和错误信息。ASSERT 语句的格式如下：

```
ASSERT 条件  [REPORT 输出信息]  [SEVERITY 级别]
```

当执行 ASSERT 语句时，会对条件进行判断。如果条件为“真”，则执行下一条语句；若条件为“假”，则输出错误信息和错误严重程度的级别。

3）信号赋值语句

信号赋值语句的格式如下：

```
信号量 <= 信号量表达式
```

例如：

```
a <= b  AFTER  5 ns;
```

信号赋值语句指定延迟类型，并在后面指定延迟时间。但 VHDL 综合器一般忽略延迟特性。

4）变量赋值语句

在 VHDL 中，变量的说明和赋值限定在进程、函数和过程中。变量赋值符号为“:=”，同时，符号“:= ”也可用来给变量、信号、常量和文件等对象赋初值。其书写格式为：

```
变量 := 表达式;
```

例如：

```
a := 2;
```

```
d := d + e;
```

5）IF 语句

IF 语句的一般格式如下：

```
IF 条件 THEN
    顺序处理语句;
     {ELSIF 条件 THEN
           顺序处理语句;
                ⋮
         ELSIF 条件 THEN
              顺序处理语句; }
 ELSE
     顺序处理语句;
 END IF;
```

大括号内的嵌套语句可有可无，视具体情况而定。在 IF 语句中，当所设置的条件满足时，则执行该条件后面的顺序处理语句；若所有的条件均不满足时，则执行 ELSE 和 END IF 之间的顺序处理语句。

6）CASE 语句

CASE 语句用来描述总线或编码、译码的行为，从许多不同语句的序列中选择其中之一执行。虽然 IF 语句也有类似的功能，但 CASE 语句的可读性比 IF 语句要强得多，程序的阅读者很容易找出条件和动作的对应关系。

CASE 语句的一般格式如下：

```
CASE  表达式  IS
     WHEN  表达式值   =>  顺序语句;
     WHEN  OTHERS   =>  顺序语句;
END CASE;
```

当 CASE 和 IS 之间的表达式满足指定的值时，程序将执行后面所跟的顺序语句。例如：

```
TYPE  enum  IS (pick_a, pick_b, pick_c, pick_d);
SIGNAL  value: enum;
SIGNAL  a, b, c, d, z: BIT;

CASE  value  IS
   WHEN  pick_a =>
     z <=  a;
   WHEN  pick_b =>
     z <=  b;
   WHEN  pick_c =>
     z <=  c;
   WHEN  pick_d =>
     z <=  d;
END  CASE;
```

7）LOOP 语句

LOOP 语句与其他高级语言中的循环语句一样，使程序能进行有规则的循环，循环的次数受迭代算法的控制。一般格式有两种：

(1) FOR 循环变量。

```
[标号]: FOR  循环变量  IN  循环范围  LOOP
      顺序语句;
END  LOOP  [标号];
```

例如：

```
VARIABLE  a, b : BIT_VECTOR( 1  TO  3 );
FOR  i  IN  1  TO  3  LOOP
  a(i)<= b(i);
END  LOOP;
```

上面循环语句的等价语句如下：

```
A(1)<= B(1);
A(2)<= B(2);
A(3)<= B(3);
```

(2) WHILE 条件循环。这种 LOOP 语句的书写格式如下：

```
[标号]: WHILE  条件  LOOP
        顺序语句;
END  [标号];
```

当条件为真时,则进行循环；当条件为假时,则结束循环。

8) NEXT 语句

在 LOOP 语句中,NEXT 语句用来跳出本次循环。其语句格式为：

```
NEXT  [标号]  [WHEN 条件];
```

当 NEXT 语句执行时将停止本次迭代,转入下一次新的迭代。NEXT 后面的标号表明下次迭代的起始位置,而 WHEN 条件则表明 NEXT 语句执行的条件。如果 NEXT 后面既无标号也无 WHEN 条件说明,则执行到该语句立即无条件地跳出本次循环,从 LOOP 语句的起始位置进入下次循环。

例如：

```
SIGNAL  a,b,copy_enable: BIT_VECTOR( 1 TO 3 );
a<= " 00000000";
--b 被赋了一个值,如"11010011"
FOR  i  IN  1  TO  8  LOOP
    NEXT  WHEN  copy_enableE(i)  = '0';
    a(i)<= b(i);
END  LOOP;
```

9) EXIT 语句

EXIT 语句也是 LOOP 语句中使用的循环控制语句,与 NEXT 不同的是,执行 EXIT 语句将结束循环状态,从而结束 LOOP 语句的正常执行。其格式如下：

```
EXIT  [标号]  [WHEN 条件];
```

若EXIT后面的标号和WHEN条件缺省，则程序执行到该语句时就无条件从LOOP语句中跳出，结束循环状态。若WHEN中的条件为“假”，则循环正常继续。

例如：

```
SIGNAL  a,b:   BIT_VECTOR(1  DOWNTO  0);
SIGNAL  a_less_than_b: BOOLEAN;
...
a_less_than_b <= FALSE;
FOR  i  IN  1  DOWNTO  0  LOOP
   IF (a(i)  = '1'  AND  b(i)  = '0')  THEN
        a_less_than_b <= FALSE;
        EXIT;
      ELSIF(a(i)  = '0'  AND  B(i)  = '1')  THEN
          a_less_than_b <= TRUE;
          EXIT;
    ELSE
              NULL;
    END IF;
  END LOOP;
```

10) NULL语句

NULL语句表示没有动作发生。NULL语句常用在CASE语句中以便能够覆盖所有可能的条件。

2. VHDL并行语句

由于硬件语言所描述的实际系统，其许多操作是并行的，所以在对系统进行仿真时，系统中的元件应该是并行工作的。并行语句就是用来描述这种行为的。并行描述可以是结构性的也可以是行为性的。而且，并行语句的书写次序并不代表其执行的顺序，信号在并行语句之间的传递，就犹如连线在电路原理图中元件之间的连接线。主要的并行语句有以下几种：

- 块(BLOCK)语句
- 进程(PROCESS)语句
- 生成(GENERATE)语句
- 元件(COMPONENT)和元件例化(COMPONENT_INSTANT)语句

1) 块(BLOCK)语句

块(BLOCK)可以看作是结构体中的子模块。BLOCK语句把许多并行语句都包装在一起形成一个子模块，常用于结构体的结构化描述。块语句的格式如下：

```
标号: BLOCK                                      -- 块头
        { 说明部分 }
    BEGIN
        { 并行语句 }
    END  BLOCK  标号;
```

块头主要用于信号的映射及参数的定义，通常通过 GENETIC 语句、GENETIC_MAP 语句、PORT 和 PORT_MAP 语句来实现。

说明部分与结构体中的说明是一样的，主要对该块所要用到的对象加以说明。

2）进程(PROCESS)语句

VHDL 最基本的表示方法是并行执行的进程语句，它定义了单独一组在整个模拟期间连续执行的顺序语句。一个进程可以被看作一个无限循环，在模拟期间，当进程的最后一个语句执行完毕之后，又从该进程的第一个语句开始执行。在进程中的顺序语句执行期间，若敏感信号量未变化或未遇到 WAIT 语句，模拟时钟是不会前进的。

在一个结构中的所有进程可以同时并行执行，它们之间通过信号或共享变量进行通信。这种表示方法允许以很高的抽象级别建立模型，并允许模型之间存在复杂的信号流。

进程语句的格式如下：

```
[进程标号：] PROCESS (敏感信号表)  [IS]
              [ 说明区 ]
         BEGIN
              顺序语句
         END  PROCESS [进程标号];
```

进程语句的说明区中可以说明数据类型、子程序和变量。在此说明区内说明的变量，只有在此进程内才可以对其进行存取。

如果进程语句中含有敏感信号表，则等价于该进程语句内的最后一个语句是一个隐含的 WAIT 语句，其形式如下：

```
WAIT  ON  敏感信号表;
```

一旦敏感信号发生变化，就可以再次启动进程。必须注意的是，含有敏感信号表的进程语句中不允许再显式出现 WAIT 语句。

3）生成(GENERATE)语句

生成语句给设计中的循环部分或条件部分的建立提供了一种方法。生成语句有如下两种格式：

```
(1) 标号: FOR  变量  IN  变量范围  GENERATE
              并行处理语句
        END  GENERATE  [标号];
(2) 标号: IF  条件  GENERATE
              并行处理语句
        END  GENERATE  [标号];
```

生成方案 FOR 用于描述重复模式；生成方案 IF 通常用于描述一个结构中的例外情形，例如在边界处发生的特殊情况。

FOR…GENERATE 和 FOR…LOOP 的语句不同，在 FOR…GENERATE 语句中所列举的是并行处理语句。因此，内部语句不是按书写顺序执行的，而是并行执行的，这样的语句中就不能使用 EXIT 语句和 NEXT 语句。

IF…GENERATE 语句在条件为“真”时执行内部的语句，语句同样是并行处理的。

与 IF 语句不同的是该语句没有 ELSE 项。

该语句的典型应用场合是生成存储器阵列和寄存器阵列等，还可以用于地址状态编译机。

例如：

```
SIGNAL  a,b: BIT_VECTOR( 3 DOWN TO 0 );
SIGNAL  c   : BIT_VECTOR( 7 DOWN TO 0 );
SIGNAL  x   : BIT;
     …
GEN_LABEL :  FOR  i  IN  3  DOWNTO  0  GENERATE
     c( 2 * i + 1) < = a(i)  NOR  x;
     c( 2 * i ) < = b(i)  NOR  x;
END  GENERATE  GEN_LABEL;
```

4) 元件(COMPONENT)和元件例化(COMPONENT_INSTANT)语句

COMPONENT 语句一般在 ARCHITECTURE、PACKAGE 及 BLOCK 的说明部分中使用，主要用来指定本结构体中所调用的元件是哪一个现有的逻辑描述模块。COMPONENT 语句的基本格式如下：

```
COMPONENT  元件名
   GENERIC 说明;                                    -- 参数说明
      PORT 说明;                                    -- 端口说明
   END  COMPONENT;
```

在上述格式中，GENTRIC 通常用于该元件的可变参数的代入或赋值；PORT 则说明该元件的输入/输出端口的信号定义。

COMPONENT_INSTANT 语句是结构化描述中不可缺少的基本语句，它将现成元件的端口信号映射成高层次设计电路中的信号。COMPONENT_INSTANT 语句的书写格式为：

```
标号名: 元件名  PORT  MAP(信号, …)
```

标号名在该结构体的说明中应该是唯一的，下一层元件的端口信号和实际信号的连接通过 PORT MAP 的映射关系来实现。映射的方法有两种：位置映射和名称映射。所谓位置映射，是指在下一层元件端口说明中的信号书写顺序位置和 PORT MAP() 中指定的实际信号书写顺序位置一一对应；所谓名称映射是将已经存于库中的现成模块的各端口名称，赋予设计中模块的信号名。

例如：

```
COMPONENT  and2
  PORT(a,b: IN  BIT;
       c: OUT  BIT);
END  COMPONENT;
SIGNAL  x,y,z: BIT;
u1: and2  PORT  MAP(x,y,z);                          -- 位置映射
u2: and2  PORT  MAP(a => x,c => z,b => y);           -- 名称映射
u3: and2  PORT  MAP(x,y,c => z )                     -- 混合形式
```

6.3 VHDL 语言的数据类型及运算符

6.3.1 VHDL 语言的客体及其分类

VHDL 语言的客体主要分为以下几类：标识符、数据对象及属性。

1. 标识符(IDENTIFIER)

VHDL 的标识符由英文字母(a～z,A～Z)、数字(0～9)和下画线字符(_)组成，所有这些标识符必须遵从如下规则：

(1) 标识符的第一个字符必须是英文字母；

(2) 标识符的最后一个字符不能是下画线字符；

(3) 标识符不允许连续出现两个下画线字符；

(4) 标识符不区分大小写；

(5) VHDL 的保留字不能用于作为标识符使用。

2. 数据对象(DATA OBJECT)

VHDL 的数据对象包括信号、常量、变量和文件 4 类。

1) 信号(SIGNAL)

信号代表连线，也可内连元件。端口也是信号。事实上，端口能够专门被定义为信号。作为连线，信号可以是逻辑门的输入或输出。信号也能表达存储元件的状态。

信号将实体连接在一起形成模块，信号是实体间动态数据交换的手段，信号说明格式如下：

```
SIGNAL signal_name: signal type[ : = initial_value];
```

2) 常量(CONSTANT)

常量是指那些设计中不会变化的值，这个值根据说明来赋值，而且只能被赋值一次。常量通常被用来改善代码的可读性，以使修改代码变得容易。常量的说明格式为：

```
CONSTANT constant_name{, constant_name}:type_name[ : = value];
```

常量在程序包、实体、结构体或进程的说明性区域内必须加以说明。定义在程序包内的常量可由所含的任何实体、结构体所使用。定义在实体说明内的常量仅仅在该实体内可见，同样，定义在进程说明性区域中的常量仅仅在该进程内可见。

3) 变量(VARIABLE)

变量用于进程语句或子程序中作局部数据存储。和信号不同，分配给信号的值必须经过一段时间延迟后才能成为当前值，而分配给变量的值则立即成为当前值；信号与硬件中的"连线"相对应，而变量不能表达连线或存储元件。但变量在硬件的行为级高级模型的计算中可用于高层次的建模。变量的说明格式为：

```
VARIABLE variable_name{,variable_name}:variable_type[: = value];
```

变量的赋值是直接的、非预设的。变量不像信号的赋值必须经过一段时间延迟后，才能成为当前值的赋值，即“<=”符号用来表示信号赋值。变量在某一时刻仅包含一个值，变量赋值和初始化的符号“:=”表示立即赋值。

4）文件(FILE)

文件包含一些专门类型的数据，它不可以通过赋值来更新文件的内容。文件可以作为参数向子程序传递，通过子程序对文件进行读写操作。

3. 属性(ATTRIBUTES)

属性提供的是有关实体、结构体、类型、信号等项目的指定特征，有些预先定义的值类、信号类和范围类属性，对于综合是十分有用的。

属性名的一般形式为：

```
<项目名'属性标识符>
```

属性的值与对象(信号、变量和常量)的值完全不同，在任一给定的时刻，一个对象只能具有一个值，但可以具有多个属性。VHDL 允许设计者自己定义属性(即用户自定义属性)，也有一些预定义的属性。

VHDL 为所有的标量子类型定义了属性 LEFT、RIGHT、HIGH 和 LOW。举例说明预定义属性的含义如下：

```
(1) TYPE bit_position IS RANGE 15 DOWNTO 0;
    bit_position'LEFT = 15
    bit_position'LOW = 0
(2) TYPE Opcode IS (Add, Add_with_carry, Sub, Sub_with_carry, Complement);
    opcode'LEFT = Add
    opcode'RIGHT = Complement
```

在这里一个对于综合和模拟均很有用的重要的信号属性是'EVENT 属性。如果刚好有事件在附着了该属性的信号上出现，则其生成的布尔值为 True。这主要用来决定时钟边沿是否有效，例如：

```
CLK'EVENT AND CLK = '1'                    --表示时钟上升沿有效
```

6.3.2 数据类型的种类

在 VHDL 语言中，信号、变量、常数都需要指定数据类型。正是由于这些数据类型，才使得 VHDL 能够创建高层次的系统和算法模型。VHDL 的数据类型分别为标量类型、复合类型、子类型、文件类型、寻址类型等。VHDL 提供的数据类型如图 6.2 所示。

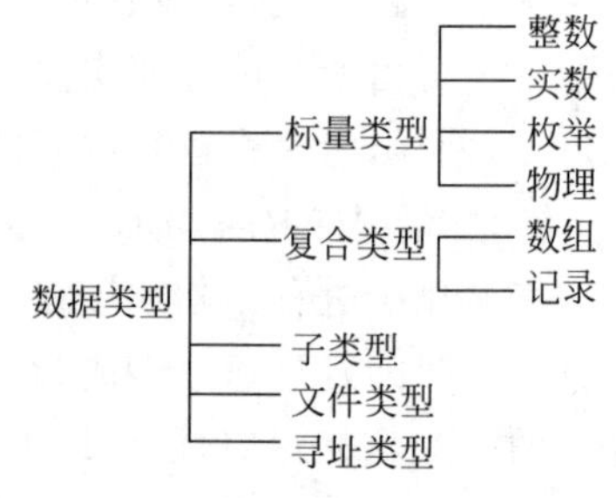

图 6.2 VHDL 提供的数据类型

在上述数据类型中，有标准的，也有用户自己定义的。当用户自己定义时，其具体的格式如下：

```
TYPE  数据类型名  数据类型的定义;
```

下面对常用的几种数据类型作一些说明。

1. 标量类型

1) 整型(INTEGER)

整数类型严格地与算术整数相似，通常所有预定的算术函数，像加、减、乘和除都适用于整数类型。能够处理 VHDL 的软件工具必须支持$-(2^{31}-1)\sim(2^{31}-1)$的整数。而一个整数类型和要被综合进逻辑的信号或变量在其范围内应有约束。例如：

```
TYPE twos_comp IS RANGE - 32768 - 32768;
TYPE word_index IS RANGE 15 downto 0;
VARIABLE a : INTEGER RANGE - 255 to 255;
```

2) 浮点类型(FLOATING TYPE)

浮点类型值被用于表达大部分实数。和整数一样，浮点类型也同样受到范围限制。它是$-1.0E38\sim+1.0E38$的实数。综合工具常常并不支持浮点类型，因为这需要大量的资源来进行算术运算的操作。

3) 可枚举类型(ENUMERATION TYPE)

可枚举类型是非常强的抽象建模工具，设计者可用可枚举类型严格地表示一个特定操作所需的值。一个可枚举类型的所有值都由用户定义，这些值为标识符或单个字母的字面值，标识符像一个名字，例如：abc、black、reset 等，文字字符的字面值是用引号括起的单个字符，例如：'X'、'1'、'0'、'Z'等。

4) 物理类型(PHYSICAL TYPE)

物理类型可用来表示距离、电流和时间等物理量，它的值常用作测试单元。对可编程逻辑元件而言，其物理类型主要用于时间(TIME)，其量程包括整个整数范围。

2. 复合类型(COMPOSITE TYPE)

复合类型由数组类型和记录类型组成，数组类型是同一类型元素的分组，而记录类型允许把不同类型的元素分为一组；数组类型对线性结构的建模很有效，而记录类型对数据包、指令等的建模很有效。

1) 数组类型(ARRAY TYPE)

一个数组类型的对象由相同类型的多个元素所组成。最常用的数组类型是由 IEEE 1164 标准预先定义的那些，如下所示：

```
TYPE bit_vector IS ARRAY (natural range()) OF BIT;
TYPE std_ulogic_vector IS ARRAY (natural range()) of std_ulogic;
TYPE std_logic_vector IS ARRAY (natural range()) of std_logic;
```

以上这些类型称为非限制性的数组；非限制性的数组无须在类型说明中指定类型的范围。

2）记录类型

一个记录类型的数据对象可具有不同类型的多个元素。一个记录的各个字段可由元素名来访问。

3. 子类型(SUBTYPE)

一个类型说明定义的值域与其他类型说明定义的值域完全不同。由于有时某个对象只需要从类型所定义的值域的一个子集取值，为此 VHDL 提出了子类型的概念。子类型说明通过对类型加以限制，定义了该类型值域的一个子集。子类型说明的一般形式为：

```
SUBTYPE <标识符> IS <子类型说明>;
```

子类型说明包括一个类型名或子类型名，后跟一个任选的限制。这个限制既可以是范围限制(如在整数或浮点类型中所出现的)，也可以是下标限制(如在限定性数组说明中所出现的)。举例说明如下：

(1) 范围限制：

```
SUBTYPE lowercase_letter IS character RANGE 'a' to 'z';
```

(2) 下标限制：

```
SUBTYPE register IS BIT_VECTOR(7 downto 0);
```

4. 文件类型(FILES TYPE)

用于提供多值存取类型。

6.3.3 数据类型的转换

在 VHDL 语言中，数据类型的定义是有严格要求的，不同类型的数据之间是不能进行运算和直接赋值的。为了实现正确的运算和赋值操作，必须将数据进行类型转换。数据类型的转换是由转换函数完成的，VHDL 的标准程序包提供了一些常用的转换函数，如：

```
FUNCTION  TO_bit (s : std_ulogicl;  xmap : BIT : = '0')  RETURN  BIT;
FUNCTION TO_bit_vector ( s : std_logic_vector; xmap : BIT : = '0' ) RETURN BIT_VECTOR;
```

等函数。

6.3.4 VHDL 语言的运算符

如同别的程序设计语言一样，VHDL 中的表达式是由运算符将基本元素连接起来的式子。VHDL 的运算符可分为 4 组：算术运算符、关系运算符、逻辑运算符和其他运算符。它们的优先级别如表 6.1 所示。

表 6.1 VHDL 的运算符及优先级别

优先级顺序	运算符类型	运 算 符	功 能
低	逻辑运算符	AND	与
↑		OR	或
		NAND	与非
		NOR	或非
		XOR	异或
		XNOR	异或非
	关系运算符	=	等于
		/=	不等于
		<	小于
		>	大于
		<=	小于或等于
		>=	大于或等于
	算术运算符	+	加
		-	减
		&	连接
		+	正
		-	负
		*	乘
		/	除
		MOD	求模
		REM	取余
↓		**	指数
高		ABS	取绝对值
		NOT	取反

通常,在一个表达式中有两个以上的运算符时,需要使用括号将这些操作分组。如果一串操作的运算符相同,且是 AND、OR、XOR 这 3 个运算符中的一种,则不需要使用括号,如果一串操作中的运算符不同或有除这 3 种运算符之外的运算符,则必须使用括号。如:

```
a AND b AND c AND d
 (a OR b) NAND  c
```

关系运算符=、/=、<、<=和>=的两边类型必须相同,因为只有相同的数据类型才能比较,其比较的结果为 BOOLEAN 型。

正(+)负(-)号和加减号的意义与一般算术运算相同。连接运算符用于一维数组,"&"符号右边的内容连接之后形成一个新的数组,也可以在数组后面连接一个新的元素,或将两个单元素连接形成数组。连接操作常用于字符串。

乘除运算符用于整型、浮点数与物理类型。取模、取余只能用于整数类型。

取绝对值运算用于任何数值类型。乘方运算的左边可以是整数或浮点数,但右边必须为整数,且只有在左边为浮点时,其右边才可以为负数。

6.4 VHDL 数字电路设计实例

6.4.1 VHDL 语言组合逻辑电路设计

任一时刻的输出仅仅取决于当时的输入，与电路原来的状态无关，这样的数字电路叫作组合逻辑电路。用 VHDL 描述组合逻辑电路通常使用并行语句或进程语句。下面分别通过 VHDL 语言对双向 8 位总线驱动器、8-3 优先权编码器、3-8 线译码器、4 位二进制加法器、奇偶校验电路、已知真值表逻辑电路、已知逻辑表达式逻辑电路进行举例描述。

1. 双向 8 位总线驱动器设计

双向总线缓冲器用于数据总线的驱动和缓冲，典型的双向总线缓冲器如图 6.3 所示。双向总线缓冲器有两个数据输入/输出端 A 和 B、一个方向控制端 DIR 和一个选通端 EN。EN='0'时双向缓冲器选通。若 DIR='0'，则 A⇐B；反之则 B⇐A。

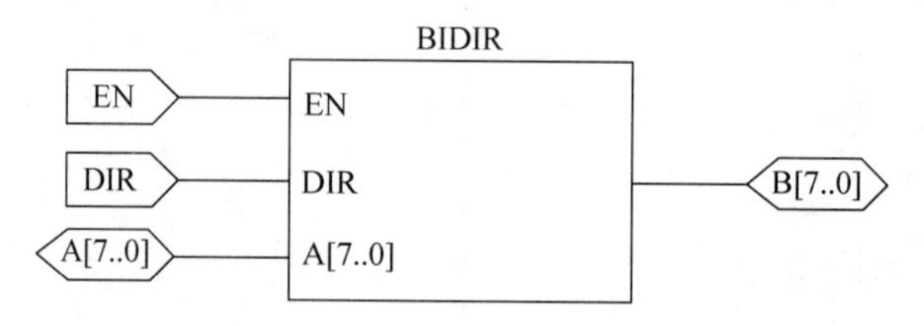

图 6.3　双向 8 位总线缓冲器原理图

【例 6.2】

```
LIBRIAY IEEE;
USE IEEE.STD_LOGIC_1164.ALL;
ENTITY BIDIR IS
   PORT(A,B:INOUT STD_LOGIC_VECTOR(7 DOWNTO 0);
         EN,DIR:IN STD_LOGIC);
END ENTITY BIDIR;
AICHITECTURE ART OF BIDIR IS
SIGNAL AOUT,BOUT:STD_LOGIC_VECTOR(7 DOWNTO 0);
   BEGIN
   PROCESS(A,EN,DIR) IS
   BEGIN
   IF ((EN = '0')AND(DIR = '1')THEN BOUT < = A;
   ELSE BOUT < = "ZZZZZZZZ";
   END IF;
   B < = BOUT;
   END PROCESS;
   PROCESS(B,EN,DIR) IS
   BEGIN
   IF((EN = '0')AND (DIR = '1'))THEN AOUT < = B;
   ELSE AOUT < = "ZZZZZZZZ";
   END IF;
```

```
A<=AOUT;
    END PROCESS;
END ARCHITECTURE ART;
```

2. 8-3 优先权编码器设计

优先权编码器常用于中断的优先级控制。当优先权编码器的某一个输入电平有效时,编码器输出一个对应的3位二进制编码。另外,当同时有多个输入有效时,将输出优先级最高的那个输入所对应的二进制编码。其真值表如表6.2所示。

表 6.2 优先权编码器的真值表

D0	D1	D2	D3	D4	D5	D6	D7	输出
0	1	1	1	1	1	1	1	111
X	0	1	1	1	1	1	1	110
X	X	0	1	1	1	1	1	101
X	X	X	0	1	1	1	1	100
X	X	X	X	0	1	1	1	011
X	X	X	X	X	0	1	1	010
X	X	X	X	X	X	0	1	001
X	X	X	X	X	X	X	1	000

例6.3所示为用VHDL描述的8-3优先权编码器的程序。

【例 6.3】

```
LIBRARY  IEEE;
USE  IEEE.STD_LOGIC_1164.ALL;
ENTITY  PRIORITYENCODER  IS
   PORT (D: IN  STD_LOGIC_VECTOR(7 DOWNTO 0);
         A: OUT  STD_LOGIC_VECTOR(2 DOWNTO 0));
END  PRIORITYENCODER;
ARCHITECTURE  BEHAV  OF  PDOFITYENCODER  IS
BEGIN
  IF  (D(7) =  '0')  THEN
          A<="111";
      ELSIF  (D(6) = '0')  THEN
          A<="110";
      ELSIF  (D(5) = '0')  THEN
          A<="101";
      ELSIF  (D(4) = '0')  THEN
          A<="100";
      ELSIF  (D(3) = '0')  THEN
          A<="011";
      ELSIF  (D (2) = '0')  THEN
          A<="010":
      ELSIF  (D(1) = '0')  THEN
          A<=" 001" ;
```

```
    ELSIF  (D(0) = '0 ')  THEN
        A <= " 000" ;
    END  IF;
END  BEHAV;
```

3. 3-8线译码器设计

3-8线译码器是一种常用的小规模集成电路。它有3位二进制输入端A、B、C；和8位译码器输出端Y0～Y7。对输入A、B、C的值进行译码，就可以确定输出端Y0～Y7的某一个输出端变为有效(低电平)，从而达到译码的目的。其真值表如表6.3所示。

表6.3 3-8线译码器的真值表

输入			输出							
A	**B**	**C**	**Y0**	**Y1**	**Y2**	**Y3**	**Y4**	**Y5**	**Y6**	**Y7**
0	0	0	1	1	1	1	1	1	1	0
0	0	1	1	1	1	1	1	1	0	1
0	1	0	1	1	1	1	1	0	1	1
0	1	1	1	1	1	1	0	1	1	1
1	0	0	1	1	1	0	1	1	1	1
1	0	1	1	1	0	1	1	1	1	1
1	1	0	1	0	1	1	1	1	1	1
1	1	1	0	1	1	1	1	1	1	1

例6.4所示为用VHDL描述的3-8线译码器的程序。

【例6.4】

```
LIBRARY  IEEE;
USE  IEEE.STD_LOGIC_1164.ALL;
ENTITY  DECODER3_8  IS
     PORT(A,B,C: IN STD_LOGIC;
          Y: OUT STD_LOGIC_VECTOR(7 DOWNTO 0));
END  DECODER3_8;
ARCHITECTURE  BEHAV  OF  DECODER3_8  IS
 SIGNAL INDATA: STD_LOGIC_VECTOR (2 DOWNTO 0);
  BEGIN
   INDATA <= C & B& A;
   PROCESS (INDATA)
   BEGIN
         CASE  INDATA  IS
               WHEN"000" => Y <=  " 11111110 " ;
               WHEN"001" => Y <=  " 11111101 " ;
               WHEN"010" => Y <=  " 11111011 " ;
               WHEN"011" => Y <=  " 11110111 " ;
               WHEN"100" => Y <=  " 11101111" ;
               WHEN"110" => Y <=  " 10111111 " ;
               WHEN"111" => Y <= "01111111";
               WHEN OTHERS => Y <= "XXXXXXXX";
```

```
        END  CASE;
    END  PROCESS;
END  BEHAV;
```

4. 4 位二进制加法器设计

多位加法器的构成有两种方式：并行进位和串行进位。并行进位加法器设有进位产生逻辑，运算速度较快；串行进位方式是将全加器级联构成多位加法器。并行进位加法器通常比串行级联加法器占用更多的资源。随着位数的增加，相同位数的并行加法器与串行加法器的资源占用差距也越来越大。因此，在工程中使用加法器时，要在速度和容量之间寻找平衡点。

4 位二进制并行加法器和串行级联加法器占用几乎相同的资源。这样，多位加法器由 4 位二进制并行加法器级联构成是较好的折中选择。其原理图如图 6.4 所示。

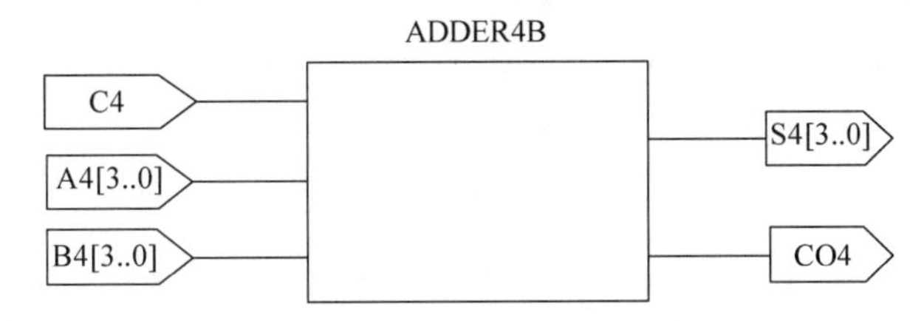

图 6.4　4 位二进制并行加法器原理图

4 位全加器可对两个多位二进制数进行加法运算，同时产生进位。当两个二进制数相加时，较高位相加时必须加入较低位的进位项(C4)，以输出和(S4)和进位(CO4)。其中 C4 表示输入进位，CO4 表示输出进位，输入 A4 和 B4 分别表示加数和被加数。输出 S4＝A4＋B4＋C4，当 S4 大于 255 时，CO4 置 1。

【例 6.5】

```
LIBRARY IEEE;
USE IEEE.STD_LOGIC_1164.ALL;
USE IEEE.STD_LOGIC_UNSIGNED.ALL;
ENTITY ADDER4B IS                              --4 位二进制并行加法器
PORT(C4:IN STD_LOGIC;                          --低位来的进位
  A4:IN STD_LOGIC_VECTOR(3 DOWNTO 0);          --4 位加数
  B4:IN STD_LOGIC_VECTOR(3 DOWNTO 0);          --4 位被加数
  S4:OUT STD_LOGIC_VECTOR(3 DOWNTO 0);         --4 位和
  CO4:OUT STD_LOGIC);                          --进位输出
END ENTITY ADDER4B;
ARCHITECTURE ART OF ADDER4B IS
SIGNAL S5:STD_LOGIC_VECTOR(4 DOWNTO 0);
SIGNAL A5,B5:STD_LOGIC_VECTOR(4 DOWNTO 0);
BEGIN
 A5 <= '0'& A4;                                --将 4 位加数向量扩为 5 位，为进位提供空间
 B5 <= '0'& B4;                                --将 4 位被加数向量扩为 5 位，为进位提供空间
 S5 <= A5 + B5 + C4;
 S4 <= S5(3 DOWNTO 0);
```

```
  C04 <= S5(4);
END ARCHITECTURE ART;
```

5. 奇偶校验电路设计

奇偶校验是一种校验代码传输正确性的方法。根据被传输的一组二进制代码的数位中'1'的个数是奇数或偶数来进行校验。采用奇数的称为奇校验，反之，称为偶校验。奇偶校验的基本运算是异或运算。

设有8个输入变量D1,D2,…,D8,则函数 $F=D1\oplus D2\oplus\cdots\oplus D8$ 的逻辑功能为：

当输入变量为'1'的个数是奇数时，F为'1'；

当输入变量为'1'的个数是偶数时，F为'0'。

实现这一功能的电路称为奇校验电路；输出端加一个非门，则可得到偶校验电路。通常合二为一，称为奇偶校验电路。8位奇偶校验电路如图6.5所示，其中q0为奇校验位，qe为偶校验位。

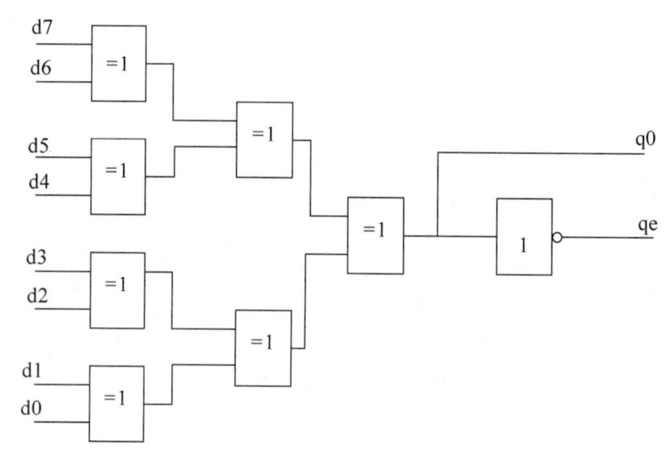

图6.5　8位奇偶校验电路

【例6.6】

```
ENTITY parity_check IS
  PORT ( d0, d1 ,d2, d3, d4, d5, d6, d7: IN BIT;
    q0, qe : OUT BIT   );
END parity_check;
ARCHITECTURE struct OF half IS
  COMPONENT and2                                  --2输入与门元件说明语句
    PORT ( a, b: IN BIT ;
           c: OUT BIT   );
  END COMPONENT ;
  COMPONENT inv                                   --非门元件说明语句
    PORT ( a: IN BIT ;
              c: OUT BIT   );
  END COMPONENT ;
  SIGNAL s1, s2, s3, s4, s5, s6, s7: BIT ;        --定义中间信号
BEGIN
  u1: and2 PORT MAP (d7,d6, s1) ;                 --元件调用语句
```

```
    u2: and2 PORT MAP (d5,d4, s2) ;
    u3: and2 PORT MAP (d3,d2, s3) ;
    u4: and2 PORT MAP (d2, d1, s4) ;
    u5: and2 PORT MAP (s1, s2, s5) ;
    u6: and2 PORT MAP (s3, s4, s6) ;
    u7: and2 PORT MAP (s5, s6, s7) ;
    u6: inv  PORT MAP (s7, qe) ;
    q0 <= s7;
END struct ;
```

6. 已知真值表逻辑设计方法

已知真值表逻辑设计,其主要根据真值表中输入与输出数据之间的对应关系,通过VHDL语言表述的方式将其逻辑关系写出,以4选1多路选择器为例,其真值表如表6.4所示。

表6.4　4选1多路选择器真值表

a	y	a	y
00	d0	10	d2
01	d1	11	d3

其中输入数据端口为D0、D1、D2、D3,A[1..0]为控制信号,Y为输出。

当A[1..0]="00"时,输出Y=D0;

当A[1..0]="01"时,输出Y=D1;

当A[1..0]="10"时,输出Y=D2;

当A[1..0]="11"时,输出Y=D3。

【例6.7】

```
LIBRARY IEEE;
USE IEEE.STD_LOGIC_1164.ALL;
ENTITY MUX4_1 IS
PORT(D0,D1,D2,D3:IN STD_LOGIC;
A:IN STD_LOGIC_VECTOR(1 DOWNTO 0);
Y:OUT STD_LOGIC);
END ENTITY MUX4_1;
ARCHITECTURE ONE OF MUX4_1 IS
BEGIN
  WITH A SELECT
  Y <= D0 WHEN "00",
  D1 WHEN "01",
  D2 WHEN "10",
  D3 WHEN "11",
  'Z' WHEN OTHERS;
END ARCHITECTURE ONE;
```

7. 已知逻辑表达式设计方法

在对输入/输出之间的逻辑关系表达式已知的条件下,即可利用VHDL描述语言中的各个逻辑关系运算符，实现对逻辑关系表达式的描述。VHDL共有7种基本逻辑操作符：AND(与)、OR(或)、NAND(与非)、NOR(或非)、XOR(异或)、XNOR(同或)和NOT(取反)。信号或变量在这些操作符的直接作用下，可构成组合电路。逻辑操作符所要求的操作数(如变量或信号)的基本数据类型有3种：BIT、BOOLEAN和STD_LOGIC。操作数的数据类型也可以是一维数组，其数据类型则必须为BIT_VECTOR或STD_LOGIC_VECTOR。

以下为一组逻辑操作运算操作实例，请注意它们的逻辑表达方式和不加括号的条件。

【例6.8】

```
SIGNAL a ,b,c : STD_LOGIC_VECTOR (3 DOWNTO 0) ;
SIGNAL d,e,f,g : STD_LOGIC_VECTOR (1 DOWNTO 0) ;
SIGNAL h,I,j,k : STD_LOGIC ;
SIGNAL l,m,n,o,p : BOOLEAN ;
...
a <= b AND c;                 -- b、c 相与后向 a 赋值,a、b、c 的数据类型同属 4 位长的位向量
d <= e OR f OR g ;            -- 两个操作符 OR 相同,不需要括号
h <= (i NAND j)NAND k ;       -- NAND 不属上述三种算符中的一种,必须加括号
l <= (m XOR n)AND(o XOR p);   -- 操作符不同,必须加括号
h <= i AND j AND k ;          -- 两个操作符都是 AND,不必加括号
h <= i AND j OR k ;           -- 两个操作符不同,未加括号,表达错误
a <= b AND e ;                -- 操作数 b 与 e 的位矢长度不一致,表达错误
h <= i OR l ;                 -- i 的数据类型是位 STD_LOGIC,而 l 的数据类型是
...                           -- 布尔量 BOOLEAN,因而不能相互作用,表达错误
```

6.4.2 VHDL语言时序逻辑电路设计

任一时刻的输出不仅取决于当时的输入，而且还取决于电路原来的状态，这样的数字电路叫作时序逻辑电路。时序逻辑电路的基础电路包括触发器、锁存器、寄存器和计数器等。

时序电路主要以时钟为驱动信号，并在时钟信号边沿到来时，其状态发生改变。因此，时钟信号是时序电路程序的执行条件，时钟信号是时序电路的同步信号。

1. 时钟的描述

时钟信号上升沿到来的条件可写为：

```
CLK'EVENT AND CLK = '1';
```

EVENT是信号属性函数，CLK'EVENT表面在δ时间内测得CLK有一个跳变，CLK='1'表示在δ时间之后又测得CLK为高电平'1'。

严格地说，如果信号CLK的数据类型是STD_LOGIC，它有9种可能的取值，而CLK'EVENT为真的条件是CLK在9种数据中的任何两种之间的跳变，并不能推定CLK在δ时刻前是'0'。

时钟信号上升沿的到来的条件可以改写为：

```
CLK'EVENT AND CLK = '1' AND CLK'LAST_VAULE = '0';
```

LAST_VAULE 也属于信号属性函数，CLK'LAST_VAULE 表示最近一次事件发生前的值。CLK'LAST_VAULE='0'为真，表示 CLK 在 δ 时刻前是'0'。

相应地，时钟信号下降沿的到来的条件描述为：

```
CLK'EVENT AND CLK = '0' AND CLK'LAST_VAULE = '1';
```

时序电路边缘检测条件的描述还可以采用 IEEE 库中标准程序包 STD_LOGIC_1164 内的预定义函数：

RISING_EDGE(CLK)表示上升沿检测；

FALLING_EDGE(CLK)表示下降沿检测。

在时序电路描述中，时钟信号作为进程的敏感信号，显式地出现在 PROCESS 语句后的括号中。

```
PROCESS(CLK)
```

时钟信号边沿的到来将作为时序电路语句执行的条件来启动进程的执行。这种以时钟为敏感信号的进程描述方法为：

```
PROCESS(CLK)
 BEGIN
 IF(CLK_EDGE_CONDITION) THEN
 SIGNAL_OUT <= SIGNAL_IN;
 END IF;
 END PROCESS;
```

CLOCK 信号作为进程的敏感信号，每当 CLOCK 发生变化，该进程就被触发、启动，而时钟边沿条件得到满足时，才真正执行时序电路所对应的语句。

2. D 触发器描述

触发器是现代数字系统中最基本的底层时序单元。触发器的种类繁多，常见的有 D 触发器、T 触发器、RS 触发器及 JK 触发器等。以 D 触发器为例，其 VHDL 描述程序如例 6.9 所示。

【例 6.9】

```
LIBRARY IEEE ;
USE IEEE.STD_LOGIC_1164.ALL ;
ENTITY DFF1 IS
  PORT (CLK : IN STD_LOGIC ;
         D : IN STD_LOGIC ;
         Q : OUT STD_LOGIC );
 END ;
 ARCHITECTURE BHV OF DFF1 IS
  SIGNAL Q1 : STD_LOGIC ;
  BEGIN
```

```
    PROCESS (CLK)
     BEGIN
      IF  CLK'EVENT AND CLK = '1'
         THEN  Q1 <= D ;
      END IF;
          Q <= Q1 ;
    END PROCESS ;
END BHV;
```

根据D触发器的描述,该描述中的进程只对CLK的变化敏感,也就是说,VHDL模拟器只有当CLK变化时才激活该描述中的进程;d的变化不会引起该进程的时序。只有在信号CLK值有改变,即事件发生时,IF CLK'EVENT的条件才为TRUE。'EVENT是属性标志,表示由信号组合形成反映信号变化的布尔表达式的标志。CLK'EVENT表达式和进程敏感表都可探测CLK的变化,因为CLK的变化可以从0到1(上升沿)或从1到0(下降沿),附加条件CLK=1用于定义上升沿事件。IF语句中的语句只有当CLK的状态从0到1时才执行,即同步事件,使代码由综合软件得到正边沿触发器,其实体结构图如图6.6所示。

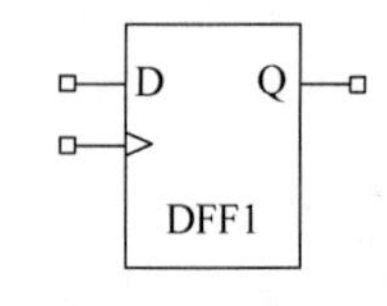

图6.6　D触发器的实体结构图

3. 带有复位信号的D触发器

时序电路的初始状态应由复位信号来设置。根据复位信号对时序电路复位的操作不同,其可以分为同步复位和异步复位。下面以D触发器为例,分别对同步复位和异步复位举例说明。

1) 同步复位

在设计时序电路同步复位功能时,VHDL程序要把同步复位放在以时钟为敏感信号的进程中定义,且用IF语句来描述必要的复位条件。带有同步复位的D触发器VHDL程序如例6.10所示。

【例6.10】

```
LIBRARY IEEE ;
USE IEEE.STD_LOGIC_1164.ALL ;
ENTITY DFF2 IS
  PORT (CLK : IN STD_LOGIC ;
    RESET, D : IN STD_LOGIC ;
            Q : OUT STD_LOGIC );
 END ;
 ARCHITECTURE BHV OF DFF1 IS
  SIGNAL Q1 : STD_LOGIC ;
  BEGIN
    PROCESS (CLK)
     BEGIN
      IF CLK'EVENT AND CLK = '1' THEN
        IF RESET = '1' THEN Q1 <= '0';
        ELSE  Q1 <= D ;
        END IF;
      END IF;
```

```
    Q <= Q1 ;
  END PROCESS ;
END BHV;
```

2）异步复位

所谓异步复位，就是当复位信号有效时，时序电路立即复位，与时钟信号无关。设计异步复位功能时，在进程敏感信号表中应有 CLK、RESET 同时存在，且用 IF 语句描述复位条件，ELSIF 语句描述时钟信号边沿条件。带有异步复位的 D 触发器程序如例 6.11 所示。

【例 6.11】

```
LIBRARY IEEE ;
USE IEEE.STD_LOGIC_1164.ALL ;
ENTITY DFF3 IS
  PORT (CLK : IN STD_LOGIC ;
   RESET, D : IN STD_LOGIC ;
          Q : OUT STD_LOGIC );
 END ;
 ARCHITECTURE BHV OF DFF1 IS
  SIGNAL Q1 : STD_LOGIC ;
  BEGIN
   PROCESS (CLK,RESET)
    BEGIN
    IF RESET = '1' THEN Q1 <= '0';
     ELSIF CLK'EVENT AND CLK = '1' THEN
        Q1 <= D ;
       END IF;
        Q <= Q1 ;
   END PROCESS ;
 END BHV;
```

4. 异步清零、同步置数的同步 8421BCD 码计数器

所谓同步计数器，就是在时钟脉冲（计数脉冲）的控制下，构成计数器的各触发器的状态同时发生变化的那一类计数器。例 6.12 为用 VHDL 描述的异步清零、同步置数的同步 8421BCD 码计数器。

【例 6.12】

```
LIBRARY  IEEE;
USE  IEEE.STD_LOGIC_1164.ALL;
USE  IEEE.STD_LOGIC UNSIGNED.ALL;
ENTITY  COUNTBCD  IS
    PORT(ELK,CLR, EN: IN STD_LOGIC;
         Q: OUT STD_LOGIC_VECTOR (3 DOWNTO 0));
END  COUNTBCD;
ARCHITECTURE  BEHAV  OF  COUNTBCD  IS
 SIGNAL COUNT 4: STD_LOGIC_VECTOR(3 DOWNTO 0);
 BEGIN
   Q <= COUNT_4;
```

```
    PROCESS(CLK,CLR)
    BEGIN
        IF  (CLR='1')  THEN
            COUNT_4<="0000";
        ELSIF  (CLK'EVENT AND CLK='1')  THEN
            IF  (EN='1')  THEN
                IF  (COUNT_4="1001")  THEN
                    COUNT_4<="0000";
                ELSE
                    COUNT_4<=COUNT_4+'1';
                END  IF;
            END  IF;
        END  IF;
    END  PROCESS;
END  BEHAV;
```

第7章 Verilog HDL硬件描述语言

第6章对VHDL语言作了详细讲解，本章将介绍另一种数字电路硬件描述语言——Verilog HDL。

7.1 概述

7.1.1 Verilog HDL的历史

Verilog HDL是在1983年，由GDA(Gateway Design Automation)公司开发的。1989年，Cadence公司收购了GDA公司，Verilog HDL语言成为Cadence公司的私有财产。1990年，Cadence公司决定将Verilog HDL语言公开，成立了OVI (Open Verilog International)组织来负责Verilog HDL语言的发展，并将Verilog的全部权力移交给OVI。基于Verilog HDL的优越性，该语言在1995年成为IEEE (Institute of Electrical and Electronic Engineers)标准(IEEE Std. 1364—1995)。VHDL是由美国军方开发的，发展得较早，语法严格，它是在Ada语言的基础上发展起来的一种硬件描述语言。而Verilog HDL则是在人们已经很熟悉的C语言的基础上发展起来的一种硬件描述语言，语法较自由，在语法结构上比较接近于C语言，与VHDL相比，比较易于工程师们所接受。

7.1.2 Verilog HDL与VHDL的比较

Verilog HDL和VHDL作为描述硬件电路设计的语言，其共同的特点在于：能形式化地抽象表示电路的结构和行为；支持逻辑设计中层次与领域的描述；可借用高级语言的精巧结构来简化电路的描述；具有电路仿真与验证机制以保证设计的正确性；支持电路描述由高层到低层的综合转换；硬件描述与实现工艺无关(有关工艺参数可通过语言提供的属性包括进去)；便于文档管理，易于理解和设计重用。

但是Verilog HDL和VHDL又各有其自己的特点。由于Verilog HDL早在1983年就已推出，因而Verilog HDL拥有更广泛的设计群体,资源也远比 VHDL 丰富。与 VHDL 相比,Verilog HDL 的最大优点为:它是一种非常容易掌握的硬件描述语言,只要有 C 语言的编程基础,通过 20 学时的学习,再加上实际操作,一般可在 2～3 个月内掌握这种设计技术。而掌握 VHDL 设计技术就比较困难,因为 VHDL 不很直观,需要有 Ada 编程基础,一般认为至少需要半年以上的专业培训,才能掌握 VHDL 的基本设计技术;目前版本的 Verilog HDL 和 VHDL 在行为级抽象建模的覆盖范围方面也有所不同。一般认为 Verilog HDL 在系统级抽象方面比 VHDL 略差一些,而在门级开关电路描述方面比 VHDL 强得多。

7.1.3　Verilog HDL 的功能

Verilog HDL 的硬件描述能力很强,设计者可用它进行各种级别的逻辑设计,再配合 EDA 工具,可对所设计的电路进行数字逻辑系统的仿真验证、时序分析和逻辑综合。Verilog HDL 可以在以下 4 个不同层次描述硬件电路。

(1) 算法级:又称行为级,是最高级的抽象层次。采用类似 C 语言的过程性结构描述硬件电路,描述的是电路的功能,不涉及硬件电路结构,不考虑信号是如何传输和处理的,将系统的外部行为和硬件实现分隔开来。至于该用什么样的硬件电路结构来实现描述的功能由综合工具自动完成,体现了 EDA 工程的魅力。

(2) 寄存器传输级(RTL):又称数据流级。采用布尔逻辑方程(逻辑表达式)描述硬件电路,描述的是为实现设计电路的功能,数据或信号应如何流动和如何被处理。

(3) 门级:又称结构级。采用与、或、非门等基本逻辑门单元描述硬件电路,描述的是电路中有哪些门,以及它们之间是如何连接的,与传统的硬件电路图输入法类似。已经涉及硬件电路的结构。

(4) 开关级:又称晶体管级,是底层描述。描述元件中晶体管(包括三极管和 MOS 管)和存储节点的连接关系,与硬件电路结构关系最密切。

举个例子来说明这 4 种描述之间的联系和区别。假设现在要设计一个一位半加器,两个加数被存放在变量 A 和 B 中,"和"和进位分别存放在变量 Sum 和 Cout 中。

如果在算法级描述,应该像 C 语言一样用算术运算或条件判断等描述其功能,即"{Cout,Sum}=A+B;"(大括号是位拼接运算符,表示将 Cout 和 Sum 拼起来,便于整体赋值)。

注意:逻辑电路本质上只会进行逻辑运算(因为逻辑电路是用逻辑门搭建的,不管如何搭建都只能对信号作逻辑处理),但由于二进制运算的特殊性,使得二进制中的某些算术运算可用逻辑运算等效,其他运算都是分解成多个可等效运算实现的。这里,两个二进制数相加,它们的"和"恰与它们的"异或"结果相同,而进位恰与它们的"与"结果相同。这个二进制加法运算就用逻辑运算等效了,加法器电路就是基于这个原理实现的。

如果在 RTL 级描述,就要指明如何对信号进行逻辑处理才能实现所需功能,描述过程就是写出逻辑表达式(不含算术运算或条件判断,完全由逻辑运算实现功能)。基于以上讨论,我们知道:"Sum=A^B; Cout=A&B;"。可见,RTL 级描述的本质就是完全用逻辑运算实现功能。

如果在门级描述,就要说明组成电路的基本逻辑门以及它们之间的连接关系。根据逻辑表达式可知：该电路需要一个二输入异或门和一个二输入与门，它们的输入端都分别接 A 和 B，异或门输出接 Sum，与门输出接 Cout。

如果在开关级描述，就要说明如何用晶体管搭建上面用到的门，由于用晶体管搭建门较复杂，且非重点，此处不作举例。

上面出现的语句并不完整，要想完整地描述一位半加器还需要其他 Verilog HDL 语言成分，这里只写出了最核心的体现电路功能的部分。

由这个例子可知，从算法级到开关级，抽象的级别从高到低，与硬件电路的关系从远到近，对同一数字电路的描述由简到繁。显然硬件描述语言的优势主要体现在其可在算法级对电路进行描述，只用很少量的语句就能描述复杂的电路结构。

Verilog HDL 支持不同级别的描述同时在一个模块中，对电路的不同部分可采用不同级别的描述，通常称为混合建模。

7.1.4 Verilog HDL 的设计方法

运用 Verilog HDL 设计系统时，一般采用自顶向下(Top-Down)分层设计的方法，该方法是：在设计周期开始就进行系统分析，先从系统级设计入手，在顶层进行功能模块的划分，再分别设计各子模块，逐层描述，逐层仿真。由于设计的主要仿真和调试过程是在高层次完成的，所以能够在早期发现结构设计上的错误，避免设计工作的浪费，同时也减少了逻辑仿真的工作量。自顶向下的设计方法使得几十万门甚至几百万门规模的复杂数字电路的设计成为可能，并可使设计人员避免不必要的重复设计，提高了设计的一次成功率。

与自顶向下的设计方法顺序相反的另一种设计方法是自底向上的设计方法，这是一种传统的设计方法。虽然设计也是从系统级开始，即从设计树的树根开始对设计进行逐次划分，但划分时首先考虑的是单元是否存在，即设计划分过程必须从已存在的基本单元出发，设计树最末枝上的单元要么是已经制造出的单元，要么是其他项目已开发好的单元或者是可外购得到的单元。这种设计方法依赖于现有的通用元件，设计实现周期长，耗时耗力，效率低下。

7.1.5 语言描述与电路实现的关系

无论是 VHDL 还是 Verilog 硬件描述语言，由于当初主要是为了描述硬件的行为和仿真，而不是为了设计硬件电路而开发的，因此，对于任何符合这两种硬件描述语言语法标准的代码都是对硬件行为的一种描述，但不一定可直接对应成实际的硬件电路。这两种硬件描述语言的所有语句都能够用于仿真，但只有其中一部分语句子集能够综合成具体的硬件电路。有些代码写起来简单，但是实现起来却可能非常复杂，或者描述的行为是实际电路不可能实现的。例如，硬件描述语言中可以规定延时，延时在仿真中是可以实现的，但信号在硬件电路中的传输延时却由制造工艺和布局布线等决定。

虽然 Verilog HDL 的很多语法规则和其他计算机程序语言(如 C/C++)有些相似，但硬件描述语言的本质作用在于描述硬件，软件能实现的硬件不一定也能实现。评判硬件描述语言代码优劣的最终标准是：其描述或实现的硬件电路的正确性及其性能(包括面积和速度两个方面)。对于初学者来说,采用硬件描述语言设计数字逻辑系统,有时会与所描述的具体硬件相脱节,而去片面追求代码的整洁、简短,这是错误的,也是与评价硬件描述语言的标准背道而驰的。

鉴于 Verilog HDL 的语法规则和结构与 C/C++语言有很多相似之处,且大多数人对 C 语言较熟悉,故本章采用对比的形式讲解 Verilog HDL 的语法。在讲解过程中强调二者的区别；在学习过程中应利用二者的相似点帮助自己理解记忆。

7.2 Verilog HDL 的基本结构

C 语言源程序是以函数为基本单元来编写的,用户需要编写许多自定义函数,每个函数都有其特定的功能,整个程序的功能是通过主函数调用其他函数来实现的。

与之对应,Verilog 硬件描述语言的基本描述单位是模块,每个模块与其他模块及其本身的描述内容都有一个接口,描述电路的过程其实就是编写模块的过程。一个模块代表一个逻辑单元,可以通过规定其内部逻辑结构来描述其功能(例如描述实际的逻辑门,或者通过用像程序一样的方式来描述它的行为,在这种情况下主要考虑模块所完成的功能而不是其逻辑实现),然后将这些模块互连起来,使它们能够互相通信,这种互连是通过顶层模块实例化其他模块来实现的。

模块中的各种逻辑门是由线网(net)连接起来的。线网是 Verilog 语言中两个基本数据类型中的一个(寄存器是另外一种数据类型),用来模拟像门这样的结构化实体间的连接。连线(wire)是 net 的一种类型,是最常用的连接线。

模块与函数不同,在模块中可定义函数。这里先介绍模块的整体结构,在以后的几节再详细介绍其中的各种语言成分。

7.2.1 Verilog HDL 模块的结构

为了说明模块的结构,先看一个模块的例子。对如图 7.1 所示的一位半加器的逻辑电路图,描述如下：

```
module  HalfAdder(A, B,Sum,Cout);
input A,B;
output Sum,Cout;
assign Sum = A^B;
assign Cout = A&B;
endmodule
```

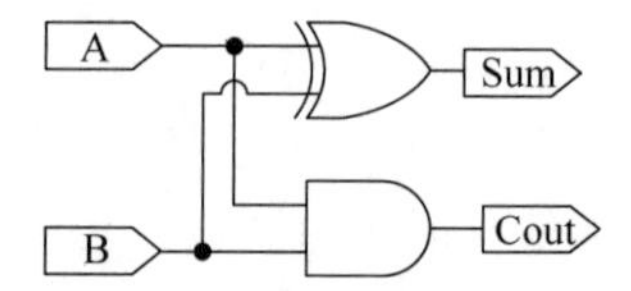

图 7.1 一位半加器的逻辑电路图

上面的代码就是一个模块,也是一个完整的 Verilog HDL 程序,这段代码描述了一位半加器电路。一个 Verilog HDL 程序包括 4 个主要部分:端口定义、输入/输出说明、内部信号说明和逻辑功能描述。Verilog 程序由模块组成,编写模块的过程称为模块的定义,一个模块的基本结构或定义格式如下:

```
module 模块名(端口列表);
参数定义
端口类型声明
内部信号声明
中间变量定义
逻辑功能描述
endmodule
```

module 是关键词,表示要定义模块;endmodule 也是关键词,表示模块定义到此结束;模块名唯一标识此模块,可用于实例化它所代表的模块;端口列表是该模块与外部其他模块的接口,也就是该模块的输入/输出端名称,各接口名之间用逗号隔开,如果定义的是顶层模块则无端口列表;参数定义是可选项,用来定义符号常量;端口类型声明是指定端口列表中哪些为输入端口,哪些为输出端口以及端口位宽;内部信号声明是声明模块或电路中除输入/输出外,在描述模块时会用到的中间信号;中间变量定义一般是定义在过程化描述中为了对数据处理所需的中间变量;逻辑功能描述描述模块的功能,是模块的核心。

Verilog HDL 模块的定义与 C++ 中类的定义有很多相似的地方,可利用这点理解记忆。

Verilog HDL 程序的书写格式自由,一行可以写多个语句,一个语句也可以分多行写。

注意:凡是有效的 Verilog 语句最后都必须加分号表示语句的结束,并且只有能表示语句的最后才能加分号,如表示模块结尾的 endmodule 不能作为语句,后面不能加分号。

可以用同 C 语言一样的/ * …… * /(多行)和//……(单行)对 Verilog HDL 程序的任何部分作注释,一个好的、有使用价值的源程序都应当加上必要的注释,以增强程序的可读性和可维护性。

以上模块定义过程的先后顺序并不是固定的,可以有一定的变化,但定义模块时最好按照顺序,不但能减少错误的产生,也使模块描述清晰,具有良好的可读性。另外注意:程序语言中标点符号必须都是英文的。

7.2.2 端口类型声明

端口列表中只是列出了模块的端口名称,并没有说明哪些是输入口,哪些是输出口,每一个端口的位宽是多少。这个说明是由端口类型声明语句完成的。I/O 说明的格式如下:

```
I/O 类型[位宽] 端口名 1,端口名 2,端口名 N;
```

I/O 类型包括 input、output 和 inout,分别表示输入口、输出口和输入/输出(双向)口。

位宽可用[n-1:0]或[n:1]表示 n 位数据总线,即一个端口名可以代表一个多位的总线端口。如果没有声明位宽,则默认是 1 位的。

位宽为 1 的信号(或变量)称为标量,位宽大于 1 的信号称为向量。在一个表达式中可以定位和使用向量的一位或几个相邻位。选择一位称为位选择,选择几个相邻位称为域选择。

位宽表示[m:n]中,m 和 n 的值可任意选取(m 可小于 n,甚至 m、n 为负数,但 m、n 必须为常量表达式),但左边的序号 m 总对应最高位标号,右边的序号 n 总对应最低位标号,为不致混淆,通常一致取 m>n>0。例如:

```
input A,B;              //声明 A 和 B 为 1 位输入口
output Sum,Cout;        //声明 Sum 和 Cout 为 1 位输出口
input [4:0] a;          //声明 a 为 5 位输入口,a[4]为最高位,a[0]为最低位
inout [-5:3] b;         //声明 b 为 9 位双向口,b[-5]为最高位,b[3]为最低位
assign b[-3:1] = a;     //将 a 赋给 b 的 -3、-2、-1、0 和 1 五位
```

端口本身也是变量,因为端口中的值是要变化的。若没有声明端口的变量类型则默认是线网类型(即 wire 型),当然端口也可显式地指定为线网。输出或输入/输出端口能够被重新声明为寄存器类型(即 reg 型)。无论是在线网说明还是寄存器说明中,线网或寄存器说明必须与端口中指定的位宽相同。如:

```
output [3:0] A;
reg [3:0] A;            //声明端口时位宽为[3:0],声明端口变量类型时也必须如此
```

输入端口是不应该被声明为寄存器类型变量的,因为对于输入口没这个必要。具体原因会在介绍变量和赋值方式中说明。

I/O 说明也可以写在端口声明语句里,但为清晰起见,一般都是分开定义的。其格式如下:

```
module 模块名(input port1,inout port2,…,output[n:1] port4…);
```

7.2.3 逻辑功能描述

逻辑功能描述是模块的核心,是 Verilog 代码编写的最主要部分,电路的功能完全由这里体现。根据 7.2.2 节所述,Verilog HDL 可以在算法级、寄存器传输级、门级和开关级这 4 个不同层次上描述硬件电路。也就是说,模块的功能部分可以采用这 4 个级别的描述,并且可以同时存在于同一模块中。由于开关级描述工作量太大,所以本章只介绍前 3 种描述方法,足以描述大多数数字电路。

7.2.2 节虽然介绍了如何在不同级别下实现一位半加器,但并没有给出具体实现其功能的代码格式。这里继续以它为例子,在说明 3 种描述方法的同时完善代码。

逻辑功能的描述可采取过程性描述和非过程性描述。算法级(与行为级、高层次建

模为同一概念)描述逻辑功能的方式与C语言基本相同,它们都是过程性描述方法,即需要经过一些步骤(包括运算、判断等)最终达到描述功能的目的。而寄存器传输级和门级描述中对信号的处理或运算是并发执行的,并不是对前一个信号处理完后才处理下一个,这就是非过程性描述。电路上电后所有元件都同时工作,是并发的,所以非过程性描述与实际电路更相近。

C语言程序完全是用过程性语句编写的,而Verilog HDL程序中除过程性语句外,还可能有其他类型(非过程性)语句。为了区别不同级别的描述,使编译器能够判断描述的级别并正确编译,在Verilog中不同级别的描述要求的格式不同。

1. 算法级

算法级描述用的是像C语言一样的过程性语句,在Verilog HDL中过程性语句必须放在过程结构中。Verilog HDL的过程结构有两类,分别用initial语句和always语句声明。initial语句只执行一次,而always语句只要条件成立就反复执行。一位半加器功能部分的算法级描述如下:

```
always @ ( A or B )              //A或B中有一个变化就执行always块内的语句
    begin                        //并且变化几次执行几次
        {Cout,Sum} = A + B;
    end
```

2. 寄存器传输级

对于寄存器传输级描述,必须用assign将赋值语句声明为连续赋值语句,使赋值语句连续不断地执行。一位半加器功能部分的RTL级描述如下:

```
assign Sum  =  A ^ B;
assign Cout  =  A & B;
```

3. 门级描述

门级描述是采用实例化门的形式描述逻辑电路图,它无须关键词修饰。一位半加器功能部分的门级描述如下:

```
xor  x1 ( Sum, A, B );
and  a1 ( Cout, A, B );
```

注意:不同级别的描述对被赋值的变量的类型要求不同。后面几节将对不同级别的描述及其注意事项进行详细介绍。

采用assign语句,是最常用的方法之一。always块可用于产生各种逻辑,但它常用于描述时序逻辑。如果把这3种类型的语句放在同一个Verilog文件中(可以不在同一个模块中),仿真一旦开始,它们(包括同级别的)将在0时刻同时执行,也就是并发的,它们的书写顺序不会影响实现的功能。而在begin-end块内部的语句是按照书写的顺序执行的。

7.3 标识符、常量和变量

7.3.1 标识符

Verilog HDL 中的变量名、函数名、模块名等都是用标识符(Identifier)来命名的,须满足标识符的命名规则。Verilog HDL 中的标识符可以是任意一组字母、数字、下画线和 $ 符号的组合,但标识符的第一个字符必须是字母或者下画线($ 符号开头的标识符是系统任务或系统函数,数字开头会使编译器混淆数字常量和标识符)。另外,标识符是区分大小写的。以下是标识符的几个例子:

```
abc
d4
_figure$
D4                              //与 d4 不同
78cef                           //非法
```

可以看到,Verilog 的标识符组成元素比 C 语言多个 $ 符号,除此之外与 C 语言完全相同。

在给模块等命名时,标识符最好选取与其代表的事物相关的,能体现出该事物意义的英文单词或汉语拼音,做到"见名知义",以增加程序的可读性。若名称需要多个英语单词,则最好采用匈牙利命名法,即单词紧邻,每个单词首字母大写,其余小写,每个单词可以使用其缩写形式。如:

```
HalfAdder                       //一看便知是半加器
ShiftingReg                     //移位寄存器,Reg 是 Register 的简写
```

此外还可用下画线将单词分开,如:

```
half_adder
flip_flop
```

下画线还常用于命名低电平有效信号,如:

```
_Rst
_Set
```

如果是定义符号常量或宏名,为突出其为常量,一般全用大写字母,如:

```
`define  PI  3.1415926
parameter  WIDTH = 8,LENGTH = 6;
```

Verilog HDL 语言预先定义了一批标识符,它们在程序中代表这固定的含义,不能另作他用,这些标识符称为关键词。关键词都是用小写字母定义的。例如,module 是个关键词,而 Module 不是关键词。下面是 Verilog HDL 中使用的关键词:

always,and,assign,begin,buf,bufif0,bufif1,case,casex,casez,cmos,deassign,default, defparam, disable, edge, else, end, endcase, endmodule, endfunction, endprimitive, endspecify, endtable, endtask, event, for, force, forever, fork, function, highz0, highz1, if, initial, inout, input, integer, join, large, macromodule, medium, module, nand, negedge, nmos, nor, not, notif0, notif1, or, output, parameter, pmos, posedge, primitive, pull0, pull1, pullup, pulldown, rcmos, reg, repeat, rnmos, rpmos, rtran, rtranif0, rtranif1, scalared, small, specify, specparam, strength, strong0, strong1, supply0, supply1, table, task, time, tran, tranif0, tranif1, tri, tri0, tri1, triand, trior, trireg, vectored, wait, wand, weak0, weak1, while, wire, wor, xnor, xor。

注意：在编写 Verilog HDL 程序时，变量的定义不要与这些关键词冲突。

7.3.2 值集合

Verilog HDL 有下列 4 种基本的值：

(1) 0：逻辑 0 或“假”；

(2) 1：逻辑 1 或“真”；

(3) x：不确定值，可能是 0，也可能是 1；

(4) z：高阻值。

注意这 4 种值的解释都内置于语言中。如一个为 z 的值总是意味着高阻抗，一个为 0 的值通常是指逻辑 0。

在门的输入或一个表达式中为“z”的值通常解释成“x”。z 还可以写作“?”，用 case 表达式时建议使用这种写法，以提高程序的可读性。此外，x 和 z 都是不分大小写的，也就是说，值 1x3z 与值 1X3Z 相同。Verilog HDL 中的常量是由以上这 4 类基本值组成的。

7.3.3 常量

Verilog HDL 中有 3 类常量：

(1) 整型；

(2) 实数型；

(3) 字符串型。

下画线符号(_)可以随意用在整数或实数中，用来分隔数字，它们就数量本身没有意义，只是用来提高易读性，唯一的限制是下画线符号不能用作为首字符。如：123_456_789 与 123456789 完全相同。由于电路描述语言中实数型和字符串型涉及较少，这里只介绍整型常量的表示方法。

1. 数字型常量

Verilog HDL 中的数字(即整常数)有以下 4 种进制表示形式：

(1) 二进制(Binary)整数(b 或 B)；

(2) 十进制(Decimal)整数(d 或 D)；

(3) 十六进制(Hexadecimal)整数(h 或 H)；

(4) 八进制(Octonary)整数(o 或 O)。

数字表达方式有以下 3 种：

(1) <位宽>'<进制><数字>；这是最全面的描述方式。

(2) '<进制><数字>；由于没有指定位宽,数字的位宽采用默认值 32 位。

(3) <数字>；只有数字时,默认数字为十进制,位宽采用默认值 32 位。

位宽是指要求<数字>所占用的二进制位数,位宽是设计者根据需要指定的,不由<数字>的位数决定。所有没有指定位宽的情况,位宽都采用默认值 32 位,而与<数字>无关。Verilog HDL 中数字的位宽是十分重要的,因为数字电路中对数字的保存是采用由高低电平代表的二进制形式。

未知值和高阻抗值可以用除十进制外的其他形式给出。在每种情况下,x 或 z 字符代表给定位数的 x 或 z。即,在十六进制中,一个 x 代表 4 位未知位,在八进制中,代表 3 位。

正常情况下,如果<数字>中的位数少于<位宽>说明的位数,则将在<数字>的左侧加零来补足位数。但是,如果<数字>的第一个数字是 x 或 z,那么将在左侧加 x 或 z 来补足位数。

以下是几个整常数的表示例子：

【例 7.1】 不含 x 和 z 的整数

```
8'b1001_1010                 //位宽为 8 的数的二进制表示
7'ha                         //位宽为 7 的十六进制数 a,同 7'b000_1010
8'd33                        //位宽为 8 的十进制数 33,同 8'b0010_0001
33                           //默认为 32 位十进制数,同 32'd33
'b10                         //同 32'b10,非 2'b10
```

【例 7.2】 含有 x 或 z 的整数

```
4'b1z10                      //位宽为 4 的数的二进制表示,从高位起第 2 位为不定值
5'b?1                        //同 5'b????1 或 5'bzzzz1
8'h7x                        //同 8'b0111_xxxx
```

表达式中的整数值可被解释为有符号数或无符号数。前两种表达方式称为基数表示法,这种方法表达的整数无论前面是否有负号,运算时都将其作为无符号数对待,即使为负数的补码也会按正数处理。而对于只有数字的十进制整数,编译器将其作为有符号数对待。例如：－5'b101 它的 5 位补码为 5'b11011,运算时会被认为是 27；若另一个操作数是 6 位的,则需要－5'b101 的六位补码 6'b111011,运算时会被认为是 59。－1≠－32'd1,因－1 是有符号数,而－32'd1 是无符号数。对有符号和无符号数的详细探讨见 7.4 节。

所以在表达负数时只能用单个十进制数。

2. 参数型常量

相对于数字型的直接常量,在 Verilog HDL 中还可用 parameter 来定义符号常量,即用 parameter 来定义一个标识符代表一个常量,即标识符形式的常量。采用标识符代表一个常量可提高程序的可读性和可维护性。parameter 型常量的声明格式如下：

```
parameter 参数名 1 = 表达式,参数名 2 = 表达式,…,参数名 n = 表达式;
```

parameter 是参数型数据的确认符，表示要定义参数。确认符后跟着一个用逗号分隔开的赋值语句表。在每一个赋值语句的右边必须是一个常数表达式，也就是说，该表达式只能包含数字或先前已定义过的参数。如：

```
parameter  PI = 3.14,R = 5;
parameter  C = 2 * PI * R;
```

参数型常数经常用于定义延迟时间和变量宽度。如：

```
parameter  DELAY = 5;
assign   #DELAY  c = a^b;
```

和

```
parameter  SIZE = 4'd8;
reg[SIZE - 1:0]  a,b;
```

还有一种定义符号常量的方法是利用宏替换命令行，该方法将在 7.5 节中介绍。

7.3.4 变量

变量即在程序运行过程中其值可以改变的量。在 Verilog HDL 中变量的数据类型有很多种，这里只对常用的几种进行介绍。

1. 线网类型变量

线网数据类型及其建模用法见表 7.1。

表 7.1 线网类型及其建模用法

线网类型	建模用法
wire,tri	二者相同,用于定义标准内部连接线
wand,*triand*	多驱动源线与(若有驱动源为 0,则线网值也为 0)
wor,*trior*	多驱动源线或(若有驱动源为 1,则线网值也为 1)
trireg	能保存电荷的线网,用于电容节点的建模
*tri*0,*tri*1	无驱动时值分别为 0 和 1,即下拉/上拉
supply1,supply0	用于对电源(高电平 1)和地(低电平 0)建模

注：用斜体书写的线网类型不能用于综合。

以下只对最常用的线网类型线网作详细介绍。

线网类型线网变量通常表示结构实体(例如门和模块)之间的物理连接(导线)。显然连接线本身是不能保存信号的，而只能传输信号，所以线网类型的变量不能储存值，而且它必须受到驱动器(例如门、连续赋值语句、寄存器等)的驱动。如果没有驱动器连接到线网类型的变量上(相当于输入端连线悬空)，则该变量就呈高阻态，即其值为 z。若有多个驱动器同时驱动一条连线，或同时对同一个 wire 变量赋值，逻辑值可能会发生冲突，具体的逻辑值由驱动源的强度决定(关于逻辑强度建模请参阅参考书，本书不讨论多驱动源的情况)。

线网类型变量表示一条普通的连接线,其定义格式如下:

```
wire [m:n] 变量名 1,变量名 2,…,变量名 n;     //位宽可选,默认为 1
```

例如:

```
wire  net1;                                //定义 net1 为 1 位线网类型变量
wire [7:0] a,b;                            //定义两个 8 位(指位宽)线网类型变量 a 和 b
```

因为在模块定义中用到的线网类型变量较多,如果对所有用到的线网变量都手动定义会很麻烦,为解决这个问题,Verilog 提供了对隐含定义的支持。隐含定义是指:如果某个标识符在没有预先定义的情况下使用,则该标识符会被隐式定义为一位线网类型变量。在默认情况下,隐含定义的线网变量类型为线网类型,然而我们可以使用`default_nettype *type_of_net* 编译指令来重载这一默认类型,其中 *type_of_net* 可以是开头所述线网类型中除了 supply0 和 supply1 类型以外的任何类型。例如,若在文件开头带有下列编译器指令:

```
`default_nettype wand
```

则任何未被说明的标识符都隐含地被定义为 1 位 wand 型变量(线网)。

2. 寄存器类型变量

寄存器类型及其建模用法见表 7.2。

表 7.2　寄存器类型及其建模用法

寄存器类型	建 模 用 法
reg	最常用的寄存器类型,用于保存无符号整数,位宽可自定义,可实现硬件
integer	32 位有符号整型变量,通常用作不会由硬件实现的数据处理
time	64 位无符号整数变量,用于仿真时间的保存与处理
real,realtime	二者相同,双精度有符号浮点数(实数)变量,用法与 integer 相同

以下只对最常用的 reg 型和 integer 型寄存器作详细介绍。

寄存器类型变量是数据储存单元的抽象,是具有状态保持功能的变量。当寄存器类型变量被瞬间赋值后,它能够保持该值不丢失,直到重新对它赋值。寄存器不是连线,但可以驱动连线,即给线网类型变量赋值;在一定条件下,连线也可以修改寄存器中存储的值。reg 型和 integer 型寄存器变量定义后在赋值前为不确定状态 x。

1) reg 型寄存器

reg 型寄存器可以用于实现硬件(如寄存器或触发器,但不一定总是用于实现硬件),表示一个具有值存储功能的变量。reg 型变量的定义格式如下:

```
reg [m:n]变量名 1,变量名 2,…,变量名 n;       //位宽可选,默认为 1
```

例如:

```
reg  w;                                    //定义一位 reg 型变量 w
```

```
reg [7:0] Time1, Time2;                  //定义两个八位 reg 型变量 Time1 和 Time2
```

注意：因为线网类型和reg型与硬件实现相关，所以这两种类型的变量存储的数值在运算时会被当作无符号数(最高有效位是数字位)，且其向量支持位选和域选。例如：

```
reg [3:0] Test;
…
Test = -5;                               //赋值后 Test 的值为 11(因 -5 的补码为 1011)
Test = 5;                                //赋值后 Test 的值为 5(因 5 本就无符号)
```

2) integer型寄存器

Verilog中的integer类型与C语言中的int类型几乎完全相同，它们定义的变量都用于保存整数值，都占用32位存储空间。integer型变量通常用作不会由硬件实现的数据处理，一般用来作为过程性描述(高层次行为建模)的中间量或辅助量(如循环变量)。integer型还支持数组定义。其定义格式如下：

```
integer 变量名 1,变量名 2,…,数组名 N[msb:lsb];
```

例如：

```
integer  i,A[1:100];                     //定义循环变量 i 和整型数组 A
```

integer型变量保存的整数值运算时被当作有符号数(最高有效位是符号位)，但它不是向量，不能对其进行位选择和域选择。例如，对于上面定义的整数i，i[5]或i[30:22]都是非法的。若确实要访问integer变量的某一位或某几位，可将该变量的值赋给一个reg型变量，再进行位选择或域选择。例如：

```
reg[31:0]  Qout;
integer  Din;
…
//Din[31]和 Din[25:9]都是不允许的
…
Qout = Din;
//Qout[31]和 Qout[25:9]是允许的,现在可以获取到整数 Din 中任意的位值
```

上例说明了如何通过简单的赋值将整数转换为位向量。类型转换自动完成，不必使用特定的函数。从向量到整数的转换也可以通过赋值完成，此处不再举例。注意相互转换不仅改变了可位选性，也改变了数字被识别为有无符号的类型。

3. 存储器

Verilog HDL通过对reg型变量建立数组来对存储器(memory)建模，可以描述RAM存储器、ROM存储器和reg文件，存储器中的每一个单元通过数组索引进行操作，对存储器进行地址索引的表达式必须是常数表达式。在Verilog语言中不存在多维数组。

存储器的定义格式为：

```
reg [m:n] 存储器名[x:y];
```

在这里，reg [m:n]定义了存储器中每一个存储单元的大小，即该存储单元是一个m－n＋1(假设 m＞n)位的寄存器；存储器名后的[x:y]定义了该存储器中有多少个这样的寄存器。

例如：

```
reg  Mem1[5:0];
/*定义1位存储器Mem1,Mem1[5]～Mem1[0]均为1位reg变量*/
    reg [8:1] Mem2[6:2],Reg1;
/*定义8位存储器Mem2,Mem2[6]～Mem2[2]均为8位reg变量；同时定义了一个8位reg变量
Reg1*/
```

提示：理解时应该将"类型名[m:n]"看作整体，表示要定义指定类型和位宽的变量和(或)数组。

如果想对 memory 中的存储单元进行读写操作，必须指定该单元在存储器中的地址即标号。如给上面定义的存储器 Mem2 的一个单元赋值方法为：

```
Mem2[4] = 5;
```

存储器虽为寄存器数组，但不同的是寄存器作为向量可以对其位选择和域选择，而存储器却不允许对它的寄存器单元进行该操作。例如：

```
Mem2[4][7]                                      //非法
Mem2[4][7:3]                                    //非法
```

特殊情况下，必须首先将存储器的值送给寄存器，然后在寄存器上执行位选择和域选择。

尽管 memory 型数据和 reg 型数据的定义格式很相似，但要注意其不同之处。如一个由 n 个 1 位寄存器构成的存储器是不同于一个 n 位的寄存器的。见下例：

```
reg [n-1:0] a;                                  //a为一个n位的寄存器
reg  a[n-1:0];                                  //a为一个由n个1位寄存器构成的存储器
```

7.3.5 对被赋值变量的类型要求

7.3.4 节就曾提到：不同级别的描述对被赋值的变量的类型要求不同。也就是说，如果要对某个变量在某种级别的描述中赋值，则该变量必须被声明为指定类型。

逻辑功能的描述分为过程性描述和非过程性描述。

过程块(算法级)中的语句一般是从上到下顺序执行的，每条语句每次都只执行很短的时间，一条语句执行完立即执行下一条语句。因而过程性赋值语句(即过程块中的赋值语句)只在一瞬间对左侧变量完成赋值，这就要求被赋值的变量具有数据保存(或保持)功能，否则该变量得到的值会很快消失，这肯定不是我们所希望的，毕竟我们还要拿它做其他运算。所以，在过程块中被赋值的变量必须被声明为寄存器类型，而不能用线网类型。

非过程性描述包括寄存器传输级和门级描述。寄存器传输级是用逻辑表达式来描

述电路,描述的是对信号流作怎样的逻辑处理。寄存器传输级描述中,这些处理或赋值语句是用 assign 关键词声明的,由于所有用 assign 声明的语句都是并发执行的,而且 assign 是连续性赋值的标志,表示赋值操作连续不断地进行,不断地刷新左侧变量的值,所以即使被赋值的变量没有存储功能也不需要担心值会丢失,因为连续性的赋值能够维持变量中的数值。而门级描述中实例化的门也是同时运行的,而门本身就具有上电后不停地进行逻辑运算的属性,因而不需要 assign 的声明。所以门级描述中的输出(即被赋值的变量)也不需要具有存储功能。而若将寄存器类型变量作为非过程性描述的赋值对象,则它的值会被不断地刷新,这是没有意义的,在综合的硬件电路中会产生不必要的寄存器。所以,在非过程性描述中,被赋值的变量应该被声明为线网类型,而不能是寄存器类型。

综上所述,寄存器类型变量与过程块相匹配,线网类型变量与非过程性描述相匹配,它们之间不可互相交换。

此外,由以上讨论可知,变量被声明为寄存器类型只是为了使其能在过程块中被赋值,没有其他目的,所以 reg 型变量不一定是寄存器或触发器的输出,不一定是对电路中存储单元的抽象,即寄存器类型变量不一定会生成寄存器或触发器。比如,虽然过程性语句通常用于描述时序电路,但也可以描述组合逻辑电路,而组合逻辑电路中是没有寄存器或触发器的,但仍要求被赋值的变量为寄存器类型。这样的例子将在讨论行为建模时看到。同样地,对于模块的输入口,因为其只用作数据的输入,不能被赋值(输出才可被赋值),也就谈不上寄存器的问题,所以模块的输入口不能被指定为寄存器类型,采用默认的线网类型即可。而输入/输出口与输入口一样也不能声明为寄存器类型,且其作为输出口时只能被具有高阻能力的门(三态门)驱动。

7.4 运算符及表达式

7.3 节介绍了 Verilog 中的几种重要的变量类型,即操作数。本节将介绍对操作数执行操作的运算符,二者结合到一起就形成了表达式。

Verilog HDL 语言的运算符范围很广,按功能可分为以下几类:

- 算术运算符(+、-、*、/、%)
- 关系运算符(>、<、>=、<=)
- 相等关系运算符(==、!=、===、!==)
- 逻辑运算符(&&、||、!)
- 按位运算符(~、&、|、^、^~)
- 归约运算符(&、|、^、^~、~&、~|)
- 移位运算符(<<、>>)
- 条件运算符(?:)
- 位拼接和复制运算符({ })
- 赋值运算符(=、<=)

7.4.1 算术运算符

在 Verilog HDL 语言中，算术运算符又称为二进制运算符，因为它是唯一一种在运算时需要遵循"逢二进一"这种二进制运算特有的运算法则的运算符。它包括以下几个运算符：

- +(加法运算符，或正值运算符，如 reg1+reg2，+5)；
- -(减法运算符，或负值运算符，如 reg1-reg2，-5)；
- *(乘法运算符，如 reg1 * reg2)；
- /(除法运算符，如 7/5)；
- %(模运算符，或称为求余运算符，要求%两侧均为整型数据，如 9%2 的值为 1)。

若除法运算符的两个操作数均为整数，则结果为两数的商，小数部分会被略去，只取整数部分。例如：7/5 和 7/4 的结果都是 1。

取模运算结果的符号与第一个操作数的符号相同。例如：7%5 的结果为 2；11%4 的结果为 3；16%4 的结果为 0；7%(-5)的结果为 2；-7%5 的结果为-2。

注意：在进行算术运算时，如果某一个操作数含有 X 或 Z，则整个结果为 X。例如：4'b0x01+4'b1010 的结果为 4'bxxxx。

算术运算还应注意以下两点。

1. 运算时采用的位数

在进行算术运算时，操作数(包括被赋值对象)的位数可能不同，那么运算时采用的位数是多少呢？在 Verilog HDL 中定义了如下规则：表达式中的所有中间运算及其结果应取最大操作数的长度(赋值时，此规则也包括被赋值对象)。例如：

```
wire[4:1]  Oper_1;
wire[5:1]  Oper_2;
wire[6:1]  Oper_3;
wire[7:1]  Oper_4;
reg[8:1]  Result;
…
Result = (Oper_1 + Oper_2) + (Oper_3 + Oper_4);
```

表达式右端的操作数最长为 7 位，但是将被赋值对象包含在内时，最大长度为 8 位，所以所有的加操作都使用 8 位进行。比如："Oper_1+Oper_2"的结果长度是 8 位的。如果 Result 也是 7 位的，则右端表达式全采用 7 位进行，而得到的结果可能是 8 位的(溢出 1 位)，这种情况下溢出位就会被丢弃而导致结果错误。所以被赋值的对象在定义时，其宽度应该比赋值号右端表达式中最宽的操作数的宽度还要大，对该表达式来说至少要多 1 位。

2. 无符号数和有符号数

执行算术操作和赋值时，注意哪些操作数为无符号数、哪些操作数为有符号数非常重要。

无符号数存储在：

- 线网；
- 一般寄存器；
- 基数格式表示形式的整数。

有符号数存储在：

- 整数寄存器；
- 十进制形式的整数。

为便于对算术运算过程的分析，我们先复习一下补码的知识。

学过计算机的人都知道，负数在数字系统中是以补码的形式存放的。它是将数字位和符号位统一处理，把减法运算用补码的加法运算代替，同时满足了存储和计算上的要求。能够实现这一点是利用了存储空间的有界性。

任何计量系统的存储空间都是有界的，比如一个 8 位的计数器，其最大计数脉冲个数为 256(0～255)，超过 256 后会从 0 重新计数。也就是说，该 8 位计数器的“溢出周期”为 256，我们通常称这个“溢出周期”为计量系统的模。由于存在“溢出周期”，使得计数器从某一初值计数到另一值，既可用减计数，也可用增计数。如从 200 计数到 50，既可减计数 150(200－150＝50)，也可增计数 106(200＋106－256＝50，减去的 256 是溢出时自动丢掉的，后面不再写)。从中可以看到 200＋(－150)＝200＋106，也就是说，对 8 位计数器，106 与－150 是等价的，这种等价关系是由模值决定的，可以看到，106＋|－150|＝256 为计数器的模。若计量系统的模改变，则与其等价的量也会改变。这本身就是个减法化为加法的例子。

由上面的例子可推知：在做加法运算时，在同一计量系统下，每一个负数都有唯一的正数与之等价，这个“正数”就称为该负数的补码，即负数的补码与负数是等价的。计算机(或数字系统)就是根据这个原理才将负数用补码的形式来存放的，加一个负数(即减运算)等于加该负数的补码(补码是正数，是加运算)，这样就将减法化为了加法。由于计算机的其他运算也都是分解为加法运算实现的，这样用补码表示负数的意义就扩展到了几乎所有的运算中。

由以上讨论知道，负数的补码是不唯一的，它由计数系统的模值决定。对于二进制存储单元，模值由存储单元的位数决定(n 位存储单元的模为 2 的 n 次方)，所以存储单元的位数不同负数的补码就不同。在二进制中，负数的补码等于其相反数的原码各位取反再加 1 的数值。在具体的表达式中由于所有运算都采用同一位宽(即所有操作数的最大位宽)进行，所以求负数的补码时也必须为同样的位数。注意：负数在存放时的补码位数是不重要的，重要的是它在运算时的补码位数，因此一定要在运算时再求补码。例如：

```
integer  Int_1,Int_2;
...
Int_1 = - 44/4;
Int_2 = - 6'd44/4;
```

第一个赋值语句中，－44 是作为有符号数处理的，所有操作数都为 32 位，所以 Int_1 的值为－11；第二个赋值语句中，由于除数“4”和 Int_2 是 32 位的，所以－6’d44 运算时的补码也应为32位(虽然存放时补码是6位,但运算时需要扩展,故运算时不必理会"6"),即32'hFFFFFFD4,但运算时由于将其作为无符号数处理,也就是把32'hFFFFFFD4当作正数而不是负数的补码,这样Int_2的值会很大,为1073741813(如果把它作为负数的补码结果仍为−11)。

7.4.2 关系运算符

关系运算符包括4种:

- >大于
- <小于
- >=大于或等于(不小于)
- <=小于或等于(不大于)

关系运算符用来比较两个操作数的大小关系,用法与C语言中的基本相同。在进行关系运算时,如果声明的关系成立,则关系表达式的值为1(True);如果不成立,则关系表达式的值为0(False);如果相比较的两个操作数中含有X或Z,则关系表达式的结果为不确定值X。例如:

```
4'b0010 < 4'b1X10                /* 虽然 4'b1x10 的最高位大于 4'b0010 的最高
位,按理说无论 X 为 0 还是 1,表达式的值都应为 1,但实际判断中只要操作数含有 X 或 Z,表达式
的值都是 X */
```

如果两个操作数的长度不同,会在长度较短的操作数左边添0补齐。例如:

```
4'b1000 >= 5'b00110   等价于:  5'b01000 >= 5'b00110        /* 关系成立,逻辑值为 1 */
```

所有的关系运算符优先级相同。关系运算符的优先级低于算术运算符。例如:

```
Vbr_1 > Vbr_2 + 1       等价于:  Vbr_1 >(Vbr_2 + 1)
```

7.4.3 相等关系运算符

在Verilog中相等关系运算符有4种(后两种是C语言没有的):

- ==　逻辑相等
- !=　逻辑不等
- ===全等
- !== 非全等

相等关系运算符实际上属于关系运算符。相等关系运算符用来判断两个操作数是否相等或不等,如果声明的关系成立,则关系表达式的值为1(True);如果不成立,则关系表达式的值为0(False)。

对于"=="和"!="如果相比较的两个操作数中含有X或Z,则关系表达式的结果为不确定值X。例如:

```
4'b1X10 == 4'b1X10                     //结果为 X
```

而对于“===”和“!==”,操作数中的X和Z也被看作普通的逻辑值参与比较,结果可以不为X。例如:

```
4'b1X10 === 4'b1X10                    //结果为真,而非X
```

同样,如果两个操作数的长度不同,会在长度较短的操作数左边添0补齐。

7.4.4 逻辑运算符

逻辑操作符包括以下3种:

- && 逻辑与(二元)
- || 逻辑或(二元)
- ! 逻辑非(一元)

逻辑运算符的运算对象一般为事件。对于逻辑与运算符“&&”,只有当它两边的事件或表达式都成立,逻辑值才为1,否则为0;对于逻辑或运算符“||”,它两边的事件只要有一个成立,逻辑值就为1,两个事件全不成立,逻辑值才为0;对于逻辑非运算符“!”,逻辑值与事件的成立结果相反。注意:所有非0常数的逻辑值都为1,只有0的逻辑值为0。

逻辑运算符的运算过程分两步:先计算操作数或表达式的逻辑值,再判断整个逻辑表达式的值。例如:

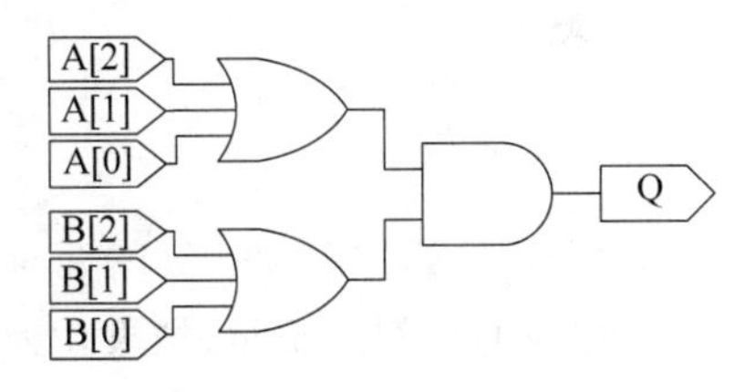

图7.2 逻辑与门

A、B分别表示3位数据总线(就是3位变量),则执行语句Q=A&&B后,其描述的逻辑电路如图7.2所示。

逻辑与“&&”和逻辑或“||”运算符的优先级低于条件运算符;逻辑非“!”是单目运算符,其优先级高于条件运算符;逻辑与“&&”优先级高于逻辑或“||”。例如:

a>b && c>d 等价于:(a>b)&&(c>d)

a==b||c!=d 等价于:(a==b)||(c!=d)

! a<b 等价于:(! a)<b

a||b&&c||d 等价于:a||(b&&c)||d

为了提高程序的可读性,明确运算的先后顺序,建议使用括号。

7.4.5 按位运算符

电路中信号进行与、或、非时,反映在Verilog HDL中则是对相应操作数的位运算。Verilog HDL提供了以下5种位运算符:

- ~ 按位取反(一元)
- & 按位与(二元)
- | 按位或(二元)
- ^ 按位异或(二元)

- ^~,~^ 按位同或(按位异或非)(二元)

这些操作符在输入操作数的对应位上按位操作,并产生向量结果。注意:无论是哪种位运算,它们每个位的运算结果都相当于逻辑门的输出,而逻辑门(非三态门)的输出是不可能为高阻值Z的(因为输出端不可能开路),它必然是个电平值,只可能是1或0,如果输入端有高阻值Z,则输出可能不确定,为X,但绝不会是Z。

1. "按位取反"运算

运算符~是位运算符中唯一的一个单目运算符,运算对象应置于运算符的右边,其运算功能是把运算对象按位取反,即,使一位上的0变1,1变0。例如:

~ 8'b0011_1010　　　　　　　　结果为:8'b1100_0101。

下面是"按位取反"运算的真值表。

~	0	1	X	Z
结果	1	0	X	X

2. "按位与"运算

运算符&是把参加运算的两个操作数按对应的二进制位分别进行"与"运算,只有当两个相应的位都为1时,结果才为1;否则为0。例如:

8'b1011_0011 & 8'b0011_1010　　　　结果为:8'b0011_0010

分析以上结果可知,"按位与"运算具有如下特征:任何位上的二进制数,只要和0相"与",该位即被屏蔽(清零);和1相"与",该位保留原值不变。因此"按位与"运算可用作屏蔽信号的某些位,而只保留某些对判断有用的位。

下面是"按位与"运算的真值表。

&	0	1	X	Z
0	0			
1	0	1		
X	0	X	X	
Z	0	X	X	X

3. "按位或"运算

"按位或"的运算规则是:参加运算的两个操作数中,只要两个相应的位中有一个为1,则该位的结果为1;只有当两个相应的位都为0时,该位的运算结果才为0。例如:

8'b0010_1011 | 8'b1011_0110　　　　结果为:8'b1011_1111

利用"按位或"运算的特点,可以将一个数中的指定位置成1,其余位不变,即:将希望置1的位与1进行"或"运算;保持不变的位与0进行"或"运算。

下面是"按位或"运算的真值表。

|	0	1	X	Z
0	0			
1	1	1		
X	X	1	X	
Z	X	1	X	X

4. “按位异或”运算

“按位异或”的运算规则是：参与运算的两个操作数中相对应的二进制位上，若数字相同，则该位的结果为0；若数字不同，则该位的结果为1。即“同0异1”。例如：

8'b1011_0100 ^ 8'b0101_0001　　　　结果为：8'b1110_0101

利用“异或”运算的特征，可以将一个数中的指定位取反，而其他位保持不变，这使得它的自由度比求反运算更高。方法是：将要取反的位与1“异或”，保持不变的位与0“异或”，而不用该位的数字具体是0还是1。例如，欲将8'b0100_1101的偶数位取反，奇数位不变，应该将它和8'b0101_0101进行“异或”运算(最低位从0计起)。

下面是“按位异或”运算的真值表

^	0	1	X	Z
0	0			
1	1	0		
X	X	X	X	
Z	X	X	X	X

5. “按位同或”运算

“按位异或”的运算规则是：参与运算的两个操作数中相对应的二进制位上，若数字相同，则该位的结果为1；若数字不同，则该位的结果为0。即“同1异0”。与“按位异或”相比较可以看到，“按位同或”运算相当于“按位异或”后再对其结果“按位取反”，所以“按位同或”又称为“按位异或非”。“按位同或”运算符是个组合式运算符，～^和^～都表示按位同或，二者完全相同。例如：

8'b1011_0100 ^～8'b0101_0001　　　　结果为：8'b0001_1010

下面是“按位同或”运算的真值表。

^～	0	1	X	Z
0	1			
1	0	1		
X	X	X	X	
Z	X	X	X	X

7.4.6 归约运算符

归约运算符是单目运算符，它是将单个操作数的各个位相“与”“或”“异或”和“同或”，最后得到一位二进制数的运算。由于运算后的结果比原操作数短，所以归约运算又称为缩减运算。归约运算的具体运算过程是：先将操作数的第1位与第2位进行与、或、非等运算，再将运算结果与第3位进行相同运算，以此类推，直至最后一位。

归约运算符包括：

- &　归约与
- ～& 归约与非
- |　归约或
- ～| 归约或非
- ^　归约异或
- ^～ 归约异或非

例如：假设，

A = 4'b0011

B = 4'b1010

那么，

&A 结果为 0

| A 结果为 1

^ B 结果为 0

～&B 结果为 1

根据归约运算的特点可得以下结论：

对于归约与“&”，如果操作数存在值为0的位，那么结果为0；如果存在X或Z(但没有0)，结果为X；所有的位都为1时，结果为1。归约与非“～&”是“归约与”的结果取反。

对于归约或“|”，如果操作数存在值为1的位，那么结果为1；如果存在X或Z(但没有1)，结果为X；所有的位都为0时，结果为0。归约或非“～|”是“归约或”的结果取反。

对于归约异或“^”，如果操作数存在值为X或Z的位，那么结果为X；否则如果操作数中有偶数个1，结果为0，若有奇数个1，结果为1。归约异或非“^～”是“归约异或”的结果取反。

7.4.7 移位运算符

移位运算符有两种：左移“<<”和右移“>>”，它们是双目运算符，其使用格式如下：

```
Operand << n   或   Operand >> n
```

Operand代表要移位的操作数，n代表要移动的位数，且必须是非负整数。如果n的值为X或Z，则移位的结果为X。无论左移还是右移，移出的空位都用0补位。例如：

```
reg[7:0]  Mat, Lab;
…
Mat = 28;                  //赋值后 Mat 为 8'b0001_1100
Lab = Mat << 3;            //移位后 Lab 为 8'b1110_0000 = 8'd224
…
```

在不损失有效数字位(即数字1)的情况下,左移n位相当于操作数乘以2的n次方;右移n位相当于操作数除以2的n次方。如上例中,Mat左移3位(未损失位),相当于Mat乘以2的3次方,故Lab的值为224。

7.4.8 条件运算符

条件运算符“?:”与C语言中的用法完全相同。其格式如下:

```
条件表达式?表达式1: 表达式2
```

若条件表达式成立,逻辑值为1,则条件运算符返回表达式1的值,否则返回表达式2的值。例如:

```
result = ( a > b ) ? ( 2 * PI * r ) : ( PI * r * r );
/* 若a确实大于b,则result为2*PI*r的值,否则为PI * r * r的值*/
```

由于条件运算符的优先级很低,仅高于赋值运算符,所以上式等价于:

```
result = a > b ? 2 * PI * r : PI * r * r;
```

7.4.9 位拼接

Verilog HDL语言有一个特殊的运算符:位拼接运算符。该运算符可以自由地把可位选和域选的变量的指定位拼接起来,作为一个整体进行运算。其使用方法如下:

```
{信号1的某几位,信号2的某几位,…,信号n的某几位}
```

即把某些信号的某些位详细地列出来,中间用逗号分开,最后用大括号括起来表示一个整体信号。例如:

```
reg a;
reg [7:0] b;
…
{a, b[7:4], 4'b1001}
```

也可以写为:

```
{a, b[7], b[6], b[5], b[4], 4'b1001}
```

在位拼接表达式中不允许存在没有指明位数的信号。这是因为在计算拼接信号位宽的大小时必须知道其中每个信号的位宽。由于非定长常数的长度未知,所以不允许连接非定长常数。例如,下列式子非法:

```
{a, b[7:4], 9}              //"9"为非定长常数
```

位拼接还可以用复制法来简化表达式,例如:

```
{3{4'b1001}}                //拼接后为12'b1001_1001_1001
{{3{4'b1001}}, 3'b100}      //注意,此处{3{4'b1001}}外侧的大括号不可丢
```

位拼接运算符常用作整体赋值，如在描述一位半加器的行为级建模时，将 A 与 B 的和赋给 Cout 和 Sum 拼接后的两位单元，这样就实现了整体赋值、单独表示的目的。

7.4.10　赋值运算符

赋值运算符是优先级最低的运算符，功能是将赋值号右边的表达式的值赋给左边的变量。赋值运算符有两种：“＝”和“＜＝”，分别称为阻塞赋值和非阻塞赋值，它们的赋值方式不同。赋值运算符看似功能简单，却是 Verilog 中最重要的运算符之一，仅是区分阻塞和非阻塞就让许多初学 Verilog 语言的人犯难，甚至专业的设计师在描述电路时也需慎重选择。鉴于其复杂性，赋值运算符将在深入讨论不同建模级别时举例说明。

7.4.11　运算符的优先级

部分运算符的优先级如表 7.3 所示。

表 7.3　运算符的优先级

<table>
<tr><th>优先级</th><th>运　算　符</th><th>优先级</th><th>运　算　符</th></tr>
<tr><td>1(最高)</td><td>( )、{ }</td><td>8</td><td>&</td></tr>
<tr><td>2</td><td>!、～、归约运算符</td><td>9</td><td>^、^～</td></tr>
<tr><td>3</td><td>*、/、%</td><td>10</td><td>|</td></tr>
<tr><td>4</td><td>＋、－</td><td>11</td><td>&&</td></tr>
<tr><td>5</td><td><<、>></td><td>12</td><td>||</td></tr>
<tr><td>6</td><td>＜、＜＝、＞、＞＝</td><td>13</td><td>?:</td></tr>
<tr><td>7</td><td>＝＝、!＝、＝＝＝、!＝＝</td><td>14(最低)</td><td>＝、＜＝</td></tr>
</table>

由以上优先级表可见，优先级单目运算符＞双目运算符＞三目运算符；算术运算符＞条件运算符＞逻辑运算符；与逻辑＞异或逻辑＞或逻辑（“＞”表示“高于”）。

7.5　编译预处理指令

Verilog HDL 和 C 语言一样也提供了编译预处理功能。程序的编译分两步：预编译和正式编译。所谓预编译是指：在正式将代码编译为可被系统或设备识别的格式前，编译器先根据编译预处理指令对所要编译的代码进行简单的文本处理，或选择要编译的代码，或是有关仿真参数的设置，具体要做的事由编译预处理指令指定。当按下“编译”按钮后，Verilog HDL 编译系统先根据这些编译指令对文件进行“预处理”，然后对处理后的结果进行正式的编译。编译预处理指令是仅针对编译器的指令，不属于 Verilog HDL 语句。

在 Verilog HDL 语言中，这些预处理指令以符号“`”开头，相当于 C 语言中的“#”。这些预处理指令的有效作用范围是从指令定义处起直到遇到其他指令定义替代该指令之处(编译过程可跨越多个文件)。

完整的标准编译器指令如下：

- `define，`undef
- `ifdef，`else，`endif
- `default_nettype
- `include
- `resetall
- `timescale
- `unconnected_drive，`nounconnected_drive
- `celldefine，`endcelldefine

本节主要介绍常用的编译预处理指令，其他编译指令的使用可以参考IEEE1364—1995标准。

7.5.1 宏定义指令`define

Verilog HDL中的宏定义`define的作用与C语言的#define类似，即在编译时通知编译器用宏定义中的文本直接替换代码中出现的宏名，因此宏定义也被称作宏替换。宏定义的格式为：

```
`define  <宏名>  <替换文本>
```

例如：

```
`define  BUS_WIDTH  32
…
reg[`BUS_WIDTH-1:0]  signal;
```

学习宏定义应注意以下几点：

(1) 宏定义指令可以写在模块定义里面，也可以写在模块定义外面，宏名的有效范围为定义处起到源文件结束。通常`define指令写在模块定义的外面，作为程序的一部分，在此程序内都有效。

(2) 宏名建议采用大写字母表示，以便于与变量名相区别，这点曾在讨论标识符时说明过。

(3) 宏定义指令不是Verilog HDL语句，不必在行末加分号，否则分号也将作为宏定义内容参与替换。

(4) 在使用已定义的宏名时，也必须在宏名的前面加上"`"，表示该标识符是一个宏名(这点与C语言不同，C语言中使用宏定义只写宏名本身)。例如：

```
`define  KEY  10
reg[`KEY : 0] KEY;           //10只会替换第一个KEY,第二个KEY是普通变量
```

所以要避免定义与宏名相同的普通变量名，以免混淆。

(5) 宏定义是替换文本替换程序中的宏名，它只是个简单的置换，不作语法检查，即使有语法错误也不会报告，只有在编译已被宏展开后的源程序时才报错。

(6) 在进行宏定义时，可以引用已定义的宏名，并可以逐层置换。例如：

```
`define  PI  3.14          //宏定义会按定义顺序依次展开，实现逐层置换
`define  ROUND  `PI*9
```

(7) 宏名和替换文本必须在同一行中进行声明，如果在替换文本中包含有注释行，注释行不会作为被置换的内容。例如：

```
`define  R8  reg[7:0]       //用 R8 代替 8 位 reg 型变量
…
`R8  Abs;
```

经过宏展开后以上语句为：

```
reg[7:0]  Abs;
```

若宏内容为空、空格或制表符，则该宏定义是个空定义。即使引用这个宏名，也不会有内容被置换。

(8) 宏定义与参数定义功能相似，它们的区别主要有：

① 宏定义是“指令”不是语句，使用结尾不须加分号；而参数定义是语句，末尾必须加分号。

② 宏定义一次只能定义一个宏名；而参数定义可一次定义多个符号常量。

③ 宏替换的替换文本几乎可以是任意字符串；而参数只可定义常量。

④ 宏定义的宏名和替换文本之间不能有等号；而参数定义中参数名和真实常量间必须有等号。

在程序中使用宏定义的好处很多。首先，使用宏名代替一个字符串，可以减少程序中重复书写某些字符串的工作量。而且，记住一个宏名要比记住一个无规律的字符串容易，这样在读程序时能立即知道它的含义。其次，当需要改变代码中的某段文本时，只需改变宏定义中的替换文本，一改全改。由此可见，使用宏定义可以提高程序的可移植性和可读性。

如果要限制宏名的作用范围可以使用`undef 指令。例如：

```
PI  3.14
…
`undef  PI
```

上例中只有`definePI 到`undef　PI 之间的 PI 会被 3.14 替换，后面即使再出现 PI 也不再是宏名。当然，在`undef　PI 后仍可使用宏定义指令重新定义 PI 的替换文本。

7.5.2 文件包含指令`include

对一个数字电路的完整 Verilog HDL 描述代码可以被放置在不同的源文件中(源文件后缀名为“.v”，表示 Verilog)，通常不同的源文件中存放着对不同模块的描述或某些经常使用的代码，而编译器一次只能编译一个源文件，因此在编译时必须将这些代码放到一个源文件中。

文件包含指令`include就是用于将其他文件中的全部内容包含到本文件中。其一般格式为：

```
`include "文件名"
```

`include指令可以出现在Verilog HDL源程序的任何地方，指令放在哪儿，包含的文件就从哪儿插入。被包含的文件名可以是绝对路径名，也可以是相对路径名，如果文件名是相对路径名，则编译器会默认从当前工程目录下开始寻找文件，如果在工程目录下找不到，编译器会到EDA软件所在目录寻找。例如：

```
`include"D:\Program Files\MyProject\Counter\ABC.v"  //绝对路径名
`include"ABC.v"                                     //相对路径名
```

因为"Counter"为当前工程目录，所以上面两种表达方式相同。编译时这行代码被ABC.v的内容代替。

文件包含指令是很有用的，它可以避免程序设计人员的重复劳动，可以将一些常用的函数(function)或任务(task)组成以文件的形式打包，然后用`include指令将这些文件中的代码包含到自己所写的源文件中，相当于将工业上的标准元件拿来使用，这与我们在C语言中调用库函数相同。更重要的是，尤其对于企业，在描述较复杂的数字电路时，电路被分为了许多模块，通常不同的模块由不同的人或部门负责编写，编写完的模块被存放在不同的源文件中，最后只需要在顶层模块所在源文件中使用`include指令将这些模块的定义代码包含进来，顶层模块就可以对它们实例化引用了。如果程序出了问题，可以以模块为单位查找，也便于追查错误。

7.5.3 条件编译命令`ifdef，`else，`endif

一般情况下，Verilog HDL源程序中所有的行都将参加编译。但是有时希望对其中的一部分内容只有在满足条件时才进行编译，也就是对一部分内容指定编译的条件，或者希望当条件满足时对一组代码进行编译，而当条件不满足时则编译另一组代码，这就是条件编译。条件编译指令的形式为：

```
`ifdef  宏名
程序段1
`else
程序段2
`endif
```

它的作用是当宏名已经被定义过(用define指令定义)，则对程序段1进行编译，程序段2将被忽略；否则编译程序段2，程序段1被忽略。其中`else部分可以没有，即

```
`ifdef 宏名
程序段1
`endif
```

程序段可以是任何Verilog代码，且这些指令可以出现在源程序的任何地方。注意：被忽略掉不进行编译的程序段部分也要符合Verilog HDL程序的语法规则。

通常在 Verilog HDL 程序中用到条件编译指令的情况如下：

(1) 选择一个模块的不同代表部分；

(2) 选择不同的时序或结构信息；

(3) 对不同的 EDA 工具，选择不同的激励。

7.5.4 时间尺度`timescale

Verilog HDL 可以定义延时模型，所有延时都用单位时间表述，即，在一开始规定单位时间对应多少物理时间，而在程序中延时用单位时间的倍数表示。`timescale 编译器指令通过定义延时的单位(单位延时对应的物理时间)和延时精度(最小延时)将单位时间与实际时间(物理时间)相关联。`timescale 编译器指令格式为：

```
`timescale  延时单位/延时精度
```

延时单位表示程序中的一个单位延时代表多少实际时间；延时精度表示最小能精确到的延时的时间。“延时单位”和“延时精度”两个数值只能由值 1、10、100 以及单位 s、ms(10^{-3}s)、μs(10^{-6}s)、ns(10^{-9}s)、ps(10^{-12}s)和 fs(10^{-15}s)组成。例如：

```
`timescale  1ns/100ps                    //合法,表示延时单位为 1ns,延时精度为 100ps
`timescale  2ns/0.1ps                    //非法,"2"和"0.1"不能表示延时单位和延时精度
```

`timescale 编译器指令应放在模块说明外部，使它影响后面所有的延时值。

在程序中，用“#单位时间的倍数”表示平均延时，如“#5”表示延时 5 个时间单位，若时间单位为 1ns，则表示延时 5ns。但延时精度会限制“单位时间的倍数”的有效小数位。例如：

```
`timescale    10ns/1ns
module  AndGate(Q_Out, In_A, In_B);
  output  Q_Out;
  input   In_A, In_B;
  assign  #6.17  Q_Out = In_A & In_B;
endmodule
```

`timescale 指令规定延时以 10ns 为单位，并且延时精度为 1ns(0.1 个单位时间)，即，程序中的延时值 1 代表 10ns，而且延时值最多只能有一位有效小数，多余的小数会按照四舍五入原则处理。因此，延时值 6.17 对应的实际延时时间为 6.2×10ns=62ns。如果用`timescale1ns/10ps 替换上例中的编译器指令，那么 6.17 对应 6.17ns。

在编译过程中，`timescale 指令影响这一编译器指令后面所有模块中的延时值，直至遇到另一个`timescale 指令或`resetall 指令。当一个设计中的多个模块带有自身的`timescale 编译指令时将发生什么？在这种情况下，仿真器会按所有的延时精度中的最小精度仿真，并且所有延时都采用该最小延时精度，其自身的延时精度被忽略，但所有的时间单位都是不变的。例如：

```
`timescale  10ns/1ns
module  AndGate(Q_Out, In_A, In_B);
```

```
  output  Q_Out;
  input  In_A, In_B;
  assign  #6.17  Q_Out = In_A & In_B;
endmodule

`timescale  100ns/ 10ns
module  Test;
  reg    InPut1, InPut2;
  wire  OutPut;
  initial
    begin
      InPut 1  = 0;
      InPut 2  = 0;
      # 4.32  InPut1 = 1;
      # 8.77  InPut2 = 1;
    end
  AndGate  AG1(OutPut, InPut1, Input2 );    //对 AndGate 模块实例化引用
endmodule
```

在这个例子中,两个模块都有自身的`timescale 编译器指令,且它们的时间单位和精度都不同。先对两个模块分开考虑,在第一个模块中,6.17 对应 62ns; 在第二个模块中 4.32 对应 430ns,8.77 对应 880ns。但如果仿真模块 Test,由于其引用了 AndGate 模块,所以设计中的所有模块的精度采用最小精度 1ns。因此,所有模块中的延迟(特别是模块 Test 中的延迟)时间单位不变,而时间精度都统一成 1ns。此时,4.32 对应 432ns,8.77 对应 877ns。更重要的是,仿真使用 100ps 为时间精度。如果仿真模块 AndGate,由于模块 Test 不是模块 AndGate 的子模块,所以模块 Test 中的`timescale 指令不会影响模块 AndGate。

7.6 门级建模

7.1 节介绍了 Verilog HDL 的背景,并重点指出了该语言可以在 4 个抽象层次或级别上描述硬件电路; 7.2 节介绍了 Verilog HDL 的基本描述单元——模块的结构,并对 4 种级别的描述给出简单示例,但仍然没有说明为什么要用这种格式,也没说明具体该怎么用,需要注意什么; 7.3 节到 7.5 节讲述了 Verilog HDL 的语言要素,即语言的组成成分。至此,我们已经做好充分的准备,可以详细地介绍如何采用不同的抽象级别对硬件电路进行描述了。将按照抽象级别从低到高的顺序分别讲述,最后将它们结合起来描述电路的混合建模。由于篇幅所限,本章不讲述开关级建模,有兴趣的读者可参阅其他相关书目。

本节介绍用 Verilog HDL 内置基本门及其连接关系描述数字电路的门级建模。

7.6.1 实例化

实例化是将各个门或模块连接在一起形成完整电路的唯一途径,所以很有必要先了解什么是实例化。在介绍 Verilog 中的实例化之前先介绍 C++中的"类"。

C++之所以能成为面向对象的程序设计语言，关键原因是它把某一类的相关事物的特征和功能都封装在“类”中，然后再用“类”实例化对象。“类”是结构体的升级，它不仅能够含有成员变量而且能含有成员函数，函数(function)就是功能。但“类”只是某一类事物的特征和功能的抽象，它不是实体，一般不能直接使用。我们都知道模子，它刻有某类事物的形状特征，通常我们不能使用模子来做事情，我们要使用的是用模子制作出来的具体事物。“类”就像一个模子，虽然它含有某一类事物的特征和功能，但我们并不是直接使用它，而是使用由它“制造”的具有这些特征和功能的具体事物。这里的“具体事物”称为对象，而“制造”的过程称为“类”实例化的过程。实例化的含义就是把抽象的东西具体化，由此也可体会到为何称这种特殊的结构体为“类”，因为它是一类事物的抽象，也可把它看作是一种数据类型，由它定义的东西称为对象。一个类可同时定义多个对象，每一个对象都包含有属于它自己的“类”所定义的变量和函数实体。同一个“类”定义的不同对象中虽然变量和函数都一样，但它们从属于各自的对象，因而它们是不同的，就像用打印机打印的两份相同的材料，虽然内容相同，但它们本质上是两份不同的文件。这种方式显然提高了代码的重复利用率。

在 Verilog HDL 中最像 C++“类”的就是模块。事实上，Verilog 中的模块与 C++ 中的类有许多相似之处，例如一个模块是某种数据处理单元的抽象，它既有变量，也有描述其逻辑功能的部分。7.2 节只介绍了模块的结构，却并没有说它定义后该怎么使用。其实模块也是通过实例化的方式来使用的，不过一般不将模块实例化的东西称为对象，而是直接叫作模块的实例。因为模块在实例化时最后都要加分号，因而实例化过程也是语句，一般称为实例化语句。

实际电路中有很多相同的单元，只要定义一个描述这种单元的模块，再用该模块实例化多个不同的实例，每一个实例都具有该模块规定的功能，然后用这些实例来表示电路中那些相同的单元。一个完整而规范的 Verilog 代码是：先定义好各个子模块，最后在顶层模块中实例化引用这些子模块，并确定其连接关系，在顶层模块中不应再有表达逻辑功能的语句。

模块与类有一点是不同的：类一般不能直接使用，它要发挥功能必须通过实例化的对象；而定义的 Verilog 模块可以直接使用，同时在其内部可以实例化引用其他模块。所有模块的定义都是平行的，没有先后顺序(因为在电路中的模块是同时存在的，电路上电后它们同时工作)，因此模块的定义可以写在引用之后。

模块不能嵌套定义，即不能在模块内部定义模块。不同的模块一般放在不同的源文件中，引用时需要将其用`include 指令包含进来。本书中的例子较简单，模块都放在同一文件中。

模块实例化格式为：

```
模块名  实例名 1(接口列表),
        实例名 2(接口列表),
        …,
        实例名 n(接口列表);
```

例如：

```
module  NAND ( Q_out, A_in, B_in );        //定义"与非"功能模块
    output  Q_out;
    input   A_in, B_in;
    assign  Q_out = ~ ( A_in & B_in );
endmodule

module  FlipFlop ( Q, Q_bar, S, R );       //定义触发器模块
    output  Q, Q_bar;
    input   S, R;
    NAND    NA ( Q, S, Q_bar ),            //实例化"与非门"NA,并指定连接
            NB ( Q_bar, R, Q );            //实例化"与非门"NB,并指定连接
endmodule
```

上面的例子中定义了两个模块,这两个模块的代码在同一源文件中。第一个模块实现"与非"功能;第二个模块描述的是一个由与非门构成的基本RS触发器,该模块利用第一个模块NAND实例化了两个具有与非功能的实例NA和NB(相当于两个与非门),在实例化的同时指定了端口的连接。其描述的逻辑电路如图7.3所示。

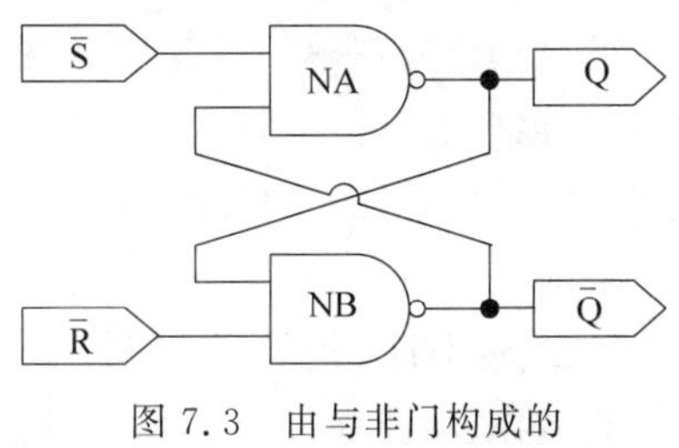

图7.3　由与非门构成的基本RS触发器

由上例可见,模块名NAND相当于一种特殊的类型名,实例化的过程就像定义变量一样。

在对模块实例化引用时,接口列表要与模块定义的端口列表相匹配,有两种匹配方式:第一种是位置匹配,就像调用C语言函数时给形参传递实参,实例化列表中接口顺序要与模块端口定义顺序一致,本例采用的就是这种匹配方式;另一种是信号名匹配方式,采用这种方式上例中模块的实例化代码也可写为:

```
NAND  NA ( .Q_out( Q ), .A_in( S ), .B_in( Q_bar ) ),
      NB ( .Q_out( Q_bar ), .A_in( R ), .B_in( Q ) );
```

采用信号名匹配方式时,列表中信号名的顺序可以是任意的,只要保证每一对匹配关系正确。它表示将内层括号内的外部信号与括号外的模块端口相连接,注意不要丢掉"."。当端口列表中的信号比较多时,一般都采用信号名匹配方式,不易出错。

实例化模块的接口列表除了标识符(Abc)还可以是位选择(Abc[3])、部分选择(Abc[3:0])、位拼接({Tx, Rx})或一个表达式(&Abc[3:0]),表达式只能连接到输入端口。在实例化语句中,如果需要将端口悬空,只需将对应端口表达式表示为空白,例如:

```
NAND  NA ( Q,  , Q_bar );                          //端口Ain悬空
```

或

```
NAND  NA ( .Q_out( Q ), .A_in( ), .B_in( Q_bar ) );   //端口Ain悬空
```

模块的输入端口悬空时,其上电平按高阻值Z处理;模块的输出端口悬空时,表示该输出端口废弃不用。

最后说明一点:实例名只起到标志模块实例的作用,它对电路来说不是必需的,只需

要在实例化模块时指定模块的连接关系，这对描述电路来说就足够了，所以实例名是可选的，但为清晰起见最好写上实例名。

由于实例化模块、实例化门和实例化用户定义的原语(相当于用户自定义的门，本书不介绍)都是以描述电路结构的方式来描述电路的，所以这3种采用实例化建模的方法又称为结构建模。

7.6.2 内置基本门类型

在学习用语言描述电路前，我们最熟悉的描述电路的方法是画逻辑电路图。逻辑电路图能够清晰地展现出数字电路的结构，与硬件的联系非常紧密，可以根据逻辑电路图在面包板上直接搭建数字电路，具有直观、易学和易操作等优点。Verilog HDL语言支持门级建模，即通过实例化门来描述逻辑电路图，从而也就描述了逻辑电路。

可以这样来理解门级建模：预先编写好一些具有基本逻辑门功能的模块(如上例中的NAND模块)，然后将它们作为标准存放在EDA软件的系统目录中，在需要时可以直接实例化引用，通过实例化这些特殊的模块来描述数字电路。也就是说，可以把门当作模块来理解。

Verilog HDL提供了26个内置的基本门类型，这些门类型都是事先被定义好的，包括门的名称、功能和接口，编写代码时无须做任何声明便可以直接引用，如同变量类型一般，但它定义的是门单元，因而称为门类型。这26个内置的基本门类型分为如下几种，其中(5)和(6)其实属于开关类型。

(1) 多输入门：

```
and,nand,or,nor,xor,xnor
```

(2) 多输出门：

```
buf,not
```

(3) 三态门：

```
bufif0,bufif1,notif0,notif1
```

(4) 上拉、下拉电阻：

```
pullup,pulldown
```

(5) MOS开关：

```
cmos,nmos,pmos,rcmos,rnmos,rpmos
```

(6) 双向开关：

```
tran,tranif0,tranif1,rtran,rtranif0,rtranif1
```

这些关键词相当于模块名，可以实例化具体的门。本书中的建模例子只会用到前两种最常用的逻辑门类型。

1. 多输入门

多输入门包括：

and　　与门

nand　　与非门

or　　或门

nor　　或非门

xor　　异或门

nxor　　异或非门(同或门)

多输入门只有单个输出，有1个或多个输入。多输入门实例语句的语法如下：

```
多输入门类型 实例名(输出口,输入口 1,输入口 2,…,输入口 N);
```

接口列表从左到右，第一个端口是输出口，其他端口都是输入口。例如：

```
and     A1 ( Out1, In1, In2 ),                  //实例化 2 输入与门 A1
        A2 ( Q, a, b, c );                      //实例化 3 输入与门 A2

xor     (Bar,Bud[0],Bud[1],Bud[2]),             //实例化没有名称的异或门
        (Car,Cut[0],Cut[1]),
        (Sar,Sut[2],Sut[1],Sut[0],Sut[3]);
```

2. 多输出门

多输出门包括：

buf　缓冲器

not　非门

多输出门都只有单个输入，有一个或多个输出。多输出门实例语句的语法如下：

```
多输出门类型  实例名(输出口 1,输出口 2,…,输入口);
```

最后的端口是输入端口，其余的所有端口为输出端口。输出口的个数是不受限制的，可根据需要随意设置输出口个数，且所有输出口都是相同的。事实上，所有 Verilog HDL 的内置基本门的接口顺序都是先排输出口，排完输出口后排输入口，如果有控制端则排在最后。例如：

```
buf     Buffer1 ( Out[2], Out[1], Out[0], In[0] );
not     Rev1 ( Abar1, Abar2, A );
```

注意：对于多输入门和多输出入门，如果输入端有Z，则按X处理；这些门都是非三态门，而非三态门绝不可能输出Z，它们的输出只可能是高电平或低电平。这些门的真值表同按位运算，此处不再给出。其中缓冲器buf可起到延时和改变驱动能力的作用，若其输入高阻值Z，则输出为不确定值X，其他按原电平值输出。

联系7.3节所讲的“对被赋值变量类型的要求”我们知道，门一旦被创建就会不停地运作，就像连续性赋值语句一样不停地为左边的变量赋值，所以门的输出应该采用线网

类型变量；而门的输入(其实所有的输入都是这样)变量类型不必在实例化门时考虑，只有当需要对其输入变量在过程性语句中被赋值时，才应该将其声明为寄存器类型变量。

7.6.3 门延时

Verilog HDL 语言中可以定义门、持续赋值以及线网延迟，它们提供了精确的描述电路延迟的方法。门延时是指：从门的任意一个输入变化到该变化引起门的输出发生改变所经过的时间。持续赋值延迟是指：从赋值号右侧表达式中某个值发生变化到被赋值对象的值发生相应的变化所经过的时间。线网延迟是指：从任何一个线网的驱动门或是赋值语句发生变化到该值被传送到线网的另一端所经过的时间。如果没有指定延时，则默认门延迟、线网延迟和赋值语句延迟均为 0，即没有延时。

门延时在门的实例化语句中定义。带有门延时的门实例化语句的格式如下：

```
门类型  [延时]  [实例名](接口列表);
```

方括号表示该部分内容是可选的，实际使用时不加方括号。

门有 3 种类型的延时：上升延时、下降延时和截止延时。上升延时是指：从门的输入变化到引起输出从 0 到 X，从 X 到 1 或是从 Z 到 1 所经过的时间；与此类似，下降延时是指从门的输入变化到引起输出从 X 到 0，从 1 到 X 或是从 Z 到 0 所经过的时间；截止延时是指：从三态门的控制端电平变化到输出变为高阻态(又称截止态)所经过的时间。因为本节不讲述三态门，故不讨论截止延时。

通常多输入门和多输出门的延时表达方式有两种。第一种表达方式见下例：

```
and    #5  A1 ( Out1, In1, In2 ),
           A2 ( Q, a, b, c );
```

该例只写了一个延时值，它表示所实例化的 A1、A2 两个与门的上升延时和下降延时都为 5 个时间单位。注意，门延时只能紧跟在门类型之后指定，不能放在两个实例之间指定，并且它对该实例化语句中的所有实例都有效，可将延时与门类型看作整体作为新类型来理解。

另一种表达方式是分别指定上升延时和下降延时。见下例：

```
and    # (3, 7)  A1 ( Out1, In1, In2 );
```

它表示与门 A1 的上升延时为 3 个时间单位，下降延时为 7 个时间单位。

注意：含有延时的 Verilog 代码是不可被综合的，即它不能用来实现实际电路。因为延时是无法单纯从逻辑设计就可确定的，准确地说延时根本不由设计的逻辑功能决定，而主要由布局布线、连接线的尺寸和所使用的材料以及制造工艺等诸多因素有关，所以 Verilog 语言最主要的功能是仿真(仿真可以有延时)，检验所设计的逻辑功能的正确性。

7.6.4 实例数组

在用门级描述一个较复杂的电路时可能会遇到需要定义多个同种类型的门的情况，

如果一一定义，就算省去实例名，还必须对每一个门的接口命名，不仅书写烦琐，而且为每一个门的接口起一个合适的“名字”也并非易事。在 Verilog 中有一种简便的方法，可只用一条实例化语句定义一组实例，并且能同时为每个实例分配合适的接口名称。其定义格式如下：

```
门类型  延时  实例名[msb:lsb](接口列表);
```

通过这种方法定义的一组实例称为实例数组。该方法不仅适用于门的实例化，对一般的模块实例化也适用，只需将门类型用模块名代替。

注意，这里的“[msb:lsb]”并不是定义多位总线，它只是用来指定实例数组的容量。接口列表中的每一个标识符都应当是宽度等于实例数组容量的多位总线，并且这些总线也应采用实例名后的“[msb:lsb]”来定义，系统会自动将总线的各个位按相同次序分配给每个门的每个接口。例如：

```
module  nand4 ( Out, InA, InB);
 output [3:0]Out;                    //总线宽度应与实例数组容量的表示形式相同
 input[3:0]InA, InB;
 nand  Gang[3:0](Out,InA,InB);
endmodule
```

以上模块定义方式与下述定义方式等价：

```
module  nand4 ( Out, InA, InB);
 output [3:0]Out;                    //总线宽度应与实例数组容量的表示形式相同
 input[3:0]InA, InB;
 nand
     Gang3(Out[3],InA[3],InB[3]),
     Gang2(Out[2],InA[2],InB[2]),
     Gang1(Out[1],InA[1],InB[1]),
     Gang0(Out[0],InA[0],InB[0]);
endmodule
```

注意，定义实例数组时实例名不可省略。

7.6.5 门级建模示例

1. 一位全加器

对图 7.4 所示的一位全加器门级描述如下：

```
module  OneBitFA ( Sum, Cout, A, B, Cin );
    output  Sum, Cout;
    input  A, B, Cin;
    wire  T1,T2,T3;
    xor  Y1 ( Sum, A, B, Cin );
    and  N1 ( T1, A, B );
         N2 ( T2, A, Cin );
         N3 ( T3, B ,Cin );
    or  H1 ( Cout, T1, T2, T3 );
```

```
endmodule
```

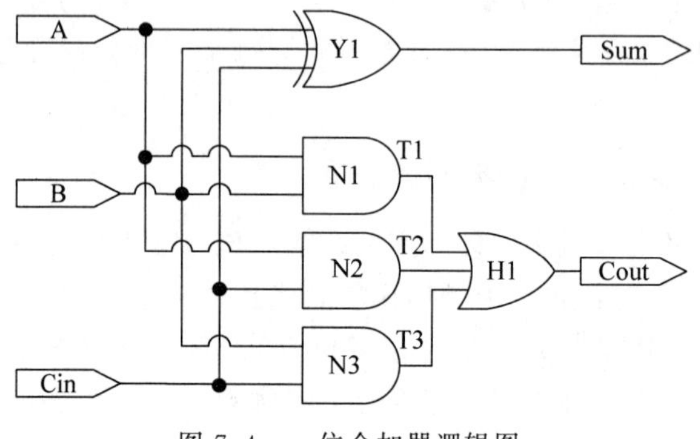

图 7.4　一位全加器逻辑图

2. 2-4 译码器

对图 7.5 所示的 2-4 译码器的门级描述如下：

```
module  Dec2To4 ( Y, A, B, En );
    output  [0:3]  Y;
    input  A, B, En;
    wire  Abar, Bbar;
    not    R1 ( Abar, A ),
           R2 ( Bbar, B );
    nand  NA0 ( Y[0], Abar, Bbar, En ),
          NA1 ( Y[1], Abar, B, En ),
          NA2 ( Y[2], A, Bbar, En ),
          NA3 ( Y[3], A, B, En );
endmodule
```

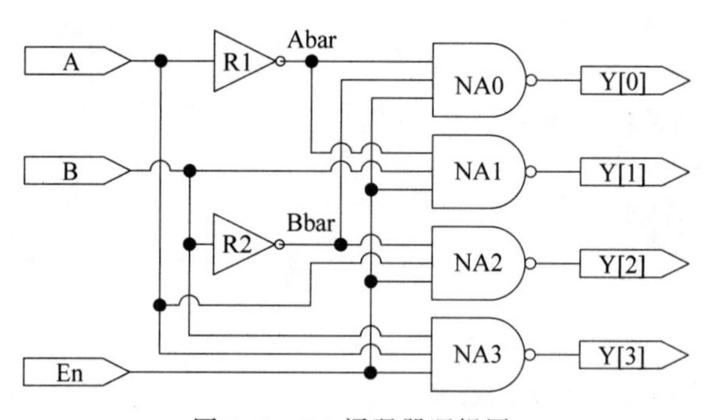

图 7.5　2-4 译码器逻辑图

3. 四位全加器

这里利用第一个例子中的一位全加器模块组成一个四位全加器作为模块实例化的例子。四位全加器的逻辑电路如图 7.6 所示。

```
module FourBitFA (FSum, FCout, FA, FB, FCin);
parameter SIZE = 4;
```

```
output [SIZE - 1:0] FSum;
output FCout;
input [SIZE - 1:0] FA, FB;
input FCin;
wire C1, C2, C3;
OneBitFA
    FA_0 (.A(FA[0]),.B(FB[0]),.Cin(FCin),.Sum(FSum[0]),.Cout(C1)),
FA_1 (.A(FA[1]),.B(FB[1]),.Cin(C1),.Sum(FSum[1]),.Cout(C2)),
FA_2 (.A(FA[2]),.B(FB[2]),.Cin(C2),.Sum(FSum[2]),.Cout(C3)),
FA_3 (.A(FA[3]),.B(FB[3]),.Cin(C3),.Sum(FSum[3]),.Cout(FCout));
endmodule
```

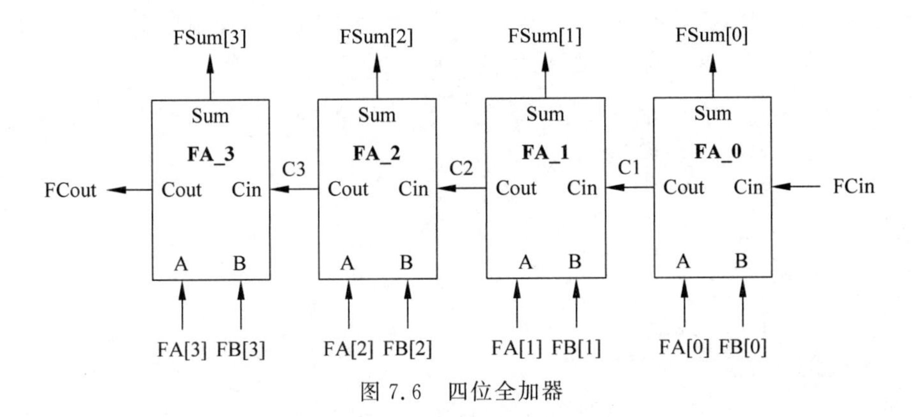

图 7.6 四位全加器

该例用到了参数的定义,实例化的模块接口用的是名称关联。

在编译时,应将该段代码与一位全加器模块置于一个源文件中,或将一位全加器模块用`include 指令包含进来。

7.7 寄存器传输级建模

本节介绍寄存器传输级建模。寄存器传输级又称数据流建模,是通过指定数据的流动和对数据的逻辑处理来描述数字电路的建模方法。该建模方式通常采用连续性赋值语句,语句中对数据的处理用逻辑函数(逻辑表达式)表示,因为表达式中只对信号做逻辑运算,所以寄存器传输级建模又可叫作逻辑级建模。在该级别下,只需要说明逻辑功能的布尔代数形式,而非其实际的门级实现。最终的门级实现留待逻辑综合程序和进一步的设计工作来完成。

7.7.1 连续赋值语句

数据流建模需要使用连续赋值语句。连续赋值语句,顾名思义,是一种连续不断地执行赋值操作的语句,它不断地获取右边表达式中变量的值对它们进行运算,并将结果赋给左边的被赋值变量,所以连续赋值语句中被赋值的变量会被不断地刷新,因而连续赋值语句中被赋值变量必须为线网类型。

但是,由于右边表达式中变量的值不变时仍然对其反复进行相同的运算就赋值本身来说是没有意义的(但在实际电路中确实如此),为节省仿真时对处理器的开销,仿真时只有当右边表达式中任一变量的值发生改变时才重新计算右边表达式的值并执行赋值操作;而右侧变量不变时由于不计算右侧表达式的值,所以仿真器将自动维持左侧线网上的值不丢失。

连续赋值语句的声明关键词为 assign,格式为:

```
assign [延时] 线网赋值列表;
```

线网赋值列表是用逗号隔开的赋值表达式,一个 assign 就可将其后的线网赋值列表中的全部赋值表达式声明为连续性赋值语句,当然这些赋值语句也可以分开用 assign 声明。无论哪种声明格式,这些赋值语句在仿真开始时同时执行,即它们是并行的,而且变量始终处于活跃状态,这正符合电路运行的特点。例如:

```
assign  # 5  Yellow = Red & Green,
             Pink = Red & Blue,
             Cyan = Green & Blue;
```

等价于:

```
assign  # 5  Yellow = Red & Green;
assign  # 5  Pink = Red & Blue;
assign  # 5  Cyan = Green & Blue;
```

上例描述的仿真过程是:仿真开始后,只要赋值号右端的任一变量发生变化,则从该时刻起经过 5 个时间单位的延时后,同时执行后面的 3 个赋值语句,之后不断重复该过程。由于赋值语句只是为了描述信号流,所以赋值语句本身不占用时间。

连续赋值语句中的延时定义与门延时相同,也能分别定义上升、下降和截止延时。但如果赋值号右边的信号在将运算后的值赋给左边的变量前发生变化,则重新启动连续赋值语句,而先前的变化会被滤掉。例如:

```
assign  # 4  Rxd = Txd;
```

图 7.7 显示了右端信号变化快于延时的影响。由波形图可见,Txd 的两次保持时间小于延时的信号变化被滤掉了,所以为了使信号变化有效,变化后的信号的保持时间应不小于延时。

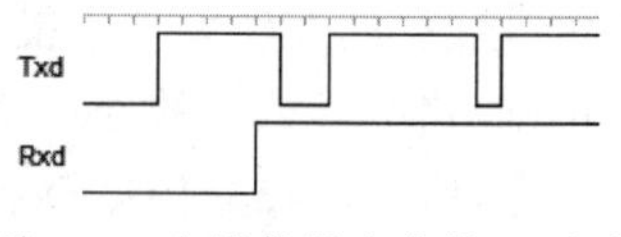

图 7.7 右端信号变化快于延时

7.7.2 线网声明赋值

因为连续赋值语句的被赋值变量一定是线网类型,故可在声明被赋值变量时对其进行连续赋值。声明线网的同时对其进行连续赋值的方法称为线网声明赋值。例如:

```
wire  Css = A ^ B;
```

等价于:

```
wire  Css;
```

```
assign  Css = A ^ B;
```

以及：

```
wire[7:0] Tak = Pak | Qak;
```

等价于：

```
wire [7:0] Tak;
assign  Tak = Pak | Qak;
```

可见，线网声明赋值可简化代码编写，但不允许对同一个线网出现多个线网声明赋值，因为这样会造成线网的重复声明。如果必须对同一线网做多个赋值，则线网声明和连续赋值语句必须分开编写。

在声明线网时也可定义线网本身的延时。例如：

```
wire  #2  Fet;
```

这个延时表示线网 Fet 的驱动源的值发生改变到该线网的值发生改变的时间间隔。考虑下面的模块：

```
module  WireDelay ( A ,B ,C );
   input  A ,B;
   output  C;
   wand  # 3  C;
   assign  # 4  C = ~A;
   assign  # 5  C =~B;
endmodule
```

该模块中，线网 C 具有 3 个时间单位的线网延时，有两个赋值语句驱动该线网，一个赋值语句具有延迟 4，而另一个具有延迟 5。当输入 A 发生变化时，则在这种变化影响到与 C 连接的输入之前，有一个长度为 7 的延迟；而当输入 B 发生变化时，则在这种变化影响到与 C 连接的输入之前，有一个长度为 8 的延迟。

如果延时在线网声明赋值中出现，那么该延时不是线网延时，而是赋值延时。下面是 A 的线网声明赋值，2 个时间单位是赋值延时，而不是线网延时。

```
wire  #2  A = B - C;
```

7.7.3 连续赋值语句的应用场合

连续赋值语句的两个主要特征是并行和活跃，凡是需要对信号进行实时和并行操作的都可以使用连续赋值语句。

如果连续赋值语句的赋值表达式的右端只对信号做逻辑运算，则该语句属于数据流建模；否则不是数据流建模。例如赋值表达式的右端可以含有算术运算或逻辑判断等高级语言运算符或函数调用，这种连续赋值语句就属于行为级建模。例如，用连续赋值语句，分别在寄存器传输级和行为级对图 7.4 所示的一位全加器描述如下：

寄存器传输级描述：

```
module  OneBitFA ( Sum, Cout, A, B, Cin );
   output  Sum, Cout;
   input  A, B, Cin;
   wire  T1,T2,T3;
   assign  Sum  =  A ^ B ^ Cin,
           T1  =  A & B,
           T2  =  A & Cin,
           T3  =  B & Cin,
           Cout  =  T1 | T2 | T3;
endmodule
```

行为级描述：

```
module  OneBitFA ( Sum, Cout, A, B, Cin );
   output  Sum, Cout;
   input   A, B, Cin;
   assign  {Cout, Sum} =  A  +  B  +  Cin;
endmodule
```

因此，虽然寄存器传输级建模必须用到连续赋值语句，但不能见到连续赋值语句就将其归为寄存器传输级建模。

连续赋值语句既可描述组合逻辑电路，也可描述时序逻辑电路。但由于它的执行只受等号右端信号的控制，不便于用时钟信号作为触发条件，所以连续赋值语句更适合描述组合逻辑电路。

7.7.4 寄存器传输级建模举例

1. 四选一数据选择器

如图 7.8 所示，该数据选择器的逻辑函数为：

$$OUT = \overline{AB}IN[0] + \overline{AB}IN[1] + \overline{AB}IN[2] + \overline{AB}IN[3]$$

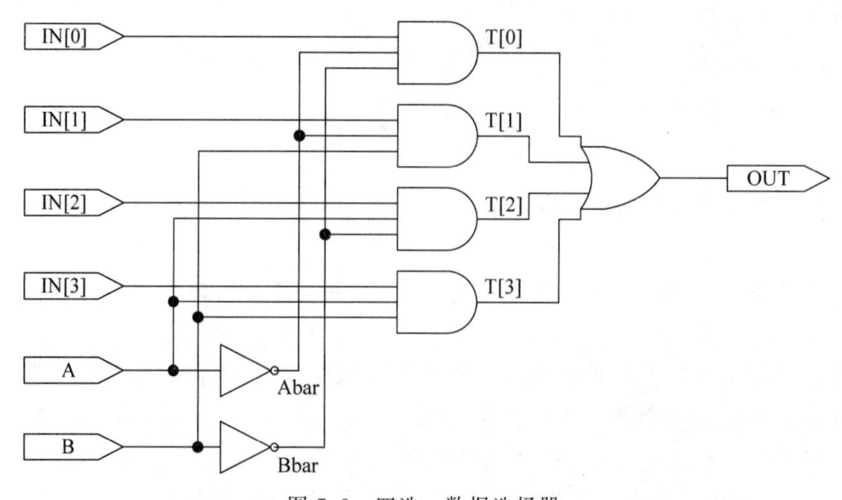

图 7.8　四选一数据选择器

根据逻辑函数,其寄存器传输级描述如下：

```
module  MUX4x1 ( OUT, IN, A, B );
   output  OUT;
   input [3:0]  IN;
   input  A, B;
   wire [3:0]  T;
   assign  Abar = ~A,
           Bbar = ~B,
           T[0] = IN[0] & Abar & Bbar,
           T[1] = IN[1] & Abar & B,
           T[2] = IN[2] & A & Bbar,
           T[3] = IN[3] & A & B,
           OUT = | T;
endmodule
```

2. 3-8 译码器

如图 7.9 所示,其寄存器传输级描述如下：

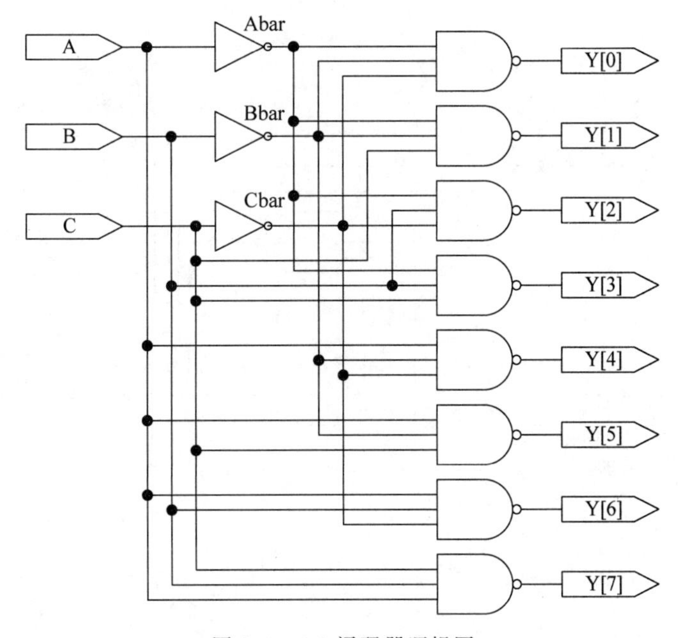

图 7.9　3-8 译码器逻辑图

```
module  Dec3To8 ( Y, A, B, C );
   output [7:0]  Y;
   input  A, B, C;
   wire  Abar, Bbar, Cbar;
   assign  Abar = ~A,
           Bbar = ~B,
           Cbar = ~C;
   assign  Y[0] = ~ ( Abar & Bbar & Cbar ),
           Y[1] = ~ ( Abar & Bbar & C ),
```

```
            Y[2] = ~ ( Abar & B & Cbar ),
            Y[3] = ~ ( Abar & B & C ),
            Y[4] = ~ ( A & Bbar & Cbar ),
            Y[5] = ~ ( A & Bbar & C ),
            Y[6] = ~ ( A & B & Cbar ),
            Y[7] = ~ ( A & B & C );
endmodule
```

3. D 触发器

如图 7.10 所示，其寄存器传输级描述如下：

```
module  DFlipFlop ( Q, Qbar, D, Sd, Rd, CP );
   output  Q, Qbar;
   input  D, Sd, Rd, CP;
   wire  T1, T2, T3, T4;
   assign  T1 = ~ ( T3 & Sd & T2 ),
           T2 = ~ ( D& Rd & T4 ),
           T3 = ~ ( Rd& T1 & CP ),
           T4 = ~ ( T3& T2 & CP ),
           Q = ~ ( T3& Sd & Qbar ),
           Qbar = ~ ( T4& Rd & Q );
endmodule
```

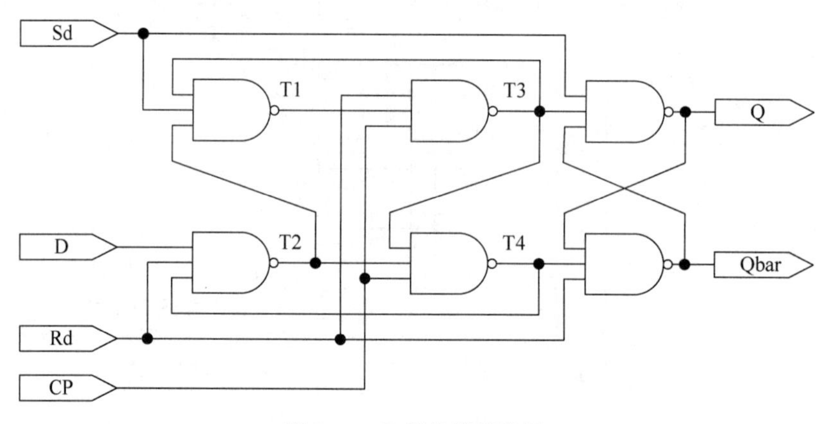

图 7.10 D 触发器逻辑图

7.8 算法级建模

本节介绍 Verilog HDL 语言对数字电路的最高级描述——算法级描述。算法级描述是以给出对信号的计算、处理过程或步骤并最终得到某个结果的方式来描述电路的，它是一种过程性描述结构，描述方法和语言成分都与 C 语言有许多相同的地方。学习时要把握用算法描述硬件电路和计算机软件的区别。

算法是确切的解决问题的方法步骤。与前面介绍的其他级别的描述方法最大的区别是，算法级描述的代码是顺序执行的，必须经过一定的过程才能说明电路的功能。

算法级是从我们所希望实现的功能或行为的角度描述电路的，因此它也被称为行为级描述。我们只需要说明电路的行为，而不必管电路如何用硬件实现。在综合工具的帮助下，用算法描述的电路可被转化为门级结构。

算法与我们人类的思维过程是最接近的，因此它是最高级而且最简单的描述方法。通常，一个非常复杂的电路，用其他级别描述，需要编写繁杂的代码；若用算法级描述，往往只需要几行代码便可达到相同目的，而且高级语言更易读懂。

组合电路和时序电路都可用算法描述，由于算法级描述能很方便地根据时钟控制代码的执行，所以它特别适合于描述时序电路。

7.8.1 块语句

Verilog HDL 的行为建模是根据 C 语言演变来的。Verilog 中也有 while、for、if、函数等结构，同 C 语言一样，这些关键词只作用于紧随其后的第一条语句，若其后需要作用多条语句，则需要将它们组合在一起。块语句提供了将两条或更多条语句组合成语法结构上相当于一条语句的机制。

在 Verilog HDL 中块语句有两种：一种是以 begin _ end 作为块语句开头和结尾的顺序块；另一种是以 fork _ join 作为块语句开头和结尾的并行块。

1. 顺序块

顺序块内的语句是按照书写顺序执行的，即只有上面一条语句执行完后下面的语句才能执行。每条语句的延迟时间是相对于前一条语句的仿真时间而言的。直到块中最后一条语句执行完，程序流程控制才跳出该语句块，跟随在块后的下一条语句继续执行。

顺序块的格式如下：

```
begin: 块名
    块内声明语句
    语句 1;
    语句 2;
    …
    语句 n;
end
```

其中，块名即该块的名字，是个标识符。块内声明语句一般为寄存器类型变量(包括 reg 型、integer 型、real 型)声明语句。块名和块内声明语句都是可选的，有块名的语句块称为有名块，其作用将在后面介绍。介于 begin 和 end 之间的语句是顺序执行的，其功能类似于 C 语言中的大括号“{ }”。

Wav

图 7.11 用块语句产生波形

例如，用以下顺序块产生如图 7.11 所示的波形：

```
reg  Wav;
begin
         Wav = 0;
    # 1  Wav = 1;
```

```
    # 3  Wav = 0;
    # 5  Wav = 1;
    # 7  Wav = 0;
end
```

2. 并行块

并行块内的语句是同时执行的,即程序流程控制一进入并行块,块内语句则同时并行地执行。块内每条语句的延迟时间是相对于程序流程控制进入块内的仿真时间的。当按时间时序排列在最后的语句执行完后,或一个 disable 语句执行时,程序流程控制才跳出程序块。

并行块的格式如下:

```
fork: 块名
    块内声明语句
    语句 1;
    语句 2;
    …
    语句 n;
join
```

其中,块名和块内声明语句的含义及用途与顺序块相同。介于 fork 和 join 之间的语句是并发执行的。

例如,用以下并行块产生如图 7.11 所示波形:

```
reg  Wav;
fork
         Wav = 0;
    # 1  Wav = 1;
    # 4  Wav = 0;
    # 9  Wav = 1;
    #16  Wav = 0;
join
```

本例与顺序块中的例子功能相同,所生成的波形完全一致。

7.8.2 过程赋值语句

在 7.7 节所讲的寄存器传输级描述中,所使用的赋值语句为连续赋值语句,连续赋值语句是寄存器传输级建模的基础。在门级建模中,输出信号的被赋值方式实际上也是连续赋值。但算法级建模与之不同,它使用的赋值语句并非连续不断地执行,而是按照书写的顺序依次执行。总的来看,赋值语句的执行需要一个过程,因而称算法级建模的赋值语句为过程赋值语句。

过程赋值语句也有两种类型:一种为阻塞性过程赋值;另一种为非阻塞性过程赋值。无论哪种类型,只要是过程赋值,被赋值的变量必须被声明为寄存器类型。

1. 阻塞性赋值

Verilog HDL 中的阻塞性过程赋值与 C 语言中的普通赋值很相似。阻塞性赋值的赋值号为“=”,它具有以下特点:

(1) 赋值语句执行完毕,被赋值的变量的值会立刻改变;

(2) 语句块中所有被赋值变量获取新值后才跳出语句块。

例如:

```
reg  T1, T2;
  begin
        T1 = 9;
        T2 = T1;
  end
```

语句块中赋值过程从上到下依次执行,结束一个赋值后才进行下一个赋值。第一个赋值语句执行完毕后 T1 的值变为 9。然后执行第二条赋值语句,此时 T1 的值已为 9,第二条赋值语句执行完毕后 T2 的值也变为 9。然后才跳出语句块。

阻塞性赋值一般在计算数值(如计算一个数的阶乘)时使用,如果用它来描述与电路有关的信号流(尤其对于同步时序电路),容易产生意想不到的错误。

2. 非阻塞性赋值

Verilog HDL 中的非阻塞性过程赋值与 C 语言中的赋值不同,它的赋值方式很特别。

非阻塞性赋值的赋值号为“<=”,它具有以下特点:

(1) 赋值语句执行完毕,赋值操作并未进行;

(2) 当所有赋值语句执行完毕,控制流程跳出语句块时,才进行赋值操作;

(3) 跳出语句块后的赋值操作是同时进行的。

例如:

```
begin
    T1 <= 9;
    T2 <= T1;
end
```

假设在进入该语句块之前 T1 的值为 1,T2 的值为 2。控制流程进入该语句块后,首先执行第一条赋值语句,但执行完后 T1 的值并没有改变,仍为 1。接着执行第二条赋值语句,第二条语句也执行完毕后,T1 与 T2 的值仍为 1 和 2。然后控制流程跳出语句块。控制流程一旦跳出“end”,两个赋值同时进行,T1 变为 9 的同时,T2 获取到 T1 变化前的值 1。

如果被非阻塞性赋值弄糊涂了,也可以这样理解:非阻塞性赋值是过程赋值,也是按照书写的顺序先后执行,但它们的执行过程并不是在执行赋值操作,而可以看作是依次通知赋值语句做赋值准备,控制流程一旦跳出语句块,同时执行赋值操作。

如果仍然迷惑不解,也可以直接认为非阻塞性赋值操作是同时,即并发执行的。

非阻塞性赋值常用于描述同步时序逻辑电路，它使得当时钟边沿到来时，所有的触发器的值同时发生变化。并且，每一个触发器使用的值是在时钟边沿出现之前的那个值。

在设计电路时，要明确该使用哪种赋值，若选择不当会造成严重后果。如下例：

描述图 7.12 所示的移位寄存器的正确代码如下：

```
always
    @ ( posedge CLK )
    begin
        B < = A;
        C < = B;
    end
```

本段代码使用的是非阻塞性赋值，描述的逻辑功能是：每遇到时钟的上升沿，就将 A 的值赋给 B，同时将 B 原来的值赋给 C。最终，B 得到了 A 的值，C 得到了 B 的值。

如果将以上代码中的非阻塞性赋值改为阻塞性赋值，会发生什么呢？

```
always
    @ ( posedge CLK )
    begin
        B = A;
        C = B;
    end
```

该代码描述的逻辑功能是：每遇到时钟的上升沿，就将 A 的值赋给 B，然后再将 B 的值赋给 C。最终，B 得到了 A 的值，C 也得到了 A 的值。所对应的逻辑电路如图 7.13 所示。

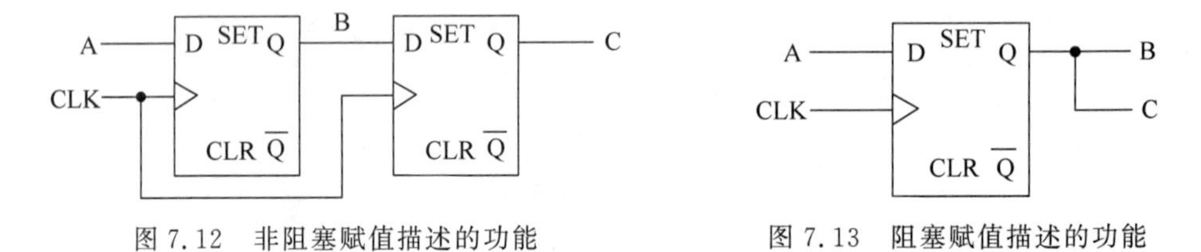

图 7.12　非阻塞赋值描述的功能　　　图 7.13　阻塞赋值描述的功能

图 7.13 所示的逻辑电路大概不是设计者的初衷，所以为避免类似错误发生，设计同步时序电路时应先考虑非阻塞性赋值。

7.8.3　时序控制

算法级描述主要用于对时序电路建模，时序电路中最重要的是对时序的控制。在过程性结构中有两种时序控制方法：延时控制和事件控制。

1. 延时控制

延时包括句间延时和句内延时。

1）句间延时

写在过程性赋值语句前的延时为句间延时。例如：

```
# 5  Rxd = Txd - 8;
```

句间延时表达了控制流程首次遇到该语句到该语句开始执行的时间间隔，即语句在执行前的等待时间。上面的例子中，控制流程遇到该语句后，先经过5个时间单位的延时，然后执行赋值。又如：

```
begin
    # 1  Tab = 'b1011;
    # 2  Tab = 'b0011;
    # 3  Tab = 'b1000;
end
```

假设控制流程在0时刻进入该语句块，则第一条赋值语句在1时刻执行；第二条赋值语句在1+2=3时刻执行；第三条赋值语句在1+2+3=6时刻执行。

句间延时也可以用另一种形式，例如：

```
begin
    # 5 ;
    Rxd = Txd - 8;
end
```

等价于

```
# 5  Rxd = Txd - 8;
```

将延时单独作为一条语句(实际上是延时后接了一条空语句)，同样能表示在下一条语句执行前需等待的时间。

2）句内延时

写在过程性赋值语句赋值号右侧的延时为句内延时。例如：

```
Rxd = # 5  Txd - 8;
```

句内延时表达了将右端表达式的值赋给左端变量的时间间隔，即从开始赋值到赋值完成所需时间，因而又称赋值延时。上面的例子中，控制流程遇到该语句后，先计算Txd－8的值(计算过程不计时间)，然后进入等待状态，经过5个时间单位的延时后，Txd－8的值赋给Rxd。

虽然对于

```
# 5  Rxd = Txd - 8;                //句间延时
```

和

```
Rxd = # 5;                         //句内延时
```

Rxd都是在5时刻获取到Txd－8的值，但句间延时与句内延时是不同的。见下例：

```
begin
    Clr <= #6  1;
    Clr <= #4  0;
```

```
    Clr < = #12  0;
end
```

假设控制流程在0时刻进入该语句块。由于没有句间延时，3条赋值语句在0时刻先后执行完毕(因其中延时为赋值延时，故每条非阻塞赋值语句的执行都不占用时间)。控制流程跳出语句块的瞬间，3条语句同时进行赋值，但完成赋值所需时间不同。首先第二条语句在4时刻完成赋值；接着第一条语句在6时刻完成赋值；最后3条语句在12时刻完成赋值。Clr上产生的波形如图7.14所示(由于Clr为寄存器类型，故在首次赋值前其值为X)。

图7.14　非阻塞句内延时

如果将句内延时改为句间延时会怎样呢?

```
begin
    #6  Clr < = 1;
    #4  Clr < = 0;
    #12  Clr < = 0;
end
```

由于非阻塞赋值语句的执行过程只是"通知"其做赋值准备的过程，所以句间延时只是对这个"通知"过程的延时，当跳出语句块时赋值操作同时进行。因为没有定义句内延时，所以Clr会同时获取0和1，造成其最终的值为X。

由此看出，句内延时与句间延时对非阻塞性赋值是不同的，但对阻塞性赋值，从被赋值变量获取到新值的时刻方面看，二者的效果是相同的。

需要注意的是：Verilog HDL是硬件描述语言，重点在于描述，它的过程性语句以及非过程性语句都是为了描述电路的逻辑功能，所以它们本身的执行并不占用仿真时间。这点与程序设计语言是不同的。

2. 事件控制

事件控制是指由事件的状态或变化来控制代码的执行从而达到控制时序的机制。事件控制语句提供一种监视数值变化的方法。控制流程遇到事件控制语句时，此进程将被挂起，进入等待状态，其后代码暂停执行，直到事件发生。显然，被监视的事件数值必须由另一个进程来改变，否则事件数值将永远不会改变。

有两种类型的事件控制方式：一种方式监视数值的改变，称为数值变化事件控制；另一种方式监视事件的逻辑值，称为电平敏感事件控制。

1) 数值变化事件控制

数值变化事件控制是指：进程遇到事件控制语句后被挂起，若监视的事件数值发生改变，则认为事件发生，被挂起的进程继续进行，控制流程走出事件控制语句，继续执行它后面的代码。

数值变化事件控制的格式为：

```
@ 事件标识符  过程性语句
```

或

```
@ (事件表达式)  过程性语句
```

其中,事件标识符可以是线网或寄存型变量;事件表达式可以是事件标识符、上升沿表达式、下降沿表达式和事件"或"表达式。以下就事件表达式的不同类型举例说明。

(1) 事件标识符型

例如:

```
@ Temp  Pack = Buck;
```

或

```
@ ( Temp )  Pack = Buck;
```

Temp 代表事件,只有当 Temp 发生变化时,Buck 的值才会赋给 Pack。否则进程停在此处,Buck 的值无法赋给 Pack,后面的其他语句也无法执行。直到 Temp 发生变化。

(2) 算术或逻辑表达式型

例如:

```
@ ( A + B )  Pack = Buck;
```

或

```
@ ( A& B )  Pack = Buck;
```

第一个例子,只有当 A+B 发生变化事件才发生;第二个例子,只有当 A&B 发生变化事件才发生。假设 A 为 0,B 发生变化,则 A&B 保持 0 值不变,事件没有发生。

(3) 边沿触发型

上升沿表达式和下降沿表达式限制了事件数值变化类型必须为标量信号的上升沿或下降沿才可触发事件。其关键字分别为"posedge"(positive edge)和"negedge"(negative edge)。

例如:

```
@ ( posedge Clock )
    begin
        Q1 < = D;
        Q2 < = Q1;
    end
```

控制流程遇到事件控制语句进入等待状态,直到 Clock 出现上升沿,语句块才会执行。

上升沿可以是下述转换的一种:

```
0 -> x
0 -> z
0 -> 1
x -> 1
z -> 1
```

下降沿可以是下述转换的一种:

```
1 -> x
1 -> z
1 -> 0
x -> 0
z -> 0
```

(4) 事件"或"表达式

事件之间也能够相或以表示如果其中任意一个事件发生,则总事件发生。事件之间用关键字"or"链接,并且可以连接的事件数目不限。所连接的事件可以是任意一种事件表达式。

例如:

```
@ ( A or B )  Sum = A ^ B;
```

该语句表示若 A 或 B 中至少有一个发生变化,则执行赋值语句。

又如:

```
@ ( posedge Clr or negedge Rst)  Q = 0;
```

该语句表示直到遇到 Clr 的上升沿或 Rst 的下降沿,才将 0 赋给 Q,否则进程挂起,处于等待状态。

2) 电平敏感事件控制

电平敏感事件控制是指:进程遇到事件控制语句后,若监视的事件逻辑值为 0(假),则进程被挂起。直到事件逻辑值变为 1(真),被挂起的进程才继续进行,控制流程走出事件控制语句,继续执行它后面的代码。

电平敏感事件控制的格式为:

```
wait  (表达式)  过程性语句
```

例如:

```
wait ( Keyboard )
    Value = KeyPos;

wait ( Time > 200 )
    Rxd = Txd;
```

在第一条语句中,只有 Keyboard 非 0,KeyPos 才会给 Value 赋值,否则进程挂起,直到 Keyboard 变为真,才会执行后面的语句。在第二条语句中,只有当 Time 的值大于 200,才会给 Rxd 赋值。

注意:两种事件控制都不能单独存在(就像 while 不能单独存在一样),其后必须跟一条过程性语句(如果跟随多条语句须放到语句块中)。如果只是为了控制时序,也必须跟一条空语句。如:

```
@ ( posedge clk );
```

和

```
wait ( data );
```

这样它们就可以放到过程性语句之间来控制时序了。

7.8.4 程序控制语句

Verilog HDL 的行为级描述中也具有像 C 语言一样的程序控制语句，如 if-else、while、for 和 case 等。它们在 Verilog 中的功能和用法与在 C 语言中有很多相同或相似之处。此外，Verilog 中还有一些 C 语言中所没有的程序控制关键字。鉴于此，在以下的介绍中，我们主要说明这些程序控制关键字在 Verilog 中的用法与在 C 语言中的区别，再重点讲述 Verilog 所特有的程序控制关键字。

1. if-else 语句

if-else 语句的格式为：

```
if (表达式)  过程性语句;
```

或

```
if (表达式)
    过程性语句 1;
else
    过程性语句 2;
```

或

```
    if (表达式 1) 过程性语句 1;
else if (表达式 2) 过程性语句 2;
…
else if (表达式 m) 过程性语句 m;
else             过程性语句 n;
```

括号中的表达式一般为逻辑表达式或关系表达式，也可以是算术表达式。系统对表达式的值进行判断，若表达式的逻辑值为 1，则按真处理，执行指定语句；若为 0、X 或 Z，则按假处理，不执行指定语句。

对于上面第三种格式，系统会顺序判断表达式的值，一旦遇到某一表达式的逻辑值为 1，则执行 if 后的过程性语句，然后跳出该结构，否则继续判断下一个 if 语句中的表达式。这种结构通常用于描述控制信号具有优先级次序的数字电路。

在 if-if-else 结构中，else 总是与向上离它最近的 if 配对。例如：

```
if ( A > 100 )
    if ( A < 200 )
        A = A + 50;
    else
        A = 0;
```

该例中的 else 与第二个 if 配对。

若 if 或 else 后需要跟随多条语句，则须将其用 begin-end 组合成语句块。在 begin-end 语句块中还可嵌套 if-else 语句。例如以下求 A、B、C 中最大值的代码：

```
if ( A > = B )                    //先求出 A、B 中的最大值
    begin
        if ( A > = C )  Max = A;   //再将两数的最大值和 C 比较
        else       Max = C;
    end
else
    begin
        if ( B > = C )  Max = B;
        else       Max = C;
    end
```

2. case 语句

case 语句的格式为：

```
case (控制表达式)
    分支表达式 1: 分支语句 1;
    分支表达式 2: 分支语句 2;
    …
    default: 默认语句;
endcase
```

控制表达式通常为变量或含有变量的表达式，也可以是变量的某些位。分支表达式通常为常量或常量表达式。

在上述 case 语句格式中，系统首先对控制表达式求值，然后按书写顺序依次求各分支表达式的值并与控制表达式的值进行比较，第一个与控制表达式的值相匹配的分支中的语句会被执行，执行完该分支语句后，控制流程跳出整个 case 结构，执行其后的语句(C 语言中还需加 break;)。若所有分支表达式的值都与控制表达式的值不匹配，则会执行 default 后的语句，不过 default 分支是可选的。

在数值比较时，case 语句的所有表达式的值的位宽必须相等，只有这样，控制表达式和分支表达式才能进行对应位的比较。如果表达式的值的位宽不同，则在进行任何比较前所有的表达式都统一为这些表达式的最长长度。例如：

```
case ( 3'b101 << 2 )
    3'b100   :   A = 0;
    4'b0100  :   B = 0;
    5'b10100:    C = 0;
    default  :   D = 0;
endcase
```

因为第 3 个分支项表达式长度为 5 位，所有的分支项表达式和控制表达式长度统一为 5。当计算 3'b101 << 2 时，结果为 5'b10100，并选择第 3 个分支。

case 语句的一个分支项可以有多个分支表达式，它们之间用逗号隔开，这种分支项中无论哪个分支表达式与控制表达式的值匹配都会执行分支语句。例如：

```
parameter
    MON = 1, TUE = 2, WED = 3, THU = 4, FRI = 5, SAT = 6, SUN = 7;
reg[0:2]  Day;
```

```
integer  PocketMoney;
case(Day)
    TUE:PocketMoney = 6;            //分支 1
    MON,
    WED:PocketMoney = 2;            //分支 2
    FRI,
    SAT,
    SUN:PocketMoney = 7;            //分支 3
    default:PocketMoney = 0;        //分支 4
endcase
```

如果 Day 的值为 MON 或 WED，就选择分支 2。分支 3 覆盖了值 FRI、SAT 和 SUN，而分支 4 覆盖了余下的所有值，即 THU 和向量 000。

上面所讲的 case 语句分支表达式的值必须与控制表达式值的每一位都相同才能匹配，若控制表达式的值为 4'b1x0z，与之匹配的分支表达式的值也必须为 4'b1x0z。但在某些情况下，只要求比较这些值当中的某些位是否相同，而忽略其他位。casez 和 casex 满足了这种要求。

casez 和 casex 是两种接受无关位的 case 语句。无关位是指不进行比较的位，无论无关位在控制表达式的值中还是在分支表达式的值中，该位都被跳过，不参与比较。

casez 将 z 值看作无关位，casex 将 z 和 x 值都看作无关位，还可以用问号"?"代替 z 或 x 表示无关位。除了用 casez 或 casex 关键字来替换 case 以外，casez 和 casex 的语法与 case 语句的语法相同。

例如：

```
casez (Catch)
    3'b1?? : A  =  1;
    3'b01? : A  =  10;
    default : A  =  100;
endcase
```

该例表示：只要 Catch 的最高位为 1，则将 1 赋给 A；只要 Catch 的前两位为 01，则将 10 赋给 A；否则，将 100 赋给 A。

3. 循环语句

Verilog HDL 中有 4 类循环语句：

- forever 循环
- repeat 循环
- while 循环
- for 循环

1) forever 循环语句

forever 循环语句的格式为：

```
forever   循环体
```

forever 顾名思义，是一种不停地执行循环操作的语句。因此为跳出这样的循环，必须在内部使用中止语句(后面介绍)。同时,在循环体的过程语句中必须使用某种形式的时序控制,否则,过程语句会0延时地不断地重复执行下去,这是没有意义的。

forever 循环经常用于产生测试所用的时钟波形。例如:

```
reg  CLK;
CLK = 0;
forever
    #20 CLK = ~ CLK;
```

初始,CLK 为低电平,然后每隔 20 个时间单位就对 CLK 取反一次。从而产生一个矩形波,可以此作为时钟。

2) repeat 循环语句

repeat 循环语句的格式如下:

```
repeat (循环次数表达式)  循环体
```

这是一种可以指定循环次数的循环语句。循环次数表达式可以为常量表达式,也可以为含变量的表达式,但是系统只在开始循环时计算一次循环次数。如果循环次数表达式的值不确定,即为 x 或 z 时,那么循环次数按 0 处理。

例如:

```
repeat ( Count )
    begin
        Sum = Sum + 1;
        Top = Top << 1;
    end
```

3) while 循环语句

while 循环语句的格式为:

```
while (表达式)  循环体
```

while 是"当"循环,即当条件满足时循环,它在每次循环前都要判断表达式的值。当表达式的逻辑值为 1 时,执行一次循环体,接着再次判断表达式的值。直到表达式的逻辑值为 0、z 或 x,便不再循环,而去执行循环体后面的语句。

例如:

```
integer  Time, Counter;
Time = 10;
while ( Time > 0 )
    begin

        Time = Time - 1;
    end
```

4) for 循环语句

for 循环语句的格式如下:

```
for (表达式 1; 表达式 2; 表达式 3)  循环体
```

表达式 1 一般是给循环变量赋初值；表达式 2 是循环条件，其中应当含有循环变量；表达式 3 一般用于更改循环变量的值，更改方式通常为增加或减少固定的值。

for 循环语句的执行过程如下：

(1) 执行表达式 1 给循环变量赋初值；

(2) 求表达式 2 的逻辑值，若为 1 则执行本次循环，否则跳出 for 结构；

(3) 循环体执行完后，执行表达式 3 更改循环变量的值，然后重复步骤(2)、(3)。

for 循环和 repeat 循环之间的区别是：repeat 只是一种指定固定循环次数的方式。相较之下，for 循环要灵活得多，它赋予了访问和更新循环变量的能力，从而控制循环结束条件。

前面讲述 while 循环时举的例子可以用 for 循环表示：

```
integer  Time, Counter;
for ( Time = 10; Time > 0; Time = Time - 1 )
    Counter = Counter + 2;
```

Time 从 10 到 1 依次取值，所以 for 循环体共执行 10 次。与 while 循环相比较，显然 for 循环更加简洁明了。

注意：C 语言中循环变量的增加或减少常使用自增和自减运算符(如 i++，i--)，但在 Verilog HDL 语言中不存在这两种运算符，只能用“i=i+1”和“i=i-1”来实现相同功能。

4. 终止语句

上面所讲的循环语句在循环次数达到了循环计数器所指定的次数或者循环条件表达式的逻辑值不再为 True 时会自动终止循环。然而，我们也可以使用 disable 语句提前终止循环。

disable 语句称为终止语句，它能终止有名块和任务(后面会讲到)的执行，使它们提前退出，然后从紧接被终止实体(有名块或任务)的下一条语句继续执行。因此，disable 语句不是只用来终止循环的。

disable 语句的使用方法如下：

```
disable  终止实体名;
```

虽然 Verilog HDL 语言中没有 C 语言中的 break 和 continue 语句，但可以用 disable 语句实现类似的功能。

例如：

```
begin: break
    for ( i = 0; i < n ; i = i + 1)
        begin: continue
            if ( a == 0 ) disable continue ;     //接下来执行 i = i + 1
            …//other statements
            if ( a == 1) disable break ;         //退出 for 循环
            …//other statements
        end
```

```
end
```

整个 for 循环被放到 break 块中，for 循环的循环体在 continue 块中。在循环过程中，如果 a 为 0，disable continue 语句会终止 continue 语句块，接着执行该语句块之后需要执行的下一条语句。因为这只是跳出了 continue 语句块，并没有跳出 for 循环，所以接下来会执行语句"i=i+1"，然后继续循环。可见，disable continue 语句实现了跳过它后面的语句，提前更改循环变量的值的功能，而这正是 C 语言中 continue 语句的功能。然而，如果 a 为 1，disable break 语句会终止 break 语句块，这样会跳出整个 for 循环，接着执行 for 循环之后的语句，显然这是 C 语言中 break 语句的功能。

7.8.5 过程结构

7.2 节提到，不同级别的描述所要求的格式不同。Verilog HDL 语言支持在同一个模块中同时采用不同级别的代码对电路进行描述。因此，Verilog 中的赋值语句是不能像 C 语言那样单独存在的，否则无法区分它是连续赋值还是过程赋值。为区分不同级别的代码，Verilog 语言为每种级别的代码都提供了一个特有的结构。例如，门级建模使用的是实例化语句，寄存器传输级建模以 assign 为标志声明赋值语句。而对于算法级描述，其过程性语句必须放在过程结构当中。

Verilog 语言有 4 种过程结构，分别用 initial、always、task 和 function 语句声明。前面所讲的所有过程性语句和结构都必须放到这 4 类过程结构中。

initial 和 always 声明语句在仿真开始(0 时刻)就开始执行，而且它们是并行执行的，即这些语句的执行顺序与其在模块中的顺序无关。一个模块中可以包含任意多个 initial 或 always 语句。

task 和 function 语句不能直接执行，只能通过在其他语句中被调用来执行。

1. initial 语句

initial 语句，顾名思义，主要完成一些初始化的操作。initial 语句在仿真一开始就执行，但只执行一次。

在 C 语言中，定义变量的同时就可以对其初始化。而在 Verilog 语言中，寄存器变量的定义和初始化操作必须分开进行(对线网类型变量做初始化是没有意义的)。initial 语句提供了对寄存器类型变量初始化的环境，所有对寄存器类型变量的初始化操作都应在 initial 结构中完成。在时序逻辑电路中，initial 语句常用于初始化触发器或寄存器的输出。

initial 语句的格式如下：

```
initial
    [时序控制]
        begin
            过程性语句
        end
```

其中，时序控制是可选的，但一般不将时序控制放到语句块内部。之所以会是这种格式，是因为 initial 关键字仅作用于紧随其后的那条语句，在这里是时序控制语句，而时序控制其实也相当于一个关键字，它又作用于语句块。

例如：

```
reg  Qout;
initial
     wait ( Rst )
         Qout = 0;
```

该例表示：仿真开始后控制流程进入 initial 结构，等待 Rst 逻辑值变为 1，再将 Qout 清零，并且以后不再对 Qout 清零。

initial 语句还可用来产生仿真测试时钟。例如：

```
reg  CLK;
initial
     begin
          CLK = 0;
          forever  #5  CLK = ~ CLK;
     end
```

该例可用于产生周期为 10 个时间单位的时钟波形。

2. always 语句

always 语句也是在仿真一开始就执行，但它会反复执行，永不停止。

实际电路上电后需要不停地运行，always 结构使得用过程性语句描述实时电路成为可能。通常，在 always 结构中的代码用于描述数字电路的功能，这些代码会被反复执行，以实现实时性。

always 语句的格式如下：

```
always
    [时序控制]
        begin
            过程性语句
        end
```

时序控制的用法和格式与 initial 语句相同。不过，由于 always 语句会像 forever 语句那样不断重复地执行，所以它只有和一定的时序控制结合在一起才有用。如果一个 always 语句没有时序控制，则这个 always 语句将会生成一个仿真死锁。见下例：

```
always  CLK = ~ CLK;
```

这个 always 语句将会生成一个 0 延迟的无限循环跳变过程，这时会发生仿真死锁。如果加上时序控制，这条 always 语句将变为一条非常有用的描述语句。见下例：

```
always  #5  CLK = ~ CLK;
```

该语句产生了一个周期为 10 个时间单位的时钟波形。

所以，虽然 always 结构中的时序控制也是可选的，但通常都应该包含时序控制。

虽然always语句、forever语句以及当条件恒为真时的while语句都表示永不停止的循环,但不能用后两种语句代替always语句。因为always语句不仅能声明无限循环,同时也声明了过程结构,可以在模块中独立存在;而后两种语句没有声明过程结构的功能,无法独立存在于模块当中,而必须放到always等关键词声明的过程结构中。

always语句的时序控制通常为事件控制方式。利用always语句,既可以描述组合逻辑电路,也可以描述时序逻辑电路,但通常用于描述时序电路。当用always语句描述纯组合逻辑电路时,必须将组合电路的所有输入放到事件控制的敏感列表中。假如有一个输入没有放到事件控制的敏感列表中,那么虽然该信号发生了变化,但由于控制流程无法进入always所辖的语句块中,导致输出不会被更新,除非敏感列表中的其他信号也发生变化,这显然不是组合电路的行为。见下例:

```
reg  Sum, Cout;
always
    @ ( A or B )
        begin
            Sum = A^ B ^ C;
            Cout = A & B | B & C | A & C;
        end
```

本例中,由于敏感列表中没有C,所以当C发生变化时,输出Sum和Cout都不会改变,这种输入变化而输出不变的描述会产生一个锁存器,在综合时会发出警告。

此外,用always语句描述组合逻辑电路时应使用阻塞赋值。如果一个变量在过程块中被赋值,则该变量必定为寄存器类型,那它就不能同时在连续赋值语句中被赋值,反之亦然。也就是说,同一个变量不能同时在连续赋值语句(或门输出)和过程块中被赋值。

最后需要特别注意的是:同一个寄存器类型变量只允许在一个always块中被赋值,如在另一always块中也对其赋值,这是非法的。

3. 任务

继上面所讲述的两种算法级建模必定会用到的过程结构之后,我们讲述另外两种过程结构——任务和函数。在算法级建模中使用任务和函数能简化代码的编写,提高代码利用率,增强程序的可读性和可维护性。采用任务和函数,可以将模块的行为分成更容易管理的各部分进行描述。这样,过程性语句除了可放在initial块和always块中外还可放在任务或函数中。

我们先介绍任务,再介绍函数。

任务可被看作是过程性代码的一个集合,它的定义在模块说明部分中编写。已定义的任务不能直接运行,而必须被任务调用语句调用才能执行,并且在任务中也能调用其他任务和函数。任务不同于函数,它不能返回值,它与外界的信息交换是通过类似于模块的输入/输出端口实现的。

任务可以包含时序控制(#、@和 wait),也可以声明局部变量,这些变量的作用域就是这个任务。

任务的定义格式如下:

```
task 任务名;
    端口声明
    局部寄存器及参数声明
    过程性语句
endtask
```

其中,任务名是一个标识符。端口类型可以是 input、output 和 inout。但要注意:虽然任务和模块都可以声明端口,可以声明的端口类型也相同,但任务没有端口列表,不能将声明的端口写在任务名后。此外,模块的输出或输入/输出端口既可能被连续赋值,又可能被过程赋值,而它们默认是线网类型的,所以在被过程赋值前须将其声明为寄存器类型。但任务是纯粹的过程结构,它从调用点获取值,对其处理后再输出到调用点,在处理过程中我们不希望任何数据丢失或被其他过程所干扰。因此,与模块不同,Verilog 默认任务的 input、output 和 inout 端口均为一位 reg 型,无须另外声明,而且还要求所有局部变量必须声明为(任一)寄存器类型。

任务定义后需要被调用才能发挥其功能。任务的调用是由任务调用语句实现的,其格式如下:

```
任务名 (外部接口列表);
```

任务调用语句是纯粹的过程性语句,因而任务只能在除函数外的其他过程结构中被调用。不能将任务调用语句放在表达式中,因为任务不返回值。虽然任务在定义时没有接口列表,但在调用时为了与外部信息交换,需要将外部接口信号按照与任务定义中端口声明的相同顺序,从左到右列在任务名后的括号内。

Verilog 任务中所有声明的变量都是静态的,因此如果在一个模块中多次调用同一任务,则可能会造成存储空间的冲突。为了避免这个问题,可在 task 后面添加关键字 automatic 使任务成为可重入的,这时再调用任务时,会给任务声明变量分配动态空间,这样就避免了变量空间的冲突。

因为任务能够包含时序控制,所以任务可在被调用后再经过一定时延才返回调用点,即它的执行可占据仿真时间,而且任务可以定义自己的仿真时间单位。

当调用任务时,在调用点将值复制给任务中声明为 input 或 inout 的内部变量,然后才执行任务。但要注意,只有当任务执行完成后,才把所有声明为 inout 或 output 的内部变量的值复制给调用点的变量,而在任务执行期间对所有输出变量的赋值都不会反映给调用点的变量,即,输出是非实时的。因此调用点的变量获取到的是任务最后一次对输出变量所赋的值。见下例:

```
module TaskWait;
   reg  NoClock;

   task GenerateWaveform;                          //定义任务
       output   ClockQ;
       begin
                ClockQ = 1;
            #2  ClockQ = 0;
            #2  ClockQ = 1;
```

```
            #2  ClockQ = 0;
        end
    endtask

    initial
        GenerateWaveform(NoClock);                  //调用任务
endmodule
```

任务 GenerateWaveform 对 ClockQ 的赋值过程不出现在 NoClock 上，即 NoClock 上没有波形；只有对 ClockQ 的最终赋值 0 在任务返回后出现在 NoClock 上。为避免这一情形出现，最好将 ClockQ 声明为全局寄存器类型，即在任务之外声明它。

如果在任务中包含终止语句，当终止语句被执行时，任务被放弃，转而执行调用点后的下一条语句。任务的非正常退出会使其声明为 output 和 inout 端口的值无法赋给调用点的接收寄存器，所以建议最好在任务定义中不要使用终止语句。如果必须在任务中这样做，一种比较稳妥的方法是终止任务中的顺序块或终止任务外且与其同级别的其他对象。例如：

```
module  Example
    reg  Rec;

    task DisableTest;
        output[0:7]  Fabs;
        begin: Sequence
            Fabs  =  8'ha0;
            disable  Sequence;
        end
    endtask

    initial
        DisableTest ( Rec );
endmodule
```

本例中，当终止语句执行时，顺序块 Sequence 退出，但并没有退出任务，之后正常返回，并将 Fabs 的值赋给 Rec，最终 Rec 的值为 8'ha0。如果终止语句被替换为"disableExample；"，则任务会提前退出，输出端 Fabs 的值 8'ha0 也不会赋给 Rec，最终 Rec 的值不确定。

4. 函数

Verilog 中的函数与 C 语言中的函数类似。它可以在表达式中调用并且向表达式返回值。函数中可声明局部寄存器，它们的作用域是整个函数。不像任务，函数不能包含延迟(#)或事件控制(@，wait)语句，所以函数的仿真时间为 0，而且函数只能与主模块共用一个仿真时间单位。函数中不允许使用 disable 语句。函数可调用其他函数，但不能调用任务。函数的定义也应该在模块说明部分编写。

函数的定义格式如下：

```
function [返回值的位宽或类型] 函数名;
```

```
    输入参数声明
    局部变量及参数声明
    过程性语句
endfunction
```

C语言函数可以没有输入和返回值(void),若有返回值,一般要定义一个返回变量(用于在函数返回前保存返回值),再使用return语句将它的值返回。而在Verilog语言中,函数必须有一个返回值和至少一个输入,而且函数名不仅有唯一标识该函数的作用,还充当返回变量的角色。因此,在函数执行期间必须有一个值被赋给函数名,函数返回时会自动将函数名中保存的值作为函数值返回,而无须使用return语句。返回值的位宽或类型决定了返回值的宽度或数据类型,该项是可选的,默认为一位reg型,也可用"[msb : lsb]"自定义位宽,返回值类型可以是integer、real、realtime和time。

因为函数是通过返回一个值来响应输入信号的值,主要用于数值计算,与电路的关系不大,所以虽然函数为过程结构,但它不能含有非阻塞赋值语句。

函数可以在过程表达式或持续赋值语句中调用。函数的调用格式如下:

```
函数名(实参列表);
```

与任务调用一样,在模块中如果多次调用同一函数,也会碰到变量存储冲突的问题,因此也引入automatic关键字来声明函数可重用性。没有进行可重用性声明的函数不可以多次或者递归调用,进行了可重用性声明的函数可以递归调用。

函数的定义和调用的其他细节与任务基本相同,使用时要注意二者的区别。以下是定义和调用函数的例子。

```
module  FunctionExample ( NewReg,OldReg );
   parameter  MAXBITS = 8;
   output[MAXBITS - 1:0]  NewReg;
   input[MAXBITS - 1:0]  OldReg;

   function[MAXBITS - 1:0]ReverseBits;            //定义函数
       input[MAXBITS - 1:0]Din;
       integer  K;
       begin
           for(K = 0;K < MAXBITS;K = K + 1)
               ReverseBits[MAXBITS  - 1  - K] = Din[K];
       end
   endfunction

   assign NewReg = ReverseBits(OldReg);           //在连续赋值语句中调用函数
endmodule
```

7.8.6 作用域规则

在C语言中每个标识符都有其各自的作用域,Verilog也是如此。但Verilog标识符的作用域规则和C语言有些不同。

Verilog的标识符可以是模块名、任务名、函数名、有名块名以及线网或寄存器变量名。标识符可以在4种实体中定义,这4种实体是模块、任务、函数和有名块。每一个实体都限定了标识符的局部作用域,即描述中标识符可以被识别的范围,它们所限定的局部作用域分别为module-endmodule、task-endtask、function-endfunction和begin:name-end对。创建实体的同时也创建了一个层次,高层次中的标识符在低层次内是可见的。在一个局部作用域内,一个标识符只可被定义一次,而且只有有名块才可定义属于它的局部标识符,而无名块不可以。

在C语言中,函数必须先定义后调用(也可将函数声明写在调用之前,而定义在调用之后);但在Verilog中函数定义可以在调用之后,而且无须声明。为了理解作用域规则,我们需要区分允许和不允许超前引用。

超前引用是指标识符可以在定义之前就使用。模块名、任务名、函数名和有名begin-end块名可以超前引用。

非超前引用是指标识符在使用之前必须先定义。寄存器和线网(变量)不能超前引用。通常的做法是,在使用它们的局部作用域(即模块、任务、函数或有名begin-end)的开始处定义它们。

因此,同一源文件中的模块名,在每个模块中都是可见的,它们不分先后,可在其他任意模块中实例化引用;而定义在模块内部的任务或函数也可以调用在前,定义在后。见下例:

```
module  Field ( Rec );
   input Rec;
   reg Rec;
   always
       begin:Mod1
           reg Web;                        //这个Web只属于过程块Mod1,与Task中的不同
           disable Task1;                  //错误,Task1处于第2级,不可直接访问
           TestTask;                       //在任务定义前调用
       end

   task TestTask;
       reg Web;                            //这个Web只属于任务TestTask
       begin:Task1                         //Task1比Mod1低一级
           Web = Rec;                      //Rec相当于全局变量,在任务(低层次)中可见
           disable Mod1;                   //Mod1与模块名同级别,可直接访问
       end
   endtask
endmodule
```

7.8.7 算法级建模举例

1. 一位全加器

这里用过程语句描述图7.4所示的一位全加器。

方案一:

```
module  OneBitFA ( Sum, Cout, A, B, Cin );
```

```
   output  Sum, Cout;
   input   A, B, Cin;
   reg  Sum, Cout;
   reg  T1, T2, T3;
   always @ ( A or B or Cin )
       begin
           Sum  =  A ^ B ^ Cin;
           T1  =  A & B;
           T2  =  A & Cin;
           T3  =  B & Cin;
           Cout  =  T1 | T2 | T3;
       end
endmodule
```

方案二：

```
module  OneBitFA ( Sum, Cout, A, B, Cin );
   output  Sum, Cout;
   input   A, B, Cin;
   reg  Sum, Cout;
   always @ ( A or B or Cin )
       {Cout, Sum}  =  A  +  B  +  Cin;
endmodule
```

2. 3-8 译码器

这里用过程语句描述图 7.9 所示的 3-8 译码器。

方案一：

```
module  Dec3To8 ( Y, A, B, C );
   output [7:0]  Y;
   input  A, B, C;
   reg [7:0] Y;
   always @ ( A, B ,C )
       case ({A, B, C })
           3'd 0 : Y  =  8'b1111_1110;
           3'd 1 : Y  =  8'b1111_1101;
           3'd 2 : Y  =  8'b1111_1011;
           3'd 3 : Y  =  8'b1111_0111;
           3'd 4 : Y  =  8'b1110_1111;
           3'd 5 : Y  =  8'b1101_1111;
           3'd 6 : Y  =  8'b1011_1111;
           3'd 7 : Y  =  8'b0111_1111;
       endcase
endmodule
```

方案二：

```
module  Dec3To8 ( Y, A, B, C );
   output [7:0]  Y;
   input  A, B, C;
```

```
    reg [7:0] Y;
    always @ ( A, B ,C )
        Y = ~ ( 8'b1 << {A, B ,C} );
endmodule
```

3. D触发器

用算法描述图7.10所示的带异步低电平置/复位的D触发器。为了实现异步置/复位,需要将置/复位信号用相应边沿关键词声明,然后与时钟边沿一同写在敏感列表中。

```
module  DFlipFlop ( Q, Qbar, D, Sd, Rd, CP );
    output  Q, Qbar;
    input   D, Sd, Rd, CP;
    reg  Q, Qbar;
    always @ ( posedge CP or negedge Sd or negedge Rd )
        case ({Sd, Rd})
            2'b00 :
                begin
                    Q < = 1;
                    Qbar < = 1;
                end
            2'b01 :
                begin
                    Q < = 1;
                    Qbar < = 0;
                end
            2'b10 :
                begin
                    Q < = 0;
                    Qbar < = 1;
                end
            2'b11 :
                begin
                    Q < = D;
                    Qbar < = ~ D;
                end
        endcase
endmodule
```

4. 移位寄存器

用算法描述图7.15所示4位移位寄存器。

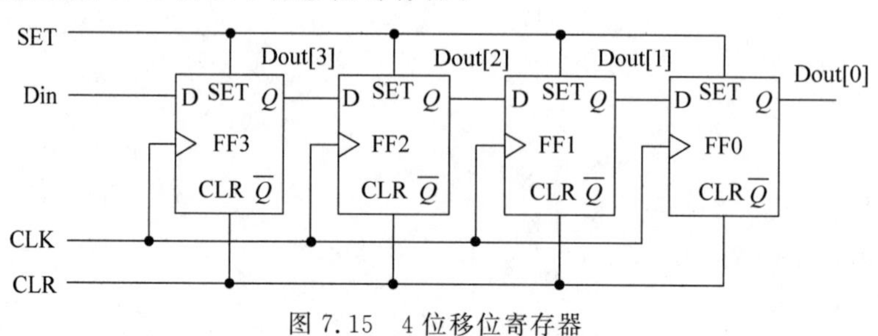

图7.15　4位移位寄存器

方案一：通过实例化引用上述D触发器模块实现。

```
module  ShiftRegister ( Dout, Din, SET, CLR, CLK );
   output [3:0]  Dout;
   input  Din, SET, CLR, CLK;
   DFlipFlop  FF0 ( Dout[0], , Dout[1], SET, CLR, CLK ),
              FF1 ( Dout[1], , Dout[2], SET, CLR, CLK ),
              FF2 ( Dout[2], , Dout[3], SET, CLR, CLK ),
              FF3 ( Dout[3], , Din, SET, CLR, CLK );
endmodule
```

方案二：直接用过程语句描述。

```
module  ShiftRegister ( Dout, Din, SET, CLR, CLK );
   output [3:0]  Dout;
   input  Din, SET, CLR, CLK;
   reg [3:0] Dout;
   always @ ( posedge CLK or negedge SET or negedge CLR )
       case ({SET, CLR })
           2'b00 ,
           2'b01 : Dout < = 4'b1111;
           2'b10 : Dout < = 4'b0000;
           2'b11 :
               begin
                   Dout[3] < = Din;
                   Dout[2] < = Dout[3];
                   Dout[1] < = Dout[2];
                   Dout[0] < = Dout[1];
               end
       endcase
endmodule
```

5. 计数器

用 Verilog HDL 描述如图 7.16 所示的 4 位二进制计数器 CT74LS161。

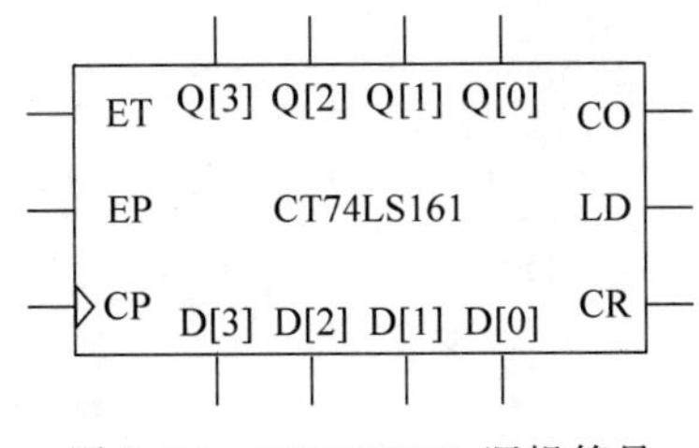

图 7.16　CT74LS161 逻辑符号

CT74LS161 是同步置数，异步复位的增计数器，置数和复位都是低电平有效。ET 和 EP 为 CP 脉冲闸门，它们都为高电平时才能计数，否则计数值保持不变。CT74LS161 计数时钟上升沿，计数输出值为 15，且 ET 为高电平时 CO 输出高电平。

```
module  CT74LS161 ( CO, Q, D, LD, CR, CP, ET, EP );
   output  CO;
```

```
    output [3:0]  Q;
    input [3:0]   D;
    input  LD, CR, CP, ET, EP;
    reg  [3:0] Q;
    always @ ( posedge CP or negedge CR )
            if ( ! CR ) Q = 4'b0000;
        else if ( ! LD ) Q = D;
        else if ( ET & EP ) Q = Q + 1;
    assign  CO = (&Q) & ET;
endmodule
```

第8章 EDA设计优化

8.1 建立和保持时间

“建立时间(Setup Time)”定义为在时钟跳变前数据必须保持稳定(无跳变)的时间。如果建立时间不够,数据将不能在这个时钟上升沿被打入触发器。

“保持时间(Hold Time)”定义为在时钟跳变后数据必须保持稳定的时间,如果保持时间不够,数据同样不能被打入触发器。如图 8.1 所示。每一种具有时钟和数据输入的同步数字电路都会在技术指标中规定这两种时间。

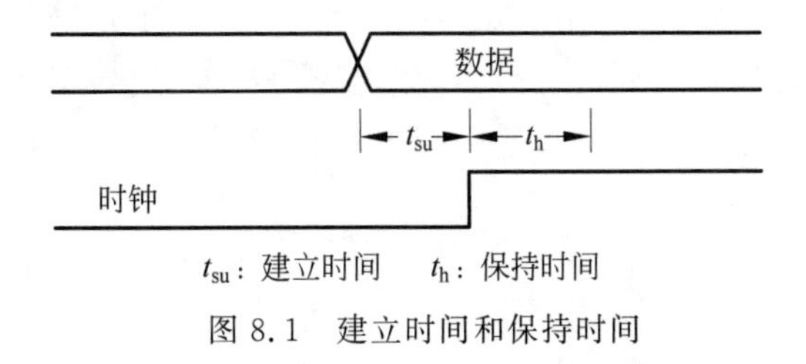

图 8.1　建立时间和保持时间

8.2 冒险现象

几乎所有关于数字电路的教材,都会提到数字电路中的竞争和冒险问题,但是这个问题往往容易被我们所忽略。竞争冒险往往会影响逻辑电路的稳定性,时钟端口、清零和置位端口对毛刺信号十分敏感,任何一点毛刺都可能会使系统出错,使得一些原理上可行的设计在实际应用中不能稳定工作甚至无法工作。因此判断逻辑电路中是否存在冒险以及如何避免冒险是设计人员必须要考虑的问题。

8.2.1 竞争冒险现象

当一个门的输入有两个或两个以上的信号发生改变时,由于这些信号是经过不同路径产生的,使得它们状态改变的时刻有先有后,这种时差引起的现象称为竞争(Race)。

竞争的结果若导致冒险或险象(Hazard)发生(例如毛刺),并造成错误的后果,那么就称这种竞争为临界竞争。若竞争的结果没有导致冒险发生,或虽有冒险发生,但不影响系统的工作,那么就称这种竞争为非临界竞争。

组合逻辑电路的险象仅在信号状态改变的时刻出现毛刺,这种冒险是过渡性的,它不会使稳态值偏离正常值,但在时序电路中,冒险可导致电路的输出值永远偏离正常值或者发生振荡。

组合逻辑电路的冒险是过渡性冒险,从冒险的波形上,可分为静态冒险和动态冒险。输入信号变化前后,输出的稳态值是一样的,但在输入信号变化时,输出信号产生了毛刺,这种冒险是静态冒险。若输出的稳态值为0,出现了正的尖脉冲毛刺,称为静态0冒险。若输出稳态值为1,出现了负的尖脉冲毛刺,则称为静态1冒险。

输入信号变化前后,输出的稳态值不同,并在边沿处出现了毛刺,称为动态险象(冒险)。

8.2.2 冒险现象产生的原因

竞争冒险主要是由于信号在FPGA元件内部通过连线和逻辑单元时,都有一定的延时。多路信号的电平值发生变化时,这些延时使得电路信号到达门时存在一个时间差,在信号变化的瞬间,组合逻辑的输出状态不确定,往往会出现一些不正确的尖峰信号,这些尖峰信号称为“毛刺”。导致延时的因素有很多,如连线的长短、逻辑单元的数目、元件的制造工艺以及工作电压和温度等。不仅是这些固定的物理因素,一些信号的高低电平转换也需要一定的时间。

8.2.3 竞争冒险的判断

1. 逻辑代数法

如果输出端门电路的两个输入信号 A 和 $\overline{A}$ 是输入变量 A 经过两个不同的传输路径而来的。那么当输入变量 A 的状态突变时,输出端必然存在竞争冒险现象。所以,只要输出端的逻辑函数在一定的条件下能简化为 $L=\overline{A+\overline{A}}$ 或者 $L=\overline{A\overline{A}}$,那么,输出端也必然存在竞争冒险现象。

2. 卡诺图法

在组合逻辑电路的输入变量为多个变量的情况下,可利用卡诺图法来判断当两个以上的变量同时改变状态时,电路是否存在竞争冒险现象。

考虑到代数法的原理是只要出现 $L=\overline{A+\overline{A}}$ 或者 $L=\overline{A\overline{A}}$ 就存在竞争冒险,那么自然就想到,把它推广到卡诺图上就是:只要卡诺图上有两个卡诺圈单独相切,此逻辑电路就必然存在竞争冒险。

(1) 某函数 L 的卡诺图上，只要有两个卡诺圈单独相切，此逻辑电路必然存在竞争冒险。

例如图 8.2 所示，由于卡诺图上的两个卡诺圈相切，故其表示的逻辑函数 $L=\overline{A}\overline{B}+AC$ 存在冒险。

(2) 需要指出的是，对角相邻的卡诺圈不算相切。

例如图 8.3 所示，此卡诺图上的两个卡诺圈对角相邻但不相切，所以其表示的逻辑函数 $L=\overline{A}\overline{B}+AB$ 不存在冒险。

A \ BC	00	01	11	10
0	1	1	0	0
1	0	1	1	0

图 8.2　存在竞争冒险的卡诺图

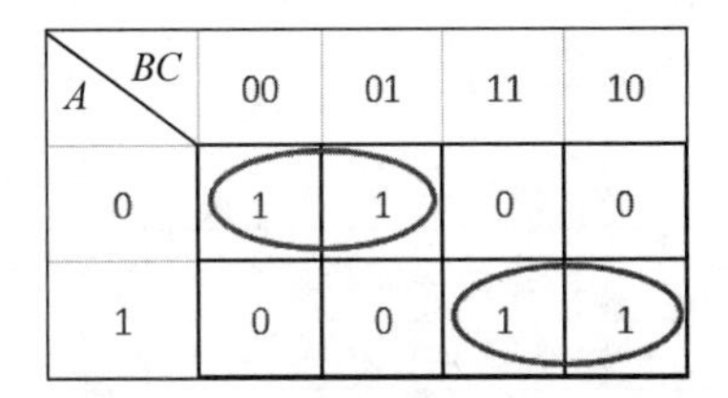

A \ BC	00	01	11	10
0	1	1	0	0
1	0	0	1	1

图 8.3　不存在竞争冒险的卡诺图

(3) 最后要强调的是，必须把卡诺图看成一个封闭的整体，即最左一列与最右一列实际上是相邻的，最高一行与最低一行也是相邻的。

例如图 8.4 所示，两个卡诺圈处于相切状态，所以，其表示的逻辑函数 $L=\overline{A}\overline{B}+B\overline{C}$ 存在冒险。

同理，图 8.5 所示卡诺图中，两个卡诺圈也处于相切状态。所以，其表示的逻辑函数 $L=A\overline{B}+\overline{A}C\overline{D}$ 必定存在冒险。

A \ BC	00	01	11	10
0	1	1	0	1
1	0	0	0	1

图 8.4　存在竞争冒险的卡诺图

A \ BC	00	01	11	10
00	0	0	0	1
01	0	0	0	1
11	0	0	0	0
10	1	1	1	1

图 8.5　存在竞争冒险的卡诺图

3. 逻辑模拟法

用计算机辅助分析的手段来分析组合逻辑电路。通过在计算机上运行数字电路的模拟程序，能够迅速地判断出电路是否会出现竞争冒险现象而输出尖峰脉冲。

4. 实验观察法

将组合逻辑电路输入端的信号应包含的所有可能的输入状态的变化都输入到示波器，用示波器来观察电路的输出端是否存在因竞争冒险现象而产生的尖峰脉冲。

8.2.4 如何消除冒险现象

1. 修改逻辑设计

1）使用格雷码代替普通二进制计数

可以通过改变设计，破坏毛刺产生的条件，来减少毛刺的发生。在数字电路设计中，常常采用格雷码器取代普通的二进制计数器，这是因为格雷码计数器的输出每次只有一位跳变，从而消除竞争冒险的发生条件，避免了毛刺的产生。表8.1给出了格雷码真值表。

表8.1 格雷码真值表

十进制数	自然二进制数	格雷码	十进制数	自然二进制数	格雷码
0	0000	0000	8	1000	1100
1	0001	0001	9	1001	1101
2	0010	0011	10	1010	1111
3	0011	0010	11	1011	1110
4	0100	0110	12	1100	1010
5	0101	0111	13	1101	1011
6	0110	0101	14	1110	1001
7	0111	0100	15	1111	1000

2）消除互补变量

如逻辑函数表达式为$L=(A+B)(\overline{A}+C)$，当$B=C=0$时，$L=A\overline{A}$，如果直接根据此逻辑表达式组成逻辑电路，则有可能会出现竞争冒险现象。但若将其改为$L=AC+\overline{A}B+BC$，其逻辑功能不变，而$A\overline{A}$项已不存在。这样，当$B=C=0$时，无论A如何变化，此逻辑表达式组成的逻辑电路均不会出现竞争冒险现象。

3）增加冗余项

如逻辑函数表达式为$L=AC+A\overline{B}$，当$B=C=1$时，A的状态改变时会出现竞争冒险现象，但若将逻辑函数表达式改为$L=AC+\overline{A}B+BC$，即增加BC项后，当$B=C=1$时，无论A如何变化，电路输出端均不会出现竞争冒险现象。

2. 引入采样脉冲

一般来说，冒险出现在信号发生电平转换的时刻，也就是说，在输出信号的建立时间内会发生冒险，而在输出信号的保持时间内不会有毛刺出现。这样就可以在电路的输入端引入一个取样脉冲，由于取样脉冲的作用时间取在电路达到新的稳定状态之后，使电路的输出端不会出现尖峰脉冲，这样就可以消除毛刺信号的影响。

有两种基本的采样方法：一种方法是在输出信号的保持时间内，用一定宽度的高电平脉冲与输出信号做逻辑“与”运算，由此获取输出信号的电平值，其采样电路和仿真时序分别如图8.6和图8.7所示。

另一种方法是利用D触发器的D输入端对毛刺信号的不敏感的特点，在输出信号的保持时间内，用触发器读取组合逻辑的输出信号，如图8.8所示。

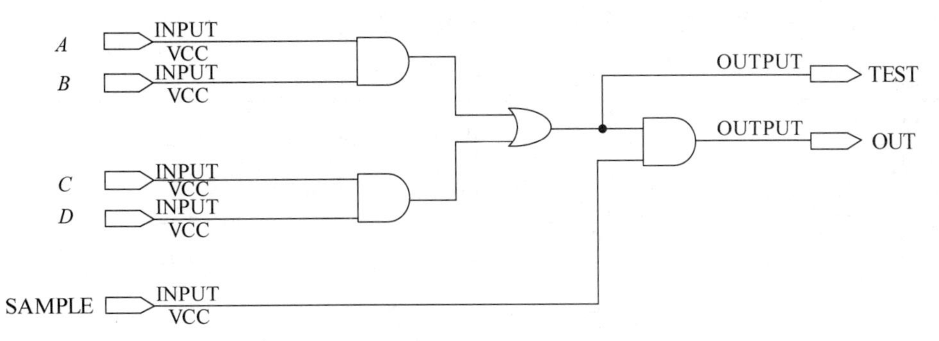

图 8.6 带有与门采样的电路

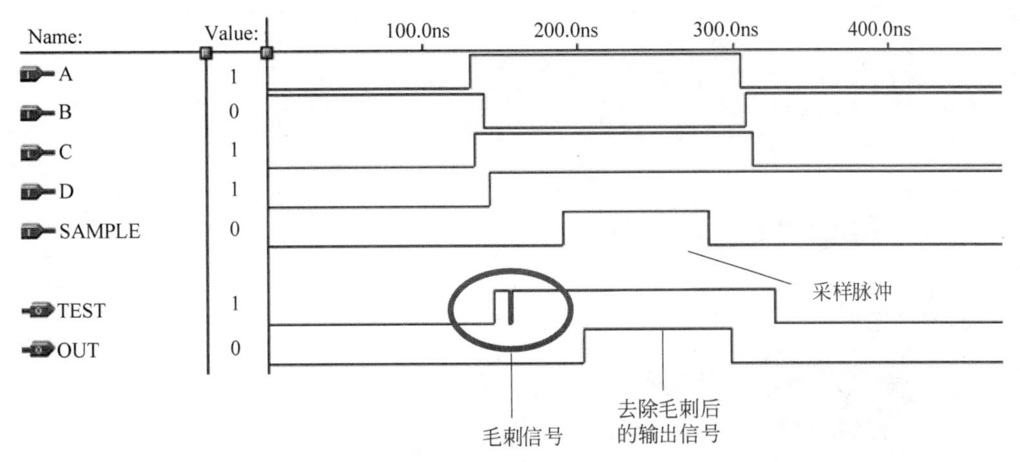

图 8.7 消除毛刺的仿真图

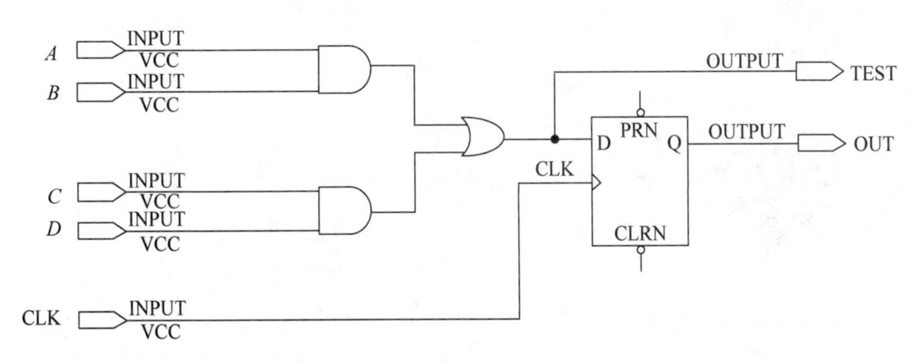

图 8.8 带有 D 触发器的采样电路

D 触发器无须再由外部单独输入一个“采样”信号，相比于与门采样电路，具有更加简便和更容易实现的优点，D 触发器消除毛刺的可靠性也更高，如图 8.9 所示。所以在这里推荐使用 D 触发器采样电路。以下举例说明 D 触发器的代码实现形式。

在数字通信中，PCM 编码是语音信号常用的编码方式，MC145480 是单片机语音 PCM 编码芯片，如图 8.10 所示。

MC145480 芯片工作需要两种时钟信号：帧同步时钟和位同步时钟。这里取帧同步时钟为 8kHz，而位同步时钟为 2.048MHz。帧同步时钟和位同步时钟的相位关系主要有两种方式：一种称为长帧同步方式，另一种称为短帧同步方式。

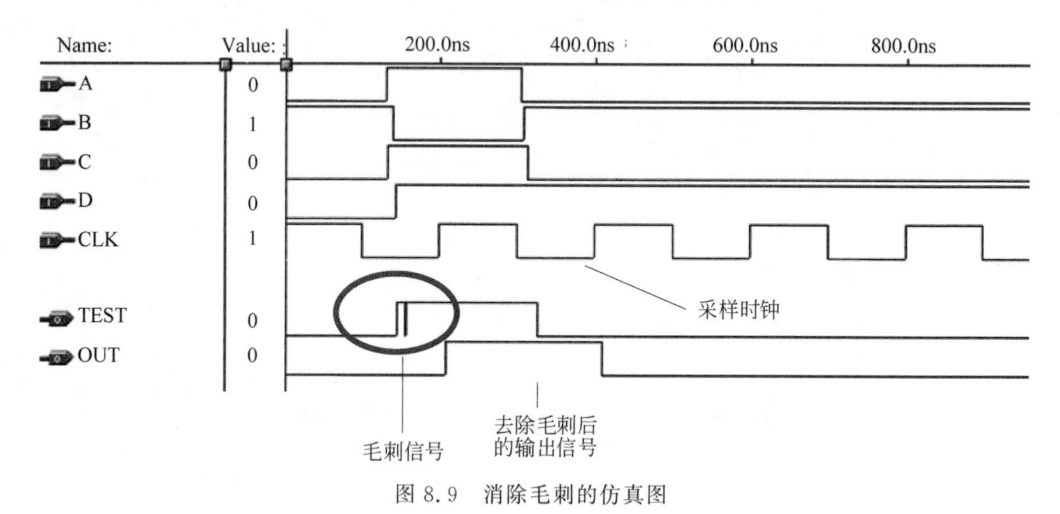

图 8.9　消除毛刺的仿真图

MC145480

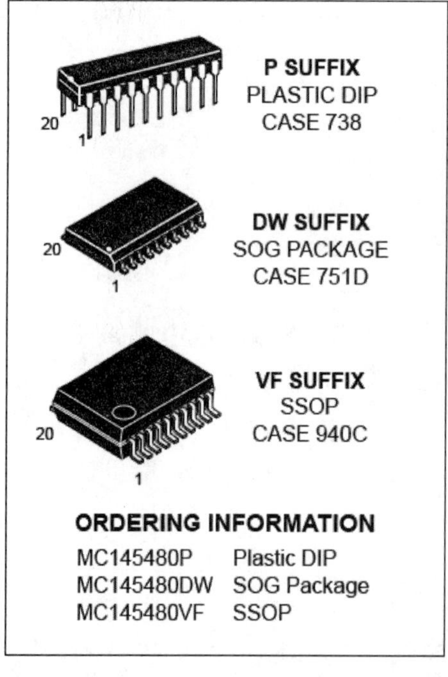

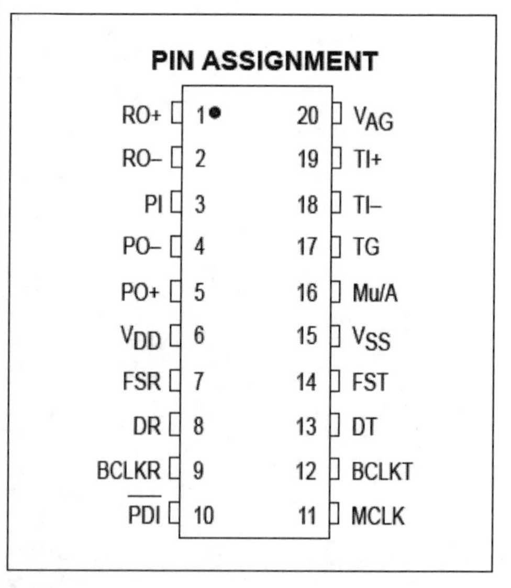

图 8.10　MC145480 封装

假定输入时钟是 2.048MHz 的方波，那么在长帧方式中，位同步时钟可直接采用外输入时钟，而帧同步时钟一个周期中，包含 8 个位同步时钟周期的高电平，248 个位同步时钟周期的低电平，如图 8.11 所示。短帧方式同步时钟一个周期包含 1 个位同步时钟周期的高电平和 255 个位同步时钟周期的低电平，如图 8.12 所示。

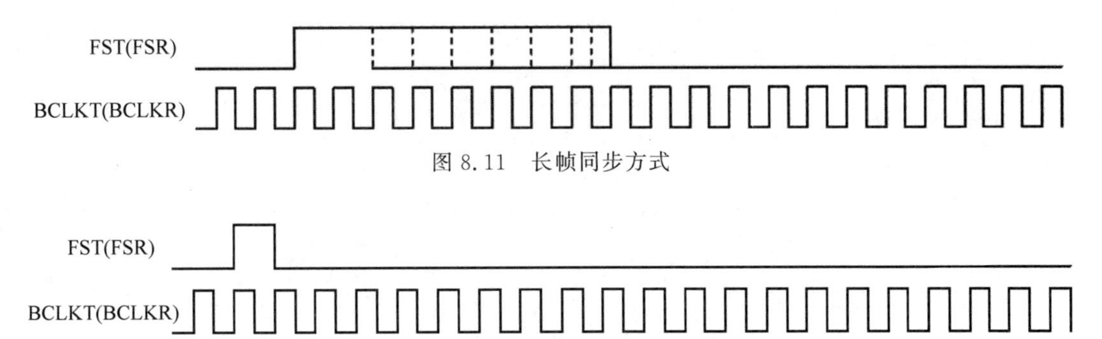

图 8.11　长帧同步方式

图 8.12　短帧同步方式

无 D 触发器长帧同步信号产生的 Verilog 代码如下：

```
module longframe1(clk,strb);
parameter delay = 8;
input clk;
output strb;
reg strb;
reg[7:0] counter;
always@(posedge clk)
begin
        if(counter == 255)   counter <= 0;
else    counter <= counter + 1;
end
always@(counter)
    begin
     if(counter <= (delay - 1))   strb <= 1;
     else     strb <= 0;
end
endmodule
```

上述的设计虽然完成了波形的产生任务，但在进行时序仿真时，会发现输出波形中有毛刺，如图 8.13 所示。在进行实际电路的调试时，也会发现电路有明显的噪声，主要是由于帧同步时钟的毛刺引起的，因此要考虑消除毛刺。

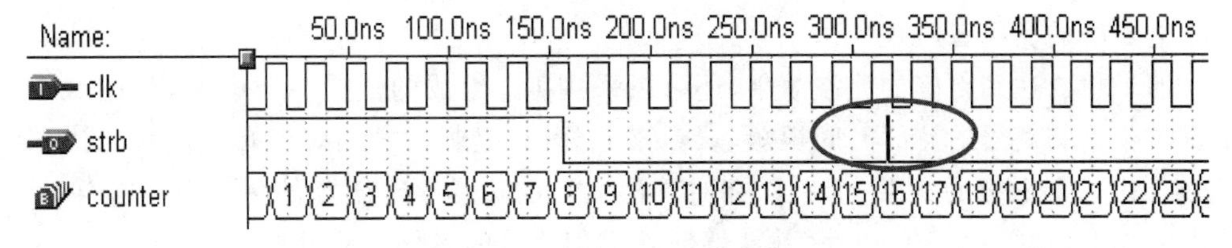

图 8.13　无 D 触发器的长帧仿真

实际上，只要在波形输出端加一个触发器，即可解决毛刺问题。带有 D 触发器长帧同步时钟产生的 Verilog 代码如下：

```
module longframe2(clk,strb);
parameter delay = 8;
input clk;
```

```
output strb;
reg[7:0] counter;
reg temp;
reg strb;
always@(posedge clk)
begin
        if(counter == 255)    counter <= 0;
     else      counter <= counter + 1;
end
always@(posedge clk)          D触发
     begin
     strb <= temp;
     end
always@(counter)
    begin
       if(counter <= (delay - 1))   temp <= 1;
       else         temp <= 0;
    end
endmodule
```

通过增加D触发器的方式,可以观测到毛刺信号消失,如图8.14所示。

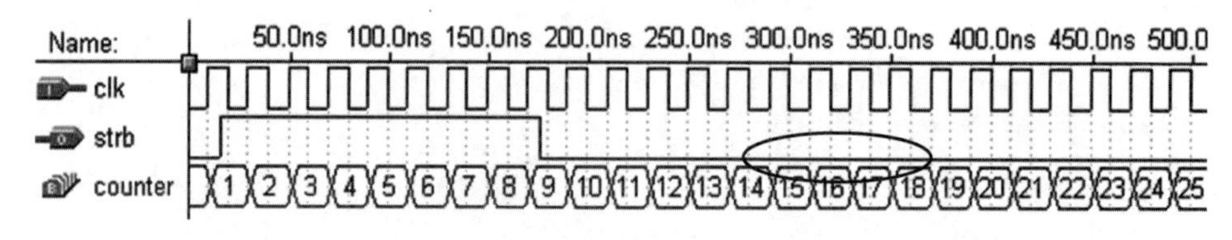

图8.14 通过D触发器之后的波形

3. 输出端加入RC滤波电路

对于速度较慢的组合逻辑电路,由于竞争冒险而产生的尖峰脉冲一般情况下很窄,所以可采用在电路输出端并联电容的方法消除尖峰脉冲,因竞争冒险而产生的尖峰脉冲的宽度与门电路的传输时间属于同一量级。因此,在TTL门电路中,只要适当地选择电容器的容量(几百皮法以下),即可将尖峰脉冲的幅度降至门电路的阈值电平以下,从而消除电路中的竞争冒险现象。

如果想要达到更好的滤波效果,还可以采用RC组成的低通滤波电路,如图8.15所示。由于毛刺信号的持续时间很短,从频谱上分析,毛刺信号相对于有用信号来讲,其能量分布在一个很宽的频带上,所以在对输出波形的边沿要求不高的情况下,在FPGA的输出引脚上串联一个RC电路,就能够滤除毛刺信号的大部分能量。

在仿真时,也可能会发现在FPGA元件对外输出引脚上有输出毛刺,但由于毛刺很短,加上PCB本身的寄生参数,大多数情况下,毛刺通过PCB走线,基本可以自然被滤除,不用再外加阻容滤波。

毛刺并不是对所有的输入都有危害,例如D触发器的*D*输入端,只要毛刺不出现在时钟的上升沿并且不满足数据的建立和保持时间,就不会对系统造成危害。可以说D触发器的*D*输入端对毛刺不敏感。

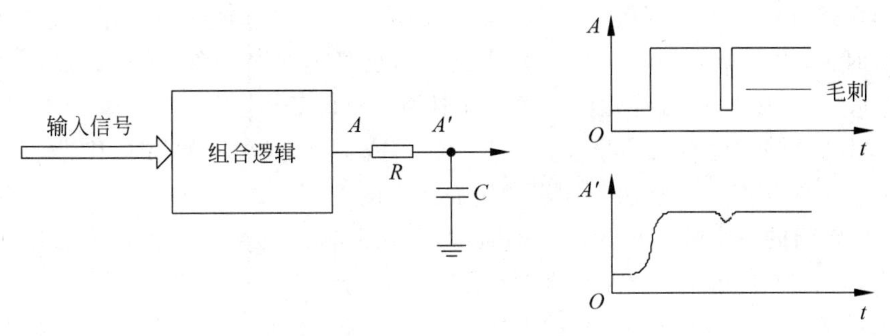

图 8.15　RC 滤波电路

根据这个特性，应当在系统中尽可能采用同步电路，这是因为同步电路信号的变化都发生在时钟沿，只要毛刺不出现在时钟的沿口并且不满足数据的建立和保持时间，就不会对系统造成危害(由于毛刺很短，多为几纳秒，基本上都不可能满足数据的建立和保持时间)。

8.3　时钟问题

无论是用可编程逻辑元件，还是用全定制元件实现任何数字电路，设计不良的时钟在极限温度、电压或制造工艺存在偏差的情况下将导致系统错误的行为，所以可靠的时钟设计是非常关键的。在 FPGA 设计时通常采用以下 4 种时钟：全局时钟、门控时钟、多级逻辑时钟和波动式时钟，如图 8.16 所示。

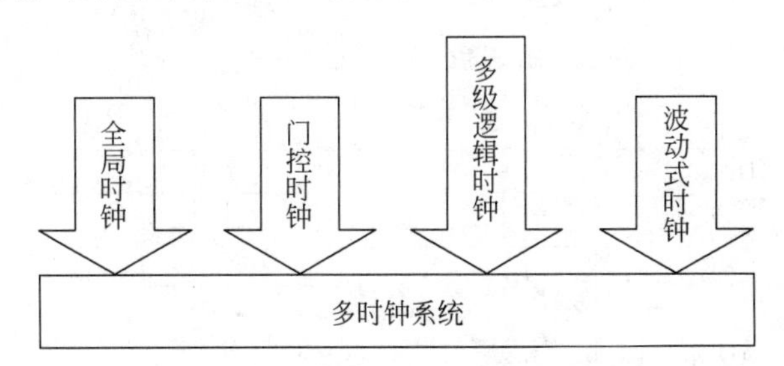

图 8.16　FPGA 设计的常用时钟

8.3.1　全局时钟

对于一个设计项目来说，全局时钟(或同步时钟)是最简单和最可预测的时钟。FPGA 一般都具有专门的全局时钟引脚，在设计项目时应尽量采用全局时钟，它能够提供元件中最短的时钟到输出的延时。

8.3.2　门控时钟

在许多应用中，整个设计项目都采用外部的全局时钟是不可能或不实际的，所以通常用阵列时钟构成门控时钟。

每当用组合逻辑来控制触发器时,通常都存在着门控时钟。在使用门控时钟时,应仔细分析时钟,以避免毛刺的影响。如果设计满足下述两个条件,则可以保证时钟信号不出现危险的毛刺,门控时钟就可以像全局时钟一样可靠地工作。

(1) 驱动时钟的逻辑必须只包含一个"与门"或一个"或门",如果采用任何附加逻辑,就会在某些工作状态下出现由于逻辑竞争而产生的毛刺。

(2) 逻辑门的一个输入作为实际的时钟,而该逻辑门的所有其他输入必须当成地址或控制线,它们遵守相对于时钟的建立和保持时间的约束。

图 8.17 给出了如何用全局时钟重新设计的电路,即让地址线去控制 D 触发器的输入使能。波形表明地址线不需要在 nWR 有效的整个期间内保持稳定,而只要求它们和数据引脚一样符合同样的建立和保持时间,这样对地址线的要求就少很多,如图 8.18 所示。

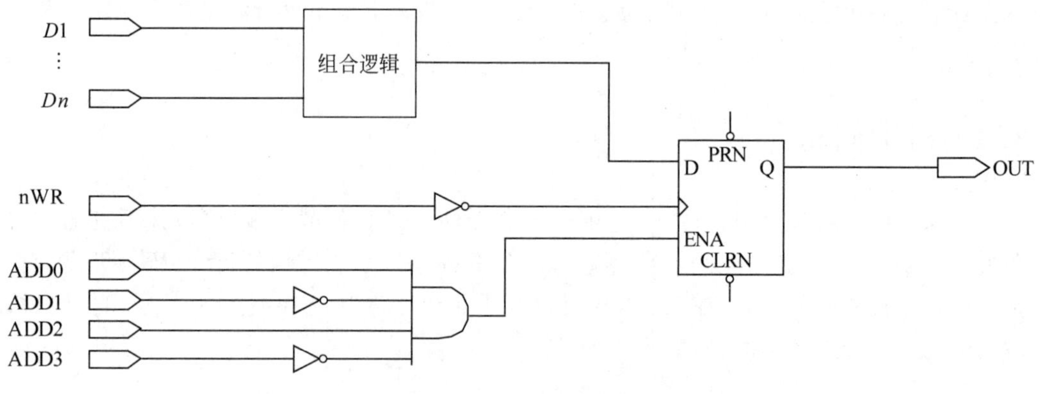

图 8.17　门控电路举例

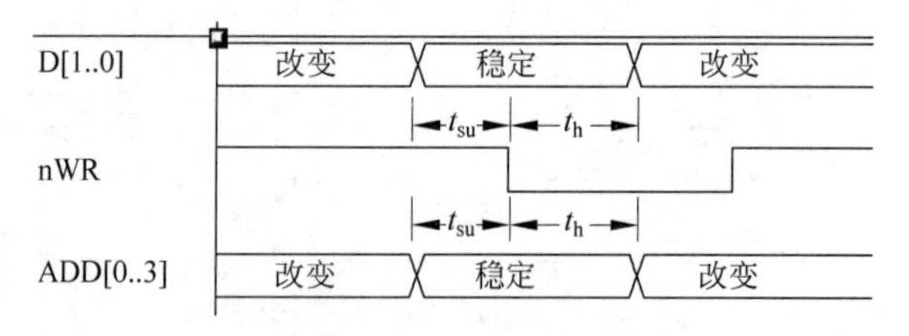

图 8.18　建立时间要求

图 8.19 给出了一个不可靠的门控时钟的例子。3 位同步加法计数器 RCO 输出用来作为触发器的时钟端,由于计数器的多个输出都起到了时钟的作用,违反了可靠门控时钟所需的条件之一。

图 8.20 给出了一种可靠的全局时钟控制电路,即用 RCO 来控制 D 触发器的使能输入。这个改进并不需要增加 FPGA 的逻辑单元,但可靠得多。

8.3.3　多级逻辑时钟

当产生门控时钟的组合逻辑超过一级,即超过单个的"与门"或"或门"时,该设计项目的可靠性将变得很差。在这种情况下,即使样机或仿真结果没有显示出静态险象,但

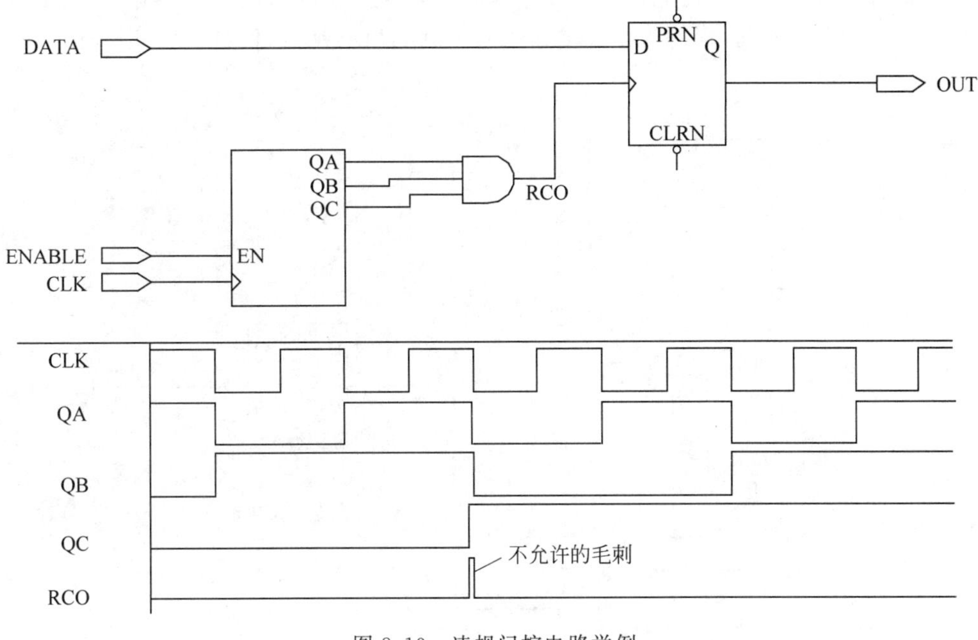

图 8.19　违规门控电路举例

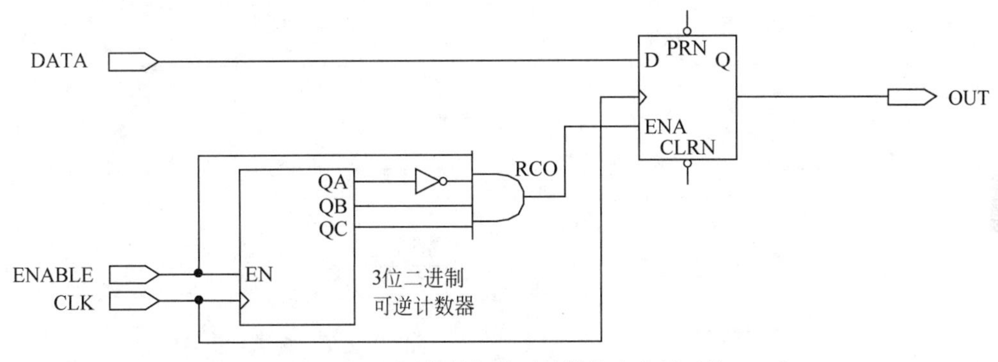

图 8.20　不可靠的门控时钟转换为全局时钟

实际上仍然可能存在危险，所以不应该用多级组合逻辑作为触发器的时钟端。

在如图 8.21 所示的电路中，时钟由 SEL 引脚控制的多路选择器输出端提供多路选择器的输入是时钟(CLK)和该时钟的 2 分频(DIV2)。由波形图可以看出，在两个时钟均为 1 的情况下，当 SEL 的状态改变时，存在静态冒险。

图 8.22 给出了一种单级时钟的替代方案。其中 SEL 引脚和 DIV2 信号用作 D 触发器的使能输入端，而不是用于该触发器的时钟引脚。采用这个电路并不需要附加逻辑单元，工作却可靠得多了。

8.3.4　行波时钟

所谓行波时钟是指一个触发器的输出用作另一个触发器的时钟输入。如果仔细设计，行波时钟可以像全局时钟一样可靠工作，但是行波时钟使得与电路有关的定时计算变得很复杂。行波时钟在行波链上各触发器时钟之间产生较大的时间偏移，并且会超出最坏情况下的建立时间、保持时间和电路中时钟到输出的延时，使系统的实际速度下降，如图 8.23 所示。

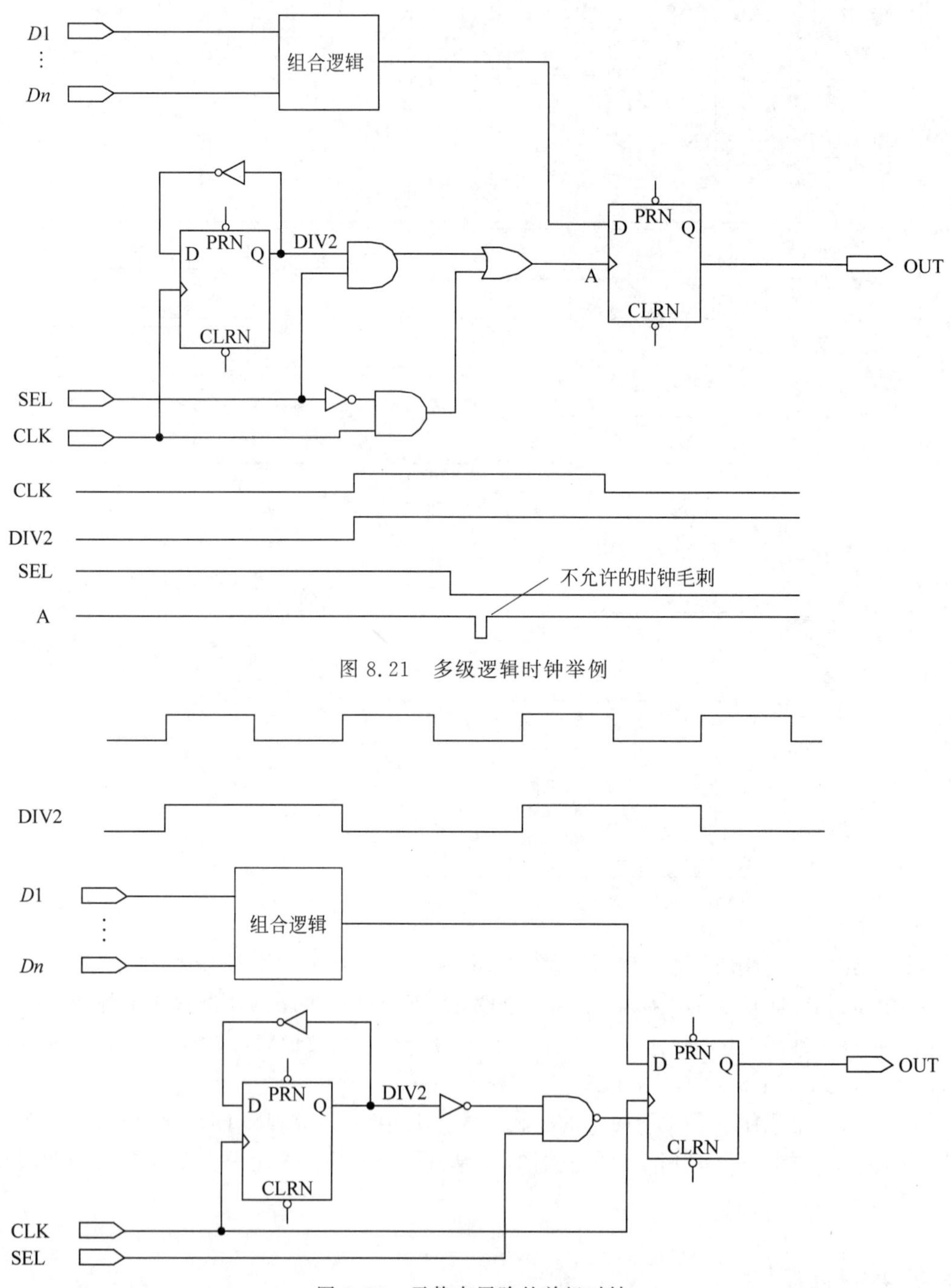

图 8.21　多级逻辑时钟举例

图 8.22　无静态冒险的单级时钟

同步计数器通常是代替异步计数器的更好方案，这是因为两者需要同样多的宏单元而同步计数器有较短的时钟到输出的延时。图 8.24 为具有全局时钟的同步计数器，这个 3 位计数器是异步计数器的替代电路,它用了同样的 3 个宏单元,却有较高的工作速度。

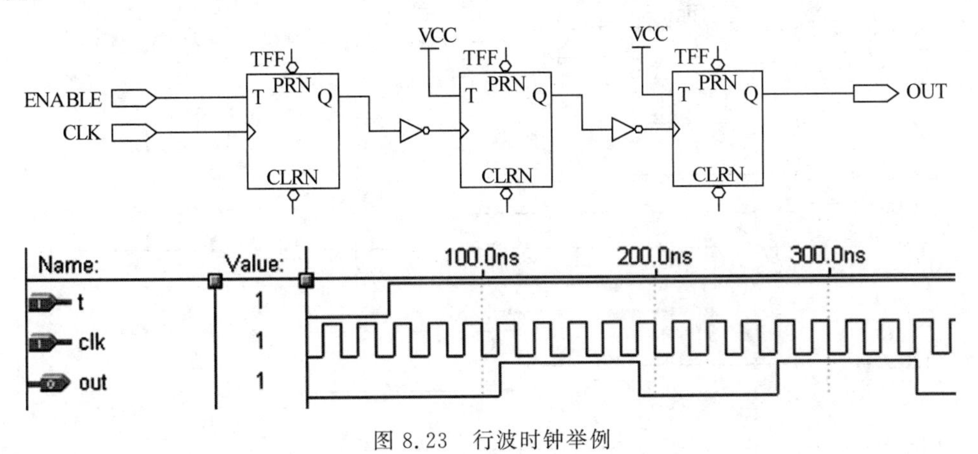

图 8.23　行波时钟举例

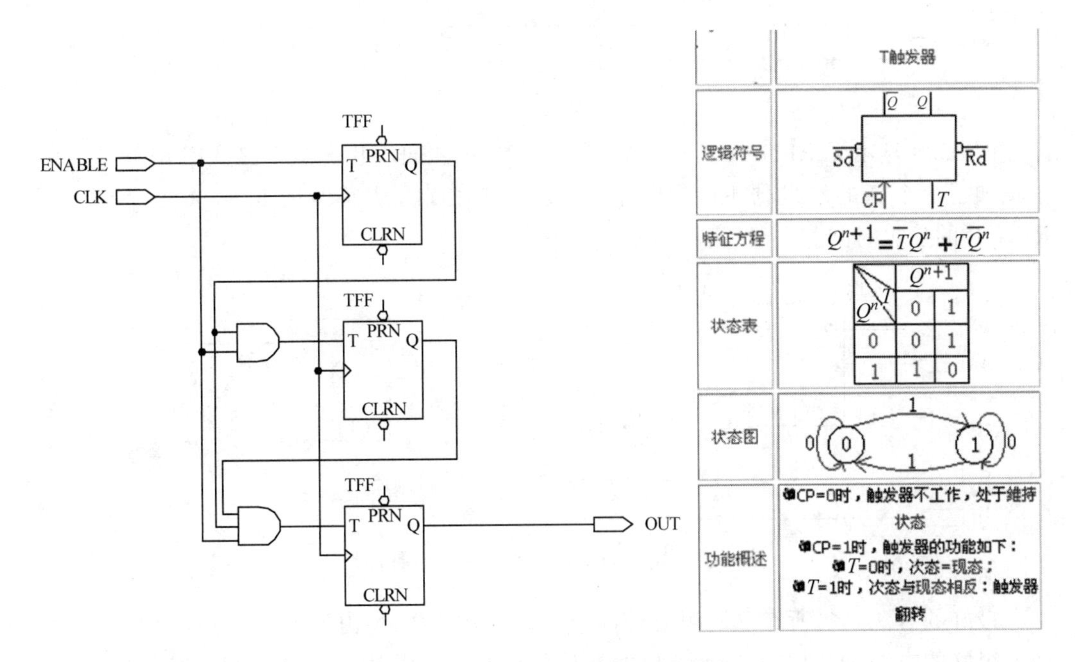

	T触发器
逻辑符号	$\overline{Q}$ Q Sd Rd CP T
特征方程	$Q^{n+1}=\overline{T}Q^n+T\overline{Q^n}$
状态表	Q^n \ T: 0 → 0, 1 → 1 (T=0); 0 → 1, 1 → 0 (T=1)
状态图	0 (0) —1→ (1) 0；(1) —1→ (0)
功能概述	CP=0时，触发器不工作，处于维持状态 CP=1时，触发器的功能如下： T=0时，次态=现态； T=1时，次态与现态相反：触发器翻转

图 8.24　行波时钟转换成全局时钟

8.3.5　多时钟系统

许多系统要求在同一设计内采用多时钟,最常见的例子是两个异步微处理器之间的接口,或微处理器和异步通信通道的接口。由于两个时钟信号之间要求一定的建立和保持时间,所以上述应用引进了附加的定时约束条件,它们会要求将某些异步信号同步化。

一个多时钟系统的实例如图 8.25 所示。CLK_A 用于控制 REG_A，CLK_B 用于控制 REG_B。由于 REG_A 驱动着进入 REG_B 的组合逻辑,由定时波形显示出 CLK_A

的上升沿相对于 CLK_B 的上升沿有建立时间和保持时间的要求。

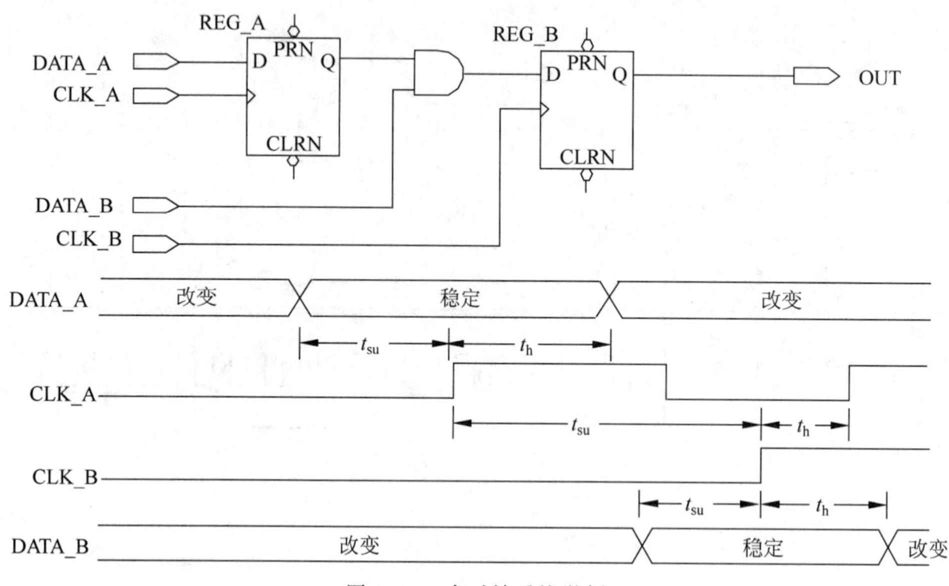

图 8.25　多时钟系统举例

图 8.26 显示了 REG_A 的输出如何与 CLK_B 的同步化。该电路在图 8.25 的基础上增加了一个新的触发器 REG_C，它由 CLK_B 控制，从而保证 REG_C 的输出符合 REG_B 的建立时间。

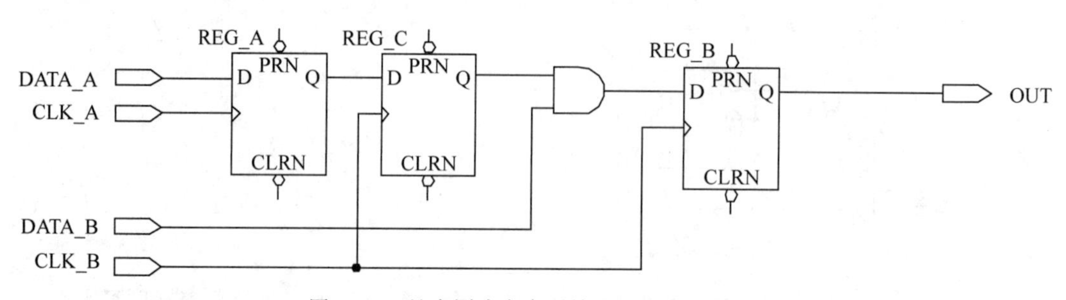

图 8.26　具有同步寄存器输出的多时钟系统

最好的方法是将所有非同源时钟同步化。使用 FPGA 内部的锁相环(PLL)是一种效果很好的方法，如图 8.27 所示，但并不是所有 FPGA 都带有 PLL，而且带有 PLL 功能的芯片大多价格昂贵，所以除非有特殊要求，一般场合不建议使用带 PLL 的 PLD。这时就需要使用带使能端的 D 触发器，并引入一个高频时钟来实现信号的同步化。

如图 8.28 所示，系统有两个不同源时钟：一个为 3MHz，一个为 5MHz，不同的触发器使用不同的时钟。为了保证系统能够稳定工作，现引入一个 20MHz 时钟，将 3MHz 和 5MHz 时钟同步化，如图 8.29 所示。该图中的 D 触发器及紧随其后的非门和与门构成了时钟上升沿检测电路，检测电路的输出分别被命名为 3M_EN 和 5M_EN。

稳定可靠的时钟是保证系统可靠工作的重要条件，设计中不能将任何可能含有毛刺的输出作为时钟信号，并且尽可能只使用一个全局时钟，对多时钟系统要特别注意异步信号和非同源时钟的同步问题。

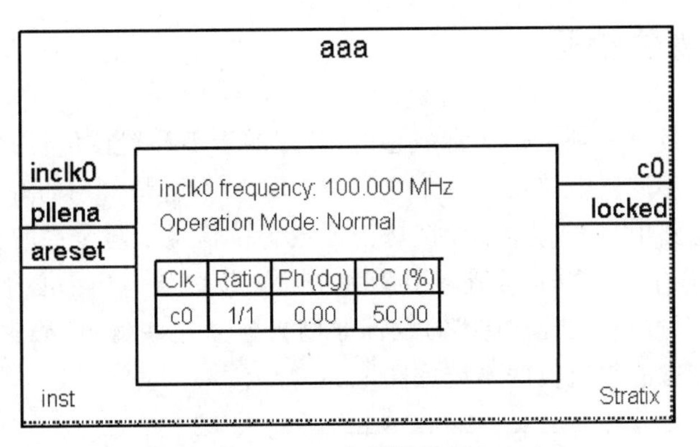

图 8.27　FPGA 内部锁相环(PLL)

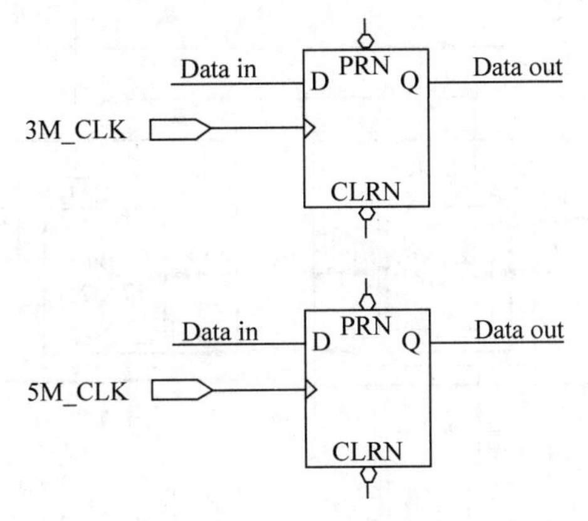

图 8.28　不同源时钟

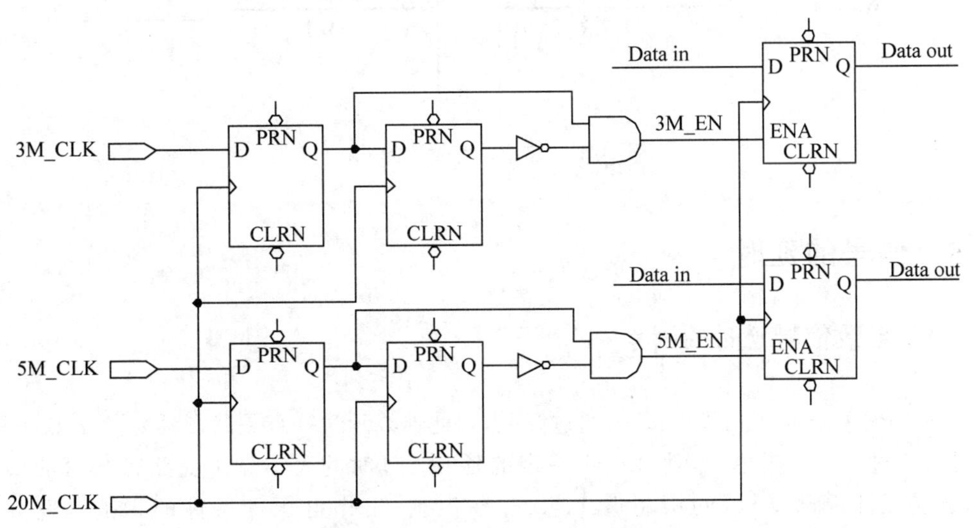

图 8.29　同步化任意非同源时钟

8.4 清零和置位信号

清零和置位信号对毛刺也是非常敏感的，最好的清零和置位信号是从元件的输入引脚直接引入。给数字逻辑电路设置一个主复位 CLRN 引脚是常用的好方法，该方法是通过主复位引脚给电路中每个功能单元馈送清零或置位信号。与全局时钟引脚类似，几乎所有 FPGA 元件都有专门的全局清零引脚和全局置位引脚。如果必须从元件内产生清零或置位信号，则要按照“门控时钟”的设计原则去建立这些信号，确保输入信号中不会出现毛刺信号。带有清零置位的系统如图 8.30 所示。

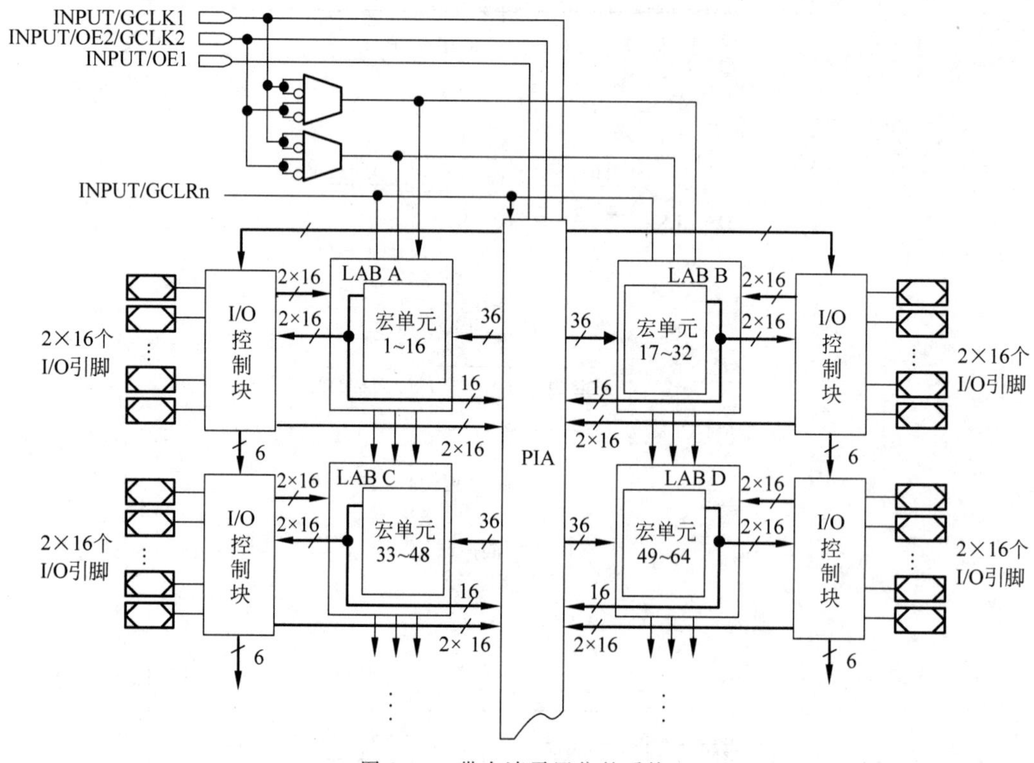

图 8.30 带有清零置位的系统

8.5 信号的延时

8.5.1 导致信号延时的因素

对 FPGA 来说，由于路径必须通过开关，因此连线延时一直是路径延时的主要部分。信号每通过一个逻辑单元，就会产生一定的延时。延时的大小除了受路径长短的影响外，还受元件内部结构特点、制造工艺、工作温度、工作电压等条件的影响。现有的 FPGA 设计软件都可以对内部延时进行比较准确的预测。元件内部延时越大，元件的工作速度也就越低。

在某些情况下，需要对信号进行一定的延时处理。利用D触发器可以在时钟的控制下对信号进行延时，如图8.31所示的电路可以将输入信号DATAIN分别延时0.5和1.5个时钟周期，DATAOUT1是将DATAIN延时0.5个时钟周期后的输出信号，DATAOUT2是将DATAIN延时1.5个时钟周期后的输出信号。

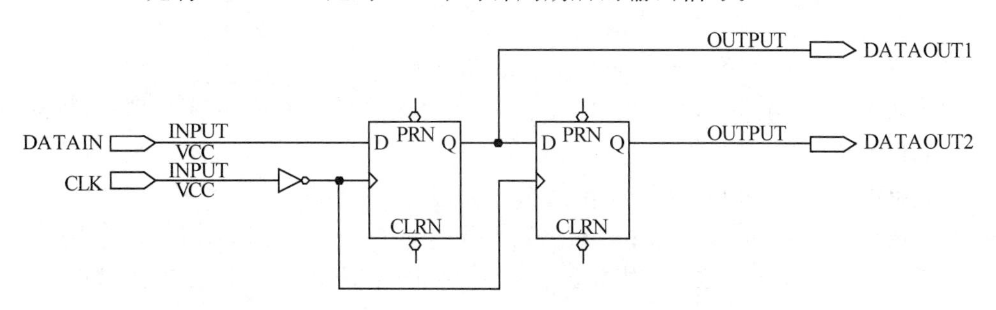

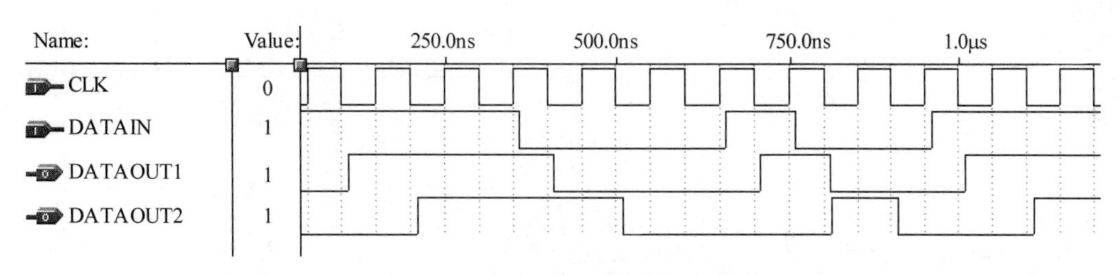

图8.31　路径不同导致的信号延时

如果需要比较精确的延时，则必须引入高速时钟信号，利用D触发器、移位寄存器或计数器来实现。延时时间的长短可通过设置D触发器或移位寄存器的级数以及计数器的计数周期来调整，而延时的时间分辨率则由高速时钟的周期来决定，高速时钟频率越高，时间分辨率也越高。

利用D触发器和移位寄存器作为延时元件，不能实现较长时间的延时，这是因为使用过多的D触发器和移位寄存器会严重消耗FPGA元件的资源，降低其他单元的性能，所以长时间的延时单元可以通过计数器来实现。无论是用D触发器、移位寄存器还是用计数器，所构成的延时单元都能够可靠工作，其延时时间受外界因素影响很小。

8.5.2　消除电路冗余

在使用分立的数字逻辑元件时，为了将某一信号延时一段时间，有些设计人员往往在此信号后串接一些非门或其他门电路，通过增加冗余电路来获取延时。在使用FPGA元件时，这种方法是不可靠的。许多FPGA设计软件，例如MAX+PlusⅡ，都具有逻辑优化的功能，可以去除设计中的逻辑冗余。图8.32是该软件进行逻辑优化的一个示例，输入信号DATAIN1被分成两路：一路信号经过3个级联的“非门”后从DATAOUT3端口输出，另一路信号经过1个“非门”后从DATAOUT4端口输出。

如果不希望MAX+PlusⅡ软件删除冗余的“非门”，或者说希望得到这两个冗余的“非门”所引入的延时，可以采取以下办法：

(1) 选中这3个“非门”；

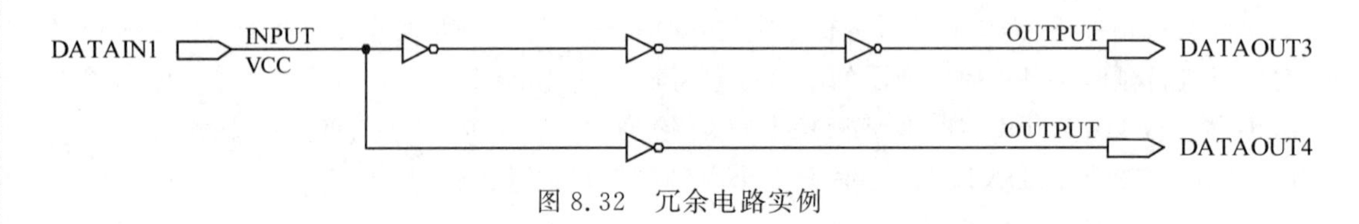

图 8.32　冗余电路实例

(2) 打开 Assign 菜单,选中 Logic Options 选项;

(3) 在 Style 选项中选择 WYSIWYG,WYSIWYG 的含义就是“所见即所得(What You See Is What You Get.)”;

(4) 单击 Individual Options 按钮;

(5) 选择 Implement as Output of Logic Cell 和 Insert Additional Logic Cell;

(6) 确认以上操作。这时,刚才选中的 3 个“非门”下出现了几行注释,如图 8.33 所示。

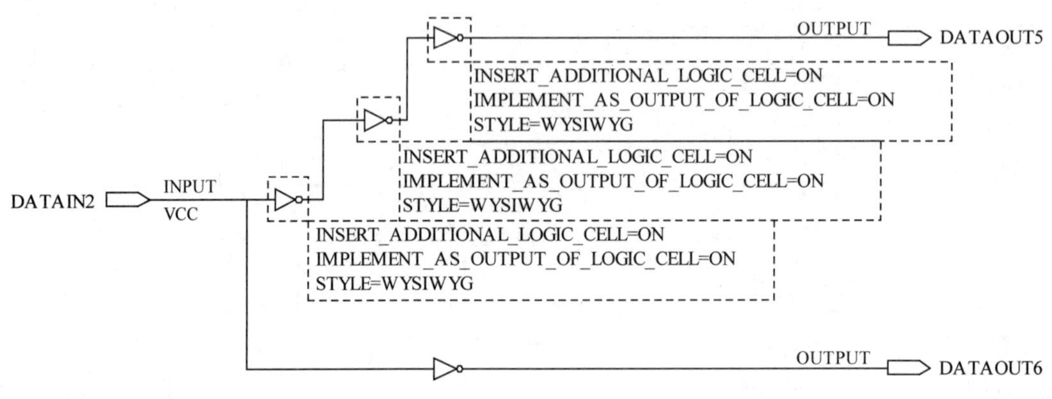

图 8.33　保留冗余电路

需要指出的是,采用插入冗余电路的方法得到的延时都不会是固定值,它受到诸如元件结构、工作温度等因素的影响,属于不可靠延时。如果将这种延时应用到逻辑控制电路中,有可能会给电路带来许多不稳定的情况,因此并不鼓励大家使用这种方法。

8.5.3　时钟歪斜现象及解决办法

时钟歪斜是 FPGA 设计中最严重的问题之一。电路中控制各元件同步运行的时钟源到各元件的距离相差很大,时钟歪斜就是在系统内不同元件处检测到有效的时钟跳变沿所需的时间差异。时钟歪斜严重影响电路的同步,如果不加以处理,往往会造成电路的时序紊乱。

减少时钟歪斜的方法有以下几种:

(1) 采用适当的时钟缓冲器,严重的时钟歪斜往往是由于在 FPGA 内的时钟及其他全局控制线(如复位线)使负载过重造成的,在信号线上接一串线形缓冲器,使驱动强度逐步增大,可以消除时钟歪斜,如图 8.34 所示。

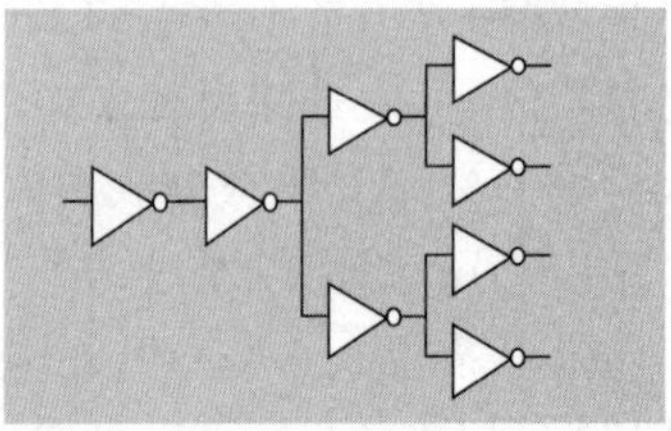

图 8.34　一个插入驱动的时钟分配树

(2) 采用 FPGA 内的 PLL 模块可以对输入时钟进行很好的分频和倍频，从而使时钟歪斜减到最低程度。

(3) H 树法：H 树是一种非常规整的分配网络，它的时钟延迟是可预测的。H 树是一种递归结构，第一级 1 个 H 树，第二级 4 个小 H 树；H 树的线宽可以根据负载电容的大小进行计算，以平衡整个 H 树的时钟歪斜。H 树中可以增加缓冲器，以增加驱动能力；延迟与分支的长度有关，所以存储单元要成组接在 H 树上位置距离相同的地方，如图 8.35 所示。

(4) 平衡树是一种由布局布线工具产生的树，存储单元成组地接在平衡树上。成组地用来引导布局，而平衡树可以根据存储单元组的相对延迟来生成。平衡树是一种形状不规则的树，但是可以平衡各个组的时钟歪斜。平衡树同样可以增加缓冲器，以增加驱动能力；平衡树的线宽同样可以根据负载电容的大小进行计算，以平衡整个树的时钟歪斜，如图 8.36 所示。

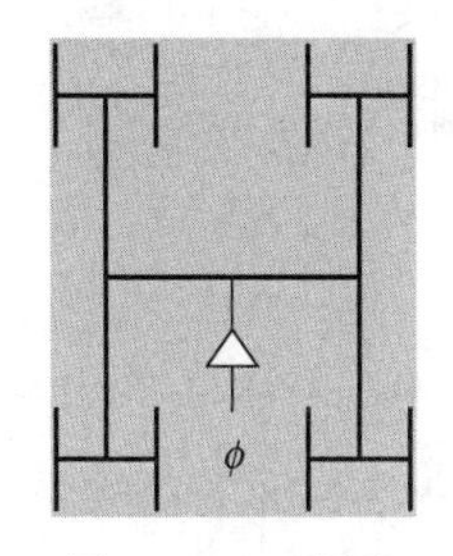

图 8.35　H 树法

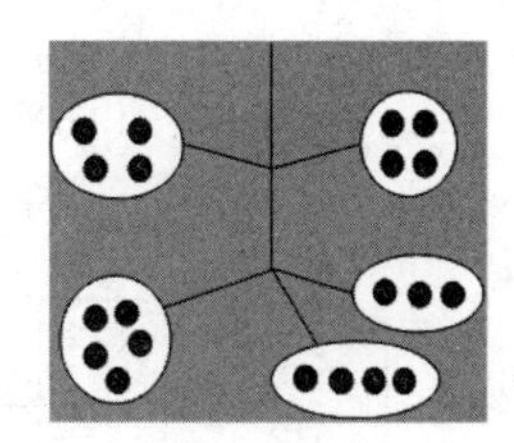

图 8.36　平衡树法

DEC Alpha 21164 CPU 时钟树的例子，如图 8.37 所示：Alpha 21164 是第一个浮点计算速度超过 1G FLOPS 的 64 位芯片，Alpha 服务器系统在 SPEC、SPECweb、tpmC、浮点运算等方面指标曾经在相当长的时间内都居领先地位；基于 Alpha 21164 芯片的群集系统主要用于高性能技术计算领域，如超级浮点计算等。

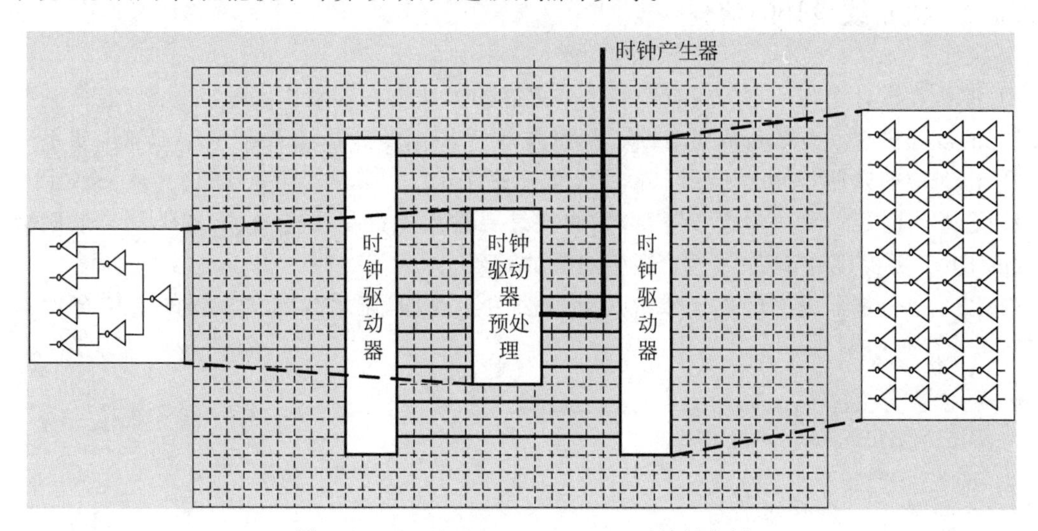

图 8.37　DEC Alpha 21164 CPU 时钟树实例

8.6 流水线设计技术

8.6.1 流水线设计的优点

流水线设计(Pipeline Design)是经常用于提高所设计系统运行速度的一种有效的方法。为了保障数据的快速传输,必须使系统运行在尽可能高的频率上,但如果某些复杂逻辑功能的完成需要较长的延时,就会使系统很难运行在较高的频率上。在这种情况下,可使用流水线技术,即在长延时的逻辑功能块中插入触发器,使复杂的逻辑操作分步完成,减小每个部分的延时,从而提高系统的运行频率,如图 8.38 所示。流水线设计的代价就是增加了寄存器逻辑,即增加了芯片资源的耗用。

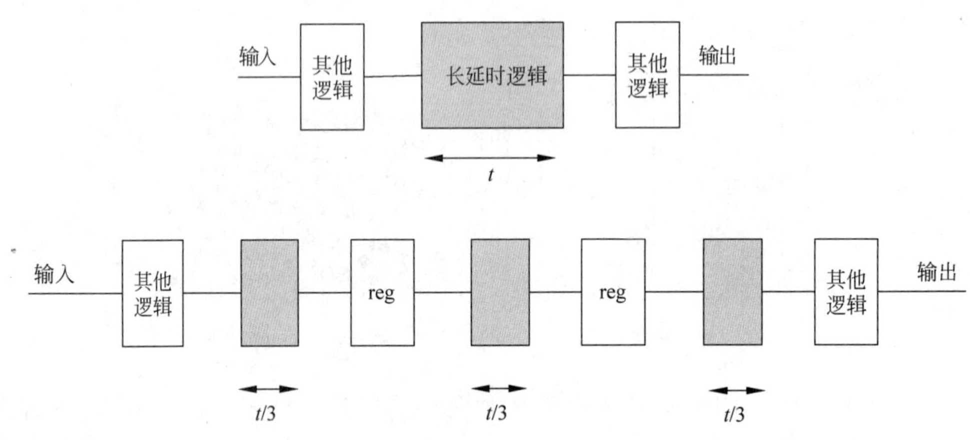

图 8.38 利用流水线设计对模块进行优化

8.6.2 流水线设计的流程

那么在设计中如何拆分组合逻辑呢? 更好的方法要在实践中不断的积累,但是一些良好的设计思想和方法也需要掌握。目前大部分 FPGA 都基于 4 输入 LUT 的,如果一个输出对应的判断条件大于四输入,那么要由多个 LUT 级联才能完成,这样就引入了一级组合逻辑时延。要减少组合逻辑,无非就是要输入条件尽可能的少,这样就可以使级联的 LUT 更少,从而减少了组合逻辑引起的时延。

以 8 位全加器为例阐述流水线设计方法的实现,非流水线方式实现的 8 位全加器 Verilog 代码如下:

```
module  adder8(cout,sum,ina,inb,cin,clk);
output[7:0]  sum;
output  cout;
input[7:0]  ina,inb;
input  cin,clk;
reg[7:0]  tempa,tempb,sum;
reg  cout;
```

```
reg  tempc;
always @(posedge clk)
begin
tempa = ina;
tempb = inb;
tempc = cin;             //输入数据锁存
end
always @(posedge clk)
begin
{cout,sum} = tempa + tempb + tempc;
end
endmodule
```

未采用流水线设计的8位全加器的RTL综合视图如图8.39所示。

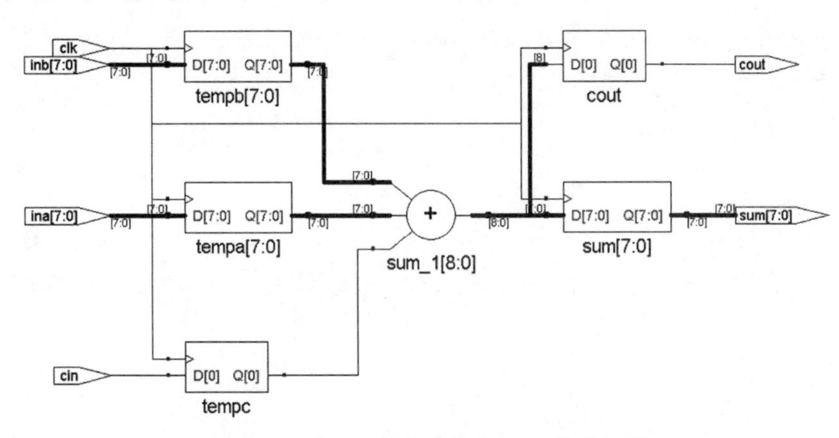

图8.39 普通8位加法器的RTL综合视图

按照流水线的设计思想可以将8位全加器划分为4个2位全加器,在其中加入数据存储器分为4级,每一级单独工作,如图8.40所示。使用流水线思想设计的8位全加器的Verilog代码如下:

```
module  pipeline(cout,sum,ina,inb,cin,clk);
output[7:0]   sum;
output  cout;
input[7:0] ina,inb;
input  cin,clk;
reg[7:0] tempa,tempb,sum;
reg  tempci,firstco,secondco,thirdco, cout;
reg[1:0]  firsts, thirda,thirdb;
reg[3:0]  seconda, secondb, seconds;
reg[5:0]  firsta, firstb, thirds;
always @(posedge clk)
begin
tempa = ina;  tempb = inb;  tempci = cin;
end                                          //输入数据缓存
always @(posedge clk)
```

```
begin
{firstco,firsts} = tempa[1:0] + tempb[1:0] + tempci;          //第一级加
firsta = tempa[7:2];
firstb = tempb[7:2];                                          //未参加计算数据缓存
end
always @(posedge clk)
begin
{secondco,seconds} = {firsta[1:0] + firstb[1:0] + firstco,firsts};
//第二级加(第 2、3 位相加)
seconda = firsta[5:2];
secondb = firstb[5:2];                                        //数据缓存
end
always @(posedge clk)
begin
{thirdco,thirds} = {seconda[1:0] + secondb[1:0] + secondco,seconds};
//第三级加(第 4、5 位相加)
thirda = seconda[3:2];
thirdb = secondb[3:2];                                        //数据缓存
end
always @(posedge clk)
begin
{cout,sum} = {thirda[1:0] + thirdb[1:0] + thirdco,thirds}; //第四级加(高两位相加)
end
endmodule
```

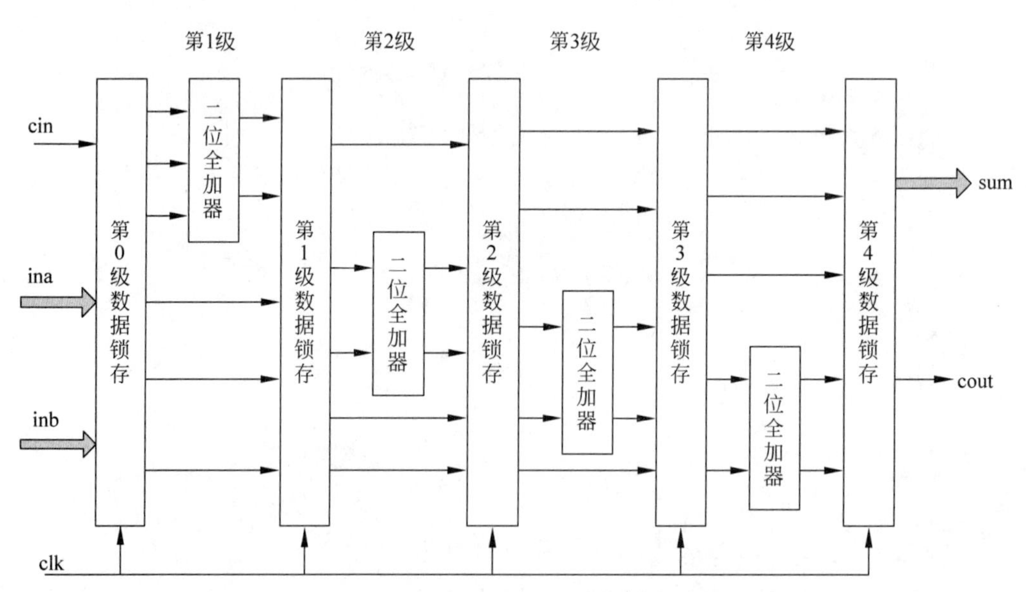

图 8.40　8 位加法器的 4 级流水实现方框图

采用了流水线设计的 8 位全加器的 RTL 综合视图如图 8.41 所示。

针对这两种思想设计的 8 位全加器进行速度测试,其结果如图 8.42 所示。

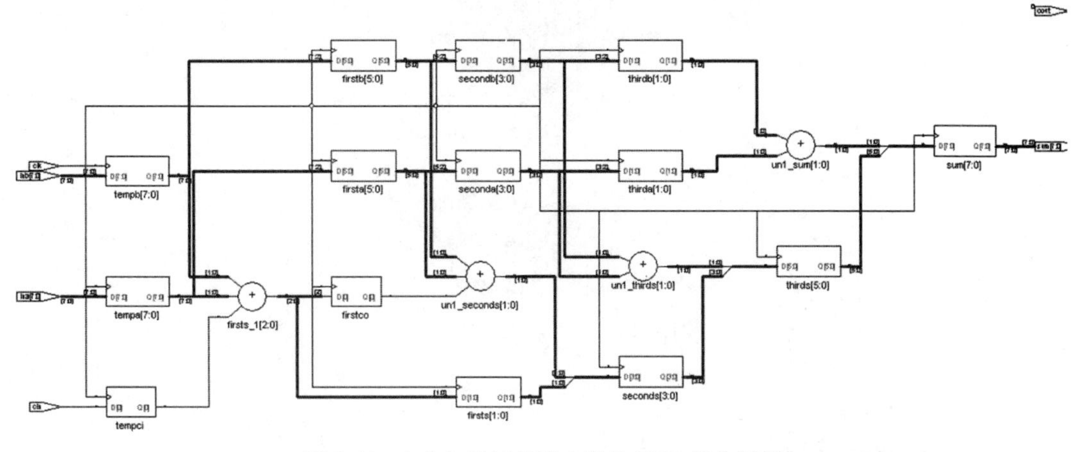

图 8.41　8 位加法四级流水线的 RTL 综合视图

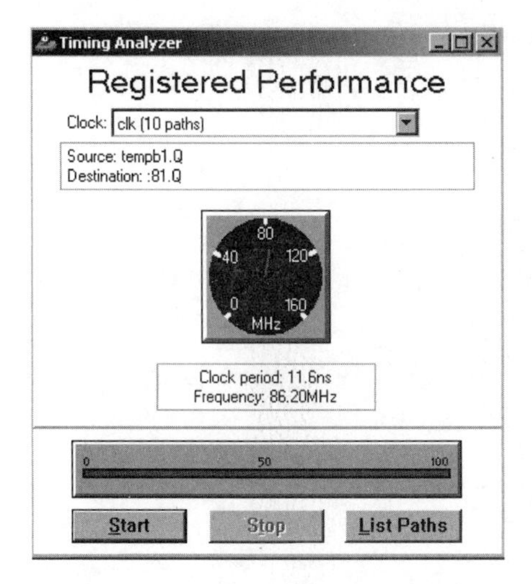

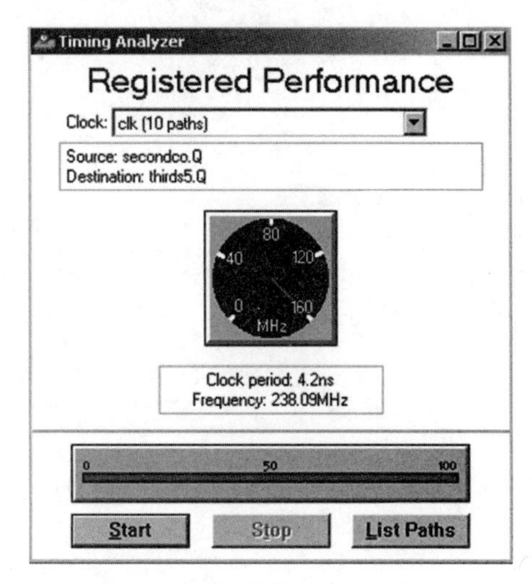

图 8.42　流水设计及非流水设计的速度测试

8.7　有限状态机 FSM

有限状态机(Finite State Machine,FSM)是时序电路设计中经常采用的一种方式,尤其适于设计数字系统的控制模块。用 Verilog 的 case、if-else 等语句能很好地描述基于状态机的设计。

在有限状态机中,状态寄存器的下一个状态与输入信号和当前状态有关,因此有限状态机又可以认为是组合逻辑和寄存器逻辑的一种组合。

其中,寄存器逻辑的功能是存储有限状态机的内部状态;而组合逻辑可以分为次态逻辑和输出逻辑两部分,次态逻辑的功能是确定有限状态机的下一个状态,输出逻辑的功能是确定有限状态机的输出,如图 8.43 所示。

在实际应用中,根据有限状态机是否使用输入信号,设计人员经常将其分为 Moore 型有限状态机和 Mealy 型有限状态机两种类型,如图 8.44 所示。

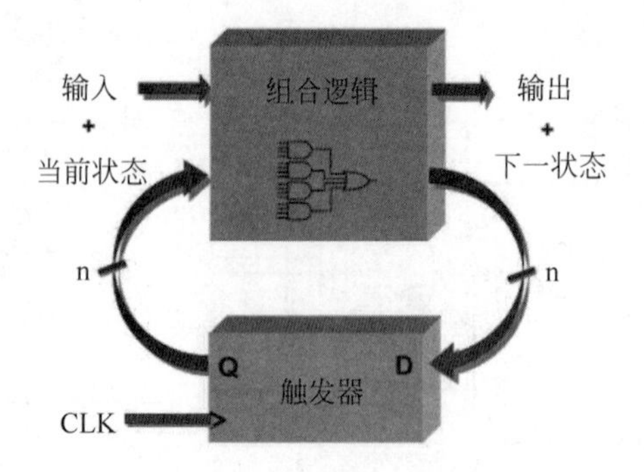

图 8.43　次态逻辑和输出逻辑

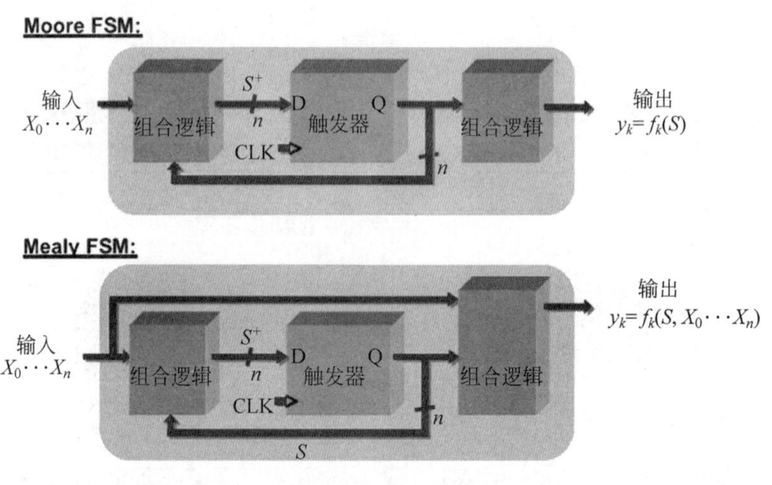

图 8.44　Moore 型有限状态机和 Mealy 型有限状态机

8.7.1　Moore 型有限状态机

其输出信号仅与当前状态有关，即可以把 Moore 型有限状态的输出看成是当前状态的函数。

Moore 有限状态机建模：Moore 有限状态机（FSM）的输出只依赖于状态而不依赖其输入。这种类型有限状态机的行为能够通过使用带有在状态值上转换的 case 语句的 always 语句建模。图 8.45 显示了 Moore 有限状态机的状态转换图实例。

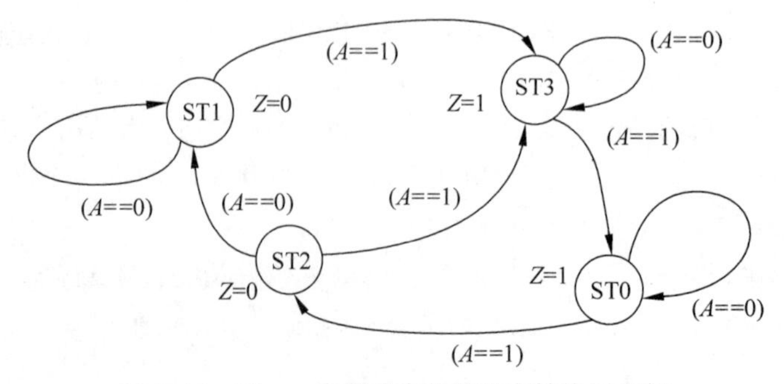

图 8.45　Moore 有限状态机的状态转换图实例

Moore 型有限状态机的状态转换源代码如下：

```
module moore_fsm (a, clock, z) ;
input a, clock;
output z;
reg z;
parameter st0 = 0, st1 = 1, st2 = 2, st3 = 3;
reg [0:1] moore_state;
always @ (posedge clock)
  case (moore_state)
  st0:
      begin
      z = 1;
      if (a) moore_state = st2;
      end
  st1:
      begin
      z = 0;
      if (a) moore_state = st3;
      end
st2:
    begin
    z = 0;
    if (~a) moore_state = st1;
    else moore_state = st3;
    end
st3:
    begin
    z = 1;
    if (a) moore_state = st0;
    end
endcase
endmodule
```

图 8.46 是 Moore 型有限状态机仿真图。

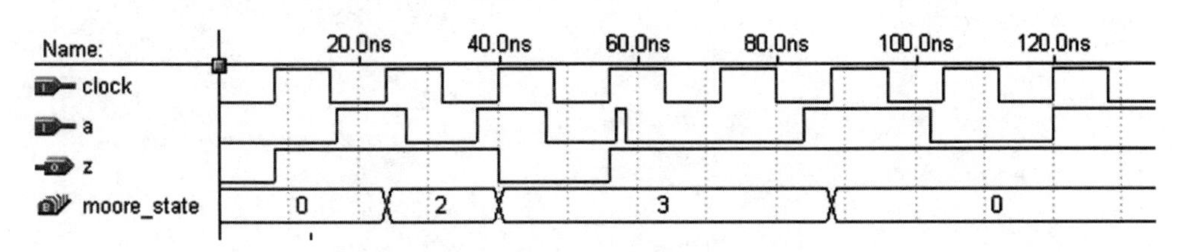

图 8.46　Moore 型有限状态机仿真图

8.7.2　Mealy 型有限状态机

Mealy 型有限状态机的输出信号不仅与当前状态有关，而且还与输入信号有关，即可以把 Mealy 型有限状态机的输出看成是当前状态和输入信号的函数。

Mealy 型有限状态机建模：在 Mealy 型有限状态机中，输出不仅依赖机器的状态而且依赖于它的输入。这种类型的有限状态机能够使用与 Moore FSM 相似的形式建模,即使用 always 语句。为了说明语言的多样性,使用不同的方式描述 Mealy 型有限状态机。这一次,用两条 always 语句:一条对有限状态机的同步时序行为建模,一条对有限状态机的组合部分建模。具体代码如下:

```
module mealy_fsm (a,clock,z,clr);
input a,clock,clr;
output z;
reg z;
parameter st0 = 0, st1 = 1, st2 = 2, st3 = 3;
reg [1:2] p_state, n_state;
always @ (posedge clock or posedge clr)
begin
  if (clr) p_state = st0;
  else p_state = n_state;
end
always @ (p_state or a)
begin
case (p_state)
st0:
if (a)
  begin
  z = 1;
  n_state = st3;
  end
else
z = 0;
st1:
if (a) begin
  z = 0;
  n_state = st0;
end
else z = 1;
st2:
if (~ a) z = 0;
else
  begin
  z = 1;
  n_state = st1;
end
st3:
begin
z = 0;
if (~ a) n_state = st2;
else
n_state = st1;
end
endcase
end
endmodule
```

图 8.47 是 Mealy 型有限状态机仿真图。

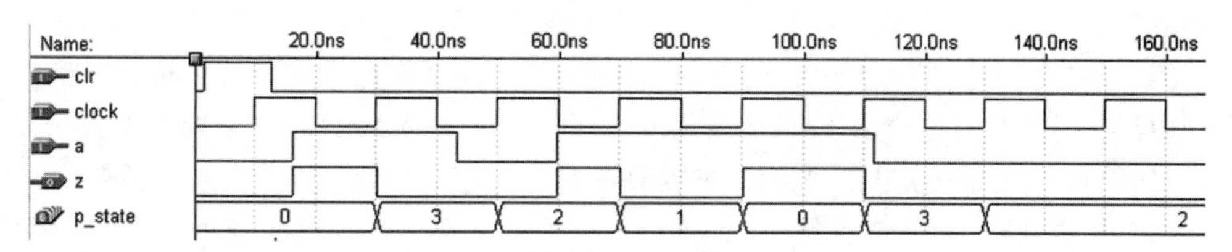

图 8.47　Mealy 有限状态机仿真图

8.7.3　状态机的设计要点

1. 起始状态的选择

起始状态是指电路复位后所处的状态，选择一个合理的起始状态将使整个系统简洁高效。有的 EDA 软件会自动为基于状态机的设计选择一个最佳的起始状态。

2. 状态编码

状态编码主要有二进制编码、格雷编码和独热编码等方式。

1）二进制编码(Binary State Machine)

二进制编码采用普通的二进制数代表每个状态。比如：有 4 个状态分别为 state0、state1、state2、state3，其二进制编码每个状态所对应的码字为 00、01、10、11。二进制编码的缺点是在从一个状态转换到相邻状态时，有可能有多个比特位同时发生变化，例如：(01→10)有两个比特发生变化，瞬变次数多，容易产生毛刺，引起逻辑错误。

2）格雷编码(Gray Code State Machine)

例如，state0、state1、state2、state3 4 个状态编码为：00、01、11、10 即为格雷编码方式。格雷码节省逻辑单元，而且在状态的顺序转换中(state0→state1→state2→state3→state0…)相邻状态每次只有一个比特位产生变化，如(01→11)，这样减少了瞬变的次数，也减少了产生毛刺和一些暂态的可能。

3）独热编码(One-Hot State Machine Encoding)

独热编码即采用 n 位(或 n 个触发器)来编码具有 n 个状态的状态机。例如 state0、state1、state2、state3 4 个状态可用码字 1000、0100、0010、0001 来代表。有 A、B、C、D、E、F 共 6 个状态，若用普通二进制编码只需 3 位即可实现状态编码，但用一位热码编码则需 6 位，分别为 6'b000001、6'b000010、6'b000100、6'b001000、6'b010000、6'b100000。

常用的编码方式有格雷码、二进制编码。用这种编码方式时，状态向量不需要太多的触发器，但是需要比较多的逻辑电路来编码和解码。以二进制编码为例，它实际需要触发器的数目为实际状态的以 2 为底的对数，即：

N 触发器 $=\log 2n$(n 为实际状态数，如触发器 N 值为小数，则向上取整)

因此这种编码方式用在逻辑单元较多的元件，如 CPLD 中比较合适。

采用独热编码，虽然多用了触发器，但可以有效节省和简化组合电路。对于寄存器数量多，而门逻辑相对缺乏的 FPGA 元件来说，采用独热编码可以有效提高电路的速度和可靠性,也有利于提高元件资源的利用率。因此,对于FPGA元件,建议采用该编码方式。

简化独热编码:这种编码方式是用十进制数来指向状态寄存器的某一状态。状态寄存器中任一时刻只有一位为1,其他全为0,1的位置不同对应状态也不同。如在表8.2中,假如要判断是否处于状态2,则只需要判断位state[S2]是否等于1,而不需要像完全独热编码那样判断state是否等于5'b00100。因此这样设计出的状态机速度相对会比较快。

表8.2 几种编码方式的比较

二进制编码	完全独热编码	简化独热编码	零空闲独热编码
Parameter[2:0] S0=3'd0, S1=3'd1, S2=3'd2, S3=3'd3, S4=3'd4; Si(i=1..4)为状态编码	Parameter[4:0] S0=5'b00001, S1=5'b00010, S2=5'b00100, S3=5'b01000, S4=5'b10000; Si(i=1..4)为状态编码	Parameter[4:0] S0=5'd0, S1=5'd1, S2=5'd2, S3=5'd3, S4=5'd4; Si(i=1..4)指向状态寄存器,非状态编码	Parameter[4:0]//S4 S0=4'd1, S1=4'd2, S2=4'd3, S3=4'd4;

零空闲独热编码:这种编码对于状态之间存在复杂关系的设计可以产生高效的状态机,特别是对多个状态转向某一特定状态的情况。用这种方式编码时,普通状态的编码方式同简化独热编码,只是特殊状态是用状态寄存器全零来表示的。

一般情况下,运行速度的提高是以牺牲资源、提高成本为代价的。独热编码比二进制编码方式占用资源多,这种方法在某些情况下不是最佳设计方案。在目标元件具有较多寄存器资源且寄存器之间组合逻辑较少时,独热编码是一种较合适的方法。

3. 状态编码的定义

在Verilog语言中,可用两种方式定义状态编码,分别用parameter语句和'define语句实现,例如要为state0、state1、state2、state3 4个状态定义码字为00、01、11、10,可采用下面两种方式。

方式1:用parameter参数定义。

```
parameter state1 = 2'b00, state2 = 2'b01, state3 = 2'b11, state4 = 2'b10;
…
case(state)
state1:  …;                                              //调用
state2:  …;
…
```

方式2:用'define语句定义。

```
'define state1   2'b00                                   //不要加分号";"
'define state2   2'b01
'define state3   2'b11
```

```
'define state4  2'b10
case(state)
'state1:  …;                                    //调用,不要漏掉符号"'"
'state2:  …;
…
```

要注意两种方式定义与调用时的区别，一般情况下，更倾向于采用方式1来定义状态编码。

4. 状态转换的描述

一般使用case、casez和casex语句来描述状态之间的转换，用case语句表述比用if-else语句更清晰明了，此外，在case语句的最后，不要忘了加上default分支语句，以避免锁存器的产生。

case_endcase 语句

(1) case(表达式)<case 分支项> endcase
(2) casez(表达式)<case 分支项> endcase
(3) casex(表达式)<case 分支项> endcase

Verilog HDL针对电路的特性提供了case语句的其他两种形式，用来处理case语句比较过程中不必考虑的情况(don't care condition)。其中，casez语句用来处理不考虑高阻值z的比较过程，casex语句则将高阻值z和不定值x都视为不必关心的情况。所谓不必关心的情况，即在表达式进行比较时，不将该位的状态考虑在内。这样，在case语句表达式进行比较时，就可以灵活地设置以对信号的某些位进行比较。

case、casez和casex的差别如下：

(1) case是将所有逻辑值进行比较；
(2) casez将高阻情况z情况忽略；
(3) casex进一步将高阻z和未定x均忽略不计。

状态机描述时关键是要描述清楚几个状态机的要素，即如何进行状态转移、每个状态的输出是什么、状态转移的条件等。最常见的有3种描述方式。

第一，整个状态机写到一个always模块中，在该模块中既描述状态转移，又描述状态的输入和输出；

第二，用两个always模块来描述状态机，其中一个always模块采用同步时序描述状态转移；另一个模块采用组合逻辑判断状态转移条件，描述状态转移规律以及输出；

第三，在两个always模块描述方法基础上，使用3个always模块：一个always模块采用同步时序描述状态转移，一个采用组合逻辑判断状态转移条件，描述状态转移规律，另一个always模块描述状态的输出(可以用组合电路输出，也可以时序电路输出)。

一般而言，推荐的FSM描述方法是后两种。

第二种描述方式同第一种描述方式相比，将同步时序和组合逻辑分别放到不同的always模块中实现，这样做的好处不仅仅是便于阅读、理解、维护，更重要的是利于综合器优化代码，利于用户添加合适的时序约束条件，利于布局布线器实现设计。在第二种方式的描述中，描述当前状态的输出用组合逻辑实现，组合逻辑很容易产生毛刺，而且不利于约束，不利于综合器和布局布线器实现高性能的设计。

第三种描述方式与第二种相比，关键在于根据状态转移规律，在上一状态根据输入条件判断出当前状态的输出，从而在不插入额外时钟节拍的前提下，实现了寄存器输出。

8.8 测试验证程序 TestBench

8.8.1 测试验证程序的目的

测试验证程序用于测试和验证设计的正确性。Verilog HDL 提供强有力的结构来说明测试验证程序。

测试验证程序有 3 个主要目的：

(1) 产生模拟激励(波形)；

(2) 将输入激励加入到测试模块并收集其输出响应；

(3) 将响应输出与期望值进行比较。

其应用模型如图 8.48 所示。

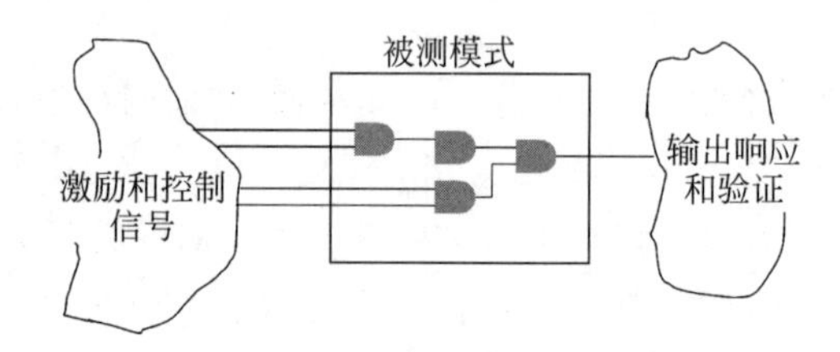

图 8.48 TestBench 应用模型

8.8.2 TestBench 的设计方法

一个最基本的 TestBench 包含 3 个部分：信号的定义、模块接口和功能代码。编写 TestBench 大致有 3 个步骤：

(1) 对被测试设计的顶层接口进行例化；

(2) 给被测试设计的输入接口添加激励；

(3) 判断被测试设计的输出响应是否满足设计要求。

逐步解决编写 TestBench 的这 3 点：首先"对被测试设计的顶层接口进行例化"，这一步可以通过 Quartus Ⅱ 自动生成一个 TestBench 的模板，选择 Processing→Start→Start Test Bench Template Writer，等待完成后会在文件中添加一个.vt 格式文件。

打开.vt 文件后可以看到 Quartus 已经完成了一些基本工作，包括端口部分的代码和接口变量的声明，我们要做的就是在这个做好的模具中添加需要的测试代码。

其次"给被测试设计的输入接口添加激励"，一般时序设计必然涉及最基本的两个信号——时钟信号和复位信号。这两个信号正好是 TestBench 中最典型的两类波形：一类是具有重复模式的波形，代表就是时钟信号；另一类就是以复位信号为代表的确定值波形信号。这两类波形在写法上也有较大差异，其中产生值序列的最佳方法是使用 initial

语句。为了重复产生一个值序列，可以使用 always 语句。重复模式除了可以使用 always 语句外，还可以使用连续赋值语句(assign)加以简化。

首先讲一下 timescale，因为想要进行仿真首先要规定时间单位，而且最好在 TestBench 中统一规定时间单位，而不要在工程代码里定义，因为不同的模块如果时间单位不同可能会为仿真带来一些问题，而 timescale 本身对综合也就是实际电路没有影响。`timescale 1ns/ 1ps 表示仿真的单位时间为 1ns，精度为 1ps。

时钟信号的 3 种基本写法如下：

\`timescale 1ns/1ps
initial
  clk=0;
always
  #10 clk=~clk;
	\`timescale 1ns/1ps
	initial
	begin
	  clk = 0;
	  forever
	    #10 mclk=~mclk;
	end
		\`timescale 1ns/1ps
		always
		begin
		  #10 clk = 0;
		  #10 clk = 1;
		end

复位信号的两种基本写法如下：

//异步复位
\`timescale 1ns/1ps
initial
begin
    rst=1;   //复位信号初始化
    #100 rst=0;
    #500 rst=1;
end
	//同步复位
	\`timescale 1ns/1ps
	initial
	begin
	    rst=1;
	    @(negedge clk);
	    repeat(3) @(negedge clk);
	    rst=1;
	end

最后还需要“判断被测试设计的输出响应是否满足设计需求”。

8.8.3 TestBench 应用举例

Counter. v

```
module counter (count, clk, rst);
output [7:0] count;
input clk, rst;
reg [7:0] count;
always @ (posedge clk or posedge rst)
  if (rst)
     count = 8'h00;
  else
     count <= count + 8'h01;

endmodule
```

Test_counter. v

```
module test_counter;
reg clk, rst;
wire [7:0] count;

counter #(5,10) dut (count,clk,rst);

initial                                                   // Clock generator
  begin
    clk = 0;
    #10 forever #10 clk = !clk;
  end

initial                                                   // Test stimulus
  begin
    rst = 0;
    #5 rst = 1;
    #4 rst = 0;
    #5000 $ stop;
  end

initial
    $ monitor( $ stime,, rst,, clk,,, count);
endmodule
```

观察被测模块的响应步骤如下：

(1) 在 initial 块中，用系统任务 $ time 和 $ monitor；

(2) $ time 表示返回当前的仿真时刻；

(3) $ monitor 表示只要在其变量列表中有某一个或某几个变量值发生变化，就会在仿真单位时间结束时显示其变量列表中所有变量的值。

例如：

```
initial
begin
 $ monitor ( $ time, , "out = % b a = % b sel = % b", out,a,b,sel);
End
```

第9章 Nios嵌入式处理器设计

9.1 Nios 嵌入式处理器介绍

9.1.1 第一代 Nios 嵌入式处理器

20 世纪 90 年代末，可编程逻辑元件(PLD)的复杂度已经能够在单个可编程元件内实现整个系统，即在一个芯片中实现用户定义的系统，它通常包括片内存储器和外设的微处理器。2000 年，Altera 公司发布了 Nios 处理器，这是 Altera Excalibur 嵌入式处理器计划中的第一个产品，是第一款用于可编程逻辑元件的可配置的软核处理器。

Altera 公司的 Nios 是基于 RISC 技术的通用嵌入式处理器芯片软内核，它特别为可编程逻辑进行优化设计，也为可编程单芯片系统(SOPC)设计了一套综合解决方案。第一代 Nios 嵌入式处理器性能高达 50MIPS，采用 16 位指令集，16/32 位数据通道，5 级流水线技术，可在一个时钟周期内完成一条指令的处理。它可以与各种各样的外设、定制指令和硬件加速单元相结合，构成一个定制的 SOPC。Nios 处理器还具有一种基于 JTAG 的 OCI(片上仪器)芯核，使软件开发人员在实时调试方面具有更明显的优势。该处理器的软件可扩展到对 APR、IP、ICMP、TCP、UDP 和以太网的网络协议的支持。

在 Nios 之后，Altera 公司于 2003 年 3 月又推出了 Nios 的升级版——Nios 3.0 版，它有 16 位和 32 位两个版本。两个版本均使用 16 位的 RISC 指令集，其差别主要在于系统总线带宽。它能在高性能的 Stratix 或低成本的 Cyclone 芯片上实现。

Nios 3.0 的主要特性有：

(1) 更多的可配置的寄存器。用户根据需要可进行配置的内部寄存器数目多达 512 个。编译器可利用这些内部寄存器加快对子程序的调用和对变量的寻址。

(2) 极大的灵活性和可扩展性。用户可在 FPGA 容量允许范围内自由配置处理器的 Cache 大小、指令集 ROM 大小、片内 RAM 和 ROM 大小、I/O 引脚数目和类型、中断引脚数目、定时器数目，通用串口数目、扩展地址和数据引脚等处理器的性能指标。此外,用户还可以在处理器 ALU 中直接加入自定义的数字逻辑,并添加自定义的处理器指令。

(3) 功能强大的开发工具。使用 SOPC Builder 开发工具,开发者可以快速开发出满足设计需要的处理器。该开发工具支持 C、C++语言,并提供了常用的功能类库。开发者可以直接使用 C、C++语言进行系统软件开发,然后在线调试自行设计的 Nios 处理器和软件。当软件达到设计要求时,可通过该工具将执行代码转换成 Flash 文件格式或 HEX 文件下载到 Flash 或 FPGA 元件中,使所设计的系统独立运行。

第一代的 Nios 已经体现出了嵌入式软核的强大优势,但是还不够完善。它没有提供软件开发的集成环境,用户需要在 Nios SDK Shell 中以命令的形式执行软件的编译、运行、调试,程序的编译、编译、调试都是分离的,而且不支持对项目的编译。这对用户来说不够方便,还需要功能更为强大的软核处理器和开发环境。

9.1.2 第二代 Nios 嵌入式处理器

2004 年 6 月,Altera 公司在继全球范围内推出 Cyclone Ⅱ 和 Stratix Ⅱ 元件系列后又推出了支持这些新款 FPGA 系列的 Nios Ⅱ 嵌入式处理器。Nios Ⅱ 嵌入式处理器和 Cyclone Ⅱ FPGA 组合,在元件中只占用 0.35 美元的逻辑资源。Nios Ⅱ 嵌入式处理器在 Cyclone Ⅱ FPGA 中也具有超过 100 DMIP(Mega Instructions Per Second on Dhrystone benchmark,在 Dhrystone 测试平台上测得的 CPU 性能数据)的性能,允许设计者在很短的时间内构建一个完整的可编程芯片系统,风险和成本比中小规模的 ASIC 低。它与 2000 年上市的原产品 Nios 相比,最大处理性能提高 3 倍,CPU 内核部分的面积最大可缩小 1/2。

Nios Ⅱ 系列嵌入式处理器使用 32 位的指令集结构(ISA),完全与二进制代码兼容,它是建立在第一代 16 位 Nios 处理器的基础上的,定位于广泛的嵌入式应用。Nios Ⅱ 处理器系列包括了 3 种内核——快速的(Nios Ⅱ/f)、经济的(Nios Ⅱ/e)和标准的(Nios Ⅱ/s),每种都针对不同的性能范围和成本。使用 Altera 公司的 Quartus Ⅱ 软件、SOPC Builder 工具以及 Nios Ⅱ 集成开发环境(IDE),用户可以轻松地将 Nios Ⅱ 处理器嵌入其系统中。

表 9.1、表 9.2 和表 9.3 分别列出了 Nios Ⅱ 处理器的特性、Nios Ⅱ 系列处理器成员、Nios Ⅱ 嵌入式处理器支持的 FPGA。

表 9.1 Nios Ⅱ 嵌入式处理器的特性

种　类	特　性
CPU 结构	32 位指令集
	32 位数据线宽度
	32 个通用寄存器
	32 个外部中断源
	2GB 寻址空间
片内调试	基于边界扫描测试(JTAG)的调试逻辑、支持硬件断点、数据触发以及片外和片内的调试跟踪

续表

种　类	特　性
定制指令	最多达 256 个用户定义的 CPU 指令
软件开发工具	Nios Ⅱ的集成化开发环境(IDE)
	基于 GNU 的编译器
	硬件辅助的调试模块

表 9.2　Nios Ⅱ系列处理器成员

内　核	说　明
Nios Ⅱ/f(快速)	最高性能的优化
Nios Ⅱ/e(经济)	最小逻辑占用的优化
Nios Ⅱ/s(标准)	平衡性能和尺寸。Nios Ⅱ/s 内核不仅比最快的第一代的 Nios CPU(16 位 ISA)更快,而且比最小的第一代的 Nios CPU 还要小

表 9.3　Nios Ⅱ嵌入式处理器支持的 FPGA

器　件	说　明	设计软件
Stratix Ⅱ	最高的性能,最高的密度,特性丰富,并带有大量存储器的平台	Quartus Ⅱ
Stratix	高性能,高密度,特性丰富并带有大量存储器的平台	
Stratix GX	高性能的结构,内置高速串行收发器	
Cyclone	低成本的 ASIC 替代方案,适合价格敏感的应用	
HandCopy Stratix	业界第一个结构化的 ASIC,是广泛使用的传统 ASIC 的替代方案	

9.1.3　可配置的软核嵌入式处理器的优势

嵌入式处理器开发人员面对的一个最大挑战就是如何选择一个满足其应用需求的处理器。现在有百种嵌入式处理器,每种都具备一组不同的外设、存储器、接口和性能特性,用户很难做出一个合理的选择：要么选择在某些性能上多余的处理器(为了匹配实际应用所需的外设和接口要求等),要么为了保持成本的需求而达不到原先预计的处理效果。

随着 Nios Ⅱ软核处理器的推出,用户可以轻松创建一款“完美”的处理器,无论是外设、存储器接口、性能特性还是成本。这些优势的实现都借助于在 Altera 公司的 FPGA 上创建一个定制的片上系统,或者更精准地说,是一个可编程单芯片系统。

1. 合理的性能组合

使用 Altera Nios Ⅱ处理器和 FPGA,用户可以实现在处理器、外设、存储器和 I/O 接口方面的合理组合。

(1) 3 种处理器内核。Nios Ⅱ开发人员可以选择一个或以下任意 3 种内核的组合：快速的内核(Nios Ⅱ/f)具备高性能,经济的内核(Nios Ⅱ/e)具备低成本,标准的内核(Nios Ⅱ/s)用于性能和尺寸的平衡。

(2) 超过60种SOPC Builder配备的内核。用户可以创建一组适合于自己应用的外设、存储器和I/O接口。现成的嵌入式处理器可以快速嵌入Altera的FPGA中。

(3) 无限的DMA通道组合。直接存储器存取(DMA)可以连接到任何外设从而提高系统的性能。

(4) 可配置的硬件及软件调试特性。软件开发人员具有多个调试选择，包括基本的JTAG的运行控制(运行、停止、单步、存储器等)、硬件断点、数据触发、片内和片外跟踪、嵌入式逻辑分析仪。这些调试工具可以在开发阶段使用，一旦调试通过后就可以去掉。

2. 提升系统的性能

设计人员通常都会选择一个比实际所需的性能要高的处理器(意味着更高的成本)，从而为设计保留一个安全的性能上的余量。Nios Ⅱ系统的性能是可以根据应用来裁剪的，与固定的处理器相比，在较低的时钟速率下具备更高的性能。Nios Ⅱ的以下特性可以提升系统的性能。

(1) 多CPU内核。开发者可以选择最快的Nios Ⅱ内核(Nios Ⅱ/f)以获得高性能，还可以通过添加多个处理器来获得所需的系统性能。

(2) FPGA系列支持。Nios Ⅱ处理器可以工作在所有近来Altera推出的FPGA系列上。尤其是在Stratix Ⅱ元件上，Nios Ⅱ/f内核超过200 DMIPS的性能仅占用1800个逻辑单元。在更大的元件上，例如Stratix Ⅱ EP2S180元件，一个Nios Ⅱ的内核只占用了1%的可用逻辑资源，这些微量的资源仅在Quartus Ⅱ设计软件资源使用的波动范围之内，可以说用户几乎是免费得到了一个200 DMIPS性能的处理器。

(3) 多处理器系统。许多开发人员使用Nios来扩充外部的处理器，为保持系统的性能并分担处理任务。另外，设计者也可以在一片FPGA内部实现多个处理器内核。通过将多个Nios Ⅱ/f内核集成到单个元件内以获得较高的性能，而不用重新设计印刷电路板(PCB)。Nios Ⅱ的IDE也可以支持这种多处理器在单一FPGA上的开发，或多个FPGA共享一条JTAG链。

(4) 定制指令。用户定制指令是一个扩展处理器指令的方法，最多可以定制256个用户指令(见图9.1)。定制指令处理器还是处理复杂的算术运算和加速逻辑的最佳途径。例如，将一个在64KB的缓冲区实现的循环冗余码校验(CRC)的逻辑块作为一个定制的指令，要比用软件实现快27倍。

(5) 硬件加速。通过将专用的硬件加速器添加到FPGA中作为CPU的协处理器，CPU就可以并发地处理大块的数据。例如上面提到的CRC例子，通过专用的硬件加速器处理一个64KB的缓冲区，比用软件快530倍。SOPC Builder设计工具中包含一个引入向导，用户可以用这个向导将加速逻辑和DMA通道添加到系统中。

3. 降低系统成本

嵌入式系统设计人员总是坚持不懈地寻找降低系统成本的方法。然而，选择一款处理器，在性能和特性上总是与成本存在着冲突，最终结果总是以增加系统成本为代价的。利用Nios Ⅱ处理器可以通过以下途径降低成本：

(1) 更大规模的系统集成。将一个或更多的Nios Ⅱ处理器组合，选择合适的外设、存储器、I/O 接口，利用这种方法可以减少电路板的成本、复杂程度以及功耗。

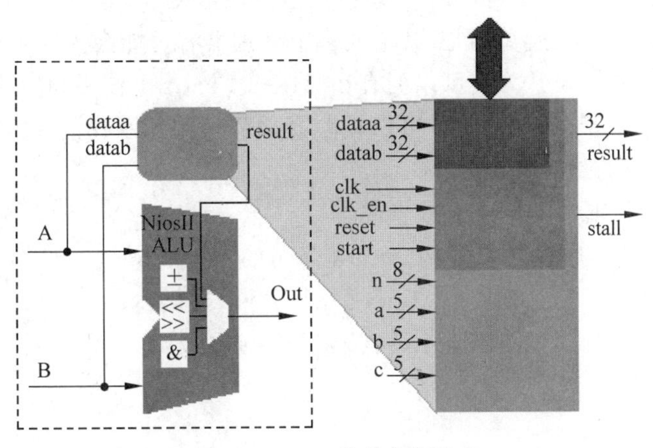

图 9.1 Nios Ⅱ的定制指令

(2) 优化 FPGA/CPU 的选择。经济型的内核(Nios Ⅱ/e)只占用不到 35 美分的 Cyclone 元件资源，保留了更多的逻辑资源给其他片外的元件；并仅仅占用 600 个逻辑单元，这样就可将软核处理器应用于低成本的、需要低处理性能的系统中。小的 CPU 还使得在单个的 FPGA 芯片上嵌入多个处理器成为可能。

(3) 更好的库存管理。嵌入式系统通常包含了来自多个生产商的多种处理器，以应付多变的系统任务。当某种处理器短缺时，管理这些处理器的库存也是个问题。但是使用标准化的 Nios Ⅱ软核处理器，库存的管理将会大大简化，因为通过将处理器实现在标准的 FPGA 元件上减少了对处理器种类的需求。

4. 应付产品的生命周期

开发人员希望快速将其产品推向市场，并保持一个较长的产品生命周期。基于 Nios Ⅱ的系统在以下几个方面可以帮助用户实现此目标。

(1) 加快产品的上市时间。FPGA 可编程的特性使其具有更快的产品上市时间。许多的设计向导通过简单的修改都可以被快速地实现到 FPGA 设计上。Nios Ⅱ系统的灵活性源于 Altera 公司所提供的完整的开发套件、众多的参考设计、强大的硬件开发工具(SOPC Builder)和软件开发工具(Nios Ⅱ IDE)。由于将 Nios Ⅱ处理器放置于 FPGA 内部就可以验证外部的存储器和 I/O 组件，因而电路板设计速度得以显著增加。

(2) 建立有竞争性的优势。维持一个基于通用硬件平台的产品的竞争优势是非常困难的。而带有一个或多个 Nios Ⅱ处理器的 SOPC 系统则具备了硬件加速、定制指令、定制且可裁剪的外设等配置，从而在竞争中占有一定的优势。

(3) 延长了产品的生存时间。使用 Nios Ⅱ处理器的 SOPC 产品的一个独特优势就是能够对硬件进行升级，即使产品已经交付给客户，软件也可以定期升级。这些特性可以解决以下问题。

① 延长产品的生存时间，随着时间的增加，可以不断有新的特性添加到硬件中。

② 减少由于标准的制定和改变而带来的硬件上的风险。

③ 简化了对硬件设计的修复和对错误的排除。

(4) 避免处理器的过时。嵌入式处理器供应商通常提供一个很宽的配置选择范围以适应不同的客户群。不可避免的是,某个或多个处理器有可能会因为生产计划等原因而停止供应或很难寻找。设计人员可以拥有在 Altera FPGA 上使用和配置基于 Nios 设计的永久授权。一个基于 Nios 的设计可以很容易地移植到新系列的 FPGA 元件中,从而保护了对应用软件的投资。

(5) 在产品产量增加的情况下减少成本。一旦一个 FPGA 的设计被选定,并且打算大批量生产,就可以选择将它移植到 Altera 公司的 HardCopy(一种结构化的 ASIC 系列)中,从而减少成本并提升性能。Altera 公司还可以提供 Nios Ⅱ处理器的 ASIC 制造许可,可以将包含 Nios Ⅱ处理器、外设、Avalon 交换式总线的设计移植到基于单元的 ASIC 中。

9.2 Nios Ⅱ嵌入式处理器软、硬件开发流程简介

Nios Ⅱ和 Nios 的开发流程是一样的,只是在软件开发上 Nios 使用 Nios SDK Shell 对程序进行编译、下载;而 Nios Ⅱ使用 Nios Ⅱ IDE 集成开发环境来完成整个软件工程的编辑、编译、调试和下载,大大提高了软件开发效率。如图 9.2 所示为创建一个完整的 Nios Ⅱ系统的全部开发流程,图中包括创建一个工作系统的软、硬件的各项设计任务。

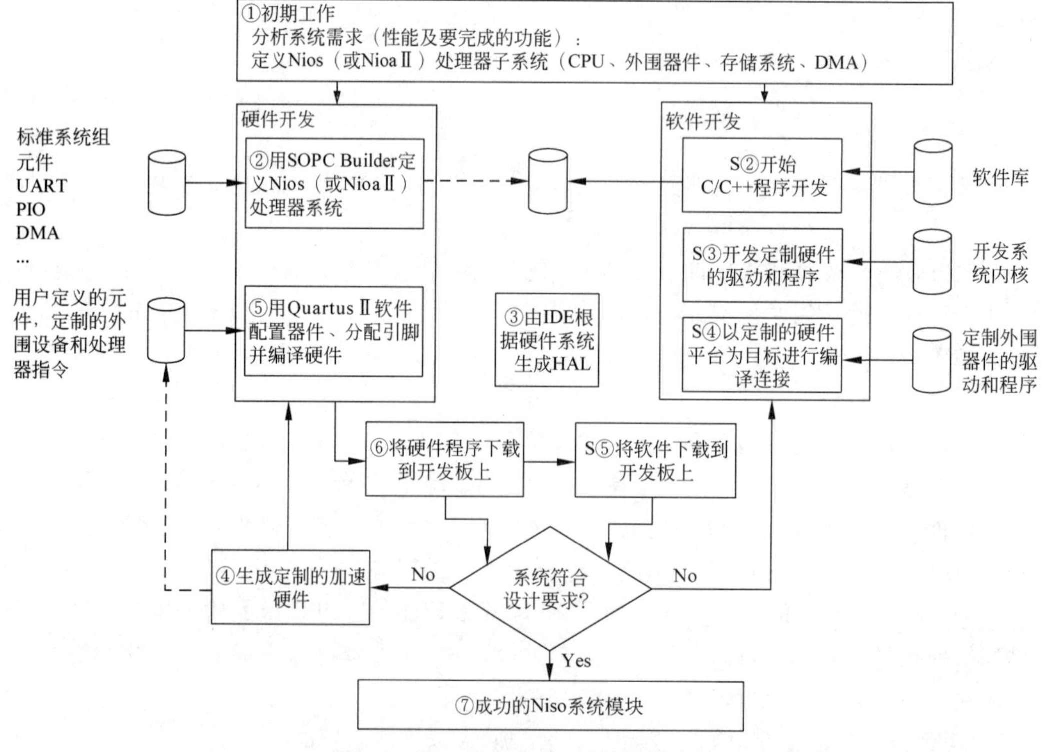

图 9.2 Nios Ⅱ系统软、硬件开发流程

图 9.2 中指示出了硬件和软件设计流程的交汇点，了解软件和硬件之间的相互关系对于完成一个完整的工作系统是非常重要的。

开发流程图从“初期工作”开始(图 9.2 中的步骤①)，这些工作需要软、硬件工作人员的共同参与，它包括了对系统需求的分析，例如：

- 对所设计的系统运行性能有什么要求?
- 系统要处理的带宽有多大?

基于对这些问题的回答，用户可以确定具体的系统需求，例如：

- CPU 是否需要一个硬件加速乘法器?
- 设计中所需要的外围元件及其数量。
- 是否需要 DMA 通道来释放 CPU 在进行数据复制时所占用的资源?

9.2.1 硬件开发流程

系统设计所需的具体硬件设计工作如下。

(1) 用 SOPC Builder 系统综合软件来选取合适的 CPU、存储器以及外围元件(如片内存储器、PIO、UART 和片外存储器接口)，并定制它们的功能(参见图 9.2 中的步骤②)。

(2) 使用 Quartus Ⅱ软件来选取具体的 Altera 可编程元件系列，并对 SOPC Builder 生成的 HDL 设计文件进行布局布线；再使用 Quartus Ⅱ软件选取目标元件并对 Nios Ⅱ系统上的各种 I/O 口分配引脚，另外还要根据要求进行硬件编译选项或时序约束的设置(参见图 9.2 中的步骤⑤)。在编译的过程中，Quartus Ⅱ从 HDL 源文件综合生成一个适合目标元件的网表。最后，生成配置文件。

(3) 使用 Quartus Ⅱ编程器和 Altera 下载电缆，将配置文件(用户定制的 Nios Ⅱ处理器系统的硬件设计)下载到开发板上(参见图 9.2 中的步骤⑥)。当校验完当前硬件设计后，还可再次将新的配置文件下载到开发板上的非易失存储器里。下载完硬件配置文件后，软件开发者就可以把此开发板作为软件开发的初期硬件平台进行软件功能的开发验证了。

9.2.2 软件开发流程

系统设计所需的具体软件设计工作如下。

(1) 在用 SOPC Builder 系统集成软件进行硬件设计的同时，就可以开始编写独立于元件的 C/C++软件，例如算法或控制程序(参见图 9.2 中的步骤 S②)。用户可以使用现成的软件库和开放的操作系统内核来加快开发进程。

(2) 在 Nios Ⅱ IDE 中建立新的软件工程时，IDE 会根据 SOPC Builder 对系统的硬件配置自动生成一个定制 HAL(硬件抽象层)系统库。这个库能为程序和底层硬件的通信提供接口驱动程序，它类似于创建 Nios 系统时 SOPC Builder 生成的 SDK。

(3) 使用 Nios Ⅱ IDE 对软件工程进行编译、调试(参见图 9.2 中的步骤 S④)。

(4) 将硬件设计下载到开发板上后，就可以将软件下载到开发板上并在硬件上运行

(参见图 9.2 中的步骤 S⑤)。

9.3 Nios Ⅱ处理器结构

Nios Ⅱ是一种软核(Soft-Core)处理器。所谓软核,是指未被固化到硅片上,使用时需要借助 EDA 软件对其进行配置并下载到可编程芯片(例如 FPGA)中的 IP 核。软核最大的特点就是可由用户按需要进行配置。

Nios Ⅱ处理器有 3 种类型:Nios Ⅱ/e(经济型)、Nios Ⅱ/s(标准型)、Nios Ⅱ/f(快速型)。这有点像 ARM 处理器分 ARM7、ARM9 等一样。Nios Ⅱ/e 型所占的 FPGA 资源最少,但是性能最低;Nios Ⅱ/f 型性能最高,但是所消耗的资源最多;Nios Ⅱ/s 型的性能和资源消耗介于 Nios Ⅱ/e 型和 Nios Ⅱ/f 型之间。

Nios Ⅱ处理器的结构框图如图 9.3 所示。

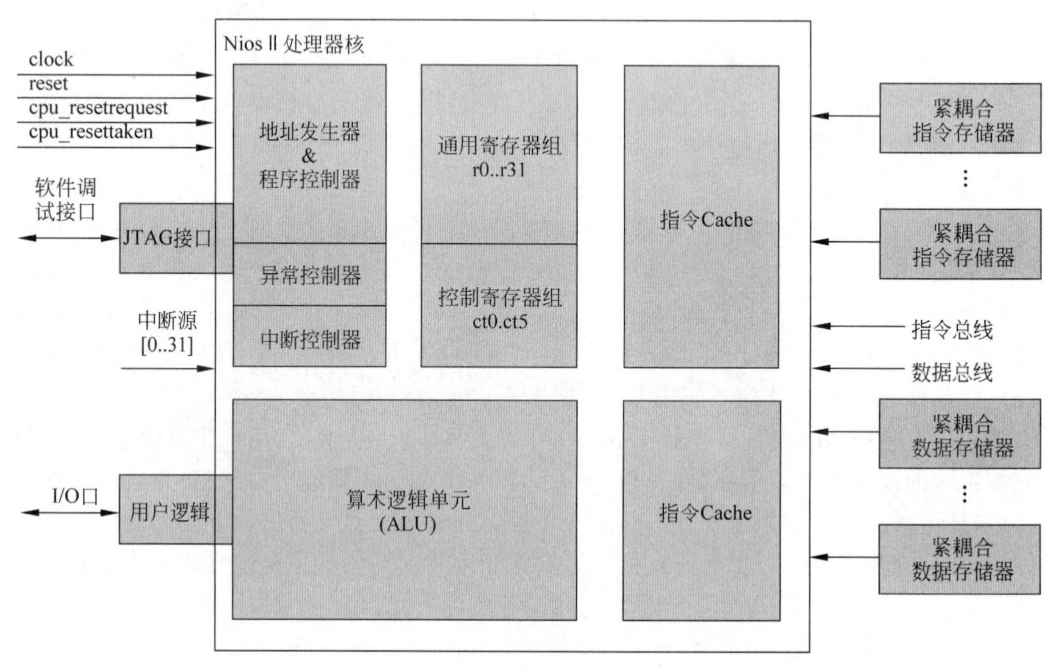

图 9.3 Nios Ⅱ处理器结构框图

由图 9.3 可以看出,Nios Ⅱ处理器包含以下用户可见的功能模块:寄存器文件(Register File)、算术逻辑单元(ALU)、用户逻辑接口、异常控制器、中断控制器、数据总线和指令总线、数据 Cache 和指令 Cache、JTAG 调试模块及紧耦合的数据、指令存储器接口。

数据处理主要由算术逻辑单元完成,在现有的 Nios Ⅱ处理器中,暂时没有协处理器接口。用户逻辑接口用来连接用户定制的逻辑电路与 Nios Ⅱ内核。Nios Ⅱ采用哈弗结构,数据总线和指令总线分开。为了调试方便,Nios Ⅱ处理器集成了一个 JTAG 调试模块。

为了提高系统的整体性能,Nios Ⅱ内核不仅可以集成数据 Cache 和指令 Cache,还带有紧耦合存储器(Tightly Coupled Memory,TCM)接口。Cache虽然改善了系统的整体性能,但也使程序的执行时间变得不可预测。对于实时系统来说,代码执行的确定性——装载和存储指令或数据的时间必须是可预测的,这一点至关重要。紧耦合存储器是一种紧挨着内核的快速SRAM,它不仅能改善系统性能,而且保证了装载和存储指令或数据的时间是确定的。紧耦合存储器可以使Nios Ⅱ处理器既能提高性能,又能获得可预测的实时响应。

Nios Ⅱ把外部硬件的中断事件(如I/O事件、定时器中断、UART中断等)交由中断控制器管理,内核异常事件(如软件自陷、未定义指令、预取指终止等)交由异常控制器管理。

Nios Ⅱ的寄存器文件包括32个通用寄存器和6个控制寄存器,Nios Ⅱ结构允许将来添加浮点寄存器,具体细节将在9.4节介绍。

9.4 Nios Ⅱ的寄存器文件

9.4.1 Nios Ⅱ的通用寄存器

Nios Ⅱ的32个通用寄存器的习惯命名和用法如表9.4所示。

表9.4 通用寄存器一览

通用寄存器组					
寄存器	助记符	功　能	寄存器	助记符	功　能
r0	zero	清零	r16		子程序要保存的寄存器
r1	at	汇编中的临时变量	r17		子程序要保存的寄存器
r2		函数返回值(低32位)	r18		子程序要保存的寄存器
r3		函数返回值(高32位)	r19		子程序要保存的寄存器
r4		传递给函数的参数	r20		子程序要保存的寄存器
r5		传递给函数的参数	r21		子程序要保存的寄存器
r6		传递给函数的参数	r22		子程序要保存的寄存器
r7		传递给函数的参数	r23		子程序要保存的寄存器
r8		调用者要保存的寄存器	r24	et	为异常处理保留
r9		调用者要保存的寄存器	r25	bt	为程序断点保留
r10		调用者要保存的寄存器	r26	gp	全局指针
r11		调用者要保存的寄存器	r27	sp	堆栈指针
r12		调用者要保存的寄存器	r28	fp	帧指针
r13		调用者要保存的寄存器	r29	ea	异常返回地址
r14		调用者要保存的寄存器	r30	ba	断点返回地址
r15		调用者要保存的寄存器	r31	ra	函数返回地址

尽管硬件对寄存器的用法几乎没有规定,但是它们在实际使用过程中还是遵循一些约定俗成的惯例。如果想使用他人的子程序、编译器或操作系统,最好还应遵守这些惯例。

(1) zero:总是存放0值,对它读写无效。Nios Ⅱ没有专门的清零指令,所以常用它来对寄存器清零。

(2) at：这个寄存器在汇编程序中常用作临时变量。

(3) r2,r3：用来存放一个函数的返回值。r2 存放返回值的低 32 位,r3 存放返回值的高 32 位。如果这两个寄存器不够存放需要返回的值,编译器将通过堆栈来传递。

(4) r4～r7：用来传递 4 个非浮点参数给一个子程序。r4 传递第一个参数,r5 传递第二个参数,以此类推。如果这 4 个寄存器不够传递参数,编译器将通过堆栈来传递。

(5) r8～r15：习惯上,子程序可以使用其中的值而不用保存它们。但使用者必须记住,这些寄存器里面的值可能被一次子程序调用改变,所以调用者有责任保护它们。

(6) r16～r23：习惯上,子程序必须保证这些寄存器中的值在调用前后保持不变,即要么在子程序执行时不使用它们,要么使用前把它们保存在堆栈中并在退出时恢复。

(7) et：在异常处理时使用。使用时,可以不恢复原来的值。该寄存器很少用作他用。

(8) bt：在程序断点处理时使用。使用时,可以不恢复原来的值。该寄存器很少用作他用。

(9) gp：它指向静态数据区中的一个运行时临时决定的地址。这意味着在存取位于 gp 值上下 32KB 范围内的数据时,只需要一条以 gp 作为基指针的指令即可完成。

(10) SP：堆栈指针。Nios Ⅱ没有专门的出栈(POP)入栈(PUSH)指令,在子程序人口处,sp 被调整指向堆栈底部,然后以 sp 为基址,用寄存器基址＋偏移地址的方式来访问其中的数据。

(11) fp：帧指针,习惯上用于跟踪栈的变化和维护运行时环境。

(12) ea：保存异常返回地址。

(13) ba：保存断点返回地址。

(14) ra：保存函数返回地址。

9.4.2 Nios Ⅱ的控制寄存器

Nios Ⅱ的控制寄存器共有 6 个,它们的读/写访问只能在超级用户(Supervisor Mode)状态下由专用的控制寄存器读/写指令(rdctl 和 wrctl)实现。控制寄存器各位的含义如表 9.5 所示。

表 9.5 控制寄存器一览

控制寄存器组				
寄存器	**名字**	**bit 位意义：31...2**	**1**	**0**
ct10	status	保留	U	PIE
ct11	estatus	保留	EU	EPIE
ct12	bstatus	保留	BU	BPIE
ct13	ienable	中断允许位		
ct14	ipending	中断发生标志位		
ct15	cpuid	唯一的 CPU 序列号		

status 是状态寄存器,只有第 1 位和第 0 位有意义。U 反映计算机当前状态：1 表示处于用户态(User-mode),0 表示处于超级用户态(Supervisor Mode)。PIE 是外设中断

允许位,1 表示允许外设中断,0 表示禁止外设中断。

bstatus 和 estatus 都是 status 寄存器的影子寄存器(Shadow Register),它们在发生断点或者异常时,保存 status 寄存器的值;在断点或异常处理返回时,恢复 status 寄存器的值。

ienable 是中断允许寄存器,每一位控制一个中断通道,例如第 0 位为 1 表示允许第 0 号中断发生,为 0 表示禁止第 0 号中断发生。

ipending 是中断发生标志位,每一位反映一个中断发生,例如第 0 位为 1 表示第 0 号中断发生。

cpuid 寄存器(只读)中装载着处理器的 id 号。这个 id 号在多处理器系统中可以作为分辨 CPU 的标识。该 id 号在生成 Nios Ⅱ 系统时产生。

如果所选的 Nios Ⅱ 处理器支持流水线,那么用户在更改状态寄存器的时候,需要考虑更改状态寄存器对流水线中指令的影响。

9.5 算术逻辑单元

Nios Ⅱ 的算术逻辑单元(ALU)对通用寄存器中的数据进行操作。ALU 操作从寄存器中取一个或者两个操作数,并将运算结果存回到寄存器中。ALU 支持的数据操作见表 9.6。

表 9.6 Nios Ⅱ ALU 支持的操作

种　类	描　述
算术运算	ALU 支持有符号和无符号数的加、减、乘和除法
关系运算	支持有符号和无符号数的等于、不等于、大于或等于和小于(==、!=、>=、<)关系运算
逻辑运算	支持 AND、OR、NOR 和 XOR 逻辑运算
移位运算	支持移位和循环移位运算,在每条指令中可以将数据移位和环移 0~31 位。支持算术右移和算术左移,还支持左、右循环移位

9.5.1 未实现的指令

某些 Nios Ⅱ 核,例如 Nios Ⅱ/e 型,可能不支持某些指令。运行这些指令会引起未实现指令异常。这些指令有 mul、muli、mulxss、mulxsu、mulxuu、div 和 divu。如果在 SOPC 中,硬件乘法器和硬件除法器的选项未使能,也会不支持这些指令。

9.5.2 用户指令

可编程软核处理器最大的特点就是灵活,灵活到我们可以方便地增加指令,这在其他 SoC 系统中是做不到的。增加用户指令可以把系统中软件处理耗时多的关键算法用硬件逻辑电路来实现,从而大大提高系统的效率。

Nios Ⅱ 处理器定制指令(Custom Instruction)不仅扩展了 CPU 指令集,还能提高对时间要求严格的软件运行速度,从而提高系统性能。采用定制指令,用户可以实现传统处理器无法达到的最佳系统性能。定制指令是基于 Nios Ⅱ嵌入式处理器的 SOPC 系统的一个重要特性。在对数据处理速度要求比较高的场合,把由标准指令序列实现的核心功能交由一条用户定制的指令来实现,可以明显提高软件的执行效率。换句话说,基于硬件处理模块的定制指令可通过单时钟周期或多时钟周期的硬件算法操作来完成原本十分复杂的软件处理任务。

Nios Ⅱ系列处理器支持多达 256 条定制指令,加速通常由软件实现的逻辑和复杂数学算法。例如,在 64KB 缓冲中,执行循环冗余编码计算的逻辑模块,其定制指令速度比软件快 27 倍。Nios Ⅱ处理器支持固定和可变周期操作,其向导功能将用户逻辑作为定制指令输入系统,自动生成便于在开发人员代码中使用的软件宏功能。

定制指令可以有多种用途,例如在一个需要浮点数运算的场合,加入定制的浮点指令可以大大提高 CPU 的数据处理效率;在需要使用大量 DSP 算法的场合,可以定制一些诸如复数乘法或乘加等 DSP 运算指令,使 Nios Ⅱ系统具有常规 DSP 处理器的功能。

简单地理解,用户指令就是让 Nios Ⅱ处理器完成某个功能,这个功能由硬件逻辑来实现。这个硬件逻辑用 HDL 语言描述,并且被连接到 Nios Ⅱ处理器中的 ALU 上。对于标准指令,Nios Ⅱ使用 ALU 进行相应的算术逻辑操作;而对于定制指令,则采用外部用户建立的硬件逻辑单元来完成运算。图 9.4 展示了具有定制指令的 Nios Ⅱ硬件结构。可以看到,定制指令硬件与 ALU 共享两个输入端;定制指令硬件的输出端连接到 ALU 的输出多路选择器(MUX)上,当使用定制指令时,ALU 的操作结果将被放弃。

Nios Ⅱ处理器用户指令模块框图如图 9.5 所示。用户指令最基本的操作就是接收 dataa[31..0]和 datab[31..0]上的输入,然后将用户逻辑计算出的结果在 result[31..0]上输出。

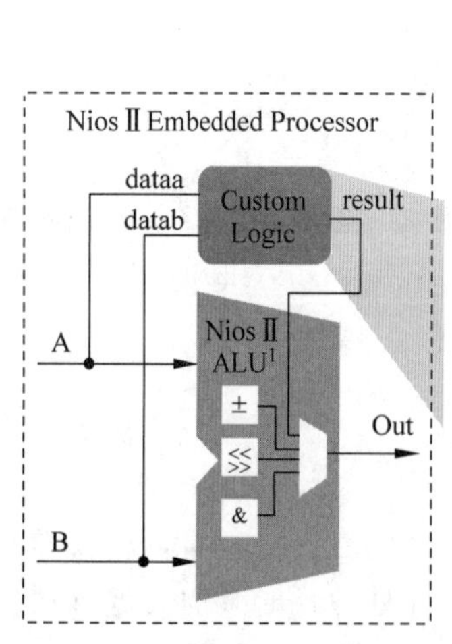

图 9.4 具有定制指令的 Nios Ⅱ硬件结构

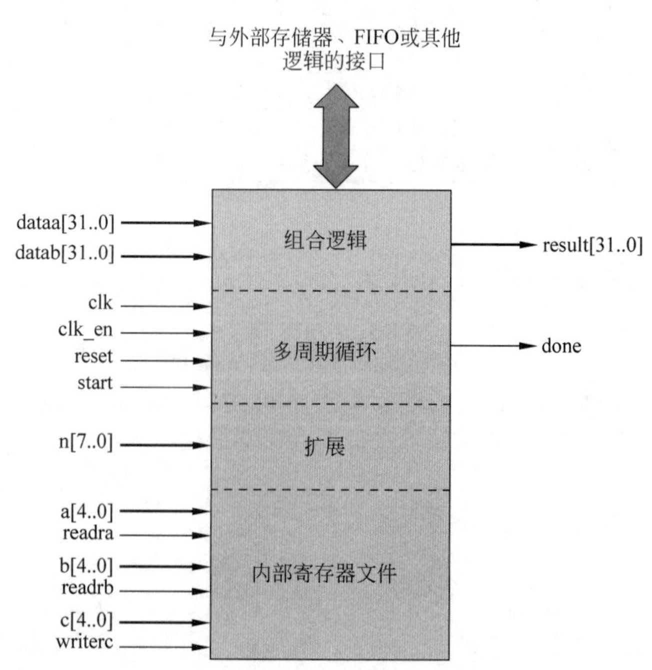

图 9.5 Nios Ⅱ处理器用户指令硬件模块框图

对图 9.5 中各信号的描述如表 9.7 所示。

表 9.7 信号线的名称定义

信号名称	宽度/位	方向	描 述	信号名称	宽度/位	方向	描 述
data[31..0]	32	Input	操作数	readrb	1	Input	如果为高,dataa[31..0]和 datab[31..0]提供给 CPU;如果为低,用户指令逻辑通过 b[4..0]提供的索引读取内部寄存器文件
datab[31..0]	32	Input	操作数	writerc	1	Input	根据此信号用户指令通过 c[4..0]提供的索引对内部寄存器文件进行写操作
result[31..0]	32	Output	运算结果	a[4..0]	5	Input	用户指令内部寄存器文件的索引
clk	1	Input	系统时钟	b[4..0]	5	Input	用户指令内部寄存器文件的索引
clk_en	1	Input	时钟使能	c[4..0]	5	Input	用户指令内部寄存器文件的索引
reset	1	Input	同步复位	n[7..0]	8	Input	在扩展指令中用于 result[31..0]输出的多路开关的输入通道选择
start	1	Input	操作启动信号				
done	1	Output	CPU 执行完成指示信号				
readra	1	Input	如果为高,dataa[31..0]和 datab[31..0]提供给 CPU;如果为低,用户指令逻辑通过 a[4..0]提供的索引读取内部寄存器文件				

Nios Ⅱ定制指令可以有 5 种硬件结构,分别是组合逻辑(Combinatorial)指令、多周期(Multi-cycle)指令、扩展(Extended)指令、具有内部寄存器文件(Internal Register File)的指令和扩展接口(指令)。各定制指令硬件结构、应用及硬件接口的对应关系如表 9.8 所示。

表 9.8　定制指令硬件结构、应用及硬件接口的对应关系

定制指令硬件结构	主 要 应 用	硬 件 接 口
组合逻辑	单周期用户指令	data[31..0],datab[31..0],result[31..0]
多周期	多周期用户指令,处理比较复杂的时序逻辑	data[31..0],datab[31..0],result[31..0],clk,clk_en,start,reset,done
扩展	允许逻辑模块执行多个操作,最后结果由多路选择器输出	data[31..0],datab[31..0],result[31..0],clk,clk_en,start,reset,done,n[7..0]
内部寄存器文件	允许用户在逻辑模块内构建寄存器文件,并可以选择从逻辑模块外部取数或是从内部寄存器文件中取数	data[31..0],datab[31..0],result[31..0],clk,clk_en,start,reset,done,n[7..0],a[4..0],readra,b[4..0],readrb,c[4..0],writere
扩展接口	允许用户定义外部逻辑接口,这样为逻辑模块增加了一个与外部电路间的数据通路	以上4类标准定制指令硬件接口之一外加用户定义的外部逻辑接口

对于单周期的组合逻辑用户指令,自定义指令必须在一个时钟周期内完成。因为操作在一个时钟周期内结束,所以硬件逻辑只需要数据端口,不需要控制信号端口。组合逻辑指令的结构框图如图 9.6 所示。其中 dataa[31..0], datab[31..0]信号并不是必需的。

图 9.6　组合逻辑指令结构框图

在组合逻辑用户指令中,dataa[31..0],datab[31.. 0]上的数据在 CPU 时钟 clk 上升沿锁存,CPU 在下一个 clk 的上升沿从 result[31..0]读取输出结果。

多周期用户指令中包含一个需要 2 个或 2 个以上周期才能完成操作的硬件逻辑。除了数据信号外,多周期指令还需要一些控制信号来提供状态信号,使其与 Nios Ⅱ 处理器同步工作。多周期用户指令的结构框图如图 9.7 所示。其中 clk、clk_en、reset 信号是必需的,其他信号为可选。

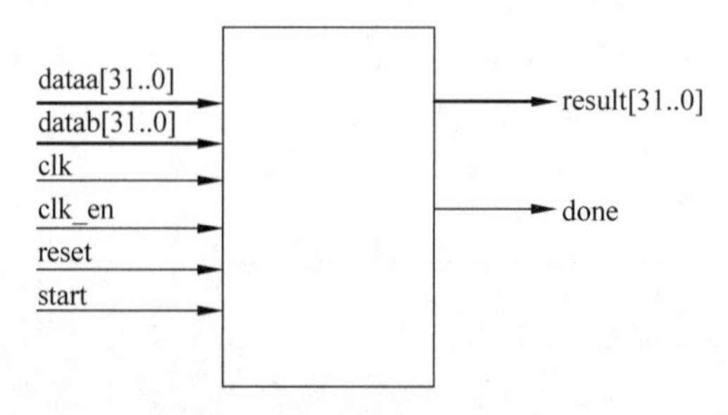

图 9.7　多周期指令结构框图

多周期用户指令可以以固定的时钟周期或可变的时钟周期完成操作。固定周期时,用户在系统生成时指定周期数。可变周期时,要求使用 start 和 done 信号来确定指令执

行的开始和结束。多周期指令执行的时序如图 9.8 所示。

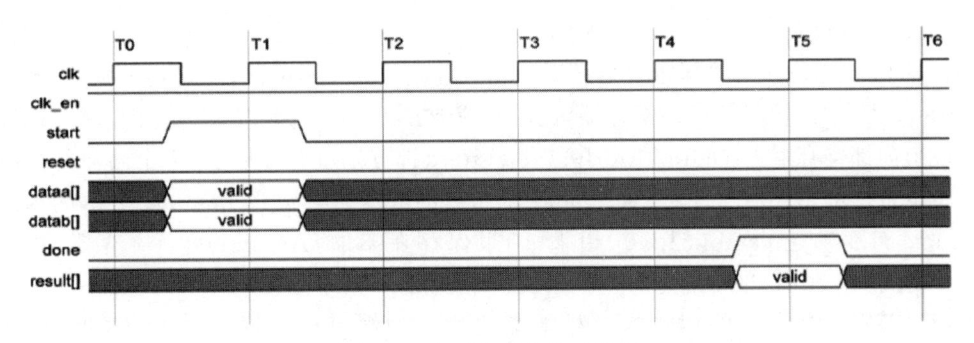

图 9.8　多周期指令的时序图

当 ALU 执行多周期自定义指令时,CPU 在指令执行的第一个时钟周期设置 start 端口高有效,dataa 和 datab 端口的数据在时钟的上升沿有效,在接下来的所有时钟周期内, dataa 和 datab 端口的值不定。Nios Ⅱ系统为指令逻辑提供时钟信号 clk 和高有效的复位信号 reset,复位信号 reset 只在整个 Nios Ⅱ系统复位时有效。用户逻辑使用高有效的 clk_en 信号来控制时钟信号 clk 是否有效。

对于固定周期,CPU 设置 start 端口高有效,等待 1 个周期后,result 端口上必须出现有效数据,CPU 从 result 端口读取结果。如果将图 9.8 所示时序图看作一个固定周期指令,那么固定周期为 5 个时钟周期。对于变周期,CPU 设置 start 端口高有效后, CPU 一直等到 done 端口的上升沿到来时,才从 result 端口读取结果。当然,用户指令逻辑必须在 done 端口的上升沿到来时给出有效的结果值。

扩展用户指令结构可以允许用户从多个(最多 256)单一用户逻辑指令的操作结果中选择一个输出。多个用户逻辑的操作结果通过多路开关连接到 result 端口上,通过 n[7..0]来选择哪一个用户逻辑的结果输出到 result 上。例如具有位交换、字节交换、半字交换的扩展指令结构框图如图 9.9 所示。

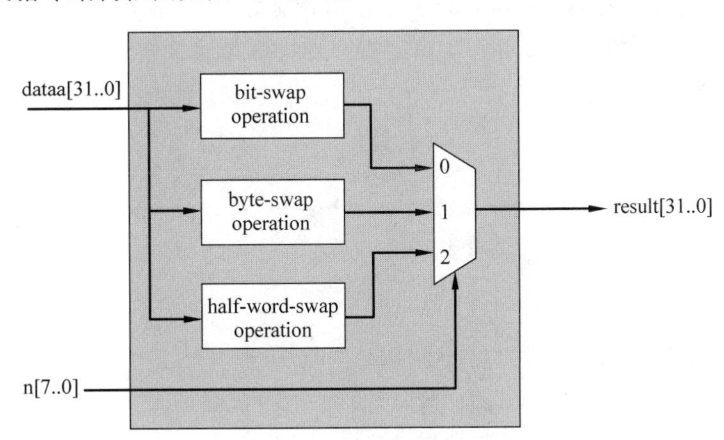

图 9.9　拓展指令结构框图

扩展指令中的单一用户指令可以是组合逻辑用户指令,也可以是多周期用户指令。使用扩展指令时,要在扩展用户指令接口中加入 n[7..0]端口,具体宽度可根据扩展指令中的单一用户指令的个数来决定。

带内部寄存器的 Nios Il 处理器允许用户指令逻辑除了访问 Nios Ⅱ处理器的寄存器外，还能访问自己内部的寄存器。内部寄存器文件用户指令使用 readra 、readrb 以及 writerc 来决定是访问其内部寄存器还是 Nios Ⅱ处理器的寄存器。当 readra、readrb 以及 writerc 为高时，访问其内部寄存器，此时对应的 a[4..0]、b[4..0]以及 c[4..0]指定访问哪一个内部寄存器。readra、readrb 以及 writerc 都分别可对应最多 32 个内部寄存器。一个属于带内部寄存器文件用户指令的乘加指令的框图如图 9.10 所示。当 readrb 为低时，dataa[31..0]与 datab[31..0]相乘，结果保存在累加(Accumulate)寄存器中。当 readrb 为高时，dataa[31..0]与上一次累加的结果相乘，而不是 datab[31..0]。

带内部寄存器文件的用户指令可能需要用到的端口信号见表 9.8。端口信号中 readra、readrb、writerc、a[4..0]、b[4..0]以及 c[4..0]的行为与 dataa[31..0]信号相似。当 start 信号有效时，readra、readrb、writerc、a[4..0]、b[4..0]以及 c[4..0]在 clk 的上升沿有效。

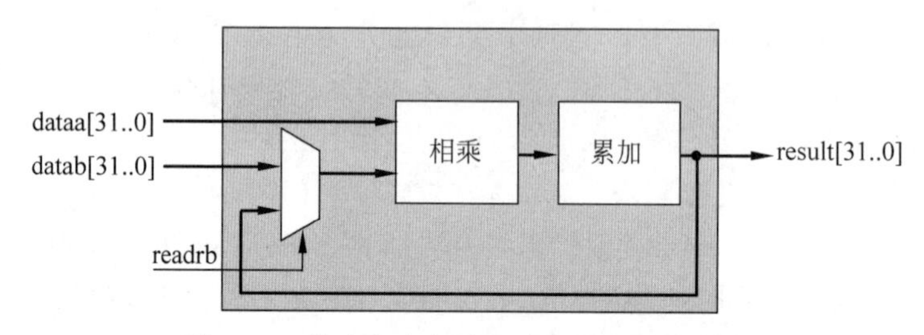

图 9.10　带内部寄存器的乘加指令结构框图

扩展接口用户指令的结构框图如图 9.11 所示。Nios Ⅱ处理器用户指令允许用户添加一个接口以完成与处理数据路径以外逻辑的通信。在系统生成时，任何不属于用户指令信号的信号，都将在 SOPC Builder 顶层模块中列出来，以便外部逻辑能访问这些信号。如图 9.11 所示是一个外部存储器接口的多周期用户逻辑指令。用户指令的扩展接口为用户提供了一个数据输入/输出的专用接口。例如，用户扩展接口指令可以通过扩展接口(而不是处理器数据总线)将 CPU 的寄存器中数据直接传送到外部 FIFO 存储器中，从而大大提高了效率。

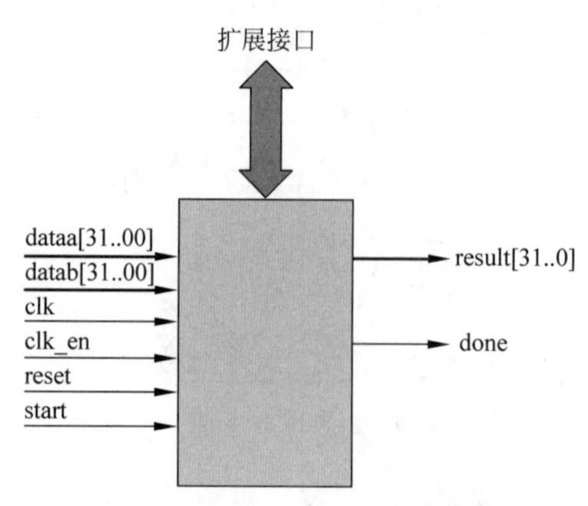

图 9.11　扩展接口用户指令的结构框图

定制指令支持多种设计文件，包括 Verilog HDL、VHDL、EDIF Netlist File、Quartus Ⅱ、Block Design File（.bdf）和 Verilog Quartus Mapping File（.vqm）。

具体的实现方法如下：

（1）导入 HDL 文件实现定制指令；

（2）通过 DSP Builder 实现定制指令加速模块；

（3）直接使用 SOPC Builder 中自带的定制指令。

9.6 复位信号

Nios Ⅱ处理器核支持两个复位信号：reset 和 cpu_resetrequest。reset 是一个强制处理器核立即进入复位状态的全局硬件复位信号。cpu_resetrequest 是一个可以让 CPU 复位但不影响 Nios Ⅱ系统其他外设的局部复位信号。CPU 复位进入复位状态前要执行完流水线上所有指令，这个过程可能花费几个周期。当 cpu_resetrequest 一直有效时，CPU 保持复位。在 JTAG 调试模式下，CPU 不会响应 cpu_resetrequest。

CPU 复位后，Nios Ⅱ处理器将执行下列操作：

（1）清除状态寄存器 status，使之为 0x0；

（2）指令 Cache 与程序存储器的关联被置为无效，处理器从固态程序存储器（例如 Flash）中的 reset 地址处取得第一条指令；

（3）从复位地址处开始执行程序。

清除状态寄存器 status（ctl0）是为了使处理器进入超级用户模式并禁止硬件中断。使当前指令 Cache 队列无效，是为了保证取指是从复位地址所在的非 Cache 存储区，而不是当前指令 Cache。复位地址在系统生成时指定。指令 Cache 的内容在复位后是不确定的，因此复位程序（或称启动代码）要立即进行指令 Cache 的初始化，接下来要初始化数据 Cache。

以下部件的状态在复位后是不确定的：

（1）通用寄存器（除 zero：总是存放 0 值）；

（2）控制寄存器（除 status（ctl0），被置为 0x0）；

（3）指令和数据存储器；

（4）Cache（除与复位地址关联的指令 Cache）；

（5）与 CPU 相连的各外设，各外设复位后的状态要具体参考各外设的手册；

（6）用户指令逻辑在复位后的状态要参考用户指令逻辑的手册或说明。

9.7 Nios Ⅱ处理器运行模式

Nios Ⅱ处理器有 3 种运行模式：用户模式（User-Mode）、超级用户模式（Supervisor Mode）和调试模式（Debug Mode）。调试模式拥有最大的访问权限，可以无限制地访问所有的功能模块；超级用户模式除了不能访问与调试有关的寄存器（bt、ba 和 bstatus）外，无其他访问限制；用户模式是超级用户模式功能访问的一个子集，它不能访问控制寄存器和一些通用寄存器。通常系统程序代码运行在超级用户模式。

目前的所有 Nios Ⅱ处理器(v6.0 版及以前)都不支持用户模式,永远都运行在超级用户模式。3 种模式的切换过程如图 9.12 所示。

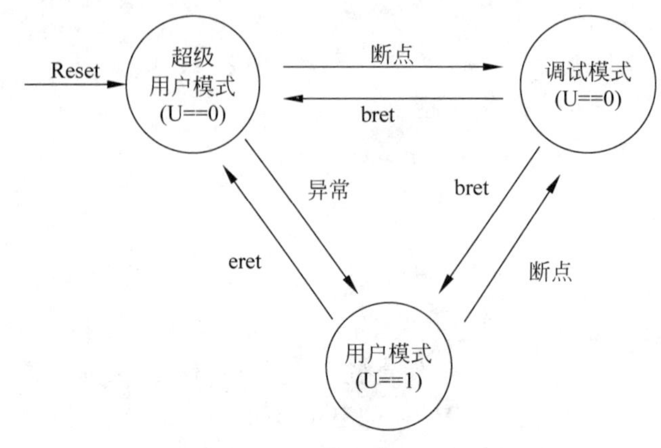

图 9.12 Nios Ⅱ处理器 3 种运行模式

图 9.12 中,eret、bret 分别是异常返回指令和断点返回指令。当 Nios Ⅱ复位(Reset)后,status 寄存器的 U 位会消零,Nios Ⅱ进入超级用户模式;指令 Cache 与程序存储器的关联被置为无效,处理器从固态程序存储器(例如 Flash)中的 reset 地址处取得第一条指令,然后由初始化程序初始化指令 Cache、数据 Cache 和处理器工作状态。这些初始化程序不用 Nios Ⅱ用户编写,Nios Ⅱ IDE 会根据用户定制的 Nios Ⅱ处理器把相应的初始化程序链入用户的应用程序中。

9.8 异常和中断控制器

9.8.1 异常控制器

Nios Ⅱ体系结构提供一个简单的非向量异常控制器来处理所有类型的异常。所有异常包括硬件中断,都引起处理器从异常地址开始执行程序。程序员可以在异常地址处判断异常产生的原因,并分配相应的异常处理任务。异常地址在系统生成时指定。

9.8.2 中断控制器

Nios Ⅱ体系结构支持 32 个外部硬件中断,即 irq0~irq31。每个中断对应一个独立的中断通道。IRQ 的优先级由软件决定(见 9.9.3 节)。Nios Ⅱ体系结构支持中断嵌套。

针对每个 IRQ 输入,处理器中的 ienable 中断允许寄存器中都有一个相应的中断使能位。处理器能通过 ienable 控制寄存器来独立地使能或者禁止每个中断源。处理器也可以通过 status 控制寄存器的 PIE 位来使能或者禁止所有的中断。一个硬件中断发生的充要条件是下列 3 个条件全为真:

(1) Status 控制寄存器中的 PIE 位为 1;

(2) 某个中断请求 irqn 有效;

(3) 在 ienable 寄存器中,该中断源相应位为 1。

9.9 Nios Ⅱ的异常处理

这里的异常是 CPU 内部异常和外部中断的总称。Altera 公司的文档没有把中断和异常这两个概念加以区分,所以在此也不加以区分。Nios Ⅱ的异常控制器采用非向量仲裁的策略,即当一个异常(CPU 异常或外部中断)发生时,处理器简单地跳转到已知的异常处理地址,并执行那里的代码。代码首先检测异常发生的原因,然后再转跳到相应的异常服务子程序 ISR 中去。

9.9.1 异常类型

Nios Ⅱ包括下列异常:硬件中断、软件陷阱异常、未定义指令异常、其他异常。其中,软件陷阱异常、未定义指令异常及其他异常又可统称为软件异常。一个外设能够通过处理器 32 个中断输入之一,请求产生一个硬件中断。

当程序遇到软件陷阱指令时,将产生软件陷阱异常,这在程序需要操作系统服务时常用到。操作系统的异常处理程序判断产生软件陷阱的原因,然后执行相应的任务。

当处理器执行未定义指令时产生未定义指令异常。异常处理(Exception Processing)可以判断哪个指令产生异常,如果指令不能通过硬件执行,那么可以在一个异常服务程序中通过软件方式仿真执行。其他异常类型是为将来准备的。

处理器在执行过程中可能会产生并不属于前 3 种已经定义的异常类型,例如 Nios Ⅱ处理器将来可能支持存储器管理单元,在执行时可能产生非法访问异常等。

9.9.2 异常硬件处理流程

当异常发生后,处理器会依次完成以下工作:

(1) 把 status 寄存器内容复制到 estatus 寄存器中,保存当前处理器状态;

(2) 清除 status 寄存器的 U 位为 0,强制处理器进入超级用户状态;

(3) 消除 status 寄存器的 PIE 位为 0,禁止所有的硬件中断;

(4) 把异常返回地址写入 ea 寄存器(r29);

(5) 跳转到异常处理地址。

当跳转到异常处理地址后,处理器开始执行一段由 HAL 插入的代码,判断异常源和异常优先级,然后再转跳到用户的异常服务子程序中。

9.9.3 异常判别及优先级

在跳转到异常处理地址后到执行用户异常服务子程序前还有一段由 HAL 插入的代码,这段代码主要是判断异常源和异常优先级,然后决定调用哪个 ISR,具体过程如图 9.13 所示。

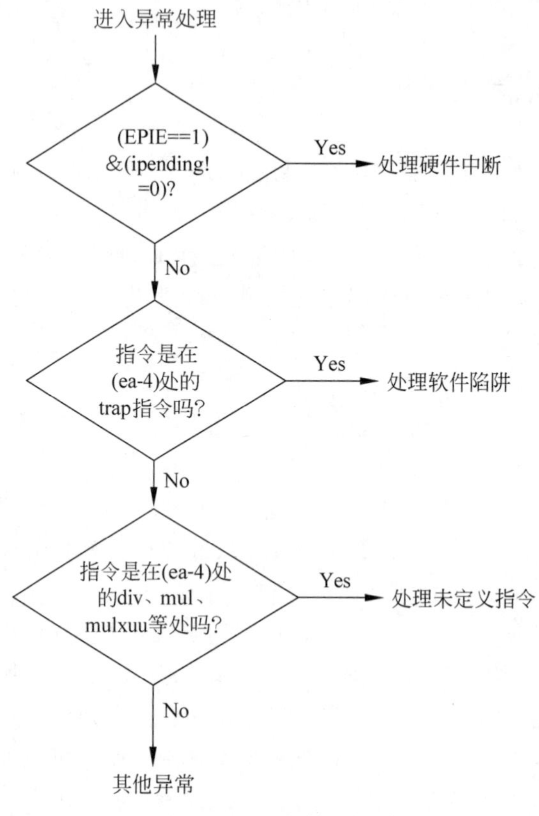

图 9.13　异常类型判别

进入异常处理后，HAL 异常处理代码首先检测 estatus 寄存器的 EPIE 位是否使能。如果 EPIE 位使能，再检测 ipending 寄存器中的异常来源信息。如果 ipending 寄存器某位为 1，则说明发生了该位对应的硬件中断。

如果 EPIE 不等于 1 或 ipending 寄存器每一位都是 0，则可能发生了软件陷阱异常、未定义指令异常或其他异常。判别是否是软件陷阱异常，只要从地址 ea-4 处读取指令看是否是 trap。如果地址 ea-4 处的指令不是 trap，而是一条可以被软件仿真执行的指令，则发生未定义指令异常。

如果上述条件都不满足，则发生其他异常，异常处理程序应该做出相应报告。

本来 Nios Ⅱ的异常控制器是没有区分优先级的，但是由于 HAL 插入的代码是从 ipending 寄存器的第 0 位开始检测中断源的，即假设有 0、1 号中断同时发生，代码检测到 0 号中断发生后即调用 0 号中断的 ISR，执行完 0 号中断的 ISR 后发现还有 1 号中断，再调用 1 号中断的 ISR。所以从这个意义上说，Nios Ⅱ的外部中断优先级为 0～31。中断号在系统生成时由用户设置。

由以上分析可知，Nios Ⅱ异常优先级依次为：外部硬件中断、软件陷阱异常、未实现指令异常、其他情况。

外部硬件中断中，又以 0 号中断的优先级为最高。

9.9.4 异常嵌套

Nios Ⅱ异常控制器比较简单，不能对异常优先级进行仲裁，所以不能通过 Nios Ⅱ的硬件实现异常嵌套。因为异常发生后，处理器禁止了所有的外部中断，所以要实现异常嵌套，需要在用户 ISR 中打开外部中断允许，即 PIE 位置 1。由于异常发生后，处理器只是禁止所有外部中断，所以在处理异常事件的过程中，可以响应由 trap 指令引起的软件陷阱异常和未实现指令异常。在异常嵌套之前，为了确保异常能正确返回，必须保存 estatus 寄存器(ctl1)和 ea 寄存器(r29)。

9.9.5 异常返回

当执行异常返回指令(eret)后，处理器会把 estatus 寄存器(ctl1)内容复制到 status 寄存器(ctl0)中，恢复异常前的处理器状态，然后把异常返回地址从 ea 寄存器(r29)写入程序计数器。异常发生时，ea 寄存器(r29)保存了异常发生处下一条指令所在的地址。当异常从软件陷阱异常或未定义指令异常返回时，程序必须从软件陷阱指令 trap 或未定义指令后继续执行，因此 ea 寄存器(r29)就是正确的异常返回地址。

如果是硬件中断异常，程序必须从硬件中断异常发生处继续执行，因此必须将 ea 寄存器(r29)中的地址减去 4(ea-4)作为异常返回地址。

9.9.6 异常响应时间

由于 Nios Ⅱ采用非向量仲裁策略，这就决定 Nios Ⅱ的异常处理延时会比较大。异常响应时间对一个实时系统来说非常重要，Altera 公司在设计 Nios Ⅱ时也明白这一点，它是靠提高 Nios Ⅱ处理器的执行速度来弥补这一缺陷的。表 9.9 给出了 Nios Ⅱ异常处理性能的数据。

表 9.9 Nios Ⅱ异常处理性能

Nios Ⅱ类型	Max. DMIPS	异常反应时间	进入 ISR 时延	异常恢复时延
Nios Ⅱ/e	31	15	485	222
Nios Ⅱ/s	127	10	128	130
Nios Ⅱ/f	218	10	105	62

注：表中数据的测试环境是所有程序代码存放在片内存储器中，使用 Altera 提供的 HAL 中的中断处理函数。代码编译时使用最高优化等级“～O3”。

9.10 存储器及 I/O 结构

Nios Ⅱ存储器和 I/O 结构非常灵活，这是 Nios Ⅱ处理器系统与传统微控制器之间最显著的区别。因为 Nios Ⅱ处理器系统可配置，存储器和外设随着系统的不同而不同，最终使得存储器和I/O结构随着系统不同发生变化。

Nios Ⅱ内核可使用下面的一种或多种方式访问存储器和I/O：

(1) 指令主端口——Avalon主端口，通过Avalon交换结构连接到指令存储器；

(2) 指令高速缓存——Nios Ⅱ内核里面的高速缓存(Cache Memory)；

(3) 数据主端口——Avalon主端口，通过Avalon交换结构连接到数据存储器；

(4) 数据高速缓存——Nios Ⅱ内核中的高速缓存；

(5) 紧耦合指令或数据存储器端口——与Nios Ⅱ内核外的快速存储器相连。

Nios Ⅱ的体系结构对编程人员隐藏了硬件细节，所以软件开发人员可以在不了解硬件实现的情况下开发Nios Ⅱ应用程序。

Nios Ⅱ处理器内核的存储器和I/O结构框图如图9.14所示。

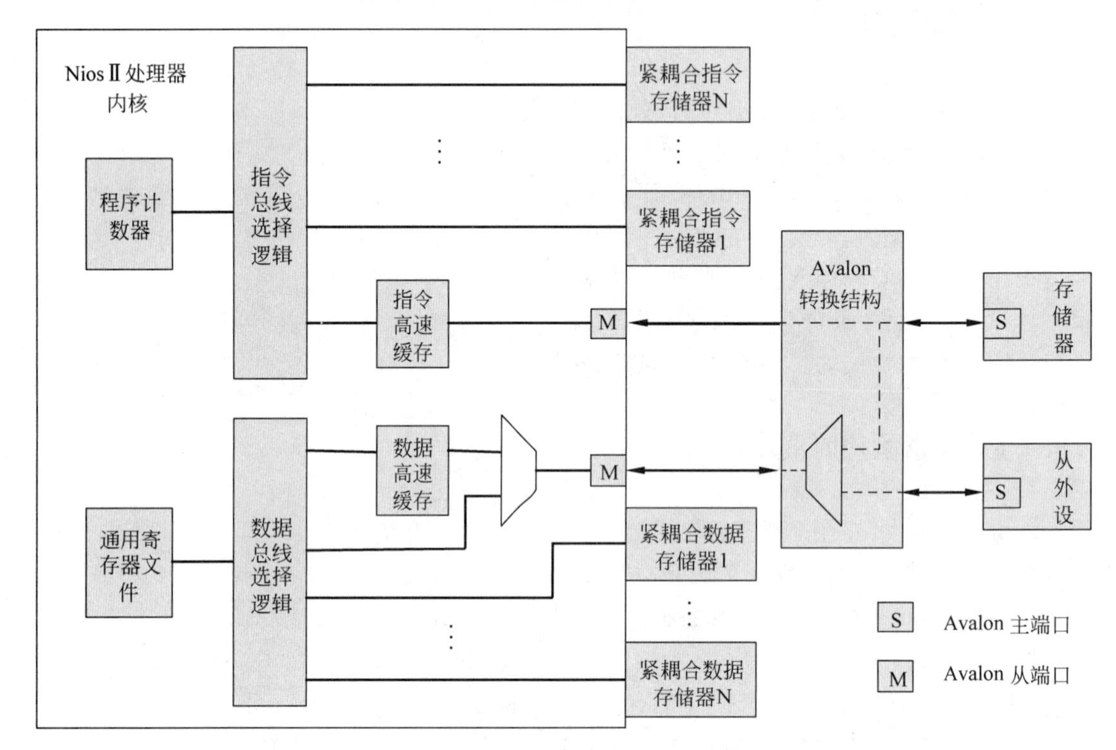

图9.14 Nios Ⅱ存储器和I/O结构

9.10.1 指令与数据总线

Nios Ⅱ处理器属于哈弗结构，支持独立的指令和数据总线。指令和数据总线都作为遵循Avalon接口规范的Avalon主端口来实现。数据主端口连接存储器和外设元件，而指令主端口只连接存储器元件。

1. 存储器与外设访问

Nios Ⅱ结构提供映射为存储器的I/O访问。数据存储器和外设都被映射到数据主端口的地址空间。Nios Ⅱ采用小端(Little Endian)模式。一个字当中最低地址的字节被看作是最低位字节，最高地址字节被看作是最高位字节。存储器系统中处理器数据总线低 8 位分别连接存储器数据线 7～0。

2. 指令主端口

Nios Ⅱ指令总线作为 32 位 Avalon 主端口来实现。指令主端口只执行一个功能：对处理器将要执行的指令进行取指。指令主端口不执行任何写操作。

指令主端口是具有流水线属性的 Avalon 主端口。Avalon 流水线传输减小了同步存储器的流水线延迟影响，并提高了系统的最大工作频率 f_{MAX}。指令主端口在上一次请求返回数据之前，能够发出连续的读请求。Nios Ⅱ处理器能够预取随后的指令，并执行分支预测来保持指令流水线尽可能有效。

指令主端口依赖 Avalon 交换结构中的动态总线对齐（Dynamic Bus-sizing）逻辑，始终能接收 32 位数据。动态总线对齐逻辑不管目标存储器的宽度如何，每次读取指令都会返回一个完整的指令字，因而程序无须知道 Nios Ⅱ处理器中的存储器宽度。Nios Ⅱ支持片内高速缓存，用于改善访问较慢存储器时读取指令的性能。Nios Ⅱ还支持紧耦合存储器（Tightly Coupled Memory），对紧耦合存储器的访问能实现低延迟。

3. 数据主端口

Nios Ⅱ数据总线作为 32 位 Avalon 主端口来实现。数据主端口执行两个功能：

（1）当处理器执行装载指令时，从存储器或外设中读数据；

（2）当处理器执行存储指令时，将数据写入存储器或外设。

主端口上的字节使能信号指定了在执行存储操作时写入的是 4 字节中的哪一个。在数据取回之前预测数据地址或连续执行都是没有意义的，所以数据主端口不支持 Avalon 流水线传输。数据主端口中存储器流水线延迟被看作等待周期。当数据主端口连接到零等待存储器时，装载和存储操作能够在一个时钟周期内完成。

同指令主端口一样，Nios Ⅱ支持片内高速缓存，以改善访问较慢的存储器的平均数据传输性能。Nios Ⅱ也支持紧耦合存储器以实现低延迟。

4. 指令和数据共享的存储器

通常，指令和数据主端口共享含有指令和数据的存储器。当处理器内核使用独立的指令总线和数据总线时，整个 Nios Ⅱ处理器系统对外呈现单一的、共用的指令/数据总线。

数据和指令主端口从来不会出现一个端口使用，另一个端口处于等待状态的停滞状况。为获得最高性能，对于指令和数据主端口共享的任何存储器，数据主端口被指定为更高的优先级。

9.10.2 高速缓存

Nios Ⅱ结构的指令主端口和数据主端口都支持高速缓存，指令主端口使用指令高速缓存，数据主端口使用数据高速缓存。高速缓存使用片内存储器，是 Nios Ⅱ处理器内核的重要组成部分。它能够改善使用较慢片外存储器(如用来存放程序和数据的SDRAM)的Nios Ⅱ处理器系统的平均存储器访问时间。

指令和数据高速缓存在运行时一直使能,但可以使用软件方法来进行旁路数据高速缓存,这样外设访问不返回缓存数据。高速缓存的管理和一致性由软件来处理,Nios Ⅱ指令集提供进行高速缓存管理的指令。

作为Nios Ⅱ处理器组成部分的高速缓存在SOPC Builder中是可选的,这取决于用户对系统存储性能以及FPGA资源的使用要求。Nios Ⅱ处理器内核是否含有数据或指令缓存,可以两者都有或都没有,高速缓存大小可由用户配置。包含高速缓存不会影响程序的功能,但会影响处理器取指令和读/写数据的速度。高速缓存改善性能的功效是基于以下前提的:

(1) 常规存储器位于片外,访问时间比片内存储器要长。

(2) 循环执行关键性能的指令序列最大长度小于指令高速缓存。

(3) 关键性数据的最大模块小于数据高速缓存。

虽然设计人员可以在整个应用程序范围内确定程序的效率,但是否需要高速缓存配置也是针对不同应用程序的。例如,如果Nios Ⅱ处理器系统只含有快速的片内存储器(即从不访问较慢的片外存储器),那么指令或数据高速缓存不太可能会在性能上提供任何优势。另一个例子,如果一个程序的关键循环是2KB,而指令高速缓存的大小为1KB,则指令高速缓存将无法改善执行速度。实际上性能也可能会下降。

如果由于性能上的原因,应用程序始终要求某些数据或部分代码存放在高速缓存中,那么紧耦合存储器可能会提供一个更合适的解决方案。

Nios Ⅱ结构提供装载和存储I/O指令,例如ldio和stio,该类指令可以旁路数据高速缓存并将Avalon数据传输强制在一个指定的地址。根据处理器内核实现,还可能提供其他的高速缓存旁路方法。有些Nios Ⅱ处理器内核支持一种称作31位高速缓存旁路的机制,它根据地址最高有效位的值来旁路高速缓存。

高速缓存虽然改善了系统的整体性能,但使程序的执行时间变得不可预测。对于实时系统来说,代码执行的确定性——装载和存储指令或数据的时间必须是可预测的,这一点至关重要。

9.10.3 紧耦合存储器

为了提高系统的整体性能,Nios Ⅱ内核不仅可以集成数据缓存和指令缓存,还可带有紧耦合存储器接口。紧耦合存储器是一种紧挨着内核的快速SRAM,它不仅能改善系统性能,而且可保证装载和存储指令或数据的时间是确定的。紧耦合存储器既能使Nios Ⅱ处理器提高性能,又能获得可预测的实时响应。紧耦合存储器可向对性能要求严格的应用提供低延迟访问。与高速缓存相比,使用紧耦合存储器有以下优点:

(1) 性能类似于高速缓存;

(2) 软件能够保证将关键性能的代码或数据存放在紧耦合存储器中;

(3) 代码执行的确定性——装载和存储指令或数据的时间是可预测的。

实际上,紧耦合存储器是Nios Ⅱ处理器内核上的一个独立的主端口,与指令或数据主端口类似。Nios Ⅱ结构指令和数据访问都支持紧耦合存储器。Nios Ⅱ内核可以不包含紧耦合存储器,也可以包含一个或多个紧耦合存储器。每个紧耦合存储器端口直接与具有固定的低延迟的存储器相连,该存储器在 Nios Ⅱ内核的外部,通常使用 FPGA 片内存储器。

紧耦合存储器与其他通过 Avalon 交换结构连接的存储元件一样,占据标准的地址空间。它的地址范围在生成系统时确定。

软件使用常规的装载和存储指令访问紧耦合存储器。从软件的角度来看,访问紧耦合存储器与访问其他存储器没有不同。

系统在访问指定的代码或数据时,能够使用紧耦合存储器来获得最高性能。例如,中断频繁的应用能够将异常处理代码放在紧耦合存储器中来降低中断延迟。类似地,计算密集型的数字信号处理(DSP)应用能够将紧耦合存储器指定为数据缓存区,以实现最快的数据访问。

如果应用程序的存储器需求足够小,能够完全在片内实现,可以使用专门针对代码和数据的紧耦合存储器。如果应用程序较大,那么必须仔细选择放入紧耦合存储器中的内容,使成本和性能能够实现最佳平衡。

9.10.4 地址映射

在 Nios Ⅱ处理器系统中,存储器和外设的地址映射是与设计相关的,由设计人员在系统生成时指定。这里要特别提到的是 3 个 CPU 相关的地址:复位地址、异常地址以及断点处理(break handler)程序的地址。程序员通过使用宏和驱动程序来访问存储器和外设,灵活的地址映射并不会影响应用程序开发人员。

9.11 存储器和外设访问

Nios Ⅱ地址是 32 位的,允许对 4GB 地址空间进行访问,但现有的 Nios Ⅱ内核都将地址限制在 31 位,即 2GB 地址空间。在 Nios Ⅱ系统中,外设、数据存储器和程序存储器都映射到同一个地址空间,如图 9.15 所示。存储器和外设在地址空间内的位置在系统生成时确定。对没有被映射为存储器或外设的地址执行读或写访问将产生一个不确定的值。处理器的数据总线为 32 位宽度。指令集提供字节、半字(16 位)或字(32 位)的读/写指令。Nios Ⅱ结构采用小端模式,对于保存在存储器中的大于 8 位的数据,最高有效位在高地址。

9.11.1 寻址方式

Nios Ⅱ结构支持以下寻址方式:寄存器寻址、移位寻址、立即数寻址、寄存器间接寻址以及绝对寻址。

寄存器寻址:所有的操作数都是寄存器,结果保存在寄存器中。

移位寻址:寄存器和带符号的 16 位立即数相加的结果作为地址。

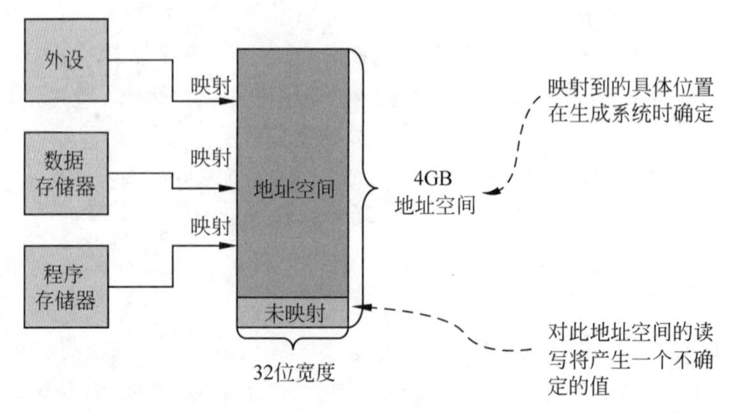

图 9.15　存储器和外设访问

立即数寻址：操作数是指令中的常量。

寄存器间接寻址：使用了移位寻址，只是移位值是常量 0。

绝对寻址：范围有限制的绝对寻址使用带有寄存器 r0（它的值始终是 0x00）的移位寻址来实现。

9.11.2　高速缓存访问

Nios Ⅱ结构和指令集可以管理数据高速缓存和指令高速缓存。高速缓存管理使用高速缓存指令在软件中实现。指令集可对高速缓存实现初始化、刷新及旁路数据高速缓存的指令操作。有些 Nios Ⅱ处理器内核支持一种称作 31 位高速缓存旁路的机制，它根据地址的最高有效位的值来完成旁路高速缓存。处理器实现的地址空间为 2GB，地址的高位控制数据存储器访问的缓存操作。

写入具有高速缓存的处理器内核的代码可以在没有高速缓存存储器的处理器内核上正确地执行，反过来则不行。在没有高速缓存的系统中，高速缓存管理指令不执行任何操作。因此，如果希望程序在所有的 Nios Ⅱ处理器内核上都能正常执行，该程序必须按照有指令和数据高速缓存的系统来设计。

第10章 SOPC Builder设计开发

10.1 SOPC 技术简介

10.1.1 SOPC 技术及特点

随着微电子技术的迅猛发展，集成电路的集成度大大超过了大多数电子系统的要求，在这种背景下，片上系统（SoC）应运而生。SoC 是指将大规模的数字逻辑和嵌入式处理器整合在单个芯片上，集合模拟部件，形成模数混合、软硬件结合的完整控制和处理片上系统。

从系统集成的角度看，SoC 是以不同模型的电路集成、不同工艺的集成作为技术基础的。所以，要实现 SoC，首先必须重点研究元件的结构与设计技术、VLSI 设计技术、工艺兼容技术、信号处理技术、测试与封装技术等，这就需要规模较大的专业设计队伍，相对较长的开发周期和高昂的开发费用，并且涉及大量集成电路后端设计和微电子技术的专门知识，因此 SoC 的设计难度较大。

为解决 SoC 设计面临的上述问题，Altera 公司在 2000 年提出了片上可编程系统（System On Programmable Chip，SOPC）技术，为 SoC 系统的设计提供了一种有效的解决方案。SOPC 技术是将处理器、存储器、I/O 外设等系统设计需要的功能模块集成到一个可编程逻辑元件上，完成整个系统的主要逻辑功能，具有设计灵活、可裁剪、可扩充、可升级及软件、硬件在系统可编程的特点。

近年来，MCU、DSP 和 FPGA 在现代嵌入式系统中扮演着重要的角色。目前，在大容量 FPGA 中可以嵌入 16 位或 32 位的 MCU，如 Altera 公司的 Nios Ⅱ 处理器；实现各种 DSP 算法的 IP 核已经相当丰富和成熟，如 FFT、FIR、Codec 等，利用相关设计工具（如 DSP Builder）可以很方便地把现有的数字信号处理 IP 核添加到工程中去；另外，除了在一片 FPGA 中定制 MCU 处理器和 DSP 功能模块外，可编程元件内还具有小容量高速 RAM 资源和部分可编程模拟电路，还可以设计其他逻辑功能模块。因此，SOPC 技术是 MCU、DSP 和 FPGA 的有机融合，是 SoC 发展的新阶段，代表了当今电子设计的发展方向。

10.1.2 SOPC系统的实现方式

基于FPGA的SOPC系统实现方式主要有3种。

1. 基于FPGA嵌入IP硬核的SOPC系统

基于FPGA嵌入IP硬核的SOPC系统是指在FPGA中预先植入处理器。常规的嵌入式处理器为了达到通用性的目的,必须集成诸多通用和专用的接口,但这样无疑会增加芯片的成本和功耗。如果将处理器内核以硬核的方式植入FPGA中,利用FPGA的可编程逻辑资源,按照系统功能需求来添加功能模块,既能实现目标系统功能,又能降低系统的成本和功耗。现在,Altera公司Excalibur系统的FPGA中就植入了ARM922T嵌入式系统处理器;Xilinx公司的Virtex-II Pro系列中则植入了IBM PowerPC405处理器。这样就使得FPGA灵活的硬件设计与处理器的强大软件功能有机地结合在一起,高效地实现SOPC系统。

2. 基于FPGA嵌入IP软核的SOPC系统

将IP硬核直接植入FPGA的方案存在以下不足:①由于硬核多来自第三方公司,FPGA厂商需向其支付知识产权费,导致成本的增加;②由于硬核是预先植入的,其结构不能改变,功能也相对固定,无法裁剪硬件资源;③无法根据实际设计要求在同一FPGA中集成多个处理器。利用软核处理器可以很好地解决上述问题。

现在,具有代表性的软核处理器分别是Altera公司的Nios Ⅱ核和Xilinx公司的MicroBlaze核。以Nios Ⅱ为例,该软核是用户可随意配置和构建的32为嵌入式处理器IP核,采用Avalon总线结构通信接口;包含由FS2开发的基于JTAG的片内设备内核。在把Nios Ⅱ植入FPGA前,用户可根据设计要求,利用Quartus Ⅱ和SOPC Builder,对Nios Ⅱ及其外围设备进行构建,使该嵌入式系统在硬件结构、功能特点、资源占用等方面全面满足用户系统设计的要求。另外,Nios Ⅱ核在同一FPGA中的植入数量没有限制,只要FPGA资源足够即可。

在开发工具的完备性方面,Nios Ⅱ具有很大优势,Altera公司不仅提供了强大的HAL系统库支持,还提供了嵌入式操作系统和TCP/IP协议栈的支持。此外,通过Matlab和DSP Builder,用户可以为Nios Ⅱ处理器设计各类硬件数字处理器,并以指令的形式加入Nios Ⅱ的指令集,从而使所设计的系统具有强大的数字处理能力。

3. 基于HardCopy技术的SOPC系统

基于FPGA的SOPC系统较ASIC成本较高,不利于市场竞争。为了既保持FPGA的开发优势,又降低成本,Altera公司推出了HardCopy技术。HardCopy就是利用原有的FPGA开发工具,将成功实现于FPGA元件上的SOPC系统通过特定的技术直接向ASIC转化,从而解决传统ASIC设计中普遍存在的问题。

HardCopy技术是一种全新的SoC级ASIC设计解决方案,即将专用的硅片设计和

FPGA 至 HardCopy 自动迁移过程结合在一起。首先利用 Quartus Ⅱ将系统模型成功实现于 HardCopy FPGA 上,然后帮助设计者把可编程解决方案无缝地迁移到低成本的 ASIC 上。这样,HardCopy 元件就能把大容量 FPGA 的灵活性和 ASIC 的市场优势结合起来,避开了直接设计 ASIC 的困难。

10.2 SOPC 系统开发流程

SOPC 系统的开发流程主要分硬件开发和软件开发两部分,具体开发流程如图 10.1 所示。

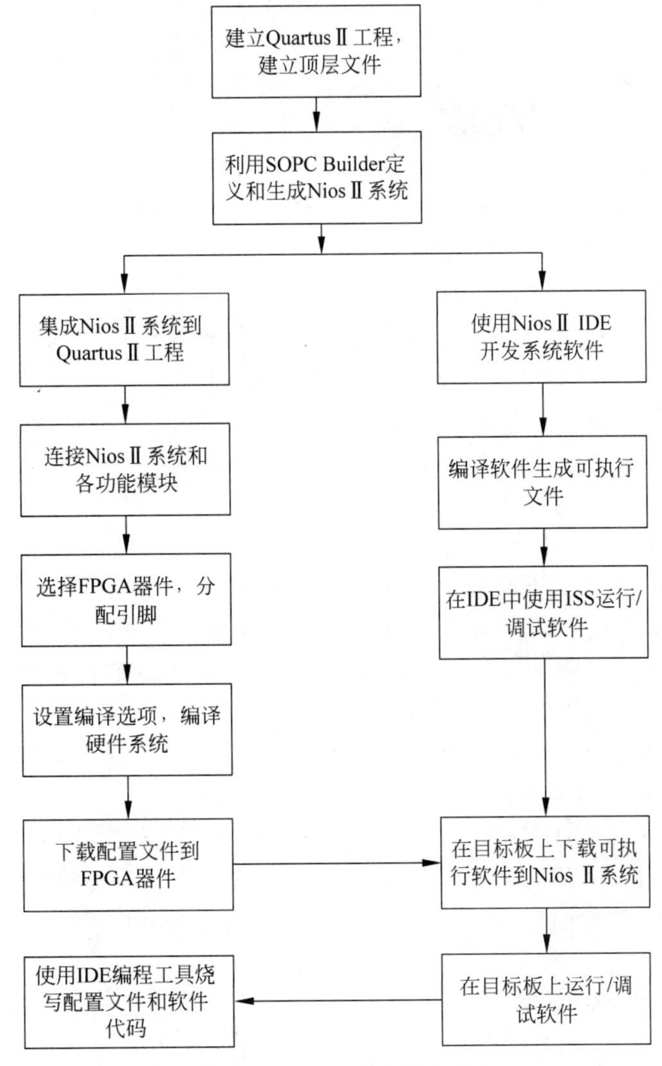

图 10.1 SOPC 系统开发流程

(1) 建立 Quartus Ⅱ工程,建立顶层文件。每个开发过程开始都应该建立一个工程,用以对设计过程进行管理。在工程中建立顶层模块文件(.bdf),将整个工程的各个模块包含在里面,编译的时候就将这些模块整合在一起。

(2) 利用 SOPC Builder 定义和生成 Nios Ⅱ系统。在 SOPC Builder 中添加需要的 Nios Ⅱ内核及其标准外设模块,完成后生成一 Nios Ⅱ系统。如果需要,用户可以定制指令和外设逻辑。由 SOPC Builder 最终生成的 Nios Ⅱ系统模块相当于传统的单片机或 ARM 芯片。

在完成 Nios Ⅱ系统模块设计后,可以同时进行基于 Quartus Ⅱ的系统硬件设计和基于 Nios Ⅱ IDE 的系统软件设计,也可在完成系统硬件设计后,再进行系统软件设计。

(3) 集成 Nios Ⅱ系统到 Quartus Ⅱ工程。在顶层. bdf 文件中,添加 Nios Ⅱ系统元件符号,完成所生成的 Nios Ⅱ系统的加载。

(4) 连接 Nios Ⅱ系统模块和各功能模块。通常,一个 SOPC 系统不只包含 Nios Ⅱ系统模块,还包括其他数字逻辑模块。当设计中现有的模块不能满足设计要求时,需要用户自己设计。可以用硬件描述语言设计功能模块,也可用原理图输入方法设计功能模块。然后将其与 Nios Ⅱ系统模块进行相连,添加输入/输出端口。

(5) 选择 FPGA 元件,分配引脚。为所设计的 SOPC 系统选择芯片载体,并为各个输入/输出信号分配芯片的引脚。

(6) 设置编译选项,编译硬件系统。设置编译选项,让编译器按照用户设定进行编译。编译系统,生成硬件系统的配置文件. sof 和. pof。

(7) 下载配置文件到 FPGA 芯片。

至此,完成了 SOPC 系统的硬件设计,接下来进行软件开发。

(8) 使用 Nios Ⅱ IDE 开发系统软件。利用 Nios Ⅱ IDE 建立 C/C++应用工程,选择对应的 Nios Ⅱ系统模块,在工程中自动添加硬件抽象层(HAL)和外设驱动程序。用户根据设计要求编写应用层软件,通过调用相关外设驱动函数和定制指令,控制 Nios Ⅱ系统实现相关功能。

(9) 编译软件生成可执行文件(. elf)。

(10) 在 IDE 中使用 ISS 运行/调试软件。编译完用户程序后,可以先在 IDE 中利用自带的指令集仿真器(ISS)进行软件仿真,查看程序编写的正确性,对程序进行修改。

(11) 在目标板上下载可执行软件到 Nios Ⅱ系统。将系统硬件配置文件. sof 下载到 FPGA,将可执行文件. elf 下载到 RAM。

(12) 在目标板上运行/调试软件。通过在目标板上调试,不断修改和完善所编写的软件,直到硬件和软件均达到设计要求。

(13) 使用 IDE 编程工具烧写配置文件和软件代码。硬件和软件调试成功后,可利用编程工具将配置文件烧写到 FPGA 的配置芯片或 Flash,将可执行文件. elf 编程到 ROM 或 Flash 中,实现硬件和软件的固化,最终完成整个 SOPC 系统的设计。

10.3 SOPC 系统硬件开发

10.3.1 SOPC Builder 简介

SOPC Builder 包含在 Quartus Ⅱ软件中,它为建立 SOPC 系统提供图形化环境。SOPC Builder 中已经包含了 Nios Ⅱ处理器以及一些常用的外设 IP 模块,用户也可以设计自己的外设 IP。用户使用 SOPC Builder 可以将 Nios Ⅱ内核、存储器、标准外设等组件和用户自定义的指令简单又快速地集成到 Altera 高密度 FPGA 中，从而缩短设计周期。SOPC Builder 还可以通过自动生成和目标硬件匹配的软件节省设计者的时间，自定义的软件开发套件包括头文件、自定义库（外围设备程序）和设计特有的操作系统内核。

SOPC Builder 主要包括下列功能：

1. 定义和定制

SOPC Builder 是系统定义和组件定制的强大开发工具。使用直观的简化设计定义、定制和验证的图形用户界面(GUI)，用户从可扩展的 SOPC Builder 库中选择处理器、存储器接口、外围设备、总线桥连接器、IP 核及其他系统组件，并用单独的组件向导定制这些组件。

2. 系统集成

在定义嵌入式系统和配置所有必要的系统组件后，需要将组件集成到系统中。SOPC Builder 自动生成所在集成处理器、外围设备、存储器、总线、仲裁器和 IP 核所必需的逻辑，同时创建定制的系统组件 VHDL 或 Verilog HDL 源代码。

3. 软件生成

嵌入式软件设计者需要完整的且与定制硬件匹配的软件开发环境，SOPC Builder 可以自动产生这些软件。系统生成的 SOPC Builder 创建软件开发所需要的软件组件，并提供完整的设计环境。软件开发环境包括头文件、外围设备驱动程序、自定义软件库以及 OS/RTOS 内核。

除了使用方便，软件开发环境还在硬件和软件工程师之间建立了良好的设计连贯性。使用 SOPC Builder，硬件的改变会立即反映在软件开发环境中。软件工程师在进行软件设计时可以不必担心硬件发生变化，只要软件工程师使用最新的头文件、库和驱动程序，硬件开发和软件开发就可以无缝隙地连接起来。

SOPC Builder 的主要输出如下。

(1) SOPC Builder 系统文件(.ptf)。用以描述系统的硬件结构。Nios Ⅱ IDE 使用 .ptf 文件信息来为目标硬件编译软件程序。

(2) 硬件描述语言(HDL)文件。用以描述系统的硬件设计文件。Quartus Ⅱ软件使用 HDL 文件来编译整个 FPGA 设计。

(3) Quartus Ⅱ符号模块文件(.bsf)。该文件中的符号用于添加到 Quartus Ⅱ工程顶层文件中。

(4) 系统模块的测试台(TestBench)和 ModelSim 仿真文件。这些文件为可选项，用于系统仿真。

4. 系统验证

SOPC Builder 提供硬件环境和软件环境的快速仿真。SOPC Builder 生成所有 ModelSim 项目文件，包含格式化的总线接口波形和完整的仿真测试平台，编译软件代码自动加入存储模型并与其他项目文件一起编译。

10.3.2 SOPC 系统的硬件开发

下面结合一个简单的 SOPC 实例，向读者详细介绍 SOPC 系统的设计过程。该实例的任务为设计一个基于 Nios Ⅱ处理器的系统控制 4 只 LED 实现流水灯，所设计的 Nios Ⅱ外设主要包括 ROM、RAM、PIO 等。

本实例使用 Quartus Ⅱ 9.0 和 Nios Ⅱ 9.0 IDE 作为开发工具，具体开发流程如下。

1. 使用 Quartus Ⅱ建立工程

每个开发过程开始时都应建立一个 Quartus Ⅱ工程，它对设计过程进行管理，Quartus Ⅱ工程中包括创建 FPGA 配置文件需要的所有设置和设计文件。

1）建立工程

（1）选择“开始”→“程序”→Altera→Quartus Ⅱ 9.0 命令，打开 Quartus Ⅱ 9.0 软件，如图 10.2 所示。

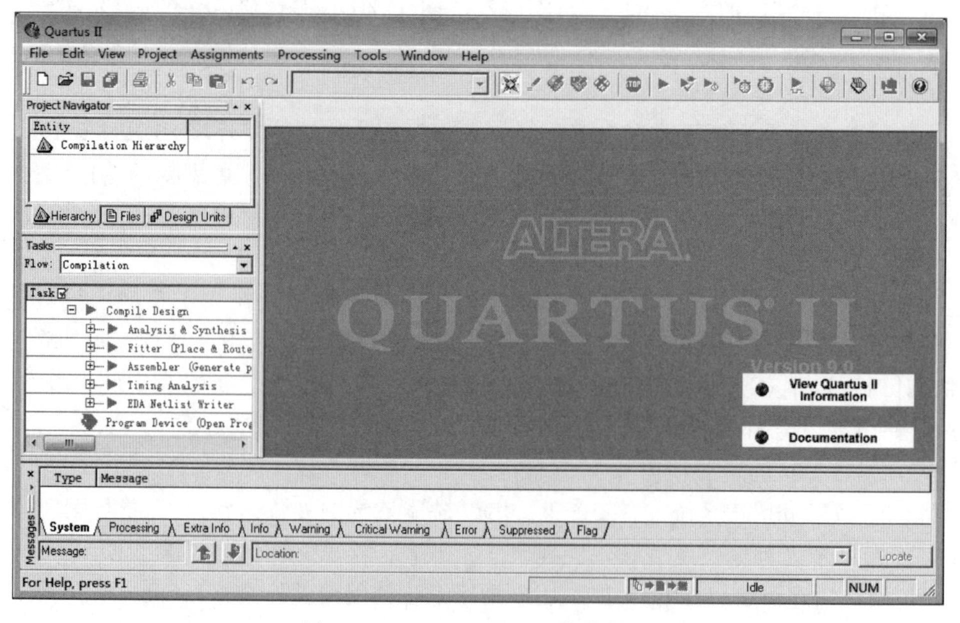

图 10.2　Quartus Ⅱ 9.0 软件界面

（2）选择 File→New Project Wizard 命令来创建一个新的工程。在新建工程向导中需要完成以下工作：

- 指定工程目录、名称和顶层文件名；
- 指定工程包含的设计文件；
- 指定 Altera 元件系列；
- 指定用于该工程的其他 EDA 工具。

任何一项设计都是一项工程，必须首先为此工程建立一个放置与此工程相关的所有文件的文件夹，此文件夹为 Quartus Ⅱ默认为工作库。通常，不同的设计项目最好放在不同的文件夹中，而同一工程的所有文件都必须放在同一文件夹中。

图 10.3 为新建工程路径、名称和顶层文件设置对话框，其中，第一栏用于指定工程所在的工作库文件夹；第二栏用于指定工程名，工程名可以取任何名字，一般直接用顶层文件名称作为工程名；第三栏用于指定顶层文件的名称。本实例中，工程名为 pipeline_light，顶层文件名也为 pipeline_light。

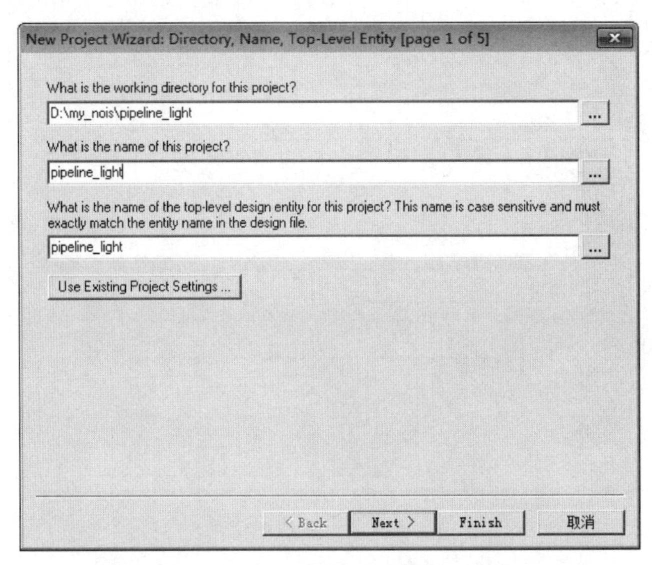

图 10.3　新建工程路径、名称、顶层文件设置对话框

选择工程路径、名称、顶层文件后，单击 Next 按钮，进入新建工程添加文件对话框，如图 10.4 所示。由于是新建工程，暂无输入文件，所以直接单击 Next 按钮，进入图 10.5 所示的新建工程选择元件对话框。

New Project Wizard: Add Files [page 2 of 5]

Select the design files you want to include in the project. Click Add All to add all design files in the project directory to the project. Note: you can always add design files to the project later.

File name: ... Add

File name	Type	Lib...	Design entr...	HDL version

Add All / Remove / Properties / Up / Down

Specify the path names of any non-default libraries. User Libraries...

< Back　Next >　Finish　取消

图 10.4　新建工程添加文件对话框

在图 10.5 所示对话框中可以让系统自动选择元件，也可指定元件。另外，设计者可以通过右边的选项区，通过指定封装、引脚数以及元件速度等级来加快元件查找的速度。

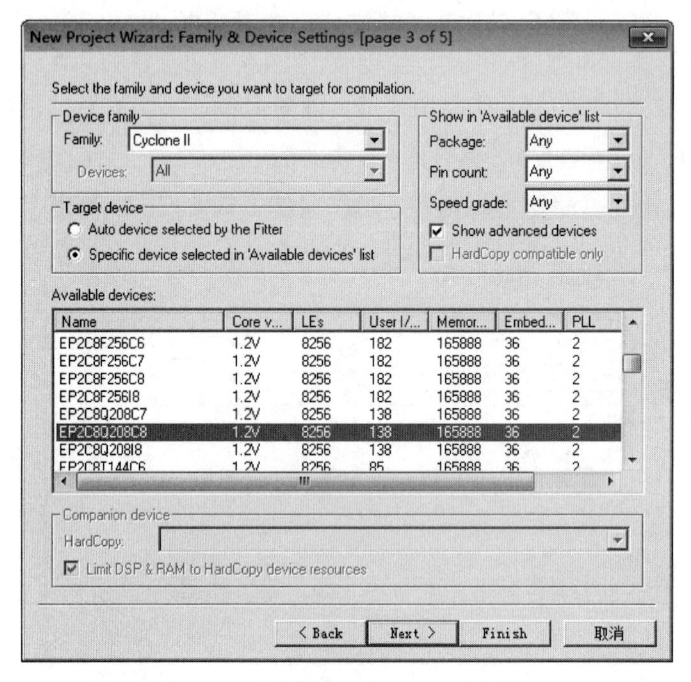

图 10.5　新建工程选择元件对话框

本实例中选择 Cyclone Ⅱ系列的 EP2C8Q208C8 元件。

指定完元件后，单击 Next 按钮，进入如图 10.6 所示的对话框，选择 EDA 工具，本实例中不使用任何 EDA 工具，因此这里不做改动。

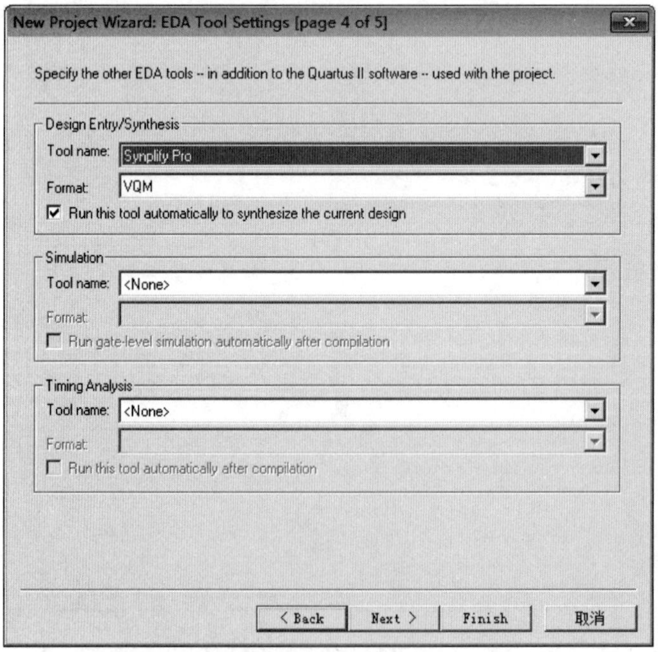

图 10.6　新建工程 EDA 工具设置对话框

在图 10.6 中，单击 Next 按钮，进入如图 10.7 所示对话框，可以看到工程文件配置的信息报告。单击 Finish 按钮，完成新建工程的建立。另外，建立工程后，还可以根据设计中的实际情况，通过选择 Assignments→Settings 命令对工程进行重新设置。

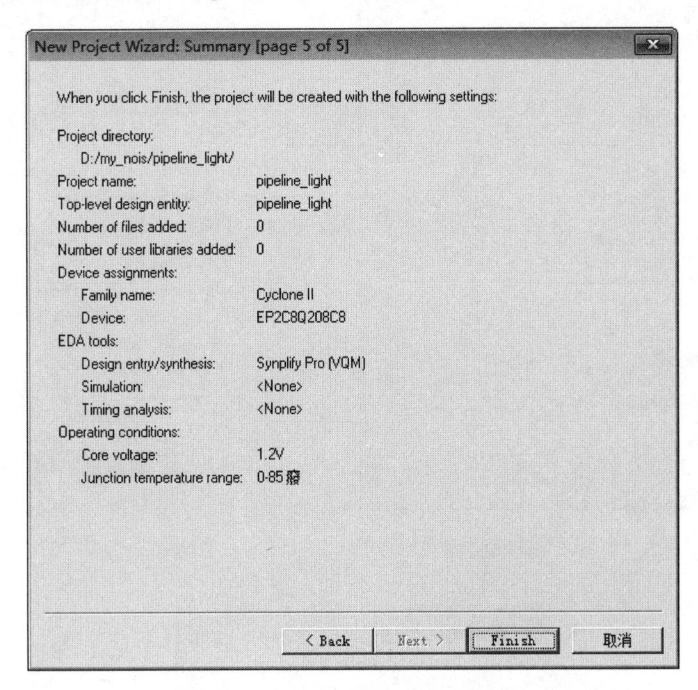

图 10.7 新建工程配置信息报告

2）建立顶层文件

顶层文件用于放置所生成的 Nios Ⅱ系统模块和其他数字模块，形成 SOPC 系统的硬件。建立顶层文件步骤如下：

（1）选择 File→New 命令打开新建文件对话框，如图 10.8 所示。

（2）在图 10.8 所示的对话框中选择 Block Diagram/Schematic File，单击 OK 按钮，建立原理图形式的顶层文件，将顶层文件以 pipeline_light. bdf 存在工程文件夹路径下。

2. 使用 SOPC Builder 建立 Nios Ⅱ系统

1）启动 SOPC Builder（指定 FPGA 和时钟）

新建一个工程和顶层文件后，在 Quartus Ⅱ中选择 Tools→SOPC Builder 命令启动 SOPC Builder，如图 10.9 所示。

启动 SOPC Builder 后显示 Create New System 对话框，如图 10.10 所示。选择 Nios Ⅱ系统硬件语言（Verilog 或 VHDL），输入 Nios Ⅱ系统模块名称，本实例中所设计的 Nios Ⅱ系统模块名称为 Nios Ⅱ_for_pipeline，使用 Verilog 硬件描述语言。

注意：Nios Ⅱ系统模块名称不能包含空格，且不能与顶层文件同名。

在图 10.10 中单击 OK 按钮后，进入 SOPC Builder 工作界面，如图 10.11 所示。其中，目标元件为 Cyclone Ⅱ系列，时钟源为外部时钟，频率为 50MHz。需要注意的是，所设置的频率要与系统实际运行的时钟频率相匹配。

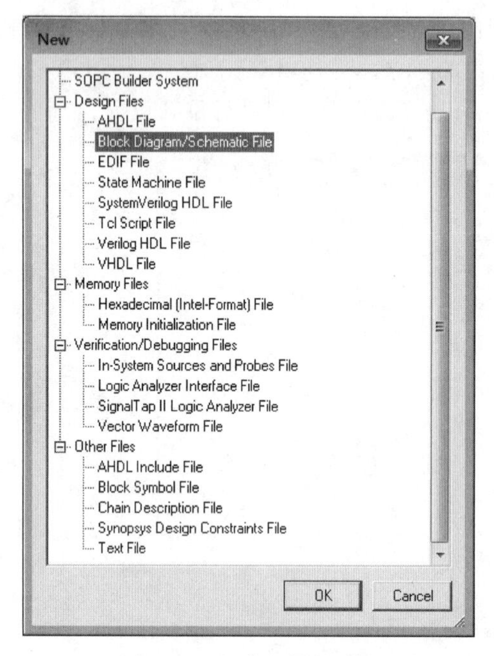

图 10.8　新建文件对话框

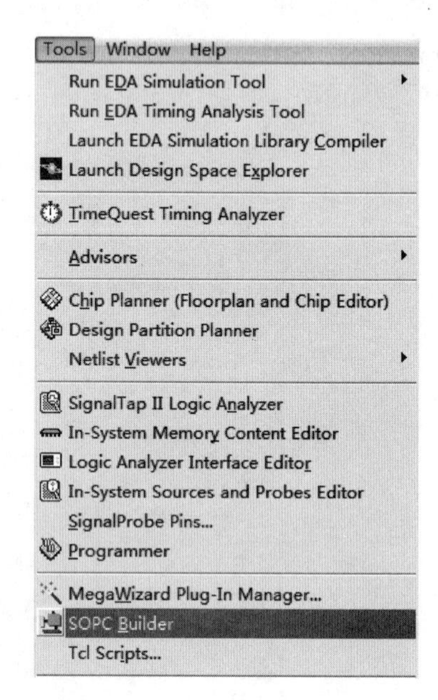

图 10.9　启动 SOPC Builder

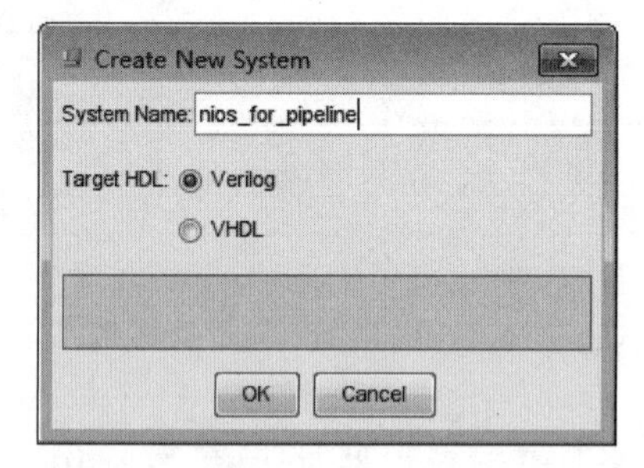

图 10.10　Create New System 对话框

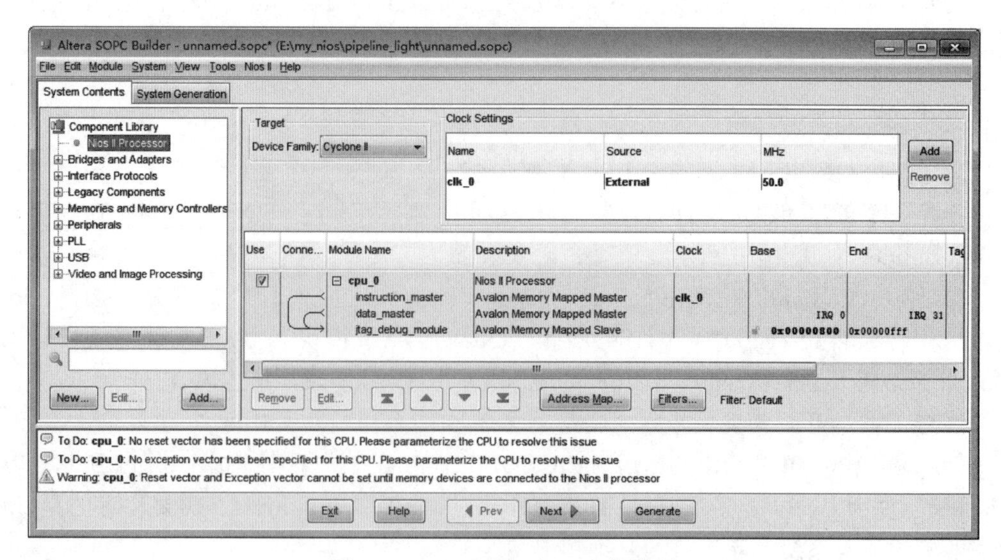

图 10.11　SOPC Builder 工作界面

2）添加 Nios Ⅱ处理器内核

Nios Ⅱ是一种软核处理器，所谓软核，是指未被固化到硅片中，使用时需要借助EDA 软件对其进行配置并下载到可编程芯片中的 IP 核。其最大的特点就是可以由用户按照需要进行配置。

在图 10.11 左侧的 Component Library 窗口中选择 Nios Ⅱ Processor，进入 Nios Ⅱ处理器添加向导，如图 10.12 所示。

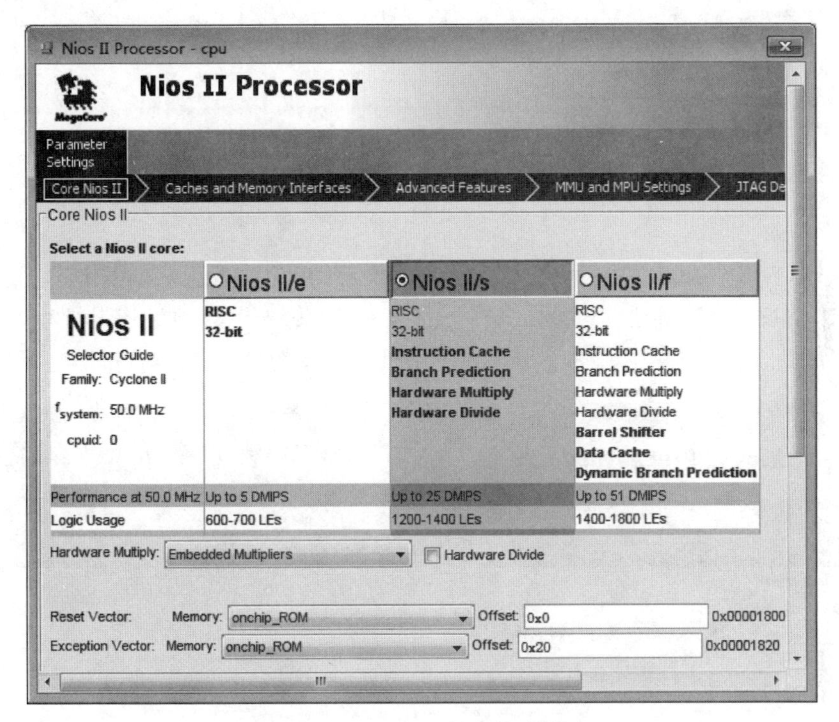

图 10.12　Nios Ⅱ内核选择

在图 10.12 中，列出了 3 种 Nios Ⅱ内核，分别为 Nios Ⅱ/e（经济型）、Nios Ⅱ/s（标准型）和 Nios Ⅱ/f（快速型）。其中，Nios Ⅱ/e 型内核所占用的 FPGA 资源最少，但是性能最低；Nios Ⅱ/f 型性能最高，但所消耗的资源最多；Nios Ⅱ/s 型的性能和资源消耗介于 Nios Ⅱ/e 和 Nios Ⅱ/f 之间。本实例选择 Nios Ⅱ/s 型内核。

在图 10.12 中还可以设置复位向量（Reset Vector）和异常向量（Exception Vector）的内存类型和偏置地址，此处对这两选项不进行改变。在图 10.12 中，单击 Next 按钮进入 Caches and Memory Interfaces 对话框，其设置如图 10.13 所示。

在图 10.13 所示对话框中，可以选择 Instruction Cache 和 Data Cache 的大小，本实例中选择 Instruction Cache 为 2KB，不使用 Data Cache。不选择 Include tightly coupled instruction master port(s)选项，该选项用于在 Nios Ⅱ内核中构建与 CPU 外部存储器紧密耦合的数据端口。通过该端口与存储器交互数据比通过 Avalon 总线快。值得注意的是，如果选择了该端口，那么必须指定片内存储器，并且手动将端口与存储器相连。

Advanced Features 和 MMU and MPU Settings 选项卡为默认值。JTAG Debug Module 选项卡如图 10.14 所示，用于设置 JTAG 的调试等级。为方便调试，需加入

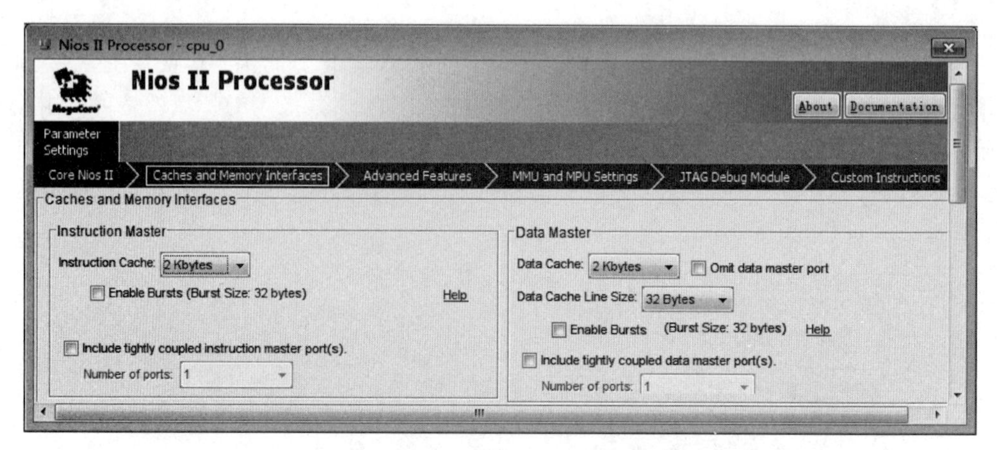

图 10.13　Caches and Memory Interfaces 对话框

JTAG 模块,SOPC Builder 提供了 4 种 JTAG 模块,其功能越强大,占用资源越多,需要根据设计情况选择,通常选择 Level1。如果整个系统已经调试完毕,可以选用 No Debugger,以减少系统占用资源。本实例选择 Level1,该等级支持软件断点调试。

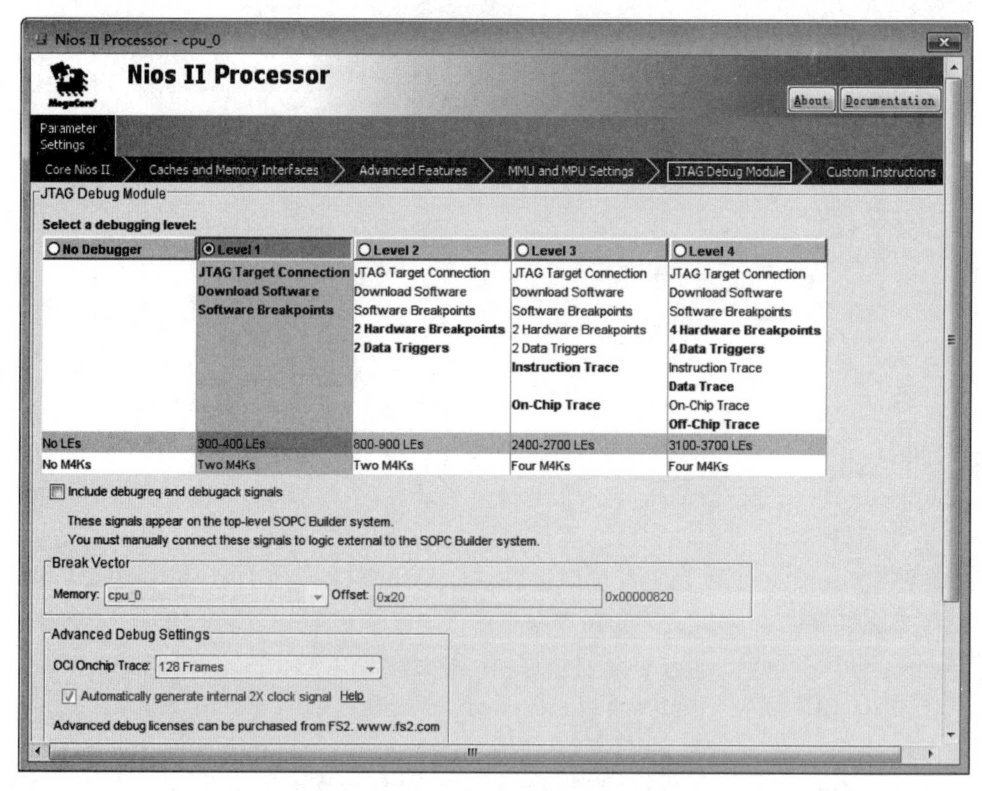

图 10.14　JTAG Debug Module 选项卡

在图 10.14 中单击 Next 按钮进入 Custom Instructions 选项卡,设置用户定制的指令。本实例不使用用户定制指令,不改变其中的设置。

单击 Finish 按钮完成 Nios Ⅱ 处理器的配置,生成一个带有 JTAG 调试接口的

Nios Ⅱ/s 型内核。在激活元件窗口中将出现名为 CPU_0 的 Nios Ⅱ内核，右击激活元件窗口中的 Nios Ⅱ内核，然后选择 Rename 将 CPU_0 重命名为 CPU。添加完 Nios Ⅱ内核后的 SOPC Builder 工作界面如图 10.15 所示。修改该模块名称为 CPU。

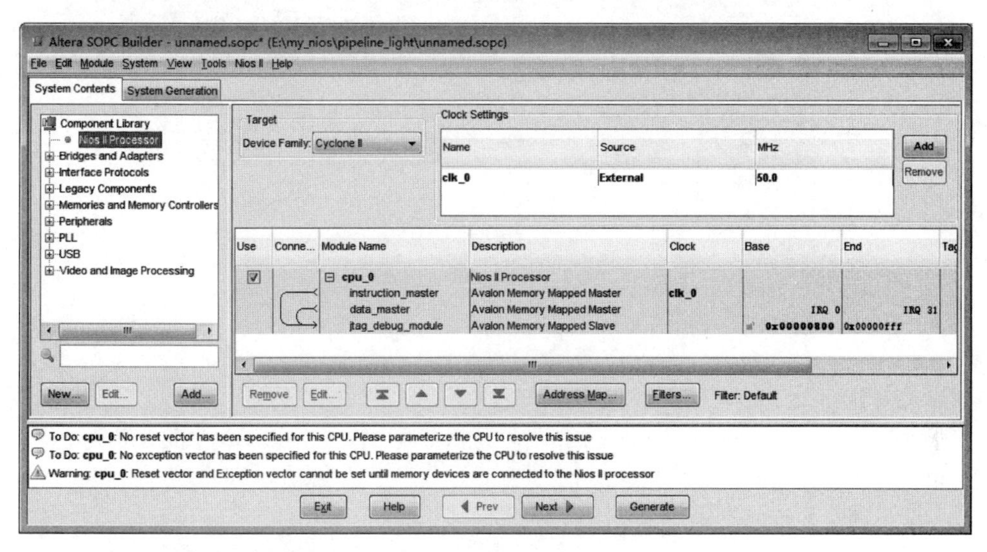

图 10.15　添加 Nios Ⅱ后的 SOPC Builder 界面

添加 Nios Ⅱ处理器后，在 SOPC Builder Message 窗口中会出现错误信息，这些信息暂时不必关心。

3) 添加 Nios Ⅱ系统的存储器

本实例需设计一个 2KB 的片内 ROM 存储器(Onchip_ROM)，用于存储程序代码以及程序运行空间；1KB 片内 RAM 存储器(Onchip_RAM)用于变量存储、Heap、Stack 等。

在图 10.11 左侧的 Component Library 窗口中选择 Memories and Memory Controllers→On-Chip→On-Chip Memory(RAM or ROM)选项，如图 10.16 所示。

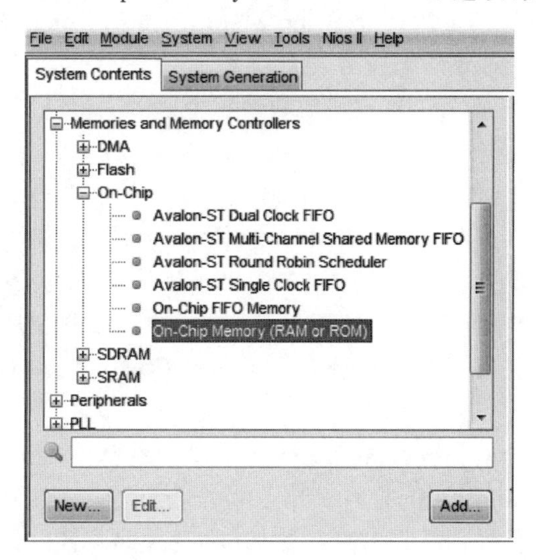

图 10.16　On-Chip Memory(RAM or ROM)选项

在如图10.17所示的片内存储器配置向导中选择存储器类型为ROM(Read-only)，大小为2KB，单击Finish按钮完成ROM的设置。修改该模块名称为onchip_ROM。

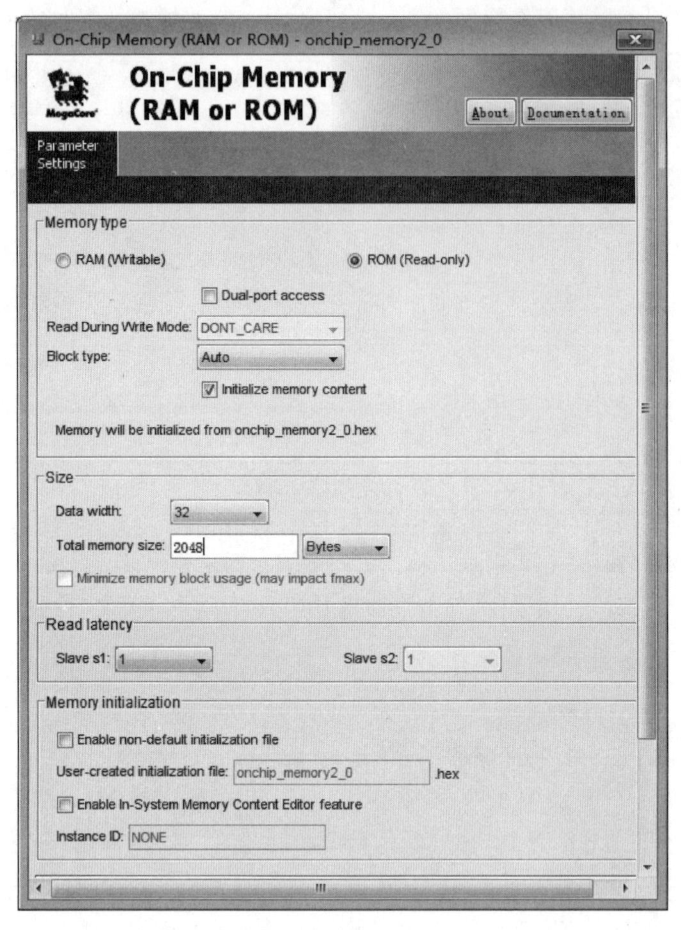

图10.17　ROM设置

同上，再次双击图10.16中的On-Chip Memory(RAM or ROM)选项，在如图10.18所示的片内存储器配置向导中选择存储器类型为RAM(Writable)，大小为1KB，单击Finish按钮完成RAM的设置。修改该模块名称为onchip_RAM。

4）添加NiosⅡ系统的外设

本实例添加的NiosⅡ外设有PIO和System ID外设，PIO外设用于控制4个LED输出，System ID外设用于当SOPC Builder生成NiosⅡ系统时，为该NiosⅡ系统生成一个标示符(ID号)。该ID号会被写入SYSTEM ID寄存器中，供IDE编译器和用户辨别所运行的程序是否与目标系统匹配。在IDE中，如果用户程序不是基于对应的NiosⅡ系统的，那么调试时，NiosⅡ IDE将阻止用户下载程序到NiosⅡ系统。具体添加和设置方法如下：

在图10.11左侧的Component Library窗口中选择Peripherals→Microcontroller Peripherals→PIO(Parallel I/O)选项，弹出PIO配置向导，如图10.19所示，选择端口宽度为4，方向为输出。单击Finish按钮完成PIO配置，重命名为LED_PIO。

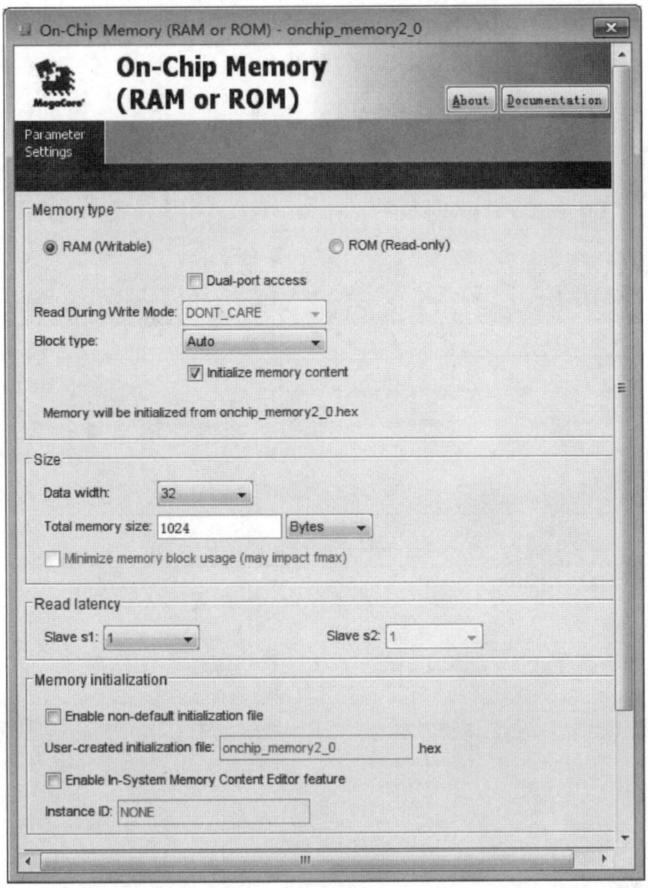

On-Chip Memory (RAM or ROM) - onchip_memory2_0

On-Chip Memory (RAM or ROM)

About Documentation

Parameter Settings

Memory type

RAM (Writable) ROM (Read-only)

Dual-port access

Read During Write Mode: DONT_CARE

Block type: Auto

Initialize memory content

Memory will be initialized from onchip_memory2_0.hex

Size

Data width: 32

Total memory size: 1024 Bytes

Minimize memory block usage (may impact fmax)

Read latency

Slave s1: 1 Slave s2: 1

Memory initialization

Enable non-default initialization file

User-created initialization file: onchip_memory2_0 .hex

Enable In-System Memory Content Editor feature

Instance ID: NONE

图 10.18　RAM 设置

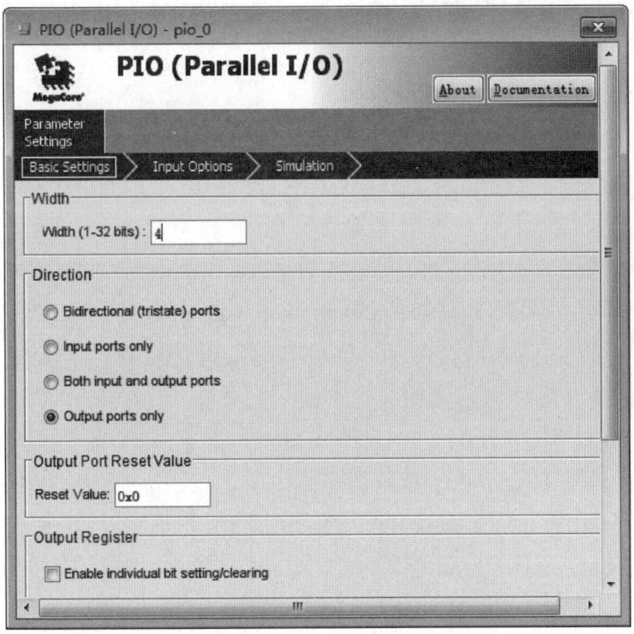

PIO (Parallel I/O) - pio_0

PIO (Parallel I/O)

About Documentation

Parameter Settings

Basic Settings > Input Options > Simulation

Width

Width (1-32 bits): 4

Direction

Bidirectional (tristate) ports

Input ports only

Both input and output ports

Output ports only

Output Port Reset Value

Reset Value: 0x0

Output Register

Enable individual bit setting/clearing

图 10.19　PIO 配置

在图 10.11 左侧的 Component Library 窗口中选择 Peripherals→Debug and Performance→System ID Peripheral 选项，弹出 System ID 配置向导，如图 10.20 所示，选择默认配置，单击 Finish 按钮完成 System ID 配置，重命名为 sysid。

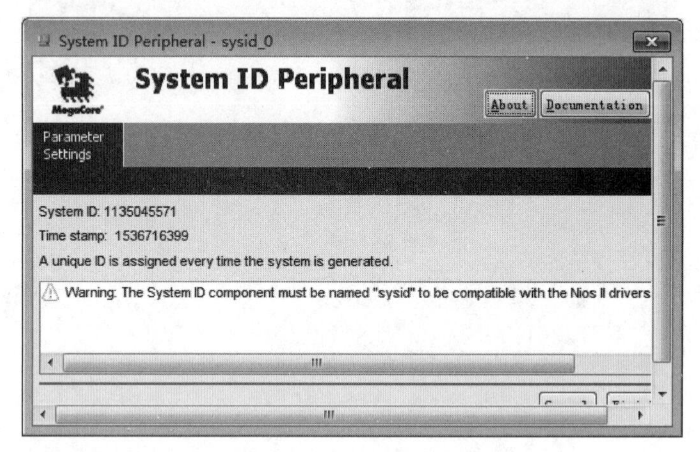

图 10.20　System ID 配置

至此，Nios Ⅱ系统模块添加完成，在 SOPC Builder 工作界面显示如图 10.21 所示。

Use	Conne...	Module Name	Description	Clock	Base	End
☑		⊟ **CPU**	Nios II Processor			
		instruction_master	Avalon Memory Mapped Master	**clk_0**		
		data_master	Avalon Memory Mapped Master		IRQ 0	IRQ 31
		jtag_debug_module	Avalon Memory Mapped Slave		0x00001000	0x000017ff
☑		⊟ **onchip_ROM**	On-Chip Memory (RAM or ROM)			
		s1	Avalon Memory Mapped Slave	**clk_0**	0x00001800	0x00001fff
☑		⊟ **onchip_RAM**	On-Chip Memory (RAM or ROM)			
		s1	Avalon Memory Mapped Slave	**clk_0**	0x00002400	0x000027ff
☑		⊟ **LED_PIO**	PIO (Parallel I/O)			
		s1	Avalon Memory Mapped Slave	**clk_0**	0x00002800	0x0000280f
☑		⊟ **sysid**	System ID Peripheral			
		control_slave	Avalon Memory Mapped Slave	**clk_0**	0x00002810	0x00002817

图 10.21　Nios Ⅱ系统模块添加

5）指定基地址和中断优先级

在完成 Nios Ⅱ系统模块的添加后，接下来，要为每个外设分配基地址和中断请求优先级（IRQ）。由于本实例中所有外设都没有中断，所以无须进行中断优先级的分配。

SOPC Builder 提供 Auto-Assign Base Addresses 和 Auto-Assign IRQs 命令（System 菜单下），这两个命令可分别自动配置外设基地址和中断优先级。由于 SOPC Builder 不处理软件操作，所以它不能做出最好的 IRQ 分配，建议设计者自己分配中断优先级。

6）设置 Nios Ⅱ复位和异常地址

再次双击 CPU 模块，进入图 10.12 所示界面，设置 Nios Ⅱ复位和异常地址。本实例，系统上电后，从内部 ROM 开始运行，所以 Reset Address 的 Memory Module 设置为 onchip_ROM，Offset 地址为 0x00000000。异常向量表放在内部 RAM 里面，所以 Exception Address 的 Memory Module 设置为 onchip_RAM，Offset 地址为 0x00000020。

7）生成 Nios Ⅱ系统

设置完 Nios Ⅱ复位和异常地址后，在 SOPC Builder 工作界面下方单击 Next 按钮，进入 System Generation 界面，为节省时间，不选择 Simulation. Create project simulator files. 选项，不进行硬件仿真。单击 Generate 按钮，开始生成 Nios Ⅱ系统，保存系统名称为 pipeline_Nios Ⅱ_system。

生成成功后，在提示框中出现"Info: System generation was successful."，如图 10.22 所示，单击 Exit 按钮完成 Nios Ⅱ系统的设计。

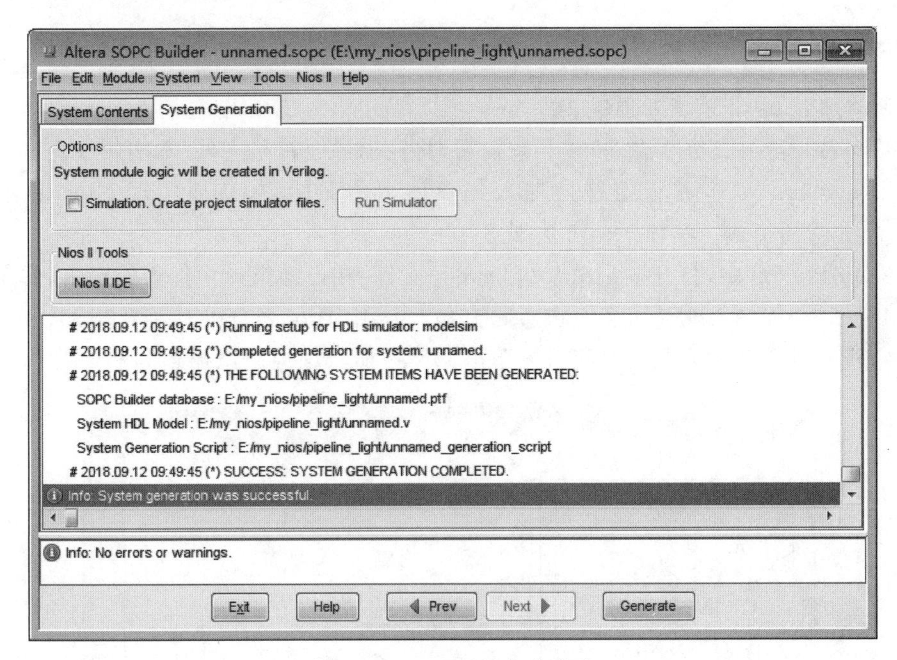

图 10.22　Nios Ⅱ生成成功

在系统生成过程中，SOPC Builder 会进行一系列操作。SOPC Builder 会为添加的所有部件生成 Verilog HDL 源文件，并生成每个硬件部件以及连接部件的片内总线结构、仲裁和中断逻辑。SOPC Builder 会为系统生成 Nios Ⅱ IDE 软件开发所需的硬件抽象层(HAL)、C 以及汇编头文件。这些头文件定义了存储器映射、中断优先级和每个外设寄存器空间的数据结构。这样的自动生成过程有助于软件设计者处理硬件潜在的变化性。如果硬件改变了，SOPC Builder 会自动更新这些头文件。SOPC Builder 也会为系统中现有的每个外设生成定制的 C 和汇编函数库。如果添加了片内存储器，SOPC Builder 还将为片内 ROM、RAM 生成其初始化所使用的 HEX 文件。在生成阶段的最后一步，SOPC Builder 创建合适于系统部件的总线结构，把所有的部件连接在一起。

Nios Ⅱ系统生成后将产生以下文件。

(1) SOPC Builder 系统文件：pipeline_Nios Ⅱ_system. ptf，它定义了 SOPC Builder 生成完整系统所必需的详细信息。该文件存储 Nios Ⅱ系统的硬件内容，Nios Ⅱ IDE 要使用该文件的信息来为目标硬件编译软件程序。

(2) 硬件描述语言(HDL)文件：pipeline_Nios Ⅱ_system. v 以及各外设的 HDL 文件。这些文件是描述 Nios Ⅱ系统的硬件设计文件。Quartus Ⅱ软件将使用这些 HDL 文件来编译整个 FPGA 设计。

(3) Quartus Ⅱ符号文件：pipeline_Nios Ⅱ_system.bsf，该文件包含的符号用于添加到 Quartus Ⅱ工程顶层文件。

至此，已经完成 Nios Ⅱ系统的创建。生成系统后，要将系统集成到 Quartus Ⅱ硬件工程并使用 Nios Ⅱ IDE 来开发软件，可以先将 Nios Ⅱ系统集成到 Quartus Ⅱ，也可先使用 Nios Ⅱ IDE 进行软件开发。如果是多人开发，则两者可同时进行。

3. 集成 Nios Ⅱ系统到 Quartus Ⅱ工程

1) 添加 Nios Ⅱ系统到顶层文件

SOPC Builder 成功生成 Nios Ⅱ系统后，将输出一个符号文件(本实例中为 pipeline_Nios Ⅱ_system.bsf)，需将该符号加入到顶层 bdf 文件中，从而实现 Nios Ⅱ系统在 Quartus Ⅱ中的集成。具体添加方法如下：

在 Quartus Ⅱ中，打开 pipeline_light.bdf 文件，在设计窗口中任意处双击，弹出添加符号的对话框，如图 10.23 所示。在左侧 Libraries 中 Project 下出现所生成的 Nios Ⅱ系统符号，其符号外观出现在右侧窗口。单击 OK 按钮将该模块添加到 bdf 文件中。

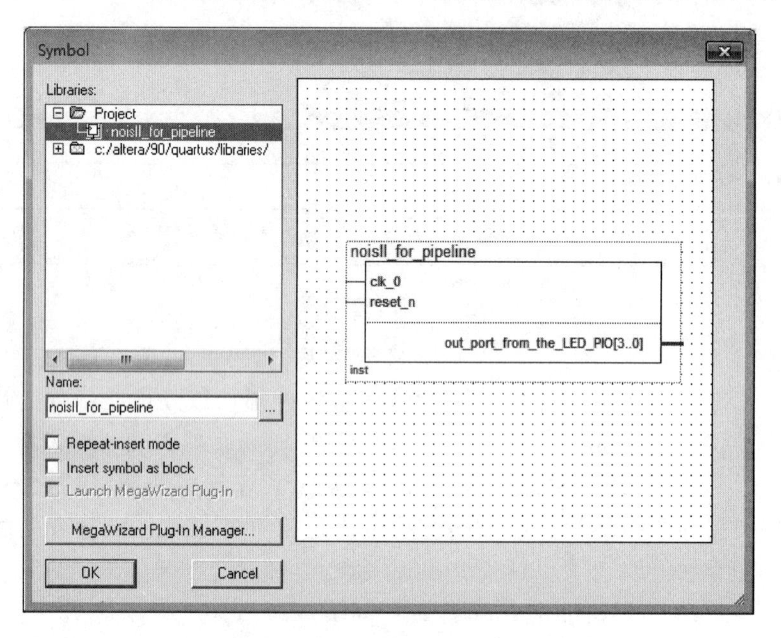

图 10.23 添加符号(Symbol)对话框

2) 添加其他单元和引脚

如果 SOPC 系统除 Nios Ⅱ模块外还有其他数字电路模块，可用上述方法添加到顶层文件中。

添加完 SOPC 系统的所有模块单元后，对各模块单元进行连线，最后添加引脚，选择引脚输入/输出方式，并重命名。添加引脚的方法如前章所述，从而完成顶层模块的设计。本实例完成的顶层模块如图 10.24 所示。

在本实例中，顶层文件仅包含 Nios Ⅱ系统模块，所分配的引脚分别为 clk(系统时钟输入)、reset_n(系统复位输入)和 LED[3..0](LED 输出控制端口)。

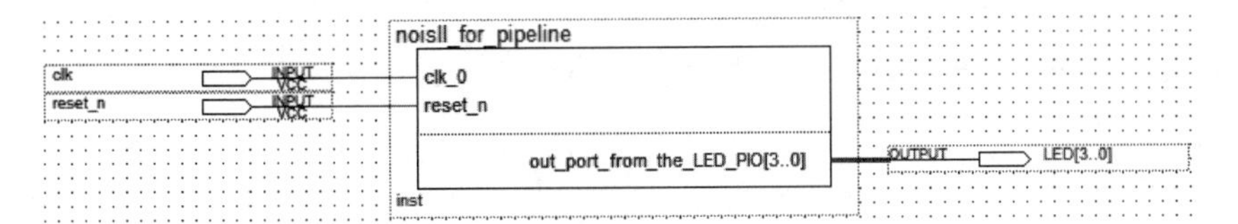

图 10.24　完整的 SOPC 系统顶层模块图

3）选择 FPGA 芯片型号

每种型号的 FPGA 芯片的引脚可能不同，因此在进行引脚分配之前，应选择相应目标 FPGA 芯片的型号。具体方法如下：

选择 Assignments→Device 命令打开元件选择对话框，如图 10.5 所示，确认 FPGA 芯片型号正确。

4）分配 FPGA 引脚(包括未使用的引脚)

选择 FPGA 芯片型号后，可根据具体电路，将 SOPC 相关引脚分配到 FPGA 芯片的实际引脚上。选择 Assignments→Pin Planner 命令，打开引脚分配对话框，如图 10.25 所示。

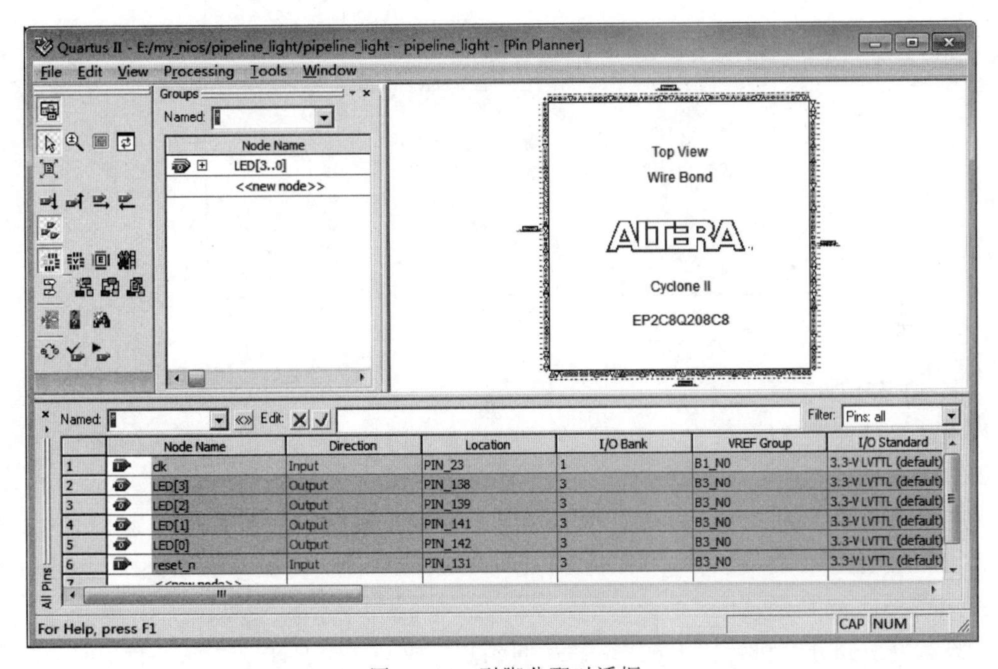

图 10.25　引脚分配对话框

选择对应的 FPGA 分配引脚，本实例引脚分配如表 10.1 所示。

表 10.1　引脚分配表

SOPC 引脚名称	FPGA 引脚号	类　型
clk	23	输入
reset_n	131	输入
LED[3]～LED[0]	138、139、141、142	输出

对元件未使用的 FPGA 引脚,应设置为三态,一定不能将未使用的引脚设置为输出(As outputs driving ground)否则可能会造成其他芯片的损坏。设置未使用引脚为三态的方法如下:

将 Quartus Ⅱ菜单 Assignments→Device→Device and Pin Options→Unused Pins 选项卡中的 Reserve all unused pins 参数修改为 As input tri-stated,如图 10.26 所示。

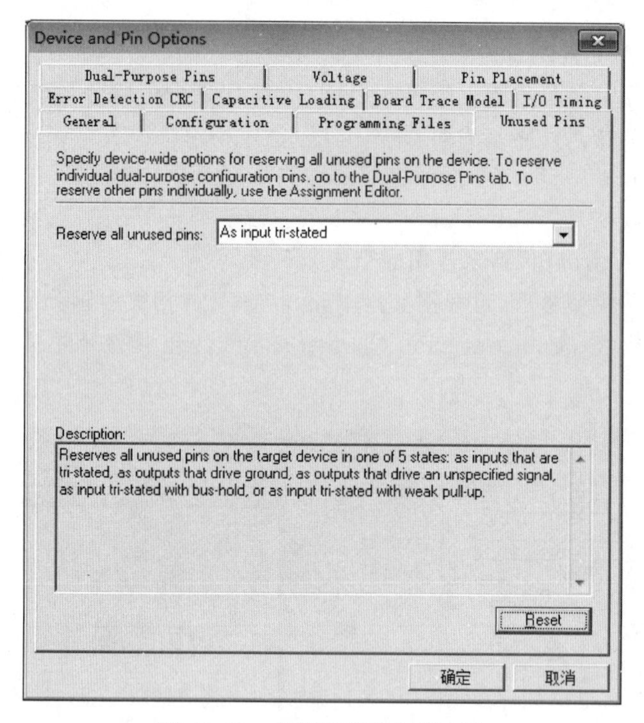

图 10.26　未使用引脚分配设置

5) 编译硬件系统

在编译硬件系统前,可先对配置元件进行设置,选择 Quartus Ⅱ菜单 Assignments→Device→Device and Pin Options 选项,在其中选择 Configuration 选项卡,根据硬件电路中配置元件的实际情况进行选择。本实例中,目标开发板选用的配置芯片为 EPCS4,因此在 Configuration device 中选择 EPCS4,设置为采用串行配置元件 EPCS4 的主动配置方式,如图 10.27 所示。

设置好引脚分配和配置方式选项后,回到顶层文件,对 SOPC 系统进行编译,选择 Processing→Start Compilation 命令进行全程编译。在编译硬件系统时,状态窗口显示整个编译进程及每个编译阶段所用的时间。编译结果显示在 Compilation Report 窗口中。在编译过程中,如果添加了内部存储器,会使用 onchip_ROM. hex 文件对 onchip_ROM 进行初始化。在编译过程中,可能产生很多警告信息,但这些都不会影响设计结果。

本实例编译后的结果信息如图 10.28 所示。

6) 下载硬件设计到目标 FPGA

成功编译 SOPC 硬件系统后,将生成. sof 的 FPGA 配置文件。通过下载电缆连接目

Device and Pin Options

Dual-Purpose Pins | Voltage | Pin Placement
Error Detection CRC | Capacitive Loading | Board Trace Model | I/O Timing
General | Configuration | Programming Files | Unused Pins

Specify the device configuration scheme and the configuration device. Note: For HardCopy designs, these settings apply to the FPGA prototype device.

Configuration scheme: Active Serial (can use Configuration Device)
Configuration mode:
Configuration device
Use configuration device: EPCS4
Configuration Device Options ...
Configuration device I/O voltage:
Force VCCIO to be compatible with configuration I/O voltage
Generate compressed bitstreams
Active serial clock source:
Description:
Specifies the configuration device that you want to use as the means of configuring the target device.
Reset
确定 取消

图 10.27 Configuration 选项卡设置

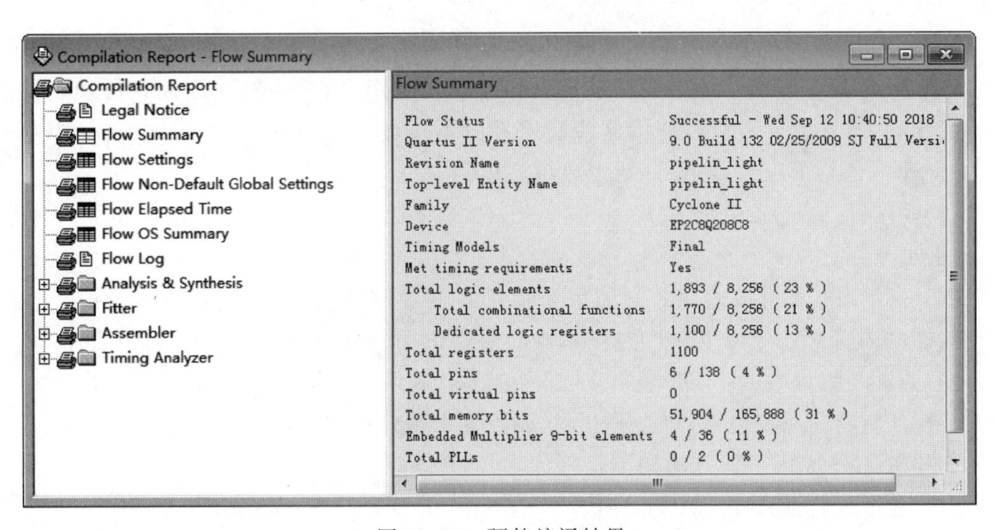

图 10.28 硬件编译结果

标板和计算机，接通目标板电源。在 Quartus Ⅱ 软件中选择 Tools→Programmer 命令，打开编程器窗口并自动打开配置文件。如果没有自动打开配置文件，则须手动添加需要编程的配置文件。选中 Program/Configure 方框，单击 Start 按钮，开始使用配置文件对 FPGA 进行配置，在 Progress 栏显示配置进度。配置成功后，SOPC 系统被下载到 FPGA 中，可进行有关软件的调试。

上述方法将配置文件下载到 FPGA 中，掉电后 FPGA 中的配置数据将丢失，可以将配置文件.pof 写入掉电保持的 EPCS 元件中，在上电时使用 EPCS 对 FPGA 进行配置。

10.4 SOPC 系统的软件开发

完成 Nios Ⅱ系统设计后,可利用 Nios Ⅱ IDE 进行 SOPC 系统的软件开发,本实例将编写一个控制 4 个 LED 流水灯的小程序,以向读者描述基于 Nios Ⅱ IDE 的软件开发过程。

Nios Ⅱ集成开发环境(IDE)是 Nios Ⅱ系列嵌入式处理器的基本软件开发工具。所有软件开发任务都可以在 Nios Ⅱ IDE 下完成,包括编辑、编译和调试程序。Nios Ⅱ IDE 提供了一个统一的开发平台,用于所有 Nios Ⅱ处理器系统。

Nios Ⅱ IDE 基于开放式的、可扩展 Eclipse IDE Project 工程以及 Eclipse C/C++开发工具(CDT)工程。Nios Ⅱ IDE 为软件开发提供 4 个主要的功能:工程管理器、编辑器和编译器、调试器以及闪存编程器。

10.4.1 创建 C/C++应用工程

启动一个新的 C/C++应用工程时,Nios Ⅱ IDE 需要使用 SOPC Builder 生成的系统文件.ptf。在目标硬件上运行和调试应用程序之前,软件设计者需要先使用 FPGA 配置文件.sof 配置 FPGA。

Nios Ⅱ IDE 可产生下列输出文件,但不是所有的工程都要求使用这些输出。

(1) System.h 文件:为系统中的硬件信息进行宏定义,帮助软件设计者处理硬件潜在的变化性,软件设计者可以使用这些宏定义而不是具体的硬件信息(如地址值、中断号等)。创建一个新工程时,IDE 自动生成该文件。

(2) 可执行的链接文件.elf:是编译 C/C++应用工程的结果,可直接将它下载到 Nios Ⅱ处理器。

(3) 存储器初始化文件.hex:如果添加了片内存储器,片内存储器可在上电时预定义存储器的内容。IDE 可生成片内存储器的初始化文件,该存储器支持初始化的内容。

(4) Flash 编程数据:IDE 包括 Flash 编程器,利用 IDE 的 Flash 编程器可以写程序到 Flash 存储器。用户也可以使用 Flash 编程器来写任意二进制数据到 Flash 存储器。

创建 C/C++应用工程方法如下:

(1) 选择开始→程序→Altera 菜单中的 Nios Ⅱ 9.0 IDE,启动 IDE。

(2) 在打开的 Nios Ⅱ IDE 界面中,设置 Workspace 路径。Nios Ⅱ IDE 将新建工程的相关文件存储在一个文件夹中,这个文件夹称为 Workspace。选择 File→Switch Workspace 命令,弹出 Workspace Launcher 对话框,添加 Workspace 路径。本实例将 Nios Ⅱ工程文件放在 Quartus Ⅱ工程文件夹下的 source 文件夹内,如图 10.29 所示。

(3) 在 IDE 界面中选择 File→New→Nios Ⅱ C/C++Application 命令(如图 10.30 所示),打开新建 C/C++工程向导。

(4) 所弹出的新建 C/C++工程向导窗口如图 10.31 所示。在 Name 中,输入所建 C/C++应用工程名 pipeline_light_code。单击 SOPC Builder System 选项的 Browse…按钮,选择所编写软件对应的 SOPC 硬件系统,本实例中选择\pipeline_light\pipeline_nios

Ⅱ_system.ptf。C/C++应用工程位置默认为 Workspace 的路径。

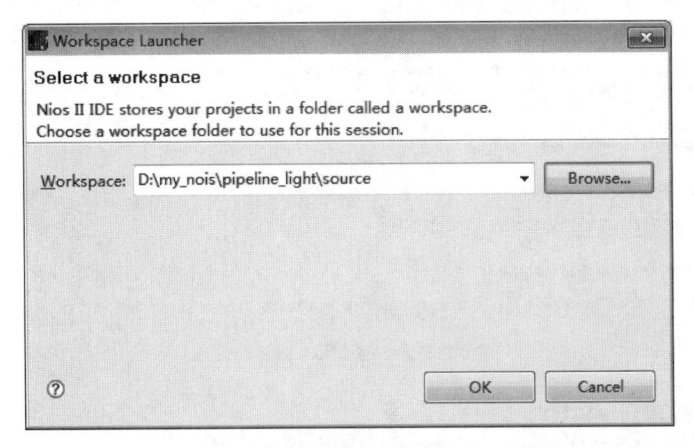

图 10.29　Nios Ⅱ IDE 中 Workspace 设置

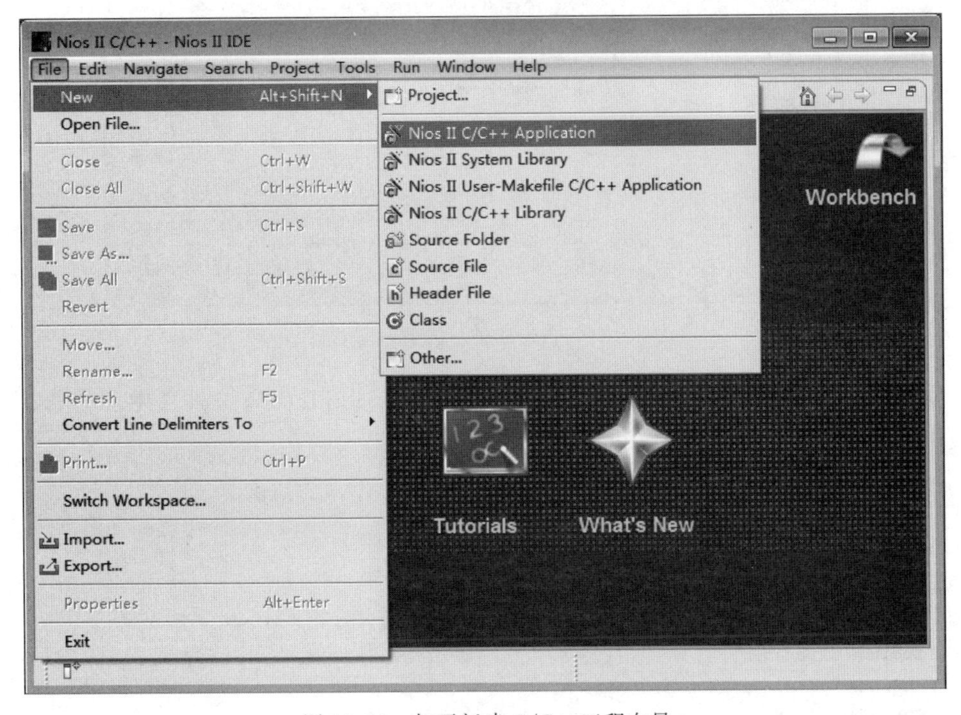

图 10.30　打开新建 C/C++工程向导

在图 10.31 左侧的 Select Project Template 选项栏中,列出了系统提供的一些例程模板,右侧给出了模板的功能介绍。用户可以选择其中的一个,把它当作模板来创建自己的工程。当然也可以选择 Blank Project(空白工程),完全由用户写所有代码。本实例选择了 Blank Project。

创建工程后,在 Nios Ⅱ IDE 主界面左侧的 C/C++Projects 选项卡中显示两个新的工程:pipeline_light_code 和 pipeline_light_code_syslib[pipeline_Nios Ⅱ_system]。pipeline_light_code 是 C/C++的应用工程,存放用户程序。pipeline_light_code_syslib[pipeline_Nios Ⅱ_system]是描述对应 Nios Ⅱ系统硬件细节的系统库。

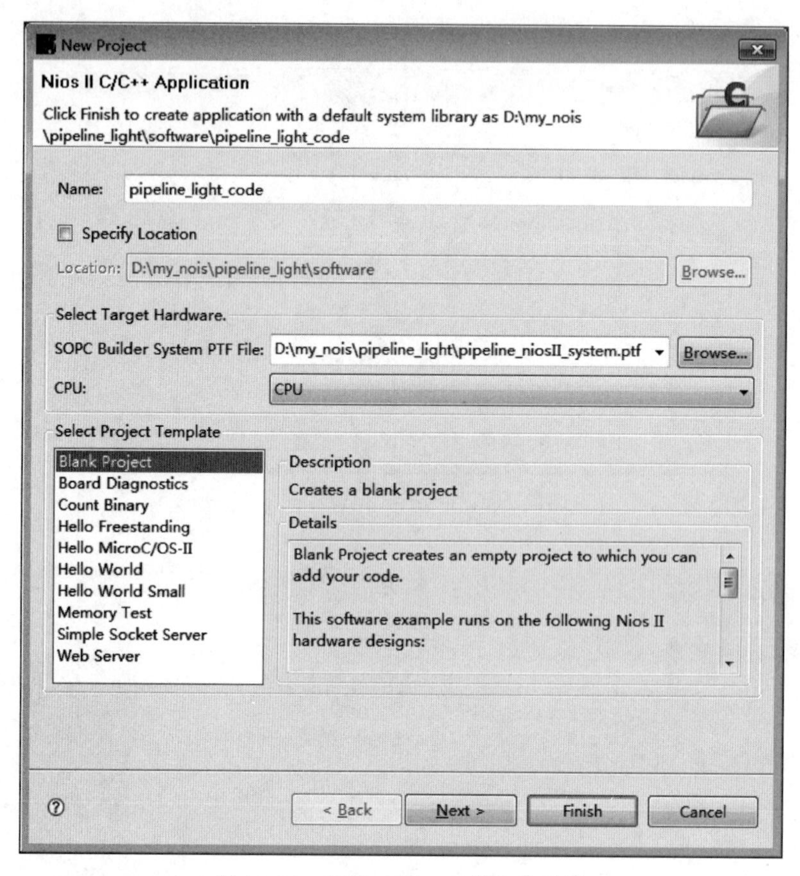

图 10.31　新建 C/C++工程向导设置

新建一个.c 文件，命名为 main.c，存放在 pipeline_light_code 文件夹中，在该文件中编写用户程序。本实例所编写的流水灯程序的代码如下：

```
/ ***************************************************************
 * 文件名: main.c
 * 功能: 通过 LED_PIO 控制 4 个 LED 产生流水灯效果
 * 说明: LED 低电平点亮
*************************************************************** /
#include "system.h"
#include "altera_avalon_pio_regs.h"
#include "alt_types.h"

/ * 流水灯花样,依次逐个点亮 * /
const alt_u32 LED_TBL[ ] = {0x01,0x02,0x04,0x08};

/ ***************************************************************
 *  名称: main()
 *  功能: 控制 LED 流水显示
*************************************************************** /
int main(void)
{
    alt_u8 i;
```

```
    alt_u32 j;

    while(1)
    {
        for(i=0;i<4;i++)
        {
            /*流水灯花样显示*/
            IOWR_ALTERA_AVALON_PIO_DATA(LED_PIO_BASE,~LED_TBL[i]);
                                                    //低电平点亮,因此输出取反
            j=0;
            while(j<100000)                         //延时
                j++;
        }
    }
    return 0;
}
```

10.4.2 设置C/C++应用工程系统属性

编写完用户程序代码后,需要进行程序编译。在进行编译之前,还要对工程系统属性进行设置。Nios Ⅱ IDE中工程的属性页控制了工程中的程序与硬件系统的相互影响关系以及IDE将怎样编译该应用工程。设置工程系统属性步骤如下:

(1) 在Nios Ⅱ IDE左侧的C/C++Projects选项卡中右击pipeline_light_code,在弹出的快捷菜单中选择System Library Properties,弹出pipeline_light_code_syslib的Properties对话框,如图10.32所示。

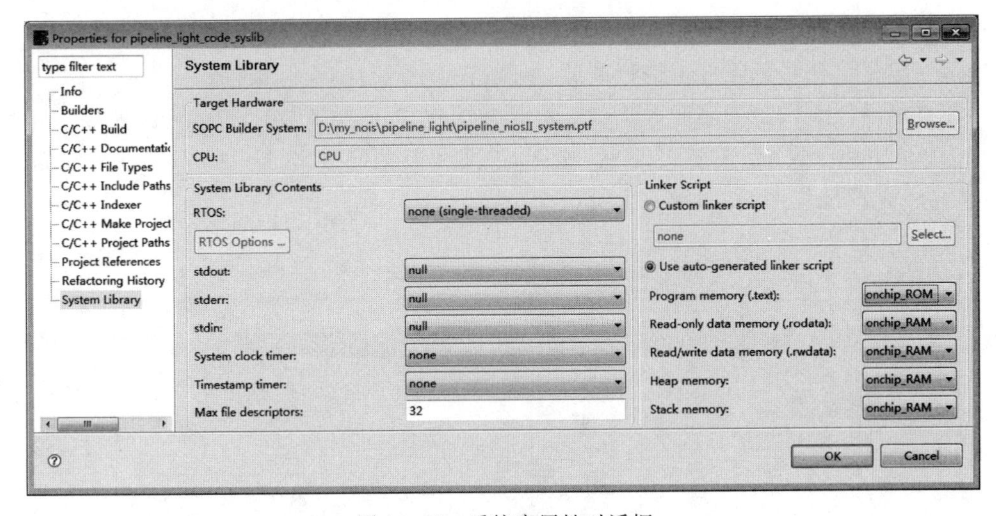

图10.32 系统库属性对话框

(2) 在图10.32中,选中左侧的System Library。

(3) 在右侧Linker Script选项区的Program memory(.text)下拉列表框中选择onchip_ROM,该选项区的其余下拉列表框选择onchip_RAM。

（4）其他设置不变，单击 OK 按钮，关闭 Properties 对话框，并返回到 IDE 主界面。

10.4.3 编译链接工程

设置好工程属性后，对所编写的程序代码进行编译链接，生成.elf 文件，用于下载 Nios Ⅱ系统。在 Nios Ⅱ IDE 主界面 C/C++Projects 选项卡中右击 pipeline_light_code 工程文件夹，在弹出的快捷菜单中选择 Builder Project 来编译链接工程，如图 10.33 所示。

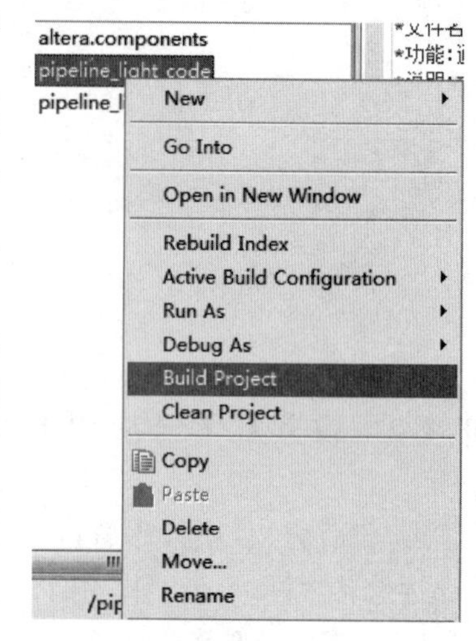

图 10.33 编译链接工程

编译链接开始后，Nios Ⅱ IDE 会首先编译系统库工程以及其他相关的工程，然后再编译链接主工程，并把源代码编译链接到.elf 文件中，本实例为 pipeline_light_code.elf。

由于本实例 Nios Ⅱ处理器的 Reset Address 设置为 onchip_ROM，因此用户程序将保存在 onchip_ROM 中。IDE 编译链接过程中会生成用于 onchip_ROM 初始化的文件 onchip_ROM.hex，生成的该文件在 Quartus Ⅱ工程目录下。

若编译未成功，设计人员可根据错误提示定位错误位置和原因，进行修改，直至编译成功。

10.4.4 调试/运行程序

用户程序编译成功后，可在目标硬件上或 Nios Ⅱ指令集仿真器(ISS)上运行或调试程序。一般尽量在目标硬件上进行调试，可观察程序运行的实际结果。

在目标硬件上调试程序的方法为：编译链接成功后，在 C/C++Projects 选项卡中右击 pipeline_light_code 工程文件夹，在弹出的快捷菜单中选择 Debug As→Nios Ⅱ Hardware 来调试程序，如图 10.34 所示。

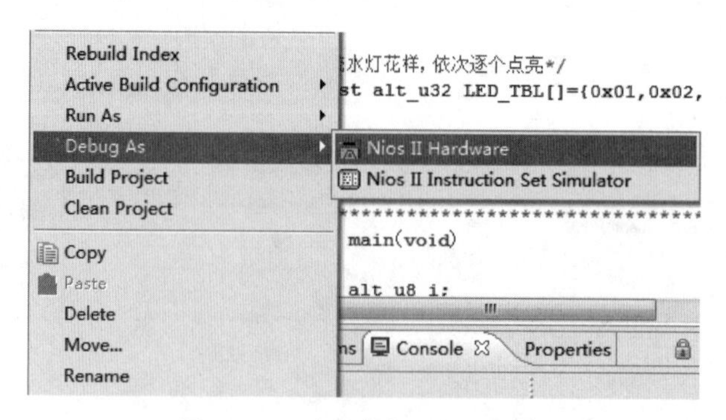

图 10.34 在目标板上调试程序

调试运行后，会打开调试界面，IDE 会首先下载程序至目标板，在 main()处设置断点并准备开始执行程序。用户可以通用调试控制工具来跟踪程序的运行。在程序运行观察窗口中可以观察程序的运行情况；在局部变量观察窗口中可以观察变量的值。此外还能查看寄存器、存储器的值。

在目标硬件上运行程序的方法为：编译链接成功后，在 C/C++Projects 选项卡中右击 pipeline_light_code 工程文件夹，在弹出的快捷菜单中选择 Run As→Nios Ⅱ Hardware 来调试程序，如图 10.35 所示。

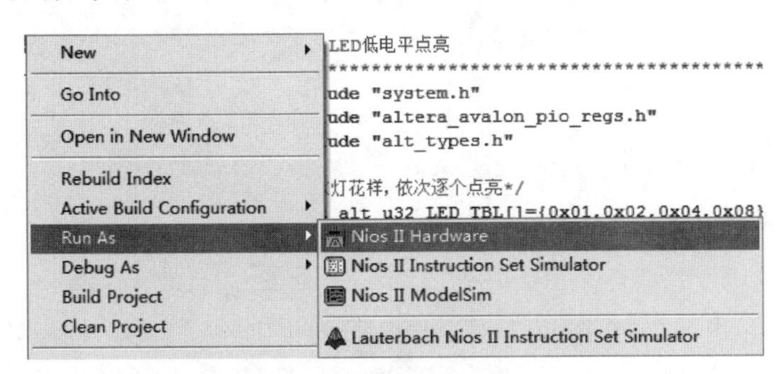

图 10.35　在目标板上运行程序

当程序调试通过后，经过 IDE 编译器生成的 onchip_ROM. hex 文件包含了正确、可执行的程序代码。在 Quartus Ⅱ软件中对硬件系统进行重新编译，利用 onchip_ROM. hex 文件对 onchip_ROM 进行初始化，生成的配置文件将包含 onchip_ROM. hex 的内容。

在 Quartus Ⅱ中重新编译硬件系统，使用配置文件对 FPGA 进行配置后，程序将直接运行，可观察到目标板上的 LED 灯逐一点亮，形成流水灯显示。

以上为 SOPC 系统软件开发的主要过程，若要编写复杂的 Nios Ⅱ处理器程序，需要了解硬件抽象层(HAL)系统库，掌握相关设备驱动函数的使用方法，请读者参考相关资料进行深入学习。

第11章 DSP Builder设计开发

11.1 DSP Builder 系统设计工具

DSP Builder 是 Altera 公司推出的一个数字信号处理(DSP)开发工具,它在 Quartus Ⅱ FPGA 设计环境中集成了 MathWorks 的 Matlab 和 Simulink DSP 开发软件。Altera 公司的 DSP 系统体系解决方案是一项具有开创性的解决方案,它将 FPGA 的应用领域从多通道高性能信号处理扩展到很广泛的基于主流 DSP 的应用,是 Altera 公司第一款基于 C 代码的可编程逻辑设计流程。

在 Altera 公司基于 C 代码的 DSP 设计流程中,设计者编写在 Nios Ⅱ嵌入处理器上运行的 C 代码。为了优化 DSP 算法的实现,设计者可以使用由 Matlab 和 Simulink 工具开发的专用 DSP 指令。这些专用指令通过 Altera 公司的 DSP Builder 和 SOPC Builder 工具集成到可重配置的 DSP 设计中。对 DSP 设计者而言,与以往 FPGA 厂商所需的传统的基于硬件描述语言(HDL)的设计相比,这种流程会更快、更容易。

除了全新的具有软件和硬件开发优势的设计流程外,Altera DSP 系统体系解决方案还引入了先进的 Stratix 和 Stratix Ⅱ系列 FPGA 开发平台。Stratix 元件是 Altera 公司第一款提供嵌入式 DSP 块的 FPGA,其中包括能够有效完成高性能 DSP 功能的乘法累加器(MAC)结构。Stratix Ⅱ FPGA 能够提供比 Stratix 元件高 4 倍的 DSP 带宽,更适合于超高性能 DSP 应用。

11.1.1 DSP Builder 安装

11.1.1.1 软件要求

使用 DSP Builder 创建 HDL 设计需要以下软件支持:

- Matlab 6.1 以上版本;
- Simulink 5.0 以上版本;
- Quartus Ⅱ 5.0 以上版本;

• Synplify 7.2 以上版本或 Leonardo Spectrum 2002c 以上版本(综合工具);
• ModelSim 5.5 以上版本(仿真工具)。

11.1.1.2 DSP Builder 软件的安装

在安装 DSP Builder 之前,首先安装 Matlab 和 Simulink 软件以及 Quartus Ⅱ 软件。如果要使用第三方 EDA 综合和仿真工具,需要安装综合工具 Leonardo Spectrum 或 Synplify 以及仿真工具 ModelSim。DSP Builder 的版本要和 Quartus Ⅱ 的版本一样,这样才能正确安装并使用。

在 Windows 98/NT/2000 操作系统上安装 DSP Builder,其操作步骤如下:

(1) 关闭以下应用软件: Quartus Ⅱ、MAX+plus Ⅱ、Leonardo Spectrum、Synplify、Matlab 和 Simulink 以及 ModelSim。

(2) 找到软件所在目录,双击 DSPBuilder.exe 文件。

(3) 在出现的安装向导中,根据提示操作即可完成 DSP Builder 的安装。

完成 DSP Builder 安装后,依据下面的操作步骤在 Matlab 软件中查看 DSP Builder 的库:

(1) 启动 Matlab 软件。

(2) 单击 Matlab 工具条上的 Simulink 快捷按钮,或在 Matlab 命令窗口输入 Simulink 命令,打开 Simulink Library Browser 界面,如图 11.1 所示。

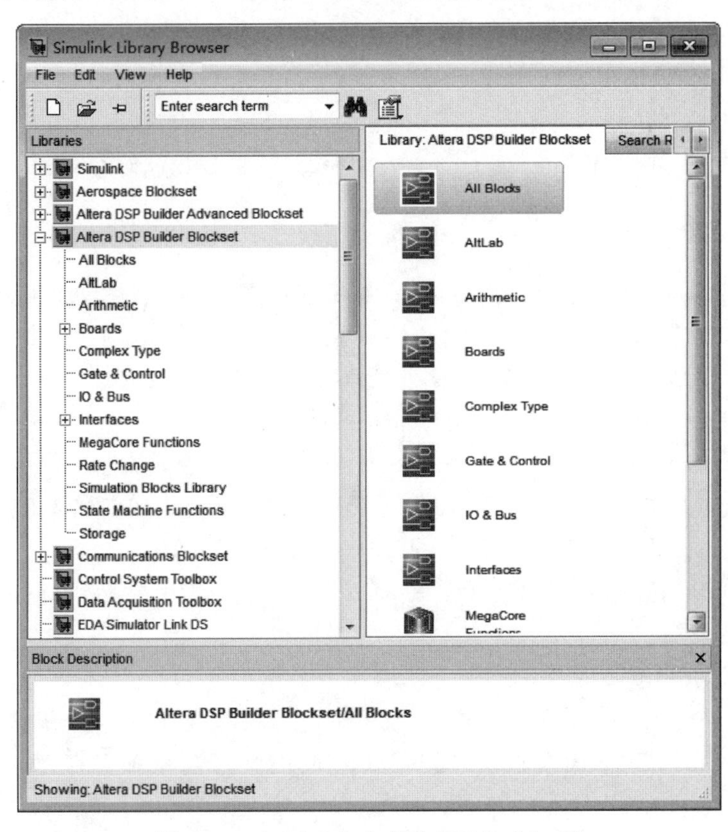

图 11.1 在 Matlab 中查看 DSP Builder 库

(3) 在 Simulink Library Browser 界面中打开 Altera DSP Builder 文件夹。

DSP Builder 安装程序在磁盘上的目录结构如图 11.2 所示。

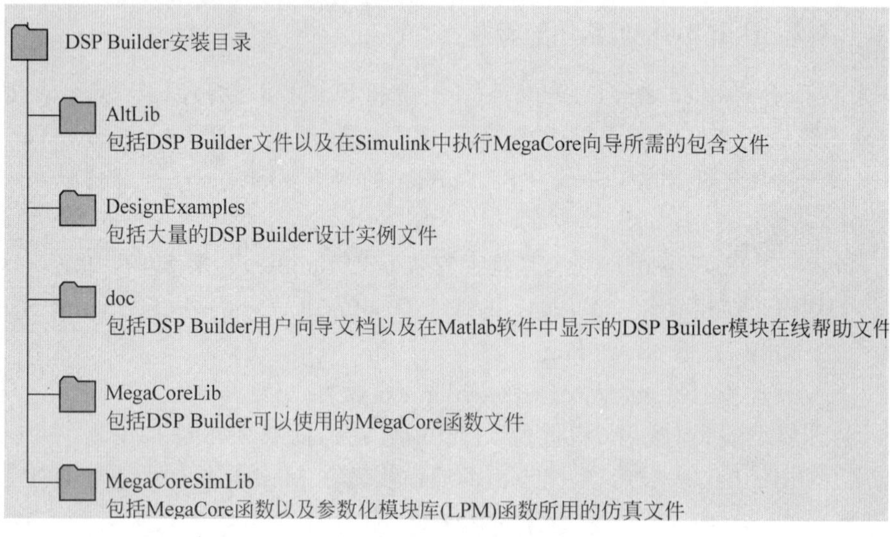

图 11.2　DSP Builder 安装目录结构

11.1.1.3　授权文件的安装

在使用 DSP Builder 之前，必须得到 Altera 的授权文件。如果没有安装 DSP Builder 的授权文件，用户只能用 DSP Builder 模块建立 Simulink 模型，但不能生成硬件描述语言(HDL)文件或 Tcl 脚本文件。

注意：*在安装 DSP Builder 授权之前，必须已经安装了授权的 Quartus Ⅱ 软件。*

1. 授权文件安装

得到 DSP Builder 授权文件后，可以直接将授权文件的内容粘贴到 Quartus Ⅱ 授权文件(license. dat)中，或在 Quartus Ⅱ 软件中单独指定 DSP Builder 授权文件。

方法一：粘贴授权内容到 Quartus Ⅱ 授权文件中，其操作步骤如下：

(1) 关闭运行的下列应用软件：Quartus Ⅱ、MAX+plus Ⅱ、Leonardo Spectrum、Synplify、Matlab 和 Simulink 以及 ModelSim。

(2) 在文本编辑器中打开 DSP Builder 授权文件，其中包含 FEATURE 行。

(3) 在文本编辑器中打开 Quartus Ⅱ 授权文件 license. dat。

(4) 从 DSP Builder 授权文件中复制 FEATURE 行内容并粘贴到 Quartus Ⅱ 授权文件中。

(5) 保存 Quartus Ⅱ 授权文件。

方法二：在 Quartus Ⅱ 软件中指定 DSP Builder 授权文件，其操作步骤如下：

(1) 将 DSP Builder 的授权文件以一个不同的文件名单独保存，如 dsp_builder_license. dat。

(2) 启动 Quartus Ⅱ 软件。

(3) 选择 Tools→License Setup 命令,弹出 Options 对话框的 License Setup 页面。

(4) 在 License File 栏中,在已经存在的 Quartus Ⅱ授权文件后面加一个分号";",在分号后面输入 DSPBuilder 授权文件所在的目录及文件名。

(5) 单击 OK 按钮保存设置。

2. 授权有效性检查

安装好 DSP Builder 授权文件以后,可以在 Matlab 软件中验证授权的功能是否有效。

1) 单机版授权

在 Matlab 命令窗口输入下面的命令:

```
dos(`lmutil lmdiag C4D5_512A`)
```

如果授权文件安装正确,则该命令产生的 DSP Builder 授权状态输出。

2) 网络版授权

如果在授权文件中存在 SERVER,在 Matlab 命令窗口输入下面的命令:

```
dos(`lmutil lmstat - a`)
```

如果网络版授权文件安装正确,则该命令产生的 DSP Builder 授权状态输出。

11.1.2 嵌入式 DSP 设计流程

为使信号处理设计者直接领悟可编程逻辑的优点,无须学习新的设计流程或编程语言, Altera 公司提出了一套新颖的设计流程。

11.1.2.1 DSP 设计流程

Altera DSP 设计流程提供了系统级综合,并且为 DSP 系统的软、硬件分离设计提供了灵活性。另外,Altera 公司支持基于硬件描述语言(HDL)和基于 C/C++的设计流程。Altera 公司的整套开发工具提供了完整的设计平台,包括 DSP Builder、SOPC Builder 和 Quartus Ⅱ软件,允许用户在系统设计中提高性能,并获得软、硬件综合设计的灵活性。图 11.3 给出了 Altera DSP 设计的总体流程图。

11.1.2.2 DSP Builder 设计流程

DSP 设计者可以使用 DSP Builder 和 Quartus Ⅱ软件单独进行硬件设计。DSP Builder 提供了一个无缝链接的设计流程,允许设计者在 Matlab 软件中完成算法设计,在 Simulink 软件中完成系统集成,然后通过 Signal Compiler 模块生成在 Quartus Ⅱ软件中可以使用的硬件描述语言文件。使用 DSP Builder 工具,设计者可以生成寄存器传输级(RTL)设计,并且在 Simulink 中自动生成 RTL 测试文件。这些文件是已经被优化的预验证 RTL 输出文件,可以直接用于 Altera Quartus Ⅱ软件中进行时序仿真比较。这种开发流程对于没有丰富可编程逻辑设计软件开发经验的设计者来说非常直观、易学。

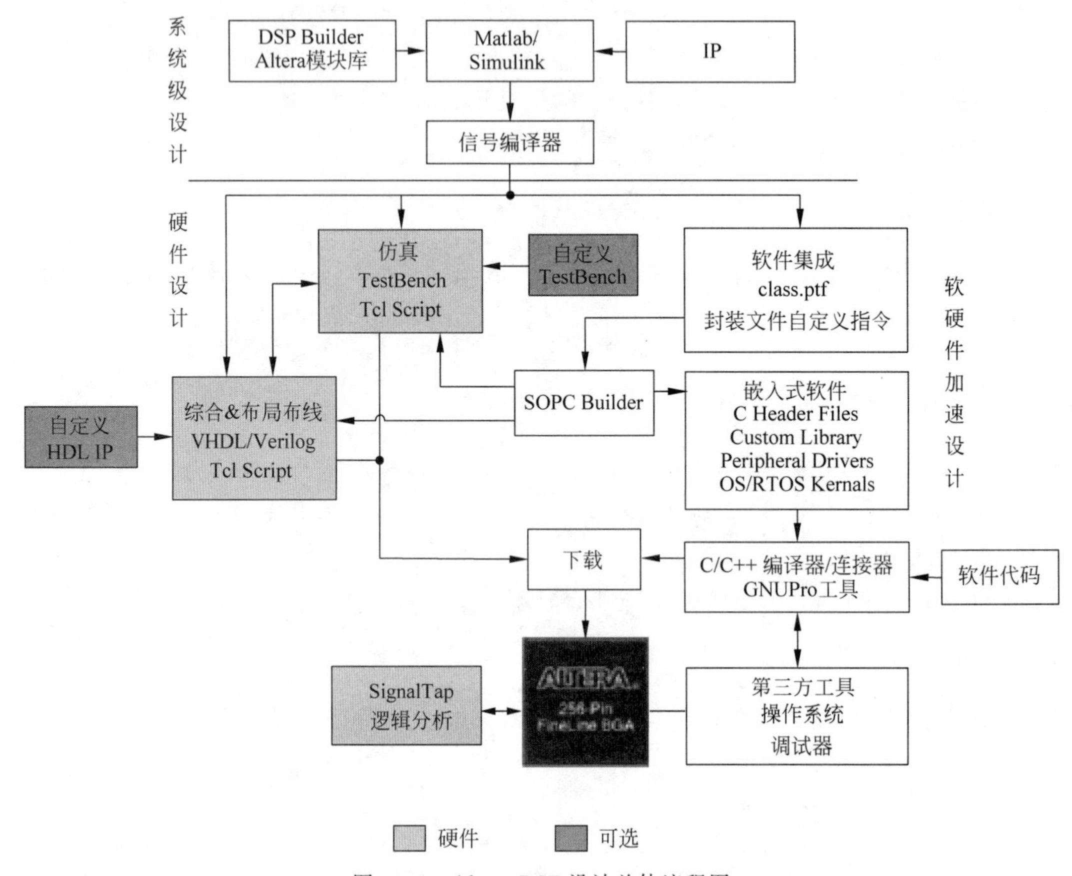

图 11.3　Altera DSP 设计总体流程图

DSP Builder 具备一个友好的开发环境，它可以通过帮助设计师创建一个 DSP 设计的硬件表示来缩短 DSP 开发的周期。现有的 Matlab 功能和 Simulink 块与 Altera 公司的 DSP Builder 块和 Altera 公司的知识产权(IP)MegaCore 功能块组合在一起，从而把系统级的设计和 DSP 算法的实现连接在一起。DSP Builder 允许系统、算法和硬件设计共享一个通用的开发平台。

在 DSP Builder 中，设计者可以使用 DSP Builder 中的块来为 Simulink 中的系统模型创建一个硬件。DSP Builder 中包含了按位和按周期精确的 Simulink 块，这些块覆盖了最基本的操作，例如运算和存储功能。通过使用 MegaCore 功能，复杂的功能也可以被集成进来。MegaCore 功能支持 Altera 的 IP 评估特性，用户在购买授权之前可以进行功能和时序上的验证。

(1) OpenCore 使工程师能够不用任何花费在 Quartus Ⅱ 软件中测试 IP 核，但不能生成元件的编程文件，从而无法在硬件上测试 IP 核。

(2) OpenCore Plus 是增强的 OpenCore，可以支持免费在硬件上对 IP 进行评估。这个特性允许用户为包含了 Altera MegaCore 功能的设计产生一个有时间限制的编程文件。通过这个文件，设计者可以在购买授权许可之前就在板级对 MegaCore 功能进行验证。

DSP Builder 的 Signal Compiler 块读入 Simulink 模型文件(.mdl)，该模型文件是用

DSP Builder 和 MegaCore 块生成的，然后生成 VHDL 文件和 Tcl 脚本文件，用于综合、硬件的实现以及仿真。

图 11.4 所示为 DSP Builder 的设计流程。

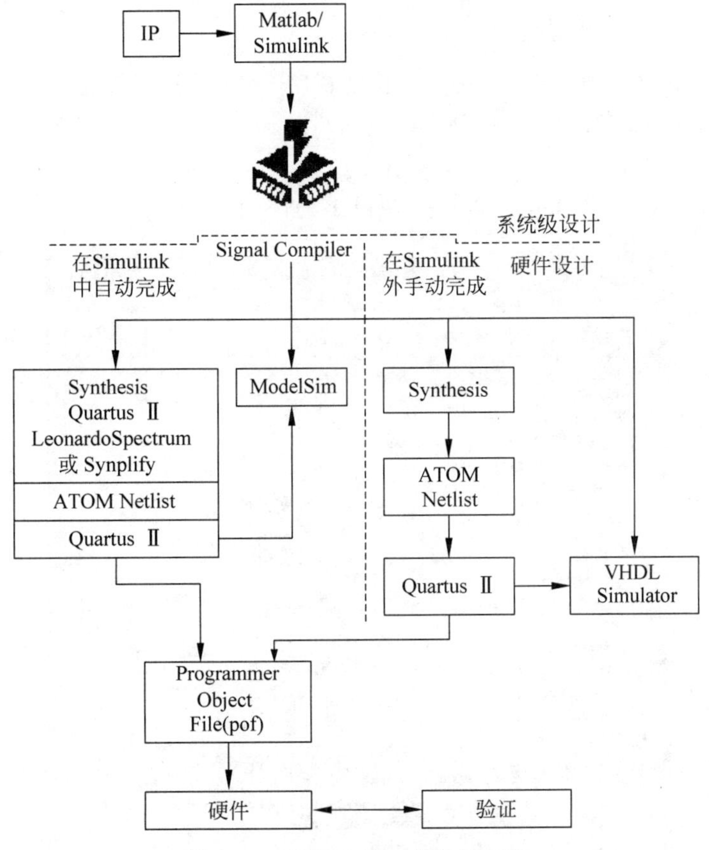

图 11.4 DSP Builder 的设计流程

11.1.3 DSP Builder 设计过程

本节利用 DSP Builder 软件提供的一个幅度调制设计实例来说明 DSP Builder 设计过程。该设计实例文件在< DSP Builder 安装目录>\DesignExamples\GettingStarted\SinMdl 文件夹中，设计中包括正弦波发生器模块、积分乘法器模块和延时单元，每个模块都是参数可变的。

11.1.3.1 创建 Simulink 设计模型

1. 创建新模型

创建新模型的步骤如下：

(1) 启动 Matlab 软件。

(2) 单击 Matlab 工具条上的 Simulink 快捷按钮，或在 Matlab 命令窗口输入

Simulink 命令，打开 Simulink Library Browser 界面，如图 11.1 所示。

（3）选择 File→New→Model 命令，建立一个新的模型文件。

（4）选择 File→Save 命令，保存文件到指定文件夹中，在文件名栏中输入 Singen.mdl。

2. 加入 Signal Compiler 模块

（1）在 Simulink Library Browser 界面中，打开 Altera DSP Builder 文件夹。

（2）在 Altera DSP Builder 文件夹中选择 AltLab 库。

（3）拖动 Signal Compiler 模块到新建的模型文件中。

（4）用鼠标左键双击 Signal Compiler 模块，如图 11.5 所示。

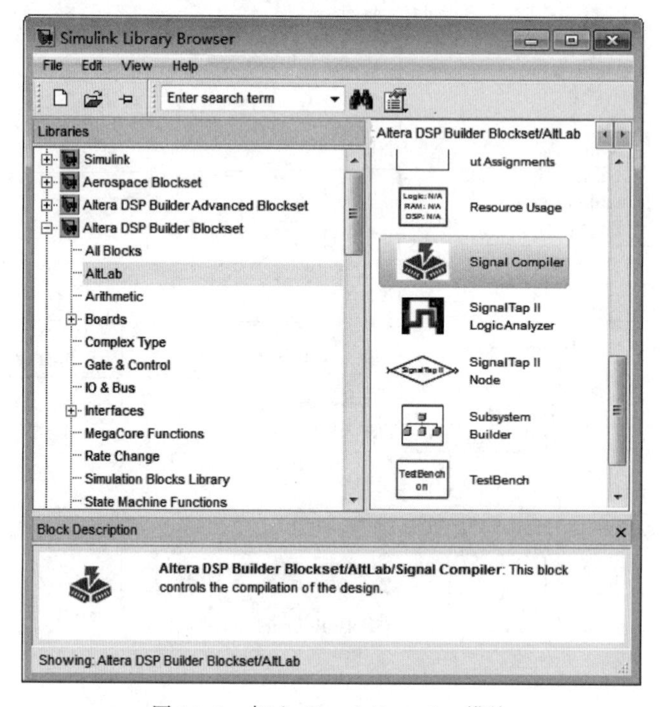

图 11.5　加入 Signal Compiler 模块

（5）在 Signal Compiler Version 对话框中选择目标元件类型。

（6）单击 OK 按钮。

（7）选择 File→Save 命令保存文件。

3. 为 Signal Compiler 指定综合软件路径信息

在设计模型文件中加入 Signal Compiler 模块以后，需要指定综合工具软件，如 Leonardo Spectrum、Synplify 或 Quartus Ⅱ。默认情况下，Signal Compiler 在执行综合过程中从 PC 的注册表中查找指定综合软件所在的安装路径。如果综合过程中 Signal Compiler 找不到综合软件所在的路径，在 Message 栏中将提示综合失败。

DSP Builder 2.0 以上版本允许用户为 Signal Compiler 指定综合工具路径。在 <DSP Builder 安装目录>\Altlib 文件夹中包含一个 XML 配置文件 edaconfig.xml，其中包含 Signal Compiler 综合工具的路径信息。通过文本编辑器或任何 XML 编辑器可以修改这个配置文件。XML 配置文件中每个 EDA 工具有 3 种配置信息：

(1) < GetPathFromRegistry >< on or off ></GetPathFromRegistry >

(2) < ForcedPath ><安装路径></ForcedPath >

(3) < ToolVersion ><版本号></ToolVersion >

其中< GetPathFromRegistry >部分可设置为 on 或 off。默认为 on，表示 Signal Compiler 从注册表文件中读取路径。当设为 off 时，Signal Compiler 读取< ForcedPath >部分所指定的路径。edaconfig. xml 配置文件的内容如图 11.6 所示。

```
- <EdaConfig>
    <!-- Edaconfig specifies directory information for third party to
  - <synplicity>
      <GetPathFromRegistry>off</GetPathFromRegistry>
      <ForcedPath>C:\synplicity\Synplify\bin</ForcedPath>
      <ToolVersion>7.1</ToolVersion>
    </synplicity>
  - <quartus>
      <GetPathFromRegistry>on</GetPathFromRegistry>
      <ForcedPath>c:\quartus\bin</ForcedPath>
      <ToolVersion>2.2</ToolVersion>
    - <quartus_pgm>
        <port_cable>ByteblasterMV[LPT1]</port_cable>
      </quartus_pgm>
    </quartus>
  - <leonardospectrum>
      <GetPathFromRegistry>off</GetPathFromRegistry>
      <ForcedPath>D:\MGC\LeoSpec\LS2003b_35\bin\win32</ForcedPath>
      <ToolVersion>2002d</ToolVersion>
    </leonardospectrum>
```

图 11.6　edaconfig. xml 配置文件

4. 加入 Increment Decrement 模块

(1) 在 Simulink Library Browser 界面单击 Altera DSP Builder Blockset 中的 Arithmetic 库，从中找到 Increment Decrement 模块。

(2) 将 Increment Decrement 模块拖动到 Singen. mdl 文件中。

(3) 在 Increment Decrement 模块下面的文字“Increment Decrement”上双击鼠标左键，将模块名字修改为 IncCount。

(4) 设置模块参数，单击 OK 按钮确定，如图 11.7 所示。

5. 加入正弦查找表(SinLUT)

(1) 在 Altera DSP Builder Blockset 文件夹中选择 Storage 库。

(2) 从库中选择 LUT 模块，拖动到 Singen. mdl 文件中。

(3) 单击 LUT 模块下面的文本，将 LUT 改为 SinLUT。

(4) 双击 SinLUT 模块，弹出模块参数对话框，如图 11.8 所示，在该对话框中把输出位宽(Output [Number of Bits])改为 8，查找表地址线位宽(LUT Address Width)设为 6。

(5) 单击 OK 按钮确定。

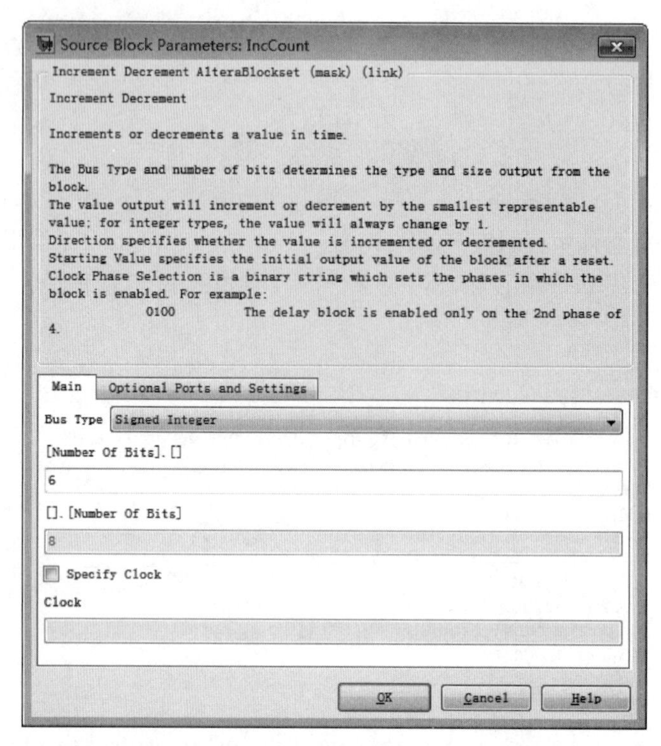

图 11.7 设置 Increment Decrement 参数

Function Block Parameters: LUT

LUT AlteraBlockset (mask) (link)

Look-Up Table (LUT) Block

The LUT block stores data as 2^(address width) words of data in a Look-Up table. The values of the words are specified in the data vector field as a MATLAB array.

The MATLAB Array parameter must be a one dimensional MATLAB array with a length smaller than 2^(address width). The array can be specified from the MATLAB workspace or directly in the MATLAB Array box.

The input address bus must be unsigned.

Note that for LPM:
The input address is always registered
Not all memory options are available for all families

Main | Implementation

Address Width
6

Data Type: Signed Integer

[Number Of Bits].[]
8

[].[Number Of Bits]
0

MATLAB array
127*sin([0:2*pi/(2^6):2*pi])

OK | Cancel | Help | Apply

图 11.8 模块参数对话框

6. 加入延时模块

(1) 在 Altera DSP Builder Blockset 文件夹中选择 Storage 库。

(2) 选择 Delay 模块,拖动到 Singen. mdl 文件中。

(3) 双击 Delay 模块,在弹出的模块参数对话框中指定延时深度,如图 11.9 所示。

(4) 单击 OK 按钮。

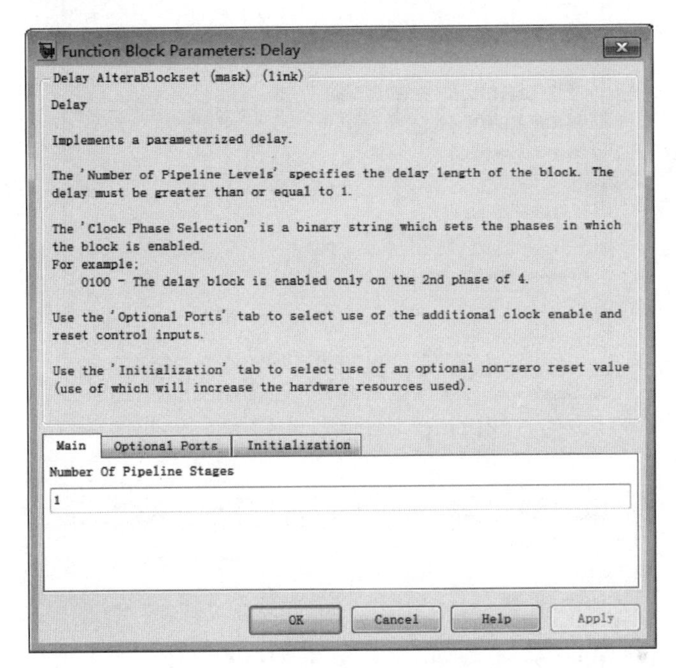

图 11.9　指定延时深度

7. 加入乘法器(Product)模块

(1) 在 Altera DSP Builder Blockset 文件夹中选择 Arithmetic 库。

(2) 选择 Product 模块,将其拖动到 Singen. mdl 文件中。

(3) 双击 Product 模块,设置模块参数,如图 11.10 所示,单击 OK 按钮。

8. 加入输出端口 SinOut

(1) 在 Altera DSP Builder Blockset 文件夹中选择 IO & Bus 库。

(2) 选择 Output 模块,将其拖动到 Singen. mdl 文件中。

(3) 修改 Output 模块的名称为 SinOut。

(4) 双击 SinOut 模块,在模块参数对话框中选择 Bus Type 为 Signed Integer, Number of Bits 参数为 8,并单击 OK 按钮,如图 11.11 所示。

9. 加入仿真步进模块

(1) 在 Simulink 文件夹中选择 Sources 库。

(2) 选择 Step 模块,将其拖动到 Singen. mdl 文件中。

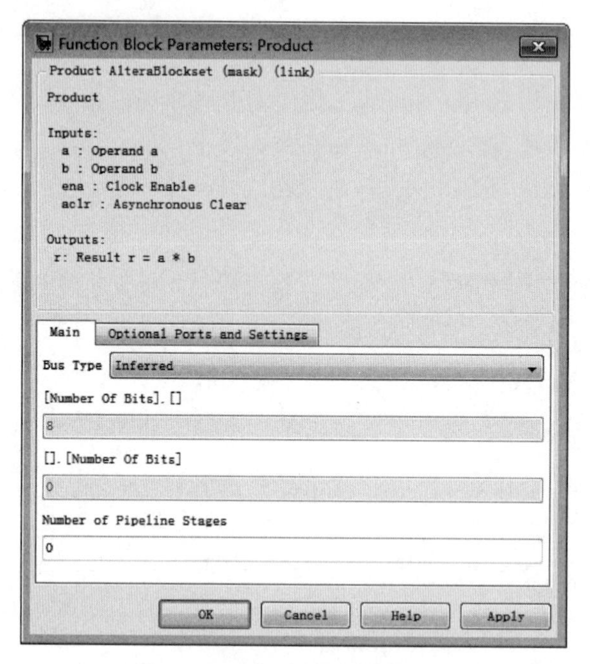

图 11.10　乘法器模块参数设置

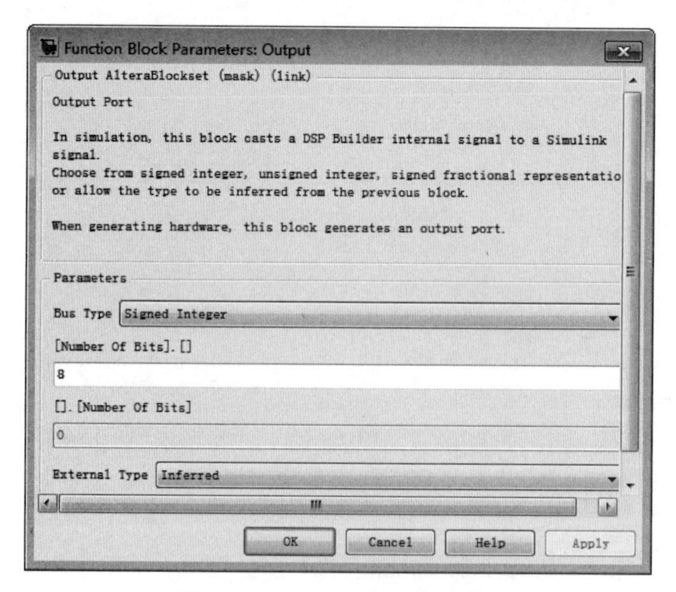

图 11.11　Output 模块参数设置

(3) 双击 Step 模块，设置模块参数，并单击 OK 按钮，如图 11.12 所示。

10. 加入示波器模块

(1) 在 Simulink Library Browser 界面中选择 Simulink 下面的 Sinks 库。
(2) 选择 Scope 模块，将其拖动到 Singen.mdl 文件中。
(3) 双击 Scope 模块，弹出 Scope 波形显示对话框。

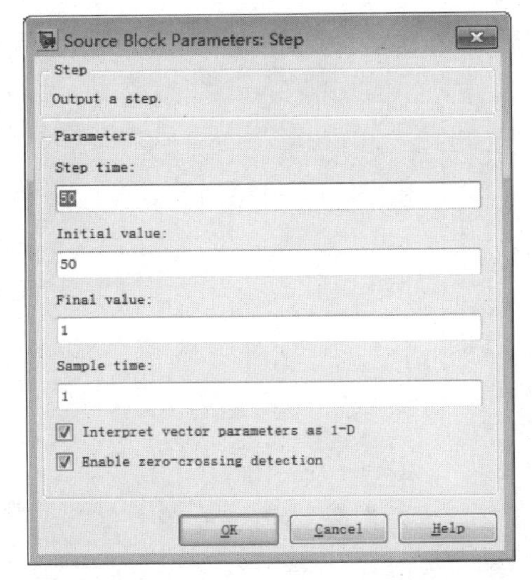

图 11.12 Step 模块参数设置

(4) 单击参数设置快捷按钮，在 General 选项卡的 Number of axes 框中输入 2，即以同一时间轴同时显示 2 个信号波形，如图 11.13 所示，单击 OK 按钮。

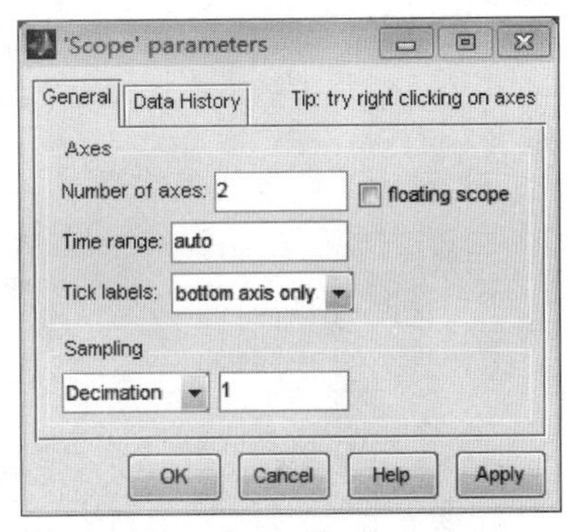

图 11.13 示波器显示模块设置

11. 连线

将所有模块全部插入 Singen. mdl 模型文件后，按照图 11.14 所示连接模块，完成模型文件的设计。

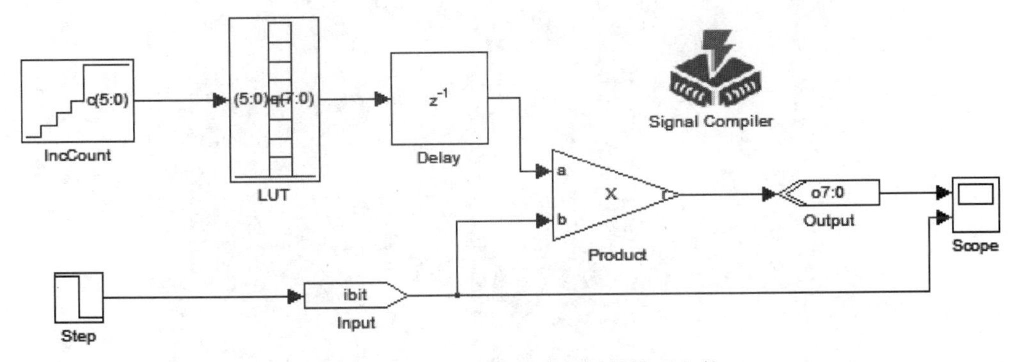

图 11.14 幅度调制设计实例的模型文件

11.1.3.2 Simulink 设计模型仿真

连接好整个设计模型以后，可以在 Simulink 软件中仿真设计模型。

(1) 选择 Simulation→Configuration Parameters 命令，弹出仿真参数设置对话框。

(2) 在 Simulation time 栏中的 Stop time 框中输入 500。其他按照默认设置，如图 11.15 所示。

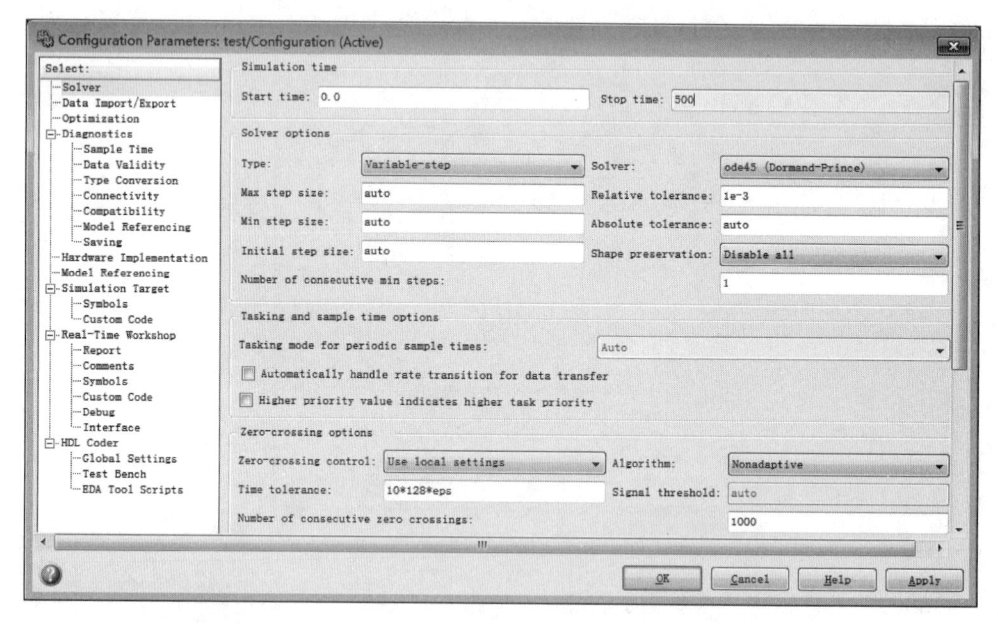

图 11.15　仿真参数设置

(3) 单击 OK 按钮退出仿真参数设置对话框。

(4) 选择 Simulation→Start 命令,或按下 Ctrl+T 键启动仿真。

(5) 双击模型文件中的 Scope 模块,打开示波器显示窗口。

(6) 单击示波器显示窗口工具条上的自动范围按钮,则波形显示如图 11.16 所示。

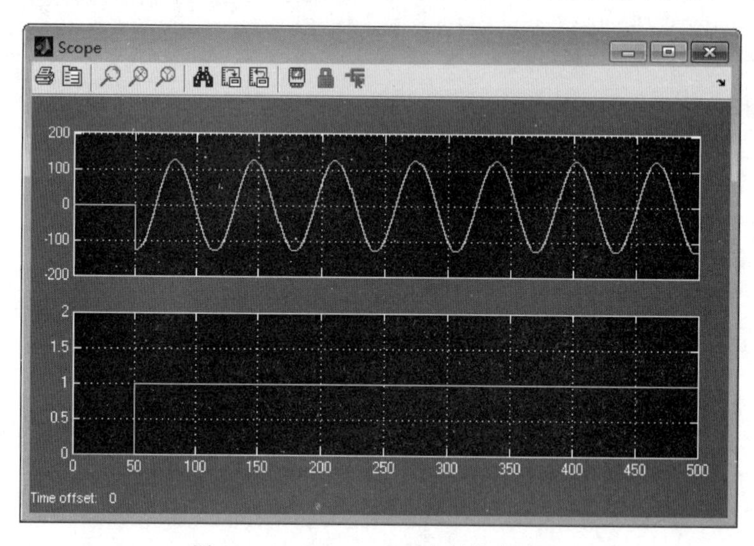

图 11.16　Singen.mdl 实例仿真波形

11.1.3.3　完成 RTL 级仿真

完成 Simulink 软件中的模型设计,仿真成功以后,双击模型设计文件中的 Signal Compiler 模块,弹出 Signal Compiler 对话框,单击 Analyze 按钮,弹出如图 11.17

所示的对话框。

为了生成模型设计文件的 RTL 级仿真文件，应完成下面的步骤：

(1) 在图 11.17 所示的对话框中，单击 1-Convert MDL to VHDL 按钮，在 Messages 框中将出现以下提示信息：

```
> Generated top level'singen.vhd'files
> See'singen_DspBuilder_Report.html'report file for additional information
```

(2) 在可选择的选项卡中选择 TestBench 选项卡，选中 Generate Stimuli for VHDL TestBench 选项。

(3) 单击 OK 按钮确认以上操作。

(4) 在 Simulink 软件中启动仿真，Signal Compiler 生成一个仿真脚本文件和一个 VHDL 测试台文件，分别为 Tb_SinGen.tcl 和 Tb_SinGen.vhd。

在 ModelSim 软件中完成 RTL 仿真，操作步骤如下：

(1) 启动 ModelSim 软件。

(2) 选择 File→Change Directory 命令，指定工作目录。

(3) 选择 Tools→Execute Macro...命令(不同的 ModelSim 版本菜单项可能不同)。

(4) 在 Execute Do File 对话框中选择 tb_singen.tcl 脚本文件，单击打开按钮，ModelSim 开始执行脚本文件。

11.1.3.4 Simulink 模型设计的综合与编译

对于 DSP Builder 设计，Altera 公司提供自动和手动两种综合、编译流程。如果 DSP Builder 模型是顶层设计，则两种综合与编译流程都可以使用；如果 DSP Builder 模型不是顶层设计，而是非 DSP 硬件设计中一个独立模块，则只能使用手动综合、编译流程，在 DSP Builder 软件之外建立顶层编译设置，包括：

(1) 将 DSP Builder 模型生成的 VHDL 文件加入顶层综合工程。

(2) 将所有用到的 IP 库加入 Quartus Ⅱ 工程。

这些工作可以通过 Signal Compiler 生成的对应综合工具的 Tcl 文件完成。

1. 自动综合、编译

Signal Compiler 可以将设计模型文件(如 SinGen.mdl)中的每个 Altera DSP Builder 模块映射为 DSP Builder VHDL 库。自动综合、编译流程可以直接在 Simulink 软件中，使用 Signal Compiler 对话框中 Hardware Compilation 框中的按钮操作，后台完成模型设计的综合、编译过程。

(1) 在 Simulink 的设计模型文件中(如 SinGen.mdl)双击 Signal Compiler 模块弹出 Signal Compiler 对话框。

(2) 在 Device 列表中选择目标元件系列，如 Stratix。

(3) 单击按钮 1-Compile，由模型设计生成 VHDL 文件。

(4) 单击按钮 2-Synthesize，使用指定的综合工具开始综合设计。

(5) 单击按钮 3-Fitter，使用 Quartus Ⅱ 软件编译设计。

注意：使用 Quartus Ⅱ软件自动编译，要求所安装的 Quartus Ⅱ软件具有 Quartus Ⅱ Tcl 脚本支持功能。如果使用的 Quartus Ⅱ软件版本不支持 Tcl 脚本（如 Quartus Ⅱ WebEdition），将提示 Tcl 脚本支持功能不可用信息。

（6）所有步骤完成之后，单击 OK 按钮退出 Signal Compiler 对话框。

上面每个操作过程在 Message 框中都有对应的信息显示，如图 11.17 所示。

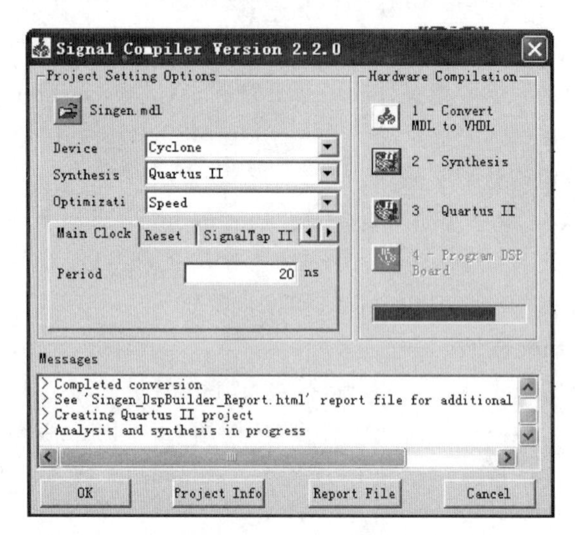

图 11.17　Signal Compiler 自动完成综合、编译功能

2. 手动综合、编译

当要完成下面的操作时，必须进行手动综合和编译过程：

（1）使用其他综合工具软件（Signal Compiler 可选综合工具软件有 Leonardo Spectrum、Synplify 和 Quartus Ⅱ）。

（2）在综合工具或 Quartus Ⅱ软件中指定特殊的综合设置，如 LogicLock 功能或时间驱动编译。

在这里以 LeonardoSpectrum 综合工具为例，说明如何手动综合由 Simulink 模型文件生成的 VHDL 文件。步骤如下：

（1）在 Simulink 的设计模型文件中（如 SinGen.mdl）双击 Signal Compiler 模块。

（2）单击 Analyze 按钮，弹出 Signal Compiler Version 2.1.3 对话框。

（3）单击按钮 1-Convert MDL to VHDL，则 Signal Compiler 将模型设计生成 VHDL 文件。

（4）单击 OK 按钮关闭 Signal Compiler Version 2.1.3 对话框。

在 Quartus Ⅱ软件中完成设计的手动编译，综合软件在工作目录下生成原子网表文件（EDIF 网表文件（.edf）或 Verilog Quartus 映射文件（.vqm））。网表文件中的原子都是参数化的，符合 Altera 元件特性的 WYSIWYG 原语描述，如逻辑单元、I/O 单元、乘积项以及嵌入式系统块（ESB）。在 Quartus Ⅱ软件中可以直接编译原子网表文件生成用于 Altera 元件编程的编程器目标文件（.pof）。

在 Quartus Ⅱ软件中完成设计的编译步骤如下：

(1) 启动 Quartus Ⅱ软件。

(2) 选择 View→Auxiliary Windows→Tcl Console 命令。

(3) 在 Tcl 控制台窗口,使用 DOS 命令进入 DSP Builder 设计文件的工作目录。

(4) 在 Tcl 控制台窗口,输入 source <模型文件名>_quartus. Tcl 后按回车键,如 sourcesingen_quartus. Tcl,则 Quartus Ⅱ软件自动执行 Tcl 脚本文件中的建立工程以及环境设置命令。

(5) 选择 Processing→Start Compilation 命令开始编译。

(6) 在编译报告窗口,选择 Fitter 文件夹下面的 Floorplan View 查看编译结果。

3. 创建 DSP Builder 设计的 Quartus Ⅱ符号

作为一个功能模块,可以对 DSP Builder 的设计创建一个 Quartus Ⅱ符号,在顶层设计中调用。Quartus Ⅱ编译完成之后,Quartus Ⅱ软件在工作目录中建立一个名为 atom_netlists 的子目录,其中包含 DSP Builder 设计的 Verilog Quartus 映射文件(. vqm),如 SinGen. vqm,使用该文件创建 Quartus Ⅱ符号的步骤如下:

(1) 在 Quartus Ⅱ软件中打开 DSP Builder 设计的工程文件,如 SinGen. qPf。

(2) 选择 File→Open 命令,在目录查找中指定工作目录中的 atom_netlists 子目录。

(3) 打开<设计文件名>. vqm,如 SinGen. vqm。

(4) 选择 File→Create/Update→Create SymbolFiles for Current File 命令,则创建了符号并将其添加到工程中。

11.2 LogicLock 技术

11.2.1 LogicLock 技术简介

LogicLock 技术有以下优点。

(1) 提高设计性能。LogicLock 允许设计者单独设计、优化和锁定每个模块的性能,即使在大型 SOPC 设计过程中也能保持各个模块的性能。

(2) 支持团队化设计。LogicLock 设计流程第一次在 FPGA 的设计中引入了高效的基于团队的设计方法。

(3) 继承设计实现结果的性能。设计者可在其他设计中重用优化好的设计模块,进一步利用资源并缩短设计周期。

(4) 支持增量式编译。允许设计者将未改变的区域反标注到下次编译中,而仅仅对改变了的部分进行新的优化与编译,可以有效地节省编译时间。

Quartus Ⅱ LogicLock 设计流程与传统设计流程比较如图 11.18 所示。

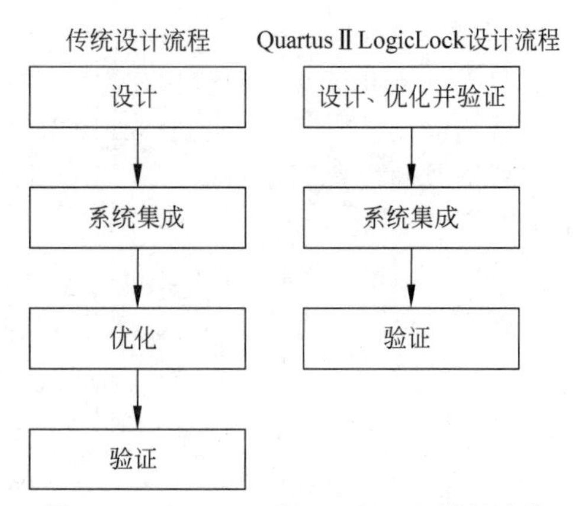

图 11.18 Quartus Ⅱ LogicLock 设计流程与传统设计流程比较

支持 LogicLock 基于模块化的设计流程的 FPGA 系列如下：

- Stratix Ⅱ、Stratix、Stratix GX、MAX Ⅱ、Cyclone 和 Cyclone Ⅱ；
- APEX 和 APEX Ⅱ；
- Excalibur；
- Mercury(对 Mercury 元件仅支持锁定和固定区域)。

11.2.2 LogicLock 设计应用

11.2.2.1 建立 LogicLock 区域

LogicLock 其实是一种布局约束，可以在目标元件上定义任意物理资源的矩形区为 LogicLock 区域。LogicLock 区域可由两个参数定义：大小和状态。可以定义表 11.1 所列的 3 种类型的 LogicLock 区域。

表 11.1 LogicLock 区域类型

Logic Lock 区域类型	描 述
固定大小 锁定状态	该区域定义了明确的高和宽，分配了指定的元件资源位置，锁定状态区域在底层图中以实线边界标识
固定大小 浮动状态	该区域定义了明确的高和宽，由适配器为区域选择最合适的位置，浮动状态区域在底层图中以虚线边界标识
自动大小 浮动状态	适配器为此区域决定最适宜的大小和位置，自动大小区域在底层图中以点线边界标识

LogicLock 区域可以层级嵌套，可以让一个 LogicLock 区域作为另一个 LogicLock 区域的子区域，将子区域放入其父区域内，并指定子区域与父区域的相对位置。当移动父区域时，子区域保持相对于父区域的布局关系。

下面介绍建立 LogicLock 区域的方法。

(1) 首先设置 Incremental Compilation，以层级的设计观念，我们需要先将整个电路分割为数个子模块(sub-module)来进行设计，所以先要在 Compilation Process Settings 中将 Incremental Compilation 设置为 Full Incremental Compilation，如图 11.19 所示。

(2) 对完整的工程进行模块化分区，在对完整的工程进行分区之后就可以在编译的过程中针对个别的分区进行操作，如图 11.20 所示。分区之后只会对修改过的模块进行编译，未修改的模块则保留前一次的编译结果，如此可大幅降低编译时间(Compilation Time)。

如果一个新的工程没有编译过则不会显示树状结构关系，可以先对工程进行一次编译，编译之后树状结构关系就会显示了，选中要进行分区的模块单元单击鼠标右键，从弹出的菜单中选择 Design Partition→Set as Design Partition，完成后模块后显示一个分区的图标，如图 11.21 所示。

此时若打开 Chip Planner，可以看到 Quartus Ⅱ 自动配置的 LogicLock 区域所在的位置。

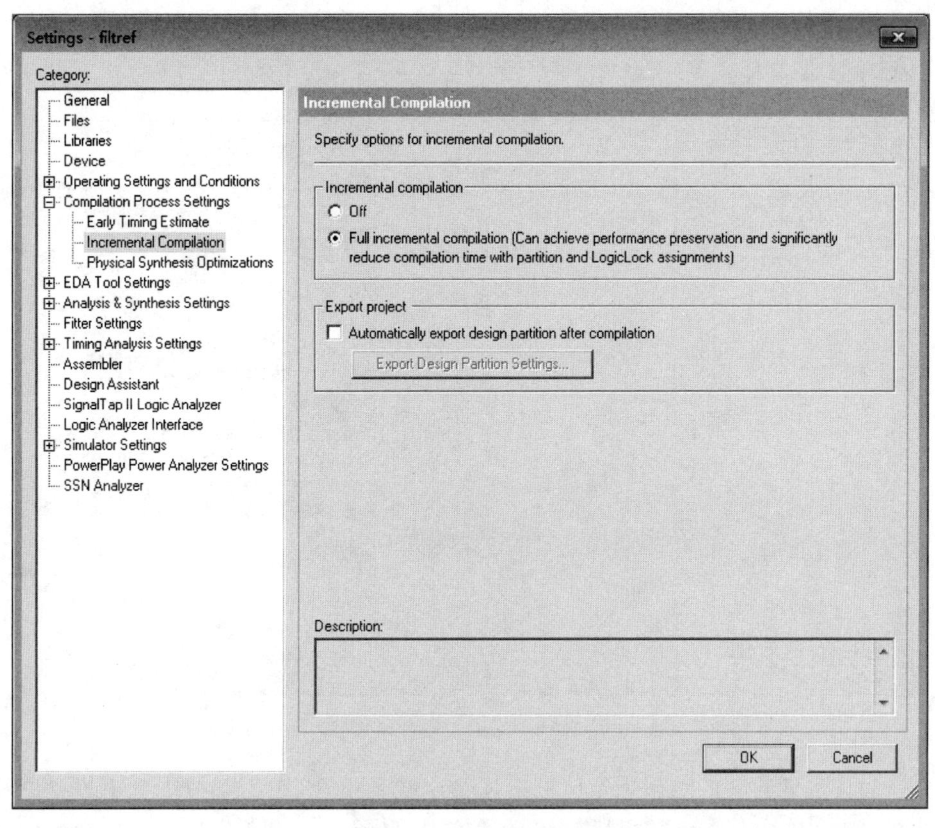

图 11.19　Settings 窗口

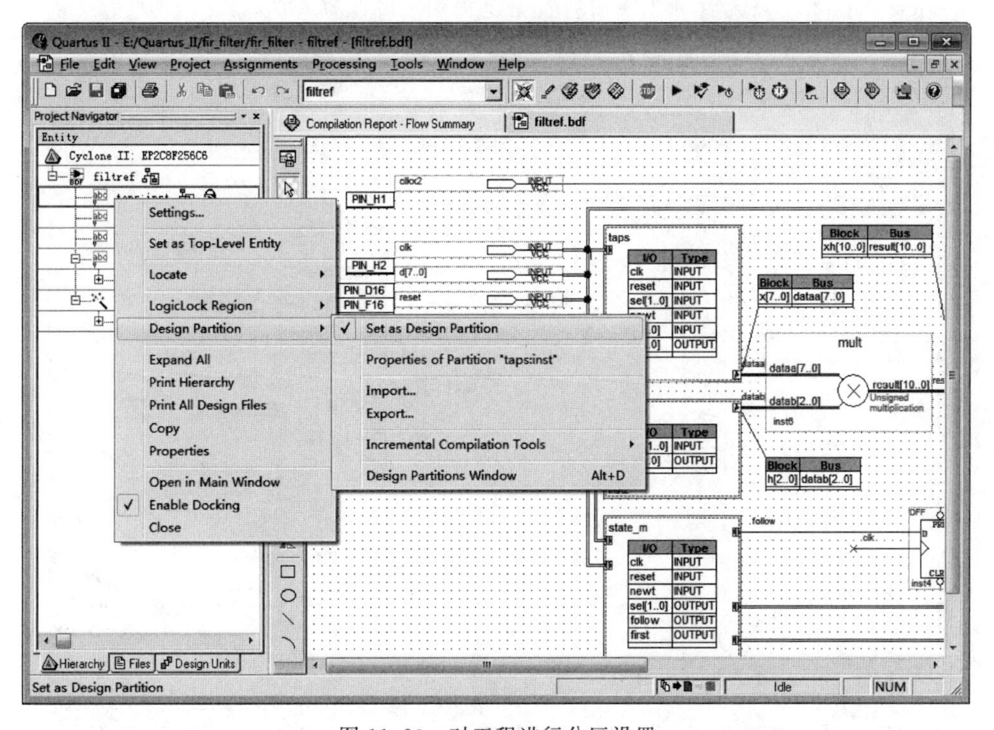

图 11.20　对工程进行分区设置

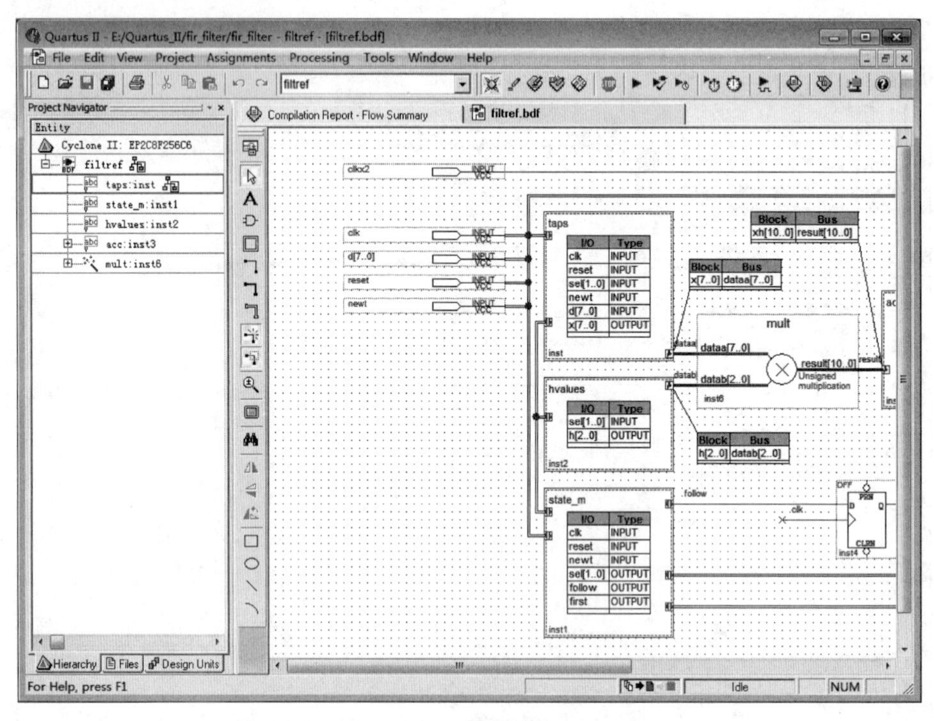

图 11.21　完成工程分区设置

(3) 对模块创建新的逻辑锁定区域来配置这些子模块，在关系树中选中想要进行逻辑锁定的模块，单击鼠标右键，从弹出的菜单中选择 LogicLock Region→Create new LogicLock Region。完成后可在模块后看见逻辑锁定的图标，如图 11.22 所示。

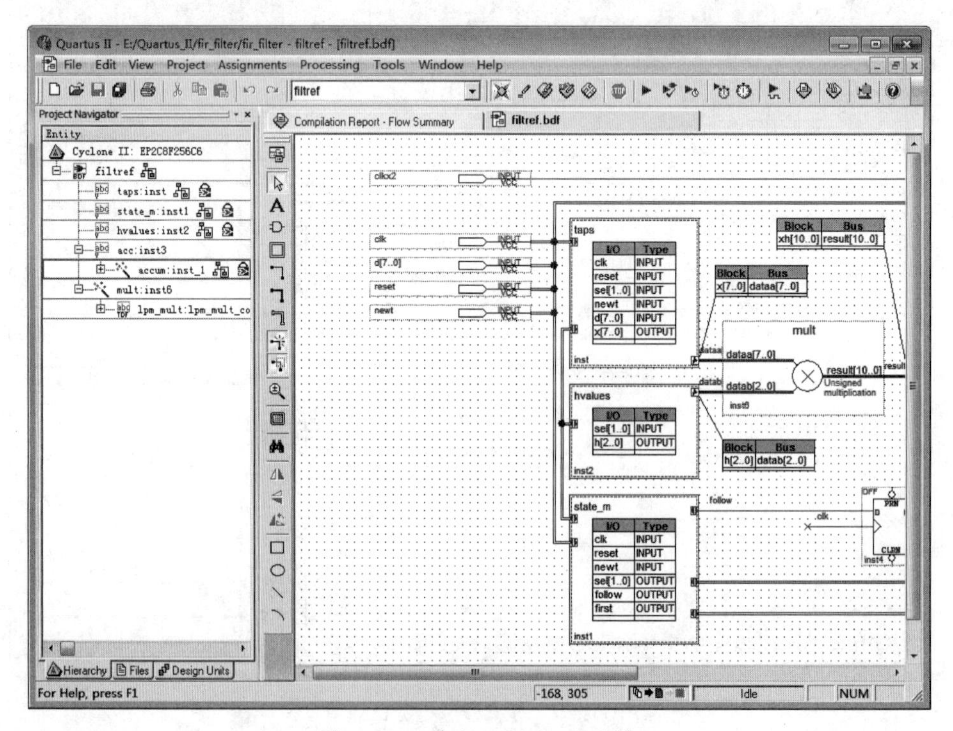

图 11.22　建立 LogicLock 区域

(4) 选择 Assignment→LogicLock Regions Window 命令，或者直接按 Alt+L 键以快捷方式打开 LogicLock Regions Window。在 LogicLock Regions Window 内选定模块，单击鼠标右键，在弹出的快捷菜单中选择 Properties，可以设定 LogicLock Region 的位置和大小，一开始先设定 Size=Auto，State=Floating，如图 11.23 所示。

Region Name	Size	Width	Height	State	Origin	Reserved
LogicLock Regions						
Root Region	Fixed	35	20	Locked	X0_Y0	Off
<<new>>						
taps:inst	Auto	Undetermined	Undetermined	Floating	Undetermined	Off
state_m:inst1	Auto	Undetermined	Undetermined	Floating	Undetermined	Off
hvalues:inst2	Auto	Undetermined	Undetermined	Floating	Undetermined	Off
accum:inst_1	Auto	Undetermined	Undetermined	Floating	Undetermined	Off

图 11.23　LogicLock Region Properties 对话框

选择 Assignments→Design Partitions Window 命令查看刚刚的设定，并指定 Partition 区域的颜色，如图 11.24 所示。

Partition Name	Compilation Hierarch...	Netlist Type	Fitter Preservation Level	Color	Source File Status
Design Partitions					
<<new>>					
Top	filtref	Source File	Not Applicable		Not Available
taps:inst	taps:inst	Post-Synthesis	Not Applicable		Not Available
state_m:inst1	state_m:inst1	Post-Synthesis	Not Applicable		Not Available
hvalues:inst2	hvalues:inst2	Post-Synthesis	Not Applicable		Not Available
accum:inst_1	acc:inst3|accum:inst_1	Post-Synthesis	Not Applicable		Not Available

图 11.24　通过 Design Partitions Window 设置模块颜色

Netlist Type 预设是 Post-Synthesis，表示只保留前一次 Synthesis 结果，Fitter 会重新计算结果。如果这个工程是已经编译过的，我们想针对某个修改的模块重新编译，而其他的模块保持不变，那就把不变的模块的 Netlist Type 设为 Post-fit，Fitter Preservation Level 设为 Placement and Routing 以保留最高最完整的设计等级。也可以从 Design Partitions Window 指定 partition：先在 Project Navigator 选定 design entity，然后在 Design Partitions Window 按<< new >>以指定 partition。

11.2.2.2　指定 LogicLock 区域的逻辑内容

定义了一个 LogicLock 区域以后，还要将节点或设计实体指定到 LogicLock 区域，让适配器在适配过程中将这些节点或实体放入该区域中。在 LogicLock 区域中指定节点和实体的方法有：

- 使用分配编辑器(选择 Assignments→Assignment Editor 命令)；
- 从 Node Finder 窗口中拖放节点和实体；
- 从 Quartus Ⅱ工程导航(Project Navigator)的 Hierarchy 选项卡中拖放；
- 直接在 LogicLock Region Properties 对话框的 Content Back-Annotation 选项卡中加入。

指定节点和实体的具体操作步骤如下：

(1) 在 Quartus Ⅱ工程导航中选择 Hierarchy 选项卡。

注意： *启动 Quartus Ⅱ软件时，默认情况下自动显示工程导航窗口。否则，可以选择 View→Utility Windows→Project Navigator 命令显示工程导航窗口。*

(2) 在 Hierarchy 选项卡中选择工程设计实体名，如本节所用的 pipemult 设计实体。

(3) 要将设计实体逻辑指定到建立的 LogicLock 区域中,可直接拖动设计实体名,将其放到 LogicLock Regions 窗口中建立的 LogicLock 区域名上。

(4) 在 LogicLock Regions 窗口中,将鼠标指针放在建立的 LogicLock 区域名上,几秒钟以后将出现一个提示条,表明 LogicLock 区域中已经指定了设计实体。

11.2.2.3 编译优化设计

在编译过程中,由编译器设置控制设计的编译过程。编译器定位并处理所有的时序要求和 LogicLock 区域分配。编译完成后,可以在编译报告中查看时序分析结果。

1. 编译设计

(1) 选择 Processing→Start Compilation 命令,启动编译过程。

(2) 编译成功以后,在 Messages 窗口的 Processing 选项卡中将给出满足时序要求的提示信息,如图 11.25 所示。

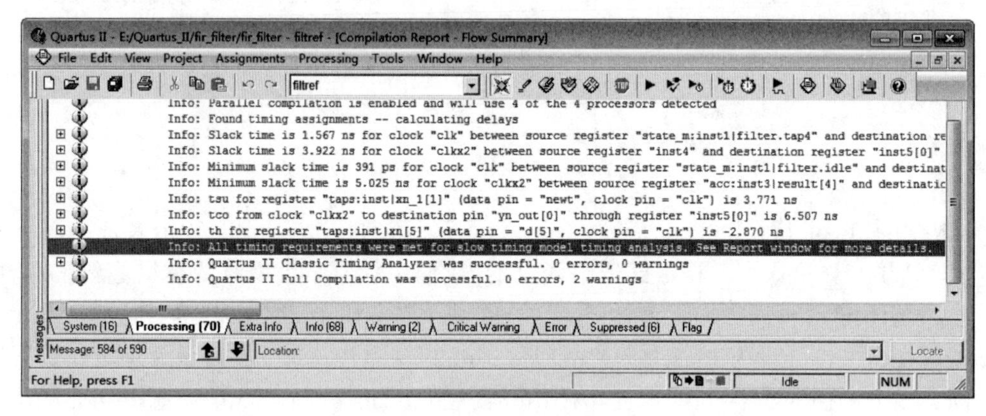

图 11.25 编译后的提示信息

2. 查看优化后的时序分析结果

设计工程编译以后,可以在编译报告的 Clock Setup 部分查看其速度、性能。

(1) 在编译报告窗口的左面单击 Timing Analyzer 文件夹前面的加号"+",展开时序分析结果。

(2) 在 Timing Analyzer 文件夹的下面,选择 Clock Setup 部分,在编译报告窗口的右边将显示出速度、性能信息表,如图 11.26 所示。Clock Setup 部分以黑色显示的性能信息标识设计中可以达到指定的最大时钟频率 fmax(本节指定为 200MHz)的要求。

3. 在底层图中查看 LogicLock 区域

成功编译以后,可以在时序逼近底层图中查看 LogicLock 适配结果。底层图中显示了适配器是如何执行设计中对 LogicLock 区域的约束的。

选择 Tools→Chip Planner 命令,打开时序逼近底层图窗口。底层图中显示出自定义的 LogicLock 区域,以及适配器实际上是如何在元件中实现 LogicLock 区域的(本节实例设置 LogicLock 区域为浮动状态),如图 11.27 所示。

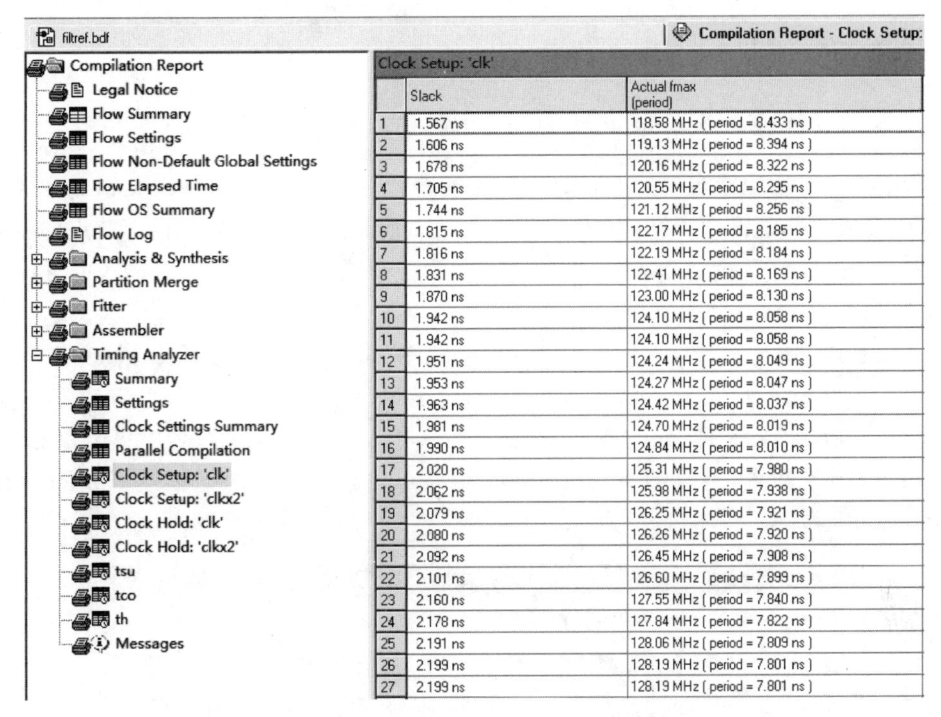

	Slack	Actual fmax (period)
1	1.567 ns	118.58 MHz (period = 8.433 ns)
2	1.606 ns	119.13 MHz (period = 8.394 ns)
3	1.678 ns	120.16 MHz (period = 8.322 ns)
4	1.705 ns	120.55 MHz (period = 8.295 ns)
5	1.744 ns	121.12 MHz (period = 8.256 ns)
6	1.815 ns	122.17 MHz (period = 8.185 ns)
7	1.816 ns	122.19 MHz (period = 8.184 ns)
8	1.831 ns	122.41 MHz (period = 8.169 ns)
9	1.870 ns	123.00 MHz (period = 8.130 ns)
10	1.942 ns	124.10 MHz (period = 8.058 ns)
11	1.942 ns	124.10 MHz (period = 8.058 ns)
12	1.951 ns	124.24 MHz (period = 8.049 ns)
13	1.953 ns	124.27 MHz (period = 8.047 ns)
14	1.963 ns	124.42 MHz (period = 8.037 ns)
15	1.981 ns	124.70 MHz (period = 8.019 ns)
16	1.990 ns	124.84 MHz (period = 8.010 ns)
17	2.020 ns	125.31 MHz (period = 7.980 ns)
18	2.062 ns	125.98 MHz (period = 7.938 ns)
19	2.079 ns	126.25 MHz (period = 7.921 ns)
20	2.080 ns	126.26 MHz (period = 7.920 ns)
21	2.092 ns	126.45 MHz (period = 7.908 ns)
22	2.101 ns	126.60 MHz (period = 7.899 ns)
23	2.160 ns	127.55 MHz (period = 7.840 ns)
24	2.178 ns	127.84 MHz (period = 7.822 ns)
25	2.191 ns	128.06 MHz (period = 7.809 ns)
26	2.199 ns	128.19 MHz (period = 7.801 ns)
27	2.199 ns	128.19 MHz (period = 7.801 ns)

图 11.26　编译报告的 Clock Setup 信息

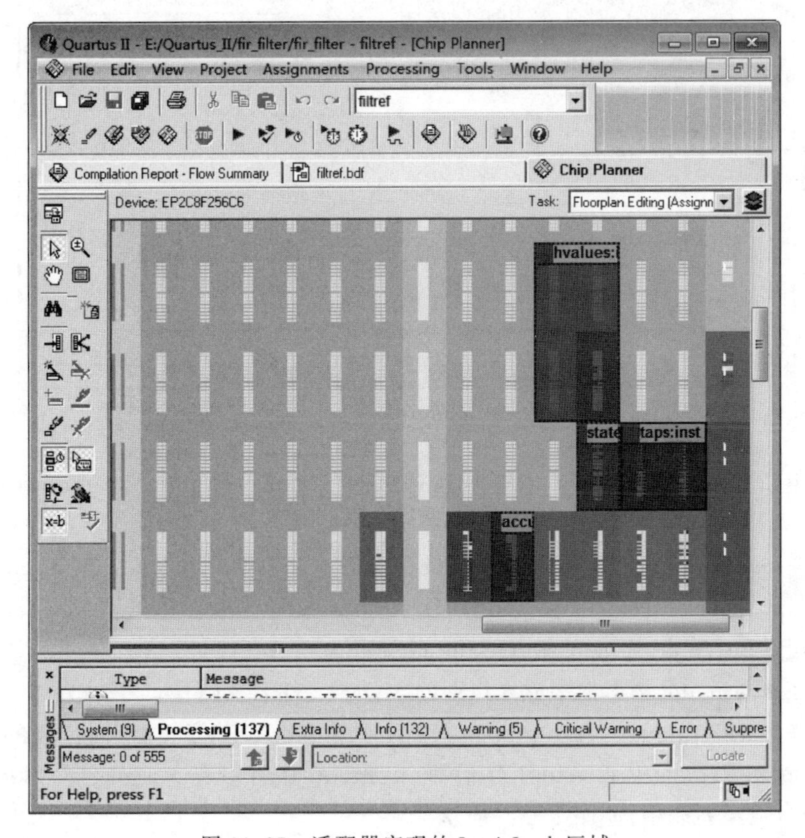

图 11.27　适配器实现的 LogicLock 区域

11.2.2.4 导出 LogicLock 约束

1. 反向标注(Back-annotate)LogicLock

当设计者对适配器实现的 LogicLock 区域满意时,可以反向标注 LogicLock 区域的大小、位置或内部逻辑,在 QSF 文件中保存 LogicLock 区域的高、宽和内部节点的相对位置。为了保持优化后的综合结果,也可以产生为了保持优化后的综合结果,也可以产生 VQM 文件保存。

(1) 选择 Assignments→LogicLock Regions Windows 命令,打开 LogicLock Regions 窗口。

(2) 在 LogicLock Regions 窗口中,在自定义的 LogicLock 区域名上单击鼠标右键,选择 Properties 命令,自动打开 LogicLock Region Properties 对话框的 Content Back-Annotation 选项卡,如图 11.28 所示。

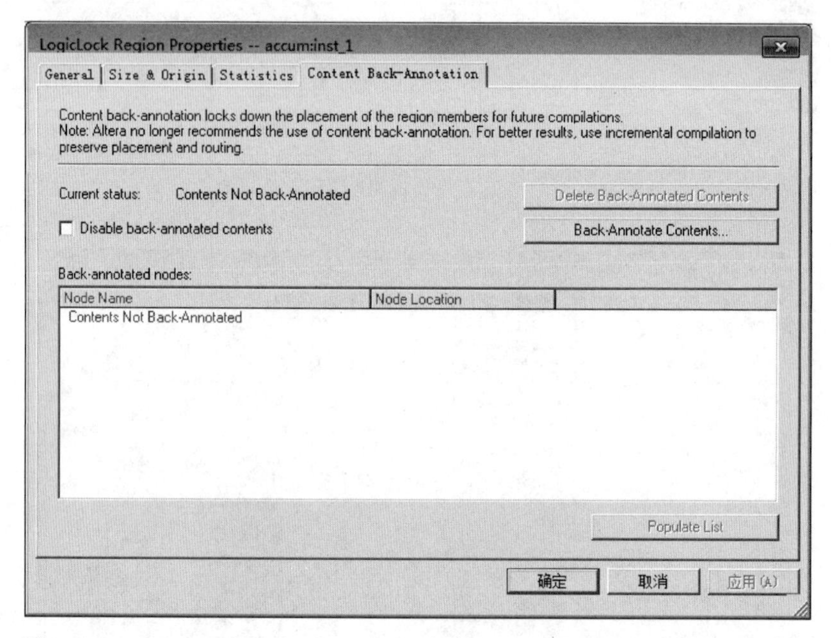

图 11.28 LogicLock Region Properties 对话框 Content Back-Annotation 选项卡

(3) 单击 Back-Annotate Contents 按钮,弹出 Back-Annotate Assignments(高级类型)对话框。

(4) 在 Assignments to back-annotate 选择区中,关闭 Lock size and origin 选项。

(5) 打开 Save intermediate synthesis results 中的 Save a node-level netlist of the entire design into a persistent source file 选项。

(6) 在 File name 文本框中输入保存的 VQM 文件名及路径,如图 11.29 所示。

(7) 在 Back-Annotate Assignments 对话框中单击 OK 按钮,反向标注的分配出现在 LogicLock Region Properties 对话框 Content Back-Annotation 选项卡的 Back-annotated nodes 列表中,如图 11.30 所示。

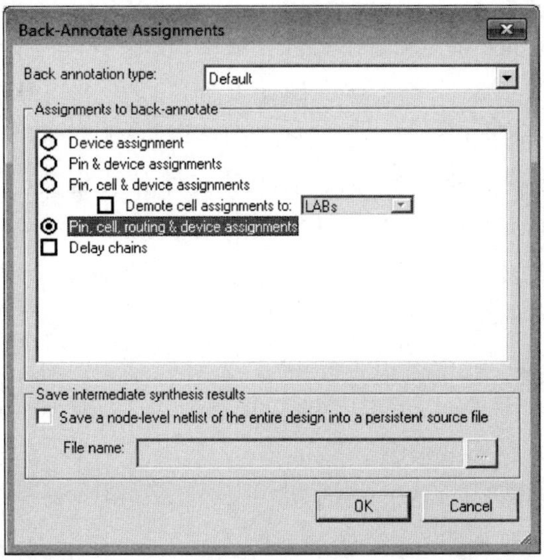

图 11.29 Back-Annotate Assignments 对话框设置

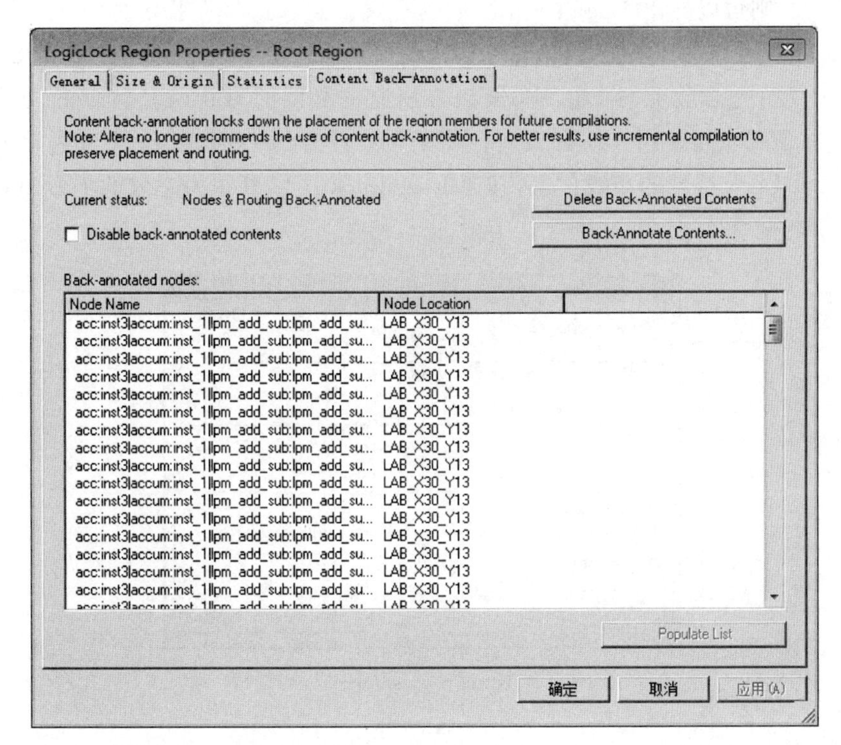

图 11.30 反向标注后的 LogicLock Region Properties 对话框

2. 导出 QSF 文件

导出包含 LogicLock 区域逻辑布局信息的 QSF 文件的步骤如下：

(1) 在 LogicLock Region 窗口中，选择自定义的 LogicLock 区域名。

(2) 选择 Assignments→Export Assignments 命令，打开 Export Assignments 对

话框。

(3) 在 Export focus full hierarchy path 框中，指定要导出实体的完整层级路径名称，默认为当前工程的顶层设计实体。设计者也可以从工程导航窗口的 Compilation Hierarchy 列表中拖动要指定的某一层实体名到该栏中(本节使用默认设置)。

(4) 在 File name 栏中指定要导出的 QSF 文件名及路径。默认情况下与 Export focus full hierarchy path 栏中指定的实体名相同，路径为<工程目录>/atom_netlists/。

注意：为了避免当前工程文件被覆盖，Quartus Ⅱ软件不允许指定当前工程目录为导出文件路径。

(5) 关闭 Export back-annotated routing 选项。

该选项仅对 Cyclone、Cyclone Ⅱ、MAX Ⅱ、Stratix Ⅱ和 Stratix GX 元件有效，目的是导出 LogicLock 区域的布线信息。

(6) 单击 OK 按钮，导出 QSF 文件。

(7) 关闭 LogicLock Regions 窗口。

如果在如图 11.31 所示的 Export Assignments 对话框中打开 Export back-annotated routing 选项，则可以导出 LogicLock 区域的布线信息。这将在指定的目录下同时生成 QSF 和 RCF 两个文件，其中 QSF 文件包含在当前设计中所指定的所有 LogicLock 区域属性，RCF 文件包含导出的 LogicLock 区域所有的必要的布线信息。RCF 文件仅对导出实体的原子网表起作用。仅有反向标注了布线信息的 LogicLock 区域在导出时才同时导出 LogicLock 区域的布线信息，其他 LogicLock 区域只作为一般的 LogicLock 区域导出。

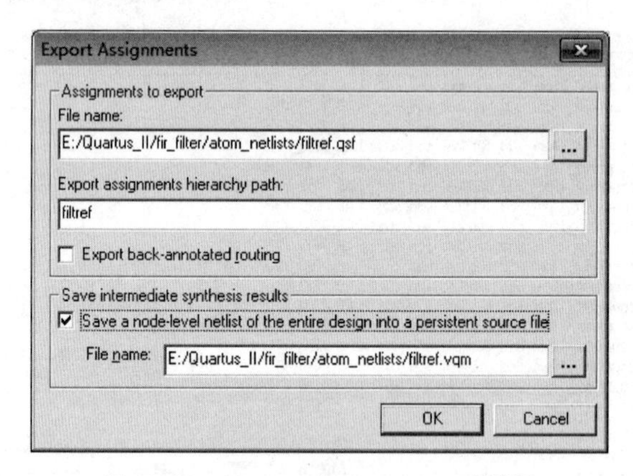

图 11.31　Export Assignments 对话框

3. 打开顶层设计工程

打开调用 LogicLock 设计模块的顶层工程，其操作步骤如下：

(1) 选择 File→Open Project 命令，弹出 Open Project 对话框。

(2) 打开顶层工程文件(.qpf)，如本节顶层工程为<路径>\qdesigns41\logiclock\topmult 目录下的 filtref.qpf 文件。

(3) 单击 Open 按钮。

4. 在顶层工程中加入 VQM 文件

(1) 选择 Project→Add/Remove Files in Project 命令,自动打开 Settings 对话框的 Files 页面。

(2) 在 File name 列表中,选中要替换的原底层文件,如本节使用的 filtref. bdf。

(3) 单击页面右边的 Remove 按钮,移除选中文件。

(4) 单击 Add 按钮,弹出打开对话框。

(5) 选择前面产生的 VQM 文件。

(6) 单击 Open 按钮,将 VQM 文件加入顶层工程中,如图 11.32 所示。

(7) 单击 Settings 对话框中的 OK 按钮退出。

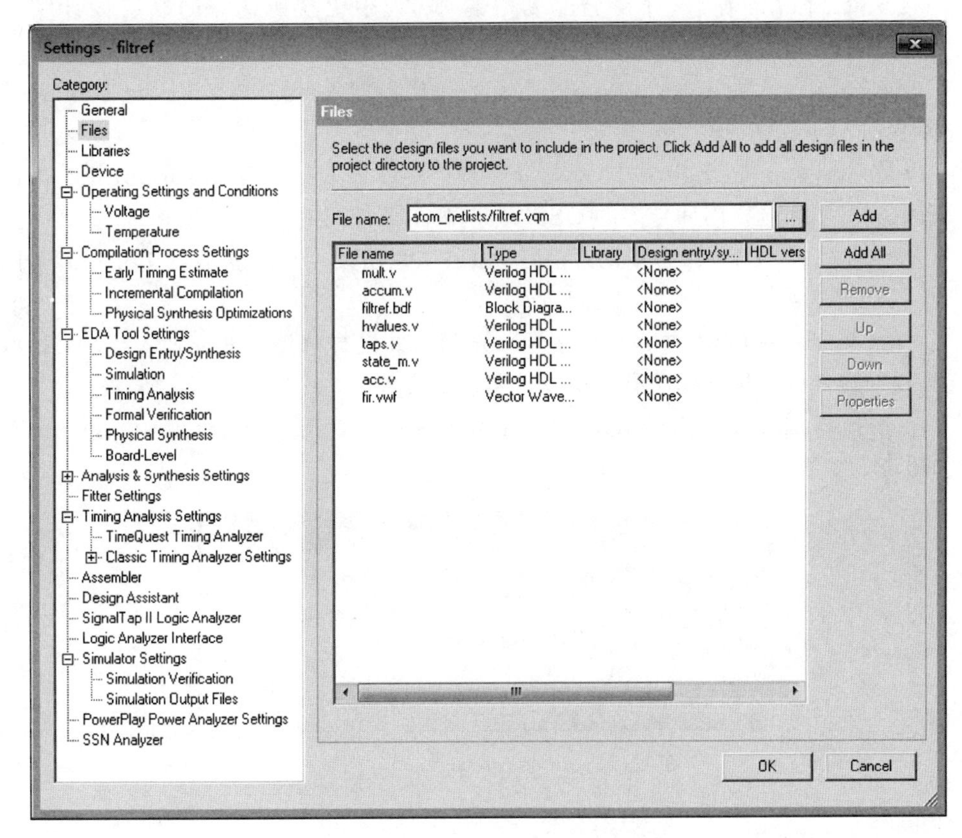

图 11.32　在工程中加入 VQM 文件

11.2.2.5　导入 LogicLock 约束

1. 完成设计的 Analysis & Elaboration

要成功导入 LogicLock 约束,必须首先分析设计,利用 Analysis & Elaboration 功能分析设计的语法和语义错误。

(1) 选择 Processing→Start→Start Analysis & Elaboration 命令,执行设计的 Analysis & Elaboration 分析。

(2) 分析成功以后,单击 OK 按钮。

2. 导入 LogicLock 约束

为了引导 Quartus Ⅱ软件在顶层设计中将对 LogicLock 区域的约束应用到底层设计实体的实例上,应在顶层工程中导入 LogicLock 区域的约束,其操作步骤如下:

(1) 在工程导航窗口的 Hierarchy 选项卡中,单击工程名前面的加号"+",展开顶层设计层次。

(2) 在展开顶层设计的 Hierarchy 选项卡中,选择一个底层设计实体(如本节使用的 pipemult:inst)并单击鼠标右键,从右键菜单中选择 Locate in Assignment Editor,则弹出 Assignment Editor 窗口,并在分配表格的 To 列中出现所选择的底层设计实体的名字。

(3) 在 Assignment Editor 中,双击分配表格中新加入行的 Assignment Name 单元,并选择 Import File Name。

(4) 在 Assignment Editor 中,双击分配表格中新加入行的 Value 单元,并单击该单元后面的浏览按钮选择前面导出的 QSF 文件,如本节使用的 pipemult.qsf。

(5) 重复第(2)步到第(4)步,分配所有顶层工程所使用设计实体的 LogicLock 区域 QSF 文件。

(6) 保存分配并关闭 Assignment Editor 窗口。这样,QSF 中的 LogicLock 区域被指定到顶层设计中所用到的所有底层设计实体的实例上。

(7) 选择 Assignments→Import Assignments 命令,打开 Import Assignments 对话框,如图 11.33 所示。

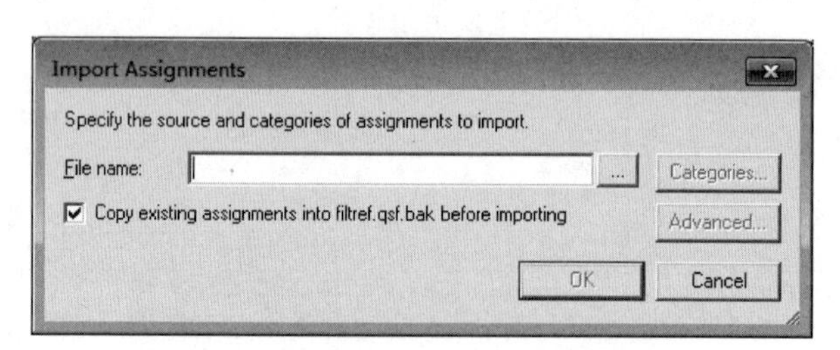

图 11.33 Import Assignments 对话框

3. 编译顶层设计

(1) 选择 Processing→Start Compilation 命令,启动完全编译。

(2) 编译成功以后,单击 OK 按钮。在 Messages 窗口中提示所有时序要求都可以满足,如图 11.34 所示。

4. 查看优化后的时序分析结果

(1) 打开顶层设计编译报告窗口,单击 Timing Analyzer 文件夹前面的加号"+",展

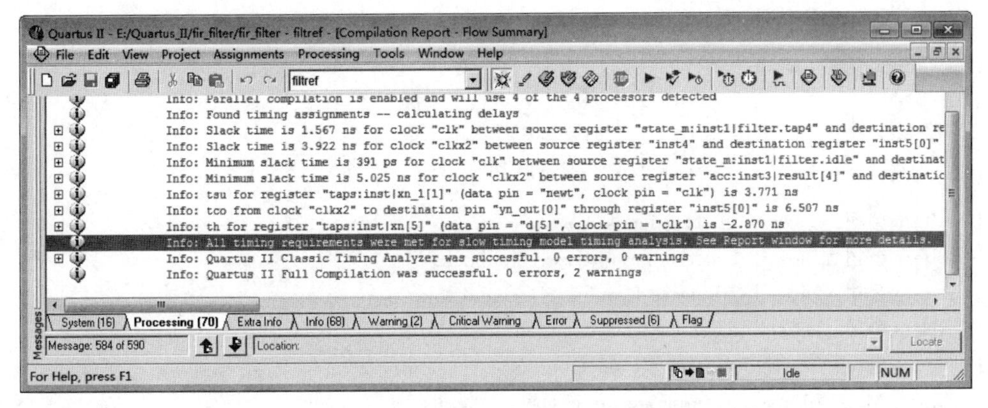

图 11.34 顶层设计编译信息提示窗口

开时序分析文件夹。

(2) 在 Timing Analyzer 文件夹下面，选择 Clock Setup 部分，在列表中显示了保持的设计性能。在顶层设计中，由于导入了 LogicLock 区域，因而保持了底层设计实体的性能和适配结果，如图 11.35 所示。

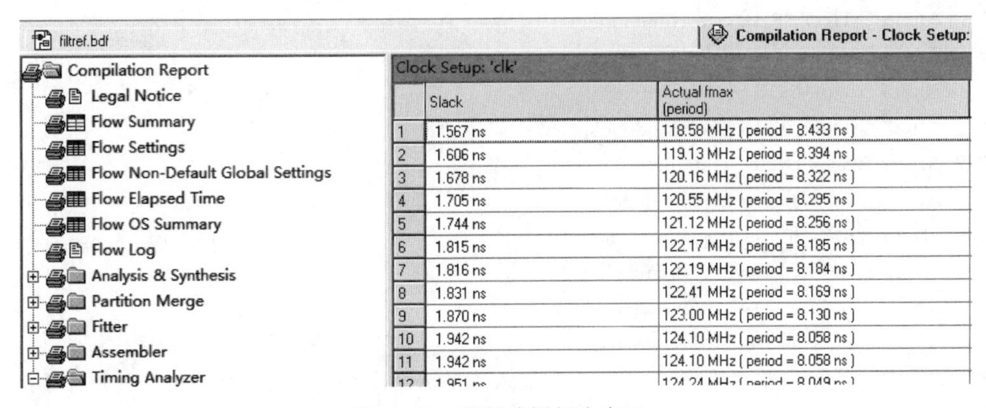

	Slack	Actual fmax (period)
1	1.567 ns	118.58 MHz (period = 8.433 ns)
2	1.606 ns	119.13 MHz (period = 8.394 ns)
3	1.678 ns	120.16 MHz (period = 8.322 ns)
4	1.705 ns	120.55 MHz (period = 8.295 ns)
5	1.744 ns	121.12 MHz (period = 8.256 ns)
6	1.815 ns	122.17 MHz (period = 8.185 ns)
7	1.816 ns	122.19 MHz (period = 8.184 ns)
8	1.831 ns	122.41 MHz (period = 8.169 ns)
9	1.870 ns	123.00 MHz (period = 8.130 ns)
10	1.942 ns	124.10 MHz (period = 8.058 ns)
11	1.942 ns	124.10 MHz (period = 8.058 ns)

图 11.35 顶层编译报告窗口

参 考 文 献

[1] Altera 公司. Quartus Ⅱ Handbook.

[2] Altera 公司. Nios Ⅱ Processor reference Handbook.

[3] Altera 公司. Nios Ⅱ Sofeware Developer's Handbook.

[4] Altera 公司. Nios Ⅱ Hardware Development Tutorial.

[5] Novas Sofeware, Inc. Debussy User Guide and Tutorial.

[6] Altera MAX 7000 Programmable Logic Device Family Data Sheet.

[7] Altera MAX 7000A Programmable Logic Device Family Data Sheet.

[8] Altera MAX 7000B Programmable Logic Device Family Data Sheet.

[9] Altera MAX Ⅱ Device Handbook.

[10] Altera MAX Ⅴ Device Handbook.

[11] Altera Cyclone Device Handbook.

[12] Altera Cyclone Ⅱ Device Handbook.

[13] Altera Cyclone Ⅲ Device Handbook.

[14] Altera Cyclone Ⅳ Device Handbook.

[15] Altera Cyclone Ⅴ Device Overview.

[16] Altera Cyclone Ⅴ Device Handbook.

[17] Altera Stratix Device Handbook.

[18] Altera Stratix Ⅱ Device Handbook.

[19] Altera Stratix Ⅲ Device Handbook.

[20] Altera Stratix Ⅳ Device Handbook.

[21] Altera Stratix Ⅴ Device Overview.

[22] Altera Stratix Ⅴ Device Handbook.

[23] 任爱锋,初秀琴,常存等. 基于 FPGA 的嵌入式系统设计[M]. 西安：西安电子科技大学出版社,2004.

[24] 赵曙光,郭万有,杨颂华. 可编程逻辑元件原理、开发与应用[M]. 西安：西安电子科技大学出版社,2000.

[25] 宋万杰,罗丰,吴顺君. CPLD 技术及其应用[M]. 西安：西安电子科技大学出版社,1999.

[26] 李丽. 基于 IP 的集成电路设计方法. 南京大学微电子设计研究院. 第二次 EDA 协作组会议报告.

[27] 张兴,黄如,刘晓彦. 微电子学概论[M]. 北京：北京大学出版社,2000.

[28] 江国强. EDA 技术与应用[M]. 2 版. 北京：电子工业出版社,2009.

[29] 俞一鸣,唐薇,陆晓鹏,等. Altera 可编程逻辑元件的应用与设计[M]. 北京：机械工业出版社,2007.

[30] 王金明,杨吉斌. 数字系统设计与 Verilog HDL[M]. 北京：电子工业出版社,2002.

[31] 周立功. SOPC 嵌入式系统基础教程[M]. 北京：北京航空航天大学出版社,2006.

图书资源支持

感谢您一直以来对清华版图书的支持和爱护。为了配合本书的使用，本书提供配套的资源，有需求的读者请扫描下方的“书圈”微信公众号二维码，在图书专区下载，也可以拨打电话或发送电子邮件咨询。

如果您在使用本书的过程中遇到了什么问题，或者有相关图书出版计划，也请您发邮件告诉我们，以便我们更好地为您服务。